21 世纪高等院校电气工程与自动化规划教材
21 century institutions of higher learning materials of Electrical Engineering and Automation Planning

Circuit Principle

电路原理

张冬梅 公茂法 张秀娟 等 编著

人民邮电出版社
北京

图书在版编目（C I P）数据

电路原理 / 张冬梅等编著. -- 北京 : 人民邮电出版社, 2016.4
21世纪高等院校电气工程与自动化规划教材
ISBN 978-7-115-41457-1

Ⅰ. ①电… Ⅱ. ①张… Ⅲ. ①电路理论－高等学校－教材 Ⅳ. ①TM13

中国版本图书馆CIP数据核字(2016)第021677号

内 容 提 要

本书是根据教育部“电路原理”课程的教学要求编写的。全书共有 15 章，前 4 章以直流的稳态分析为环境，引入了电路的基本概念、基本定律和基本分析方法；第 5 章主要介绍直流的动态分析环境——时域分析法；第 6～10 章介绍交流的稳态分析环境——频域分析法（相量法）；第 11 章主要介绍交流暂态的分析法——复频域分析法（运算法）；教材最后引入了二端口、非线性电路等概念。

全书共分 4 个单元，每个单元都设有单元总结和综合例题；每章设有大量的习题，并有对应的答案；另外，还有配套的 PPT 课件和电子教案。

本书可作为高等院校、高职高专等电类相关专业的教学用书，也可作为相关工程技术人员的参考用书。

◆ 编　　著　张冬梅　公茂法　张秀娟　等
责任编辑　武恩玉
责任印制　沈　蓉　彭志环
◆ 人民邮电出版社出版发行　　北京市丰台区成寿寺路 11 号
邮编　100164　　电子邮件　315@ptpress.com.cn
网址　http://www.ptpress.com.cn
廊坊市印艺阁数字科技有限公司印刷
◆ 开本：787×1092　1/16
印张：25.75　　2016 年 4 月第 1 版
字数：614 千字　　2025 年 1 月河北第 13 次印刷

定价：56.00 元

读者服务热线：(010)81055256　印装质量热线：(010)81055316
反盗版热线：(010)81055315
广告经营许可证：京东市监广登字 20170147 号

前言

本书为工业和信息化普通高等教育“十二五”规划教材立项项目，其中两位编著者公茂法、张冬梅分别是山东科技大学电路课程(2008 年山东省精品课程)负责人和青岛理工大学电路原理课程(2009 年山东省精品课程)负责人。本书是根据教育部颁布的高等学校《电路基础课程教学基本要求》，兼顾当今高等学校应用型人才的培养要求，融入近年来电路理论的新发展、新应用，并结合近年来国内外电路原理教学改革趋势和编者多年的教学实践与体会编著而成的。

面对种类繁多的教材，本书编写时力求结构简明、脉络清晰，把电路原理通过树的结构形式表现出来，理枝循干，浑然一体，写出特色。

本书以“电路元件的性质、电路的基本定律和基本分析方法”为树的主干，以不同的分析领域为树的分支，使看似繁多的电路分析内容形成了一个清晰的树结构。单元总结和综合例题将这棵树的内容紧密关联、相互贯通，使各部分内容互吸营养、逐步壮大。学生在掌握了第一单元的基础上，能够通过迁移已学知识，层层深入，拓展加深新知识的探究。这不仅使学生有一种温故知新的感觉，更重要的是可以使学生对整个电路原理的知识体系有一个整体的认识和把握，真正体会融会贯通的效果，便于学习和记忆。

本书具体进行了如下的探索和尝试。

(1) 前 4 章以电阻电路的分析为土壤，栽培以“电路元件的性质、电路的基本定律及基本分析方法”为主干的知识树。前 4 章只是针对电阻电路的分析，其实，它也是直流的稳态分析，因此，对于分析域来说，它又是一个分支。

在前 4 章“树干”的基础上，针对电路分析中逐步遇到的新问题、新困难(如暂态、交流源)，利用数学变换的知识，逐个击破，节节拔高。即在直流稳态分析的前提下，派生出直流暂态的时域分析法(第 5 章)、交流稳态的频域分析——相量法(第 6 章～第 10 章)、交流暂态的复频域分析——运算法(第 11 章)四大树枝。这四大树枝分别对应教材中的四大单元。而“电路元件性质、电路基本定律及基本分析方法”是这棵树的树干，贯穿整本书。本书最后引入了二端口、非线性电路等概念。

(2) 为加强单元之间、分析方法之间的关联与比较，达到融会贯通之效果，精心编写了综合例题和单元总结。

综合例题运用多种方法求解，便于学生比较各种方法的特点、应用场合，有助于学生对相关章节内容的理解和掌握，使看似分散的内容通过综合例题贯穿起来，便于学生理解和接受。例如，在讲运算法时，通过典型例题，分析了复频域 s 与动态过程中时间常数 τ (第 5 章)以及交流电角频率 ω 的关系(第 6 章～第 10 章)，加强了章节的关联，达到了瞻前顾后、举一反三的效果。

(3) 教材中每一个新问题的出现，以序幕的方式介绍背景、发现问题，用已学方法求解遇到的困难，然后利用已学电路基础和数学知识，以平缓的方式切入新方法的探究。

(4) 为引导学生利用现代计算机软件分析电路，本书附录中配有 Multisim 11 软件介绍，部分章节有仿真例题，便于学生自学，激发学生兴趣。

(5) 面对“学时少、内容多”的现状，力求抓住实质，深入浅出。例如，在讲节点法时，抓住 KCL 定律的应用，用节点电压写出每一支路的电流，然后列出 KCL 方程。这样不仅减轻了学生死记公式的负担，加深了对基本定律的理解，而且免除了套用公式时由于条件不符产生的错误。

(6) 注重电路原理与相关课程的关联，注意承前启后。例如，在讲叠加定理时，以模拟电子技术中的直流通道和交流通道为例，使学生对模拟电路有了初步认识。

(7) 为提高学生的学习效果，解决学生“上课听得懂，下课解题难”的问题，精选了丰富的例题和习题。

(8) 本书研制配套精品课程 PPT 课件和部分 Flash 动画。PPT 课件的突出特点是精心制作了大量的动画过程，符合认知过程，尤其是借助 Flash 技术使互感、相量法、暂态过程等难于理解的问题直观易懂。

目前，本书正在为翻转课堂和 MOOC 的开展做准备，并在按知识点制作微课视频等。本书可按 60～100 学时(不含实验)安排教学，根据教学需要可增删内容。本书在编写过程中，得到了有关领导和教师的支持和帮助，在此，对所有帮助过我们的同志一并表示衷心的感谢！

本书第 1 章、第 3 章、第 7 章、第 13 章由张冬梅编著，第 5 章、第 11 章、第 12 章、第 14 章由公茂法编著，附录中 Multisim 11 软件介绍及仿真例题由张秀娟、吕丽平编著，第 2 章由刘宁和张冬梅编著，第 4 章、第 9 章由夏欣编著，第 6 章由于昊昱编著，第 8 章由刘庆雪编著，第 10 章由陈旭编著。第 15 章由张志伟编著，书中的波特图、负载能力等由吕丽平、贾超编著绘制，单元总结和综合例题由张冬梅、张瀚文编著，全书由张冬梅、公茂法统稿。

限于编者水平，本书在内容取舍、编写方面难免存在不妥之处，恳请读者批评指正。

作　者

2015 年 11 月

目录

第1章 电路的基本概念和基本定律

学习要点

(1) 电压、电流及参考方向。

(2) 功率的吸收、释放与计算。

(3) R、L、C元件的定义与伏安关系(VCR)。

(4) 电压源、电流源的定义及VCR。

(5) 受控源的概念类别及VCR。

(6) 掌握基尔霍夫定律(KL)。

本章是学习电路的基础，重点是基尔霍夫定律和元件(R、L、C、电压源、电流源、受控源)的伏安关系，两者可称为电路的两大约束关系，基尔霍夫定律概述了元件之间约束，元件伏安关系给出元件自身特性的约束，这两大约束关系贯穿《电路原理》全书。本章还要注意参考方向的引入，做到熟练正确地应用。列写电路方程时，必须先确定参考方向。

1.1 实际电路和电路模型

1.1.1 电路的组成

电路即电流的通路，它由若干电气设备或器件组成。组成电路的电气设备或器件称为电路元件。大千世界存在着不胜枚举的实际电路，简单的电路有手电筒、电炉子等，复杂的电路有大规模集成电路、电力系统等。无论电路如何简单或复杂，它都是由基本的三个部分组成：电源、负载和中间环节。其中，电源——是将其他形式的能转换成电能的设备，如把机械能转换成电能的发电机等；负载——是将电能转换成其他形式能的设备，如将电能转换成机械能的电动机等；中间环节——是连接和控制电源与负载的设备，如导线、开关、熔断器等。

1.1.2 实际电路

实际电路——由若干实际电器元件或设备组成，为完成某种预期目的而被设计连接，形成的电流通路。图1－1(a)是最简单的手电筒实际照明电路。

它由以下三部分组成：

(1) 电源为干电池，它将化学能转换为电能；

(2) 负载为灯泡，它将电能转换成光能和热能；

(3) 中间环节为导线、开关，实现对电路的控制。

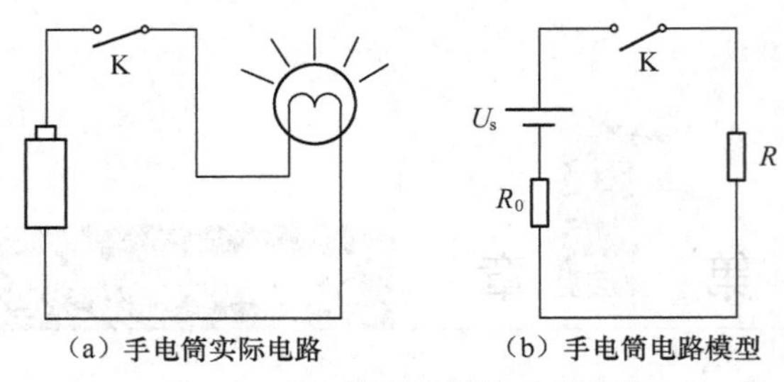

(a) 手电筒实际电路　　(b) 手电筒电路模型

图 1－1　手电筒实际电路与电路模型

1.1.3　电路模型

由于实际电路器件的形状和电磁性能较为复杂，为了便于对实际的电路进行分析计算，可将实际电路器件理想化(也称模型化)。

抽掉了实际电路器件的外形、尺寸等差异，反映其电磁性能共性的电路模型的最小单元是理想电路元件。

由理想电路元件组成的电路，就是实际电路的模型。

图 1－1(b)所示是手电筒的电路模型。图中，电阻元件 R 是灯泡的电路模型，电压源 U_s 和电阻 R_0 串联是干电池的模型，连接导线(包括开关)用理想导线表示，其电阻忽略不计。

发生在实际电路器件中的电磁现象按性质可分为：①消耗电能；②释放电能；③储存电场能量；④储存磁场能量。

假定以上现象可以分别研究，将每一种性质的电磁现象用一理想电路元件来表征，则电路中有如下几种基本的理想电路元件。

(1) 电阻——消耗电能，把电能转换成热能等形式，如图 1－2(a)所示；

(2) 电感——储存磁场能量，把电能以磁场能量形式储存起来，纯电感不消耗能量，如图 1－2(b)所示；

(3) 电容——储存电场能量，把电能以电场能量形式储存起来，纯电容不消耗能量，如图 1－2(c)所示；

(4) 电源——产生电能，将其他形式的能量转变成电能。

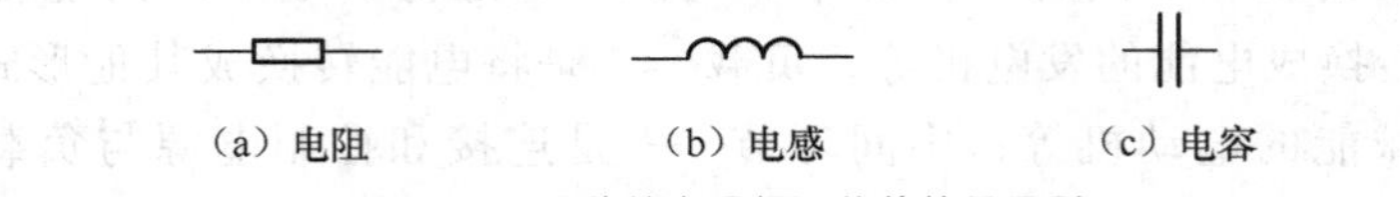
(a) 电阻　　(b) 电感　　(c) 电容

图 1－2　三种基本理想远件的符号图形

需要注意的是，同一实际电路器件在不同的工作条件下，其模型可能有不同的形式。例如，对于电感线圈，若在直流情况下，一个线圈的模型可以是一个电阻元件；若在较低交流频率下，就要用电阻和电感元件的串联组合模拟；若在较高交流频率下，还应计及导体表面的电荷作用，即电容效应，所以其模型还需要包含电容元件。

对实际电路的电路模型取得恰当，对电路的分析和计算结果就与实际情况接近，而如果取得不恰当，则会造成较大误差。因此，我们在一定的条件下对实际器件加以理想化，忽略它的次要性质，用一个足以表征其主要性质的模型(model)来表示，以便于对电路进行分析、计算。本书主要讨论如何分析已经建立起来的电路模型。更明确地说，电路原理分析的对象是电路模型而不是实际电路。

1.1.4 电路的分类

1. 按电路的功能分

(1) 一种电路的功能是进行能量的转换、传输和分配，此时对电路的要求是减小损耗、提高效率。例如，电力系统(发电、变电、输电、配电、用电的整体)如图 1-3 所示，发电厂的发电机将其他形式的能转换成电能，然后通过变压器、输电线输送给各用户，负载再将电能转换为其他形式的能。

图 1-3 电力系统示意图

(2) 另一种电路的功能是实现信号的传递、存储和处理，此时对电路的要求是减小失真。例如，扩音机(由话筒、放大器、扬声器组成)通过话筒把声音变换为电信号然后放大，送到扬声器还原声音，完成了声音放大的任务。

2. 按电路中电源的种类分

(1) 直流电路——当电路的电源是直流电源，且电路中电压、电流方向不变的电路。

(2) 交流电路——当电路的电源是交流电源，且电路中电压、电流的大小和方向随时间做周期性变化的电路。交流电路分为正弦交流电路和非正弦交流电路。

3. 按实际电路尺寸分

(1) 集总电路——实际电路尺寸及其元件尺寸 l 远远小于工作电磁波波长 λ。

$$\lambda=\frac{c}{f} \tag{1-1}$$

式中，c 为电磁波的传播速度，在真空中 $c=3\times10^{8}\,\text{m/s}$——为光速；$f$——电路的工作频率，单位为 Hz。

(2) 分布电路——实际电路尺寸及其元件尺寸与电磁波波长比较不可忽略，如电力传输线等。

4. 按电路的输入与输出的线性关系分

(1) 线性电路——输入和输出之间关系可以用线性函数表示，这类电路满足叠加定理。

(2) 非线性电路——凡不属于线性电路的即为非线性电路。

5. 按电路的输入与输出间的时间特性分

(1) 时不变电路——系统的参数不随时间而变化。

(2) 时变电路——一个电路不是时不变电路则为时变电路。

6. 按电路是否具有记忆特性分

(1) 无记忆电路——在这种电路中，其 t 时刻的响应仅仅依赖该时刻的激励，而不依赖于过去或将来的激励值。如纯电阻电路就是一个典型无记忆电路，又称为瞬时电路。

(2) 记忆电路——在这种电路中，其 t 时刻的响应不仅依赖于 t 时刻的激励，还与过去的激励有关，含有储能元件的电路几乎都具有这种特性，这种电路又称为动态电路。

本书的主要讨论对象是集总参数电路、线性电路、时不变电路、交直流电路、瞬时电路及动态电路。

1.2 电路中基本物理量及参考方向

电路原理中涉及的物理量主要有电流 i、电压 u、电位 v、电荷 q、磁通 φ、电功率 p 和电磁能量 ω。在电路分析中，人们主要关心的物理量是电流、电压和功率。

1.2.1 电流

电流是带电粒子在外电场的作用下做有秩序的移动而形成的，为了定量地衡量电流的大小，将电流强度简称为电流，用 I 或 i 表示[①]。

单位时间内通过导体横截面的电量，被定义为电流强度 i。

$$i=\frac{\mathrm{d}q}{\mathrm{d}t} \tag{1-2}$$

其中，电荷 q 的单位为库仑(C)，时间 t 的单位为秒(s)，电流 i 的单位为安培(A)。

习惯规定，正电荷移动的方向为电流的实际方向。

电路中经常遇到各种类型的电流，如图 1-4 所示，图(a)表示一个大小和方向都不随时间而变化的电流，是恒定电流，习惯简称为直流电流(Direct Current)，记为 DC 或 dc；图(b)表示一个随时间按正弦规律变化的电流，称为正弦电流(Sine Current)；图(c)和图(d)分别表示指数电流和全波整流电流。

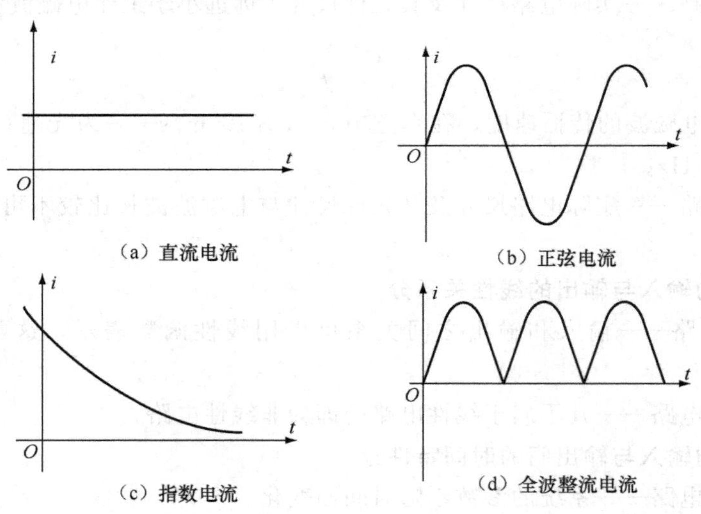

图 1-4 各种类型的电流

1.2.2 电压

金属导体中虽有大量自由电子，但没有外电场的作用时是不会形成电流的。要使自由电子做有规则的运动，必须要有外加电场。电场力将迫使自由电子做定向运动而形成电

① 注意：一般地，小写字母是一个广义的符号，它既可以表示随时间变化的变量，也可以表示恒定的常量；而大写字母只能表示常量。电路中的这种约定，也用于电路中的其他各物理量。例如，i 或 $i(t)$ 既可以表示随时间而变的交流电流，也可以表示直流电流，而 I 只能表示恒定的直流电流或交流电的有效值。

流。电场力移动电荷就对电荷做了功。为了衡量电场力做功的大小，我们引用电压这个物理量。

电压的定义：电场力把单位正电荷从 a 点移到 b 点所做的功，称为 a、b 两点之间的电压 u。

$$u=\frac{\mathrm{d}w}{\mathrm{d}q} \tag{1-3}$$

式(1-3)中，w 是电场力将正电荷由 a 点移到 b 点所做的功，单位为焦耳(J)。q 是被移动的正电荷的电量，单位为库仑(C)。u 是电路中 a、b 两点之间的电压，单位为伏特(V)。

电压的实际方向由高电位指向低电位，即电位降的方向。

如图 1-6 所示，若正电荷从 a→b，电场力做功，则电压的实际方向是从 a→b，此时 a 与 b 之间的元件吸收电能，即 a 与 b 之间的元件 R 把电能转换成其他形式的能；若正电荷沿电源支路从 c→a，电源力做功，则电动势的实际方向是从 c→a，而电压的实际方向是从 a→c，此时 c 与 a 之间的元件产生(或释放)电能，即 c 与 a 之间的元件把其他形式的能转换成电能。c 与 a 之间的元件是电源。

电压又称电位降。

1.2.3　电位

电位(物理学中称为电势)是在电场中定义的概念。电场中某点的**电位**，是指在电场中将单位正电荷从该点移至电位参考点时电场力所做的功，它是一个相对量。在电路中引用电位的概念，就得选定一个零电位参考点。电路中某点的电位是指该点相对于参考点之间的电压。在工程图中，一般用一些图形符号表示零电位参考点，如图 1-5 所示。一般用图(a)的符号“⊥”表示一般的抽象零电位参考点；图(b)的符号表示以大地为零电位的参考点；图(c)的符号表示以机壳为参考点；图(d)的符号表示安全接地。这些符号习惯上都称为接地，它们在工程上是有实际意义的。

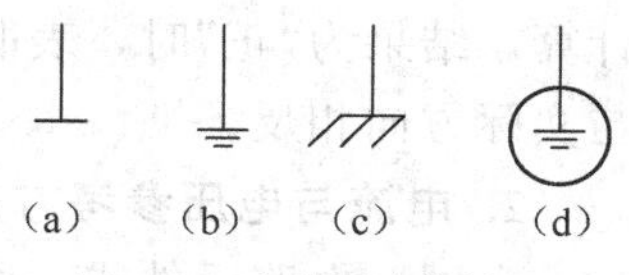

图 1-5　各类零电位符号

若在图 1-6(a)所示的电路中，选择 b 点为零电位参考点，这时各点的电位是

$$V_a=6\text{V};\ V_b=0\text{V};\ V_c=-6\text{V}$$

如果把 c 点作为零电位参考点，则

$$V_a=12\text{V};\ V_b=6\text{V};\ V_c=0\text{V}$$

从上述分析中可见，任意点的电位随参考点的不同而不同，即电位是相对参考点而言的，这叫电位的相对性。只有参考点被选定之后，电路中各点的电位才有定值，而任意两点之间的电压则与参考点的选择无关。图 1-6(a)的电路中，无论电路的零电位参考点在哪一点，电压 $U_{ab}=6\text{V}$，$U_{bc}=6\text{V}$ 是不会改变的，这叫作电压的单值性。

为了作图简便和图面清晰，习惯上不画电源，通常将电源的一端接“地”。而在电源的非接地端注以 $+U$、$-U$，或注明其电位的数值，如图 1-6(a)可以画成图 1-6(b)所示形式。可见，借助电位的概念可以简化电路作图。

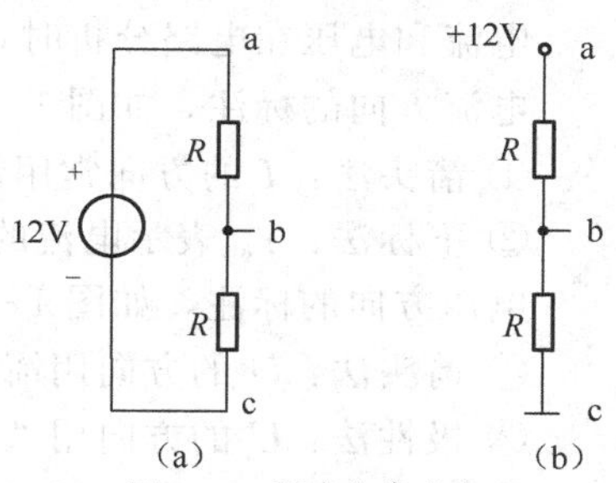

图 1-6　零电位参考点

1.2.4 电流和电压的参考方向

1. 参考方向(正方向)

电流、电压、电动势等物理量都具有方向性，但在实际问题中，其真实方向往往难以标出，如图 1-4(b)中的正弦电流，其大小、方向是随时间而变化的，难以用一个固定的箭头来表示它的方向。另外，即便是直流，如果是求解较复杂的电路(见图 1-7)，A、B间的电流 I_R 的实际方向往往不能预先确定；然而，电路中电流和电压的方向是我们列写电路方程的重要依据。为解决这一矛盾，首先要任意假设电流和电压的方向，为此引入一个十分重要的概念——参考方向(Reference Direction)，又称“正方向”。

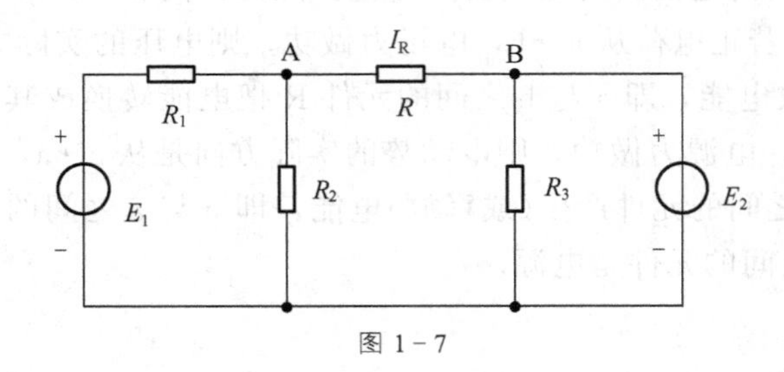

图 1-7

“参考方向”是任意假设的方向。设定了参考方向，电压、电流就有正负之分。若经过计算，结果为“正”时，表明参考方向与实际方向一致；计算结果为“负”时，表明参考方向与实际方向相反。

2. 电流与电压参考方向的关系

在同一电路元件或一段电路上，电流的参考方向和电压的参考方向二者是独立的，它们可以任意假定。当电流与电压的参考方向一致时，称为**关联参考方向**；当电流与电压的参考方向相反时，称为**非关联参考方向**。

注意

(1) 一般情况下，采用关联参考方向时，可以只标出电流(或电压)的参考方向。即，某元件上若只标出电流的参考方向，可以默认电压的参考方向与标出电流的参考方向一致，反之亦然。

(2) 在某一元件或某一段电路上，电流、电压的参考方向可以任意假定，一旦假定好了，就不能任意变动，根据假定的参考方向进行分析计算。注意列方程时，只看参考方向，代入数据时，“是正就代正，是负就代负”，直到问题分析计算终了为止。

3. 电流和电压方向的习惯标注

电流和电压在电路分析时，要时刻关注其方向。

电流方向的标注，如图 1-8 所示。

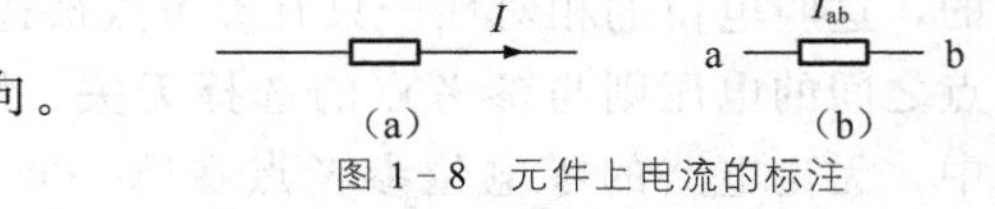

图 1-8 元件上电流的标注

① 箭头法：I 的方向常用箭头表示，如图 1-8(a)所示；

② 下标法：I_{ab} 表示电流的流向是从 a 到 b，如图 1-8(b)所示。

电压方向的标注，如图 1-9 所示。

① 箭头法：U 的方向用箭头表示，如图 1-9(a)所示；

② 极性法：U 的方向用“+”“−”表示，如图 1-9(b)所示；

③ 下标法：U 的方向用 U_{ab} 表示电压的方向是从 a 到 b，图 1-9(c)所示。

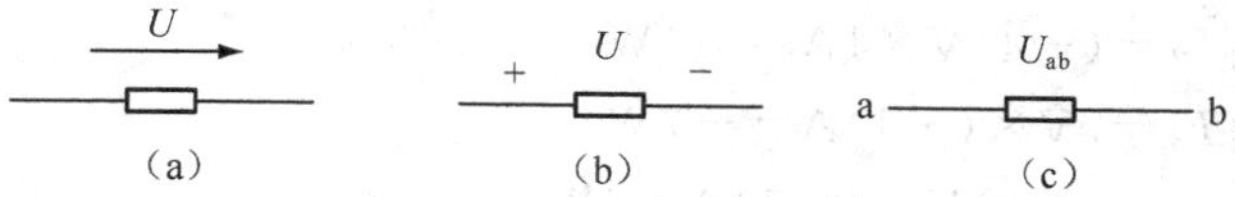

(a) (b) (c)

图 1-9 元件上电压的标注

1.2.5 功率

电路的基本作用之一是实现能量的变换与传递。我们用功率(Power)来表示能量变化的速率，它是电路分析中经常遇到的一个重要物理量，用 P 或 p 表示。

在物理学中，**功率**定义为单位时间内能量的变化，也就是能量对时间的导数，即

$$p=\frac{\mathrm{d}w}{\mathrm{d}t} \tag{1-4}$$

其中，w 是能量，单位为焦耳(J)，t 是时间，单位为秒(s)，p 是功率，单位为瓦特(W)。

在电路中，功率通常用电压、电流来表示，即

$$p=\frac{\mathrm{d}w}{\mathrm{d}t}=\frac{\mathrm{d}w}{\mathrm{d}q}\cdot\frac{\mathrm{d}q}{\mathrm{d}t}=u\cdot i \tag{1-5}$$

功率单位为瓦特，在直流情况下 $P=UI$，即 1W=1VA。

式(1-5)中的电压、电流为关联参考方向，此时，若 $p>0$，表示吸收功率，该元件是负载；若 $p<0$，表示发出功率，该元件是电源。

为了更明确地区别是吸收还是发出功率，当电压、电流为关联参考方向时，通常计算其吸收的功率

$$p_{吸收}=u\cdot i$$

此时 $p_{吸收}>0$，表示吸收功率，该元件是负载；若 $P_{吸收}<0$，表示发出功率，该元件是电源。

当电压、电流为非关联参考方向时，通常计算其发出的功率

$$p_{发出}=u\cdot i$$

此时 $p_{发出}>0$，表示发出功率，该元件是电源；若 $P_{发出}<0$，表示吸收功率，该元件是负载。

注意

(1) 一般地，电压、电流为关联参考方向时，吸收的功率就写 p 或 P，即，p 或 P 已默认是吸收功率。

(2) 对一个完整的电路，发出的功率等于吸收的功率，满足功率平衡。

例 1-1 求图 1-10 所示电路中各方框所代表的元件吸收或发出的功率。

已知：$U_1=1\text{V}$，$U_2=-3\text{V}$，$U_3=8\text{V}$，$U_4=-4\text{V}$，$U_5=7\text{V}$，$U_6=-3\text{V}$，$I_1=2\text{A}$，$I_2=1\text{A}$，$I_3=-1\text{A}$。

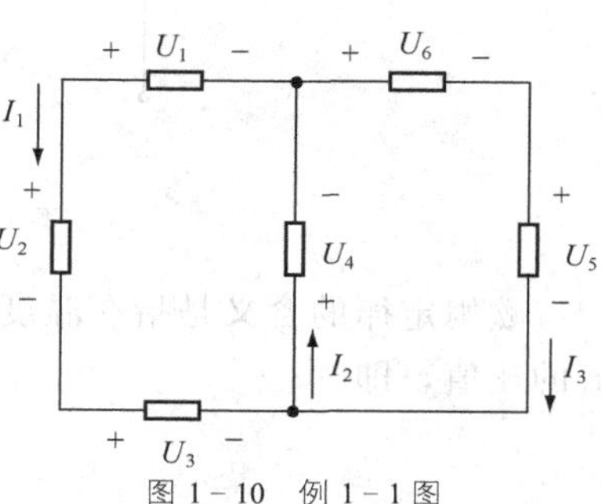

图 1-10 例 1-1 图

解：$P_{1发出}=U_1I_1=1\text{V}\times2\text{A}=2\text{W}$

$P_{2吸收}=U_2I_1=(-3)\text{V}\times2\text{A}=-6\text{W}$

$P_{3吸收}=U_3I_1=8\text{V}\times 2\text{A}=16\text{W}$

$P_{4吸收}=U_4I_2=(-4)\text{V}\times 1\text{A}=-4\text{W}$

$P_{5吸收}=U_5I_3=7\text{V}\times(-1)\text{A}=-7\text{W}$

$P_{6吸收}=U_6I_3=(-3)\text{V}\times(-1)\text{A}=3\text{W}$

$P_{2吸收}+P_{3吸收}+P_{4吸收}+P_{5吸收}+P_{6吸收}=-6\text{W}+16\text{W}+(-4)\text{W}+(-7)\text{W}+3\text{W}=2\text{W}$

本题的计算说明：对一完整的电路，发出的功率＝吸收的功率。

注意：列方程时只看参考方向。如 P_4，由于 U_4 与 I_2 是关联参考方向，因而列写 $P_{4吸收}$，代入数据得到 $P_{4吸收}=-4\text{W}$，证明该元件实际发出 4W 功率。

说明：例题中，所有的 $P_{吸收}$ 都可以简写为 P。

1.2.6 电能量

某一元件在 $t_0\sim t$ 时间内的电能量等于 $t_0\sim t$ 时间内功率对时间的积分，即

$$W=\int_{t_0}^{t}p(\xi)\mathrm{d}\xi=\int_{t_0}^{t}u(\xi)i(\xi)\mathrm{d}\xi \tag{1-6}$$

直流电路中，电压电流为常数，某一元件在 $0\sim T$ 时间内的电能量

$$W=UIT=I^2RT=\frac{U^2}{R}T \tag{1-7}$$

其中，能量的单位为焦耳(焦，J)，1 焦(J)＝1 瓦・秒(W・s)，当功率为 1kW 的设备，运行 1 小时，即 1kW・h 就是人们俗称的 1 度电。

1.3 电阻、电感和电容元件

本节将分别讨论今后电路中常用的理想线性时不变元件，即电阻、电感和电容元件，它们是电路中最基本的组成单元。

1.3.1 电阻元件

电阻元件是用来表示电工设备耗能特性的一种理想二端元件，其本质体现了电流流过电阻时的阻力作用，它是耗能元件。图 1－11(a)所示是线性电阻的图形符号。在线性电阻上的电流、电压关系用欧姆定律描述。

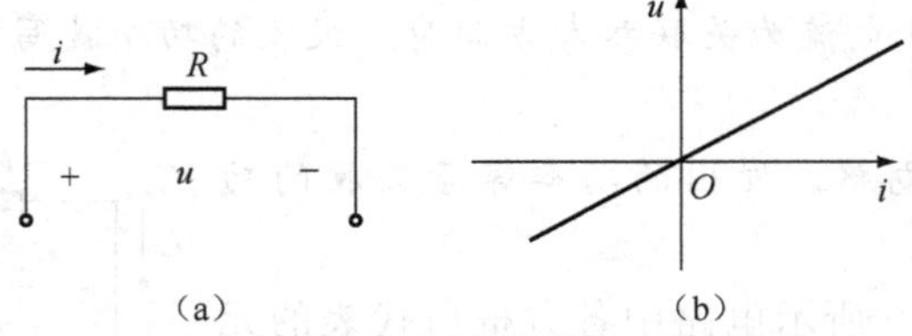

图 1－11　线性电阻的图形符号及端口特性

欧姆定律的含义是指在温度 T 一定的条件下，加在导体两端的电压与流过导体的电流的比值，即

$$\left.\frac{u}{i}\right|_{T=常数}=R \tag{1-8}$$

注意，当 u、i 取非关联参考方向时，上面的欧姆定律加负号。

把 R 这个常数定义为这段导体的电阻，单位是欧姆(Ω)。实际上，当电流流过电阻时必然要发热，因此保证不了阻值是常数。所以确切地说，一个元件或一段导体的电阻值是指在一定工作温度 T 下表现出的阻值。当用欧姆定律计算电路时，是以假定阻值不变为前提的，这就是我们所说过的理想化了的**线性电阻**。在工程上除半导体材料外，大部分的金属材料在温度变化不大的情况下，都可以当作线性电阻来计算，在直角坐标系中，表示电流、电压的函数关系如图 1－11(b)所示，这是一条通过坐标原点的直线。

工程上还有一种器件，即使把它控制在恒温条件下，它的阻值也不是常数，而是随电流或电压的变化而变化，这类电阻叫作**非线性电阻**。半导体器件是典型的非线性器件，非线性电阻将在第 15 章另行讨论。

电阻炉、白炽灯等用电设备或元件在实际使用过程中，如果电流过大，就有被烧毁的危险，其原因就是有电阻的存在。

为保证设备长期、安全、可靠的工作，对电源提供的电流、电压必须加以限制，这些限定的值称为**额定值**，用 U_N、I_N 表示，如某电阻炉为 220V、1kW 等。当电流、电压超过额定值时便是过载工作状态。

总结，电阻的几点特性如下。

① 电阻是耗能元件，在电阻元件里产生的热能会向周围空间散去，不可能再直接转换为电能。可见，电阻中的能量转换过程不可逆。

② 线性电阻元件两端的电压变化时，其电流将随之按同样规律变化(反之亦然)，故称线性电阻元件为“即时”元件。

1.3.2　电感元件

1820 年，安培和奥斯特发现了载流导体具有磁效应。据此现象，人们将导体缠绕，制造了各种线圈(绕组)。当一个线圈通以变化的电流，便会产生变化的磁通，变化的磁通在线圈中产生感应电动势，产生的感应电动势总是阻碍磁通的变化。

电感元件的自感磁通链 ψ 与元件中电流存在如下关系

$$\psi = li \tag{1-9}$$

工程上常把线圈绕在铁芯上以增强磁场，由于铁芯的磁滞与磁饱和现象使电感量 l 不是常数，此时电感为非线性元件。图 1－12(a)是线性电感元件的符号图，图 1－12(b)是空心线性电感元件磁通与电流的关系；图 1－12(c)是铁芯电感元件磁通与电流的关系。

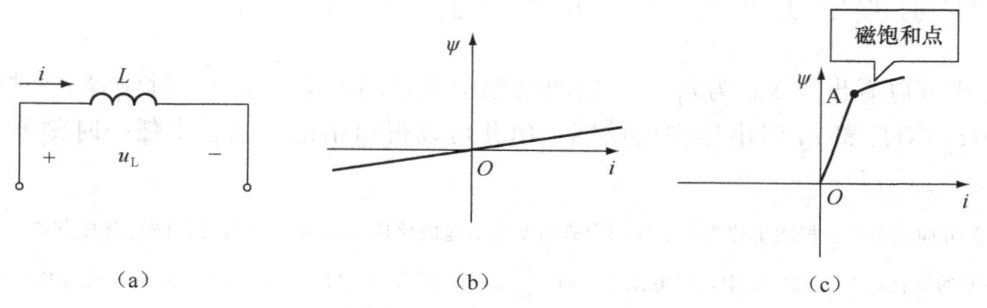

图 1－12　线性电感的图形符号及磁通与电流的关系

一般地，线圈在铁磁材料的非饱和状态下工作，铁心线圈可被当作线性电感元件来处理，若没有特别说明，电感视为常数可以用大写“L”表示，如图 1-12(c)所示，OA 近似直线。

1. 电感中物理现象的回顾

设电感线圈匝数为 N，当磁通变化时，会在线圈上产生感应电动势，根据物理学中的楞次定律

$$e=-N\frac{\mathrm{d}\varphi}{\mathrm{d}t}=-\frac{\mathrm{d}\psi}{\mathrm{d}t}=-L\frac{\mathrm{d}i}{\mathrm{d}t} \tag{1-10}$$

式中，$\psi=N\varphi=Li$ 称为磁通链，其单位是 Wb(韦伯)。当电流 i 通过线圈时，产生的磁通链 ψ 与电流 i 之间的方向关系，用右手螺旋定则确定。

2. 电感中电压与电流的关系

首先假定自感电压与电流取关联参考方向，有 $e=-u_{\mathrm{L}}$，根据式(1-10)，得

$$u_{\mathrm{L}}=L\frac{\mathrm{d}i}{\mathrm{d}t} \tag{1-11}$$

上式说明如下

① 任意时刻，电感上的电压正比于当时电流的变化率，而与该时刻的电流大小无关。

② 当电流增长时，即 $\frac{\mathrm{d}i}{\mathrm{d}t}>0$，$u_{\mathrm{L}}=L\frac{\mathrm{d}i}{\mathrm{d}t}>0$，$p=u_{\mathrm{L}}i>0$，电感吸收能量。

③ 当电流减小时，即 $\frac{\mathrm{d}i}{\mathrm{d}t}<0$，$u_{\mathrm{L}}=L\frac{\mathrm{d}i}{\mathrm{d}t}<0$，电压变为负值，此时 $p=u_{\mathrm{L}}i<0$，电感释放能量。

由此可见，电感既能吸收能量也能释放能量，所以电感是储能元件。

④ 当电流恒定时，$\frac{\mathrm{d}i}{\mathrm{d}t}=0$，电感上无电压，所以在直流情况下电感相当于短路。

由此可见，只有当电感电流发生变化时，电感对电路的影响才能表现出来，所以可称电感为动态元件。

注意，当 u、i 取非关联参考方向时，式(1-11)加负号，一定要注意方向[①]。

3. 电感中的储能

电流通过理想电感时没有发热现象，而是将电能转换为磁场能储存起来。设 Δw 为 $t_1\sim t_2$ 期间，电感中能量的增量，则

$$\Delta w=\int_{t_1}^{t_2}p\,\mathrm{d}t=\int_{t_1}^{t_2}ui\,\mathrm{d}t=\int_{t_1}^{t_2}L\frac{\mathrm{d}i}{\mathrm{d}t}i\,\mathrm{d}t=L\int_{i_1}^{i_2}i\,\mathrm{d}i=\frac{1}{2}Li^2\Big|_{i_1}^{i_2}=w(t_2)-w(t_1)$$

从上式可以看出，Δw 为 $t_1\sim t_2$ 期间电感中能量的增量，$w(t_1)$对应着 t_1 时电感中的储能，$w(t_2)$对应着 t_2 时电感中的储能。由此可以得出结论，电感中任一时刻的储能正比

① 有关方向的说明：楞次定律指出，线圈中磁通变化引起的感应电动势，其真实方向总是使其产生的感应电流试图阻止磁通的变化，图 1-12(a)中，当电流增大时，$\frac{\mathrm{d}i}{\mathrm{d}t}>0$。按式(1-11)可知，$u_{\mathrm{L}}>0$，此感应电压与外电路接通，形成了电流，此电流产生的磁通阻止了磁通的增加，与楞次定律相符。对于 $\frac{\mathrm{d}i}{\mathrm{d}t}<0$ 的情况，读者可自行分析。

于当时电流的平方，即

$$w=\frac{1}{2}Li^2 \tag{1-12}$$

这个能量以磁场能的形式表现出来，单位是 J(焦耳)。

1.3.3 电容元件

电容器是由间隔以不同介质(如空气、云母、电解质等)的两块金属板组成。电容器能存储等量异性电荷，其能量是以电场能的形式表现出来的。在工程技术中，电容器的应用极为广泛，如电子装置和电力系统中会大量使用电容器。

线性电容的图形符号如图 1-13(a)所示，其上电流、电压的参考方向可以任意假设，图中是关联参考方向。

线性电容器存储的电荷 q 与极板间的电压 u_c 成正比，比例系数即是电容量 c

$$q=c\cdot u_c \tag{1-13}$$

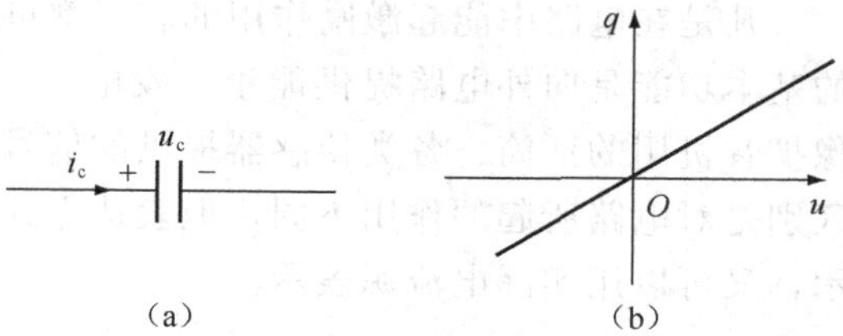

线性电容的电容量 c 是常数，非线性电容的电容量 c 则随电压变化而变化。

图 1-13 线性电容的图形符号

若没有特别说明，一般 c 系指线性电容，即电容为常数，此时，可以用大写 C 表示，如图 1-13(b)所示。

电荷 q 的单位是库仑(C)，电压的单位是伏特(V)，电容量 c 的单位是法拉(F)。因为实际电容器的电容量一般很小，所以工程上电容量的单位通常用微法(μF)或皮法(pF)表示，$1\mu F=10^{-6}F$，$1pF=10^{-12}F$。

电路分析中，最令人感兴趣的是元件中电流、电压的关系，而电流是由充、放电电荷移动形成的，根据电流的定义式

$$i_c=\frac{dq}{dt} \tag{1-14}$$

将式(1-13)代入式(1-14)，得出电容电流的微分表达式为

$$i_c=c\frac{du_c}{dt} \tag{1-15}$$

式(1-15)说明如下。

① 式(1-15)中电压与电流是关联参考方向，电容器上任一时刻的电流，正比于当时的电压变化率，而与该时刻的电压高低无关。

② u_c、i_c 在关联参考方向时，电压增长，即 $\frac{du_c}{dt}>0$ 时，电流为正，处于充电状态，此时 $p=u_ci>0$，电容器在吸收能量。当电压减小，即 $\frac{du_c}{dt}<0$ 时，电流为负，处于放电状态，此时 $p=u_ci<0$，电容器在释放能量。

③ 当电压为恒定值时，$\frac{du_c}{dt}=0$，电容器上无电流，所以在直流情况下的电容器相当于开路。由此可见，电容器为动态元件，它具有隔断直流的作用。

④ u_c、i_c 在非关联参考方向时，电容的 VCR 关系为 $i_c=-c\frac{du_c}{dt}$

可以证明电容上储存的电场能量正比于当时电压的平方，即

$$w=\frac{1}{2}cu_{c}^{2} \tag{1-16}$$

1.4 独立电源

物理学指出，正电荷从高电位向低电位运动(负电荷做相反的运动)，此时电场力做功，实质是异性电荷的相互吸引，运动的结果将减弱电场力，也就是说，仅由电场力产生的电流持续时间是有限的。因此，为使电路中产生持续的电流，还必须有一种能够将正电荷从低电位搬移到高电位的“电源力”，实际中，具有电源力的装置就是电源。

凡是在电路中能起激励作用的装置都可归纳为电源。电源是电路的基本组成部分，它的基本功能是向外电路提供能量。发电机、干电池、硅光电池等都是电源的实例。另外，像扩音机用的话筒、各类传感器提供的信号源，也可以认为是电源，这些信号源与电源的区别是对电路所起的作用不同，但表达方式相同。一个实际的电源既可以用实际电压源表示，又可以用实际电流源表示。

1.4.1 电压源

任何实际电源都可以用图 1-14(a)虚线框内的电路模型表示，即实际电压源(简称电压源)。U_s 是电压源的电压，R_0 为电源内电阻，R_L 为负载电阻。

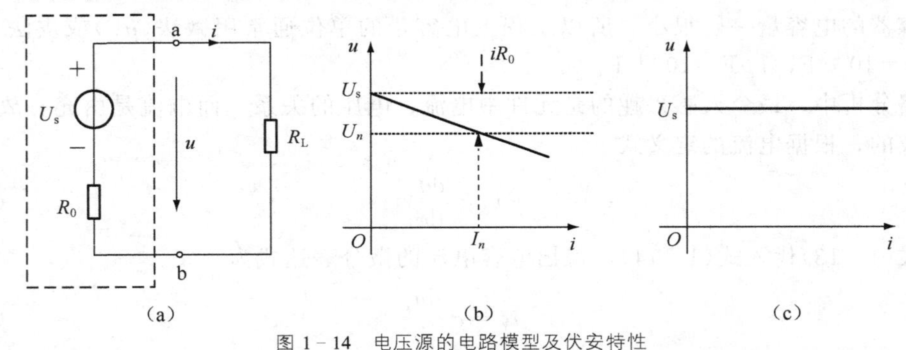

图 1-14 电压源的电路模型及伏安特性

此端口伏安特性可以用下面的数学模型描述

$$u=U_s-iR_0 \tag{1-17}$$

式(1-17)称为电压源的外特性，又称伏安特性。根据式(1-17)，画出图 1-14(b)，由此得出电压源的特点如下：

① 当电压源空载时，输出电流为零，输出电压为开路电压 u_{oc}，在数值上等于 U_s；

② 当电压源有载时，输出电压在数值上小于 U_s，其差值是内阻上的电压降 iR_0。显然当负载[①]增加时(负载增加指的是输出功率增加，即负载电流 i 增加)，输出电压将下降；

③ 当电压源短路时，输出电压为零，这时的电流称为短路电流 i_{sc}，其值为

$$i_{sc}=\frac{U_s}{R_0}$$

---

① 负载的大小是指实际电功率的大小。

短路电流通常远远大于电压源正常工作时的额定电流，一般电压源严禁短路。

④ 从电压源的外特性可知，电源内阻 R_0 越小，电压源输出的电压越稳定，即电源带负载的能力越强，在设计电源(或信号源)时，若要求输出电压稳定，应使内阻尽量小。当然，在电源内阻 R_0 确定时，为了使电源(或信号源)输出电压较高，应尽量使所带负载电流 i 小，即所带负载小。

在理想的情况下，内电阻为零时，输出电压 $u=U_s$，电源的外特性将是一条不通过原点且与电流轴平行的直线，如图 1-14(c)所示。这种内阻等于零的电压源称为理想电压源，它也是电路的一种基本元件模型。

1.4.2　电流源

任何实际电源都可以用图 1-15(a)虚线框内的电路模型表示，即实际电流源(简称电流源)。电流源在额定值的范围内能向外电路提供比较稳定的电流，硅光电池就是一个实际的电流源。

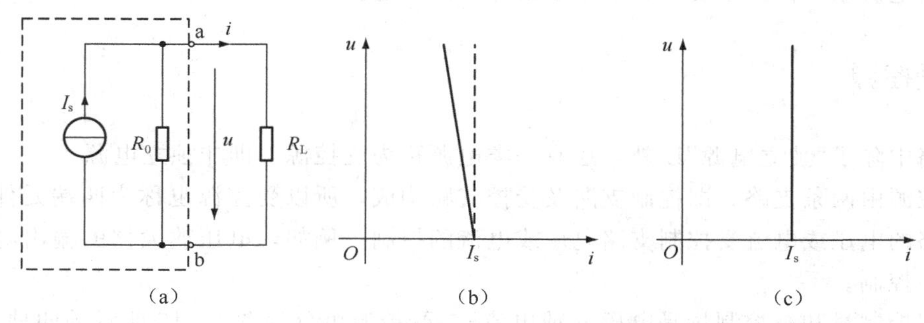

图 1-15　电流源的电路模型及特性曲线

电流源的端口特性可以用下面的数学模型描述

$$i=I_s-\frac{u}{R_0}=I_s-G_0u \tag{1-18}$$

上式也称电流源的外特性方程，其中电导 $G_0=\frac{1}{R_0}$，根据式(1-18)，画出图 1-15(b)，由此得出电流源的特点如下。

① 当电流源空载时，输出电流 $i=0$，电激流 I_s 全部通过内电导旁路，这时其输出电压为开路电压 $u_{oc}=I_sR_0$。

② 当电流源短路时，输出电压等于零，这时短路电流 $i_{sc}=I_s$。

③ 当电流源有负载时，电流分成两部分，一部分供给负载，另一部分在其内电阻中旁路。可见内电阻起分流作用，内电阻越大，分流作用越小，输出电流的比例就越大，即输出电流越稳定。

在理想的情况下，内电阻为无穷大时，输出电流 $i=I_s$，电源的外特性将是一条平行于电压轴的垂直线，如图 1-15(c)所示。这种内阻等于无穷大的电流源称为理想电流源，它也是电路的一种基本元件模型。

例 1-2　已知理想电流源的电流 $I_s=10\text{A}$，分别求出图 1-16(a)、(b)、(c)三个电路中理想电流源的端电压 U 和输出电流 I。图(a)中 R_L 分别为 0Ω、20Ω。

解： 图(a)中，$R_L=0\Omega$ 时，$I=10\text{A}$，$U=R_LI=0\text{V}$；$R_L=20\Omega$ 时，$I=10\text{A}$，$U=$

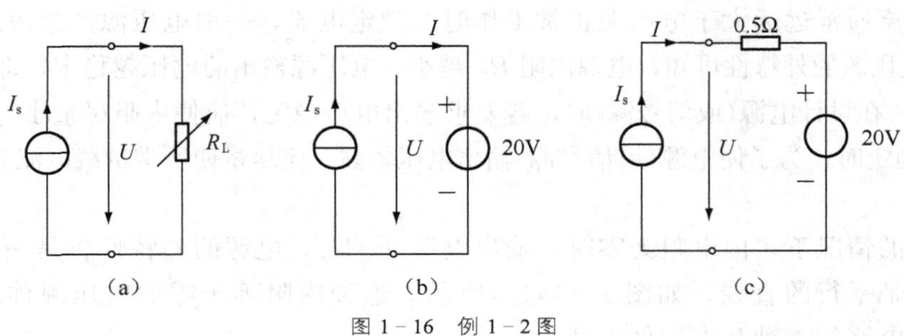

图 1-16 例 1-2 图

$R_L I=200V$；

图(b)中，$I=10A$，$U=20V$；

图(c)中，$I=10A$，$U=0.5\times10V+20V=25V$

由上题可见，理想电压源的端电压始终保持不变，其端电流由外电路确定；理想电流源的输出电流始终保持不变，其端电压由外电路确定。

1.5 受控源

电路中除了“独立电源”以外，还有一类电源称为受控源，即非独立电源。

受控源由两条支路，即控制支路及受控支路构成，所以受控源也称为四端元件，其中受控支路的电压或电流受控制支路电压或电流的控制。例如，电压放大器的输出电压受输入电压的控制。

根据控制量和被控制量是电压 u 或电流 i，受控源可分为图 1-17 所示的四种类型。

(1) 电压控制电压源(VCVS①)

电压控制电压源，如图 1-17(a)所示，受控电压源的电压为：$u_2=\mu u_1$，式中 μ 为无量纲的电压控制系数。例如，变压器输出电压受输入电压的控制。

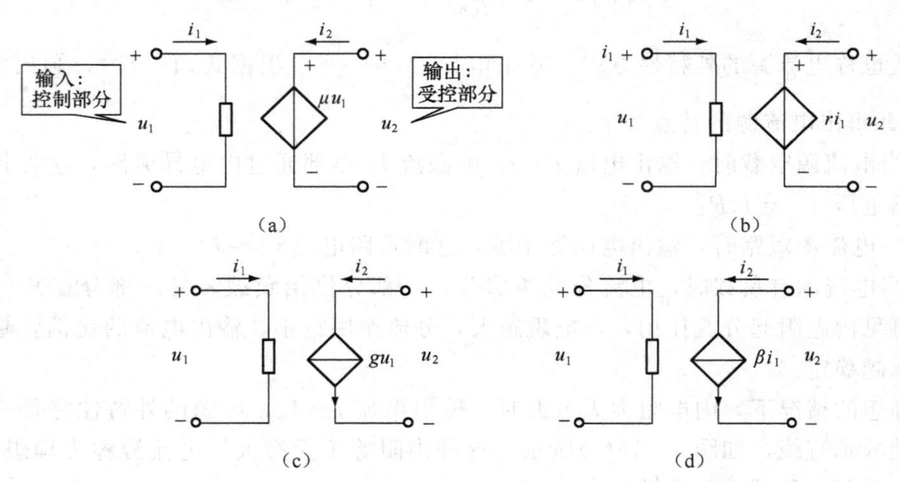

图 1-17 受控源

① VCVS：Voltage Controlled Voltage Source 电压控制电压源

(2) 电流控制电压源(CCVS[①])

电流控制电压源，如图 1－17(b)所示，受控电压源的电压为：$u_2=ri_1$，式中 r 为电流控制系数，单位为 Ω(欧姆)，r 称为转移电阻。

(3) 电压控制电流源(VCCS[②])

电压控制电流源，如图 1－17(c)所示，受控电流源的电流为：$i_2=gu_1$，式中 g 为电压控制系数，单位为 S(西门子)，g 称转移电导。

(4) 电流控制电流源(CCCS[③])

电流控制电流源，如图 1－17(d)所示，受控电流源的电流为：$i_2=\beta i_1$，式中 β 为无量纲的电流控制系数或称电流增益。例如，晶体三极管集电极电流受基极电流的控制。

图 1－18(a)所示是晶体三极管电路，基极电流和集电极电流满足关系：$i_c=\beta i_b$，因此晶体三极管(虚线框内)简化的电路模型可以用电流控制电流源表示，如图 1－18(b)所示。

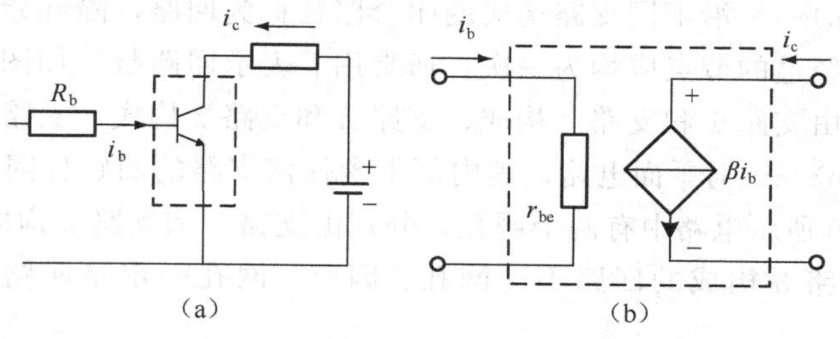

图 1－18 晶体三极管及微变等效电路

总结，受控源与独立电源的比较如下。

① 独立电源的电压(或电流)由电源本身决定，与电路中其他电压或电流无关；而受控源的电压(或电流)由控制量决定，受控源的存在及其作用依赖于控制支路的控制量。

② 独立电源在电路中起“激励”作用，在电路中产生电压、电流；而受控源只是反映输出端与输入端的受控关系，在电路中不能作为“激励”。

例 1－3 已知图 1－19 所示电路，求开路电压 u_2。

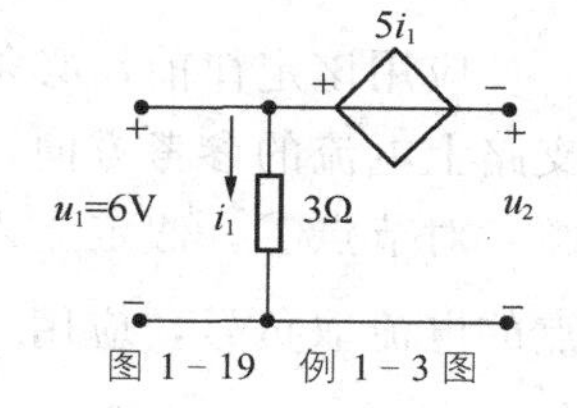

图 1－19 例 1－3 图

解：

$$i_1=\frac{u_1}{3}=\frac{6}{3}=2\text{A}$$

$$u_2=-5i_1+6=-10+6=-4\text{V}$$

1.6 基尔霍夫定律

电路中各电流、电压遵循以下两种基本规律的约束。

(1) 电路元件性质的约束。也称电路元件的伏安关系(VCR)，它仅与元件自身的性质有关，与元件在电路中连接方式无关。例如，电阻的电压与电流满足欧姆定律等。

(2) 电路连接方式的约束。也称拓扑约束，它仅与元件在电路中连接方式有关，与元件性质无关。基尔霍夫定律是概括拓扑约束关系的基本定律。

① CCVS：Current Controlled Voltage Source 电流控制电压源

② VCCS：Voltage Controlled Current Source 电压控制电流源

③ CCCS：Current Controlled Current Source 电流控制电流源

基尔霍夫定律(Kirchhoff's Laws)[①]包括基尔霍夫电流定律(KCL)和基尔霍夫电压定律(KVL)。它反映了电路中所有支路电压和电流所遵循的基本规律，是分析集总参数电路的根本依据。**基尔霍夫定律与元件 VCR 构成了电路分析的基础**。

为了讲述基尔霍夫定律，先介绍电路中的常见术语。

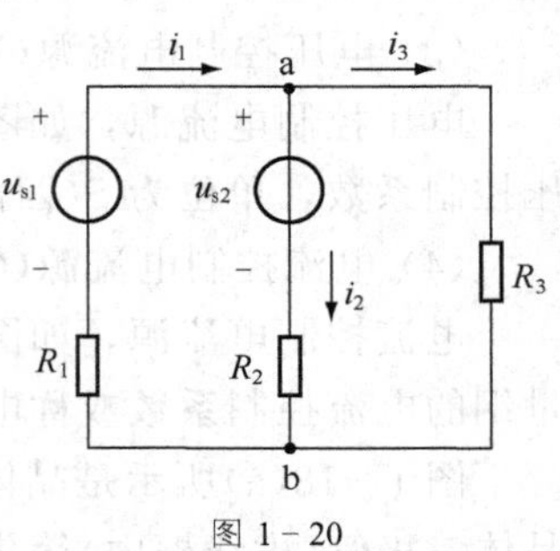

图 1-20

(1) 支路(Branch)——电路中通过同一电流的分支，通常用 b 表示支路数。

一条支路可以是一个二端元件，亦可以由多个元件串联组成。图 1-20 所示的电路中有三条支路，$b=3$。

(2) 节点(Node)——由三条或三条以上支路连接的点称为节点。通常用 n 表示节点数。图 1-20 所示电路中有 a、b 两个节点，$n=2$。

(3) 回路(Loop)——沿不同支路构成的闭合路径称为回路，除起始节点和终止节点以外，该闭合路径所经过的节点应均为一次。通常用 l 表示回路数。如图 1-20 所示电路中有三个回路，分别由支路 1 和支路 2 构成、支路 2 和支路 3 构成、支路 1 和支路 3 构成。

(4) 网孔(Mesh)——对平面电路，其内部不含任何支路的回路称网孔。通常用 m 表示网孔数。如图 1-20 所示电路中有两个网孔，分别由支路 1 和支路 2 构成、支路 2 和支路 3 构成。支路 1 和支路 3 构成的回路不是网孔。因此，网孔一定是回路，但回路不一定是网孔。

1.6.1 基尔霍夫电流定律(KCL)

1. 基尔霍夫电流定律(KCL——Kirchhoff's Current Law)

“在集总电路中，任意时刻、任意节点处电流的代数和等于零。”其中，可以假定流入该节点的电流取正号，流出该节点的电流取负号，也可以做相反的假设。

$$\sum i=0 \tag{1-19}$$

应用该定律前，必须假定各支路电流的参考方向，各支路上电流的参考方向，如图 1-21 所示。

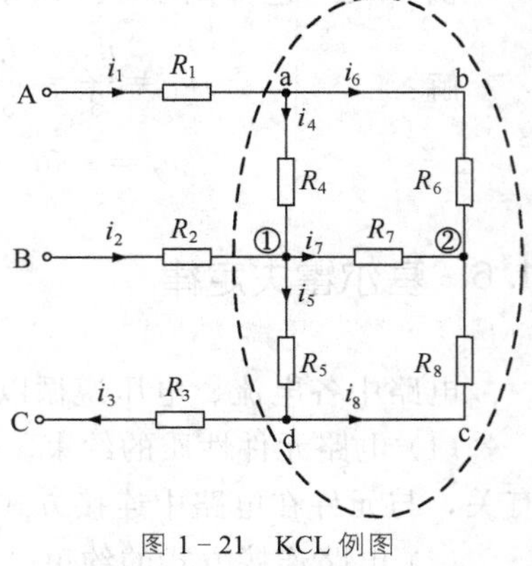

图 1-21 KCL 例图

对节点①，假定流入该节点的电流取正号，流出该节点的电流取负号，应用 $\sum i=0$

$$i_2+i_4-i_5-i_7=0$$

上式也可写成

$$i_2+i_4=i_5+i_7$$

即，任意时刻流入节点①电流等于流出节点①电流。

推广，任意节点有

$$i_{流入}=i_{流出} \tag{1-20}$$

式(1-20)是 KCL 的另一种形式，它表明，“在集总电路中，任意时刻，流入任意节点的电流之和等于流出该节点电流之和”。KCL 是描述电路中与节点相连的各支路电流间

① 1845 年，年仅 21 岁的德国大学生基尔霍夫，在欧姆研究成果的基础上，提出了任意电路中电流、电压所遵循的规律，即基尔霍夫定律(Kirchhoff's Laws)。

相互关系的定律。

例 1-4 如图 1-21 所示，已知 $i_1=-3\text{A}$，$i_2=1\text{A}$，$i_6=-4\text{A}$，$i_5=-1\text{A}$，求 i_3、i_4、i_7、i_8。

解：对节点 a 有 $i_1=i_4+i_6$ 代入数据

$$i_4=i_1-i_6=-3-(-4)=1(\text{A})$$

对节点①有 $i_2+i_4=i_5+i_7$

$$i_7=i_2+i_4-i_5=1+1-(-1)=3(\text{A})$$

对节点②：$i_6+i_7+i_8=0$ 代入数据

$$i_8=-i_6-i_7=-(-4)-3=1(\text{A})$$

对节点 d 有 $i_5=i_3+i_8$ 代入数据

$$i_3=i_5-i_8=-1-1=-2(\text{A})$$

解得 $i_3=-2\text{A}$，它表明 i_3 的实际方向是流入节点 d，大小为 2A。

2. 推广的基尔霍夫电流定律

KCL 也可被推广应用到电路中一个假设的闭合面 S 上，该 S 面又称为广义节点。

“在集总电路中，任意时刻，流入任意闭合面的电流之和等于流出该闭合面的电流之和”。

如图 1-21 所示，对广义节点即由虚线表示的闭合面 S，应用 KCL 有

$$i_1+i_2=i_3$$

上式关系的成立，不难应用例 1-4 的结果得到证明。

所以，基尔霍夫定律不仅适用于节点，也适用于闭合面(广义节点)。

注意

(1) KCL 的实质是电流的连续性，是电荷守恒的具体体现。在节点处电荷不会形成、消失或积累。

(2) KCL 表示了电流的约束关系，与支路上接的是什么元件无关，并且与电路是线性还是非线性无关。

(3) KCL 与电路中的其他公式一样，列写方程时，按照参考方向列写即可，一般不用考虑实际方向。

如图 1-22 所示，因为左、右两侧的回路均可看作一个广义的节点，流进(或流出)广义节点电流只有一个，因此 $i_1=0$，A、B 两点电位相等。

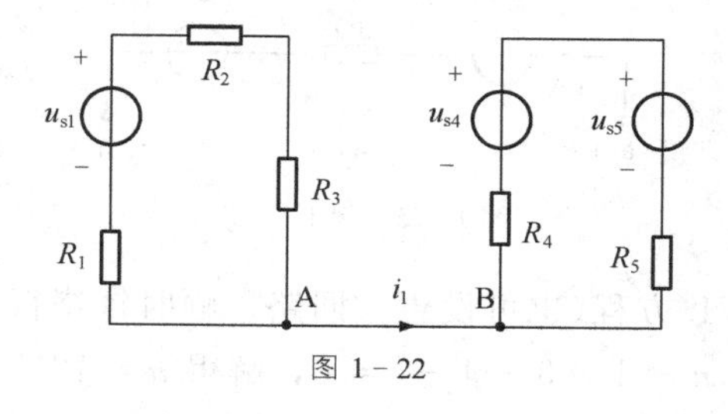

图 1-22

1.6.2 基尔霍夫电压定律(KVL)

1. 基尔霍夫电压定律(KVL——Kirchhoff’s Voltage Law)

“在集总电路中，任意时刻，沿任意回路绕行一周，回路中各段电压的代数和等于零”。KVL 是描述回路中各支路(或各元件)电压之间关系的定律。

沿任意回路绕行一周有

$$\sum u = 0 \tag{1-21}$$

应用定律前，应先选定回路的绕行方向，并任意假定各支路电压的参考方向。

(1) 标定各元件电压参考方向。一般地，在负载上，默认电压与电流成关联方向，可以只标出电流或电压一个方向即可。

(2) 任选回路绕行方向，顺时针或逆时针。一般规定，与回路绕行方向一致的支路电压取正号，相反的取负号。即沿回路电位降(电压)取正，电位升是负，或反之。

图 1-23 所示为电路的一部分。

沿回路 1 绕行一周有 $u_2 - u_1 + u_3 = 0$

代入电阻的 VCR，上述 KVL 方程也可表示为

$$-R_2 i_2 - R_1 i_1 + R_3 i_3 = 0$$

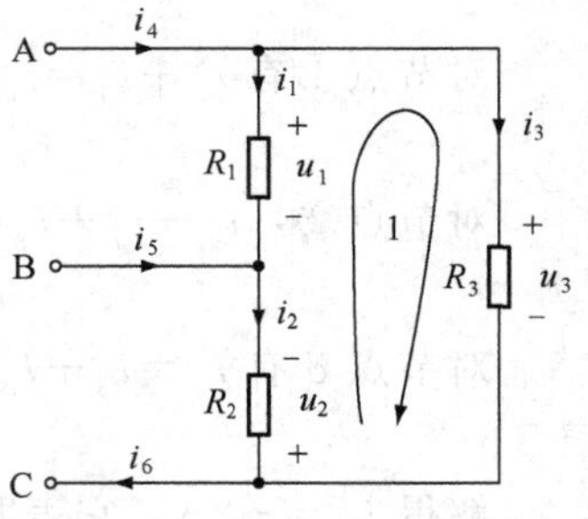

图 1-23

图 1-23 中，R_1、R_3 上电压与电流是关联方向，可以不用标出电压 u_1 和 u_3 的方向，而 R_2 上电压与电流是非关联方向，此时 $u_2 = -R_2 i_2$ 即 VCR 方程加负号。

2. 推广的基尔霍夫电压定律

KVL 也可被推广应用到开口电路或任一假想的回路，如图1-24所示。

“在集总电路中，任意时刻，开口电压 U_{ab} 等于从 a 到 b 各段电压的代数和”。

图 1-24 电路可列方程

$$U_{ab} = U_1 + U_2 + U_s$$

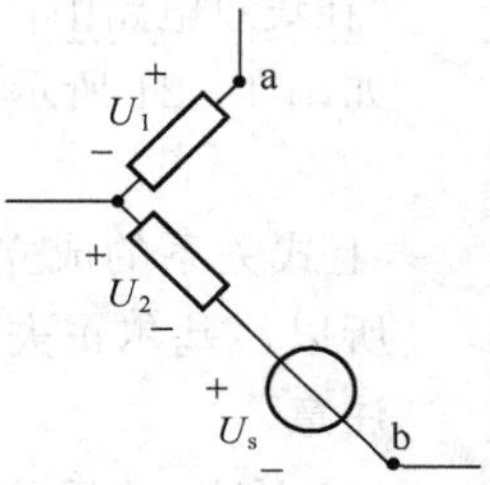

图 1-24

注意：

(1) KVL 的实质是电位的单值性，是能量守恒的具体体现。

(2) KVL 表示了电压的约束关系，与回路中各支路上接的是什么元件无关，与电路是线性还是非线性无关。

(3) 按 KVL 列方程时，是按电压参考方向列写，与电压实际方向无关。

例 1-5 求图 1-25 所示电路中电流源的端电压 u。

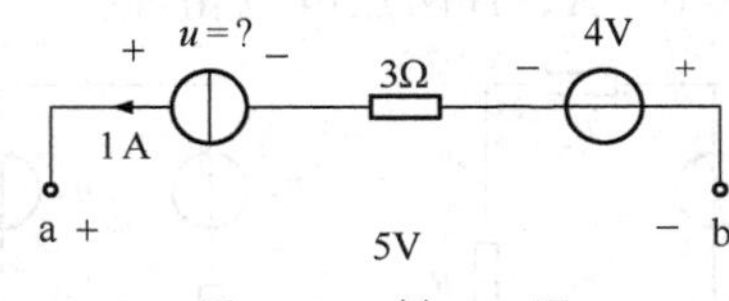

图 1-25 例 1-5 图

解法 1 列出支路 KVL 方程(也可设想一回路，顺时针绕行一周)

$$u - 1 \times 3 - 4 - 5 = 0，解得\ u = 12\text{V}$$

解法 2 a、b 间的电压(电位降)是 5V，然后从 a 走到 b 所经过的每个器件上的电位降(电压)为正，电位升为负，因此

$$5 = u - 1 \times 3 - 4，解得\ u = 12\text{V}$$

说明： 第一个方法只是为了应用基尔霍夫电压定律的回路，第二个方法应用更直观。

1.7 仿真

仿真例题 电路及参数如图 1 所示，自行计算结果，并用 Multisim 验证基尔霍夫两定律的正确性。

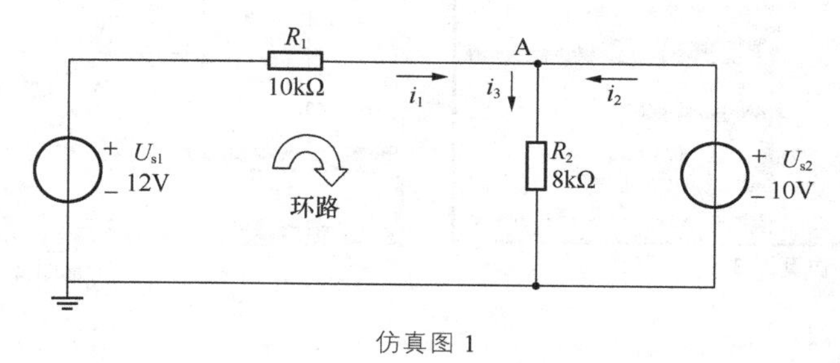

仿真图 1

解： 以节点 A 和环路 1 为例验证：$i_1 + i_2 = i_3$（KCL）；$-U_{s1} + U_{R1} + U_{R2} = 0$（KVL）。

1. 打开 Multisim(见图 2)

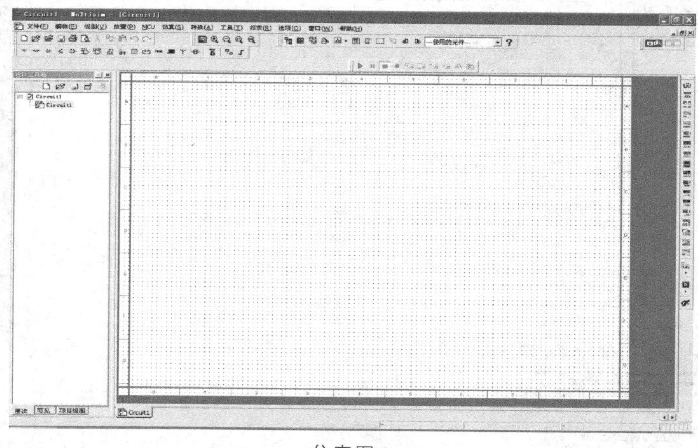

仿真图 2

2. 创建电路：取元件画电路图

(1) 单击 Options 下 Global Preferences…，选取德制。

(2) 单击 Place 下 Component…，出现窗口如图 3 所示。

(3) 选取元件画原理图如图 4 所示。

3. 电路仿真分析

(1) KCL 的验证

① 单击右侧仪表栏 Multimeter ，调出万用表并将万用表接入电路，如图 5 所示；

② 单击右上角仿真 按钮(或 Simulate 下 Run)，开始仿真，双击万用表，可以弹出如下数值，验证结果如图 6 所示。

(2) KVL 的验证

① 单击右侧仪表栏 Multimeter ，调出万用表并将万用表接入电路，如图 7 所示；

② 单击右上角仿真 按钮(或 Simulate 下 Run)，开始仿真，验证结果如图 8 所示。

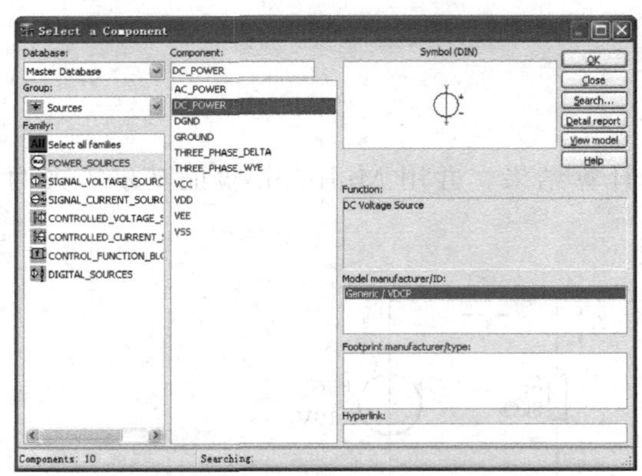

仿真图 3

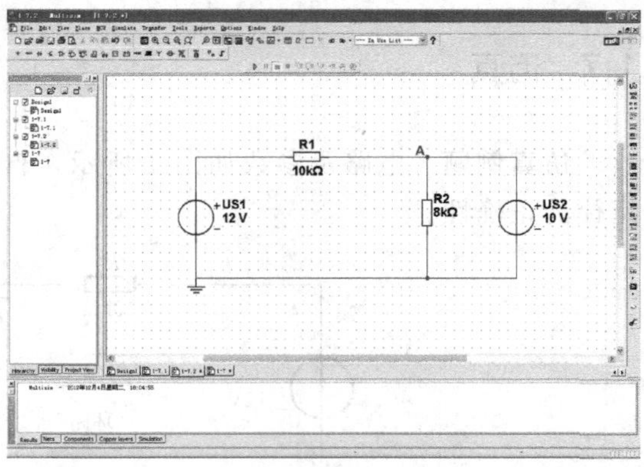

仿真图 4

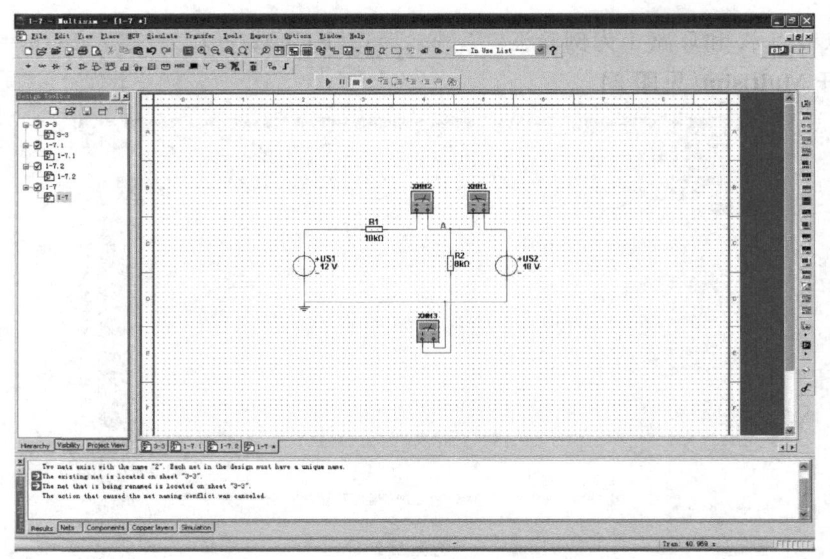

仿真图 5

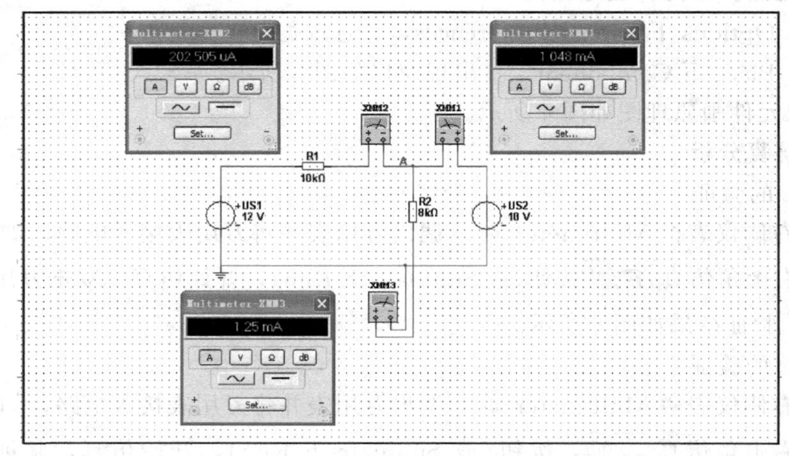

仿真图 6

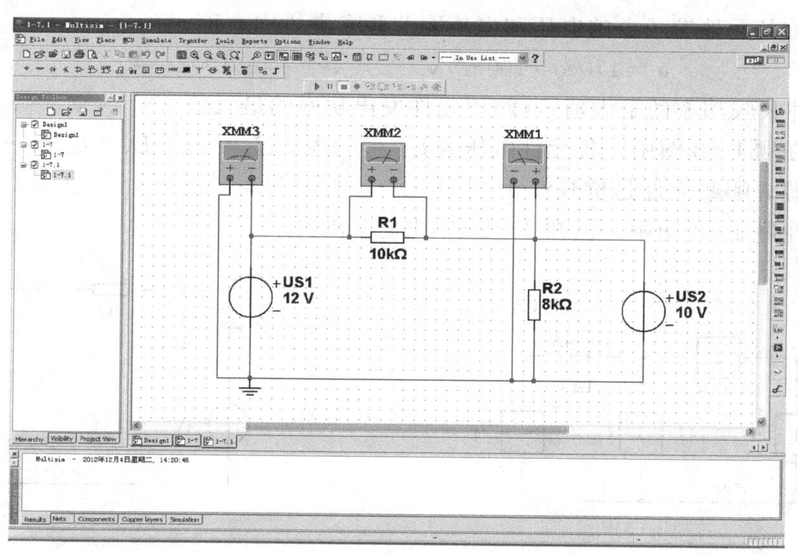

仿真图 7

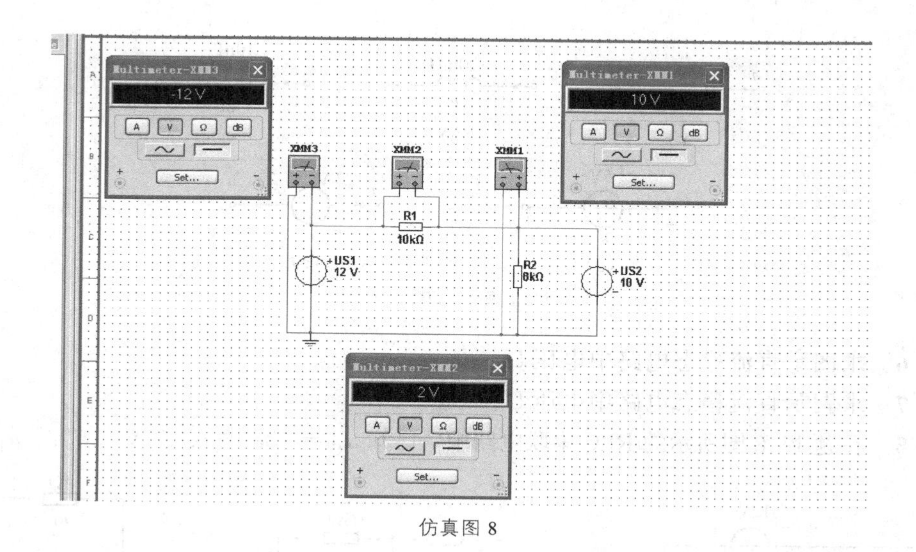

仿真图 8

习　题　一

1-1　说明图(a)、(b)中

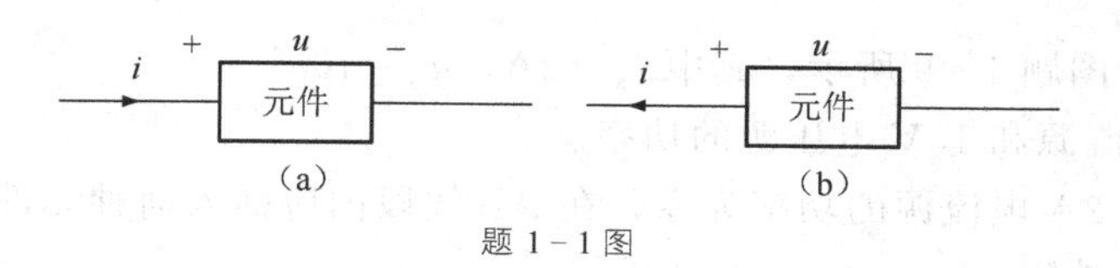

题 1-1 图

(1) u、i 的参考方向是否关联？(2)u、i 的乘积表示什么功率？(3)如果在图 a 中$u>0$，$i<0$，图 b 中 $u>0$，$i>0$，元件实际发出还是吸收功率？

1-2 若某元件端子上的电压和电流取关联参考方向，而

$$u=170\cos(100\pi t)\mathrm{V} \qquad i=7\sin(100\pi t)\mathrm{A}$$

求(1) 该元件吸收功率的最大值；(2)该元件发出功率的最大值

1-3 在题1-3图中，各元件电压为$U_1=-5\mathrm{V}$，$U_2=2\mathrm{V}$，$U_3=U_4=-3\mathrm{V}$，指出哪些元件是电源，哪些元件是负载？

1-4 在题1-4图中，已知$I=2\mathrm{A}$，求U_{ab}和P_{ab}。

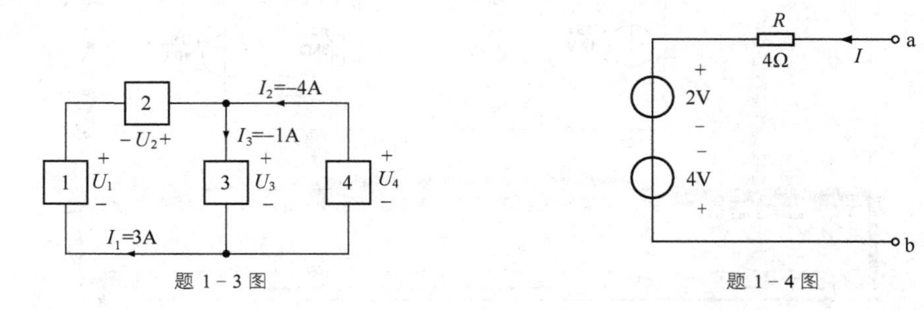

题 1-3 图　　题 1-4 图

1-5 在指定的电压u和电流i参考方向下，写出各元件u和i的约束方程。

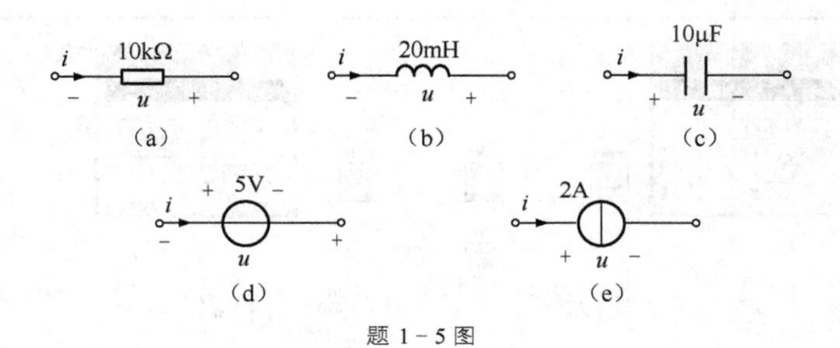

题 1-5 图

1-6 求图示直流稳态电路中电压U。

1-7 求图示直流稳态电路中电压U。

1-8 在题1-8图所示的RLC串联电路中，已知$u_C=(3e^{-t}-e^{-3t})\mathrm{V}$　求i、u_R和u_L。

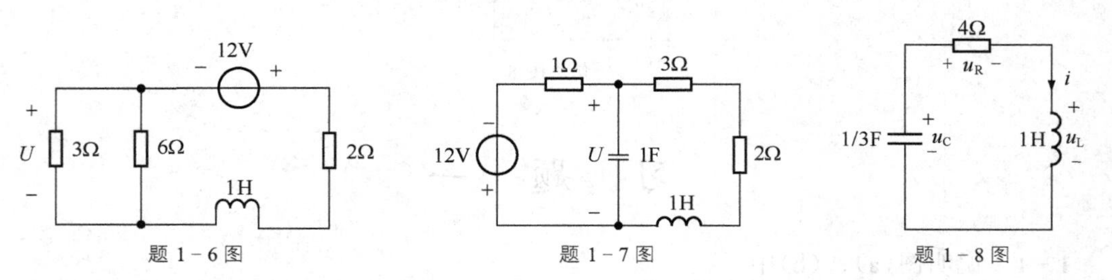

题 1-6 图　　题 1-7 图　　题 1-8 图

1-9 电路如图题1-9所示，其中$i_s=2\mathrm{A}$，$u_s=10\mathrm{V}$

(1) 求2A电流源和10V电压源的功率。

(2) 如果要求2A电流源的功率为零，在AB线段内应插入何种元件？分析此时各元件的功率。

(3) 如果要求10V电压源的功率为零，在BC线段内应插入何种元件？分析此时各元件的功率。

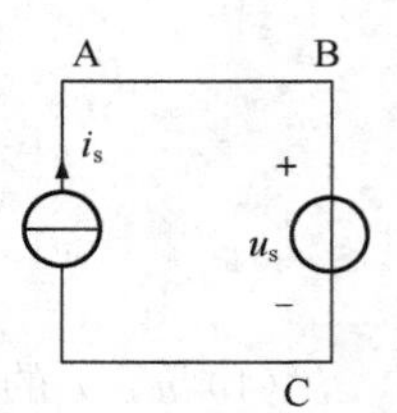

题 1-9 图

1-10 试求图中各电路的电压 u，并讨论其功率平衡。

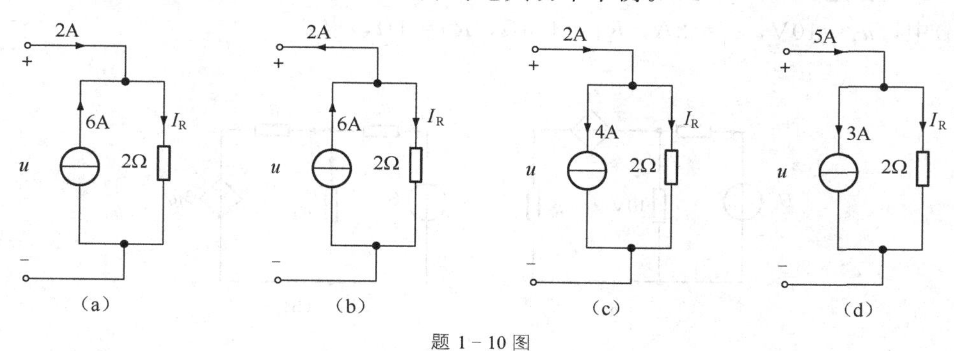

题 1-10 图

1-11 已知 $E=3\text{V}$，$I_s=-1\text{A}$，$R_1=3\Omega$，$R_2=1\Omega$，$R_3=2\Omega$。求恒压源 E 及恒流源 I_s 的功率 P_E，P_{IS}，并验证功率平衡。

1-12 求图示电路中电流 i。

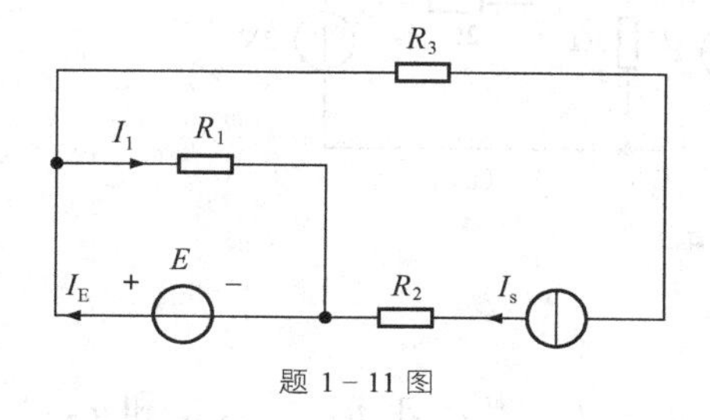

题 1-11 图

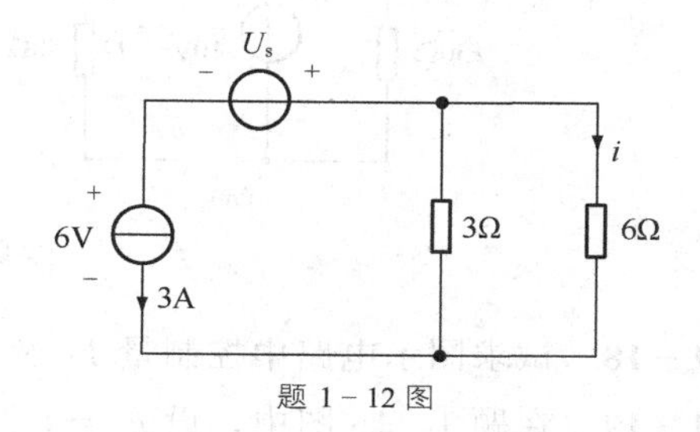

题 1-12 图

1-13 求图示电路中电流 i。

1-14 在题 1-14 图中，已知 $I_s=2\text{A}$，$U_s=4\text{V}$，求流过恒压源的电流 I、恒流源上的电压 U 及它们的功率，验证电路的功率平衡。

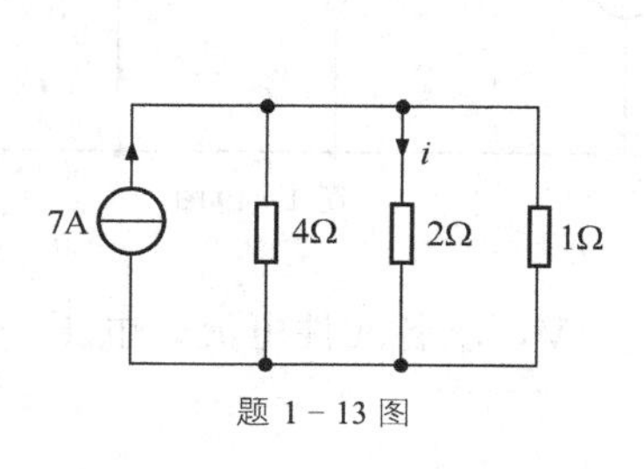

题 1-13 图

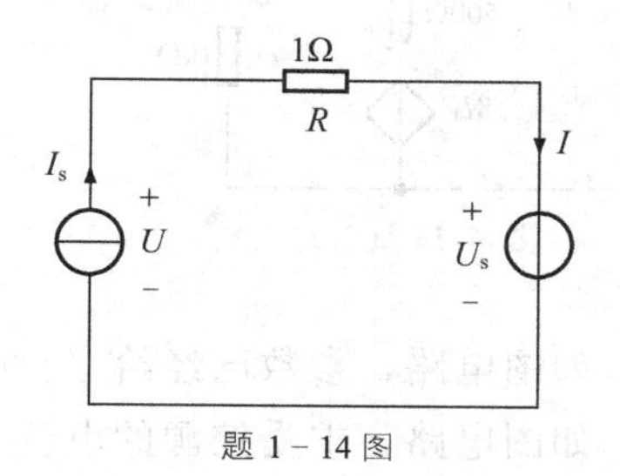

题 1-14 图

1-15 电路如图所示，试求：(1) 图(a)中电流 i_1 和电压 u_{ab}；(2) 图(b)中电压 u_{cb}。

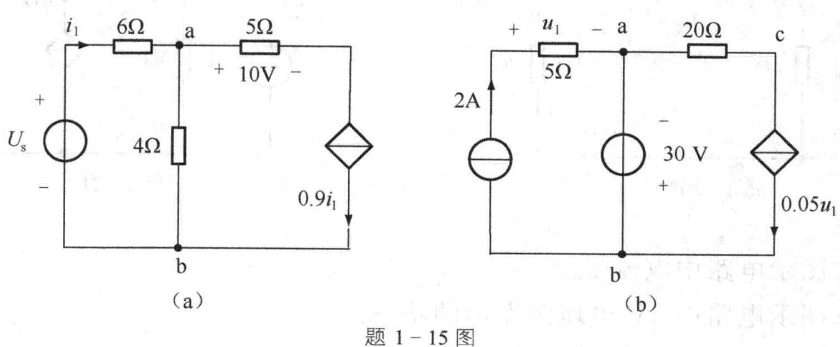

题 1-15 图

1-16 如题 1-16 图电路所示，(1) 已知图(a)中，$R=2\Omega$，$i_1=1\text{A}$，求 i；(2) 已知图(b)中，$u_s=10\text{V}$，$i_1=2\text{A}$，$R_1=4.5\Omega$，$R_2=1\Omega$，求 i_2。

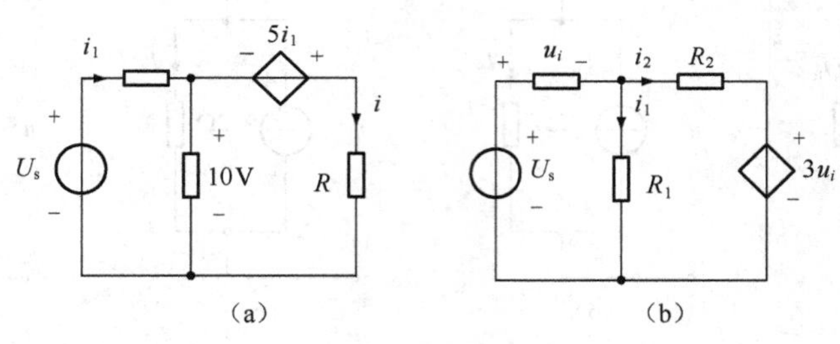

题 1-16 图

1-17 利用 KCL 和 KVL 求图示电路中的电压 U。

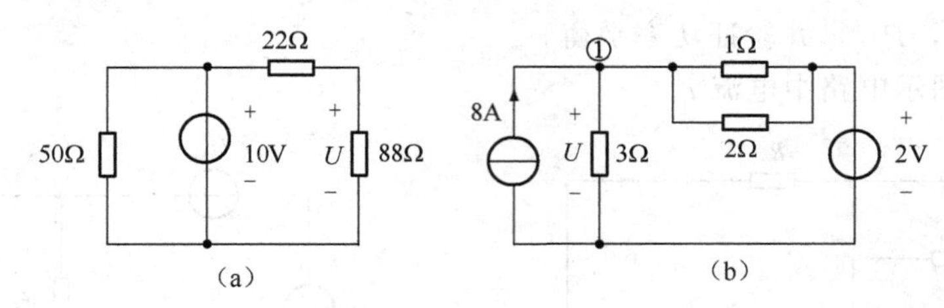

题 1-17 图

1-18 试求图示电路中控制量 I_1 及 U。

1-19 在题 1-19 图中，设 $u_s=U_m\sin\omega t$，$i_s=I_0e^{-\alpha t}$，求 u_L、i_c、i 和 u。

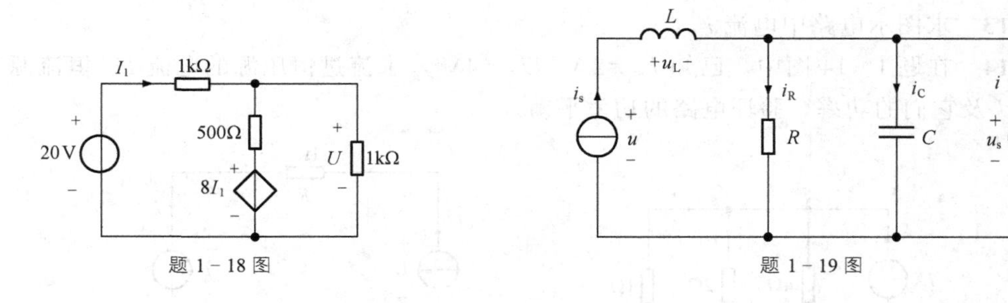

1-20 如图电路，参数已经给定。电压 $U_2=4\text{V}$，求各元件电流、电压。

1-21 如图电路，求受控源的电流 $4U$？

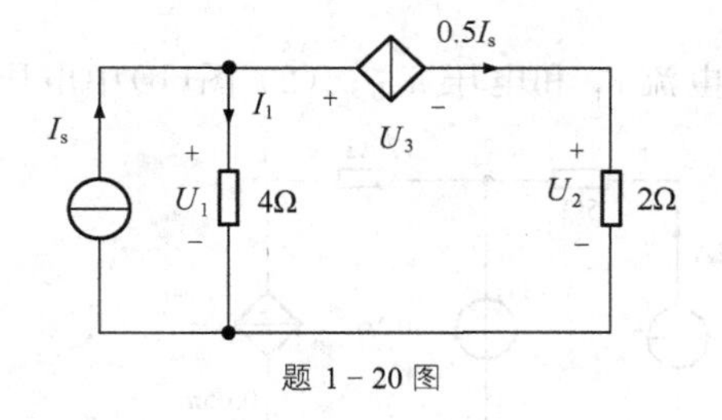

题 1-20 图

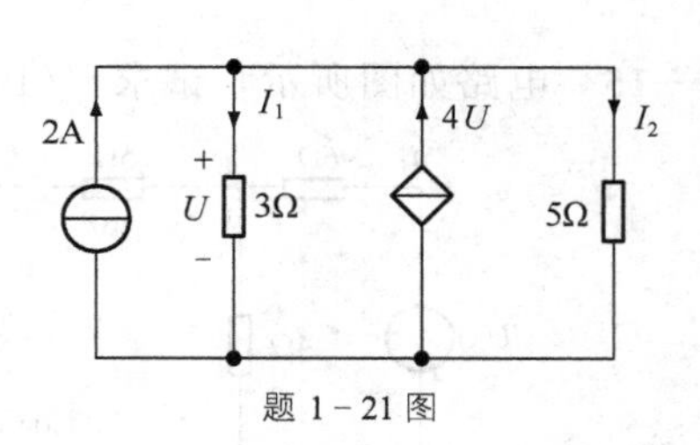

题 1-21 图

1-22 求图示电路中电流 I。

1-23 求图示电路中 5V 电压源发出的功率。

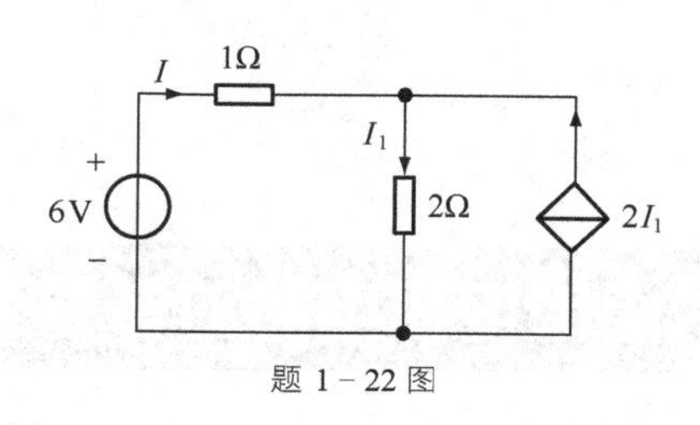

题 1－22 图

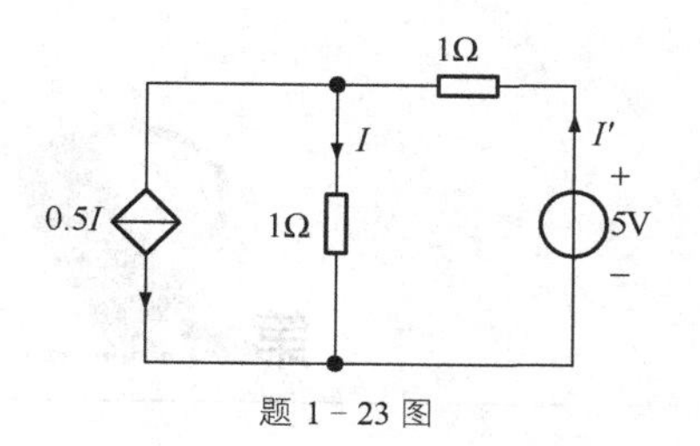

题 1－23 图

1－24　求题 1－24 图中的 R 和 U_{ab}、U_{ac}。

1－25　求题 1－25 图中的 U_1、U_2 和 U_3。

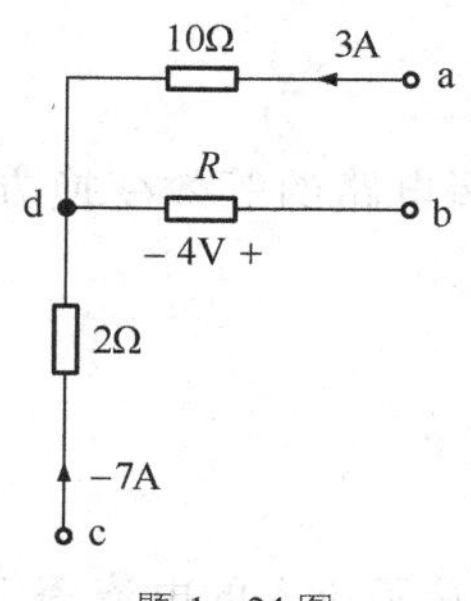

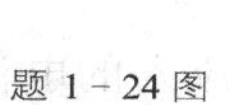

题 1－24 图

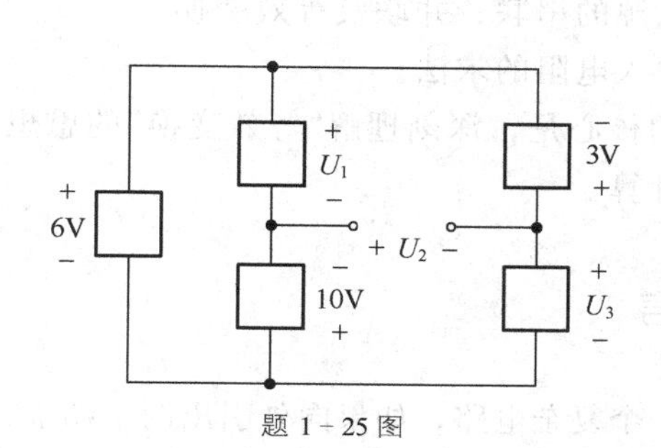

题 1－25 图

1－26　求题 1－26 图中的 I_x 和 U_x。

1－27　求题 1－27 图中 a 点的电位 V_a。

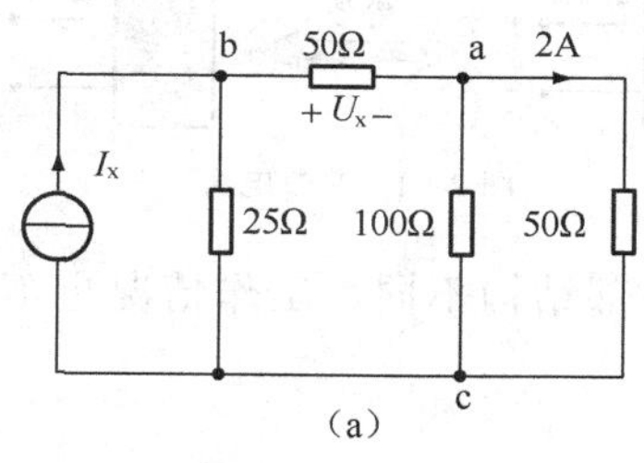

（a）

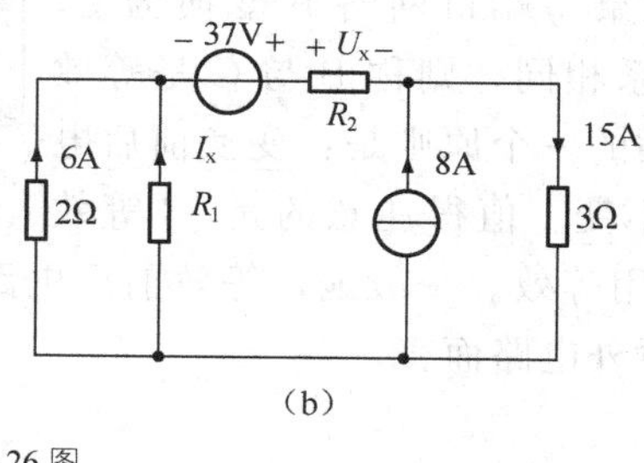

（b）

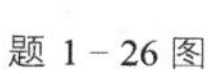

题 1－26 图

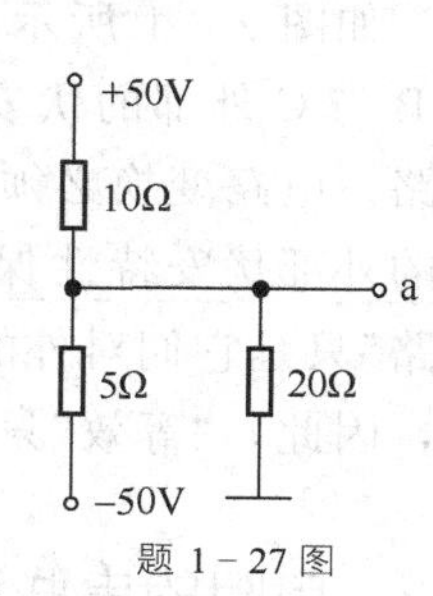

题 1－27 图

1－28　求题 1－28 图中电路端口的伏安关系。

1－29　图示电路中，已知 $U_s=5V$，求 I_s。

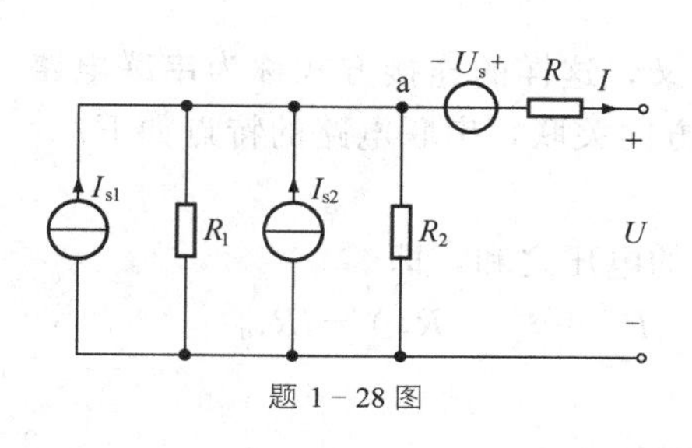

题 1－28 图

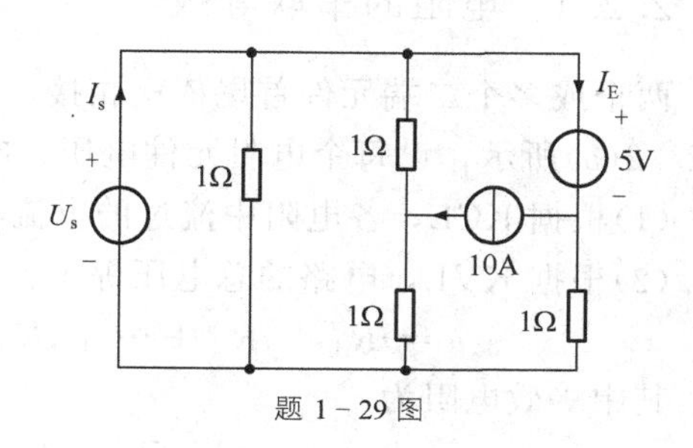

题 1－29 图

第2章 简单电阻电路的等效变换

学习要点

(1) 电阻的串并联、Y↔Δ及等效变换。

(2) 电源的串联、并联及等效变换。

(3) 输入电阻的求法。

本章的核心是，深刻理解“等效变换”的思想，熟练掌握电路的等效变换方法。掌握输入电阻的计算。

2.1 引言

任何一个复杂电路，如果向外引出两个端子，且从一个端子流入的电流等于从另一个端子流出的电流，则称此电路为一端口电路(或二端电路)。若一端口电路中不含独立电源，则称为无源一端口电路；若一端口电路中含有独立电源，则称为有源一端口电路。

如图2-1所示，如果一端口网络B变换为C，且B与C外部的伏安关系相同，则称B与C是等效电路。电路变换必须遵循的一个原则是：变换前后电路的外部伏安特性保持不变。值得注意的是，“等效电路”只是它们对外的作用等效。一般地，等效前后电路内部结构不同，工作情况也不相同，因此，“等效”只是对外电路而言。

图2-1 等效电路

2.2 电阻的串联和并联

2.2.1 电阻的串联等效

两个或多个二端元件首尾依次相接，中间无分叉，这样的连接方式称为**串联电路**，如图2-2(a)所示，设每个电阻元件电压、电流参考方向关联，串联电路的特点如下。

(1)根据KCL，各电阻中流过的电流相同；

(2)根据KVL，电路的总电压等于各串联电阻的电压之和，即

$$u=iR_1+iR_2+\cdots+iR_n=i(R_1+R_2+\cdots+R_n)=iR_{\mathrm{eq}} \tag{2-1}$$

其中等效电阻为

$$R_{\mathrm{eq}}=R_1+R_2+\cdots+R_n \tag{2-2}$$

若已知串联电阻两端的总电压，求各分电阻上的电压，称为分压。由图2-2知

$$u_K=iR_K=\frac{u}{R_{\mathrm{eq}}}R_K \quad (K=1,2,3,\cdots,n) \tag{2-3}$$

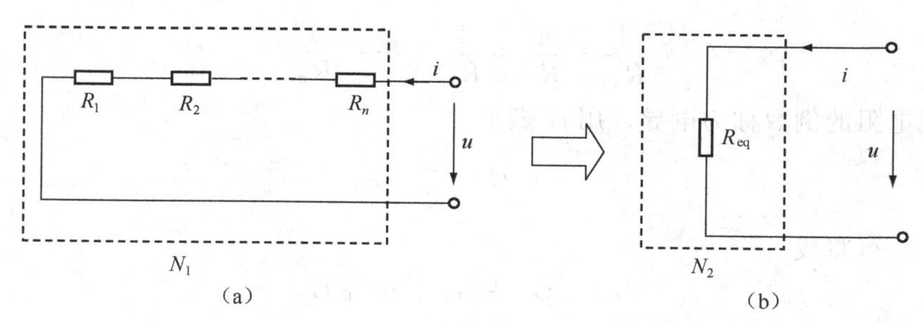

图 2－2　电阻串联及等效电路

电阻串联，各分电阻上的电压与电阻值成正比，显然，电阻值大者分得的电压也大。因此，串联电阻电路可作为分压电路。

最常用的两个电阻的串联分压公式为

$$u_1=\frac{R_1}{R_1+R_2}u \tag{2-4}$$

例 2－1　如图 2－3 所示，求两个串联电阻上的电压。

解：由串联电阻的分压公式得

$$u_1=\frac{R_1}{R_1+R_2}u$$

$$u_2=\frac{-R_2}{R_1+R_2}u \quad （注意\ u_2\ 的方向）$$

图 2－3　例 2－1 图

2.2.2　电阻的并联等效

两个或多个二端元件首与首、尾与尾相接，这样的连接方式称为**并联电路**。如图 2－4(a)所示，设电压、电流参考方向关联，并联电路的特点如下。

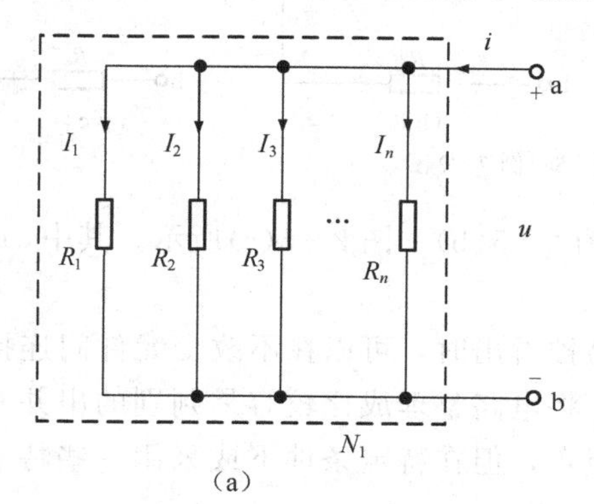

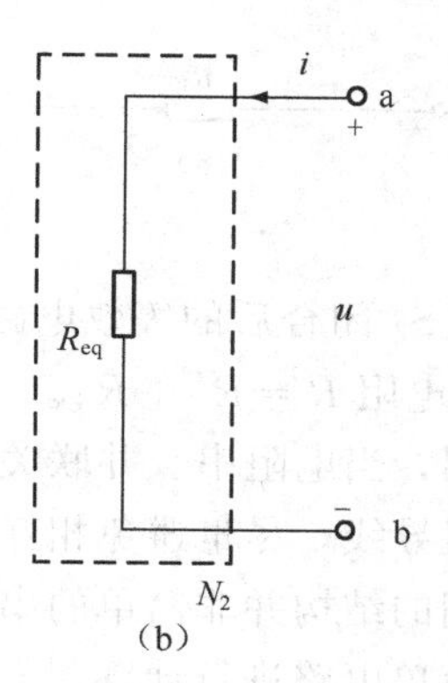

图 2－4　电阻并联等效电路

(1)根据 KVL 知，各电阻两端承受电压相同；

(2)根据 KCL，电路的总电流等于流过各并联电阻的电流之和，即

$$i=i_1+i_2+\cdots+i_n$$

把欧姆定律代入上式中得

$$i=i_1+i_2+\cdots+i_n=\frac{u}{R_1}+\frac{u}{R_2}+\cdots+\frac{u}{R_n}=u\left(\frac{1}{R_1}+\frac{1}{R_2}+\cdots+\frac{1}{R_n}\right)=\frac{u}{R_{eq}}$$

其中，
$$\frac{1}{R_{eq}}=\frac{1}{R_1}+\frac{1}{R_2}+\cdots+\frac{1}{R_n} \tag{2-5}$$

通常把电阻的倒数称为电导，用 G 表示

$$G=\frac{1}{R}$$

式(2-5)可写成

$$G_{eq}=G_1+G_2+\cdots+G_n$$

最常用的两个电阻并联，求等效电阻的公式

$$R_{eq}=\frac{R_1R_2}{R_1+R_2}$$

若已知并联电阻电路的总电流 i，各分电阻上的电流 i_K 被称为分电流。由图 2-4 知

$$\frac{i_K}{i}=\frac{u/R_K}{u/R_{eq}}=\frac{R_{eq}}{R_K} \tag{2-6}$$

电阻并联，各分电阻上的电流与电阻值成反比，电阻值大者分得的电流小。因此并联电阻电路可作为分流电路。

最常用的两个电阻并联的分流公式为

$$i_1=\frac{R_2}{R_1+R_2}i \tag{2-7}$$

例 2-2 已知电路如图 2-5(a)所示，求当开关 S_1、S_2 闭合时的等效电阻。

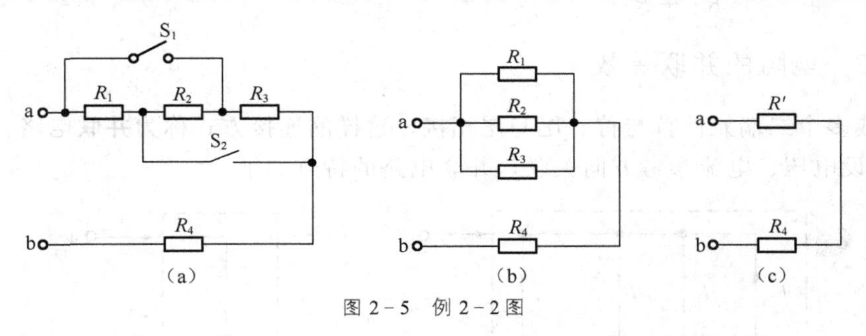

图 2-5 例 2-2 图

解： S_1、S_2 闭合后的等效电路，如图 2-5(b)、图 2-5(c)所示。其中，$R'=R_1 /\!/ R_2 /\!/ R_3$。等效电阻 $R=R'+R_4$。

此例说明，当电阻串、并联关系不易被看出时，可以在不改变元件间连接关系的条件下，缩短无阻导线，尽量避免相互交叉，将电路整理成比较容易判别的串并联形式。有一些电路，它们的结构并非简单的串并联组合，但在特定条件下或采用一些特定的方法，也可以化简成简单电路进行计算。

例如，已知图 2-6 所示的惠斯登电桥电路，求 a、b 间的等效电阻。若电桥平衡，可知 c、d 两点电位相等，R_5 中无电流。i_1 自 a→c→b 流出，i_2 自 a→d→b 流出。

即
$$i_1R_1=i_2R_2$$
$$i_1R_3=i_2R_4$$

将以上两式相除，可得

$$R_1R_4=R_2R_3 \tag{2-8}$$

反之，电桥满足式(2-8)平衡条件时，电阻 R_5 支路的电流为零，R_5 支路可以用开路

等效，如图 2-6(b)所示。或者，根据 c、d 两点的电位相同，可用一根无阻导线将 c、d 两点连接起来，如图 2-6(c)所示。无论是图 2-6(b)还是图 2-6(c)，对 a、b 两端来说，可求得同一数值的等效电阻。

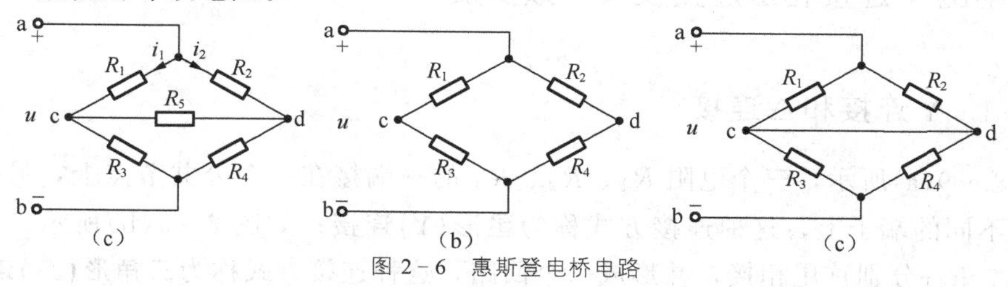

图 2-6　惠斯登电桥电路

由平衡电桥的分析可得到以下启示，无电流的支路可以开路，同电位的节点可以用无阻导线连接起来，这种方法特别适用于具有一定对称性的电路。

例 2-3　求图 2-7 所示电路的等效电阻 R_{ab}。

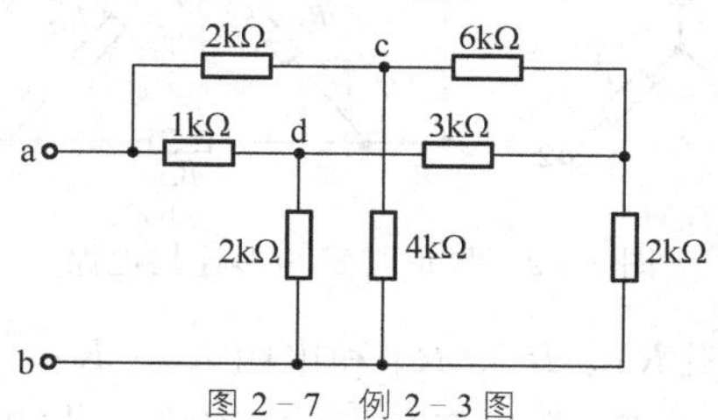

图 2-7　例 2-3 图

解：此电路的电阻参数成比例，若在 a、b 两端加一电压源，则 c、d 两点的电位相等，可以用一无阻导线将 c、d 两点短接起来，求得

$$R_{ab}=2 /\!/ 1+[(4 /\!/ 2) /\!/ (6 /\!/ 3+2)]\text{k}\Omega=\frac{2}{3}\text{k}\Omega+\left[\frac{4}{3} /\!/ (2+2)\right]\text{k}\Omega=\frac{5}{3}\text{k}\Omega$$

例 2-4　图 2-8 是电阻应变器中测量电桥的原理图，R_X 是电阻应变片，黏附在被测零件上。当零件伸长或缩短时，R_X 的阻值随之改变，这反映在 u_0 上，测量前 $R_X=100\Omega$，$R_1=R_2=200\Omega$，$R_3=100\Omega$，这时满足电桥平衡条件，$u_0=0$。在进行测量时，如果测出① $u_0=1\text{mV}$，② $u_0=-1\text{mV}$，试计算两种情况下的 ΔR_X。

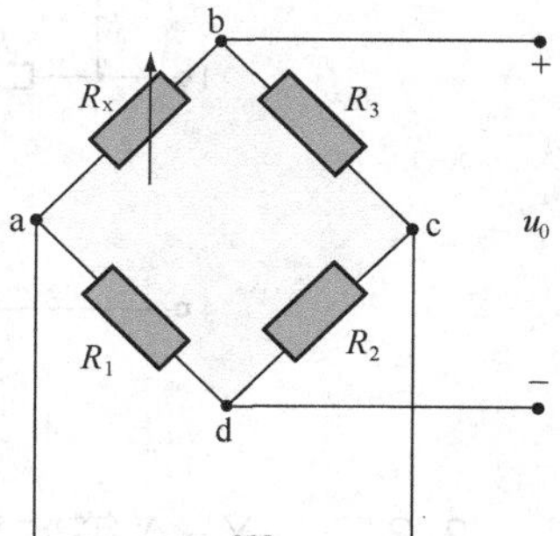

图 2-8　电阻应变器

解：$\because u_{ab}+u_0+u_{da}=0$

$$\therefore u\frac{R_X}{R_X+R_3}+u_0+\left(-u\frac{R_1}{R_1+R_2}\right)=0$$

(1) 代入 $u_0=0.001\text{V}$，$u=3\text{V}$ 得

$$u\frac{R_X}{R_X+R_3}+0.001+(-1.5)=0\quad R'_X=99.867\Omega$$

$$\Delta R_{X1}=R'_X-R_X=-0.133\Omega$$

(2) 同理，代入 $u_0=-0.001\text{V}$，得

$$R''_X=100.133\Omega$$

$$\Delta R_{X2}=R''_X-R_X=0.133\Omega$$

根据检测到的 u_0 的大小或变化，得到 R_X 的大小或变化。从而得到零件伸长或缩短

的长度，这在实际传感电路得到了广泛应用。

2.3 电阻的Y连接和△连接及其等效变换

2.3.1 Y连接和△连接

如图2-9(a)所示，三个电阻R_1、R_2、R_3的一端接在一个公共节点上，另一端分别接到三个不同的端子上，这种连接方式称为**星形(Y)连接**；如图2-9(b)所示，三个电阻R_{12}、R_{23}、R_{31}分别首尾相接，并形成一个回路，这种连接方式称为**三角形(△)连接**。

上述电阻都有三个与外部电路相接的端子，常被称为三端电路。

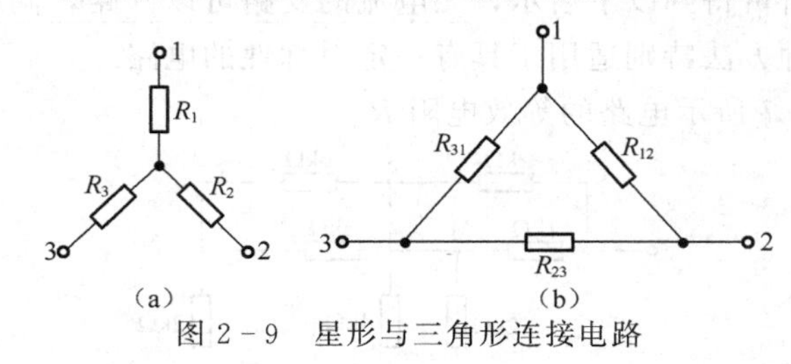

图2-9 星形与三角形连接电路

如图2-10(a)所示，电阻R_1、R_2、R_3和电阻R_2、R_4、R_5都是星形(Y)连接，电阻R_1、R_2、R_5和电阻R_2、R_3、R_4都是三角形(Δ)连接。若能把图2-10(a)中的电阻R_1、R_2、R_3所组成的Y形电路等效变换成图2-10(b)中的Δ形电路(由R_{13}、R_{14}、R_{34}组成)，就可以用串、并联关系求解1、4端的等效电阻。

下面我们将研究它们之间进行等效变换时，参数之间应满足什么关系。

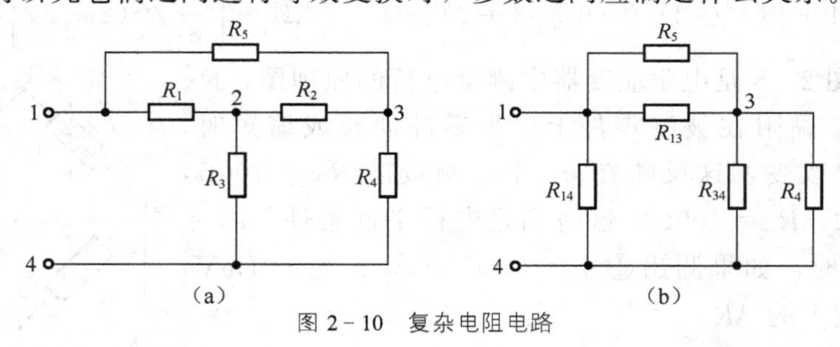

图2-10 复杂电阻电路

2.3.2 Y-△等效变换的计算

根据等效的概念，当以相同的电压分别施加于图2-9(a)、图2-9(b)所示的对应端子时，那么对应端子的电流相等，则对应端子间的等效电阻也相等。对于三端电阻电路来说，就是当第三端断开时，两电路中任一对应端子间的总电阻相等，即

$$
\begin{aligned}
R_1+R_2&=\frac{R_{12}(R_{23}+R_{31})}{R_{12}+R_{23}+R_{31}}\\
R_2+R_3&=\frac{R_{23}(R_{12}+R_{31})}{R_{12}+R_{23}+R_{31}}\\
R_3+R_1&=\frac{R_{31}(R_{12}+R_{23})}{R_{12}+R_{23}+R_{31}}
\end{aligned}
\tag{2-9}
$$

联立式(2－9)解得

$$\begin{cases} R_1 = \dfrac{R_{12}R_{31}}{R_{12}+R_{23}+R_{31}} \\ R_2 = \dfrac{R_{23}R_{12}}{R_{12}+R_{23}+R_{31}} \\ R_3 = \dfrac{R_{31}R_{23}}{R_{12}+R_{23}+R_{31}} \end{cases} \tag{2-10}$$

上式为三角形电路等效变换成星形电路等效电阻的计算公式。

若将星形电路转换成三角形电路，即已知 R_1、R_2、R_3，可由式(2－10)解得

$$R_1R_2+R_2R_3+R_3R_1=\frac{R_{12}R_{23}R_{31}}{R_{12}+R_{23}+R_{31}}$$

将上式分别除以式(2－10)中各式，得

$$\begin{cases} R_{12} = \dfrac{R_1R_2+R_2R_3+R_3R_1}{R_3} \\ R_{23} = \dfrac{R_1R_2+R_2R_3+R_3R_1}{R_1} \\ R_{31} = \dfrac{R_1R_2+R_2R_3+R_3R_1}{R_2} \end{cases} \tag{2-11}$$

上式为星形电路等效变换成三角形电路等效电阻的计算公式。

为便于记忆，式(2－10)和式(2－11)分别可归纳为

Y 形电阻＝△形相邻电阻的乘积/△形电阻之和

△形电阻＝Y 形电阻两两乘积之和/Y 形不相邻电阻

当星形连接或三角形连接的电阻参数都相等时，此时的电路被称为对称星形或对称三角形电路，即

$$\begin{cases} R_1=R_2=R_3=R_Y \\ R_{12}=R_{23}=R_{31}=R_\Delta \end{cases}$$

由式(2－10)和式(2－11)可以得出对称三端电路的等效电阻为

$$R_Y=\frac{1}{3}R_\Delta \tag{2-12}$$

或

$$R_\Delta=3R_Y \tag{2-13}$$

Y-△变换公式解决了不能直接用串并联方法求解等效电阻的问题，给电路的分析计算带来了方便。

例 2－5　试求图 2－11(a)所示桥式电路的等效电阻 R_{12}。

解：把与节点 1、3、4 相连的三角形连接的三个电阻，等效变换成星形连接的三个电阻 R_1、R_2、R_3，即图 2－11(b)。

$$R_1=\frac{30\times20}{30+50+20}\Omega=6\Omega$$

$$R_2=\frac{30\times50}{30+50+20}\Omega=15\Omega$$

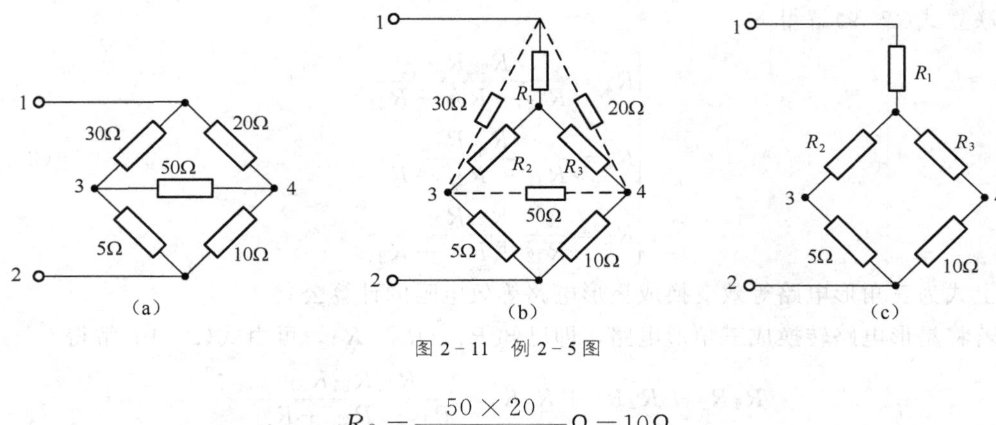

图 2-11　例 2-5 图

$$R_3=\frac{50\times 20}{30+50+20}\Omega=10\Omega$$

由图 2-11(c)，得等效电阻

$$R_{12}=6\Omega+\frac{(15+5)(10+10)}{15+5+10+10}\Omega=6\Omega+\frac{20\times 20}{20+20}\Omega=16\Omega$$

2.4　电压源、电流源的等效变换

在 1.4 节中我们已讨论了电压源与电流源的定义及特性。本节将讨论电源间的等效变换。

2.4.1　理想电源的串联和并联

1. 理想电压源的串联

当一端口(又称二端网络)由 n 个理想电压源串联组成时，如图 2-12(a)所示。由 KVL 可得一端口的端电压

$$u=u_{s1}+u_{s2}+\cdots+u_{sn}=\sum_{k=1}^{n}u_{sk} \tag{2-14}$$

其等效电路为一个理想电压源，且 $u_s=u$，如图 2-12(b)所示。其中，与 u_s 参考方向一致的 u_{sk} 取正值，相反者取负值。显然，图 2-12(a)和图 2-12(b)端子上的伏安关系一致，两电路相互等效。所以由 n 个电压源串联组成的一端口，可以用单一电压源等效，只要此电压源的电压等于 n 个串联电压源电压的代数和即可。

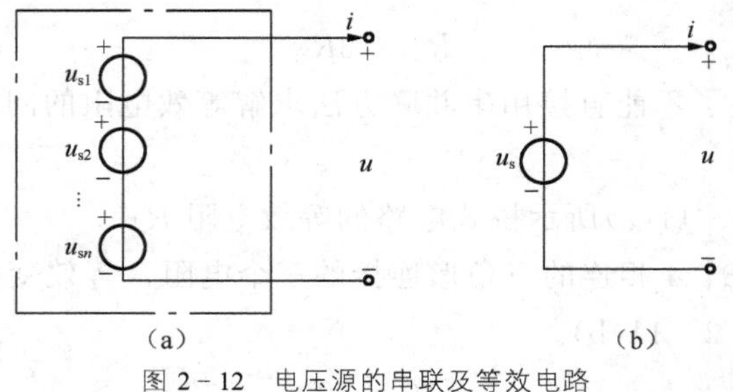

图 2-12　电压源的串联及等效电路

2. 理想电压源的并联

如图 2-13(a)所示，从外特性等效的观点来看，理想电压源与“任意”元件并联后，对

外连接端口的电压并没有改变，因此，图 2－13(a)可以等效为图 2－13(b)所示的一个等效理想电压源。

需要特别指出的是，与理想电压源并联的“任意”元件，“任意”两字是有限定的，只有理想电压源的电压相等、极性一致，才能并联，否则不符合并联支路电压相等的原则。因此，理想电压源并联的“任意”元件，要么是数值相等的理想电压源，要么是非理想电压源的任意支路。

注意，图 2－13(b)中的等效电压源电流 i 不等于等效前图 2－13(a)中的电压源的电流 i_s。

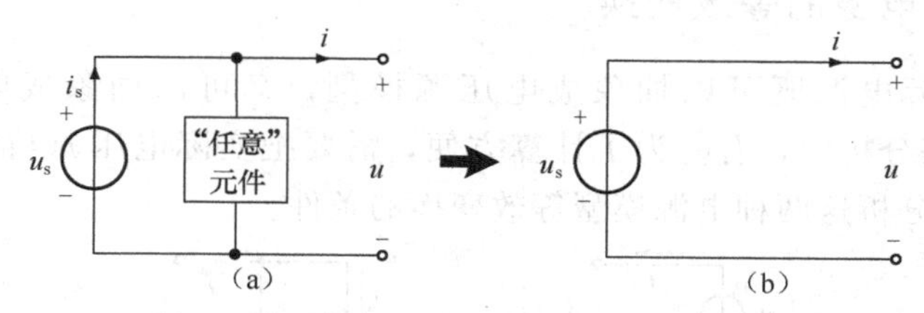

图 2－13　理想电压源与“任意”元件并联等效

3. 理想电流源的并联

当一端口由 n 个理想电流源并联组成时，电路如图 2－14(a)所示。由 KCL 可得端口总电流

$$i = i_{s1} + i_{s2} + \cdots + i_{sn} = \sum_{k=1}^{n} i_{sk} \tag{2-15}$$

其等效电路为一个理想电流源，且 $i_s = i$，如图 2－14(b)所示。其中，与 i_s 的参考方向一致的 i_{sk} 取正值，相反者取负值。显然，图 2－14(a)与图 2－14(b)端口上的伏安关系一致，两电路相互等效。所以，由 n 个电流源并联组成的一端口，可以用单一电流源等效，只要此电流源的电流等于 n 个并联电流源的代数和即可。

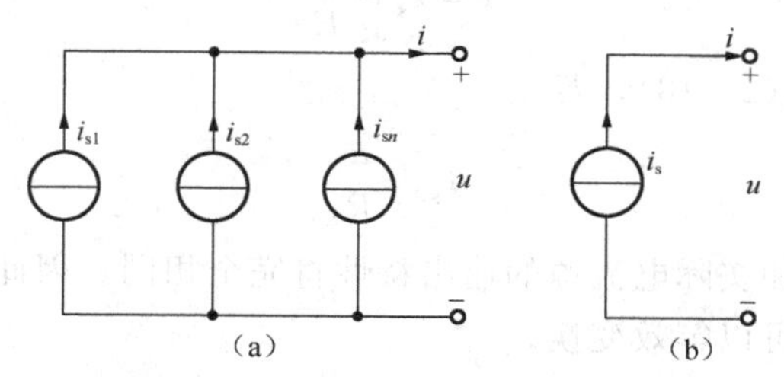

图 2－14　理想电流源的并联及等效电路

4. 理想电流源的串联

如图 2－15(a)所示，从外特性等效的观点来看，理想电流源与“任意”元件串联后，对外连接端口的电流并没有改变，因此，图 2－15(a)可以等效为图 2－15(b)所示的一个等效理想电流源。

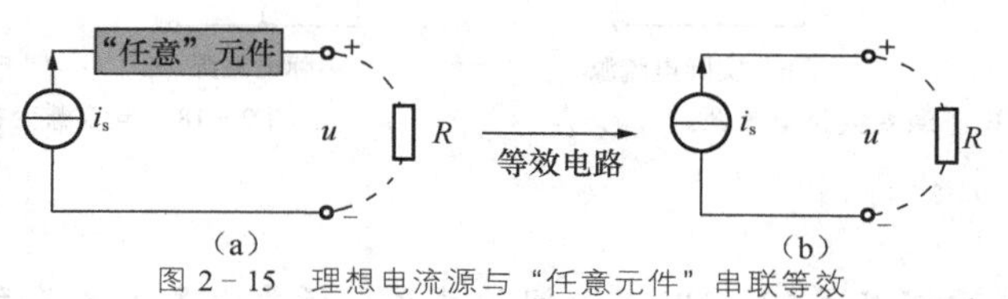

图 2－15　理想电流源与“任意元件”串联等效

需要特别指出的是，与理想电流源串联的“任意”元件，“任意”两字是有限定的，只有理想电流源的电流相等、方向一致时，才能串联。不等数值的理想电流源不能串联，否则不符合串联支路电流相等的原则。因此，与电流源串联的“任意”元件，要么是数值相等的理想电流源，要么是非理想电流源的任意支路。

注意，等效后电流源两端电压不等于等效前的电流源两端电压。这是由于等效电路只是外部特性等效，内部电路并不等效。

2.4.2 实际电源的等效变换

通常，一个实际电源既可以抽象成电压源模型，又可以抽象成电流源模型，如图2-16所示。在电路分析中，有时为了计算方便，需要把实际电压源与实际电流源模型进行等效变换。下面分析这两种电源模型等效变换的条件。

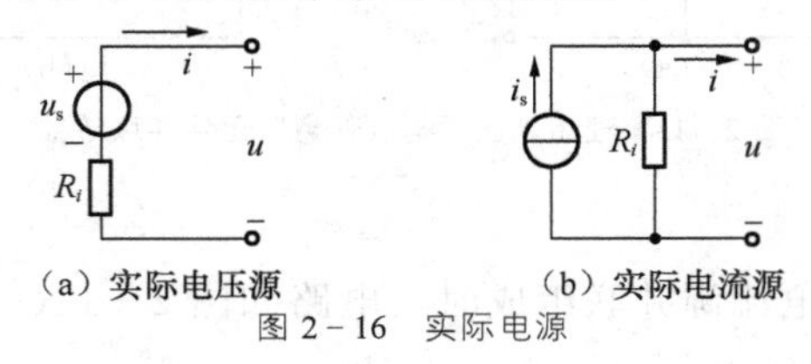

图2-16 实际电源

如图2-16(a)所示，由实际电压源模型得输出电压 u 和输出电流 i 满足关系

$$u=u_s-R_i i \tag{2-16}$$

式(2-16)两边同除以 R_i，并整理得 $i=\dfrac{u_s}{R_i}-\dfrac{u}{R_i}$ (2-17)

如图2-16(b)所示，由实际电流源模型得输出电压 u 和输出电流 i 满足关系

$$i=i_s-\frac{u}{R_i} \tag{2-18}$$

比较式(2-17)和式(2-18)，若令

$$i_s=\frac{u_s}{R_i} \tag{2-19}$$

那么，实际电压源和实际电流源的输出特性将完全相同。因此只要满足一定条件，实际电压源和实际电流源可以等效变换。

如图2-17所示，电压源转换为电流源。

如图2-18所示，电流源转换为电压源。

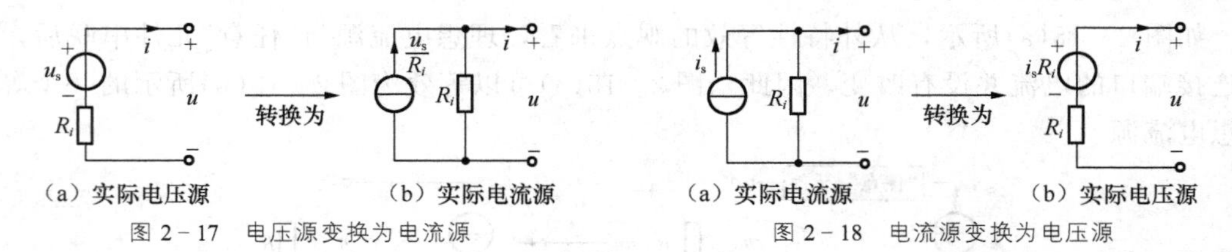

图2-17 电压源变换为电流源　　图2-18 电流源变换为电压源

注意

(1) 变换关系既要满足式(2-19)参数间的关系，还要满足方向关系，电流源电流方向与电压源电动势方向相同。

(2) 电源互换是电路等效变换的一种方法。这种等效是对电源以外的电路等效，对电源内部电路是不等效的。

(3) 理想电压源与理想电流源不能相互转换。

在电路分析中，利用实际电压源和实际电流源模型的等效互换，可以简化电路的计算。

例 2-6 电路如图 2-19(a)所示，求流过 R_3 支路的电流 i_3。

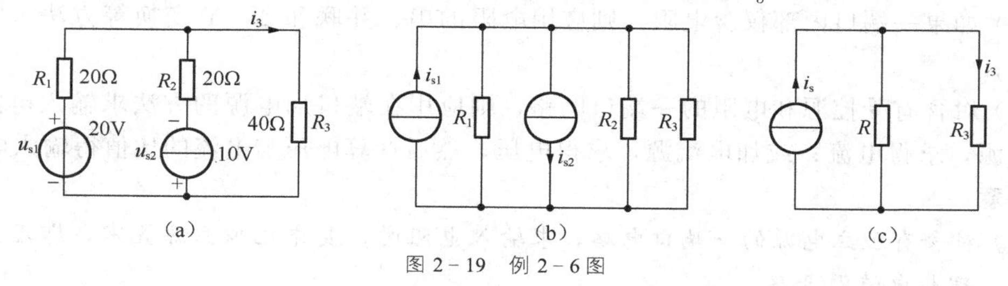

图 2-19 例 2-6 图

解：将两个实际电压源并联支路转换成实际电流源并联的支路，如图 2-19(b)所示。其中

$$i_{s1}=\frac{u_{s1}}{R_1}=\frac{20}{20}=1\ \text{A}$$

$$i_{s2}=\frac{u_{s2}}{R_2}=\frac{10}{20}\text{A}=0.5\text{A}$$

合并两电流源、两电阻，得图 2-19(c)所示电路，其中

$$i_s=i_{s1}-i_{s2}=0.5\text{A}$$

$$R=\frac{R_1R_2}{R_1+R_2}=10\Omega$$

利用分流公式得

$$i_3=\frac{R}{R+R_3}i_s=\frac{10}{10+40}\times 0.5\text{A}=0.1\text{A}$$

例 2-7 利用电源等效变换计算图 2-20(a)所示电路中的电压 u。

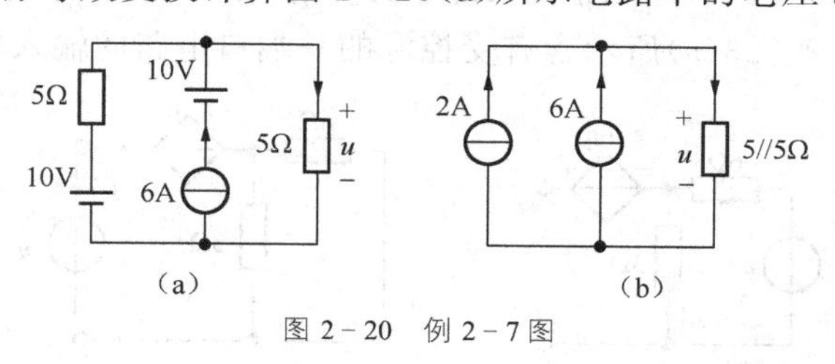

图 2-20 例 2-7 图

解：把图右侧的 5Ω 电阻作为外电路，10V 电压源和 5Ω 电阻的串联变换为 2A 电流和 5Ω 电阻的并联，6A 电流源和 10V 电压源的串联等效为 6A 电流源，如图 2-20(b)所示，则 $u=(2+6)\times(5/\!/5)=20\text{V}$。

2.5 输入电阻

对于一个不含独立电源的一端口电路，不论内部如何复杂，其端口电压和端口电流成正比，定义这个比值为一端口电路的输入电阻也称等效电阻，如图 2 - 21 所示。

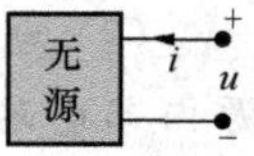

无
源
i
u

图 2 - 21

输入电阻

$$R_{in}=\frac{u}{i}$$

根据输入电阻的定义，求输入电阻的方法总结如下：

(1) 如果一端口内部仅含电阻，则应用电阻的串、并联和 Δ - Y 变换等方法求它的输入电阻；

(2) 对含有受控源和电阻的一端口电路，则应用在端口加电源的方法求输入电阻，即加电压源，求得电流；或加电流源，求得电压，然后计算电压与电流的比值得输入电阻。

注意

(1) 对含有独立电源的一端口电路，求输入电阻时，要先把独立源置零，即理想电压源短路，理想电流源开路。

(2) 应用端口加电源法时，端口电压、电流的参考方向对两端电路来说是关联的。

例 2 - 8 如图 2 - 22(a)所示，计算一端口电路的输入电阻。

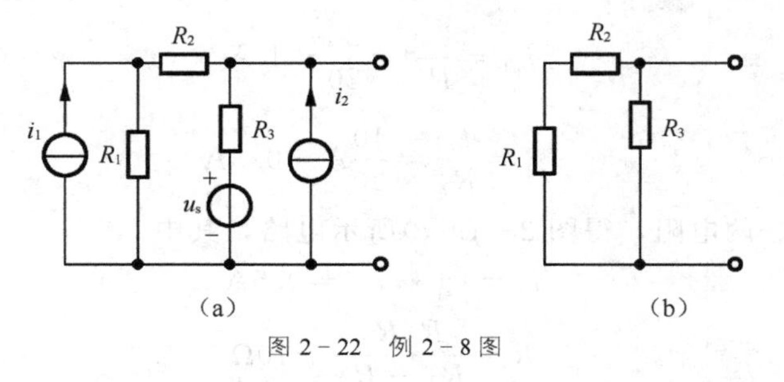

图 2 - 22 例 2 - 8 图

解： 图 2 - 22(a)所示是有源电阻网络，先把独立源置零，即理想电压源短路、理想电流源开路，得到图 2 - 22(b)所示的一纯电阻电路，应用电阻的串并联关系，求得输入电阻为

$$R_{in}=(R_1+R_2)\,/\!/\,R_3$$

例 2 - 9 计算图 2 - 23(a)所示含有受控源的一端口电路的输入电阻。

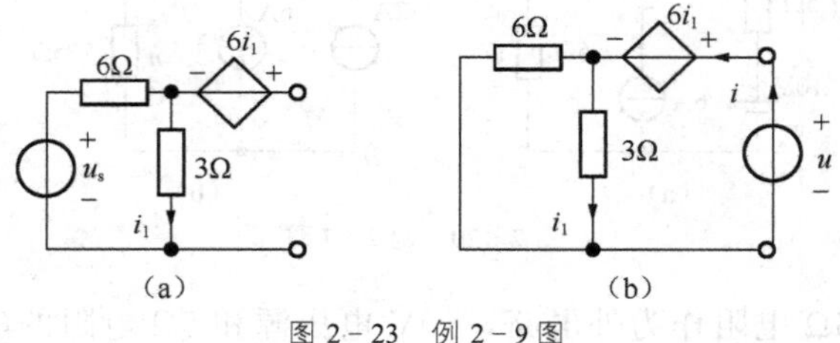

图 2 - 23 例 2 - 9 图

解： 因为电路中有独立电源，求输入电阻时，先把独立电源置零；又因为电路中有受控源，在端口外加电压源，如图 2 - 23(b)所示。

由 KCL 和 KVL 得

$$i=i_1+\frac{3i_1}{6}=1.5i_1$$

$$u = 6i_1 + 3i_1 = 9i_1$$

输入电阻为端口电压和电流的比值

$$R_{in} = \frac{u}{i} = \frac{9i_1}{1.5i_1} = 6\Omega$$

例 2 - 10 计算图 2 - 24(a)含有受控源的一端口电路的输入电阻。

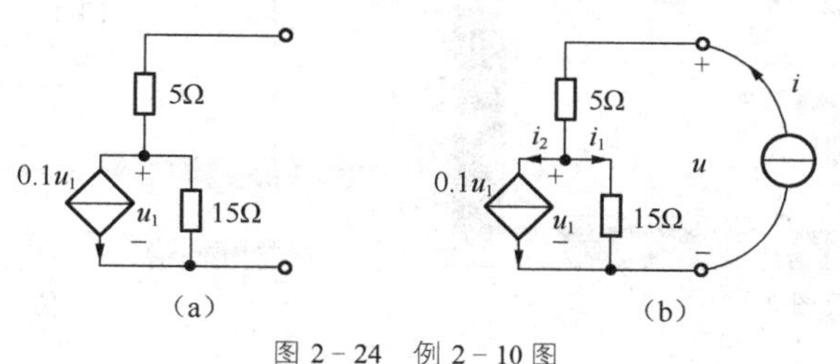

图 2 - 24 例 2 - 10 图

解： 在电路端口外加电流源，如图 2 - 24(b)所示。

由图知 $u_1 = 15i_1 \quad i_2 = 0.1u_1 = 0.1 \times 15i_1 = 1.5i_1$

由 KCL 和 KVL 得 $i = i_1 + i_2 = 2.5i_1$

$$u = 5i + u_1 = 5 \times 2.5i_1 + 15i_1 = 27.5i_1$$

则

$$R_{in} = \frac{u}{i} = \frac{27.5i_1}{2.5i_1} = 11\Omega$$

上题中，在电路端口外加电压源，同样可求得一端口的输入电阻，读者可自行计算。

2.6 仿真

仿真例题 电路及参数如图 1 所示，自行计算结果，并用 Multisim 验证电阻 Y - Δ 等效变换定律的正确性。

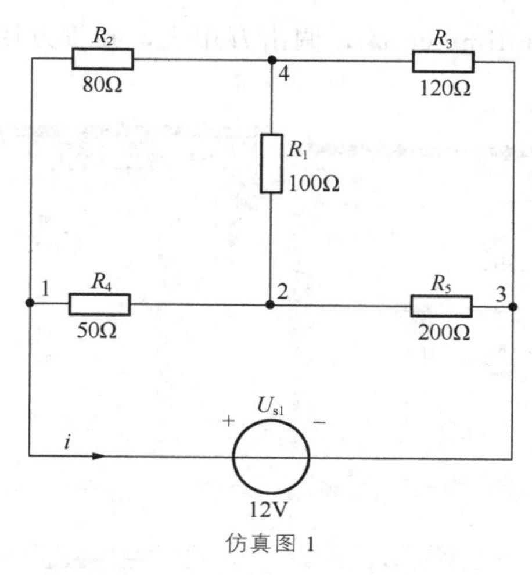

仿真图 1

解： 要验证电阻等效变换后的正确性只需验证电流 i 变换前后不变。

(1) 打开 Multisim(见图 2)

(2) 取元件画电路图，选取元件画原理图(见图 3)

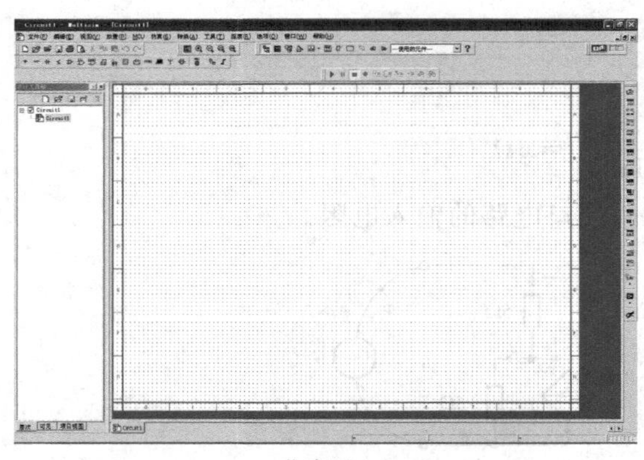

仿真图 2

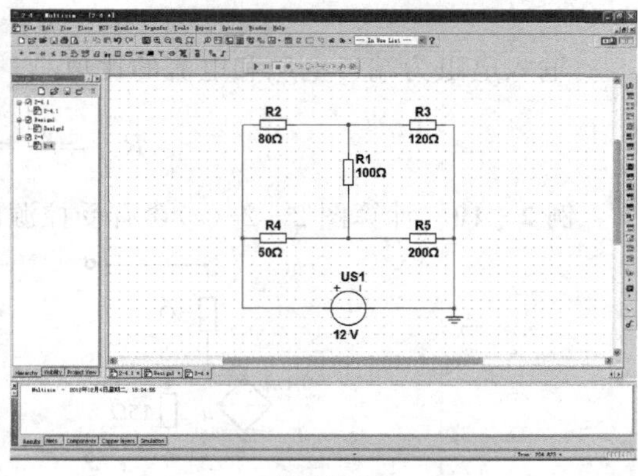

仿真图 3

经过 Y 形变 Δ 公式可得等效电路图如图 4 所示。

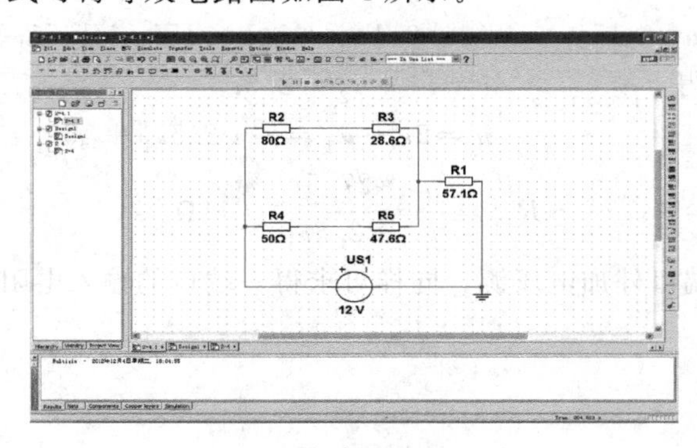

仿真图 4

(3) 电路仿真分析

① 单击右侧仪表栏 Multimeter ，调出万用表，并将万用表接入电路，如图 5(a)、图 5(b)所示；

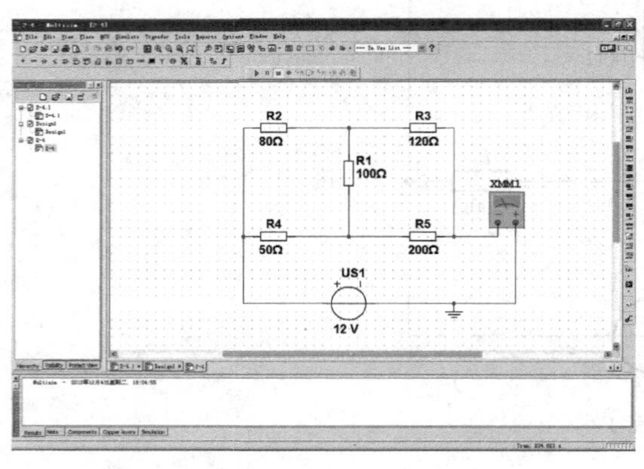

仿真图 5(a)

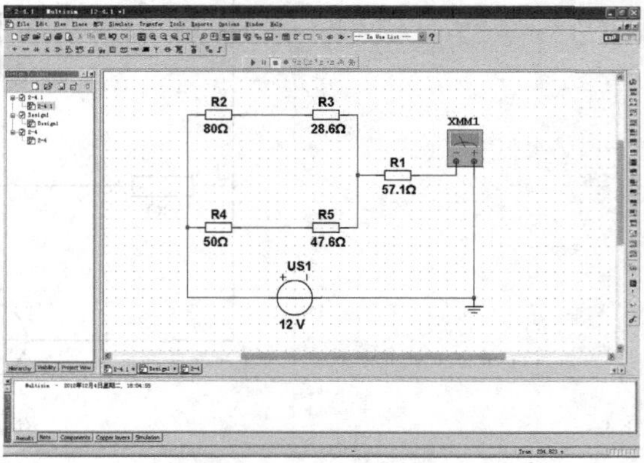

仿真图 5(b)

② 单击右上角仿真  按钮，开始仿真，验证结果如图 6(a)、图 6(b)所示。

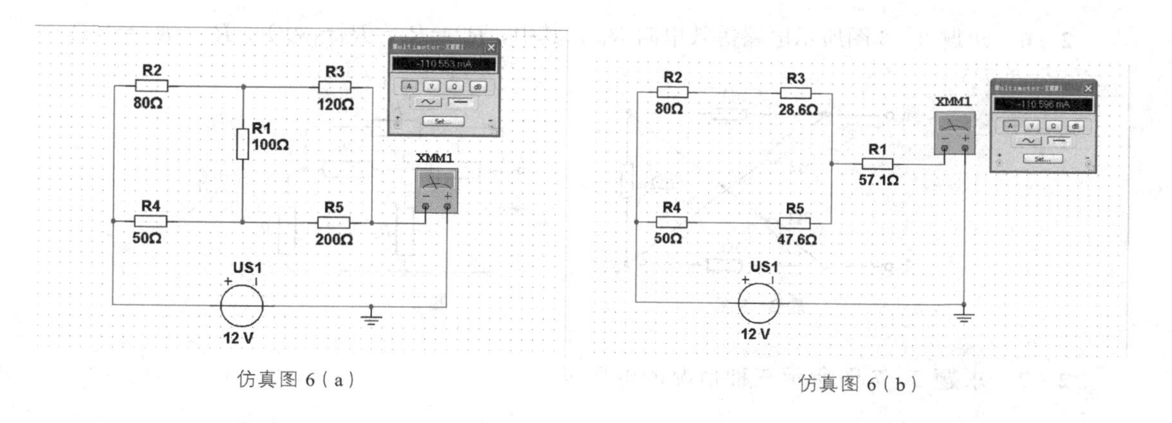

仿真图 6（a）　　　　仿真图 6（b）

习　题　二

2－1　求题 2－1 图所示电路的等效电阻。

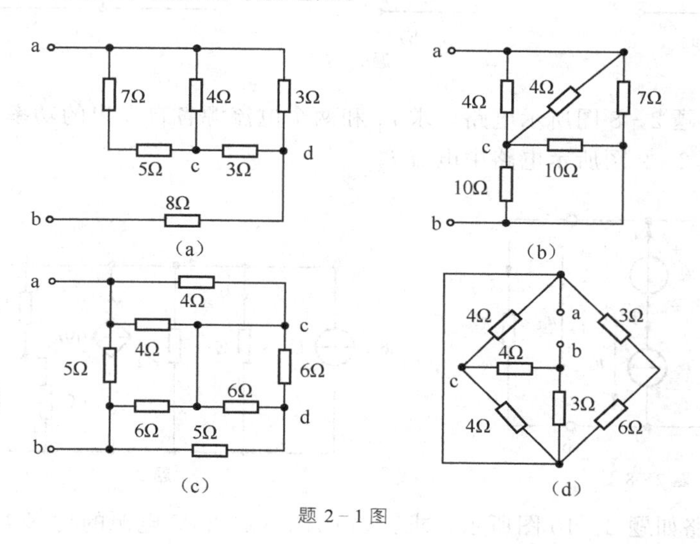

题 2－1 图

2－2　电路如图题 2－2，求 R_{ab}。

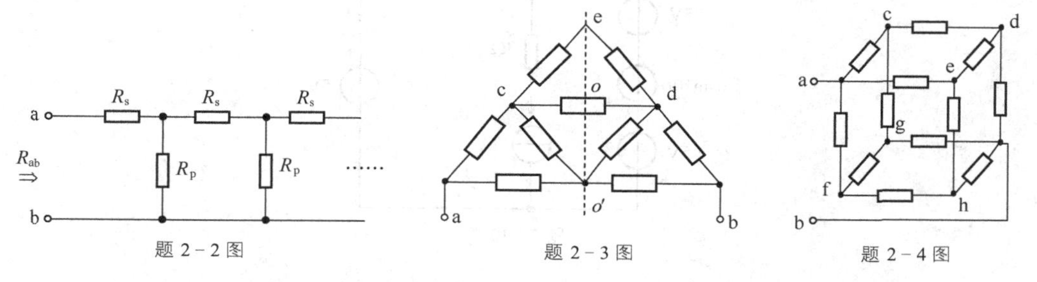

题 2－2 图　　　　题 2－3 图　　　　题 2－4 图

2－3　求题 2－3 图所示网络的入端电阻 R_{ab}，图中每一个电阻的值都是 1Ω。

2－4　试求题 2－4 图所示电路 ab 端的等效电阻值，图中每一个电阻的值都是 1Ω。

2－5　用电阻的 Y－Δ 的等效变换求题 2－5 图所示电路的等效电阻。

2-6 求题 2-6 图所示电路等效电阻 R_{in}，其中，$R_1=R_2=R_3=30\Omega$，$R_4=R_5=10\Omega$。

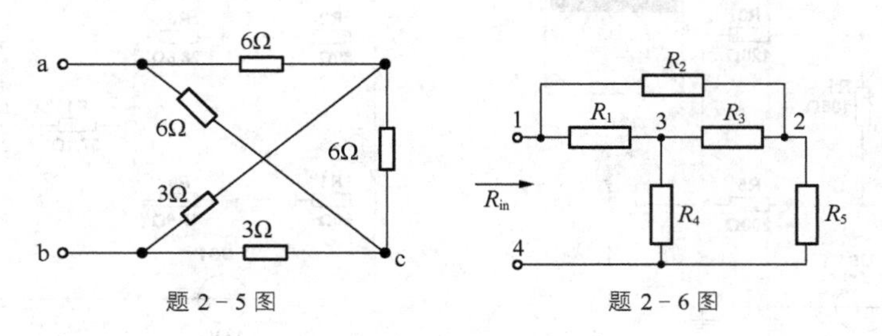

题 2-5 图　　　　题 2-6 图

2-7 求题 2-7 图所示三种情况的电压 u。

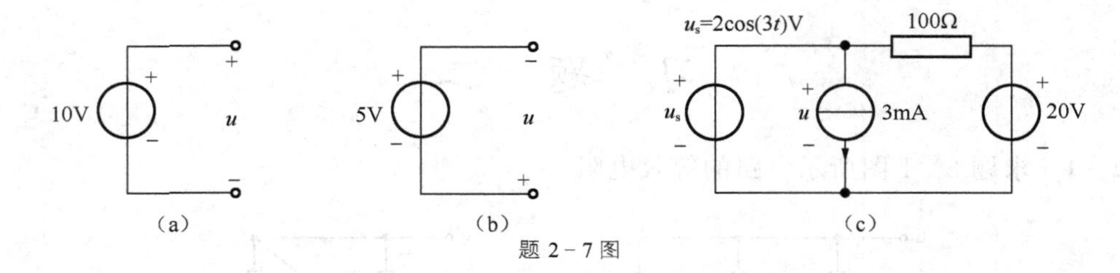

题 2-7 图

2-8 已知题 2-8 图所示电路，求 i_3 和两个电流源各自发出的功率。

2-9 求题 2-9 图所示电路中电流 i_3。

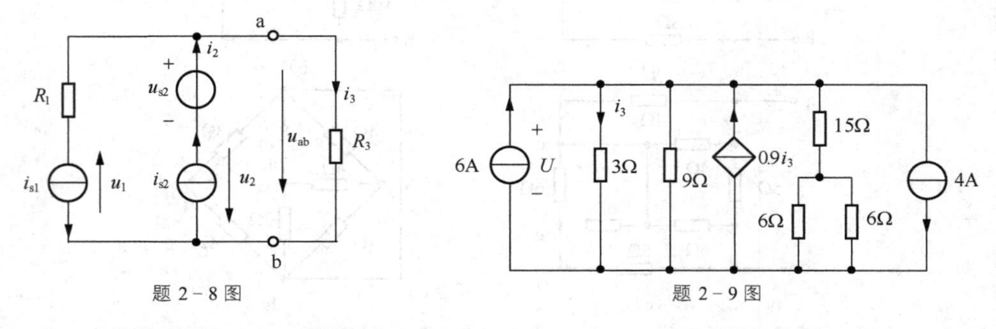

题 2-8 图　　　　题 2-9 图

2-10 电路如题 2-10 图所示，求：(1) i_2；(2) 25V 电源的功率 P。

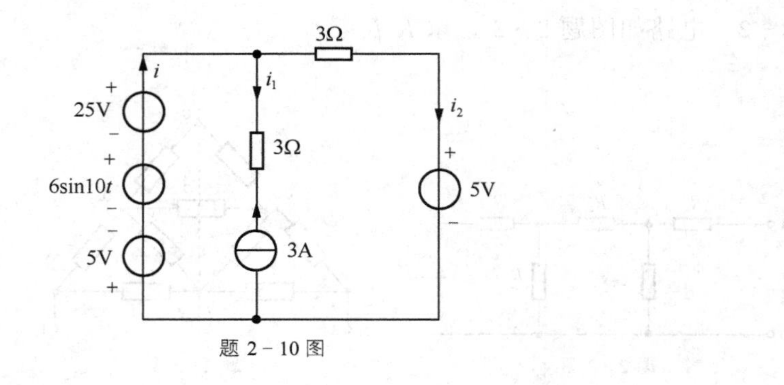

题 2-10 图

2-11 求题 2-11 图中 U_A、U_B、U_C 各为多少。

2-12 题 2-12 图所示电路中，已知 $U_{s1}=12V$，$U_{s2}=24V$，$R_1=R_2=20\Omega$，$R_3=50\Omega$，试求通过 R_3 的电流 I_3。

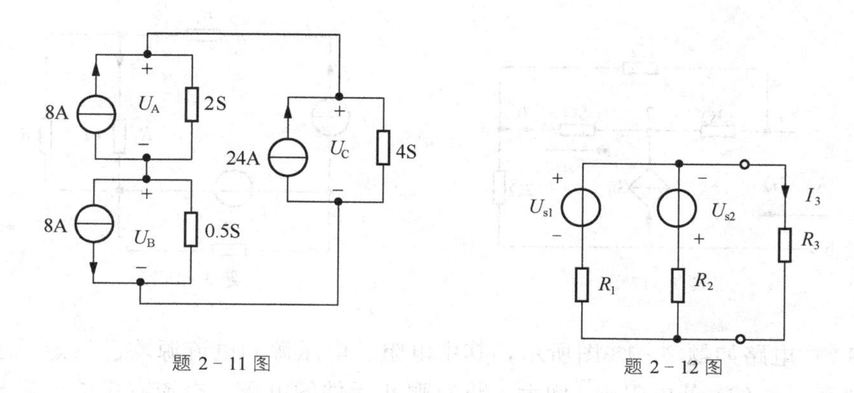

题 2-11 图　　　题 2-12 图

2-13　将题 2-13 图所示电路转化成等效电流源电路。

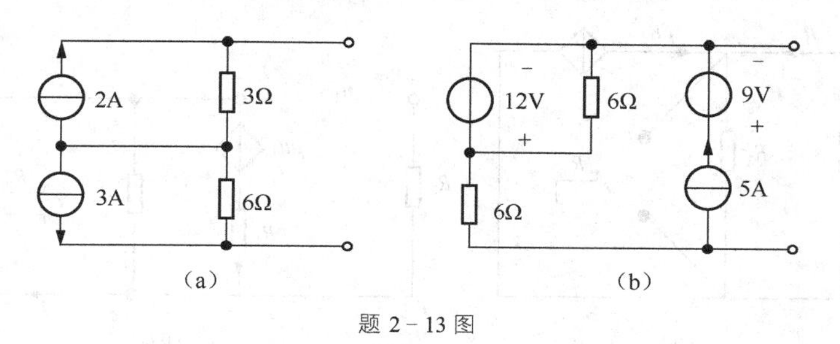

题 2-13 图

2-14　将题 2-14 图所示电路转化成等效电压源电路。

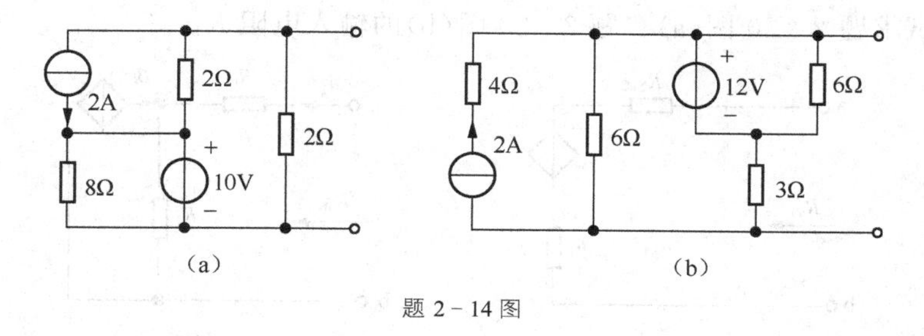

题 2-14 图

2-15　试用电源的等效变换方法，求题 2-15 图所示电路中的电压 U_{12}。

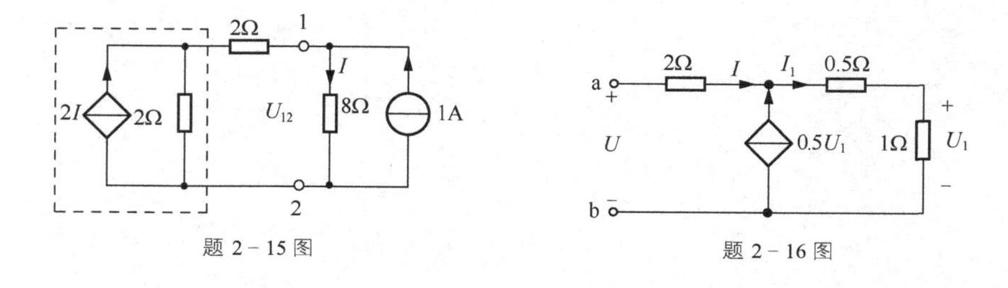

题 2-15 图　　　题 2-16 图

2-16　求题 2-16 图所示电路的输入电阻 R_{ab}。

2-17*　求题 2-17 图所示电路的输入电阻 R_{ab} 或电导 G_{ab}。

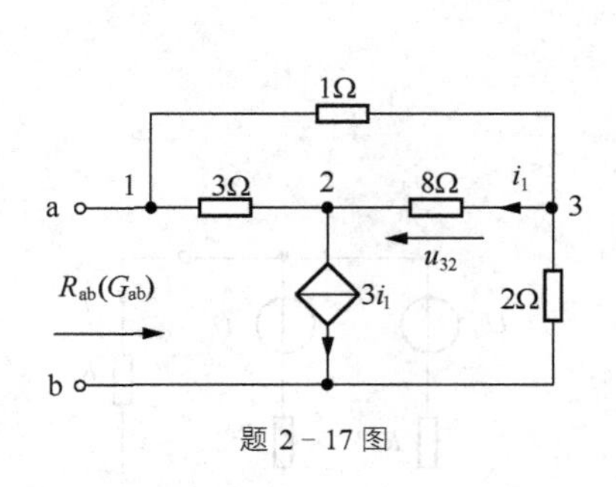

题 2－17 图

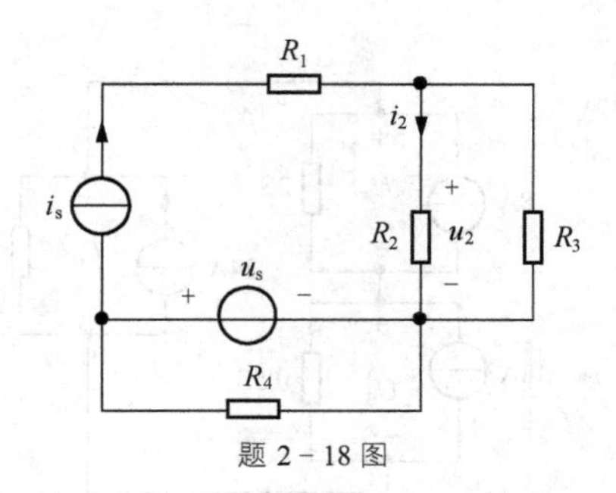

题 2－18 图

2－18* 电路如题 2－18 图所示，其中电阻、电压源和电流源均已给定。求：(1) 电压 u_2 和电流 i_2；(2) 若电阻 R_1 增大，将对哪些元件的电压、电流有影响？影响如何？

2－19 电路如题 2－19 图(a)、题 2－19 图(b)所示，分别求输入电阻 R_{in}。

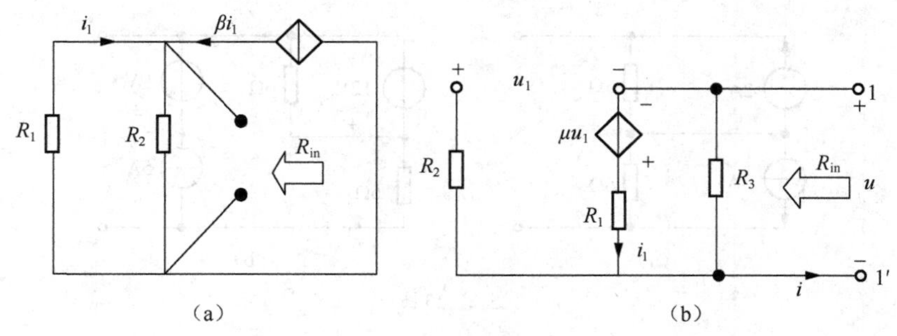

题 2－19 图

2－20 试求题 2－20 图(a)、题 2－20 图(b)的输入电阻 R_{ab}。

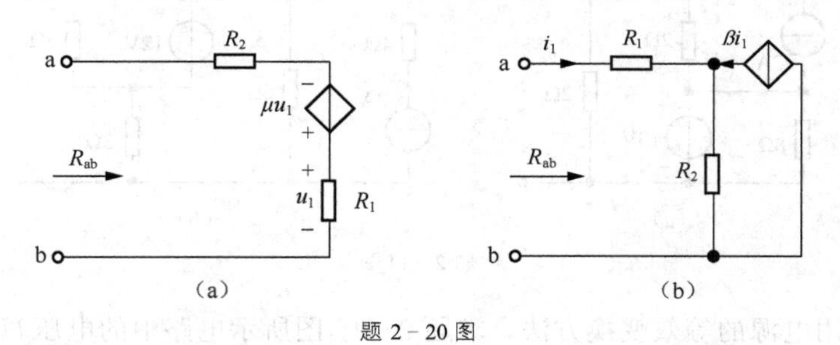

题 2－20 图

第3章 电阻电路的一般分析

学习要点

（1）图的基本概念，独立节点、独立回路的数目及选取。

（2）支路电流法。

（3）节点电压法。

（4）回路电流法和网孔电流法。

支路电流法、节点法、回路法是电路分析中最基本、最常用的分析方法。这几种方法的优缺点具有互补性，它们在各类电路分析中应用广泛。

3.1 概述

在第1章我们阐述了电路元件的VCR以及KL。第2章我们讨论了电路的等效变换。等效变换改变了电路的结构，但只能计算一些简单的电路，当遇到复杂电路，上述方法就显得力不从心，甚至无能为力。本章介绍电路分析的一般方法，不需要改变电路的结构，而是通过选择一组合适的变量(电流或电压)，根据KCL和KVL及元件的VCR建立独立方程组，然后从方程中解出电路变量。这种方法不仅有效，而且规律性强。对于线性电阻电路，电路方程是一组线性代数方程，便于编程和用计算机计算。

3.2 图的概念与KL独立方程数

图论是拓扑学的一个分支，本节介绍图论的有关知识，主要是为了研究电路的连接性质以及应用图的方法选择电路的独立回路等。1847年，基尔霍夫首先用图论来分析电路网络，如今图论被用于电工、网络分析和综合、通信网络与开关网络的设计、集成电路布局及故障诊断、计算机结构设计及编译技术等领域。

3.2.1 电路的图

电路的图是用以表示电路几何结构的图形，图中的线段和节点与电路的支路和节点一一对应，所以电路的图是点与线的集合。如图3-1(b)是图3-1(a)电路的图，通常将电压源与无源元件的串联、电流源与无源元件的并联作为复合支路用一条支路表示，如图3-1(c)所示。

3.2.2 图的有关概念

（1）有向图——标出了电流参考方向的图。若原图有方向，图中标出的方向必须与原图一一对应，如图3-2所示。

（2）平面图——图中各条支路除节点外不再相交。

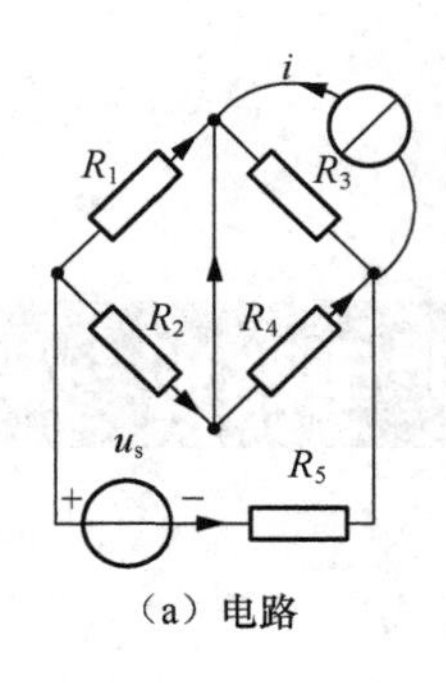

(a) 电路

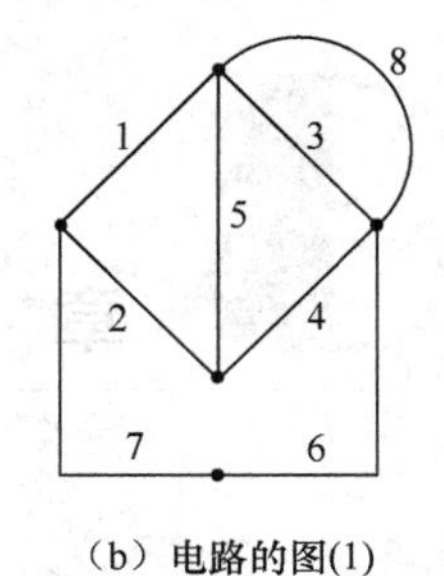

(b) 电路的图(1)

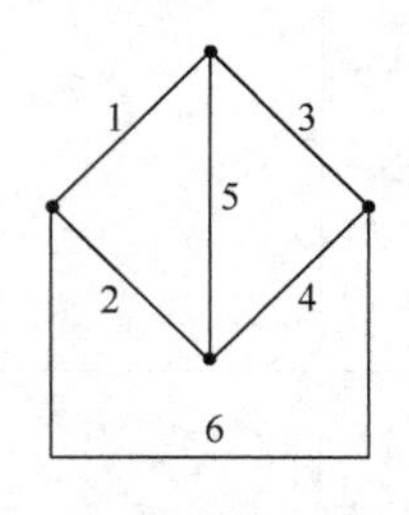

(c) 电路的图(2)

图 3-1 电路和电路的图

(3) 连通图——图 G 的任意两个节点之间至少存在一条路径，如图 3-3 所示。

(4) 非连通图——图 G 中至少存在两个分离部分，如图 3-4 所示。

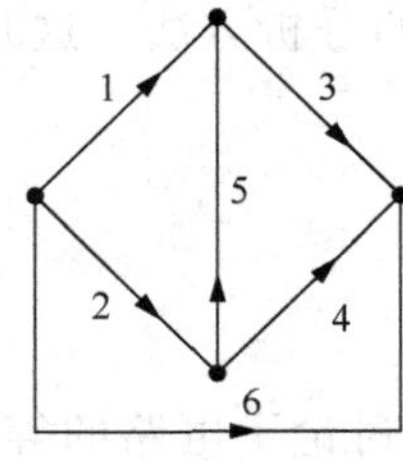

图 3-2 有向图

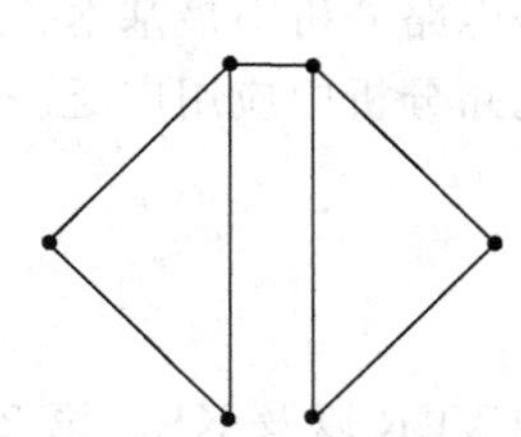
图 3-3 连通图

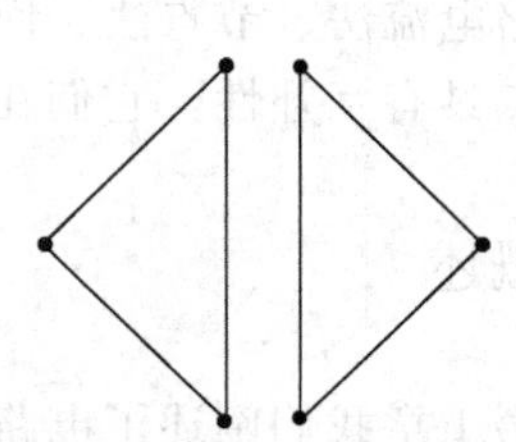
图 3-4 非连通图

(5)子图——若图 G_1 中所有支路和节点都是图 G 中的支路和节点，则称图 G_1 是图 G 的子图，如图 3-5 所示，图(b)、图(c)是图(a)的子图。

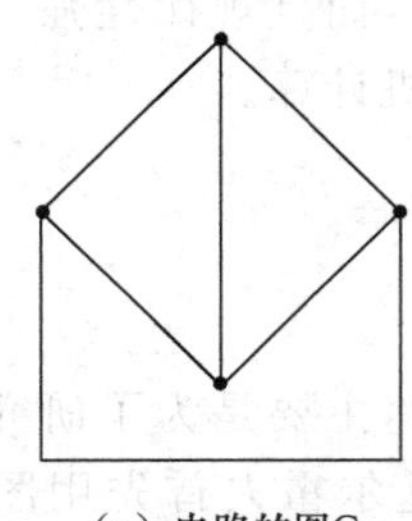
(a) 电路的图G

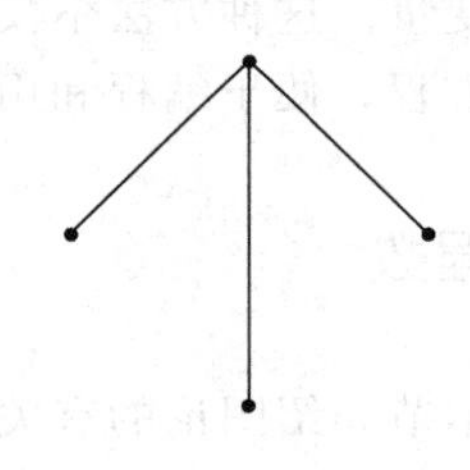
(b) 图G的子图(1)

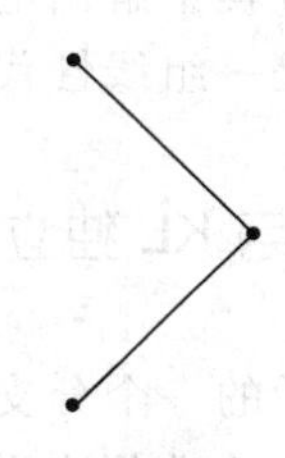
(c) 图G的子图(2)

图 3-5 电路的图与子图

(6)树(T)——树(T)是连通图 G 的一个子图，且满足下列条件：①包含 G 中所有节点；②连通；③不包含回路。如图 3-6 所示的图(b)、图(c)是图(a)的树，构成树的支路称树枝，不属于树支的支路称连支。

说明：①对应一个图有很多的树；②树支的数目 $b_t=(n-1)$；③连枝数为 $b_l=b-b_t=b-(n-1)$。

(7)回路——由支路所构成的一条闭合路径。回路 l 是连通图 G 的一个子图，如图3-7(b)、3-7(c)、3-7(d)中虚线环是图 3-7(a)的回路。

(8)网孔——又称自然网孔，在平面电路中，内部没有任何支路的回路称为网孔。如图 3-7(b)的虚线环是图3-7(a)的一个网孔。由此可见，网孔一定是回路，回路不一定是网孔。

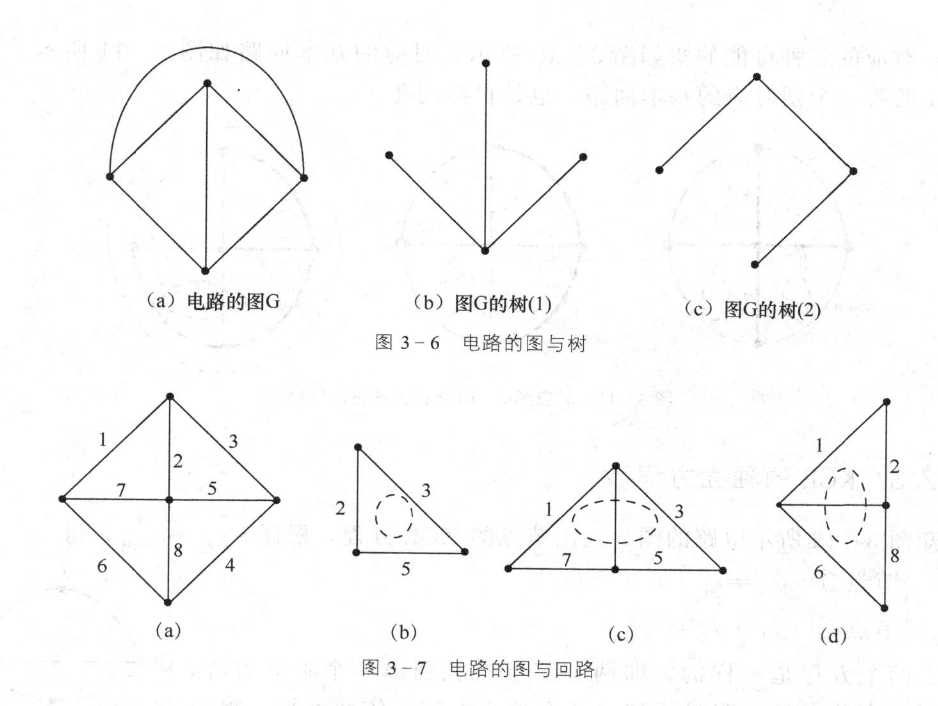

图 3-6 电路的图与树

图 3-7 电路的图与回路

(9)基本回路——又称单连支回路，选定树后每加一条连支，形成的便是基本回路。如图 3-8 选支路 1、2、3 为树枝，则图 3-8(b)、(c)、(d)的虚线环是图3-8(a)的基本回路。

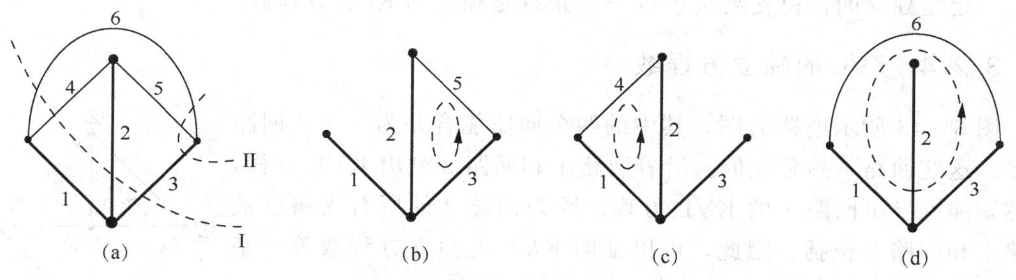

图 3-8 电路的图及其基本回路

说明：

(1) 对应一个图有很多的回路；

(2) 一个图基本回路的数目是一定的，即为连支数，$l=b-(n-1)$，如图 3-8 所示；

(3) 对于平面电路，网孔数为基本回路数 $l=b_l=b-(n-1)$。

例 3-1 如图 3-9 所示为电路的图，画出三种可能的树及其对应的基本回路。

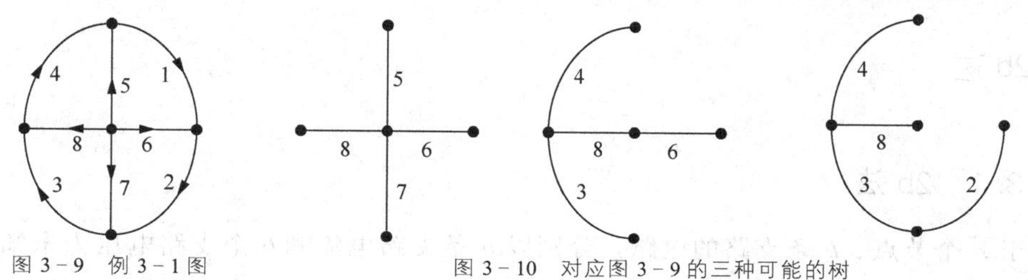

图 3-9 例 3-1 图

图 3-10 对应图 3-9 的三种可能的树

解：对应的三种可能的树如图 3－10 所示，对应的基本回路如图 3－11 所示。其中，图 3－11 的第一个图对应的基本回路，也是自然网孔。

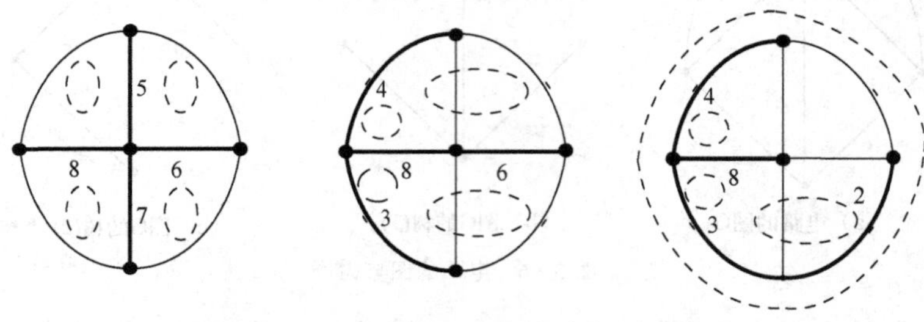

图 3－11　对应图 3－10 三种树的基本回路

3.2.3　KCL 的独立方程数

已知图 3－12 所示电路的图，列出节点的 KCL 方程，根据 $i_{流入}=i_{流出}$，得

$$\begin{cases}节点① & i_3=i_1+i_2\\ 节点② & i_1+i_2=i_3\end{cases}$$

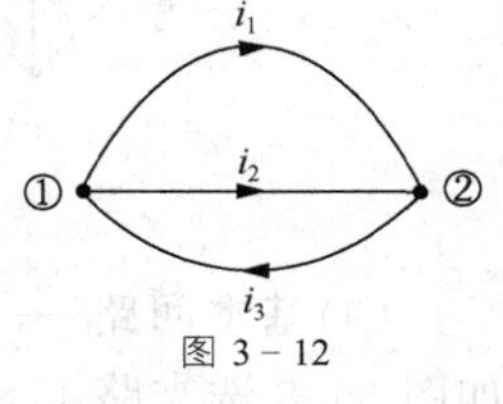

图 3－12

以上两个方程是一样的，即两个节点只能列出一个独立方程，同样对于三个节点的电路只能列出两个独立方程。依此类推，得出结论：n 个节点的电路，独立的 KCL 方程数为$(n-1)$个。

对于一个复杂的网络，应先选择树，对应的单树枝割集(广义的节点)列写的 KCL 方程，一定是独立的，树支数 $b_t=(n-1)$正好是独立的 KCL 方程数。

3.2.4　KVL 的独立方程数

图 3－13 所示电路的图，其中的两个回路能合并为一个，回路很多。这些回路不是独立的。沿着回路 1 和回路 2 列出 KVL 方程，显然，能推导出回路 3 的 KVL 方程。因为回路 3 的所有支路已被回路 1 和回路 2 包括，因此，可以证明 KVL 的独立方程数等于基本回路数 $b-(n-1)$。

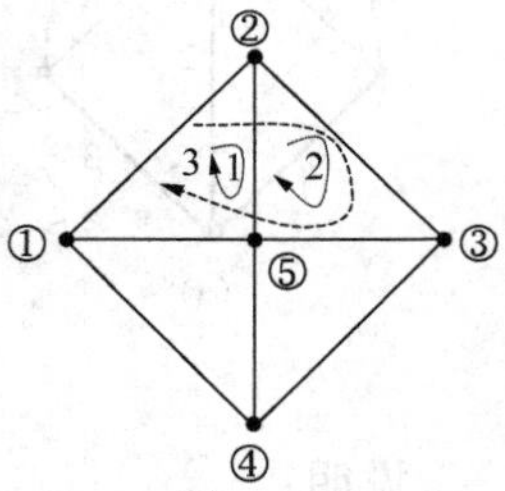

图 3－13

结论：(1)n 个节点、b 条支路的电路，独立的 KVL 方程数为：$b-(n-1)$；

(2) 独立的 KCL 和 KVL 方程数的和为：$(n-1)+b-(n-1)=b$。

对于一个复杂的网络，应先选择树，对应的单连枝回路列写的 KVL 方程一定是独立的，连支数 $b_l=b-b_t=b-(n-1)$ 正好是独立的 KVL 方程数。

3.3　2b 法

3.3.1　2b 法

对于 n 个节点、b 条支路的电路，分别以 b 条支路电流和 b 个支路电压为未知量，未知量是 $2b$ 个。需列出 $2b$ 个独立的电路方程，称为 2b 法。

3.3.2 2b 法的步骤

(1) 标定各支路电流(电压)的参考方向;

(2) 任意选择$(n-1)$个节点列写$(n-1)$个 KCL 方程;

(3) 选定$b-(n-1)$个独立回路(自然网孔或单连支回路),以支路电压为未知量列写$b-(n-1)$个 KVL 方程;

(4) 结合元件的 VCR 方程和支路的连接关系,将b个支路的电压分别用对应电流表示,列写b个方程;

(5) 联立上述$2b$个方程,并求解,得到b个支路电流和b个支路电压;

(6) 根据题意要求,进行其他分析。

3.4 支路电流法

3.4.1 支路电流法

以各支路电流为未知量,列写独立的 KCL 和 KVL 方程分析电路的方法,称为**支路电流法**。

对于n个节点、b条支路的电路,未知支路电流共有b个。只要列出b个独立的电路方程,便可以求解这b个变量。

3.4.2 支路电流法的步骤

(1) 标定各支路电流(电压)的参考方向;

(2) 任意选择$(n-1)$个节点列写 KCL 方程;

(3) 选定$b-(n-1)$个独立回路(自然网孔或单连支回路),结合元件的特性方程列写$b-(n-1)$个 KVL 方程;

(4) 联立上述b个方程,并求解,得到b个支路电流;

(5) 根据题意要求,进行其他分析。

支路电流法适用于支路数不多的电路。如果支路数较多,可以考虑用后面讲的节点法或回路法。如果方程数再多,可以利用计算机辅助求解。

3.4.3 支路电流法的应用

例 3-2 已知图 3-14 所示电路,$U_{s1}=70\text{V}$,$U_{s2}=6\text{V}$,$R_1=7\Omega$,$R_2=11\Omega$,$R_3=7\Omega$。求各支路电流及各理想电压源发出的功率。

解:(1) 标定各支路电流的参考方向;

(2) 节点数$n=2$,任选节点 a 列 KCL 方程

$$I_1+I_2=I_3 \quad (1)$$

(3) 选两个网孔为独立回路,绕行方向如图 3-14 所示,列 KVL 方程

$$R_1I_1-R_2I_2+U_{s2}-U_{s1}=0 \quad (2)$$

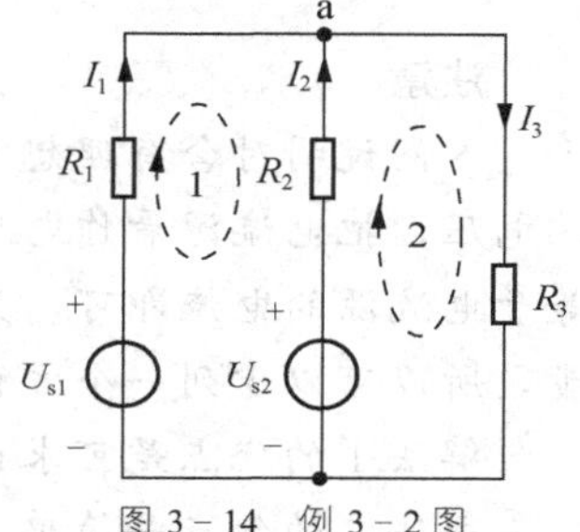

图 3-14 例 3-2 图

$$R_2I_2+R_3I_3-U_{s2}=0 \tag{3}$$

代入数据得

$$7I_1-11I_2-70+6=0$$
$$11I_2+7I_3-6=0$$

(4)求解上述方程。

$$\Delta=\begin{vmatrix}-1 & -1 & 1\\ 7 & -11 & 0\\ 0 & 11 & 7\end{vmatrix}=203 \quad \Delta_1=\begin{vmatrix}0 & -1 & 1\\ 64 & -11 & 0\\ 6 & 11 & 7\end{vmatrix}=1218 \quad \Delta_2=\begin{vmatrix}-1 & 0 & 1\\ 7 & 64 & 0\\ 0 & 6 & 7\end{vmatrix}=-406$$

$$I_1=\frac{\Delta_1}{\Delta}=\frac{1218}{203}=6\text{A} \qquad I_2=\frac{\Delta_2}{\Delta}=\frac{-406}{203}=-2\text{A}$$

$$I_3=I_1+I_2=6-2=4\text{A}$$

(5)电压源发出的功率

$$P_{U_{s1}出}=U_{s1}\times I_1=70\times 6=420(\text{W})$$
$$P_{U_{s2}出}=U_{s2}\times I_2=6\times(-2)=-12(\text{W})$$

例 3-3 列写图 3-15 所示电路的支路电流方程(含理想电流源情况)。

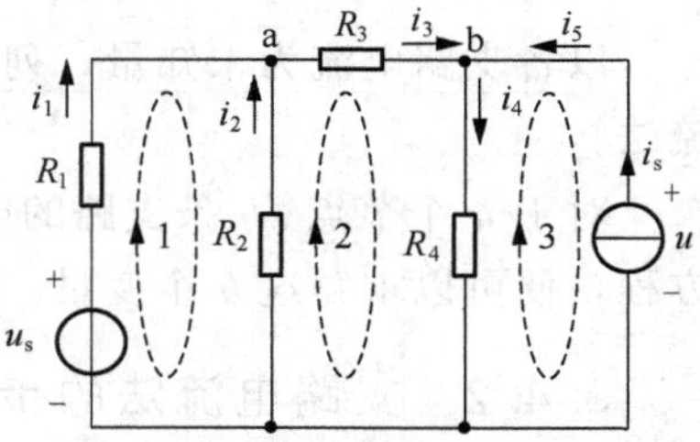

解法 1:(1) 标定各支路电流的参考方向如图 3-15 所示。

(2) 节点数 $n=3$,任选 a、b 节点,列 KCL 方程

a 点:$i_1+i_2=i_3$ (1)

b 点:$i_3+i_5=i_4$ (2)

图 3-15 例 3-3 图

(3) 选三个网孔为独立回路,绕行方向如图,列 KVL 方程组

$$R_1i_1-R_2i_2-u_s=0 \tag{3}$$
$$R_2i_2+R_3i_3+R_4i_4=0 \tag{4}$$
$$-R_4i_4+u=0 \tag{5}$$
$$i_5=i_s \tag{6}$$

解法 2:步骤(1)(2)同上。

步骤(3)列 KVL 方程组时,可避开电流源支路取回路,电流源所在支路电流已知,所以可以少列一个方程,此时的方程组

$$R_1i_1-R_2i_2-u_s=0 \tag{3}$$
$$R_2i_2+R_3i_3+R_4i_4=0 \tag{4}$$
$$i_5=i_s \tag{5}$$

注意

本例说明对含有理想电流源的电路,列写支路电流方程有两种方法。一是设电流源两端电压,把电流源看作电压源来列写方程,然后增补一个方程,即令电流源所在支路电流等于电流源的电流即可。另一种方法是,因为电流源所在支路的电流为已知,少一个未知量,所以可以少列一个方程,即列回路方程时,避开电流源所在支路,少选一个回路。

解法 1 的优点是可求出电流源的电压;

解法 2 的优点是简单。

例 3-4 如图 3-16 所示，$U_{s1}=50V$，列写电路的支路电流方程。

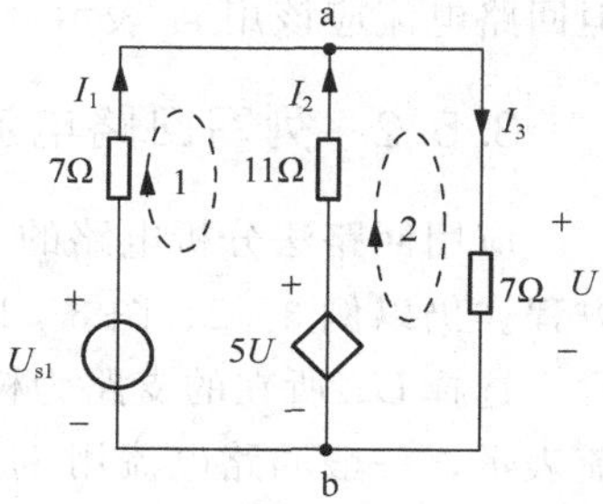

解：(1) 节点数 $n=2$，任选节点 a 列 KCL 方程

$$I_1+I_2=I_3$$

(2) 选两个网孔为独立回路，列 KVL 方程

$$-U_{s1}+7I_1-11I_2+5U=0$$

$$-5U+11I_2+7I_3=0$$

(3) 由于受控源的控制量 U 是未知量，需增补一个方程：

$$U=7I_3$$

(4) 整理以上方程，消去控制量 U

$$-I_1-I_2+I_3=0$$

$$7I_1-11I_2+35I_3=50$$

$$11I_2-28I_3=0$$

图 3-16 例 3-4

说明，对含有受控源的电路，方程列写需分两步：

(1) 先将受控源看作独立源列方程；

(2) 将控制量用支路电流表示，并代入所列的方程，消去控制变量。

3.5 回路电流法及网孔电流法

3.5.1 回路电流法及网孔电流法的基本思想

为了减少未知量(方程)的个数，选回路电流 i_l 为未知量，以回路电流的线性组合得支路电流，然后再求支路电压，利用 KVL 列方程求解电路的方法，即**回路电流法**，简称回路法。当取网孔电流 i_m 为未知量时，称**网孔法**。

(1) 回路(或网孔)电流与支路电流的关系如下。

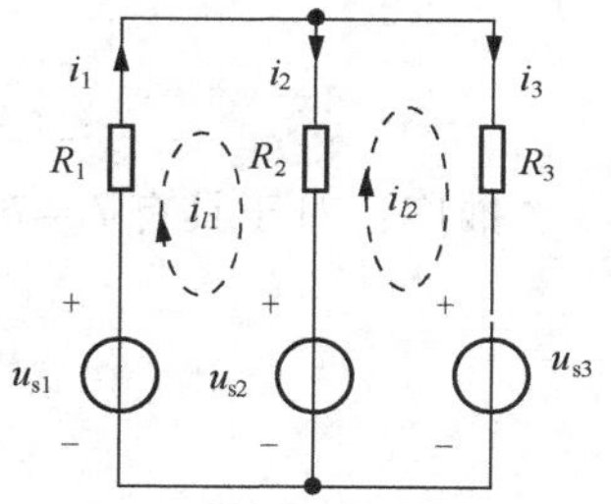

图 3-17 所示电路有两个独立回路，选两个网孔为独立回路，设网孔电流沿顺时针方向流动。可以清楚地看出，当某支路只属于某一个回路(或网孔)，那么该支路电流就等于该回路(网孔)电流，如果某支路被两个回路(或网孔)共有，则该支路电流就等于流经两回路(网孔)电流的代数和。如图 3-17 电路中

$$i_1=i_{l1} \qquad i_3=i_{l2} \qquad i_2=i_{l1}-i_{l2}$$

图 3-17

以上回路选的就是网孔，即，i_{l1} 也可以用 i_{m1} 表示。

(2) 回路法(网孔法)的实质

回路电流(网孔电流)在独立回路中是闭合的，每个支路电流用回路电流(网孔电流)替代，使未知量减少了 $(n-1)$ 个，在此已应用了 KCL。因此回路电流(网孔电流)法的实质是基尔霍夫电压定律。方程数为：$b-(n-1)$，与支路电流法相比，方程数减少了 $(n-1)$ 个。

(3) 网孔法一定是回路法，回路法不一定是网孔法，两者有很多类似之处，为了减少篇幅，在此一并讲解。若题目中要求用网孔法求解，所选回路必须是网孔，所有网孔电流应该用 i_m 表示。若题目中要求用回路法求解，所选回路可以是网孔也可以是一般回路，

但回路电流应该用 i_l 表示。

3.5.2 列写回路电流（网孔电流）方程的步骤

应用回路法分析电路的关键是如何简便、正确地列写出以回路电流为变量的回路电压方程。仍以例 3-2、图 3-14 所示电路，列写回路的 KVL 方程。

选择 U_{s2} 所在的支路为树枝，连枝电流 I_1、I_3 便是回路电流，树枝电流可以用连枝电流表示，一般回路电流用 I_l 表示，因此

$$I_1=I_{l1},\ I_3=I_{l2},\ I_2=I_{l2}-I_{l1}$$

对两个独立回路列写 KVL 方程如下

回路 1 $\qquad -U_{s1}+R_1I_1-R_2I_2+U_{s2}=0$

回路 2 $\qquad -U_{s2}+R_2I_2+R_3I_3=0$

用回路电流代替支路电流

$$R_1I_{l1}-R_2(I_{l2}-I_{l1})=U_{s1}-U_{s2}$$

$$R_2(I_{l2}-I_{l1})+R_3I_{l2}=U_{s2}$$

将以上方程按未知量整理得

$$\begin{cases}(R_1+R_2)I_{l1}-R_2I_{l2}=U_{s1}-U_{s2}\\-R_2I_{l1}+(R_2+R_3)I_{l2}=U_{s2}\end{cases}\tag{3-1}$$

观察方程(3-1)可以看出如下规律

式(3-1)中，i_{l1} 前的系数 (R_1+R_2) 是回路 1 中所有电阻之和，我们称它为回路 1 的自阻，用 R_{11} 表示；i_{l2} 前的系数 $-R_2$ 是回路 1 和回路 2 公共支路上的电阻，称它为两个回路的互阻，用 R_{12} 表示，由于流过 R_2 的两个回路电流方向相反，故 R_2 前为负号；等式右端 $U_{s1}-U_{s2}$ 表示回路 1 中电压源的代数和，用 u_{sl1} 表示，u_{sl1} 中电压源的电压降与回路电流方向一致取负号，反之取正号。

由此得回路电流方程的标准形式

$$\begin{cases}R_{11}i_{l1}+R_{12}i_{l2}=u_{s11}\\R_{21}i_{l1}+R_{22}i_{l2}=u_{s22}\end{cases}\tag{3-2}$$

推广：对于具有 $l=b-(n-1)$ 个基本回路的电路，回路(网孔)电流方程的标准形式

$$\begin{cases}R_{11}i_{l1}+R_{12}i_{l2}+\cdots R_{1l}\,i_{ll}=u_{s11}\\R_{21}i_{l1}+R_{22}i_{l2}+\cdots R_{2l}\,i_{ll}=u_{s22}\\\qquad\cdots\\R_{l1}i_{l1}+R_{l2}i_{l2}+\cdots R_{ll}i_{ll}=u_{sll}\end{cases}\tag{3-3}$$

其中，自电阻 R_{kk} 为正；互阻 $R_{jk}=R_{kj}$ 可正可负，当流过互电阻的两回路电流方向相同时为正，反之为负；等效电压源 u_{skk} 中电压源的电压方向与该回路电流方向一致时，取负号，反之取正号。

说明：当电路不含受控源时，回路电流方程的系数矩阵为对称阵。

回路法的一般步骤：

(1) 选定 $l=b-(n-1)$ 个基本回路，并确定其绕行方向；

(2) 对 l 个基本回路，以回路电流为未知量，列写 KVL 方程；

(3) 求解上述方程，得到 l 个回路电流；

(4) 进行其他分析。

注意

(1) 所得的回路电流方程的标准形式(3-3)式，也可不必强记。回路法的实质是 KVL 的应用。找出回路(网孔)电流与支路电流关系，以回路(网孔)电流为未知量列出 KVL 方程，即可得回路法方程。

(2) 以上例题，所选回路也即网孔，因此，也可称为网孔法。一般平面图可以选自然网孔为回路，这样比较直观，但也有时选自然网孔不一定合适，如当网孔中有理想电流源时，可以使理想电流源支路仅仅属于一个回路，该回路电流就等于电流源电流 I_s。这种方法列写的方程数较少，下面通过例题做详细讲解。

(3) 在回路(网孔)电流法中，依据 KCL 来假想回路(网孔)电流，相当于已经应用了 KCL，因而列写的方程数少了 $(n-1)$ 个。

3.5.3 回路(网孔)法的应用

例 3-5 已知图 3-18 所示电路，用回路法写出求各支路电流的方程和步骤。

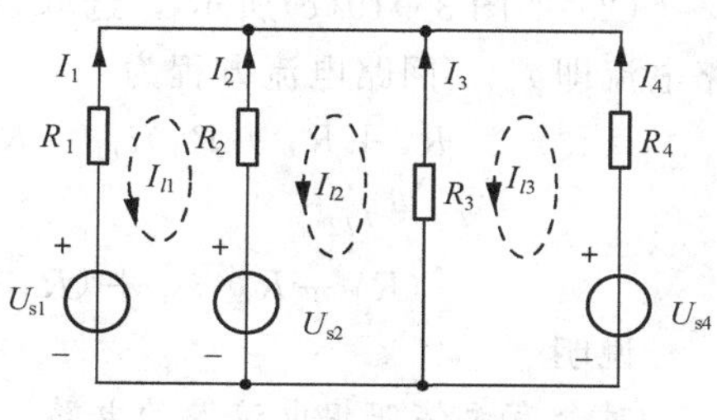

图 3-18 例 3-5 图

解法 1：(1) 标出支路、回路电流参考方向；

(2) 以回路电流为未知量列出 KVL 方程(用回路电流替代支路电流)；

$$R_1I_{l1}+U_{s1}-U_{s2}+R_2(I_{l1}-I_{l2})=0$$
$$-R_2(I_{l1}-I_{l2})+U_{s2}+R_3(I_{l2}-I_{l3})=0$$
$$R_3(I_{l3}-I_{l2})-U_{s4}+R_4I_{l3}=0$$

(3)求解回路电流方程，得 I_{l1}，I_{l2}，I_{l3}；

(4)求各支路电流。

$$I_1=-I_{l1},\ I_2=I_{l1}-I_{l2},\ I_3=I_{l2}-I_{l3},\ I_4=I_{l3}$$

解法 2：直接套用公式，可得

$$(R_1+R_2)I_{l1}-R_2I_{l2}=U_{s2}-U_{s1}$$
$$-R_2I_{l1}+(R_2+R_3)I_{l2}-R_3I_{l3}=-U_{s2}$$
$$-R_3I_{l2}+(R_3+R_4)I_{l3}=U_{s4}$$

说明

(1) 上述两种解法的结果，经简单推导后是完全一样的。

(2) 解法 2 的缺点在读者背过公式的同时，还要关注参考方向与绕行方向等。解法 1 是利用回路电流表示元件电压列写 KVL 方程，这是根本。

(3) 独立回路的选取有多种方式，要根据所求解的电路具体分析。上例是把自然网孔选为回路，所以也称网孔法。

例 3-6 已知图 3-19(a)所示电路，(1) 列写网孔电流方程；(2) 列写回路电流方程(电路中含有无伴理想电流源)。

解：(1) 选取网孔如图 3-19(b)所示，设电流源电压 U，则网孔方程为

$$(R_s+R_1+R_4)i_{m1}-R_1i_{m2}-R_4i_{m3}=U_s$$
$$-R_1i_{m1}+(R_2+R_1)i_{m2}=U$$

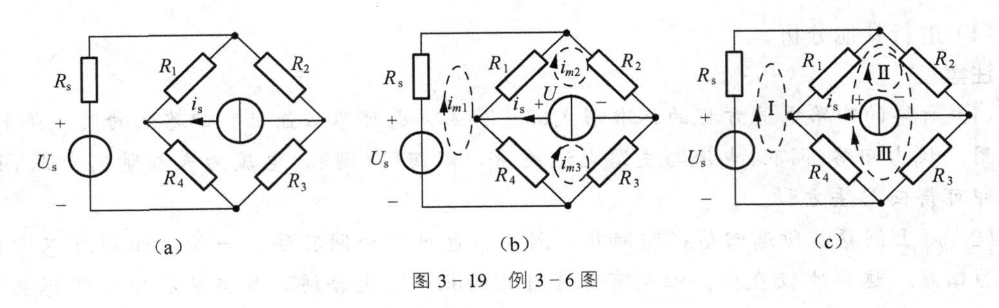

图 3-19 例 3-6 图

$$-R_4 i_{m1}+(R_3+R_4)i_{m3}=-U$$

由于多了一个未知量U，需增补一个方程，即增补网孔电流和电流源电流的关系方程

$$i_s=i_{m2}-i_{m3}$$

(2) 如图 3-19(c)所示，选取独立回路，使理想电流源支路仅仅属于一个回路，该回路电流即i_s。回路电流方程为

$$(R_s+R_1+R_4)i_{l1}-R_1 i_{l2}-(R_4+R_1)i_{l3}=U_s$$

$$i_s=i_{l2}$$

$$-(R_1+R_4)i_{l1}+(R_1+R_2)i_{l2}+(R_1+R_2+R_3+R_4)i_{l3}=0$$

说明

对含有无伴理想电流源的电路，回路电流方程的列写有两种方式。

(1) 用网孔电流法列方程，无伴电流源支路一般属于多个网孔，这时需假设电流源电压U，列写网孔电压方程，然后增补回路电流和电流源电流的关系方程，从而消去中间变量U。这种方法由于引入了电流源电压U，多了一个未知量，因此需增补方程，往往列写的方程数较多。

(2) 用回路电流法列方程，由于回路的选取具有灵活性，此时，可以使理想电流源支路仅仅属于一个回路，该回路电流就等于电流源电流I_s，这种方法列写的方程数较少。

(3) 由例 3-6 可见，解(1)由于网孔不可以任意选取，有一定的局限性；而解(2)回路可以自由选择，合理地选择回路，会使计算简单。

例 3-7 已知图 3-20 所示电路，$R_1=1\Omega$，$R_4=4\Omega$，$R_5=5\Omega$，$R_6=6\Omega$，$I_{S2}=2A$，$I_{S3}=3A$，$U_{S4}=4V$，试用回路电流法求各支路电流。

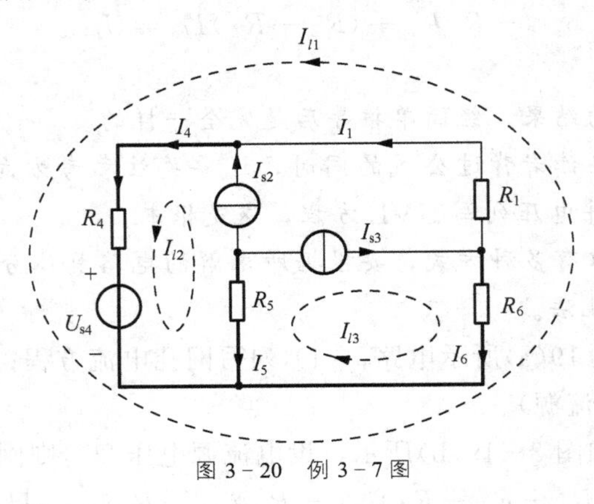

图 3-20 例 3-7 图

解： (1) 标出支路、回路电流参考方向。

如图 3-20 的节点数 $n=4$，树枝数为$(n-1)$，一般电流源所在支路尽量作为连枝，选 4、5、6 号支路为树(如图用粗线表示)，画出三个基本回路。

(2) 以回路电流为未知量列出 KVL 方程(用回路电流替代支路电流)

回路 1　$R_6(I_{l1}-I_{l3})+R_1I_{l1}+R_4(I_{l1}+I_{l2})+U_{s4}=0$

回路 2　$I_{l2}=I_{s2}$

回路 3　$I_{l3}=I_{s3}$

以上由于把电流源所在支路作为连枝，使得回路 2 与回路 3 的电流直接得出，只需求解一个方程，代入数据得

$$I_{l1}=\frac{6}{11}\text{A}\ ,\ I_{l2}=2\text{A},\ I_{l3}=3\text{A},$$

$$I_1=I_{l1}=\frac{6}{11}\text{A}\ ,\ I_4=I_{l1}+I_{l2}=\frac{28}{11}\text{A},$$

$$I_5=-I_{l2}-I_{l3}=-5\text{A}\ ,\ I_6=I_{l3}-I_{l1}=\frac{27}{11}\text{A}$$

例 3-8　列写图 3-21(a)所示电路的回路电流方程。

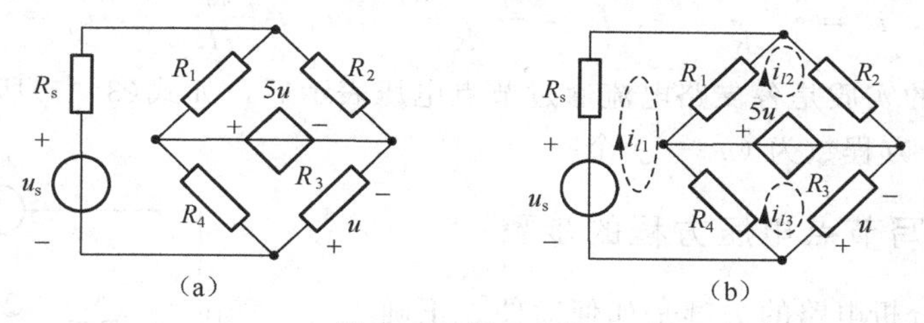

图 3-21　例 3-8 图

解：选网孔为独立回路，如图 3-21(b)所示，把受控电压源看作独立电压源列方程

回路 1　$(R_s+R_1+R_4)i_{l1}-R_1i_{l2}-R_4i_{l3}=u_s$

回路 2　$-R_1\,i_{l1}+(R_2+R_1)i_{l2}=5u$

回路 3　$-R_4i_{l1}+(R_3+R_4)i_{l3}=-5u$

由于受控源的控制量 u 是未知量，需增补一个方程：$u=-R_3\,i_{l3}$

整理以上方程消去控制量 U 得

回路 1　$(R_s+R_1+R_4)i_{l1}-R_1\,i_{l2}-R_4i_{l3}=u_s$

回路 2　$-R_1\,i_{l1}+(R_2+R_1)i_{l2}+5R_3\,i_{l3}=0$

回路 3　$-R_4\,i_{l1}+(R_4-4R_3)i_{l3}=0$

3.6　节点电压法

3.6.1　节点电压法的基本思想

为了减少未知量的个数，选节点电压为未知量，以节点电压的线性组合得出支路电压，然后再求支路电流，利用 KCL 列方程求解电路的方法，即**节点电压法**，简称节点法。若节点少，方程数就少，因此节点法更适合节点数较少的电路。

节点电压与支路电压的关系

在电路中，任选一个节点作参考点(即零电位点)，其余各点与参考点之间的电位差称为该点的节点电压，也即该点的电位。图 3－22 所示电路，选下端节点为参考点，设节点①、②、③的电位分别为 u_{n1}，u_{n2}，u_{n3}。则支路 1 的电压为节点①的电位 u_{n1} 和零电位点的电位差；支路 2 的电压为节点①和节点②的电位差，依此类推，任一支路电压都可以用两个节点电位表示，如式(3－4)所示。

$$\left.\begin{aligned} u_1 &= u_{n1} - 0 = u_{n1} \\ u_2 &= u_{n1} - u_{n2} \\ u_3 &= u_{n2} - u_{n3} \\ u_4 &= u_{n2} \\ u_5 &= u_{n3} \\ u_6 &= u_{n3} - u_{n1} \end{aligned}\right\} \tag{3-4}$$

各支路电流通过支路电压可以求出

$$i_1 = \frac{u_{n1}}{R_1},\ i_2 = \frac{u_{n1} - u_{n2}}{R_2},\ i_3 = \frac{u_{n2} - u_{n3}}{R_3},\ i_4 = \frac{u_{n2} - 0}{R_4},\ i_5 = \frac{u_{n3} - u_{s5}}{R_5} \tag{3-5}$$

节点电压法的实质是各支路电流通过节点电压表示后，如式(3－5)所示，然后对节点列写 KCL 方程，方程数为 $(n-1)$ 个。

3.6.2 列写节点电压方程的步骤

应用节点法分析电路的关键是如何简便、正确地列写出以节点电压为变量的电流方程，然后列写节点上的 KCL 方程，以图 3－22 所示电路为例。

$$\begin{cases} \text{节点①} & i_{s1} + i_{s6} = i_1 + i_2 \\ \text{节点②} & i_2 = i_3 + i_4 \\ \text{节点③} & i_3 = i_5 + i_{s6} \end{cases} \tag{3-6}$$

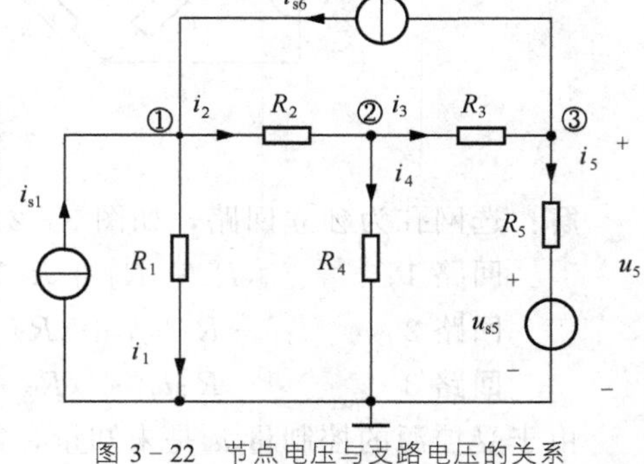

图 3－22 节点电压与支路电压的关系

各支路电流用节点电压表示

$$\begin{cases} \text{节点①} & i_{s1} + i_{s6} = \dfrac{u_{n1}}{R_1} + \dfrac{u_{n1} - u_{n2}}{R_2} \\ \text{节点②} & \dfrac{u_{n1} - u_{n2}}{R_2} = \dfrac{u_{n2} - u_{n3}}{R_3} + \dfrac{u_{n2}}{R_4} \\ \text{节点③} & \dfrac{u_{n2} - u_{n3}}{R_3} = \dfrac{u_{n3} - u_{s5}}{R_5} + i_{s6} \end{cases} \tag{3-7}$$

＊将以上方程按未知量顺序排列整理得

$$\begin{cases} \left(\dfrac{1}{R_1} + \dfrac{1}{R_2}\right) u_{n1} - \dfrac{1}{R_2} u_{n2} = i_{s1} + i_{s6} \\ -\dfrac{1}{R_2} u_{n1} + \left(\dfrac{1}{R_2} + \dfrac{1}{R_3} + \dfrac{1}{R_4}\right) u_{n2} - \dfrac{1}{R_3} u_{n3} = 0 \\ -\dfrac{1}{R_3} u_{n2} + \left(\dfrac{1}{R_3} + \dfrac{1}{R_5}\right) u_{n3} = \dfrac{u_{s5}}{R_5} - i_{s6} \end{cases} \tag{3-8}$$

观察方程(3-8)可以看出如下规律。

令 $G_k=1/R_k$，$k=1, 2, 3, 4, 5$。上式简记为

$$\begin{cases}(G_1+G_2)u_{n1}-G_2u_{n2}=i_{s1}+i_{s6} \\ -G_2u_{n1}+(G_2+G_3+G_4)u_{n2}-G_3u_{n3}=0 \\ -G_3u_{n2}+G_3+G_5)u_{n3}=G_5u_{s5}-i_{s6}\end{cases} \tag{3-9}$$

式(3-9)中，G_1+G_2 为接在节点①上所有支路的电导之和，称节点①的自导，用 G_{11} 表示。

$-G_2$ 为节点①与节点②之间的互电导，应等于接在节点①与节点②之间的所有支路的电导之和，始终为负值，用 G_{12} 表示。

$i_{s1}+i_{s6}$ 为流入节点①的电流源电流的代数和，称为等效电流源，用 i_{sl1} 表示，计算时以流入节点①的电流源为正，流出节点①的电流源为负。

用同样的方法可以得出式(3-9)其他等式中的自导、互导和等效电流源，由此得节点电压方程的标准形式

$$\begin{cases}G_{11}u_{n1}+G_{12}u_{n2}=i_{s11} \\ G_{21}u_{n1}+G_{22}u_{n2}=0 \\ G_{31}u_{n1}+G_{33}u_{n3}=i_{s33}\end{cases}$$

推广：对于具有 n 个节点的电路，节点电压方程的标准形式

$$\begin{cases}G_{11}u_{n1}+G_{12}u_{n2}+\cdots G_{1n-1}u_{n-1}=i_{s11} \\ G_{11}u_{n1}+G_{12}u_{n2}+\cdots G_{2n-1}u_{n-1}=i_{s22} \\ \cdots\cdots \\ G_{11}u_{n1}+G_{12}u_{n2}+\cdots G_{n-1n-1}u_{n-1}=i_{sn-1n-1}\end{cases} \tag{3-10}$$

其中：

G_{ii}——自导，等于接在节点 i 上所有支路电导之和(包括电压源与电阻串联支路)，总为正。

$G_{ij}=G_{ji}$——互导，等于接在节点 i 与节点 j 之间的所支路的电导之和，总为负。

i_{sii}——流入节点 i 的电流源电流的代数和(包括由电压源与电阻串联支路等效的电流源)。

说明

当电路不含受控源时，节点电压方程的系数矩阵为对称阵。

总结 节点法的一般步骤如下：

(1) 选定参考节点，标定其余 $(n-1)$ 个独立节点；

(2) 对 $(n-1)$ 个独立节点，用节点电压表示支路电流；列写其 KCL 方程；

(3) 求解上述方程，得到 $(n-1)$ 个节点电压；

(4) 用节点电压求各支路电流；

(5) 进行其他分析。

注意

(1) 所得的节点电压方程的标准形式，如式(3-9)和式(3-10)，可不必强记。找出节点电压与支路电流关系，然后直接列出节点 KCL 方程，同样可得节点法方程。即，节点法的实质是 KCL 的应用。

(2) 在节点电压法中，依据 KVL 利用节点电压求出支路电流，相当于已经应用了

KVL，因而列写的方程数只有 $(n-1)$ 个。

3.6.3 节点电压法的应用

例 3-9 试列写图 3-23 所示电路的节点电压方程。

解法 1： 对节点编号，并选④为参考节点，如图 3-23 所示 。

(1) 用节点电压表示支路电流

$$i_1+i_{s1}=\frac{u_{n1}}{R_1}\qquad i_2=\frac{u_{n2}}{R_2}\qquad i_3=\frac{u_{n3}-u_{s3}}{R_3}$$

$$i_4=\frac{u_{n1}-u_{n2}}{R_4}\qquad i_5=\frac{u_{n2}-u_{n3}}{R_5}\qquad i_6=\frac{u_{n1}-u_{n3}}{R_6}+i_{s6}$$

(2) KCL 方程为

节点① $i_1+i_4+i_6=0$

节点② $i_2-i_4+i_5=0$

节点③ $i_3-i_5-i_6=0$

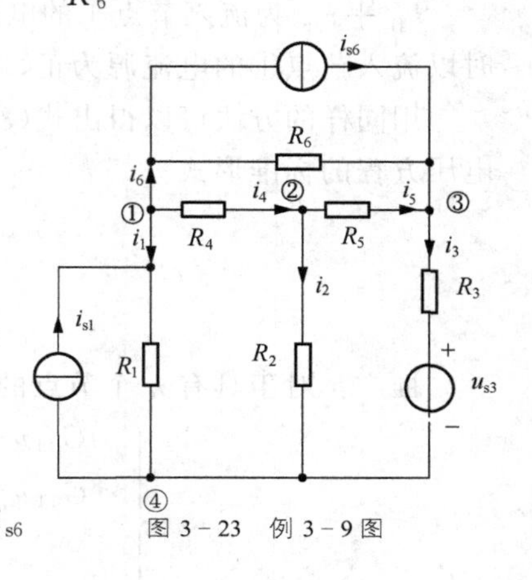

图 3-23 例 3-9 图

(3) 将以上各支路电流代入整理，即得节点电压方程

节点① $\left(\frac{1}{R_1}+\frac{1}{R_4}+\frac{1}{R_6}\right)u_{n1}-\frac{1}{R_4}u_{n2}-\frac{1}{R_6}u_{n3}=i_{s1}-i_{s6}$

节点② $-\frac{1}{R_4}u_{n1}+\left(\frac{1}{R_2}+\frac{1}{R_4}+\frac{1}{R_5}\right)u_{n2}-\frac{1}{R_5}u_{n3}=0$

节点③ $-\frac{1}{R_6}u_{n1}-\frac{1}{R_5}u_{n2}+\left(\frac{1}{R_3}+\frac{1}{R_5}+\frac{1}{R_6}\right)u_{n3}=\frac{u_{s3}}{R_3}+i_{s6}$

说明

(1) 实际分析计算电路时，直接利用(1)步的结果代入(2)步的方程，以节点电压表示的电流即可，不一定推导出第(3)步的标准形式。

(2) 如果背过节点电压方程的标准形式，可以直接写出第(3)步，但是强记的东西，要注意适应的条件，用节点电压表示支路电流直接列写 KCL 是根本。

解法 2： 节点电压法中，对某一节点列 KCL 时，流进(或流出)节点的电流方向可以任意假设。

如图 3-23 中，仍然选④为参考节点，假设流出节点①的电流方向为正(和图 3-23 所标方向一样)，得方程

$$-i_{s1}+\frac{u_{n1}}{R_1}+\frac{u_{n1}-u_{n2}}{R_4}+\frac{u_{n1}-u_{n3}}{R_6}+i_{s6}=0$$

假设流出节点②的电流为正(和图 3-23 所标方向不一样)，得方程

$$\frac{u_{n2}-u_{n1}}{R_4}+\frac{u_{n2}-u_{n3}}{R_5}+\frac{u_{n2}}{R_2}=0$$

假设流进节点③的电流为正(和图 3-23 所标方向不一样)，得方程

$$i_{s6}+\frac{u_{n1}-u_{n3}}{R_6}+\frac{u_{n2}-u_{n3}}{R_5}+\frac{u_{s3}-u_{n3}}{R_3}=0$$

以上三个方程与解法 1 所得方程完全一样。所以，对某一节点列 KCL 时，电流的方向与原来假定的参考方向可以不相关。

例 3-10　试列写图 3-24 所示电路的节点电压方程。

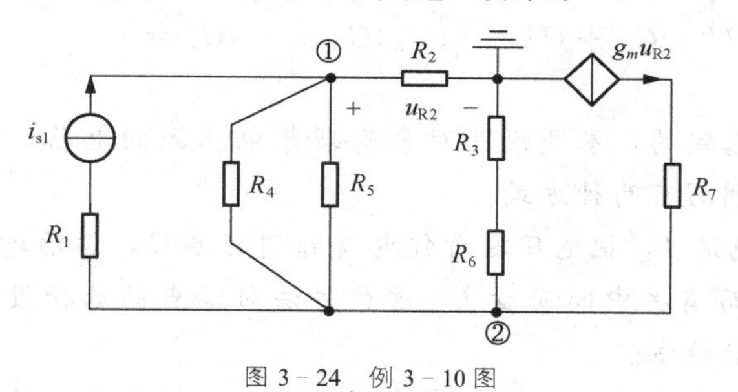

图 3-24　例 3-10 图

解：节点编号及参考节点的选取如图所示

节点①
$$i_{s1}=\frac{u_{n1}-u_{n2}}{R_4}+\frac{u_{n1}-u_{n2}}{R_5}+\frac{u_{n1}}{R_2}$$

节点②
$$\frac{u_{n1}-u_{n2}}{R_4}+\frac{u_{n1}-u_{n2}}{R_5}+g_m u_{R2}=i_{s1}+\frac{u_{n2}}{R_3+R_6}$$

$$u_{R2}=u_{n1}$$

说明

（1）本题说明对含有受控电源的电路，可先把受控源看作独立电源列方程，再增补控制量与节点电压的关系方程。

（2）与电流源串接的电阻或其他元件不参与列写方程；本例中 R_1 和 R_7 在整个方程组中没有出现，如果只背节点电压方程的标准形式，往往容易犯错。

（3）支路中有多个电阻串联时，要先求出总电阻再列写方程。

例 3-11　试列写图 3-25(a)所示电路的节点电压方程(图中含有无伴电压源支路)。

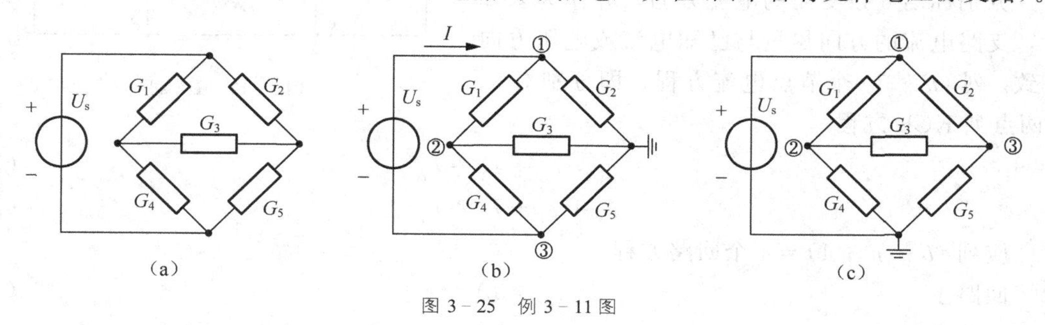

图 3-25　例 3-11 图

解法 1：节点编号及参考节点的选取如图 3-25(b)所示，设流过电压源的电流为 I，用节点电压表示支路电流，列写 KCL 方程

节点①　$I=(U_{n1}-U_{n2})G_1+U_{n1}G_2$

节点②　$(U_{n2}-U_{n1})G_1+U_{n2}G_3+(U_{n2}-U_{n3})G_4=0$

节点③　$(U_{n3}-U_{n2})G_4+U_{n3}G_5+I=0$

由于所设电流 I 是未知量，需增补一个节点电压和电压源电压的关系方程：$U_{n1}-U_{n3}=U_s$

解法 2：节点编号及参考节点的选取如图 3-25(c)所示，此时节点①的电压等于电压源的电压，用节点电压表示支路电流列写 KCL 方程

节点①　$U_{n1}=U_s$

节点② $(U_{n2}-U_{n1})G_1+(U_{n2}-U_{n3})G_3+U_{n2}G_4=0$

节点③ $(U_{n3}-U_{n1})G_2+(U_{n3}-U_{n2})G_3+U_{n3}G_5=0$

说明

参考节点是任意选定的，本题说明对含有理想电压源的电路，因为参考节点不同选取，节点电压方程的列写有两种方式。

(1) 引入电压源电流 I，把电压源看作电流源列写方程，然后增补节点电压和电压源电压的关系方程，从而消去中间变量 I。这种方法对节点的选择没有要求，但需增补方程，往往列写的方程数较多。

(2) 选择理想电压源的负极性端为参考点，那么理想电压源的电压等于某一节点电压。这样直接解决了一个未知量，从而使列写的方程数较少。当有多个无伴电压源时，以上两种方法往往并用。

本章介绍了5种电路的一般分析方法，即2b法、支路电流法、网孔电流法、回路电流法、节点电压法。它们都是通过选择一组合适的电路变量(电流和/或电压)，根据KCL和KVL及元件的电压电流关系(VCR)建立该组变量的独立方程组，然后从方程中解出电路变量。同一电路可以用任何一种方法求解，当然求解的方法要根据题目的要求，若求解方法可以自由选择，选择适当方法会使计算简易。

例3-12 试分别用支路电流法、网孔电流法、回路电流法、节点电压法求题图3-26(a)电路中各元件的功率。

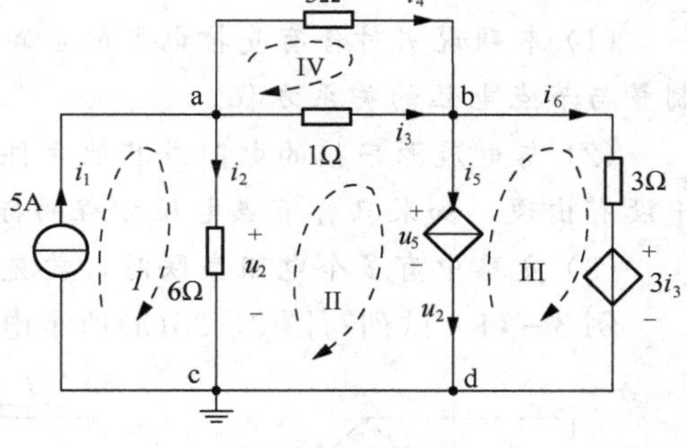

例3-12 图(a)

解法1：用支路电流法 图3-26(a)中支路电流数 $b=6$，节点数 $n=3$。

分别标出6条支路的电流方向，并作为未知量，支路电流的方向尽量与已知电流或电压方向一致。列 $(n-1)$ 个节点电流方程，即分别对a、b两点列KCL方程

$$i_1=i_2+i_3+i_4 \tag{1}$$

$$i_3+i_4=i_5+i_6 \tag{2}$$

应列 $(b-n+1)=4$ 个回路方程

回路Ⅰ $$i_1=5\text{A} \tag{3}$$

回路Ⅱ $$1\times i_3+u_5-6\times i_2=0 \tag{4}$$

回路Ⅲ $$-u_5+3\times i_6+3\times i_3=0 \tag{5}$$

回路Ⅳ $$3\times i_4-1\times i_3=0 \tag{6}$$

由于受控电流源的电压设为 u_5，和其控制量 u_2 都是未知量，需增加两个方程

$$6\times i_2=u_2 \tag{7}$$

$$i_5=u_2 \tag{8}$$

联立以上方程，解得

$$i_2=1\text{A}$$

$$i_3=3\text{A}$$

$$i_4 = 1\text{A}$$
$$i_5 = 6\text{A}$$
$$i_6 = -2\text{A}$$
$$u_2 = 6\text{V}$$

5A 电流源发出的功率为：$P_1 = 5 \times 6i_2 = 30\text{W}$

6Ω 电阻消耗的功率为：$P_2 = u_2 i_1 = 6 \times 1 = 6(\text{W})$

1Ω 电阻消耗的功率为：$p_3 = i_3^2 \times 1 = 9\text{W}$

4 号支路 3Ω 电阻消耗的功率为：$P_4 = i_4^2 \times 3 = 3\text{W}$

受控电流源消耗的功率为：$P_5 = i_5 \times (3i_6 + 3i_3) = 18\text{W}$

6 号支路 3Ω 电阻消耗的功率为：$P_6 = i_6^2 \times 3 = 12\text{W}$

受控电压源消耗的功率为：$P'_6 = i_6 \times 3i_3 = -18\text{W}$

所有消耗的功率之和为：30W

电路中所有消耗的功率等于发出的功率，整个电路功率平衡。

小结

用支路电流法，在列写网孔或回路方程时，由于支路的电流作为未知量，而理想电流源不存在流控表示式 $\{u = f(i)\}$，此时应尽量使理想电流源支路仅属于一个回路，该回路电流就等于电流源电流 I_s，这种方法使列写的方程数较少，如图 3－26(a)回路 I。有时必须涉及电流源的电压，电流源的电压变量在方程中，成为既有电流又有电流源电压作为变量的一种混合变量方程。此时，只能根据具体电路找出附加方程，如本例方程(7)、(8)。

解法 2：用网孔电流法　图 3－27(b)中网孔数 $m = b - (n-1) = 4$，分别标出 4 条网孔的电流 i_{m1}、i_{m2}、i_{m3}、i_{m4} 作为未知量，应列 4 个 KVL 方程 。

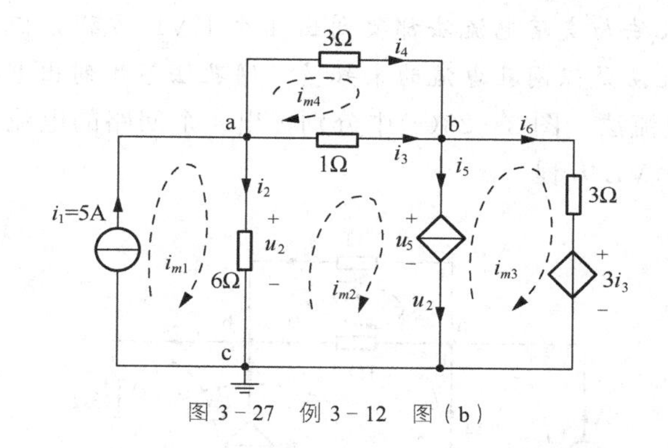

图 3－27　例 3－12　图(b)

网孔 1
$$i_{m1} = 5\text{A} \tag{1}$$

网孔 2
$$6 \times (i_{m2} - i_{m1}) + 1 \times (i_{m2} - i_{m4}) + u_5 = 0 \tag{2}$$

网孔 3
$$-u_5 + 3 \times i_{m3} + 3i_3 = 0 \tag{3}$$

网孔 4
$$3 \times i_{m4} + 1 \times (i_{m4} - i_{m2}) = 0 \tag{4}$$

以上方程，除了 4 个网孔电流外，还有，受控电流源的电压 u_5 和控制量 i_3 也是未知量，因此还需增补两个方程

$$i_3 = i_{m2} - i_{m4}$$
$$u_2 = 6 \times (i_{m1} - i_{m2})$$

附加方程中又出现的电压 u_2 也是未知量，因此还需增补 1 个方程

$$u_2 = i_{m2} - i_{m3}$$

联立以上方程，解得

$$i_{m1} = 5\text{A}$$
$$i_{m2} = 4\text{A}$$
$$i_{m3} = -2\text{A}$$
$$i_{m4} = 1\text{A}$$

根据图 3－26(a)与图 3－27(b)，找出网孔电流与支路电流的关系，得各支路电流

$$i_1 = i_{m1} = 5\text{A}$$
$$i_2 = i_{m1} - i_{m2} = 5 - 4 = 1\text{A}$$
$$i_3 = i_{m2} - i_{m4} = 4 - 1 = 3\text{A}$$
$$i_4 = i_{m4} = 1\text{A}$$
$$i_5 = i_{m2} - i_{m3} = 4 - (-2) = 6\text{A}$$
$$i_6 = i_{m3} = -2\text{A}$$

各元件的功率与解法 1 相同。

小结

用网孔法，平面电路中的每个自然孔称为“网孔”。

列 KVL，选择每个网孔作回路，则这些特殊的回路(即网孔)都是独立的，网孔数 $m = b - (n - 1)$。

网孔法与支路电流法的主要区别是列方程时所选的未知量不同，网孔法的未知量个数为 $m = b - (n - 1)$，而支路电流法的未知量个数为 b。

上例中，虽然网孔法与支路电流法都要列出 4 个 KVL 方程，但支路电流法是以支路电流为未知量，而网孔法是以网孔电流为未知量。网孔法不用列出 KCL 方程。

解法 3：用回路电流法　图 3－28(c)中分别标出 4 个回路的电流 i_{l1}、i_{l2}、i_{l3}、i_{l4} 作为未知量，并列 4 个 KVL 方程

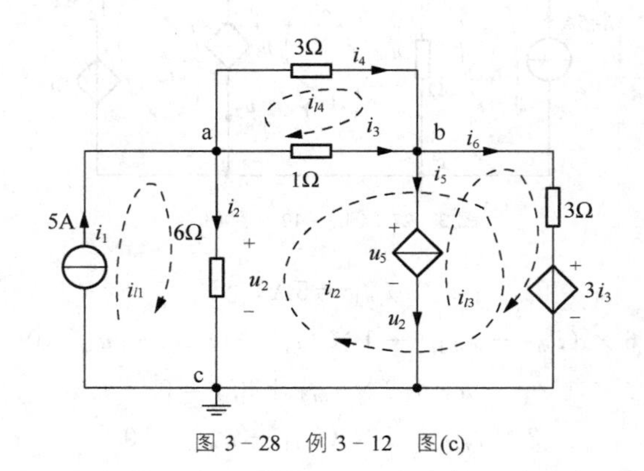

图 3－28　例 3－12　图(c)

回路 1　　$i_{l1} = 5\text{A}$　　(1)

回路 2　　$6 \times (i_{l2} - i_{l1}) + 1 \times (i_{l2} - i_{l4}) + 3 \times (i_{l3} + i_{l2}) + 3i_3 = 0$　　(2)

回路 3　　$-u_5 + 3 \times (i_{l3} + i_{l2}) + 3i_3 = 0$　　(3)

回路 4 $3\times i_{l4}+1\times(i_{l4}-i_{l2})=0$ (4)

附加方程

$$i_3=i_{l2}-i_{l4}$$

$$u_2=6\times(i_{l1}-i_{l2})$$

$$u_2=-i_{l3}$$

联立以上方程，解得

$$i_{l1}=5\text{A}$$

$$i_{l2}=4\text{A}$$

$$i_{l3}=-6\text{A}$$

$$i_{l4}=1\text{A}$$

根据例 3－12 图 3－26(a)与 3－28 图(c)，找出回路电流与支路电流的关系，得各支路电流

$$i_1=i_{l1}=5\text{A}$$

$$i_2=i_{l1}-i_{l2}=5-4=1(\text{A})$$

$$i_3=i_{l2}-i_{l4}=4-1=3(\text{A})$$

$$i_4=i_{l4}=1\text{A}$$

$$i_5=-i_{l3}=6\text{A}$$

$$i_6=i_{l3}+i_{l2}=-2\text{A}$$

各元件的功率与解法 1 相同。

小结

用回路法，一个回路可根据 KVL 列写一个回路电压方程。对 n 个节点、b 条支路构成的电路，独立回路数 $l=b-(n-1)$。这种方法要保证“独立”性的原则，就是在候选的回路中一定要包含“新”的支路。回路法在选取回路时有一定的灵活性，而网孔法的网孔选取是固定的，网孔法是回路法的一个特例。

解法 4：用节点电压法　如图 3－28(c)所示，设节点 c 为参考点，另两个节点的电压分别为 u_a、u_b。

对节点 a 列 KCL $5=\frac{u_a-u_b}{3}+\frac{u_a-u_b}{1}+\frac{u_a-0}{6}$ (1)

对节点 b 列 KCL $\frac{u_a-u_b}{3}+\frac{u_a-u_b}{1}=u_2+\frac{u_b-3i_3}{3}$ (2)

方程(2)中，除了节点电压 u_a、u_b 外，又出现了两个变量 u_2、i_3

所以应列出两个附加方程 $\frac{u_a-u_b}{1}=i_3$ (3)

$$u_2=u_a \quad (4)$$

联立以上 4 个方程，解得

$$\begin{cases}u_a=6\text{V}\\u_b=3\text{V}\\u_2=6\text{V}\\i_3=3\text{A}\end{cases}$$

根据图 3 - 28(c)，找出节点电压与支路电流的关系，得各支路电流

$$i_1=5\text{A}$$

$$i_2=\frac{u_a-0}{6}=1\text{A}$$

$$i_3=\frac{u_a-u_b}{1}=3\text{A}$$

$$i_4=\frac{u_a-u_b}{3}=1\text{A}$$

$$i_5=u_2=6i_2=6\text{A}$$

$$i_6=\frac{u_b-3i_3}{3}=\frac{3-3\times 3}{3}=-2\text{A}$$

各元件的功率与解法 1 相同。

总结

电路分析的基本任务，是根据已知电路求解电路中电压和电流。电路分析的基本方法是利用 KCL、KVL 和 VCR 建立一组电路方程，并求解得到电压和电流。

由上例可见，同一个题可以用不同的方法求解，只是有的方法简单、有的相对烦琐。对于支路数多、节点数少的电路，用节点电压法相对简单。另外有的题目，并不是每条支路的电流都要求出，这时不适合用支路电流法，如果某一电路只对一条支路感兴趣，用第 4 章的戴维南定理求解更合适。

由于分析电路有多种方法，就某个具体电路而言，采用某种方法可能比另外一种方法更适合。在分析电路时，若题目中没有要求特定的分析方法，就有选择分析方法的问题。选择分析方法时通常考虑的因素有：①联立方程数目少；②列写方程比较容易；③所求解的电压电流就是方程变量；④个人习惯并熟悉的某种方法。

3.7 仿真

仿真例题 如仿真图 1 所示，试用 Multisim 测出电流 i_5，并用节点法求出 i_5，并对比仿真结果。

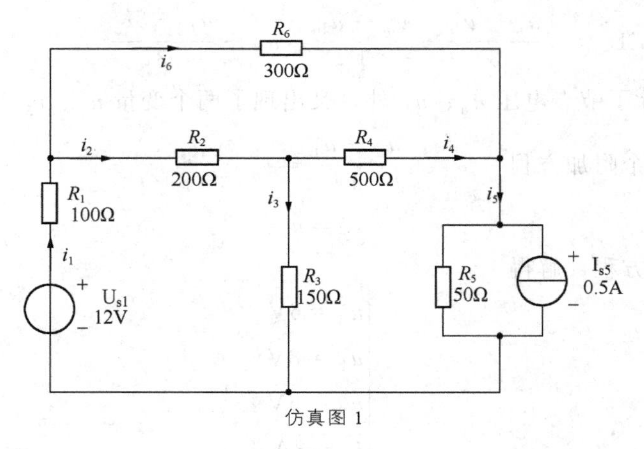

仿真图 1

解：（1）打开 Multisim(见图 2)

（2）取元件画电路图，选取元件画原理图(见图 3)

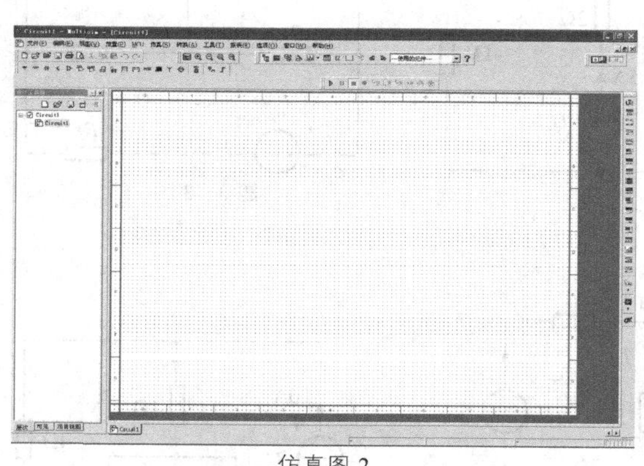

仿真图 2

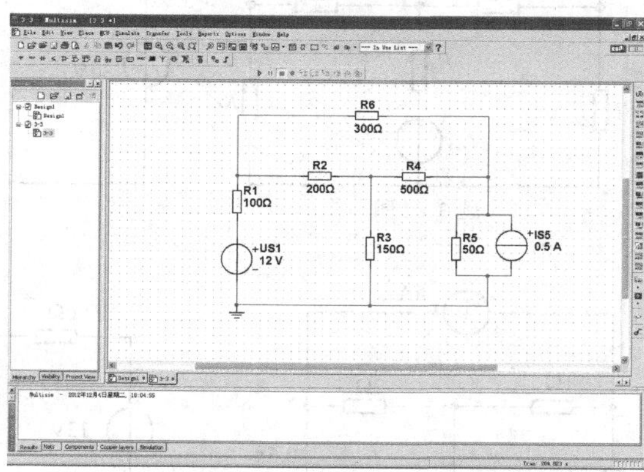

仿真图 3

（3）电路仿真分析

① 单击右侧仪表栏 Multimeter ，调出万用表并将万用表接入电路如图 4 所示。

② 单击右上角仿真 按钮，开始仿真，结果如图 5 所示。

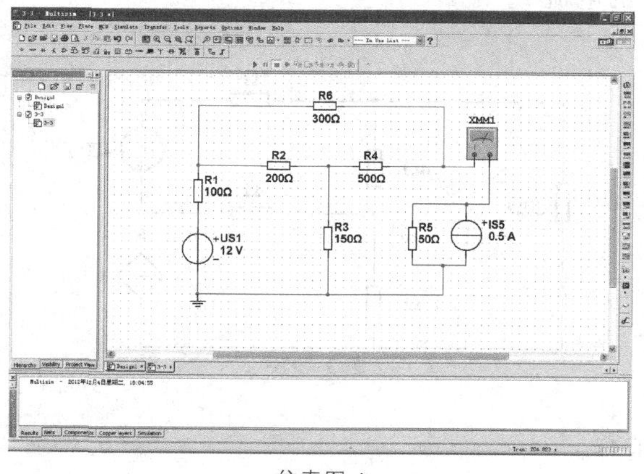

仿真图 4

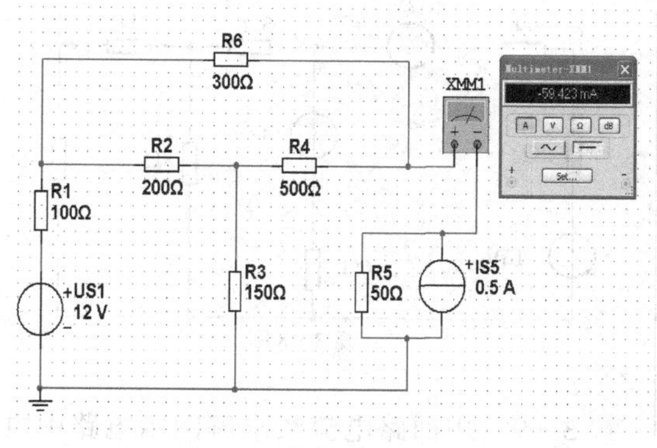

仿真图 5

习　题　三

3-1　图示电路中 $R_1=R_2=10\Omega$，$R_3=4\Omega$，$R_4=R_5=8\Omega$，$R_6=2\Omega$，$u_{s3}=20\text{V}$，$u_{s6}=40\text{V}$，用支路电流法求电阻 R_5 支路的电流。

3-2　用支路电流法求如图电路中各支路电流，并求电路中的 U。

3-3　试用支路电流法列写图示电路方程。

3-4　已知图示电路，试用支路电流法验证电路的功率平衡。

3-5　用支路电流法求题 3-5 图中的 I 和 U。

3-6　用支路电流法求题 3-6 图中的电流 I 和 U。

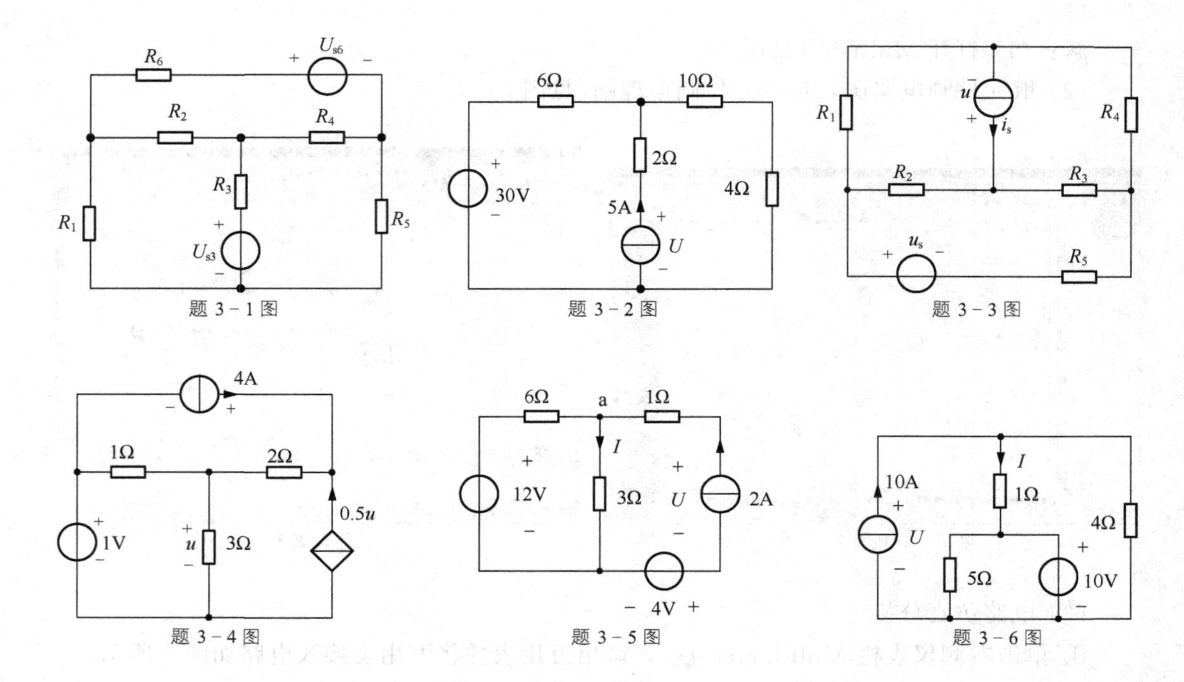

题 3－1 图　　题 3－2 图　　题 3－3 图

题 3－4 图　　题 3－5 图　　题 3－6 图

3－7　用网孔电流法求题 3－1 图中的电阻 R_5 支路的电流。

3－8　用回路电流法求解图中 5Ω 电阻中的电流 i。

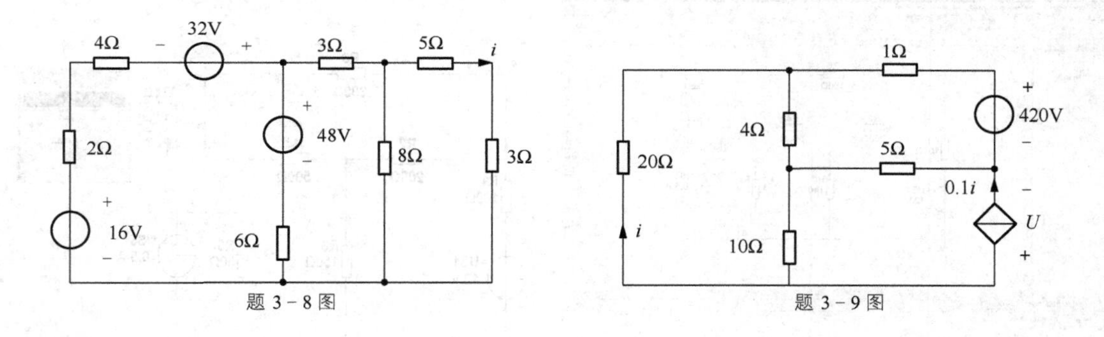

题 3－8 图　　题 3－9 图

3－9　用回路电流法求解图示电路中电压 U。

3－10　用网孔分析法计算图示电路中的电流 i_1 和 i_2。

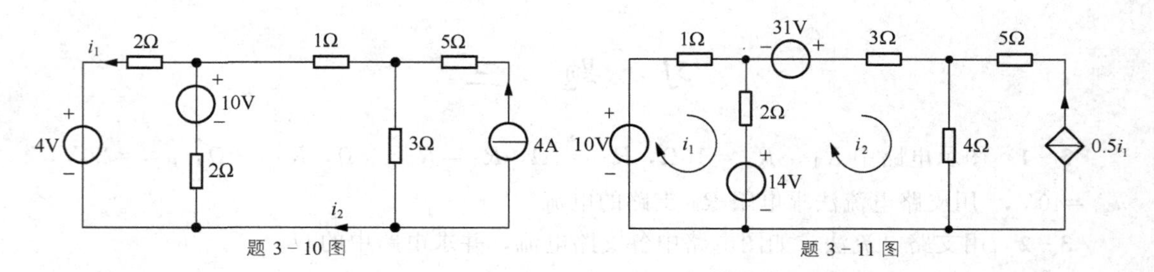

题 3－10 图　　题 3－11 图

3－11　网孔分析法求解图示电路的网孔电流 i_1 和 i_2。

3－12　试列写题 3－3 图示回路电流方程，写出支路电流与回路电流的关系。

3－13　求图示电路的三个回路电流。

3-14 用网孔电流法求题 3-14 图中的电流 I。

3-15 用网孔电流法求题 3-15 图中的电流 I 和电压 U。

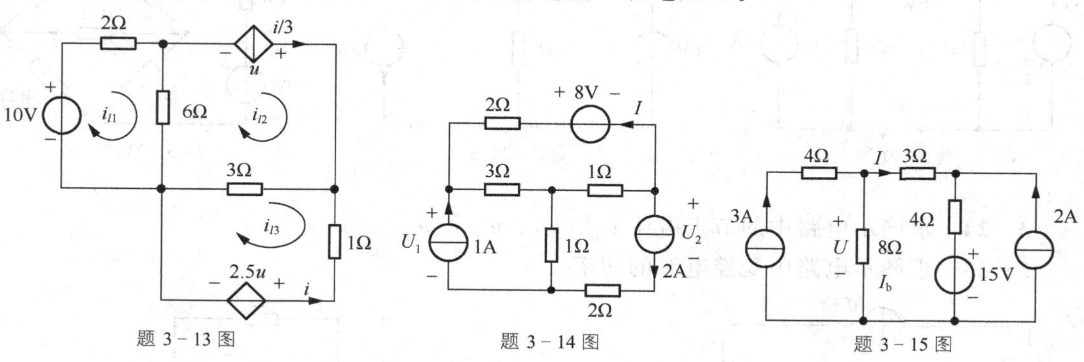

题 3-13 图　　题 3-14 图　　题 3-15 图

3-16 用节点电压法求解图示电路中各支路电流。

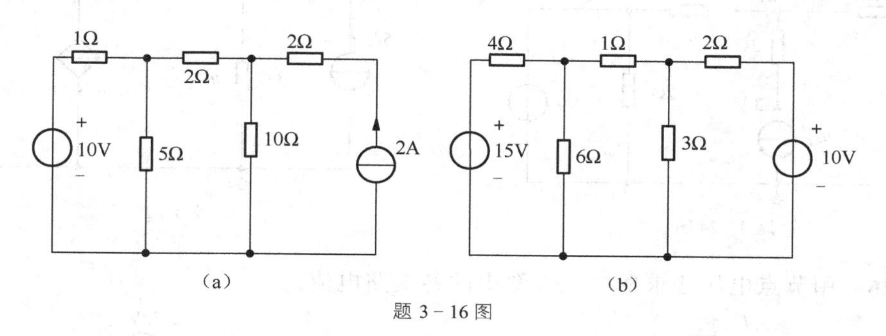

题 3-16 图

3-17 求图示电路中 3V 电压源吸收的功率 P。

3-18 求图示电路中受控源发出的功率。

3-19 求图示电路中电阻 R 吸收的功率 P。

3-20 计算图示电路中的电流 i 和电压 u。

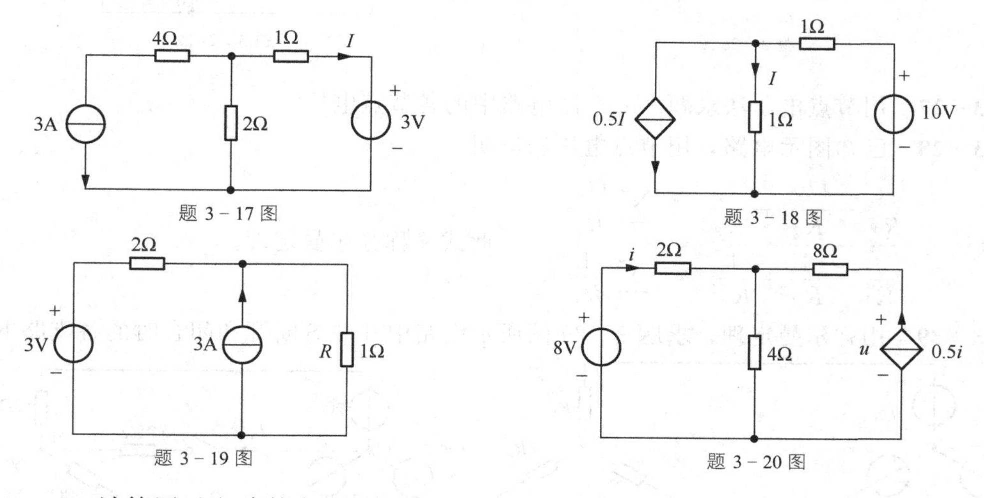

题 3-17 图　　题 3-18 图

题 3-19 图　　题 3-20 图

3-21 计算图示电路的电压 u_1 和 u_2。

3-22 求图示电路中电压 U。

3-23 用节点电压法求图示电路中的电流 i。

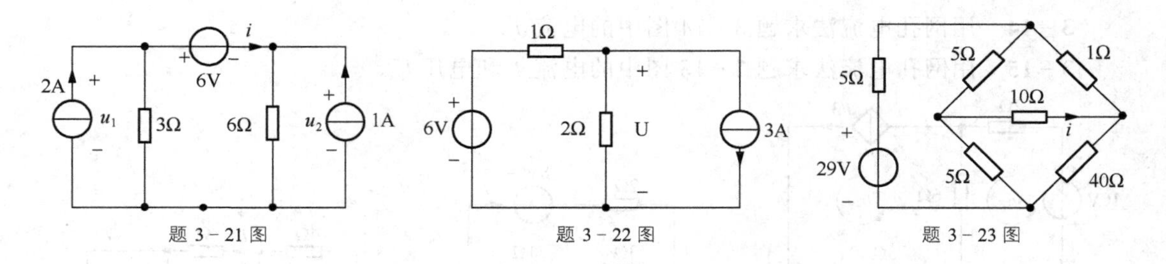

题 3-21 图　　题 3-22 图　　题 3-23 图

3-24　求图示电路中的节点电压 u_1、u_2、u_3 和 u_4。

3-25　求图示电路中受控电源的功率。

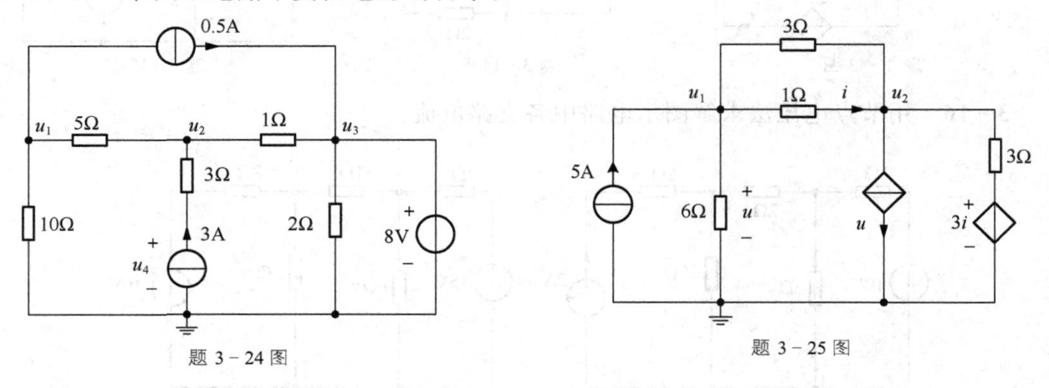

题 3-24 图　　题 3-25 图

3-26　用节点电压法求题 3-26 图中的各支路电流。

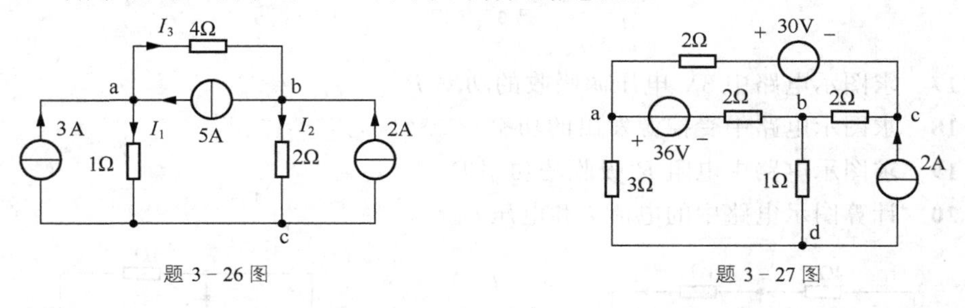

题 3-26 图　　题 3-27 图

3-27　用节点电压法求题 3-27 图电路中的各节点电压。

3-28　已知图示电路，用节点电压法证明

$$U_N=\frac{\dfrac{U_{s1}}{R_1}+\dfrac{U_{s2}}{R_2}+\dfrac{U_{s3}}{R_3}}{\dfrac{1}{R_1}+\dfrac{1}{R_2}+\dfrac{1}{R_3}}=\frac{\sum\dfrac{U_{si}}{R_i}}{\sum\dfrac{1}{R_i}}$$

此式又称弥尔曼定理。

3-29　用弥尔曼定理，求题 3-29 图所示电路中开关 S 断开和闭合时的各支路电流。

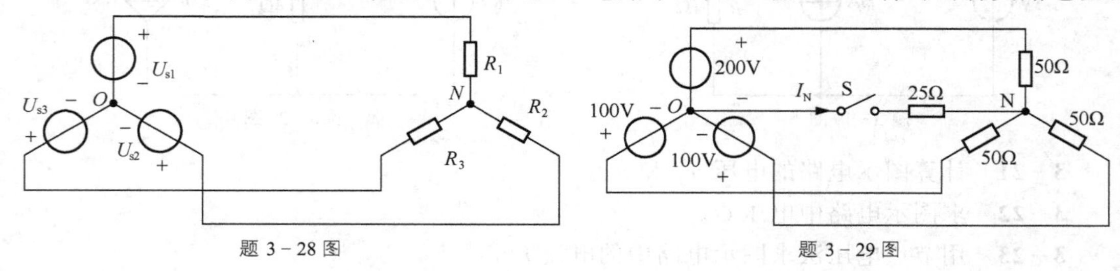

题 3-28 图　　题 3-29 图

第4章 电路定理

学习要点

(1) 叠加定理。

(2) 分解方法与替代定理。

(3) 戴维南和诺顿定理。

(4) 电源的负载能力与最大功率传输定理。

(5) 特勒根定理、互易定理与对偶原理。

本章所涉及的这些定理，是分析电路必须遵循的基本原理，也是我们今后分析电路问题的依据。其中需要重点掌握叠加定理、戴维南和诺顿定理以及负载能力与最大功率传输定理。

第3章所讲的电路分析方法能够对已知电路进行全面分析，但当一端口内部的结构与参数不明确，或者只对复杂电路的某一部分感兴趣时，就适合用戴维南或诺顿定理求解。

4.1 叠加定理

叠加定理是线性电路中最为重要的定理之一。

4.1.1 线性电路的比例性

所谓线性电路是指由线性元件及独立电源组成的电路。

在单一激励的线性电路中，电路的响应和激励之间存在着比例关系，这种比例关系称为线性电路的比例性，也称为**齐次性**。

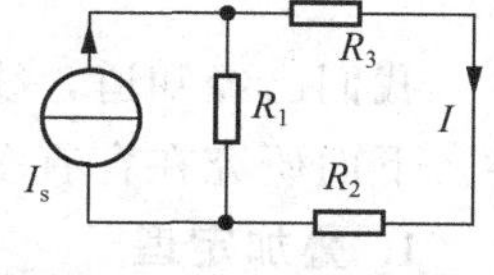

图4-1 单激励电路示例

图4-1所示电路，电路中有唯一的激励 I_s，若求电路中电阻 R_3 的电流 I，可得

$$I=\frac{R_1}{R_1+R_2+R_3}\cdot I_s$$

上式中，在响应 I 的表达式中，电阻皆为常数，可以看出，激励 I_s 和响应 I 之间存在着比例关系，可以表示为 $I=KI_s$。可见，激励 I_s 增大多少倍，响应 I 就增大多少倍，响应和激励的比值为一常数K。

类似地，该电路中任意支路的电压(或电流)和该电路的激励之间都存在着这种比例关系，这种特性就称为线性电路的“比例性”或“齐次性”。

单一激励的线性电路中，任意一支路的响应和激励之间都存在**比例性**。

例4-1 在T形电路中，求 U_L。

解法1： 分压、分流法(略)

解法2： 电源等效变换法(略)

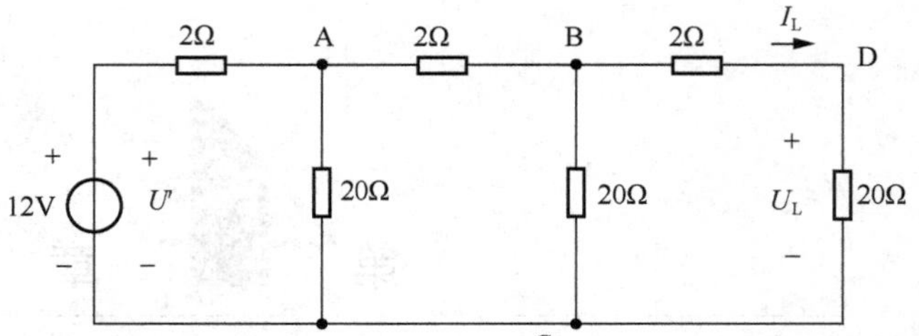

图 4-2　例 4-1 电路图

解法 3：用齐次性(homogeneity)原理，也称单位电流法或倒推法

设 DC 支路电流 $I'_L=1\text{A}$

则

$$U_{BC}=(20+2)\times I'_L=22\text{V}$$

$$U_{AC}=\left(\frac{U_{BC}}{20}+I'_L\right)\times 2+U_{BC}=26.2\text{V}$$

$$U'=\left(\frac{U_{AC}}{20}+\frac{U_{BC}}{20}+I'_L\right)\times 2+U_{AC}=33.02\text{V}$$

假设 DC 支路电流 $I'_L=1\text{A}$ 时，倒推法得电源电压为 33.02V，而实际电源电压为 12V，得比例系数

$$K=\frac{12}{U'}=\frac{12}{33.02}$$

因此，实际 DC 支路电流

$$I_L=K\times I'_L=\frac{12}{33.02}\times 1\text{A}=\frac{12}{33.02}\text{A}$$

$$U_L=20I_L=20\times\frac{12}{33.02}\text{V}=7.268\text{V}$$

4.1.2　线性电路的叠加定理

我们已经知道，线性电路中，对于含有单一激励的电路，激励和响应之间存在着比例性。下面研究在含有多个激励的线性电路中，响应和各个激励的关系。

1. 叠加定理

在多个激励的线性电路中，响应和各个激励的关系是怎样的呢？我们先来看一个例子。电路如图 4-3 所示，求响应 u。从图中可以看出，该电路有两个激励 I_s 和 U_s。根据前面学习的分析方法，我们可以用网孔分析法求解这个电路。列方程组

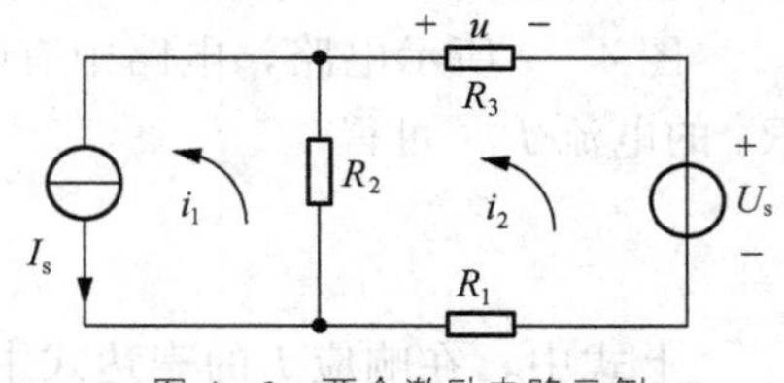

图 4-3　两个激励电路示例

$$\begin{cases}i_1=I_s\\(R_1+R_2+R_3)\cdot i_2-R_2\cdot i_1=U_s\end{cases}$$

解得

$$\begin{cases}i_1=I_s\\i_2=\dfrac{U_s+R_2\cdot I_s}{R_1+R_2+R_3}\end{cases},$$

则

$$u=-R_3\cdot i_2=-\frac{U_s+R_2\cdot I_s}{R_1+R_2+R_3}\cdot R_3$$

把上式分为两项，即

$$u=-\frac{R_2\cdot R_3}{R_1+R_2+R_3}I_s-\frac{R_3}{R_1+R_2+R_3}U_s=K_1I_s+K_2U_s=u'+u''$$

从上面求得的响应表达式可以看出，该响应由两部分构成。第一部分是和激励 I_s 相关，而第二部分是与激励 U_s 相关的。第一部分就是激励 $U_s=0$ 时，即电路中只有电流源 I_s 作用时电路的响应 u'；而第二部分就是激励 $I_s=0$ 时，即电路中只有电压源 U_s 作用时电路的响应 u''。也就是说，电路的响应 u 由两部分构成，一部分是 I_s 单独作用所产生的响应，另外一部分是 U_s 单独作用所产生的响应。对于任意的线性电路都可以得到类似的结论，这一结果即为叠加定理。

叠加定理表述为：在线性电路中，任意支路的电流(或电压)都可以被看成是电路中每一个独立电源单独作用于电路时，在该支路产生的电流(或电压)的代数和。

使用叠加定理应注意：

(1) 叠加定理只适用于线性电路。这是因为线性电路中的电压和电流都与激励(独立源)呈一次函数关系；

(2) 当一个独立电源单独作用时，其余独立电源都等于零(理想电压源短路，理想电流源开路)；

(3) 应用叠加定理求电压和电流是代数量的叠加，要特别注意各代数量的符号。即注意在各电源单独作用时计算的电压或电流参考方向与拟计算的全电压或全电流的参考方向是否一致，一致时相加，反之相减；

(4) 含有受控源的电路，受控源不能作为电路的激励。每个“独立源”单独作用的时候，受控源应保留在电路中；

(5) 叠加方式是任意的，可以一次一个独立源单独作用，也可以一次几个独立源同时作用，取决于使分析计算简便；

(6) 功率不能用叠加定理计算(因为功率为电压和电流的乘积不是独立电源的一次函数)。

2. 叠加定理的应用

例 4-2 用叠加方法求图 4-4 所示电路中的电流 i。

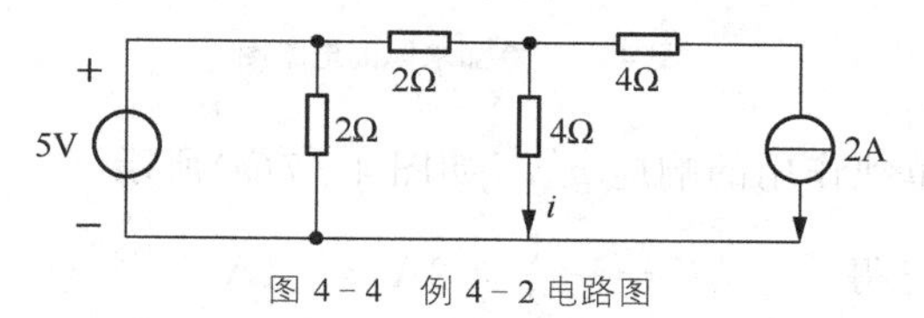

图 4-4 例 4-2 电路图

分析：图 4-4 中有两个独立源，一个电压源，一个电流源。应用叠加方法，响应 i 可以被分为两部分求解，如图 4-5 所示。图(a)为电压源单独作用得到的响应 i'，图(b)为电流源单独作用得到的响应 i''。

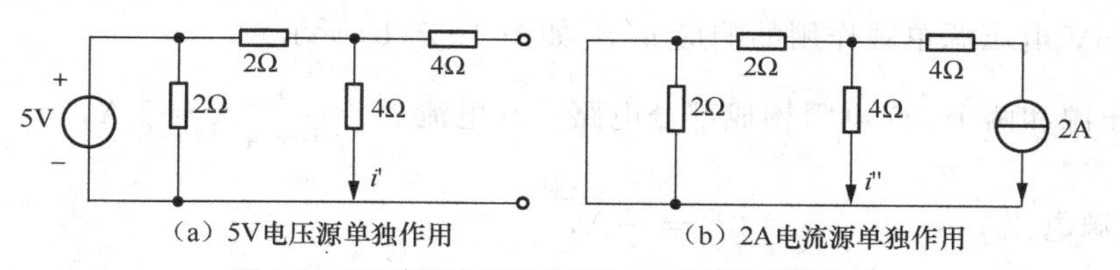

图 4-5 5V 电压源单独作用与 2A 电流源单独作用

解：应用叠加定理，图 4－4 可以被分解为图 4－5 的(a)和(b)两部分。

(1)由图 4－5(a)可得 $i'=\dfrac{5}{4+2}\text{A}=\dfrac{5}{6}\text{A}$，

(2) 图 4－5(b)可得 $i''=-2\times\dfrac{2}{2+4}\text{A}=-\dfrac{2}{3}\text{A}$

(3) 则$i=i'+i''=\dfrac{1}{6}\text{A}$。

例 4－3 用叠加方法，求图 4－6 所示电路的电压 u。

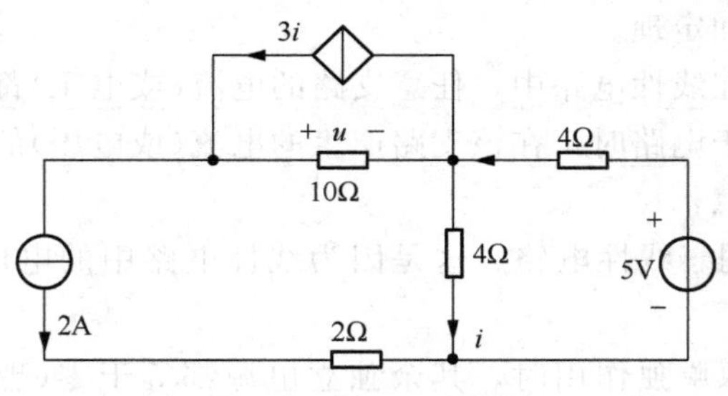

图 4－6 例 4－3 电路图

分析：在运用叠加原理分析该电路时，响应应该是两个独立源单独作用得到的响应之代数和，在每个独立源单独作用时，受控源应该保留在电路中。

解：应用叠加方法分析电路，可以把电路响应分成两个部分去求解，如图 4－7 所示。

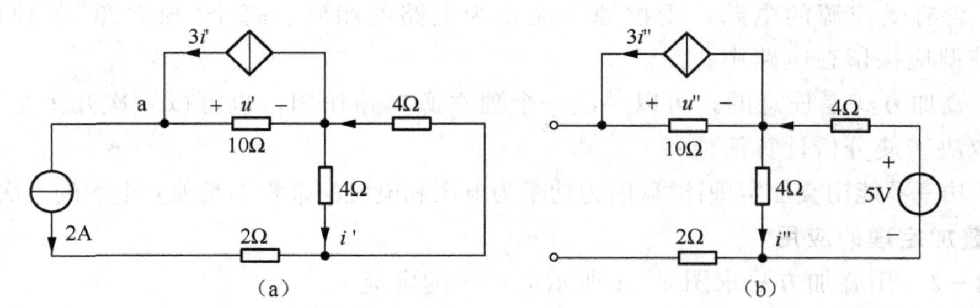

图 4－7 叠加求解的电路图

(1) 求 2A 电流源单独作用的响应 u'，如图 4－7(a)所示

两个 4Ω 电阻分流可得 $i'=-\dfrac{1}{2}\times 2\text{A}=-1\text{A}$

则受控源的电流为 $3i'=-3\text{A}$

对节点 a 应用 KCL，得 10Ω 电阻的电流 $i'_{10}=3i'-2=-5\text{A}$

10Ω 电阻的电压为 $u'=i'_{10}\times 10=-50\text{V}$

(2) 求 5V 电压源单独作用的响应 u''，如图 4－7(b)所示

5V 电压源和两个 4Ω 电阻构成部分电路，其电流 $i''=\dfrac{5}{4+4}\text{A}=\dfrac{5}{8}\text{A}$，

则受控源电流 $3i''=\dfrac{15}{8}\text{A}$，

10Ω 电阻的电压为 $u''=10\times 3i''=18.75\text{V}$

（3）两个独立源共同作用时，电压为

$$u=u'+u''=(18.75-50)\mathrm{V}=-31.25\mathrm{V}$$

例 4－4　用叠加方法，计算图 4－8 所示电路的电流 i。

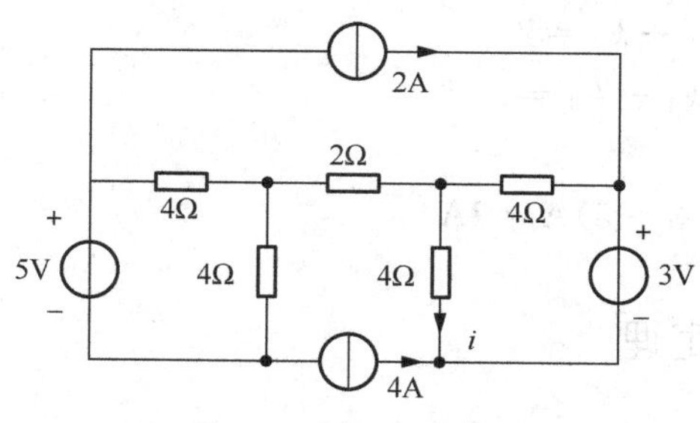

图 4－8　例 4－4 电路图

分析：本例的电路中有四个独立源，按照叠加定理，每一个独立源单独作用，可分成四部分来求解响应，这样比较麻烦。若把两个独立源作为一组，只需要分成两组来求响应，比较方便。

解：应用叠加定理求解。首先，画出每组单独作用的电路图，两个电流源作用和两个电压源作用分别作为一组，如图 4－9(a)、(b)所示。

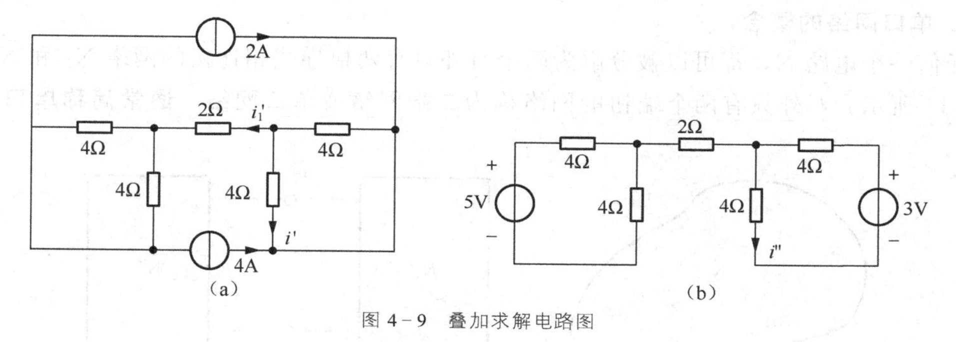

图 4－9　叠加求解电路图

（1）求两个电流源作用的响应

由图 4－9(a)可看出，左侧的两个 4Ω 电阻并联，右侧的两个 4Ω 电阻也并联，然后和 2Ω 电阻串联，得到的总电阻是 6Ω，流过这个 6Ω 电阻的电流为两个电流源电流的和。即

$$i'_1=(2+4)\mathrm{A}=6\mathrm{A}$$

由此可得流过 4Ω 电阻的电流　$i'=-\dfrac{i'_1}{2}=-3\mathrm{A}$

（2）求两个电压源作用的响应

图 4－9(b)可得，流过 4Ω 电阻的电流 $i''=\dfrac{3}{4+4}\mathrm{A}=\dfrac{3}{8}\mathrm{A}$

（3）叠加求响应 $i=i'+i''=\left(-3+\dfrac{3}{8}\right)\mathrm{A}=-\dfrac{21}{8}\mathrm{A}$

总结，由前面所讲的比例性与叠加定理的进一步深入，可得推广的**齐次性定理**：当全部激励源同时增大 K(K 为任意常数)倍，其电路中任何处的响应(电压或电流)也增大 K 倍。

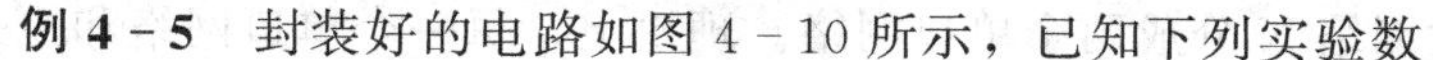

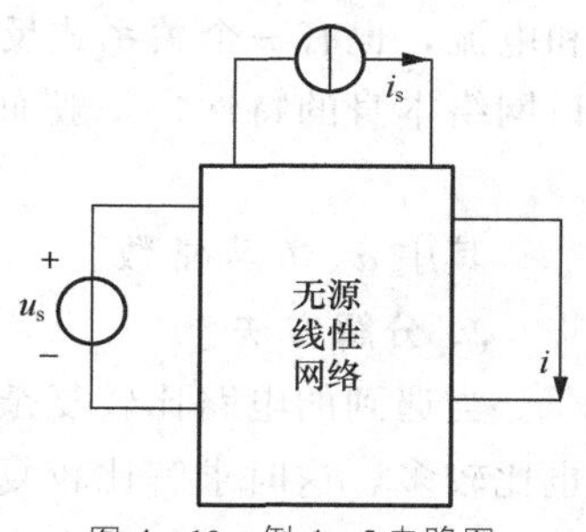

图 4－10　例 4－5 电路图

例 4－5　封装好的电路如图 4－10 所示，已知下列实验数

据：当 $u_s=1\text{V}$，$i_s=1\text{A}$ 时，响应 $i=2\text{A}$，当 $u_s=-1\text{V}$，$i_s=2\text{A}$ 时，响应 $i=1\text{A}$，求：$u_s=-3\text{V}$，$i_s=5\text{A}$ 时，$i=?$

解：根据叠加定理，有 $i=k_1 i_s+k_2 u_s$

代入实验数据，得 $\begin{cases} k_1+k_2=2 \\ 2k_1-k_2=1 \end{cases}$

解得 $k_1=1$，$k_2=1$

因此 $i=i_s+u_s=(-3+5)\text{A}=2\text{A}$。

4.2 分解方法与替代定理

采用前面学过的叠加定理只能分析线性电路，当涉及非线性电路或当线性电路非常复杂时，上述方法不能很好地解决问题。本小节拟讲述的分解方法既适用于线性电路也适用于非线性电路，能较好地解决上面涉及的两类问题。

4.2.1 分解方法

为了进一步研究分解方法，我们先介绍单口网络(一端口)的概念。

1. 单口网络的概念

任何一个电路 N，都可以被分解为两个对外只有两根导线相连接的网络 N_1 和 N_2，如图 4-11 所示。对外只有两个端钮的网络称为**二端网络或单口网络**，**通常简称单口**(或一端口)。

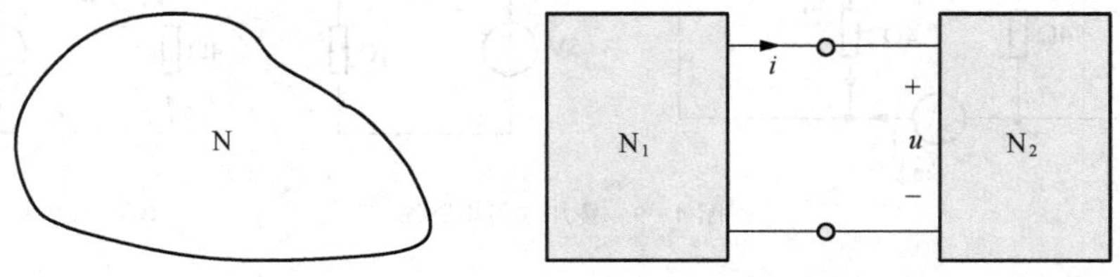

图 4-11 一个大的网络可以被看成是两个单口网络

明确的单口 我们这里研究的都是明确的单口。所谓明确的单口是指，单口里面不含有任何通过电或非电的方式与网络之外的某些变量相耦合的元件。如：当电路中含有受控源，分解为单口时，控制量和受控量不能跨越两个单口，但可以为端口的电压或电流。

从前面的学习我们知道，对于任何一个元件，它的端口电压和电流都有一个反映其特性的关系式，这一关系式不受外电路的影响。对于任何一个单口网络而言，它的端口电压和电流，也有一个关系式反映此端口的特性，且不受外电路的影响，与外电路无关，是单口网络本身的特性。一般而言，其关系式具有下面的形式

$$u=ai+b \tag{4-1}$$

其中 a、b 为常数。

2. 分解方法

当遇到的电路比较复杂时，采用回路法和节点法列方程，变量比较多，得到的方程数也比较多，这时求解比较复杂。如果能够将复杂电路分解为小块，求解会简便些。基于这种思路，我们可以把一个大网络 N 分成两个单口网络。理论上，每一个单口网络和原来的

大网络相比，其复杂程度降低了。对于两个网络共同端口的电压和电流，必须符合两个网络中任何一个端口的电压和电流关系式，即，如果可以求得两个单口的端口电压和电流关系，即可联立两个方程求出端口电压和电流。

应用上面的步骤，可以求出单口网络的端口电压和电流。进一步求解单口网络内部各个支路的电压和电流，需应用下面要讲到的替代定理。

根据以上的分析，总结用分解方法求解电路的基本步骤如下：

① 把一个大的网络分解为两个单口网络；

② 求每个单口的端口电压和电流关系，联立两个方程求出端口电压和电流；

③ 应用替代定理，求解每个单口内部各个支路的电压和电流。

可以看出上面的分解方法中涉及到三步，其中第二步需要应用戴维南或诺顿定理求解，第三步的求解方法需要用到替代定理。下面我们将相继学习这些定理。

4.2.2　替代定理

替代定理(Substitution Theorem)也称为置换定理，其内容可表述为：一个网络 N 由两个单口网络 N_1 和 N_2 连接而成，如图 4－12(a)所示，且各支路电压电流均有唯一解。若已知端口电压和电流的值分别为 i 和 u，则 N_2(或 N_1)可以用一个电压为 u 的电压源或用一个电流为 i 的电流源替代，这并不影响 N_1(或 N_2)内部的各支路电压和电流的值，只要替代后，网络仍有唯一解。

简言之，任意一个线性电阻电路，若已知其中第 k 条支路(不含受控源)的电压已知为 u_k(或电流为 i_k)，那么就可以用一个电压等于 u_k 的理想电压源(或电流等于 i_k 的理想电流源)来替代该支路，替代前后电路中各支路电压和电流均保持不变。

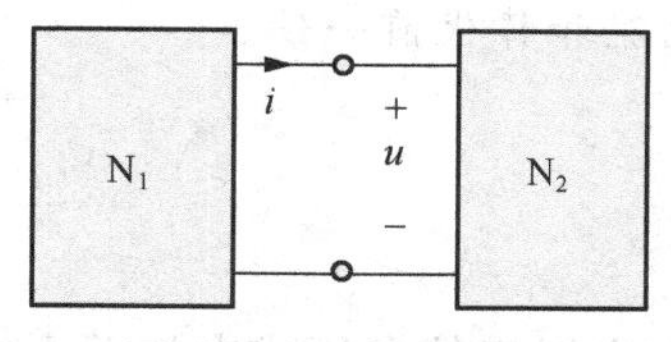

(a) 原网络分解为两个单口

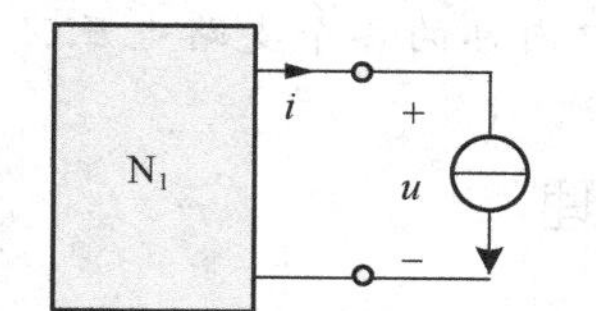

(b) N_2用电流源替代后的电路

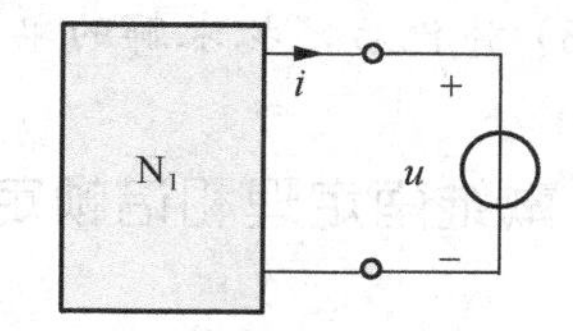

(c) N_2用电压源替代后的电路

图 4－12　替代定理示意图

图 4－12(b)所示是以电流源替代 N_2 为例，替代后，N_1 中的各支路的连接关系和替代前的原电路完全一致。因而，两个网络中不包含替代电流源支路的 KCL 和 KVL 约束方程是完全一致的，而包含替代后的支路的 KCL 约束也和原电路是一致的。对于包含替代电流源的 KVL 约束方程，由于电路替代前后都只有唯一解，替代前，该端口的电压是 u，则替代后，电流源支路的电压也只能是 u。

同理，图 4－12(c)所示是以电压源替代 N_2 为例。替代后，N_1 中的各支路的连接关系和替代前的原电路完全一致。

例 4－6　电路如图 4－13 所示，已知右侧单口网络 N 的端口电压电流关系式为 $u=\frac{1}{2}i^2+3$，其内部结构未知，求电路中的电流 i_1。

分析

本例的电路中，可以用分解方法求解。按照该方法的求解步骤，首先，把一个电路分解为两个单口。由于右侧单口内部结构未知，分解最好从图中ab处分开。右侧单口N的电压电流关系式已经给定，应用分解方法求解，只需先求解左侧单口的电压电流关系式，然后用替代方法求得响应。

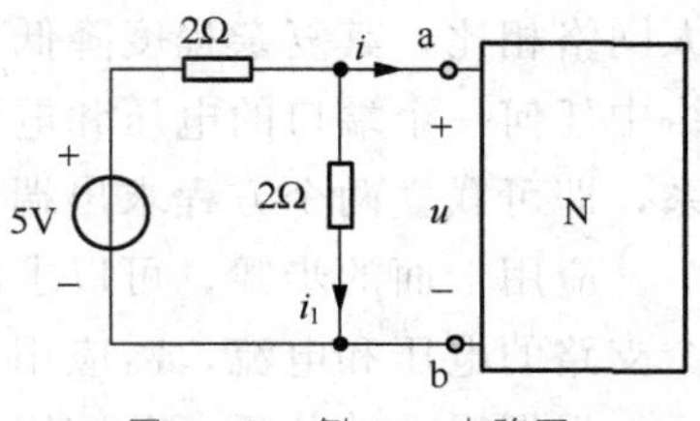

图 4-13 例 4-6 电路图

解：用分解方法求解

(1) 从ab处把电路分解为两个单口

(2) 求端口电压电流，首先，求左侧单口电压电流关系

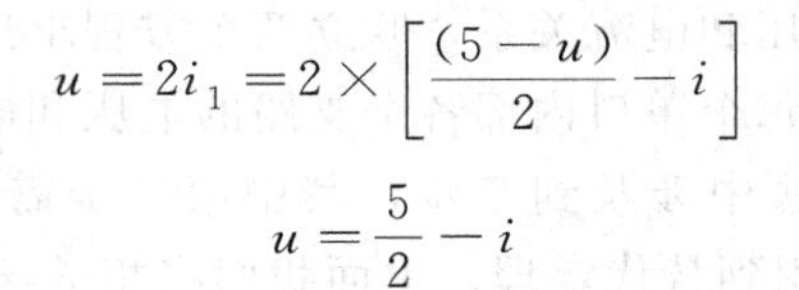

$$u=2i_1=2\times\left[\frac{(5-u)}{2}-i\right]$$

整理得

$$u=\frac{5}{2}-i \qquad ①$$

①式与单口N的方程 $u=\frac{1}{2}i^2+3$ 联立，得 $u=\frac{7}{2}\text{V}$，$i=-1\text{A}$。

(3) 替代求响应。用 $\frac{7}{2}\text{V}$ 电压源替代右侧单口，可得 $i_1=\frac{7}{4}\text{A}=7/4\text{A}$。

总结

分解方法适用于线性和非线性电路，应用十分广泛。

(1) 把一个电路分解两个单口网络，通常可以简化运算。如果电路中有非线性部分或比较特殊的部分，一般单独作为一个单口。其次，一般把负载或未知量所在的支路单独划分出来。

(2) 分别求两个单口的端口电压和电流关系，这一步十分重要。

(3) 替代后，拟求解的单口内部的各个支路电压、电流和替代前一致。

4.3 戴维南定理和诺顿定理

要用分解方法和替代定理分析电路，首要的就是要求出端口的电压或电流关系式。当电路比较简单，如在例 4-6 中，其端口电压电流关系式比较容易求得。而当遇到复杂电路时，应用前面学过的知识，对于端口电压电流关系并不十分容易得到，需要探索行之有效的快速求解方法。本节内容是求解单口网络端口电压电流关系最为常用和有效的方法。

4.3.1 戴维南定理①

戴维南定理(Thevenin's Theorem)：任何一个线性含源单口网络 N_S，对外电路来说，总可以用一个电压源和电阻的串联组合来等效替代。此电压源的电压等于单口网络 N_s 的开路电压 u_{oc}，而电阻等于 N_s 对应无源单口网络 N_0 的输入电阻 R_{eq}。

以上表述如图 4-14(a)所示虚线框内，移去 R 便得到一个线性含源单口网络 N_s，可以用图 4-14(b)虚线框内的电路(称为戴维南等效电路)来表示。

① 戴维南定理(Thevenin's Theorem)又称等效电压源定律，是由法国科学家 L.C. 戴维南于1883年提出的一个电学原理。

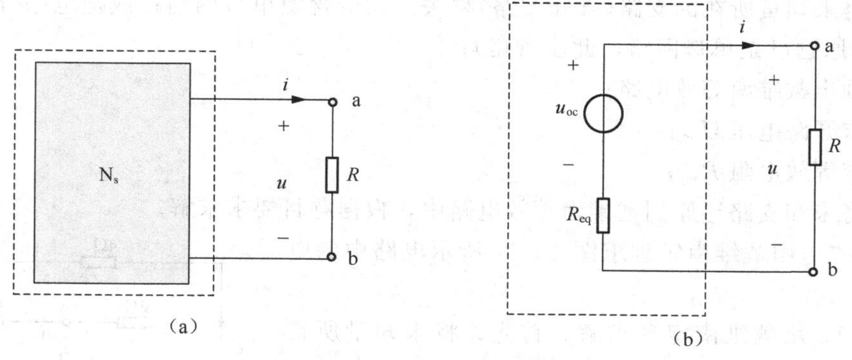

图 4－14　戴维南定理

4.3.2　戴维南定理的证明

分析：若想证明图 4－14(a)与(b)中两个虚线框内的单口是等效的，只需证明两者的端口电压电流关系式相等即可，对图 4－14(b)，可得端口电压电流关系式为

$$u = u_{oc} - R_{eq} \cdot i \tag{4-2}$$

若能证明图 4－14(a)也能得到(4－2)式，那么，图 4－14(a)可以用图 4－14(b)表示，即，戴维南定理得证。

证明

① 利用替代定理，对图 4－14(a)，用电流为 i 的电流源替代电阻 R，如图 4－15 所示。

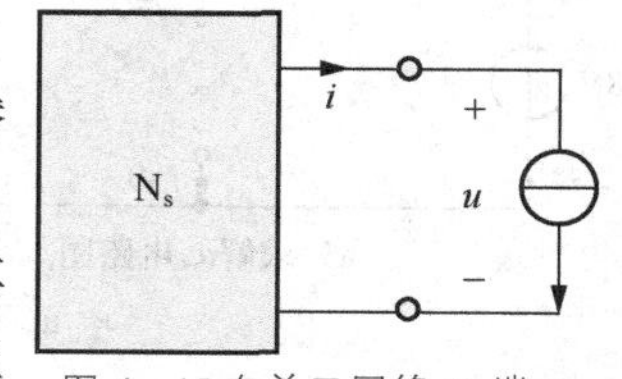

图 4－15 在单口网络 N_s 端口接一电流为 i 的电流源

② 利用叠加定理，把图 4－15 电路中的电源分为两组，其中，第一组是单口网络 N_s 内部所有独立电源共同作用，第二组是电流源 i 单独作用。

当单口网络 N_s 内部所有独立电源共同作用时，单口外接的电流源不作用，电流源 i 置零，即此处开路，如图 4－16 所示，此时端口电压 u' 为开路电压 u_{oc}；

当电流源 i 单独作用时，单口网络 N_s 内部所有独立电源置零，得对应无源单口网络 N_0，其输入电阻为 R_{eq}，如图 4－16 所示，此时端口电压 $u'' = -iR_{eq}$；

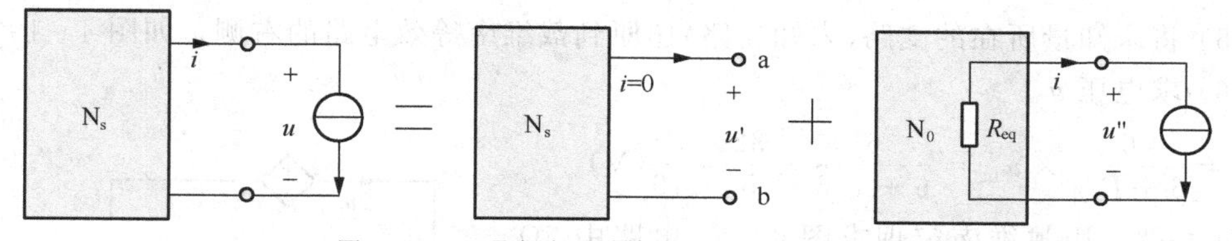

图 4－16　用叠加定理计算端口电压 u 的示意图

由叠加定理可知，端口电压可以表示为 $u = u' + u'' = u_{oc} - R_{eq} \cdot i$

上式与(4－2)式一样，戴维南定理得证。

4.3.3　戴维南定理的应用

应用戴维南定理解题的步骤：

(1) 将未知量所在的支路(未知支路)移去，构造含源单口网络；或把电路分为两个单口网络(若原题已是单口网络，此步省略)；

(2) 画出戴维南等效电路；

(3) 求开路电压 U_{oc}；

(4) 求等效电阻 R_{eq}；

(5) 将未知支路还原到戴维南等效电路中，根据题目要求求解。

例 4－7 用戴维南定理求图 4－17 所示电路中的电压 u。

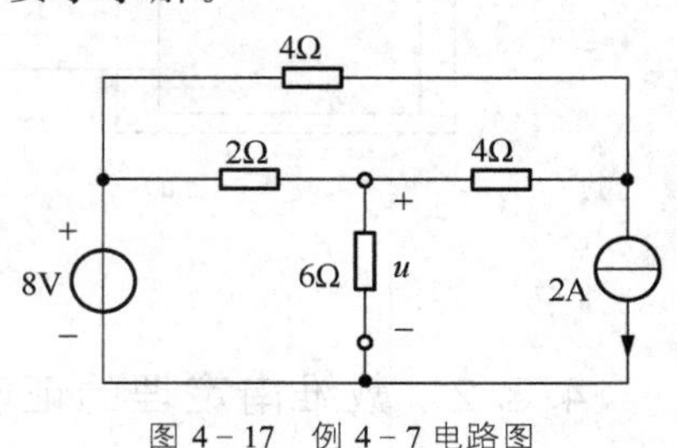

图 4－17 例 4－7 电路图

解：(1) 用戴维南定理求解。首先，将未知量所在的支路(未知支路)移去，构造单口网络；把 6Ω 电阻移去，剩余部分作为一个单口 N_s。

(2) 画出 N_s 的戴维南等效，如图 4－19 虚线左侧所示。

(3) 求 u_{oc} 的电路如图 4－18(a)所示。

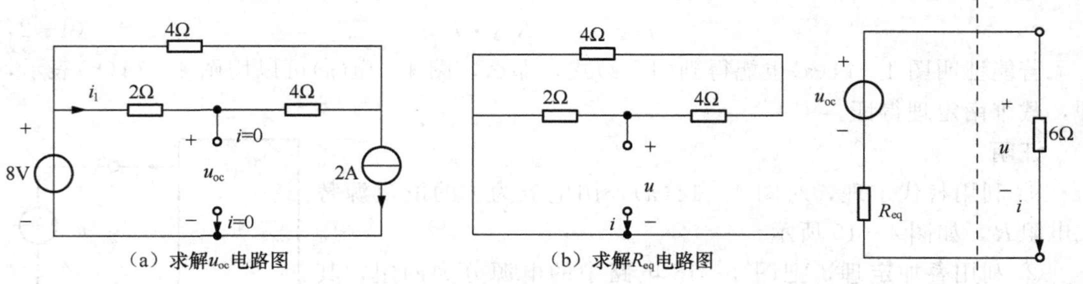

图 4－18 求 u_{oc} 和 R_{eq} 的电路

图 4－19 例 4－7 的等效电路

2Ω 电阻电流
$$i_1=\frac{4}{(2+4)+4}\times 2=\frac{4}{5}(\mathrm{A})$$

则
$$u_{oc}=8-2i_1=\frac{32}{5}\mathrm{V}$$

(4) 求 R_{eq} 的电路如图 4－18(b)所示，从图中很容易看出

$$R_{eq}=(4+4)\,/\!/\,2\Omega=1.6\Omega。$$

(5) 将未知量所在的支路(未知支路)还原到戴维南等效电路的右侧，如图 4－19。

(6) 求电压 u。

$$u=\frac{6}{6+R_{eq}}\times u_{oc}=\frac{6}{6+1.6}\times\frac{32}{5}=\frac{96}{19}(\mathrm{V})$$

例 4－8 用戴维南定理求图 4－20 电路中 5Ω 电阻的电流 i 及该电阻消耗的功率 P。

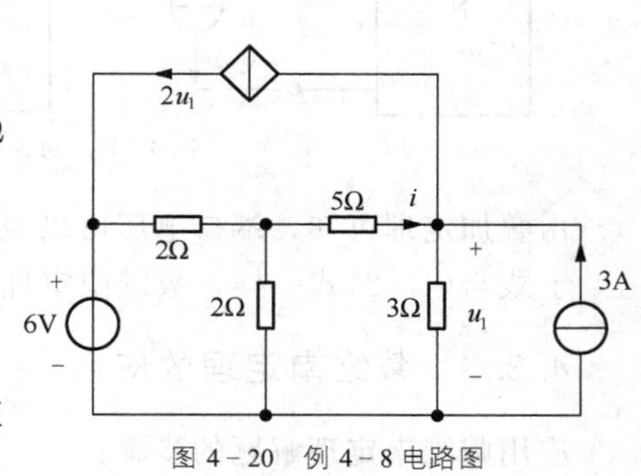

图 4－20 例 4－8 电路图

解：(1) 将未知量所在的支路 5Ω 支路移去，剩余的二端网络作为一个单口 N_s，如图 4－21(a)所示；

(2) 画出 N_s 的戴维南等效，如图 4－22 虚线左侧所示；

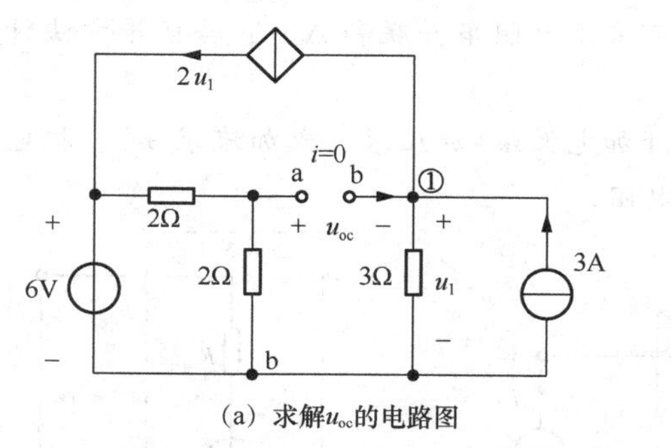

(a) 求解u_{oc}的电路图

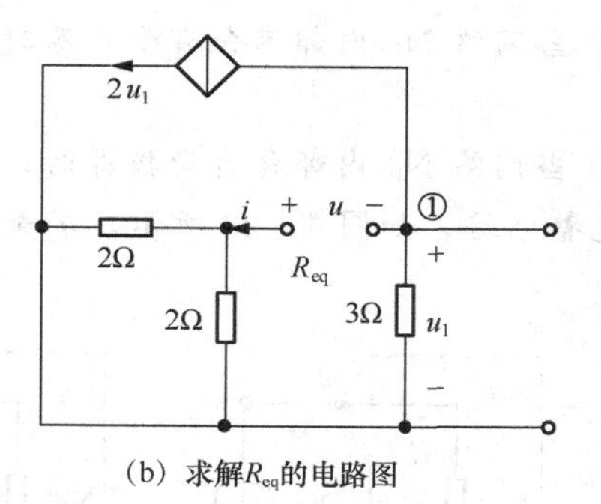

(b) 求解R_{eq}的电路图

图 4-21 求 u_{oc}和 R_{eq}的电路图

(3) 求解 u_{oc} 的电路图，如图 4-21(a)所示。从图 4-21(a)中可以看出，u_{oc} 即为 ab 间 2Ω 电阻电压与 3Ω 电阻电压的代数和。2Ω 电阻电压为 6V 电压源的一半，即 3V，关键是求得 3Ω 电阻的电压。对节点①列 KCL 方程 $\frac{u_1}{3}+2u_1=3$，解得 $u_1=\frac{9}{7}$V。

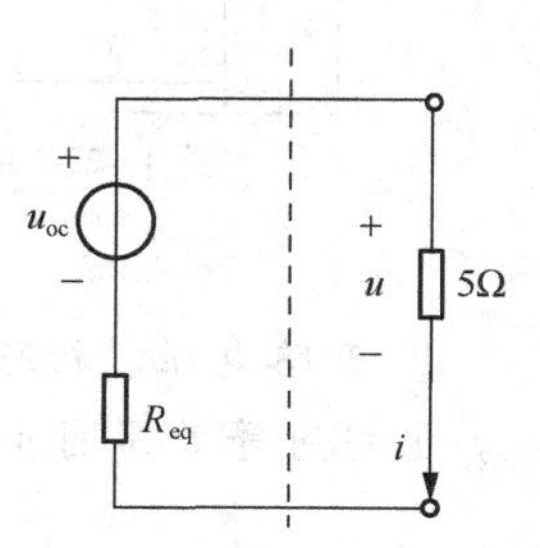

图 4-22 例 4-8 的等效电路

则
$$u_{oc}=\left(3-\frac{9}{7}\right)\text{V}=\frac{12}{7}\text{V}$$

(4) 求解 R_{eq}。首先，将单口 N_s 转换为对应无源单口 N_0，如图 4-21(b)所示，N_0 中含有受控源，在端口上外加电压法求得 R_{eq}，注意，这里 i 要从 u 的正极流入端口。

对节点①列 KCL 方程
$$i+2u_1+\frac{u_1}{3}=0 \quad ①$$

其中 u_1 可以用 u 表示为
$$u_1=-u+(2 /\!/ 2)\times i \quad ②$$

②式代入①式，可得 $\frac{u}{i}=\frac{10}{7}$，即 $R_{eq}=\frac{10}{7}\Omega$。

这里的 R_{eq} 也可以用 N_s 的开路电压 u_{oc} 比短路电路 i_{sc} 的方法求得，大家可以自行求解。

(5) 将未知量所在的支路(未知支路)还原到戴维南等效电路的右侧，如图 4-22 所示。

可得
$$i=\frac{u_{oc}}{R_{eq}+5}=\frac{12/7}{10/7+5}=\frac{4}{15}(\text{A})$$
$$P=i^2R=\left(\frac{4}{15}\right)^2\times 5=\frac{16}{45}(\text{W})$$

注意

(1) 戴维南定理是针对含源单口网络而言，因此若是一个完整的电路首先应构造单口网络；

(2) 含源线性单口网络所接的外电路可以是任意的线性或非线性电路，外电路发生改变时，含源单口网络的等效电路不变；

(3) 当含源线性单口网络内部含有受控源时，控制电路与受控源必须包含在被简化的同一部分电路中，即必须是明确的单口。

(4) 输入电阻的计算。输入电阻是将单口网络内部独立电源全部置零(电压源短路，电流源开路)后，所得的对应无源单口网络的输入电阻，可以总结出下列三种输入电阻常用计算方法。

① 当网络 N_0 内部不含有受控源时，可采用电阻串并联和 Δ-Y 转换等方法计算等效电阻；

② 当网络 N_0 内部含有受控源时，用外加电源法(加压求流或加流求压)。把电路变为一个完整电路，如图 4-23 所示，求等效电阻。

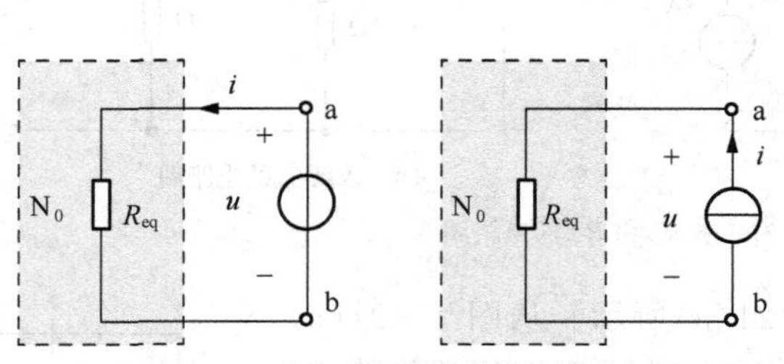

图 4-23　用外加电源法求戴维南等效电阻

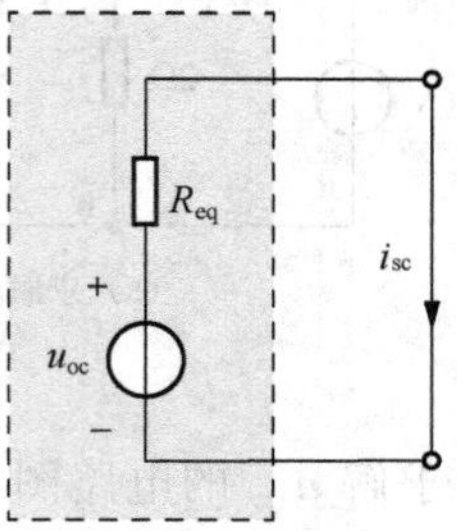

图 4-24　开路电压比短路电流法求等效电阻电路图

③ 开路电压、短路电流法。即求得单口网络 N_s 端口间的开路电压 u_{oc} 和短路电流 i_{sc}，电路可等效为图 4-24 所示电路。则

$$R_{eq}=\frac{u_{oc}}{i_{sc}} \tag{4-3}$$

4.3.4　诺顿定理

诺顿定理(Norton's Theorem)：任何一个线性含源单口网络 N_s，对外电路来说，可以用一个电流源和电阻(或电导)的并联组合来等效。电流源的电流等于该单口网络 N_s 的短路电流 i_{sc}，而电阻(或电导)等于把该单口网络 N_s 的全部独立电源置零后的输入电阻(或电导)。诺顿定理可以用图 4-25 表示。

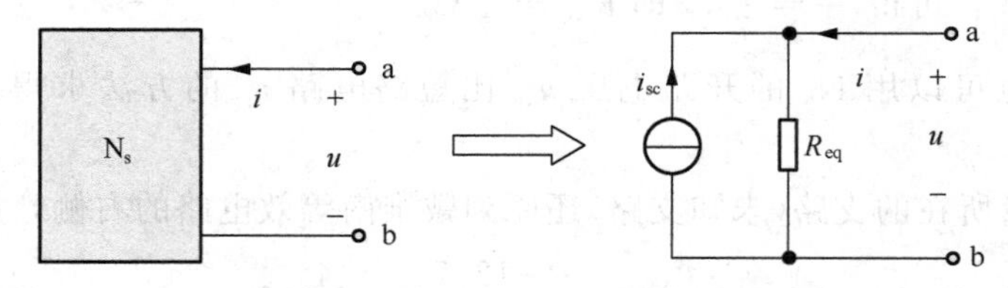

图 4-25　诺顿定理

诺顿等效电路可由戴维南等效电路经电源等效变换得到。诺顿等效电路可采用与戴维南定理类似的方法证明。

需要注意的是，一般来说，一个单口网络 N_s 既可以等效为戴维南等效电路，也可以等效为诺顿等效电路，即，对于一个电路，其戴维南和诺顿是等效的。但有两种情况例外，当对应无源单口网络 N_0 的输入电阻 $R_{eq}=0$ 时，等效电路是一个理想电压源，该网络只有戴维南等效电路，此时诺顿等效电路不存在；当对应无源单口网络 N_0 的输入电阻 $R_{eq}=\infty$ 时，等效电路是一个理想电流源，该网络只有诺顿等效电路，此时戴维南等效电路不存在。

4.3.5　诺顿定理的应用

应用诺顿定理的解题步骤和注意事项与戴维南定理类似。

例 4-9 对例 4-8 应用诺顿定理求解电流 i。

解：(1) 将未知量所在的支路 5Ω 电阻支路移去，剩余的二端网络作为一个单口 N_s；

(2) 画出诺顿等效电路，如图 4-26(b)虚线以下所示；

(3) 将单口 N_s 的两端 a、b 短路，其上电流即 i_{sc}，如图 4-26(a)所示，求短路电流 i_{sc}；

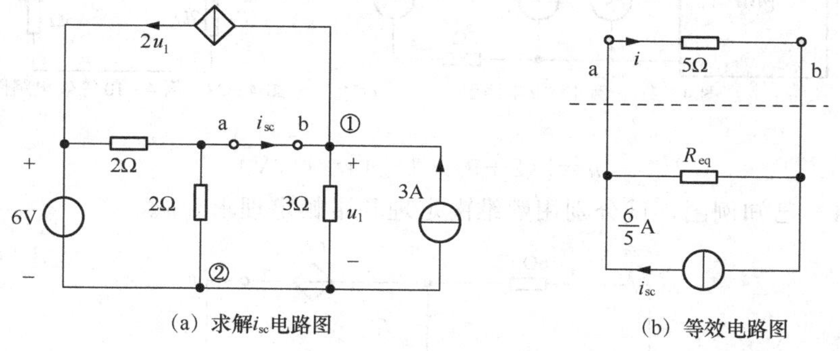

(a) 求解i_{sc}电路图　　(b) 等效电路图

图 4-26 求 i_{sc}的电路图及等效电路

选节点②为参考节点，对节点①列写 KCL 方程

$$\frac{u_1}{3}+\frac{u_1}{2}+2u_1=\frac{6-u_1}{2}+3$$

解得

$$u_1=\frac{9}{5}\text{V}$$

则

$$i_{sc}=2u_1+\frac{u_1}{3}-3=\frac{6}{5}\text{A}$$

(4) 求等效电阻，例 4-8 中求得 $R_{eq}=\frac{10}{7}\Omega$，这里不再重复；

(5) 将未知量所在的支路(未知支路)还原到诺顿等效电路，如图 4-26(b)虚线以上；

(6) 求电流 i

$$i=\frac{10/7}{10/7+5}\times\frac{6}{5}=\frac{4}{15}\text{A}$$

注意

诺顿等效电路电流源方向与所求短路电流方向的关系。

由例 4-8 与例 4-9 可见，一般地，一个含源单口网络 N_s 既可以等效为戴维南等效电路，也可以等效为诺顿等效电路，两种等效电路共有 u_{oc}、R_{eq}、i_{sc}，根据电压源与电流源的变换关系，有 $u_{oc}=R_{eq}i_{sc}$，由例 4-8 图 4-24 戴维南等效电路，和图 4-26(b)诺顿等效电路，可以证明三者关系，三个参数，求出任意两个就可以求得另一个，这也进一步验证了式(4-3)用开路电压、短路电流法求等效电阻。

戴维南等效电路和诺顿等效电路统称为一端口的等效发电机。相应的两个定理统称为等效发电机定理。

例 4-10 电路如图 4-27 所示，已知开关 S 扳向 1，电流表读数为 2A；开关 S 扳向 2，电压表读数为 4V；求开关 S 扳向 3 后，电压 u 等于多少？

解：根据戴维南和诺顿定理，由已知条件得线性含源单口网络的短路电流和开路电压分别为 $i_{sc}=2\text{A}$，$u_{oc}=4\text{V}$，所以 $R_{eq}=\frac{u_{oc}}{i_{sc}}=2\Omega$。

当开关 S 扳向 3 后，原电路等效电路如图 4-28 所示。

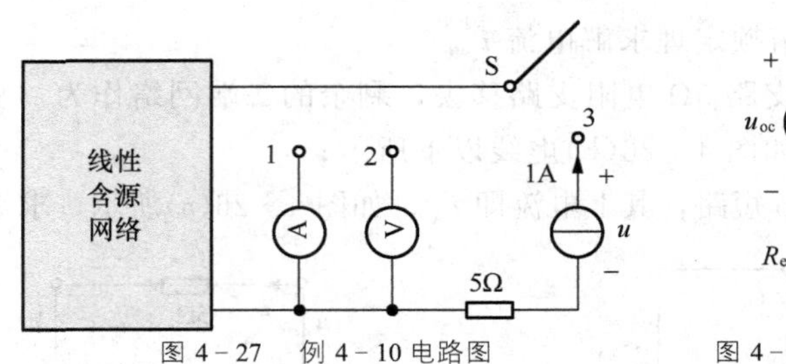

图 4-27　例 4-10 电路图

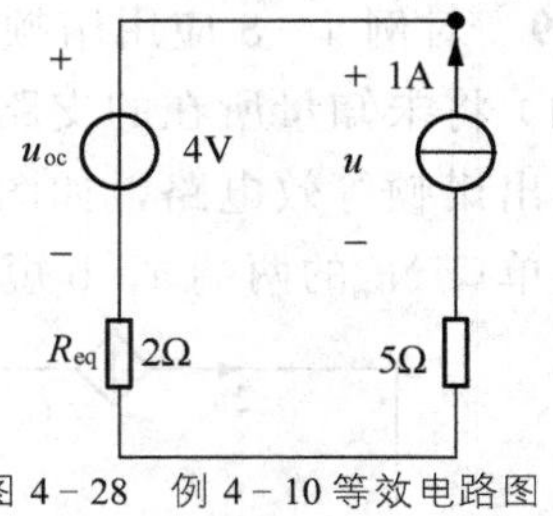

图 4-28　例 4-10 等效电路图

则
$$u=[(2+5)\times 1+4]=11(\text{V})$$

例 4-11　已知例图，试分别用戴维南定理和诺顿定理求 U_R。

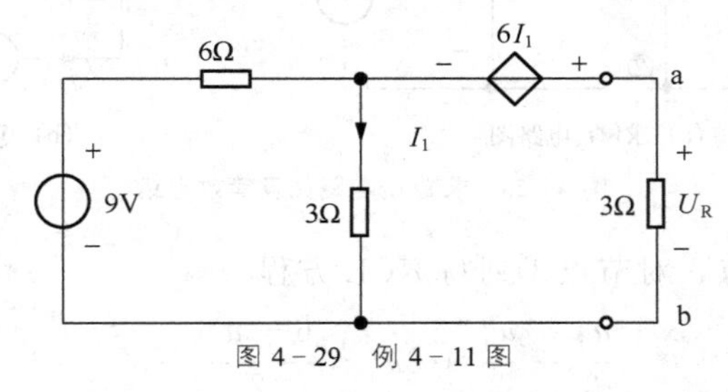

图 4-29　例 4-11 图

解法 1：用戴维南定理求解

① 将未知支路移去，构造 a、b 单口网络，如图 4-30(a)所示；

② 该单口网络可等效为戴维南等效电路，并画出戴维南等效电路，如图 4-31(b)所示；

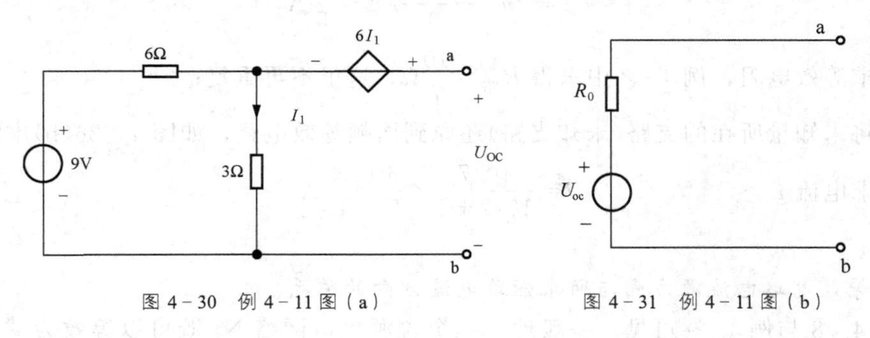

图 4-30　例 4-11 图（a）　　图 4-31　例 4-11 图（b）

③ 求开路电压 U_{oc}

$$U_{oc}=6I_1+3I_1 \qquad I_1=\frac{9}{6+3}=1(\text{A}) \qquad U_{oc}=9(\text{V})$$

④ 求等效电阻：R_0

除源后，对应无源 N_0

在无源 N_0 的 a、b 端，外加电压法，如图 4-32(c)

$$U=6I_1+3I_1=9I_1 \tag{1}$$

分流公式
$$I_1=\frac{6}{6+3}I=\frac{2}{3}I$$

代入(1)式
$$\therefore U=9\times\frac{2}{3}I=6I$$

$$R_0=\frac{U}{I}=\frac{6I}{I}=6(\Omega)$$

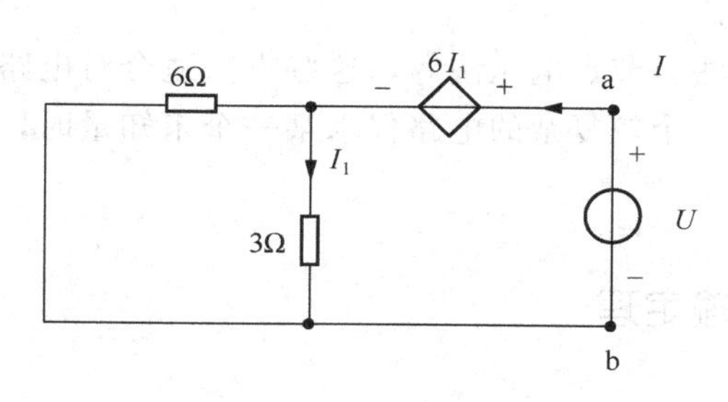

图 4-32 例 4-11 图(c)

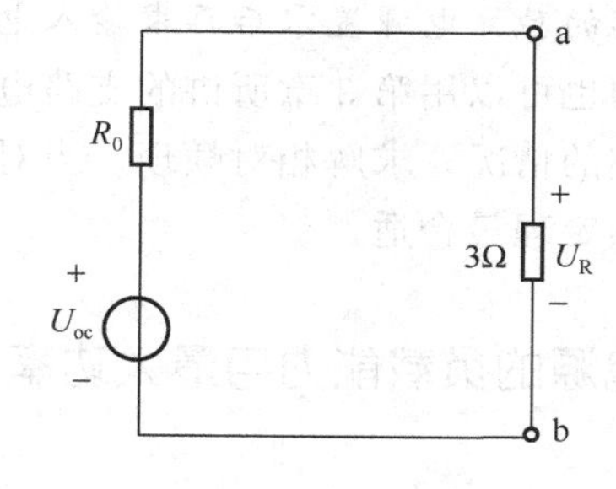

图 4-33 例 4-11 图(d)

⑤ 将未知支路移入戴维南等效电路，得如图 4-33(d)

所以
$$U_R = \frac{3}{6+3} \times 9\text{V} = 3(\text{V})$$

解法 2：用诺顿定理求解

① 将未知支路移去，构造 a、b 单口网络，并将 a、b 短路，如图 4-34(e)所示；

② 该单口网络可等效为诺顿等效电路，如图 4-35(f)虚线框内；

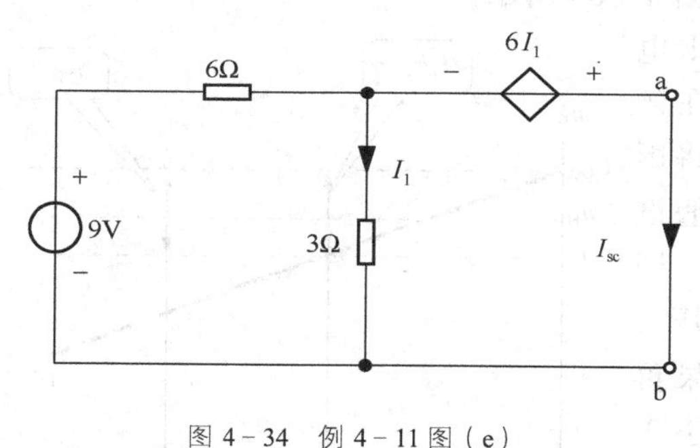

图 4-34 例 4-11 图(e)

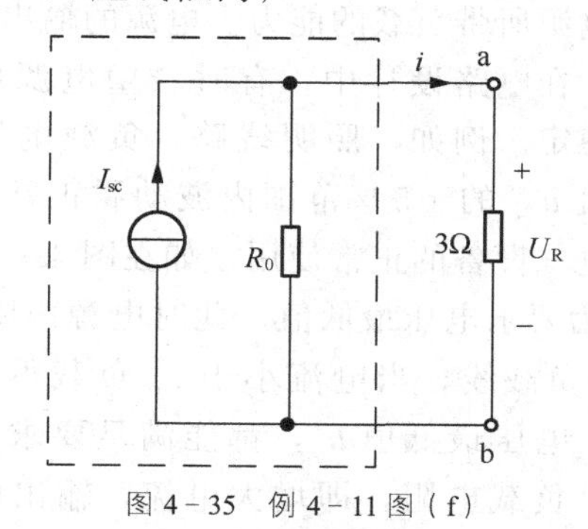

图 4-35 例 4-11 图(f)

③ 求短路电流 I_{sc}

列出两个网孔的 KVL 方程，其中，流过 6Ω 的电流为 $I_1 + I_{sc}$，

$$9 = 6(I_1 + I_{sc}) + 3I_1$$
$$6I_1 + 3I_1 = 0$$

求得
$$I_1 = 0(\text{A}),\ I_{sc} = \frac{3}{2}(\text{A})$$

④ 求等效电阻：R_0 与解法 1 相同，$R_0 = 6\Omega$

或用
$$R_{eq} = \frac{u_{oc}}{i_{sc}} = \frac{9}{3/2} = 6(\Omega)$$

⑤ 将未知支路移入诺顿等效电路，如图 4-35(f)所示：

$$U_R = I_{sc} \times \frac{R_0 \times 3}{R_0 + 3} = \frac{3}{2} \times \frac{6 \times 3}{6+3} = 3(\text{V})$$

说明

(1) 戴维南和诺顿定理都是针对有源单口网络 N_s(有源一端口)，所以第一步要构造单口网络，即将未知量所在支路移去。(如果已经是一个单口网络，该步骤省略)

(2) 戴维南和诺顿定理的输入电阻都是针对对应的无源单口网络求得，一定要将有源单口网络的独立电源置零后再求输入电阻。

此题也可以用第 3 章所讲的支路电流法、节点电压法等，这些方法适合对电路所有支路感兴趣的情况，求解相对烦琐。当对于一个较复杂的电路仅求某一个未知量时，用戴维南或诺顿定理最合适。

4.4 电源的负载能力与最大功率传输定理

4.4.1 电源的负载能力

现实中的实际电压源常用一个理想电压源串联一个电阻 R_0 的方式来等效，即戴维南等效电路，这个串联的电阻 R_0，就是电源(或信号源)的内阻了。当这个电压源给负载供电时，就会有电流 i 从负载上流过，并在内阻 R_0 上产生电压降，这样，加到负载的电压（$u=u_{oc}-R_0\cdot i$）将随着负载电流 i 的增大而下降，即，电源输出电压随负载电流的增大而下降，当电源输出电压下降到负载的额定值所允许的范围时，电流就不能再增加了，此即电源所带负载的能力。电源的输出特性如图 4-36 所示。

在电路设计中，有时希望电源部分输出电压稳定。例如，照明线路，负载电压要求在额定值 u_N 的±5 %范围内波动属正常，否则将影响电气设备的正常使用。如在图 4-36 中，假设 u' 为要求电压最低值，此时电源内阻为 R_0，即 1 号负载线，当电流小于 i_1 负载得到的电压 u 大于电压最低值 u'，都能满足要求，但如果再减小负载电阻，即增大电流，输出电压将小于 u'。这就是只能带电流小于 i_1 的负载。若想增加电源带负载的能力，只有减小电源内阻，如图 4-36 所示，当电源内阻减小到 r_0 时，负载线变为 2 号，此时电流只要小于 i_2，电压都能满足要求，明显的，减小电源内阻，能够增强电源带负载的能力。当然，用电设备和导线的额定电流也是要考虑的因素。

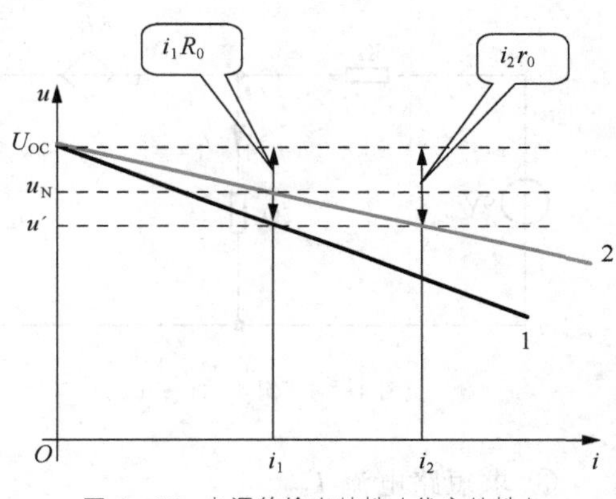

图 4-36 电源的输出特性(伏安特性)
1 号负载线的内阻 R_0 大于 2 号负载线的内阻 r_0

因为任何实际的电源或信号源都可以等效为戴维南等效电路，按照电阻分压原理，此时就是负载电阻与电源内阻分压，阻值越大的分得的电压越多，所以 R_0 越小，负载上的电压越高。

4.4.2 最大功率传输定理

一个电路系统通常由信号源和负载两部分构成，在电路设计中，有时希望电路的信号源部分能够最大限度地传送能量到负载，让负载获得最大功率。

任何一个外接负载的电路，均可以用图 4-37(a)表示，给负载提供能量的电路可以是任何线性含源单口网络。

任意含源线性单口网络都可以等效为一个电压源和一个电阻串联电路，据此，我们研究的电路就变成图 4－37(b)所示的电路。经过戴维南等效，这个电路变得比较简单。下面我们研究这个电路，当负载 R_L 为何值时？能从电源获得最大功率，最大功率是多少？

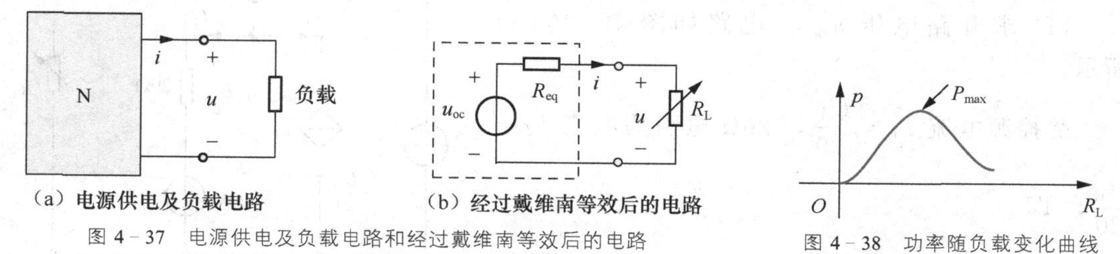

(a) 电源供电及负载电路　　(b) 经过戴维南等效后的电路

图 4－37　电源供电及负载电路和经过戴维南等效后的电路

图 4－38　功率随负载变化曲线

由图 4－37(b)可知供电电路传给负载 R_L 的功率为

$$p=R_L\left(\frac{u_{oc}}{R_{eq}+R_L}\right)^2 \tag{4-4}$$

功率 p 随负载 R_L 变化的曲线如图 4－38 所示，存在一极大值点。通过求导并令导数为零，便可解得 P 为最大值时 R_L 值，即

$$\frac{dP}{dR_L}=\frac{d\left[R_L\left(\frac{u_{oc}}{R_{eq}+R_L}\right)^2\right]}{dR_L}=0$$

解得 $R_L=R_{eq}$ 时，负载可以获得最大功率。把 $R_L=R_{eq}$ 代入 P 的表达式，可得最大功率 $P_{max}=\frac{u_{oc}^2}{4R_{eq}}$。

结论

最大功率传输定理：线性含源单口网络传输给负载最大功率的条件是，负载电阻 R_L 等于单口网络的戴维南等效内阻 R_{eq}，这一条件称为最大功率匹配条件，简称阻抗匹配，此时负载获取的最大功率为

$$P_{max}=\frac{u_{oc}^2}{4R_{eq}} \tag{4-5}$$

注意

(1) 从上面求解最大功率的过程可以看出，最大功率传输定理，用于单口网络给定、负载电阻可调的情况；

(2) 计算最大功率问题，一般来说，主要就是求戴维南等效电路或诺顿等效电路；

(3) 负载获取最大功率时，单口外电阻 R_L 消耗的功率等于单口内部电阻 R_{eq} 消耗的功率，电路的传输效率只是 50%，这在要求节约能源的电力系统是不允许的。但在对弱电信号处理中，有时最大功率的传输显得非常重要，而传输效率的高低不是我们应考虑的关键问题，例如阻抗匹配是无线电技术中常见的一种工作状态，此时要求负载获取最大功率。

4.4.3 最大功率传输定理的应用

例 4－12　图 4－39 电路所示，求负载电阻 R_L 为何值时其上获得最大功率，并求最大功率。

解：求戴维南等效电路。如图 4－39 所示，断开电阻 R_L 所在支路，在 ab 处把整个电

路分解为两个单口网络。找到左侧单口网络的戴维南等效电路，即求解 u_{oc} 和 R_{eq}。

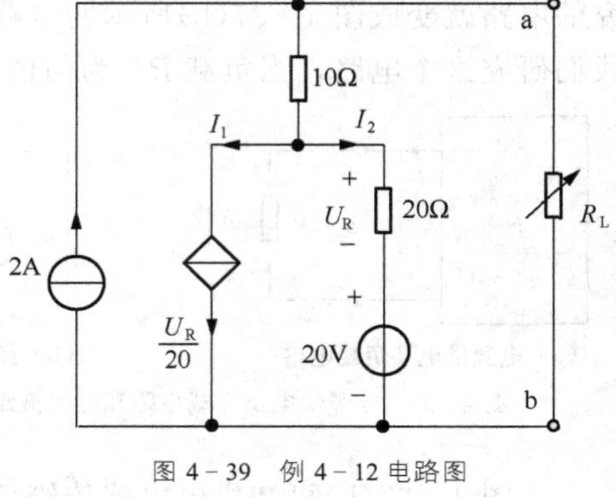

图 4-39 例 4-12 电路图

(1) 求开路电压 u_{oc}，电路如图 4-40(a)所示。

受控源电流 $I_1=\frac{U_R}{20}$，20Ω 电阻的电流 $I_2=\frac{U_R}{20}$，即

$$I_1=I_2 \quad (1)$$

又根据节点的 KCL 可得

$$I_1+I_2=2 \quad (2)$$

则由方程(1)和(2)可得 $\quad I_1=I_2=\frac{1}{2}\times 2=1(\mathrm{A})$

由 KVL 可计算出 u_{oc} $\quad u_{oc}=10\times 2+20I_2+20=60(\mathrm{V})$

(2) 求等效电阻 R_{eq}，对应无源单口，用外加电流源法，电流源电流为 I，电压为 U。电路如图 4-40(b)所示。

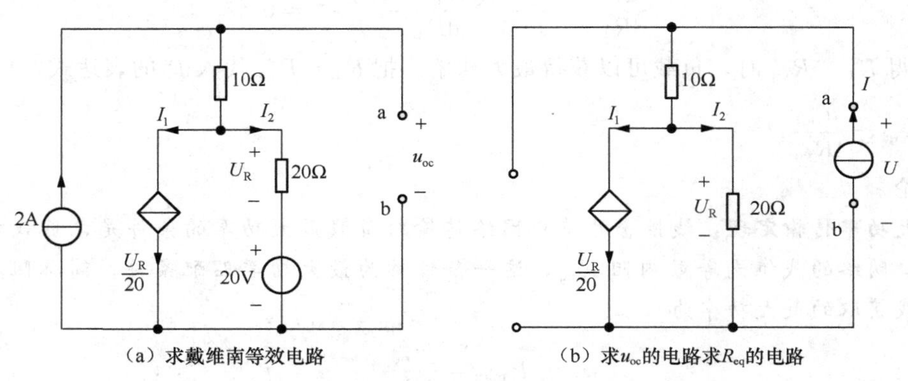

图 4-40 求戴维南等效电路、u_{oc}的电路及 R_{eq}的电路

$$I_1=I_2=\frac{1}{2}(I)$$

则由 KVL 可列方程 $\qquad U=10I+20I_2=20(I)$

求得 $\qquad R_{eq}=\frac{U}{I}=20(\Omega)$

(3) 由最大功率传输定理得 $R_L=R_{eq}=20\Omega$ 时，R_L 可以获取最大功率，最大功率为

$$P_{max}=\frac{u_{oc}^2}{4R_{eq}}=\frac{60^2}{4\times 20}=45(\mathrm{W})$$

*4.5 特勒根定理与互易定理

特勒根定理(Tellegen's Theorem)是在基尔霍夫定律的基础上发展起来的一条重要的网络定理。与基尔霍夫定律一样，特勒根定理与电路元件的性质无关，因而能普遍适用于任何集总参数电路。特勒根定理有两条：①特勒根功率定理；②特勒根似功率定理。

4.5.1 特勒根功率定理

在任意电路中，在任何瞬时 t，各支路吸收功率的代数和恒等于零。

具有 b 条支路的电路，则有

$$\sum_{k=1}^{b} u_k i_k = 0 \tag{4-6}$$

4.5.2 特勒根似功率定理

特勒根似功率定理：两个由不同性质的二端元件组成的电路 N 和 $\hat{\mathrm{N}}$，若二者的有向图完全相同，在任何瞬时 t，任一电路的支路电压与另一电路相应的支路电流的乘积的代数和恒等于零。

特别的，对于任意两个具有 n 个节点、b 条支路的电路 N 和 $\hat{\mathrm{N}}$，当它们所含二端元件的性质各异，但有向图完全相同时，若每条支路的电压电流都取关联参考方向时，则对任何时间 t 有

$$\sum_{k=1}^{b} u_k \hat{i}_k = 0 \tag{4-7}$$

$$\sum_{k=1}^{b} \hat{u}_k i_k = 0 \tag{4-8}$$

特勒根定理应用注意事项：

(1) 该定理要求 u 和 i（及 $\hat{u}$ 和 $\hat{i}$）应分别满足 KVL 和 KCL。

(2) 特勒根定理既可用于两个具有相同有向图的不同网络，也可用于同一网络的两种不同的工作状态。

例 4-13 有两个电路，其结构分别如图 4-41(a)、图 4-41(b)所示，其中网络 N 为纯电阻电路。当(a)中 2Ω 电阻处开路，其他部分不变时，电路如图 4-41(b)所示。已知量已标示在图中。求 2Ω 电阻吸收的功率。

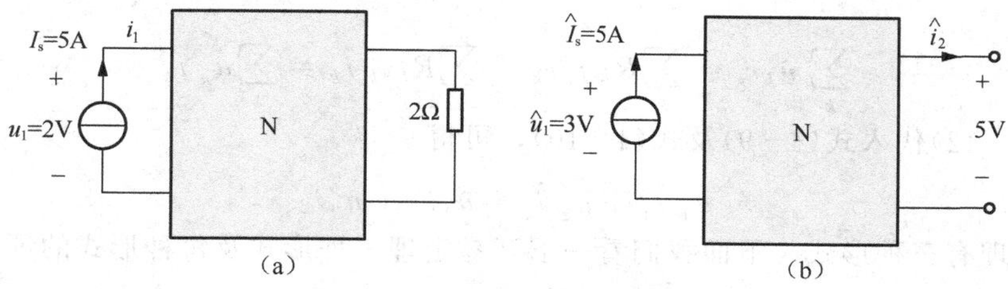

图 4-41 例 4-13 电路图

解： 假设网络 N 中有 b 个支路。根据特勒根似功率定理，两个电路可以写出两个方程：

$$-u_1\hat{i}_1 + u_2\hat{i}_2 + \sum_{k=1}^{b} u_k\hat{i}_k = 0$$

$$-\hat{u}_1 i_1 + \hat{u}_2 i_2 + \sum_{k=1}^{b} \hat{u}_k i_k = 0$$

又因为 N 由电阻构成，因而

$$\sum_{k=1}^{b} I_k \hat{U}_k = \sum_{k=1}^{b} I_k R_k \hat{I}_k = \sum_{k=1}^{b} U_k \hat{I}_k$$

由以上三个方程，可得

$$-\hat{u}_1 i_1+\hat{u}_2 i_2=-u_1\hat{i}_1+u_2\hat{i}_2$$

代入参数$-3\times5+5\times i_2=-2\times5+u_2\times0$，解得$i_2=1\text{A}$，

则 2Ω 电阻吸收的功率$P=i_2^2\times2=2\text{W}$。

4.5.3 互易定理

对于一个仅含线性电阻的二端口电路 N_R，在只有一个激励源的情况下，当激励端口与响应端口互换位置时，相同大小的激励所产生的响应在数值上相等。此结论称为**互易定理**，也称互易性，满足互易定理的网络称为**互易网络**(Reciprocal Network)。图 4-42 所示为互易前后的电路示意图，N_R 为仅含电阻的网络。

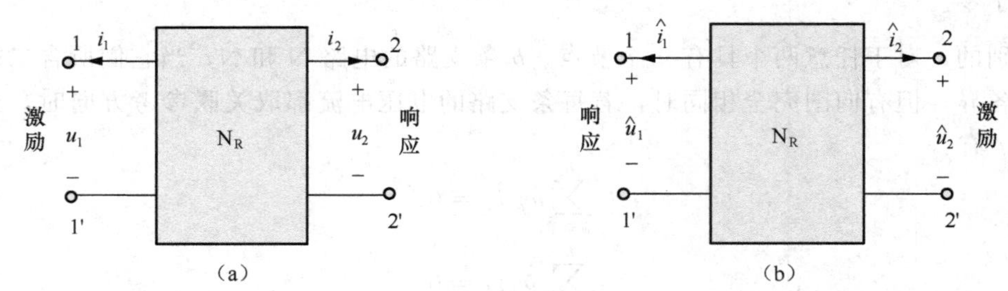

图 4-42 互易前后电路

应用特勒根似功率定理，可得

$$u_1\hat{i}_1+u_2\hat{i}_2+\sum_k u_k\hat{i}_k=0 \tag{4-9}$$

$$\text{及}\hat{u}_1 i_1+\hat{u}_2 i_2+\sum_k \hat{u}_k i_k=0 \tag{4-10}$$

由于网络 N 内的 b 条支路均为线性电阻元件，从而根据欧姆定律有

$$u_k=R_k i_k,\ \hat{u}_k=R_k\hat{i}_k \tag{4-11}$$

则

$$\sum_k \hat{u}_k i_k=\sum_k R_k\hat{i}_k i_k=\sum_k R_k i_k\hat{i}_k=\sum_k u_k\hat{i}_k \tag{4-12}$$

将式(4-12)代入式(4-9)及式(4-10)，可得

$$u_1\hat{i}_1+u_2\hat{i}_2=\hat{u}_1 i_1+\hat{u}_2 i_2 \tag{4-13}$$

互易定理有三种形式。下面我们看一下互易定理三种形式及每种形式的证明。

1. 形式Ⅰ

互易前后电路图如图 4-43 所示。左图互易前电路，1-1′端口接激励电压源，响应为 2-2′端口的短路电流。互易后，激励与响应交换端口。即为右图所示电路，2-2′端口接激励电压源，而响应为 1-1′端口的短路电流。电路中

$$u_{s1}=u_1,\ u_2=0,\ \hat{u}_1=0,\ u_{s2}=\hat{u}_2 \tag{4-14}$$

将式(4-14)代入式(4-13)，可得

$$u_{s1}\hat{i}_1+0=0+u_{s2}\cdot i_2$$

即 $\dfrac{i_2}{u_{s1}}=\dfrac{\hat{i}_1}{u_{s2}}$，若 $u_{s1}=u_{s2}$，则 $i_2=\hat{i}_1$。此种形式互易定理得证。

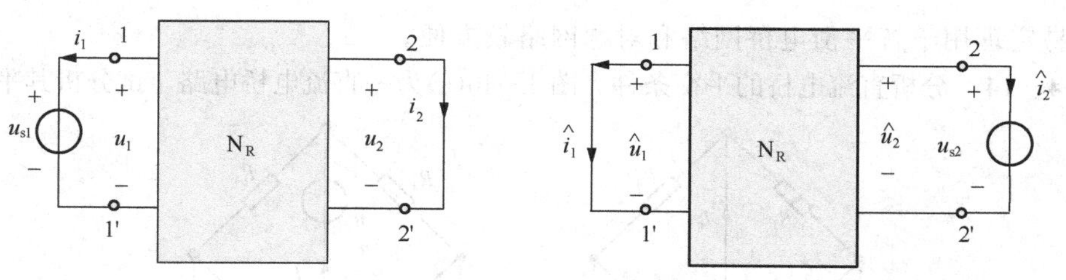

图 4－43　形式 Ⅰ 互易前后电路图

2. 形式 Ⅱ

互易前后电路图如图 4－44 所示。左图为互易前电路，1－1′端口接激励电流源，响应为 2－2′端口的开路电压。互易后，激励与响应交换端口。即为右图所示电路，2－2′端口接激励电流源，响应为 1－1′端口的开路电压。电路中

$$i_{s1}=i_1,\ i_2=0,\ \hat{i}_1=0,\ i_{s2}=\hat{i}_2 \tag{4-15}$$

将式(4－15)代入式(4－13)，可得 $0+u_2 i_{s2}=\hat{u}_1 i_{s1}+0$，

即 $\dfrac{u_2}{i_{s1}}=\dfrac{\hat{u}_1}{i_{s2}}$。若 $i_{s1}=i_{s2}$，则 $u_2=\hat{u}_1$。此种形式互易定理得证。

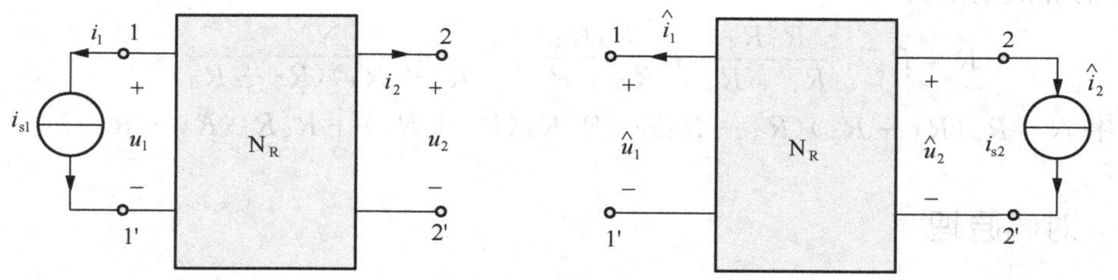

图 4－44　形式 Ⅱ 互易前后电路图

3. 形式 Ⅲ

互易定理前两种形式的互易前后激励为同一种源，而这第三种形式中的互易前后激励为不同类型的源，即互易前后的两个激励一者为电流源，一者为电压源，具体情况如图 4－45 所示。左图为互易前电路，1－1′端口接激励电流源，响应为 2－2′端口的短路电流。互易后，激励与响应交换端口。即为右图所示电路，2－2′端口接激励电压源，响应为 1－1′端口的开路电压。互易前后电路图如图 4－45 所示。电路中

$$i_{s1}=-i_1,\ u_2=0,\ \hat{i}_1=0,\ u_{s2}=\hat{u}_2 \tag{4-16}$$

将式(4－16)代入式(4－13)，可得 $0+0=-\hat{u}_1 i_{s1}+u_{s2} i_2$，

即 $\dfrac{i_2}{i_{s1}}=\dfrac{\hat{u}_1}{u_{s2}}$。若在数值上 $i_{s1}=u_{s2}$，则 $i_2=\hat{u}_1$。此种形式互易定理得证。

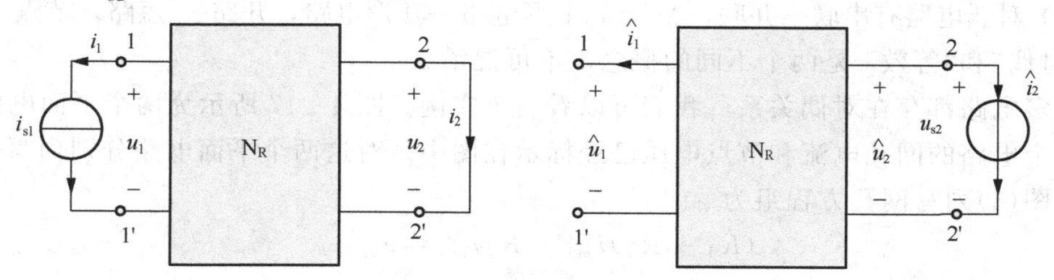

图 4－45　形式 Ⅲ 互易前后电路图

互易定理用于解平衡电桥网络和对称网络较方便。

例 4-14 分析直流电桥的平衡条件。图 4-46(a)为一直流电桥电路，试分析其平衡条件。

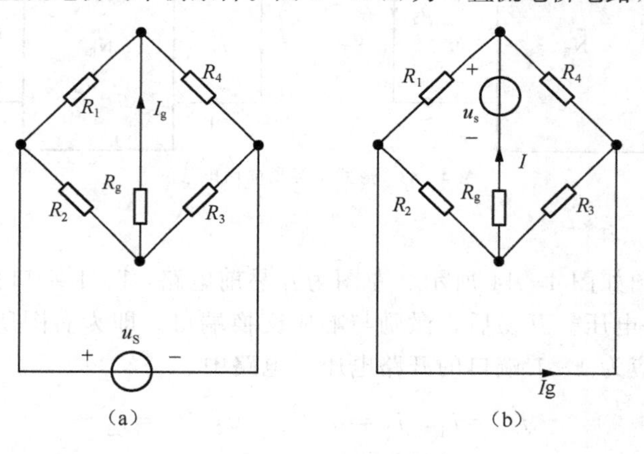

图 4-46 平衡电桥电路及其互易

解：图 4-46(b)为对(a)进行互易后的电路。把电压源和电流信号进行互易。互易后，U_s 端口的等效电阻为

$$R=R_g+\frac{R_1R_4}{R_1+R_4}+\frac{R_2R_3}{R_2+R_3}=\frac{N}{(R_1+R_4)(R_2+R_3)},$$

其中 $N=R_g(R_1+R_4)(R_2+R_3)+R_1R_4(R_2+R_3)+R_2R_3(R_1+R_4)$。

*4.6 对偶原理

电路中某些元素之间的关系(或方程)，用它们的对偶元素对应地置换后，所得到的新关系(或新方程)也一定成立，这个新关系(或新方程)与原有的关系(方程)互为对偶，这就是**对偶原理**。这些互换的元素称为对偶元素。

如：电阻 R 的电压电流关系式及电导 G 的电压电流关系式分别为

$$u=Ri，i=Gu$$

对比这两个关系式，不难发现：如果把第一个方程中的 u 换成 i、R 换成 G、i 换成 u，则得到的方程恰为第二个方程。根据上述对偶原理的定义，上面两个公式中的 u 和 i、R 和 G、i 和 u 互为对偶元素，这两个方程互为对偶方程。

电路中类似这样的对偶实例还有很多，如

(1) 对偶元素有 u—i，R—G，u_s—i_s，L—C，u_{oc}—i_{sc}

(2) 对偶关系有 $u=Ri$—$i=Gu$，$u_s=R_1i+R_2i$—$i_s=G_1u+G_2u$

(3) 对偶电路有串联—并联，Δ—Y，T 形电路—Π 形电路，开路— 短路，节点—回路。

“对偶”和“等效”是两个不同的概念，不可混淆。

很多电路都存在对偶关系，我们可以看一个实例。图 4-47 所示为两个平面电路。

两个电路的网孔电流和节点电压已经标示在图中。对这两个平面电路分别列写方程。

对图(a)列写网孔方程组为

$$\begin{aligned}(R_1+R_2)i_{m1}-R_2i_{m2}&=u_{s1}\\-R_2i_{m1}+(R_2+R_3)i_{m2}&=-u_{s2}\end{aligned}\tag{4-17}$$

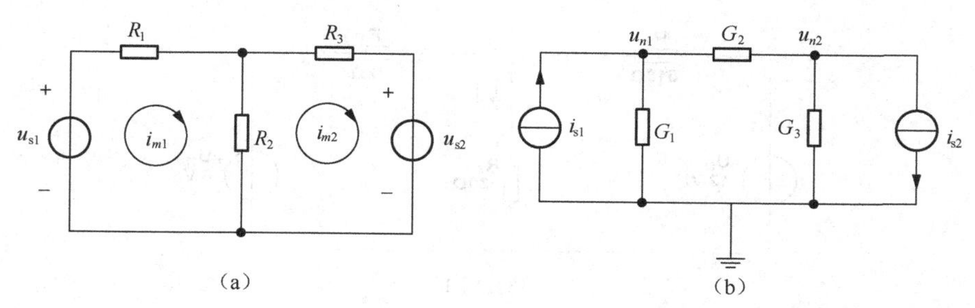

图 4－47 互为对偶的电路

对图(b)列写节点方程组为

$$\begin{aligned}(G_1+G_2)u_{n1}-G_2u_{n2}&=i_{s1}\\-G_2u_{n1}+(G_2+G_3)u_{n2}&=-i_{s2}\end{aligned} \tag{4-18}$$

对比两个方程组中的方程，可以发现两个方程组的形式完全一致，如果把两个方程组中的 R 和 G、u_s 和 i_s、i_m 和 u_n 等对应元素互换，则这两个方程就会彼此互换。这里，网孔电流和节点电压是对偶元素，这两个平面电路就称为对偶电路。需注意的是，只有平面电路才有对偶电路。

今后，在学习中还会遇到很多对偶关系，应用对偶关系和对偶原理，如果得出了某一关系式和结论，就得到了与其对偶的另一关系式和结论。

表 4－1 是对电路中常见对偶关系的一个小结，在今后的学习中会经常遇到。

表 4－1 常见对偶关系

理想电路元件及其元件方程的对偶关系		电路变量的对偶关系	
电阻 R $u=Ri$	电导 G $i=Gu$	电压 u	电流 i
电感 L $\psi=Li$	电容 C $q=Cu$	磁通 ψ	电荷 q
电压源 u_s $u_s=$给定值	电流源 i_s $i_s=$给定值	树枝电压	连枝电流
VCVS $u_2=\mu u_1$	CCCS $i_2=\beta i_1$	节点电压	回路电流
VCCS $i_2=gu_1$	CCVS $u_2=ri_1$	开路电压	短路电流
电路结构的对偶关系		**电路基本定律和定理的对偶关系**	
串联	并联	KVL	KCL
开路	短路	戴维南定理	诺顿定理
节点	回路		

4.7 仿真

仿真例题 1

电路及参数如仿真图 1 所示，自行计算结果，并用 Multisim 验证叠加原理的正确性。

解： 要验证叠加原理的正确性即验证负载上 U_{s1}、U_{s2} 单独作用电压电流的和与共同作用时的电压电流相等，下面以 R_3 为例验证。

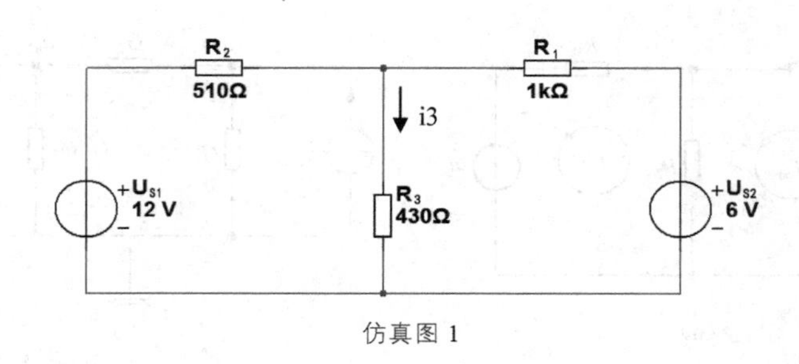

仿真图 1

1. 打开 Multisim（见仿真图 2）

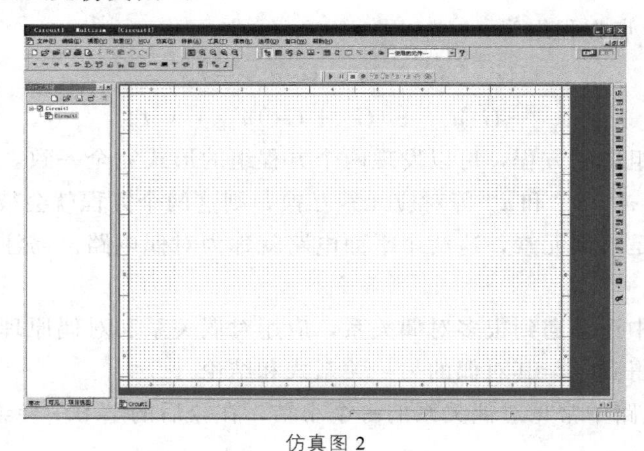

仿真图 2

2. 取元件画电路图，选取元件画原理图（见仿真图 3）

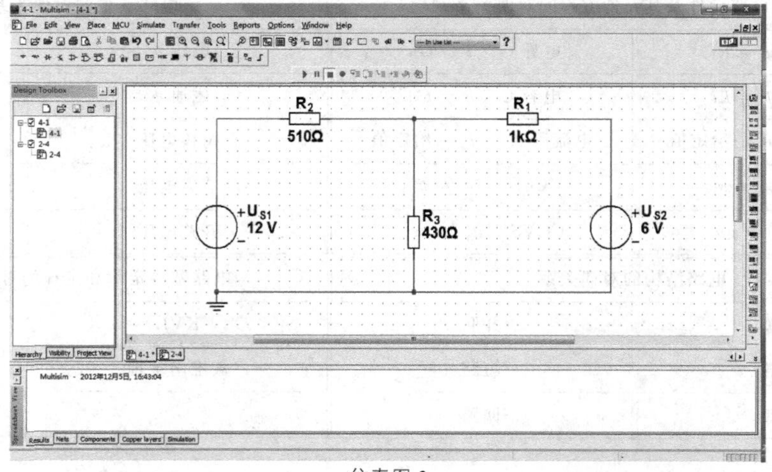

仿真图 3

3. 电路仿真分析

（1）U_{s1}、U_{s2} 共同作用

① 单击右侧仪表栏 Multimeter ，调出万用表并将万用表接入电路，如仿真图 4 所示；

② 单击右上角仿真 按钮，开始仿真，验证结果如仿真图 5 所示。

（2）U_{s1} 单独作用（见仿真图 6）

（3）U_{s2} 单独作用（见仿真图 7）

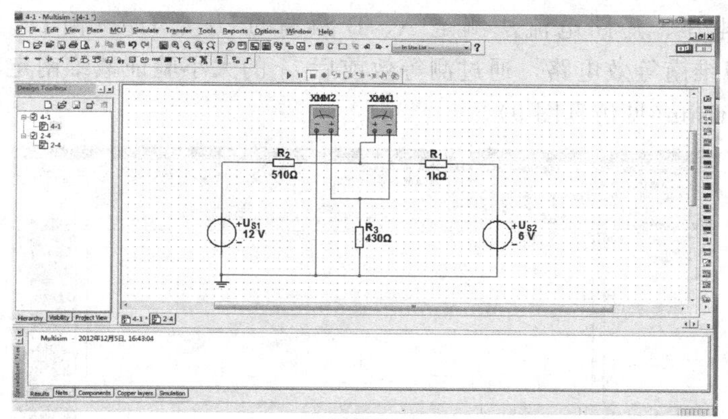

仿真图 4

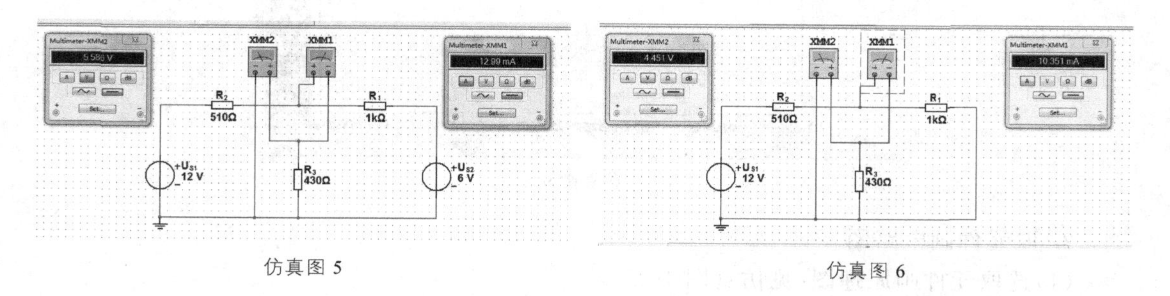

仿真图 5　　　　仿真图 6

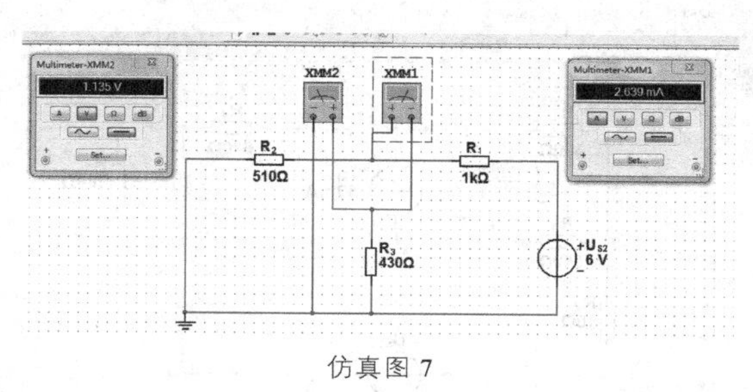

仿真图 7

仿真例题 2

电路及参数如仿真图 8 所示，自行计算结果，并用 Multisim 验证戴维南定理的正确性。

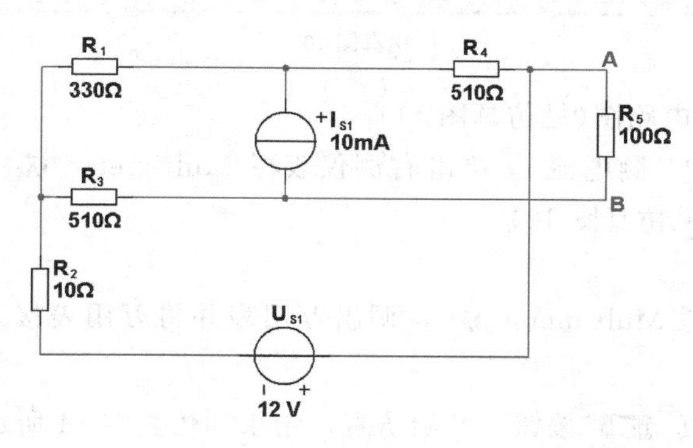

仿真图 8

解：用开路电压、短路电流法测定 A、B 两端的 U_{oc}、I_{SC}，由 $U_{oc}=R_{eq}I_{SC}$，求出 R_{eq}，从而得出戴维南等效电路，通过测等效前后 i_5 的大小验证戴维南定理的正确性。

1. 打开 Multisim(见仿真图 9)

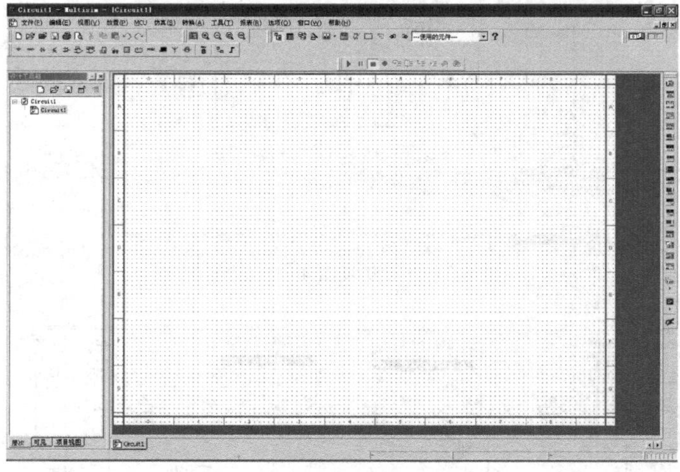

仿真图 9

2. 取元件画电路图

(1)选取元件画原理图(见仿真图 10)

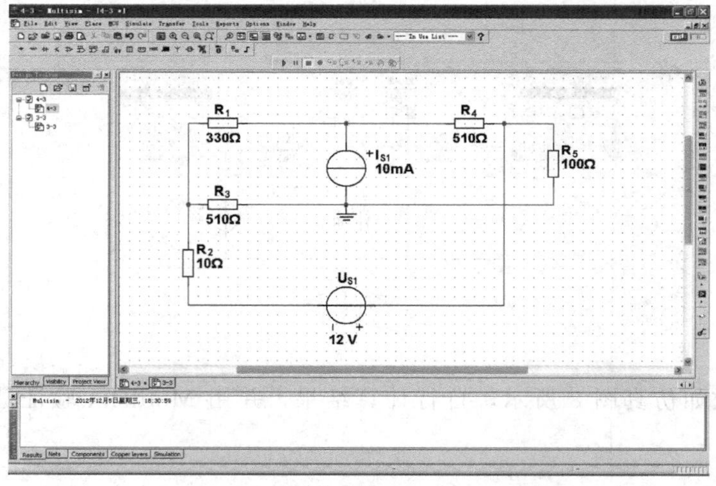

仿真图 10

(2) 其戴维南等效电路图(见仿真图 11)

3. 电路仿真分析(1) 测电流 i_5 单击右侧仪表栏 Multimeter ，调出万用表并将万用表接入电路并仿真(见仿真图 12)

(2) 测开路电压

① 单击右侧仪表栏 Multimeter ，调出万用表并将万用表接入电路，如仿真图 13 所示；

② 单击右上角仿真 按钮，开始仿真，结果如仿真图 14 所示。

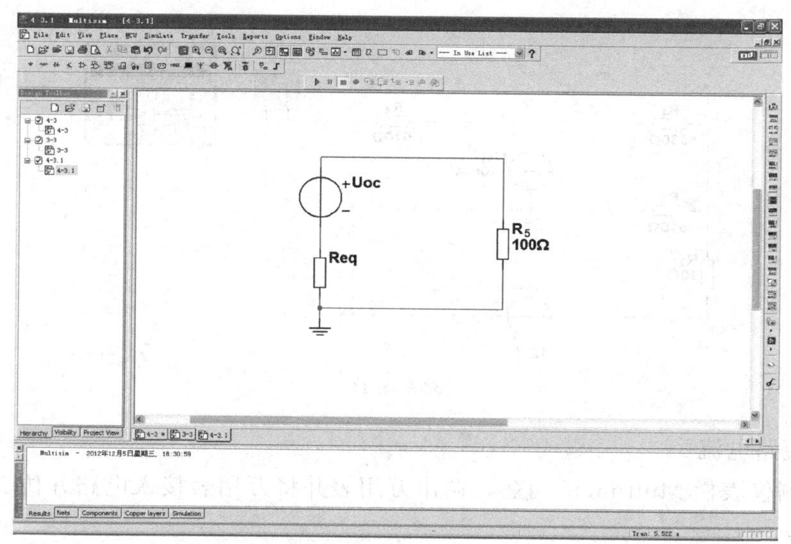

仿真图 11

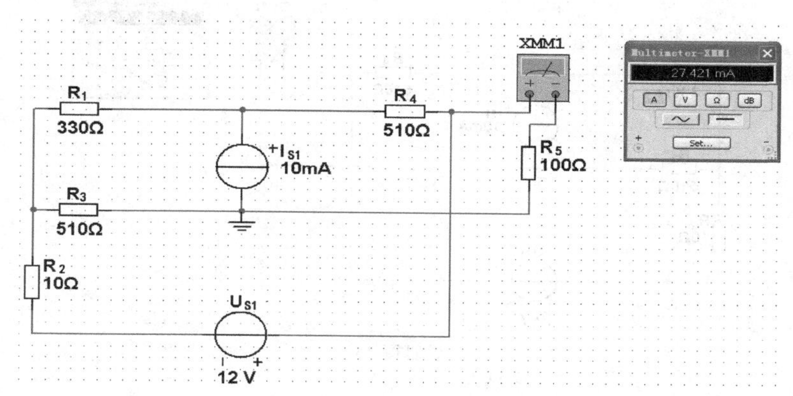

仿真图 12

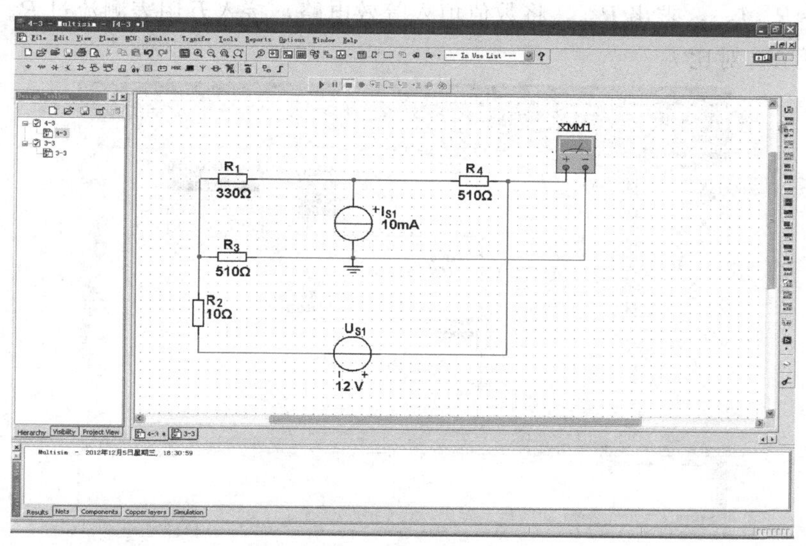

仿真图 13

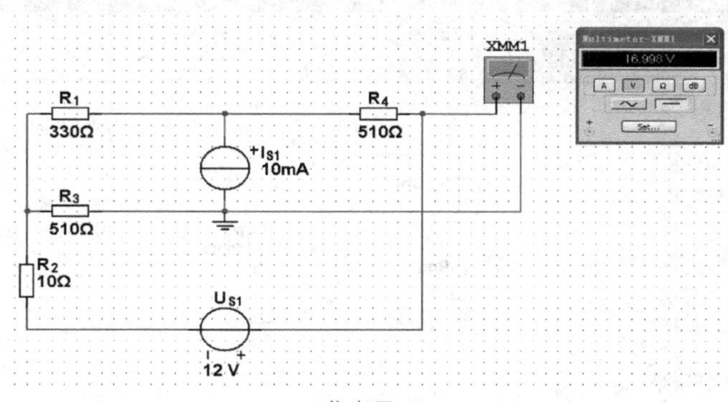

仿真图 14

(3) 测短路电流

单击右侧仪表栏 Multimeter ，调出万用表并将万用表接入电路并仿真，如仿真图 15 所示。

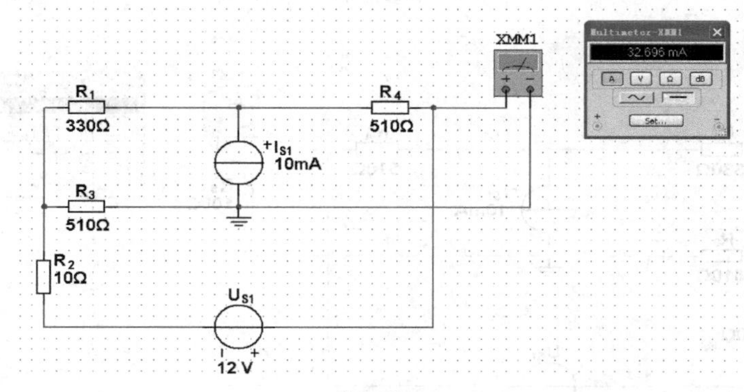

仿真图 15

(4) 等效电路

由 $U_{oc}=R_{eq}I_{SC}$，求出 R_{eq}，将数值填入等效电路，接入万用表测流过 R_5 的电流，如仿真图 16 所示，对比 i_5。

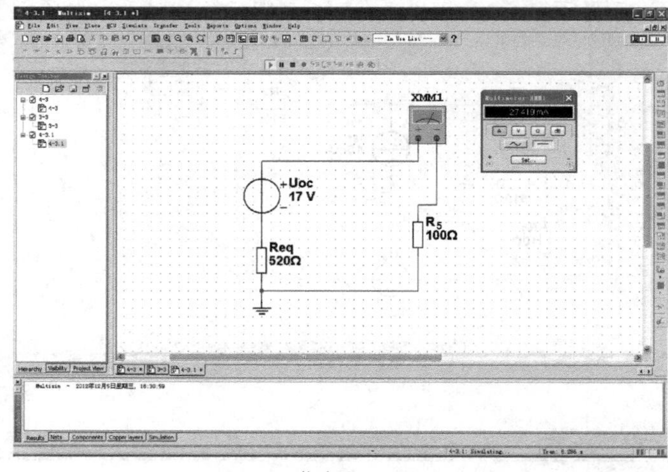

仿真图 16

习　题　四

4-1　利用叠加定理求题 4-1 图所示电路中电流源上的电压 U。

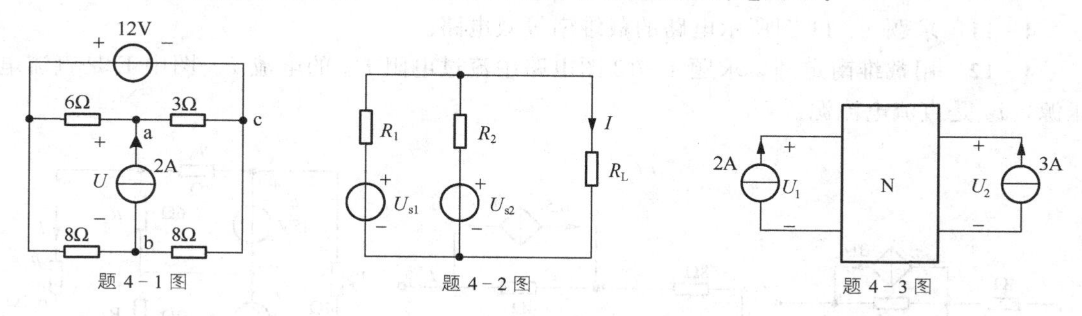

题 4-1 图　　题 4-2 图　　题 4-3 图

4-2　在题 4-2 图所示电路中，已知当 u_{s1} 单独作用时，$I'=20\text{mA}$。两电源共同作用时，$I=40\text{mA}$，已知 $u_{s2}=-6\text{V}$。

求(1)若此时令 $u_{s1}=0\text{V}$，电流为多少？

(2) 若将 u_{s2} 改为 8V，总电流又为多少？

4-3　在题 4-3 图所示电路中，当 2A 电流源没接入时，3A 电流源对无源电阻网络 N 提供 54W 功率，$U_1=12\text{V}$；当 3A 电流源没接入时，2A 电流源对网络提供 28W 功率，U_2 为 8V，求两个电流源同时接入时，各电源的功率。

4-4　用叠加定理求题 4-4 图示电路中的 I_1。

4-5　用叠加定理求题 4-5 图电路中的电压 u_2。

4-6　用叠加定理求题 4-6 图所示电路中的 U。

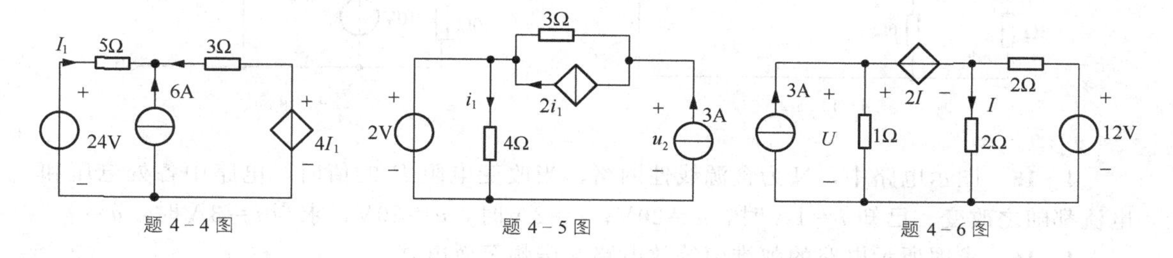

题 4-4 图　　题 4-5 图　　题 4-6 图

4-7　电路如题 4-7 图所示，其中 $r=4\Omega$。(1)计算 $R_L=2\Omega$ 时的电流 i。(2) 计算 $R_L=6\Omega$ 时的电压 u。(3) 计算 $R_L=10\Omega$ 时所吸收的功率 P。

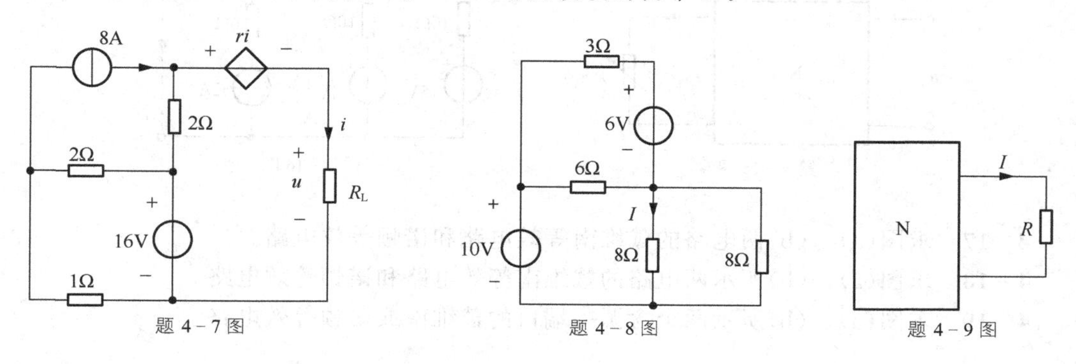

题 4-7 图　　题 4-8 图　　题 4-9 图

4-8 用戴维南定理求题 4-8 图所示电路中的 I。

4-9 在题 4-9 图所示电路中，N 为含源二端电路，现测得 R 短路时，$I=10\text{A}$；$R=8\Omega$ 时，$I=2\text{A}$，求当 $R=4\Omega$ 时，I 为多少？

4-10 求题 4-10 图所示电路的戴维南等效电路。

4-11 求题 4-11 图所示电路的戴维南等效电路。

4-12 用戴维南定理，求题 4-12 图电路中流过电阻 R_5 的电流 I。图中 E 是直流电压源，I_s 是直流电流源。

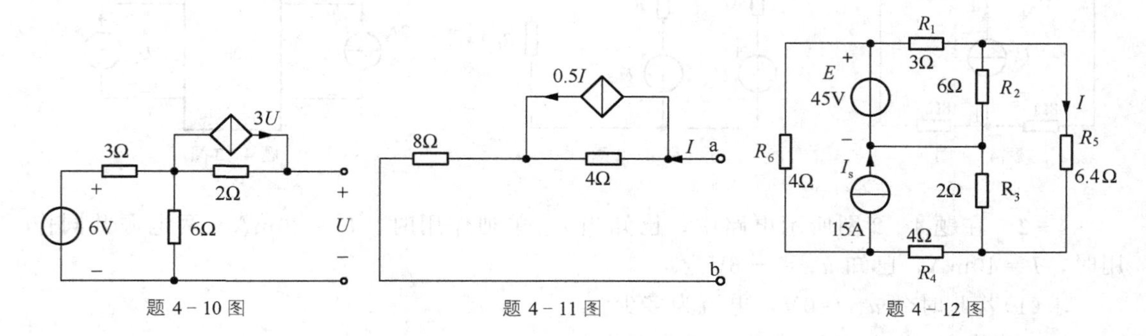

题 4-10 图　　题 4-11 图　　题 4-12 图

4-13 用戴维南定理求题 4-13 图所示电路中 2Ω 电阻的电流。

4-14 求题 4-14 图所示电路的戴维南和诺顿等效电路。

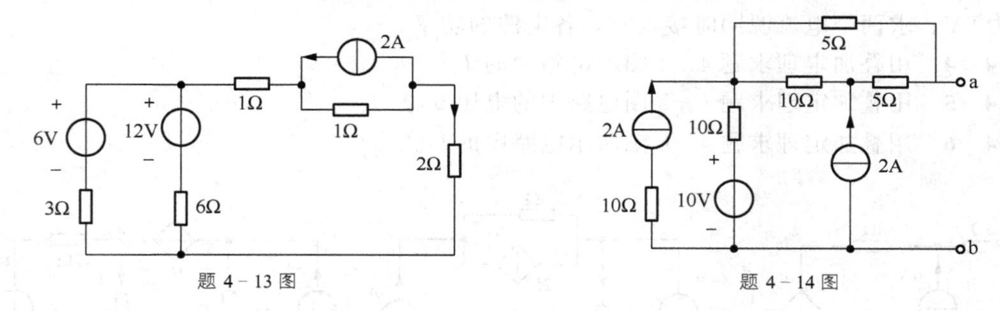

题 4-13 图　　题 4-14 图

4-15 图示电路中，N 为含源线性网络，当改变电阻 R 的值时，电路中各处电压和电流都随之改变。已知 $i=1\text{A}$ 时，$u=20\text{V}$；$i=2\text{A}$ 时，$u=30\text{V}$；求当 $i=3\text{A}$ 时，$u=$？

4-16 求图所示电路的戴维南等效电路和诺顿等效电路。

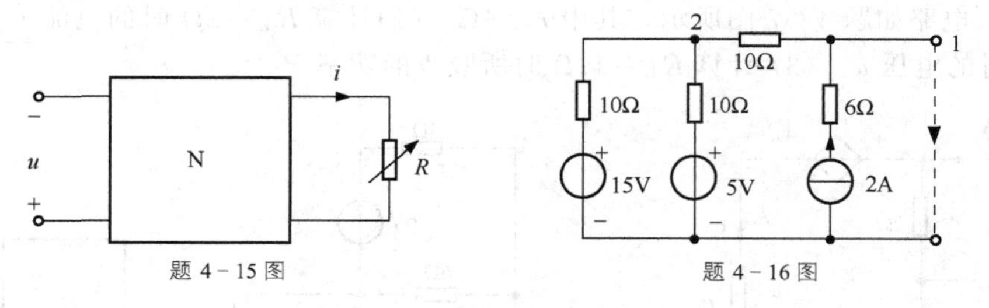

题 4-15 图　　题 4-16 图

4-17 求图(a)、(b)两电路的戴维南等效电路和诺顿等效电路。

4-18 求图(a)、(b)所示两电路的戴维南等效电路和诺顿等效电路。

4-19 求图(a)、(b)所示两个含源一端口的戴维南或诺顿等效电路。

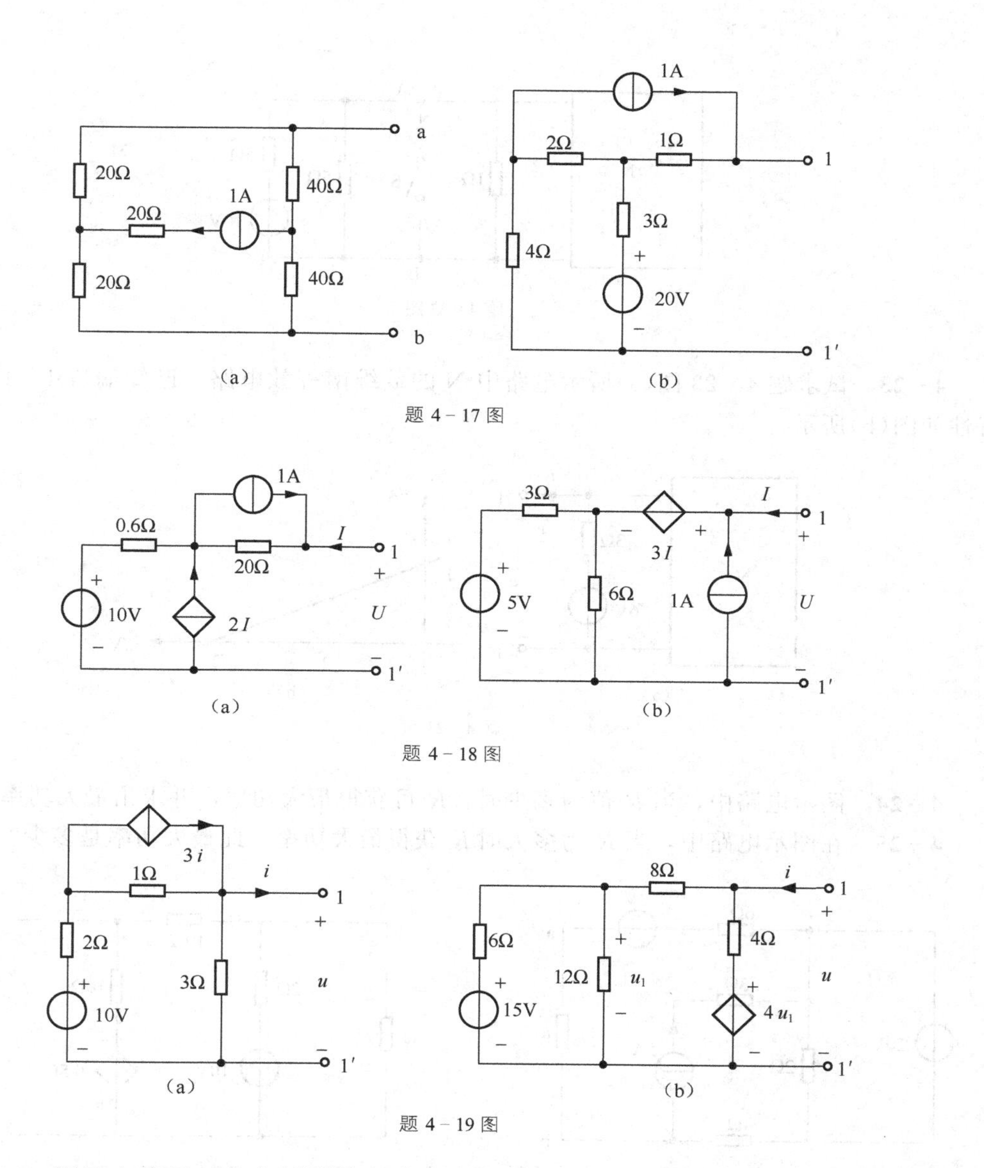

题 4－17 图

题 4－18 图

题 4－19 图

4－20 图示电路是一个电桥测量电路。求电阻 R 分别是 1Ω、2Ω 和 5Ω 时的电流 i。

4－21 用戴维南定理求 3V 电压源中的电流 I_1 和该电源吸收的功率。

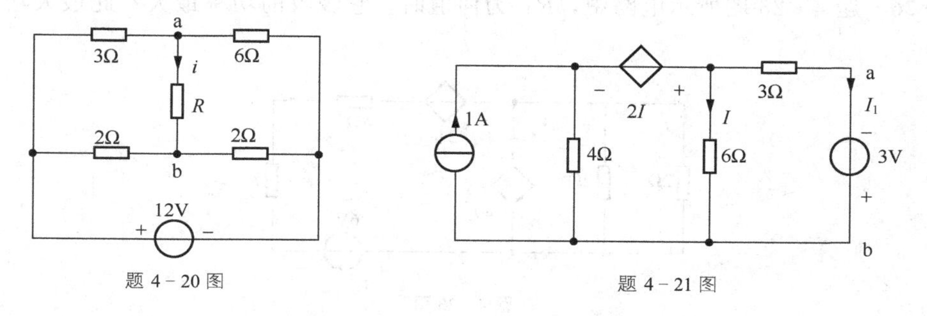

题 4－20 图

题 4－21 图

4－22 图示电路中，当 S 打开时，$U_{AB}=3\text{V}$；当 S 闭合时，$I=6\text{A}$。求含源一端口 N 的戴维南等效电路。

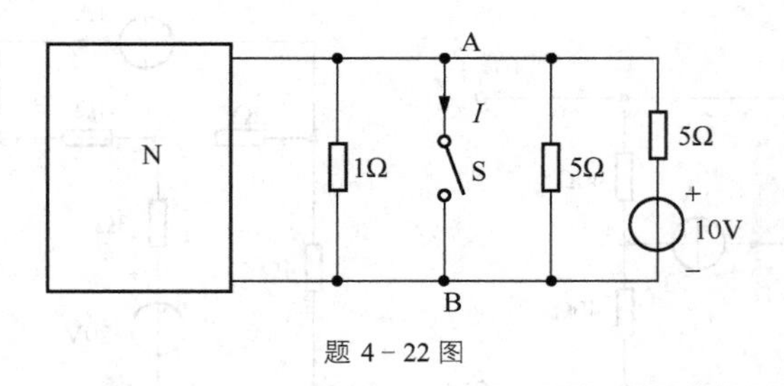

题 4-22 图

4-23 试求题 4-23 图(a)所示电路中 N 的戴维南等效电路。已知端口 1-1′的伏安特性如图(b)所示。

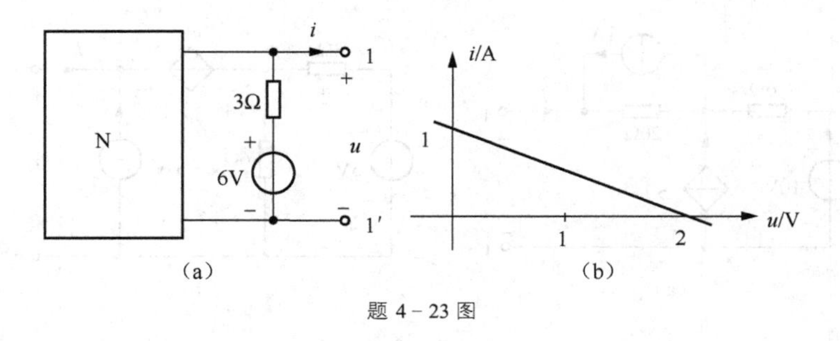

题 4-23 图

4-24 图示电路中，当 R 值为多少时，R 可获得最大功率，并求出最大功率 P_{max}。

4-25 在图示电路中，当 R 为多大时 R 获得最大功率？此最大功率是多少？

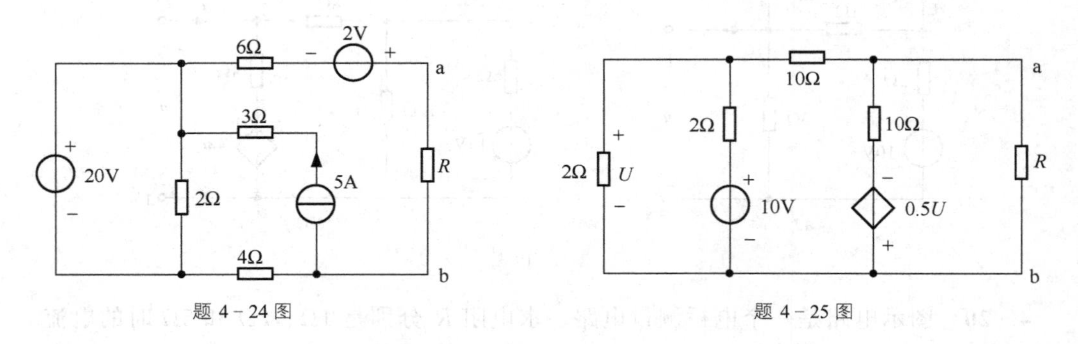

题 4-24 图　　题 4-25 图

4-26 题 4-26 图所示电路中，R_L 为何值时，它吸收的功率最大？此最大功率等于多少？

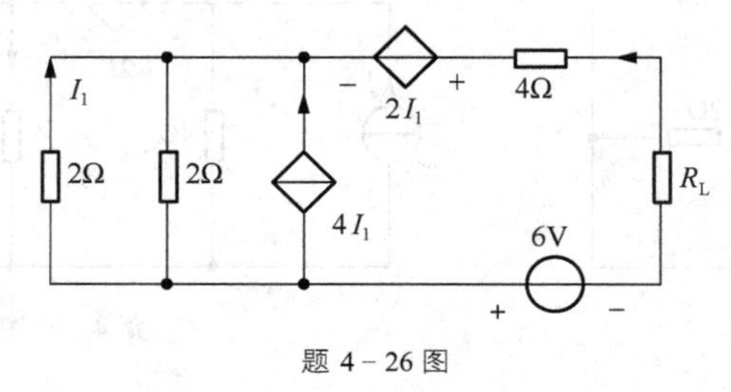

题 4-26 图

4-27 在图示(a)、(b)两个电路中，N_R 为线性无源电阻网络，求 i_1。

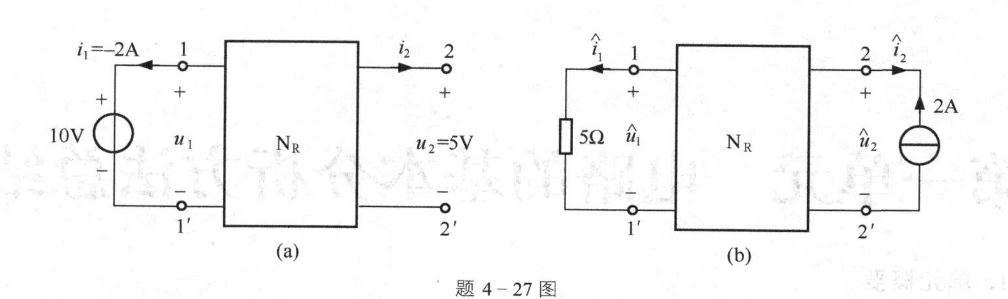

题 4-27 图

4-28 在图示(a)、(b)两个电路中，N_R 为线性无源电阻网络，试分别用特勒根定理和互易定理求图(b)中的电压 $\hat{u}_1$。

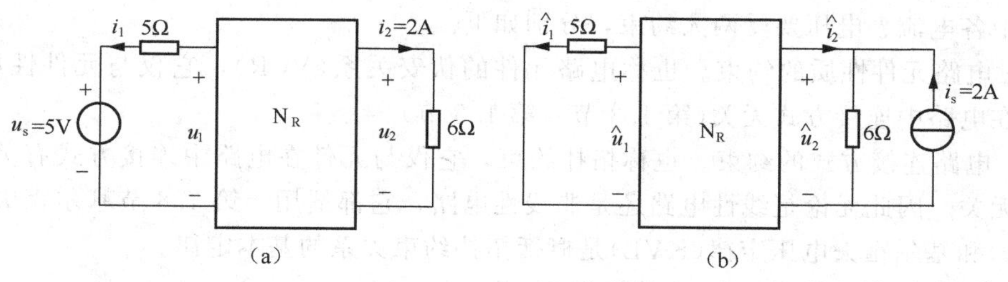

题 4-28 图

4-29 图示(a)、(b)两电路中，N_R 为一互易网络，已知图(b)电路中的 5Ω 电阻吸收的功率为 125W。求 i_{S2}。

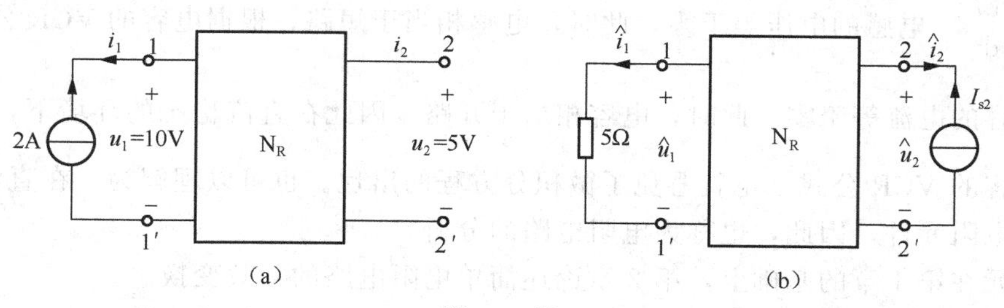

题 4-29 图

第一单元　电路的基本分析方法总结

1. 单元概要

本单元(前 4 章)的内容是学习电路的基础，读者在学习时要深刻理解，熟练掌握。

《电路原理》主要研究电路中发生的电磁现象，用电流、电压和功率等物理量来描述其中的过程。电路中各物理量的大小，既要看元件的连接方式，又要看每个元件的特性，所以电路中各电流、电压要受两大约束，分别如下。

(1) 电路元件性质的约束。也称电路元件的伏安关系(VCR)，它仅与元件性质有关，与元件在电路中连接方式无关(第 1.3 节～第 1.5 节)。

(2) 电路连接方式的约束。也称拓扑约束，它仅与元件在电路中连接方式有关，与元件性质无关。因此无论是线性电路还是非线性电路，它都适用。第 1.6 节基尔霍夫电流定律(KCL)和基尔霍夫电压定律(KVL)是概括拓扑约束关系的基本定律。

以上两大约束关系将贯穿《电路原理》全书。

电阻电路是指不含动态元件 L、C 的电路，其描述方程为实系数代数方程。含有动态元件 L、C 的电路，称为动态电路，如果在直流稳态的环境下，根据电感元件的 VCR 公式 $u_L=L\dfrac{di}{dt}$，电感的电压等于零，此时，电感相当于短路；根据电容的 VCR 公式 $i_C=C\dfrac{du_C}{dt}$，电容的电流等于零，此时，电容相当于开路。因此在直流稳态的环境下，不会出现电感或电容的 VCR 公式，也就避免了微积分方程的出现。也可以理解为，在直流稳态时，只会出现电阻元件，因此，也称为电阻电路的分析。

本单元在第 1 章的基础上，第 2 章论述简单电阻电路的等效变换。

第 3 章重点讲述电阻电路的一般分析方法，是以电路元件的约束特性(VCR)和电路的拓扑约束特性(KCL、KVL)为依据，建立以支路电流、回路电流、网孔电流或节点电压为变量的电路方程组，解出所求的电压、电流和功率。方程分析法的特点是：①具有普遍适用性，即各种电路都适用；②具有系统性，表现在不改变电路结构，方程的建立有一套固定的步骤和格式，便于编程和用计算机计算。

当一端口内部的结构与参数不明确，或者只对复杂电路的某一部分感兴趣时，更适合用戴维南定理、诺顿定理、分解方法、叠加定理等求解，此即第 4 章。

分解方法可以使复杂电路分解为简单电路。所谓复杂可能是结构复杂，也可能是线性与非线性的组合，或者是交流与直流的共同作用等，置换与等效是分解方法的核心。

叠加定理作为分析电路的方法一直贯穿电路的分析。在后续《模拟电子技术》课程中，模拟电路是交流信号与直流电源的叠加，也是线性与非线性的综合，其中的直流通道、交流通道的分析基础就是叠加定理和分解方法的应用。

前 4 章作为一个单元，是在电阻电路(直流稳态)的环境下进行学习，本单元之所以称为“电路的基本分析法”，是因为后续的“相量法”“运算法”等，只是针对不同的分析域，在

“电路的基本分析方法”基础上的进一步推广和应用。

第一单元还应该包括 13 章和 14 章，第 13 章是运用节点法对含有运算放大器的电路进行分析，后续课程《模拟电子技术》对第 13 章的内容有更详尽的讲解。而第 14 章是为了便于计算机编程和计算，将电路方程组写成矩阵形式，所以，第 14 章是第 3 章的延续。

2. 单元的重点难点及解决办法

(1) 必须重视参考方向的问题

参考方向是任意规定的，电路分析中，需先标出所有电流和电压的参考方向。

(2) 对含有受控源的一端口求输入电阻是重点和难点

解决的办法是记牢定义：输入电阻的定义为无源一端口的端电压与端电流的比值。对含源一端口，求输入电阻时，首先将独立电源置零，变为相应的无源一端口，若无源一端口中有受控源，用外加电压法，求输入电阻(参见例 2－9)；或外加电流法，求输入电阻(参见例 2－10)。

(3) 第 3 章各种分析方法的学习和灵活掌握是重点和难点。

第 3 章中，分析方法众多，要求灵活运用，学生负担很重，解决的办法是抓住定律的实质，以确定未知量和独立方程数为关键。例如，网孔电流法的实质是用网孔电流表示每个元件的电压，然后列出 KVL；回路电流法的实质用回路电流表示每个元件的电压，然后列出 KVL。

实际上，从支路电流法、到回路(网孔)电流分析法，再到节点电压分析法，其实质都离不开对 KCL、KVL 定律的透彻理解和熟练应用。

如在讲节点法时，抓住 KCL 定律的应用，用节点电压写出每一支路的电流，然后列出 KCL 方程，这样就减轻了学生死记硬背公式的负担，还加深了对基本定律的理解，免除了套用公式时由于条件不符产生的错误(参见例 3－10)。

(4) 第 4 章戴维南定理是分析电路非常重要的分析方法

如果只对复杂电路的某一部分感兴趣，适合用戴维南或诺顿定理等方法求解(参见例 4－8)；当一端口内部的结构与参数不明确，也适合用戴维南或诺顿定理等方法求解(参见例 4－10)。戴维南定理用途广泛，例如，负载能力分析、最大功率传输、第 5 章中的时间常数的计算等。

第5章 动态电路的时域分析

学习要点

(1) 电路形式与微分方程的关系。

(2) 换路的概念、换路定则。

(3) 初始值的求法。

(4) 微分方程的列写与求解方法。

(5) 一阶电路零输入响应、时间常数的概念及求法。

(6) 一阶电路零状态响应及全响应。

(7) 三要素法及电路稳态解的求法。

(8) 二阶电路微分方程的列写、求解与解的形式。

(9) 阶跃函数与阶跃响应。

(10) 冲激函数与冲激响应。

本章是动态电路分析，主要有如下3种方法。

① 动态电路的微分方程的列写与求解方法。虽然解题时不一定用这种方法，但是，这一方法是其他方法的基础，因此必须掌握。

② 典型电路的分析。典型电路本身就是常用电路，而非典型电路又可以用戴维南定理等方法转化成典型电路。因此，只要熟练掌握了典型电路的分析方法，一般电路的分析也不成问题。

③ 三要素法。三要素法是分析一阶电路零输入响应、零状态响应及全响应的简便有效的方法；三要素法是对一阶电路各种微分方程求解结果规律的总结和概括。

在本章学习中，还要注意电路动态过程物理含义的理解。

电路中，各章讨论的问题在于电路、激励、响应、分析方法的不同。对本章而言，电路是动态电路(主要讨论一阶电路和二阶电路)，激励是任意时间函数，所求响应为暂态响应或全响应(稳态＋暂态)，基本分析方法是直接在时域列写和求解微分方程，即时域分析方法。

5.1 动态电路的方程及初始值

5.1.1 电路与方程

前4章中，电阻电路所列写的方程都是代数方程。当一个电路至少含有一个储能元件(电容、电感、耦合电感)时，这样的电路称为**动态电路**。储能元件的VCR为微分关系，因此，动态电路的描述方程可简化成微分方程。描述方程是一阶微分方程的电路，称为**一阶电路**；描述方程是二阶微分方程的电路，称为**二阶电路**。依此类推，描述方程是高阶微分方程的电路，称为高阶电路。不同电路对应不同的方程形式，常见动态电路及方程形式见表5-1。

表 5-1 常见动态电路及方程形式

电路名称		电路构成特点	电路描述方程
线性非时变动态电路	线性非时变动态电路	全部为线性非时变元件	线性常系数常微分方程
	一阶电路	含 1 个独立的动态元件	一阶线性常系数常微分方程
	二阶电路	含 2 个独立的动态元件	二阶线性常系数常微分方程或一阶状态方程组
非线性非时变动态电路		含非线性电阻或非线性动态元件	非线性常系数常微分方程

如果没有特别说明，本章讨论的电路是线性非时变电路。

动态电路响应的时域分析法的一般步骤是：①求电路的初始值；②列微分方程；③求解微分方程满足初始值的解。该方法是读者需要掌握的基本方法。

5.1.2 一阶电路的两种基本类型

一阶电路可以依据基尔霍夫定律(KVL、KCL)及元件的电压电流关系(VCR)列写基本电路方程，再化简成标准微分方程求解，这种方法有时比较复杂。也可以先化简电路，再列方程。一阶电路通常只含有一个储能元件(电容或电感)。若将储能元件 N_2 和电路分离，则剩下的电路为电阻性网络，或称单口 N_1，如图 5-1(a)所示。单口 N_1 可用戴维南电路或诺顿电路来等效。因此，我们得到两种基本结构形式的一阶电路，如图 5-1(b)、(c)所示。这种方法简单有效，本章讨论的重点是这两种基本结构形式的一阶电路。

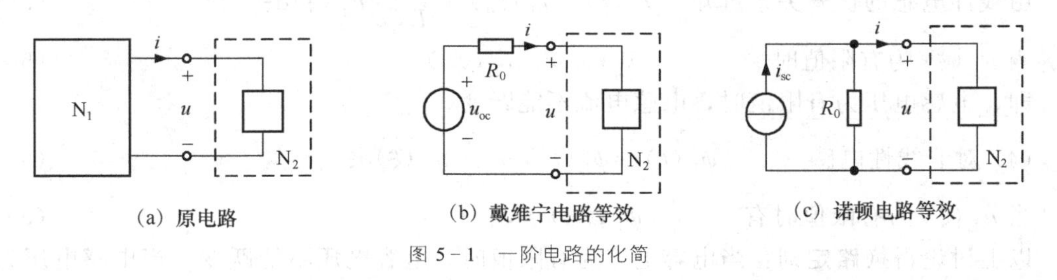

图 5-1 一阶电路的化简

5.1.3 换路及换路定则

1. 换路

动态电路的结构或参数发生变化称为**换路**。动态电路换路时，电路将从原来的一种稳定状态转变到另一种稳定状态，这期间需经历一个电磁过程，称为**过渡过程**(或**暂态过程**)。这种变化一般是由电路条件变化引起的，如电路的接通、断开、接线的改变、激励或参数的骤然改变等。换路常用如图 5-2 所示，S 表示开关，箭头表示动作方向，t 表示换路时间。为方便研究，通常把换路的瞬间作为过渡过程的起始时刻，记为 $t=0$；把换路前的最终时刻记为 $t=0_-$；换路后的最初时刻记为 $t=0_+$，换路即发生在 $0_- \sim 0_+$ 之间。

在动态电路中，电容电压 $u_C(t)$ 和电感电流 $i_L(t)$ 是两个特殊的变量，我们称之为状态变量。下面我们先研究这两个状态变量的初始值问题。

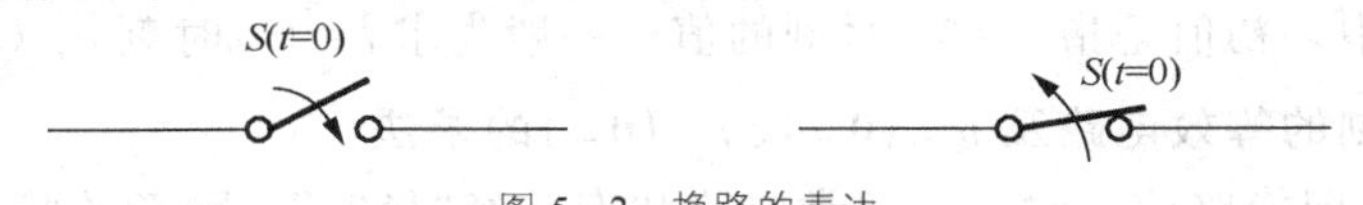

图 5-2 换路的表达

2. 换路定则

(1) 对线性电容

由电容的伏安关系可知 $u_C(t)=u_C(t_0)+\frac{1}{C}\int_{t_0}^{t}i_C(\xi)d\xi$ (5-1)

换路时刻为 $t=0$ $u_C(0_+)=u_C(0_-)+\frac{1}{C}\int_{0-}^{0+}i_C(\xi)d\xi$ (5-2)

又由积分性质可知，当 $i_C(\xi)$ 为有限值，即 $-M\leqslant i_C(\xi)\leqslant M$ 时，有

$$\frac{1}{C}\int_{0-}^{0+}i_C(\xi)d\xi=0$$

所以，当 $i_C(\xi)$ 为有限值时

$$u_C(0_+)=u_C(0_-) \quad (5-3)$$

即，电容电流为有限值时，电容电压不能跃变。

当 $i_C(\xi)$ 为无穷大时，上式结果不确定，此种情况我们将在 5.6 节中讨论。

(2) 对非线性电容

$$q_C(t)=q_C(t_0)+\int_{t_0}^{t}i_C(\xi)d\xi \quad (5-4)$$

当 $i_C(\xi)$ 为有限值时 $q_C(0_+)=q_C(0_-)$ (5-5)

(3) 对线性电感

由线性电感的伏安关系可知 $i_L(t)=i_L(t_0)+\frac{1}{L}\int_{t_0}^{t}u_L(\xi)d\xi$ (5-6)

当 $u_L(\xi)$ 为有限值时 $i_L(0_+)=i_L(0_-)$ (5-7)

即，电感电压为有限值时，电感电流不能跃变。

(4) 对非线性电感 $\psi_L(t)=\psi_L(t_0)+\int_{t_0}^{t}u_L(\xi)d\xi$ (5-8)

当 $u_L(\xi)$ 为有限值时有 $\psi_L(0_+)=\psi_L(0_-)$ (5-9)

以上讨论得**换路定则**：当电容电流为有限值时，电容电压不能跃变。当电感电压为有限值时，电感电流不能跃变，如表 5-2 所示。

表 5-2 换路定则

元件		结论	依据	条件
电容	线性电容	$u_C(0_+)=u_C(0_-)$ 或 $q(0_+)=q(0_-)$	$i_C=C\frac{du_C}{dt}$	i_C 为有限值
	非线性电容	$q(0_+)=q(0_-)$	$i_C=\frac{dq_C}{dt}$	
电感	线性电感	$i_L(0_+)=i_L(0_-)$ 或 $\psi(0_+)=\psi(0_-)$	$u_L=L\frac{di_L}{dt}$	u_L 为有限值
	非线性电感	$\psi(0_+)=\psi(0_-)$	$u_L=\frac{d\psi_L}{dt}$	

5.1.4 初始值的求法

时域分析法中，初值是指 $t=0_+$ 时刻的值。一般先求 $t=0_-$ 时刻 $u_C(0_-)$、$i_L(0_-)$值。

1. $t=0_-$ 时刻的等效电路及 $u_C(0_-)$、$i_L(0_-)$的求法

$t=0_-$ 时刻，即换路前一时刻，通常电路状态已经“稳定”，而新的状态过渡尚未开始。

这种情况下，$u_C(0_-)$、$i_L(0_-)$值的求解要分两种情况加以讨论。

(1) 激励为恒定直流

① 按换路前的电路结构对电路进行化简，当 $t=0_-$ 电路稳定时，$i_C=0$，$u_L=0$，故将 C 看作开路，将 L 看作短路，激励、电阻及受控源保持不变，从而得到 $t=0_-$ 时刻的等效电路——特殊的电阻电路。

② 根据 0_- 时刻的等效电路，可求得电容两端的电压 $u_C(0_-)$和电感中的电流 $i_L(0_-)$。

(2)* 激励为正弦函数（此时利用第 11 章讲的运算法更加简便）

若正弦激励作用于换路前的电路，且已稳定，求 $u_C(0_-)$和 $i_L(0_-)$，必须先按换路前的电路结构和参数，求出 $t \leqslant 0_-$ 时 $u_C(t)$ 和 $i_L(t)$ 的稳定值。

求 $u_C(t)$ 和 $i_L(t)$ 的稳定值有两种方法：一是用相量法求解（详见本书第 6 章）。另一种方法是高等数学中的待定系数法，设 $u_C(t)=U_{Cm}\cos(\omega t+\psi_C)$（或设定 i_L），将其代入电路的微分方程，比较系数得到 U_{Cm} 和 ψ_C。则 $u_C(0_-)=u_C(t)\Big|_{t=0_-}=U_{Cm}\cos\psi_C$。

2. $t=0_+$ 时刻等效电路及 0_+ 时刻初值的求法

(1) $t=0_+$ 时刻的等效电路

根据换路后 $t=0_+$ 时刻的结构，做如下处理。

① 一般情况下，根据换路定则得 $u_C(0_+)=u_C(0_-)$、$i_L(0_+)=i_L(0_-)$，根据替代定理，将 C 用电压为 $u_C(0_+)$ 的电压源取代，将 L 用电流为 $i_L(0_+)$ 的电流源取代。

② 电压源、电流源分别取 $u_s(0_+)$、$i_s(0_+)$ 值，电源性质不变。

③ 受控源、电阻不变。

经以上处理的电路就是 $t=0_+$ 时刻的等效电路——特殊的电阻电路。

(2) 初值($t=0_+$)的求解

$t=0_+$ 时刻的等效电路已变成一个电阻电路。那么根据电阻电路的求解方法，就可求出任一元件的电压或电流值，也就是 $t=0_+$ 时刻的初值。

例 5-1　电路如图 5-3 所示，开关 S 闭合已久，在 $t=0$ 时打开，求初始值变量 $u_C(0_+)$、$i_L(0_+)$、$i_C(0_+)$、$u_L(0_+)$。

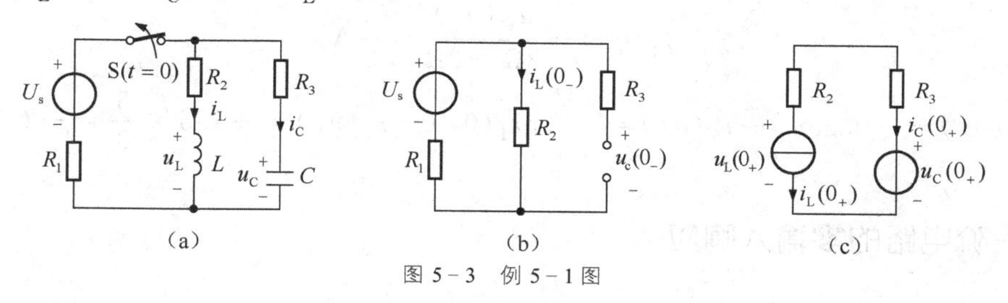

图 5-3　例 5-1 图

解：(1) $t<0$ 时，S 闭合已久，电路(a)处于稳态，电感相当于短路，电容相当于开路，电路图(a)等效于图(b)，由此可得

$$i_L(0_-)=\frac{U_s}{R_1+R_2}$$

$$u_C(0_-)=R_2 i_L(0_-)=\frac{R_2 U_s}{R_1+R_2}$$

电感电流和电容电压不能跃变，所以 $i_L(0_+)=i_L(0_-)$，$u_C(0_+)=u_C(0_-)$。

(2) $t=0_+$ 时，电路(a)S已打开，将电感用 $i_L(0_+)$ 的电流源替换，电容用 $u_C(0_+)$ 的电压源去替换，做出 $t=0_+$ 时刻的等效电路，如图(c)所示。由图(c)得

$$i_C(0_+)=-i_L(0_+)=-\frac{U_s}{R_1+R_2}$$

$$\begin{aligned}u_L(0_+)&=-R_2i_L(0_+)+R_3i_C(0_+)+u_C(0_+)\\&=-R_2\frac{U_s}{R_1+R_2}-R_3\frac{U_s}{R_1+R_2}+R_2\frac{U_s}{R_1+R_2}\\&=-\frac{R_3U_s}{R_1+R_2}\end{aligned}$$

例 5-2 电路如图 5-4(a)所示，求 $u_C(0_+)$、$i_C(0_+)$、$i_1(0_+)$

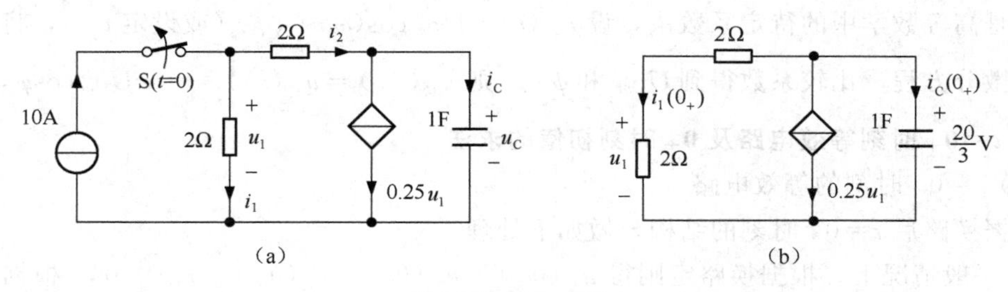

图 5-4 例 5-2图

解：(1) $t<0$ 时，S闭合已久，电路处于稳态，电容相当于开路，由此可知

$$i_1+0.25u_1=10\text{A};\ u_1=2i_1 \qquad 得\ i_1=\frac{20}{3}\text{A}$$

$$\therefore\ u_C(0_-)=2i_1-2\times0.25u_1=\frac{20}{3}\text{V}$$

(2) $t=0_+$ 时的等效电路如图 5-4(b)所示。

$$u_C(0_+)=u_C(0_-)=\frac{20}{3}\text{V}$$

$$i_1(0_+)=\frac{u_C(0_+)}{2\Omega+2\Omega}=\frac{5}{3}\text{A}$$

$$i_C(0_+)=-0.25u_1-i_1(0_+)=-0.5i_1(0_+)-i_1(0_+)=-1.5\times\frac{5}{3}=-2.5\text{A}$$

5.2 一阶电路的零输入响应

外加输入(激励)为零，由电路初始状态 $u_C(0_+)$ 和 $i_L(0_+)$ 产生的响应称为**零输入响应**。

5.2.1 RC 电路的零输入响应

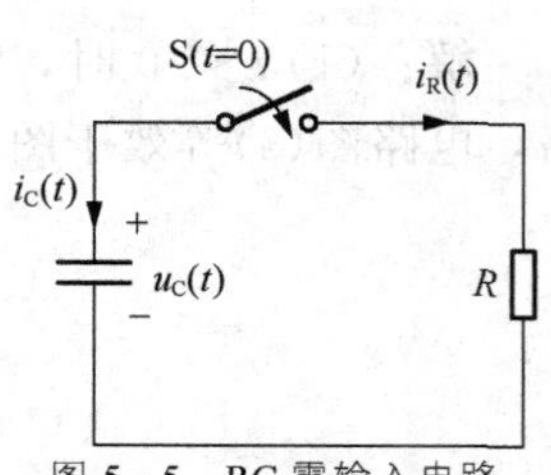

图 5-5 RC 零输入电路

RC 电路的零输入响应，通俗地说就是电容的放电过程。

问题：电路如图 5-5 所示，已知 $u_C(0_-)=U_0$，求电路的

零输入响应。

1. 物理过程分析

$t=0$ 瞬间，因为电容电压具有连续性，一般不能发生跃变，所以 $u_C(0_+)=u_C(0_-)=U_0$； 通过电阻的电流 $i_R(0_+)=\dfrac{U_0}{R}$， 得电容电压变化率 $\left.\dfrac{du_c}{dt}\right|_{t=0_+}=-\dfrac{1}{C}i_R(0_+)=-\dfrac{U_0}{RC}$，所以 $u_C(t)$ 将从 U_0 开始下降。即 $t>0$ 时，电阻不断消耗电容的储能使电容电压不断下降。当储能消耗殆尽时，两元件电压均降至 0，电路达到新的稳定状态，过渡过程结束。

2. 电路的微分方程及响应

如图 5－5 所示，由 $t\geqslant 0+$时，由 KCL 得　$i_R=-i_C$

由 KVL 得　$u_R=u_C$

由元件 VCR 得　$u_R=R\cdot i_R$

$$i_C=c\frac{du_C}{dt}$$

由以上 4 个原始方程可得微分方程

$$RC\frac{du_C}{dt}+u_C=0 \tag{5-10}$$

其初始条件为　$u_C(0_+)=u_C(0_-)=U_0$

式(5－10)为一阶常系数齐次微分方程，设其通解为 $u_C=K\mathrm{e}^{st}$（其中 K——待定积分常数，由初始条件确定；s——微分方程对应的特征方程的特征根，又称为电路的固有频率）。将通解 $u_C=K\mathrm{e}^{st}$ 代入式(5－10)得

$$RCsK\mathrm{e}^{st}+K\mathrm{e}^{st}=0$$

化简得特征方程为　$RCs+1=0$

由上式求得特征根　$s=-\dfrac{1}{RC}$

所以　$u_C=K\mathrm{e}^{-\frac{1}{RC}t}$

因为，$t=0_+$，$u_C(0_+)=U_0$， 代入上式，得 $K=U_0$

$$\therefore u_C=U_0\mathrm{e}^{-\frac{1}{RC}t}\quad (t>0) \tag{5-11}$$

由此，电路中的其他响应均可由 u_C 求出

$$u_R=u_C=U_0\mathrm{e}^{-\frac{1}{RC}t}\quad (t>0)$$

$$i_R=\frac{u_R}{R}=\frac{U_0}{R}\mathrm{e}^{-\frac{1}{RC}t}\quad (t>0)$$

$$i_C=-i_R=-\frac{U_0}{R}\mathrm{e}^{-\frac{1}{RC}t}\quad (t>0)$$

画出各响应波形如图 5－6 所示。

由表达式及波形可知，各响应均从某一初始值开始，然后按同样的指数规律单调的衰减至零。这些结果与前述的物理分析是一致的。

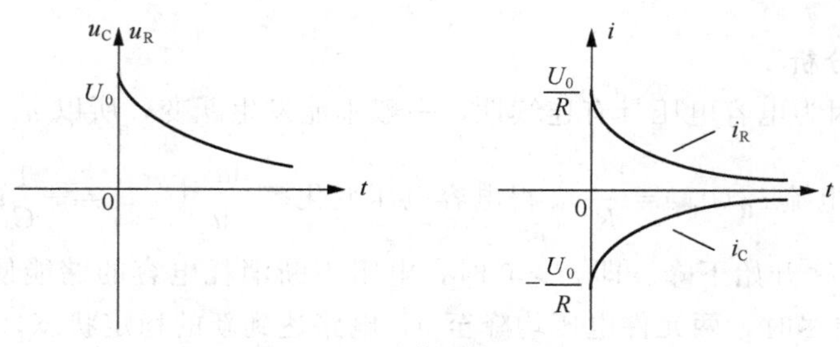

图 5-6 零输入响应波形

3. 时间常数及固有频率

(1) 时间常数

式(5-11)表明，各响应衰减的快慢与 RC 的大小有关，令

$$\tau = RC \tag{5-12}$$

其量纲为

$$[\tau]=[RC]=[R][C]=\left[\frac{\mathrm{V}}{\mathrm{A}}\right]\left[\frac{\mathrm{C}}{\mathrm{V}}\right]=\left[\frac{\mathrm{V}}{\mathrm{C/s}}\right]\left[\frac{\mathrm{C}}{\mathrm{V}}\right]=[\mathrm{s}]$$

τ 具有时间单位秒的量纲，所以称为**时间常数**。根据式(5-11)，理论上，$t\to\infty$ 时，电压才下降至零；工程上，$3\tau\sim5\tau$ 时，$u_C=(5.0\%\sim0.67\%)U_0$，认为过渡过程结束。

t	0	τ	2τ	3τ	4τ	5τ
u_C	U_0	$0.368U_0$	$0.135U_0$	$0.05U_0$	$0.0183U_0$	$0.0067U_0$

τ 越大，过渡过程越长；反之则越短。即 τ **决定了零输入响应衰减的快慢**。

(2) 时间常数的物理意义

如图 5-7 所示，以 $u_C(t)$ 为例，在 $u_C(t)$ 衰减曲线上任意一点 A 做切线，与 t 轴的交点为 C，从 A 点做 t 轴的垂直线，交点 B，此时刻设为 t_0。

$$BC=\frac{AB}{\mathrm{tg}\,\alpha}=\frac{u_C(t_0)}{-u'_C(t_0)}=\frac{U_0\mathrm{e}^{-\frac{t_0}{\tau}}}{\frac{1}{\tau}U_0\mathrm{e}^{-\frac{t_0}{\tau}}}=\tau$$

由上可得，在时间坐标上次切距 BC 的长度等于时间常数 τ。说明曲线上任意一点，如果以该点的斜率为变化率衰减，经过 τ 时间将衰减到零。

特殊情况取 $t_0=0$，u_C 若按起始的速度衰减(过起点做切线如图 5-7(b))所示，经过 τ 时间衰减结束。因为实际的衰减是越来越慢，因此，当 $t=\tau$ 时，$u_C(\tau)=0.368U_0$。

(3) 固有频率 s

方程特征根 s 称为**固有频率**，因为 $\tau=RC$，所以 $s=-\frac{1}{\tau}$ 或 $\tau=-\frac{1}{s}$，显然 s 的量纲是 $\frac{1}{秒}$，表示固有频率 s 的量纲与频率的量纲相同，故 s 有频率之称。从物理概念上讲，固有频率 s 与电路的输入无关，仅取决于电路的结构与参数，体现了电路本身的固有性质，因此称为固有频率。

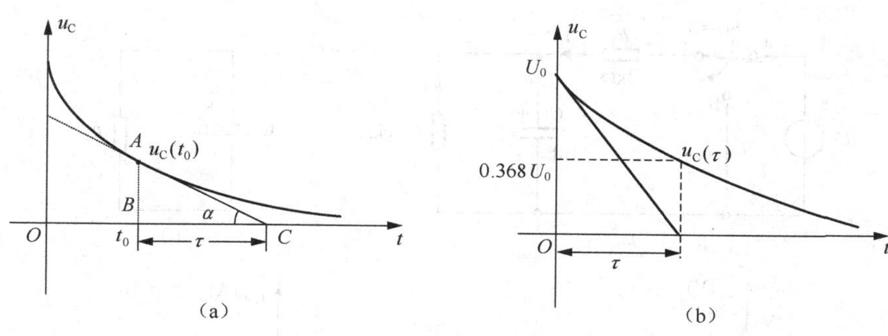

图 5-7 时间常数的几何意义

4. 能量关系

开关切换前，电容元件具有初始储能，其大小为

$$W_C=\frac{1}{2}CU_0^2 \tag{5-13}$$

开关闭合后，电容元件通过电阻释放能量，将电场能转化为其他形式的能，在$(0_-,\infty)$整个过渡过程中，电阻元件所消耗的能量为

$$W_R=\int_{0_-}^{\infty}u_R\cdot i_R\cdot \mathrm{d}t=\int_{0_-}^{\infty}U_0\cdot \mathrm{e}^{-\frac{1}{RC}t}\cdot\frac{U_0}{R}\cdot \mathrm{e}^{-\frac{1}{RC}t}\cdot \mathrm{d}t=\frac{1}{2}CU_0^2=W_C$$

在整个过渡过程中，电阻所消耗的能量恰好等于电容元件所储存的能量，即符合能量守恒定律。

例 5-3 图 5-8 (a)所示电路中，$R_1=3\mathrm{k}\Omega$，$R_2=6\mathrm{k}\Omega$，$C=1\ \mu\mathrm{F}$，$u_s=18\mathrm{V}$。开关 S 原接于 a 端，$t=0$ 时，S 突然换接于 b 端，求 $t>0$ 的响应 u_C、i_1 和 i_2，并做出各响应的波形图。

解：(1) $t<0$ 时，S 合于 a

$$u_C(0_-)=\frac{18}{6+3}\times 6=12(\mathrm{V});$$

(2) 初值 $t=0_+$，S 合于 b 后的等效电路如图 5-8 (b)所示，图中 $u_C(0_+)=u_C(0_-)=12\mathrm{V}$；

(3) 时间常数 $R=\frac{R_1R_2}{R_1+R_2}=2\mathrm{k}\Omega$，$\tau=RC=\frac{1}{500}\mathrm{s}$；

(4) 零输入响应 $u_C=u_C(0_+)\mathrm{e}^{-\frac{t}{\tau}}=12\mathrm{e}^{-500t}\ \mathrm{V}\quad(t\geqslant 0_+)$

所以

$$i_1=-\frac{u_C}{R_1}=-4\times 10^{-3}\mathrm{e}^{-500t}\ \mathrm{A}\quad(t\geqslant 0_+)$$

$$i_2=\frac{u_C}{R_2}=2\times 10^{-3}\mathrm{e}^{-500t}\ \mathrm{A}\quad(t\geqslant 0_+)$$

各响应波形如图 5-8(c)所示。

为了简化求解过程，直接采用(5-11)式求解，当然也可以先列出微分方程，然后求解。

5.2.2 RL 电路的零输入响应

问题：RL 电路如图 5-9 所示，$t<0$ 时，已知 $i_L(0_-)=I_0$，求电路的零输入响应。

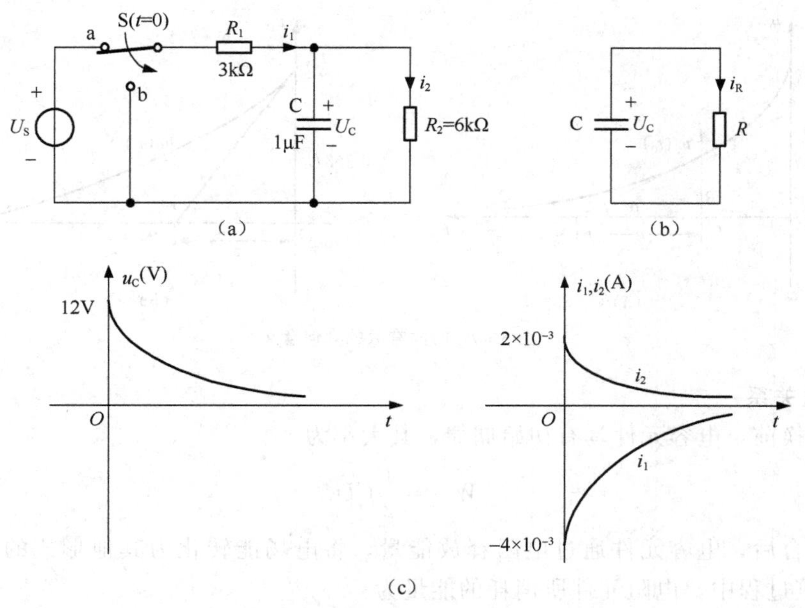

图 5-8 例 5-3 图

1. 物理过程分析

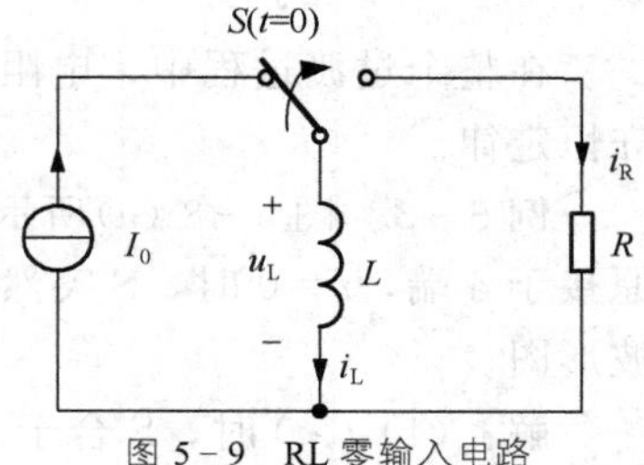

图 5-9 RL 零输入电路

$t=0$ 瞬间，如图 5-9 所示电路，电感电流不会发生跃变，即 $i_L(0_+)=i_L(0_-)=I_0$；$t>0$ 时，随着电阻不断消耗能量，电感电流不断下降，直至 $i_L(t)=0$ 时过渡过程结束。同 RC 零输入电路一样，RL 电路的零输入响应是储能元件 L 单一释放能量的过程。

2. 电路的微分方程及响应

$t>0$ 时，由 KCL 得 $i_R=-i_L$

由 KVL 得 $\qquad u_R=u_L$

由元件 VCR 得 $\qquad u_L=L\dfrac{di_L}{dt} \qquad u_R=Ri_R$

由以上 4 个公式得微分方程

$$\frac{L}{R}\frac{di_L}{dt}+i_L=0 \tag{5-14}$$

其初始条件为

$$i_L(0_+)=i_L(0_-)=I_0 \tag{5-15}$$

设其通解为 $i_L=Ke^{st}$，代入微分方程式(5-14)，得

$$\frac{L}{R}sKe^{st}+Ke^{st}=0$$

化简得特征方程为 $\qquad \dfrac{L}{R}s+1=0$

得特征根 $\qquad s=-\dfrac{1}{L/R}=-\dfrac{1}{\tau}$

电路的时间常数
$$\tau=\frac{L}{R} \tag{5-16}$$

则(5-14)式的通解　　$i_L=Ke^{st}=Ke^{-\frac{t}{\tau}}$

代 $i_L(0)=I_0$ 得　　$K=I_0$

则通解
$$i_L=I_0e^{-\frac{t}{\tau}}\mathrm{A}(t>0) \tag{5-17}$$
$$i_R=-i_L=-I_0e^{-\frac{t}{\tau}}\mathrm{A}(t>0)$$
$$u_R=R\cdot i_R=-RI_0e^{-\frac{t}{\tau}}\mathrm{V}(t>0)$$
$$u_L=L\frac{\mathrm{d}i_L}{\mathrm{d}t}=u_R=-RI_0e^{-\frac{t}{\tau}}\mathrm{V}(t>0)$$

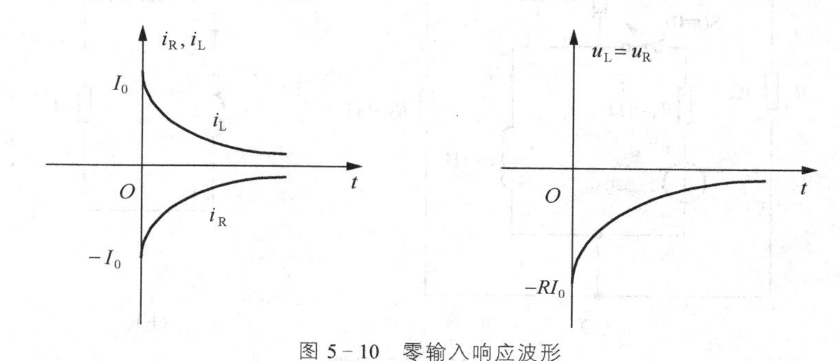

图 5-10　零输入响应波形

3. 时间常数及固有频率

由 5.2.1 节与 5.2.2 节的分析可知，RL 电路的零输入响应与 RC 电路的零输入响应有很多类似之处。例如，式(5-17)与式(5-11)相似；i_L、i_R、u_R、u_L 各响应衰减的快慢与 τ 的大小有关，其中，$\tau=\frac{L}{R}$

其量纲为
$$[\tau]=[\frac{L}{R}]=[\frac{\mathrm{H}}{\Omega}]=[\frac{\mathrm{V\cdot s}}{\mathrm{A\cdot\Omega}}]=[\mathrm{s}]$$

在此，时间常数 τ 的物理意义与 RC 电路完全一样。时间常数 τ 与电路的输入无关，仅取决与电路的结构与参数。

4. 能量关系

电感元件的初始储能
$$W=\frac{1}{2}LI_0^2 \tag{5-18}$$

整个过渡过程中，电阻耗能为
$$W_R=\int_{0_-}^{\infty}u_Ri_R\mathrm{d}t=\int_{0_-}^{\infty}-RI_0e^{-\frac{1}{\tau}t}(-I_0e^{-\frac{1}{\tau}t})\mathrm{d}t=\frac{1}{2}LI_0^2=W_L$$

所以整个过程中电阻消耗的能量即为电感的初始储能。

5.2.3　电路零输入响应规律的总结

在线性电路中，零输入响应与初始状态两者之间满足齐次性和可加性。即，当初始状态为原初始状态的 k 倍时，相应的零输入响应为原响应的 k 倍；当初始状态为 n 个状态之和时，则相应的零输入响应为 n 个初始状态产生的零输入响应之和。

经过5.2.1节与5.2.2节分析可知，在同一个电路中，不管是哪条支路的电压或电流的零输入响应，均遵循同一个规律，如果支路的电压或电流用广义符号$x(t)$表示，相应的初始值用$x(0_+)$表示，则

$$x(t)=x(0_+)\mathrm{e}^{-\frac{t}{\tau}} \tag{5-19}$$

例5-4 图5-11(a)所示电路中，$R_1=3\Omega$，$R_2=6\Omega$，$R_3=R_4=1\Omega$，$L=1\mathrm{H}$，$U_s=9\mathrm{V}$，开关S闭合已久。$t=0$时，S打开，求$t>0$的零输入响应i_L、i_1、i_2、i_3。

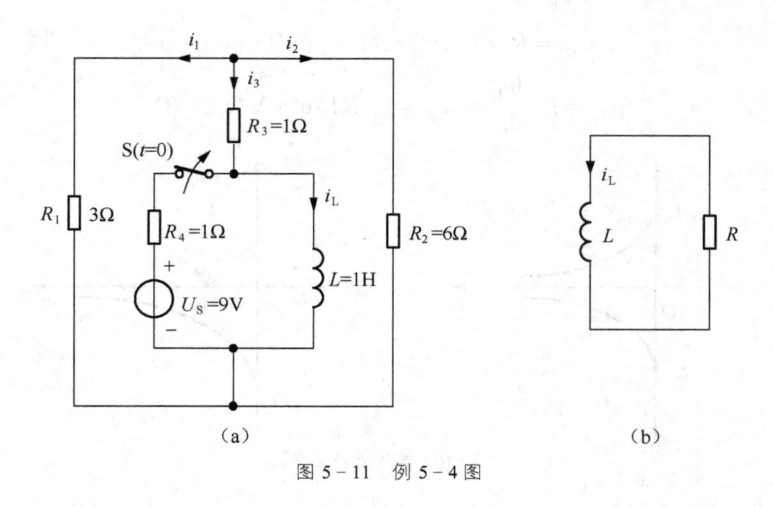

图5-11 例5-4图

解： (1) $t<0$时，S闭合已久，L短路，此时$i_L(0_-)=\frac{9}{1}=9\mathrm{A}$

$t=0$时，S打开，∵ i_L不会发生跃变，∴ $i_L(0_+)=i_L(0_-)=9\mathrm{A}$

(2) S打开后，R_1、R_2构成并联，然后与R_3串联，电感两端所接入的端电阻

$$R=R_3+\frac{R_1R_2}{R_1+R_2}=3\Omega$$

所以

$$\tau=\frac{L}{R}=\frac{1}{3}\mathrm{s}$$

(3) 响应

$$i_L=9\mathrm{e}^{-3t}\,\mathrm{A}(t\geqslant 0)$$

$$i_3=i_L=9\mathrm{e}^{-3t}\,\mathrm{A}(t\geqslant 0)$$

$$i_1=-\frac{R_2}{R_1+R_2}i_3=-6\mathrm{e}^{-3t}\,\mathrm{A}(t\geqslant 0)$$

$$i_2=-\frac{R_1}{R_1+R_2}i_3=-3\mathrm{e}^{-3t}\,\mathrm{A}(t\geqslant 0)$$

例5-5 电路如图5-12(a)所示，电压表量程50V，$t=0$时，打开开关K，发现电压表坏了，为什么？并分析开关K打开后，i_L和u_V随时间变化的规律。

分析： 开关K打开前，忽略电压表的分流作用，则$i_L(0_-)=1\mathrm{A}$；

开关K刚打开瞬间，$i_L(0_+)=i_L(0_-)=1\mathrm{A}$，此时，

$u_V(0_+)=-i_L(0_+)\times 10000=-10000\mathrm{V}$，因此，造成电压表损坏。

开关K打开后，i_L随时间变化的规律$i_L=1\times \mathrm{e}^{-2502t}\quad t\geqslant 0_+$

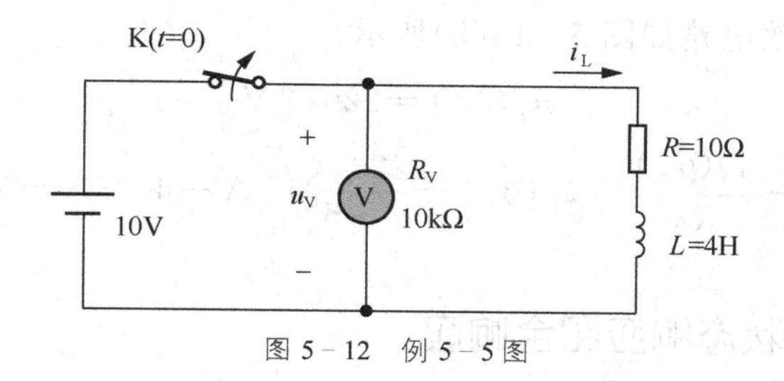

图 5－12 例 5－5 图

电压表上电压随时间变化的规律

$$u_V = -R_V i_L = -10000e^{-2502t} \quad t \geqslant 0_+$$

例 5－6 * 电路如图 5－13 所示，已知 $R_0 = 5\Omega$，$R_1 = 30\Omega$，$L = 0.1\text{H}$，$u_s = 220\sqrt{2}\cos 314t\text{V}$。S 在 $t=0$ 时闭合，S 闭合前电路已经稳定。求 S 闭合时刻的电流 $i(0_+)$。

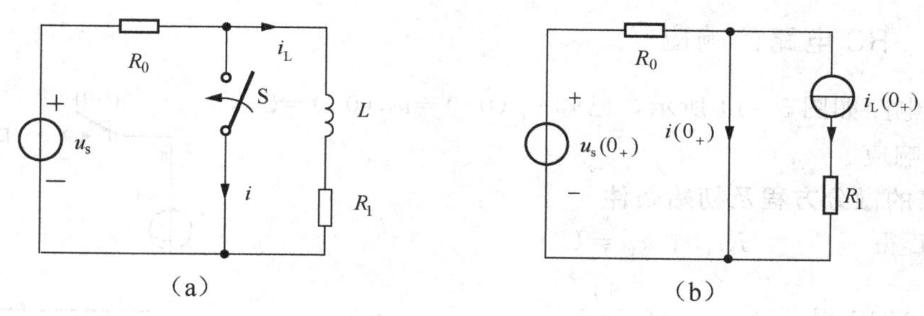

图 5－13 例 5－6 图

分析： 该题激励是正弦函数，属交流的暂态分析，方程的求解比较烦琐，此时利用第 11 章讲的运算法更适合，因此，该题加有"*"。

解： (1) 该题激励是正弦函数，为求 $i_L(0_-)$ 必须先求 S 闭合前的 $i_L(t)$。在 S 闭合前的电路方程为

$$L \cdot \frac{di_L}{dt} + (R_0 + R_1) i_L = u_s$$

设 $i_L = \sqrt{2} I_L \cos(\omega t + \psi)$，代入以上微分方程得

$$-\sqrt{2} L I_L \omega \sin(\omega t + \psi) + (R_0 + R_1)\sqrt{2} I_L \cos(\omega t + \psi) = 220\sqrt{2}\cos\omega t$$

整理得

$$|Z| I_L \cos(\omega t + \psi + \varphi) = 220\cos\omega t$$

其中

$$\varphi = \text{arctg}\frac{\omega L}{R_0 + R_1} = \text{arctg}\frac{31.4}{35} = 41.90°$$

$$|Z| = \sqrt{(R_0 + R_1)^2 + (\omega L)^2} = \sqrt{35^2 + 31.4^2} = 47.02(\Omega)$$

比较得

$$\psi = -\varphi = -41.89°$$

$$I_L = \frac{220\text{V}}{|Z|} = \frac{220}{47.02}\text{A} \approx 4.68\text{A}$$

所以

$$i_L(t) = 4.68\sqrt{2}\cos(\omega t - 41.89°)\text{A}$$

$$i_L(0_-) = 4.68\sqrt{2}\cos(-41.89°)\text{A} \approx 4.93\text{A}$$

根据换路定则

$$i_L(0_+) = 4.93\text{A}$$

(2) $t=0_+$ 时的等效电路如图 5－13(b)所示。

$$u_s(0_+)=220\sqrt{2}\,\text{V}$$

$$i(0_+)=\frac{u_s(0_+)}{R_0}-i_L(0_+)=\frac{220\times\sqrt{2}}{5}\text{A}-4.93\text{A}=57.30\text{A}$$

5.3 一阶电路的零状态响应和全响应

初始状态为零，由外加于电路的输入产生的响应称为**零状态响应**。

电路在输入、初始值同时作用下产生的响应称为**全响应**。

下面讨论两个典型电路，我们先求全响应，零状态响应做为全响应的特例来进行讨论。

5.3.1 RC 电路的响应

问题：电路如图 5－14 所示，已知 $u_C(0_+)=u_C(0_-)=U_0$，求电路的全响应。

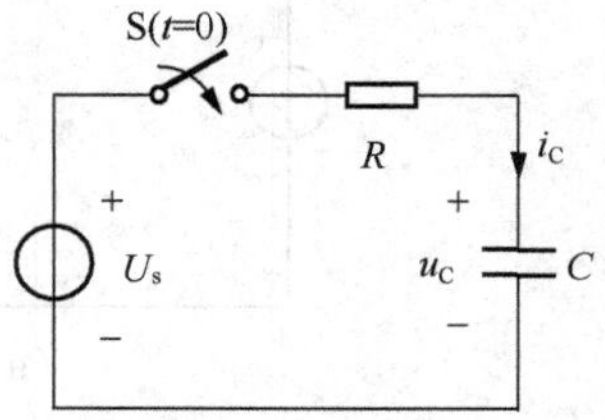

图 5－14 RC 串联电路

1. 电路的微分方程及初始条件

由 KVL 得 $\quad Ri_C+u_C=U_s$

由元件 VCR 得 $\quad i_C=C\dfrac{du_C}{dt}$

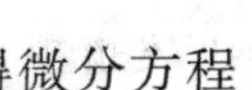

由上式得微分方程

$$RC\frac{du_C}{dt}+u_C=U_s \tag{5-20}$$

初始条件为 $\quad u_C(0_+)=u_C(0_-)=U_0$

2. 全响应

求方程(5－20)的解 $u_C=u_{ch}+u_{cp}$，其中 u_{ch} 对应齐次微分方程的通解

$$u_{ch}=K\mathrm{e}^{-\frac{t}{RC}}$$

u_{cp} 对应该方程的特解。设 $u_{cp}=Q$（具有和输入函数相同的形式），代入(5－20)式得

$$Q=U_s$$

所以 $\quad u_C=K\mathrm{e}^{-\frac{t}{RC}}+U_s$

令 $t=0$，并代入 $u_C(0_+)=u_C(0_-)=U_0$ 得

$$u_C(0_+)=U_0=K+U_s$$

$$K=U_0-U_s$$

令 $\quad \tau=RC$

得 $\quad u_C=(U_0-U_s)\mathrm{e}^{-\frac{t}{\tau}}+U_s=U_s(1-\mathrm{e}^{-\frac{t}{\tau}})+U_0\mathrm{e}^{-\frac{t}{\tau}}$

$$i_C=C\frac{du_C}{dt}=\frac{(U_s-U_0)}{R}\mathrm{e}^{-\frac{t}{\tau}}$$

(1) 上例中，当 $U_0=0$ 时，全响应变成零状态响应

$$u_C=U_s(1-\mathrm{e}^{-\frac{t}{\tau}})$$

$$i_C=\frac{U_s}{R}e^{-\frac{t}{\tau}}$$

(2) 上例中，当 $U_s=0$ 时，全响应可变成零输入响应

$$u_C=U_0e^{-\frac{t}{\tau}}$$

$$i_C=-\frac{U_0}{R}e^{-\frac{t}{\tau}}$$

所以

$$u_C=U_s(1-e^{-\frac{t}{\tau}})+U_0e^{-\frac{t}{\tau}} \tag{5-21}$$

其含义为　全响应=(零状态响应)+(零输入响应)

式(5-21)也可以写成

$$u_C=U_s+(U_0-U_s)e^{-\frac{t}{\tau}} \tag{5-22}$$

即　全响应=(稳态分量)+(暂态分量)

或　全响应=(强制分量)+(自由分量)

以上公式的各部分含义如下。

稳态分量，当 $t\to\infty$ 时，暂态分量等于零，响应仍存在的部分；

暂态分量，暂时存在的量，例如，电容的零输入响应(放电)，当 $t\to\infty$ 时暂态分量为 0；

强制分量，与输入形式相同，由输入强制产生；

自由分量，也称为固有分量，变化形式完全由电路本身确定，输入仅影响其大小。

3. 时间常数与响应曲线

(1) 时间常数　$\tau=RC$

(2) 零状态响应的响应曲线，如图 5-15 所示。

即，u_C 从零值开始按指数规律上升趋向于稳态值 U_s。

$$t=\tau\text{ 时，}u_C(\tau)=RI_s(1-e^{-1})=63.2\%\cdot U_s$$

$$t=(4\sim5)\tau\text{ 时，}u_C(t)\approx98.17\%\sim99.3\%\cdot U_s$$

所以工程上认为此时过渡过程即结束。τ 的物理意义与零输入响应相同，τ 的大小直接决定了暂态过程的长短，τ 越小暂态过程越快，反之越慢。

(3) 全响应的响应曲线如图 5-16 所示。

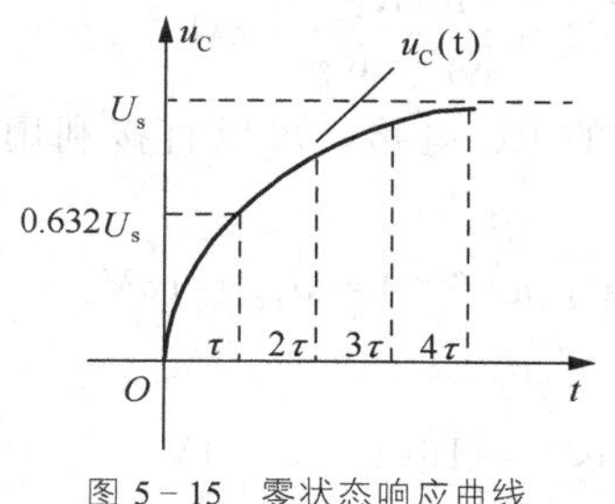

图 5-15　零状态响应曲线

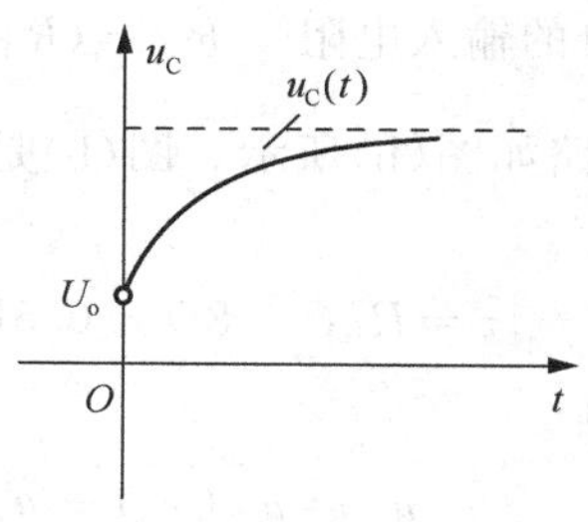

图 5-16　全响应曲线

电容的零输入响应，实际就是在零输入时(电源电压为零)的电容放电过程；电容的零状态响应，实际就是电容在初始值为零时的充电过程；电容的全响应，实际是电容在非零初始状态且非零输入情况下的响应。当输入值(即电源电压)大于电容电压的初始值时，电容充电至电源值，是充电过程；当输入值(即电源电压)小于电容电压的初始值时，电容放电至电源值，是放电过程。

4. 能量

对零状态响应，C 的初始能量为 0。输入电源对 C 充电，最终 C 的能量

$$W_C = \frac{1}{2}CU_s^2 \tag{5-23}$$

电阻消耗的能量 $W_R = \int_0^\infty R \cdot i_C^2(\xi)d\xi = \frac{1}{2}CU_s^2$

所以充电率为 $$\text{充电效率} = \frac{W_C}{W_C + W_R} = 50\% \tag{5-24}$$

例 5-7 图 5-17(a)中，$R_1=10\Omega$，$R_2=40\Omega$，$U_s=10\text{V}$，$I_s=1\text{A}$，$C=0.5\text{F}$，$u_C(0_-)=0$。S 在 $t=0$ 时合上。(1) 求 $t>0$ 响应 u_C、i_R；(2) 求 u_C 达到 4V 时所需的时间。

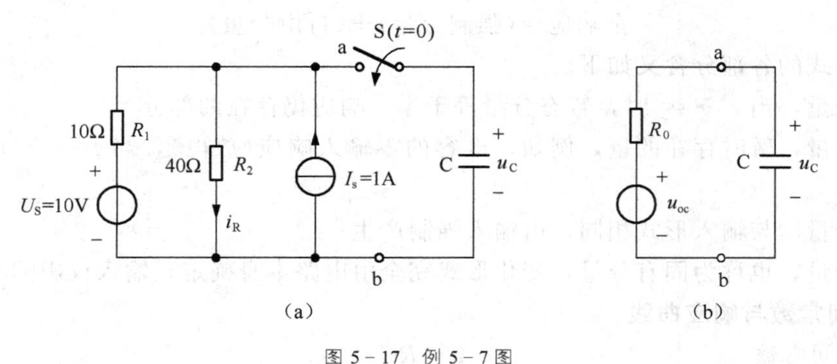

图 5-17 例 5-7 图

解：(1) 图(a)比较复杂，直接列方程求解虽然可行，但比较麻烦。通常的做法是先将 ab 左端的含源一端口用戴维南电路等效化简。设 ab 端的开路电压为 u_{oc}，则由节点分析法得

$$\frac{u_{oc}-U_s}{R_1} + \frac{u_{oc}}{R_2} = I_s$$

求得 $$u_{oc} = 16\text{V}$$

对应 ab 无源端口的输入电阻 $R_0 = (R_1 // R_2) = \frac{R_1R_2}{R_1+R_2} = 8\Omega$

所以等效电路如图(b)所示。图(b)是典型的 RC 电路，可以直接利用 RC 电路零状态的结果得到答案。

其中 $$\tau = R_0C = 8\Omega \times 0.5\text{F} = 4\text{s}\ ;\ u_C(\infty) = u_{oc} = 16\text{V}$$

(2) $t>0$ 时，

$$u_C = u_C(\infty) - u_C(\infty)e^{-\frac{t}{\tau}} = 16(1-e^{-\frac{t}{4}})\text{V}$$

$$i_R = \frac{u_C}{R_2} = \frac{2}{5}(1-e^{-\frac{t}{4}})\text{A}$$

(3) 设 $u_C = 4\text{V}$ 时所需的时间为 t_0，则有

$$4 = 16 \times (1-e^{-\frac{t_0}{4}})$$

解得 $$t_0 = -4\ln\frac{3}{4} = 1.15(\text{s})$$

说明：

① 这类题若所求的未知量较多，可以根据 5.4 节中的三要素法求解。

② 在将(a)化简时，一般先将 C 和 L 以外的电路利用戴维南定理进行等效。

5.3.2　RL 并联电路的响应

问题：RL 并联电路如图 5－18 所示，已知 $i_L(0_+)=i_L(0_-)=I_0$，求电路的全响应。

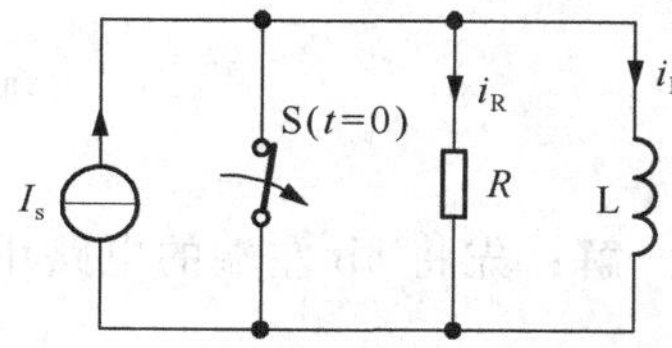

图 5－18　RL 并联电路

1. 电路的微分方程

$t>0$ 时，由 KCL 得　$\dfrac{u_L}{R}+i_L=I_s$

由元件 VCR 得　$u_L=L\dfrac{di_L}{dt}$

由以上两式得微分方程　$$\frac{L}{R}\frac{di_L}{dt}+i_L=I_s \tag{5-25}$$

初始条件为　$$i_L(0_+)=i_L(0_-)=I_0 \tag{5-26}$$

2. 全响应

求方程(5－25)的解　$i_L(t)=i_{Lh}+i_{Lp}$

其中　$i_{Lh}=Ke^{-\frac{R}{L}t}$

$$\therefore\ i_L(t)=Ke^{-\frac{R}{L}t}+I_s$$

根据初始条件得　$i_L(0_+)=K+I_s=I_0$

解得　$K=I_0-I_s$

令 RL 电路中时间常数为　$\tau=\dfrac{L}{R}$

则　$$i_L(t)=(I_0-I_s)e^{-\frac{t}{\tau}}+I_s=I_s(1-e^{-\frac{t}{\tau}})+I_0e^{-\frac{t}{\tau}},\ t\geqslant 0$$

$$i_L(t)=I_s+(I_0-I_s)e^{-\frac{t}{\tau}},\ t\geqslant 0 \tag{5-27}$$

$$u_L(t)=L\frac{di_L}{dt}=R(I_s-I_0)e^{-\frac{t}{\tau}},\ t>0 \tag{5-28}$$

以上恒定直流电源一阶电路的暂态分析采用的是经典法，即列写微分方程求解所得各变量结果。

3. 讨论

(1) 当 $I_0=0$ 时，全响应变成零状态响应

$$i_L(t)=I_s(1-e^{-\frac{t}{\tau}})$$

$$u_L(t)=RI_se^{-\frac{t}{\tau}t}$$

(2) 当 $I_s=0$ 时，全响应变成零输入响应

$$i_L(t)=I_0e^{-\frac{t}{\tau}}$$

$$u_L(t)=-RI_0e^{-\frac{t}{\tau}}$$

例 5－8　图 5－19(a)中，$R_1=2\Omega$，$R_2=4\Omega$，$R_3=3\Omega$，$L=1\text{H}$，$I_s=9\text{A}$。S 在 $t=0$ 时合上，求零状态响应 i_L、u_L。

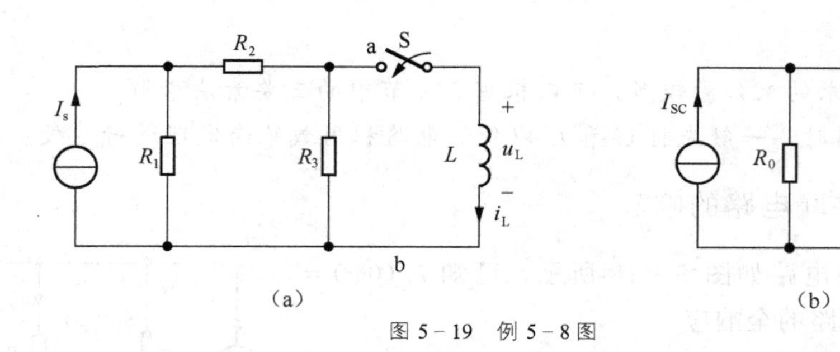

图 5-19 例 5-8 图

解：先将 ab 左端的电路用诺顿电路等效化简，其中

$$I_{ab}=I_{sc}=\frac{R_1}{R_1+R_2}\cdot I_s=3\text{A}$$

$$R_0=R_3\ /\!/\ (R_1+R_2)=\frac{R_3\cdot(R_1+R_2)}{R_1+R_2+R_3}=2\Omega$$

化简后的电路如(b)所示；

$$\tau=\frac{L}{R_0}=\frac{1}{2}\text{s}$$

电感电流的稳态分量为电感短路时的电流值

所以
$$i_L(\infty)=I_{sc}=3\text{A}$$

$$i_L=i_L(\infty)(1-e^{-\frac{t}{\tau}})=3(1-e^{-2t})\text{A},\ (t\geqslant 0)$$

$$u_L=L\ \frac{di_L}{dt}=6e^{-2t}\text{V},\ (t\geqslant 0)$$

例 5-9 电路如图 5-20(a)所示，假定开关闭合前电路已处于稳态。求：(1)该电路零输入响应 $i_{L_1}(t)$；(2)该电路零状态响应 $i_{L_2}(t)$；(3)该电路全响应 $i_L(t)$；

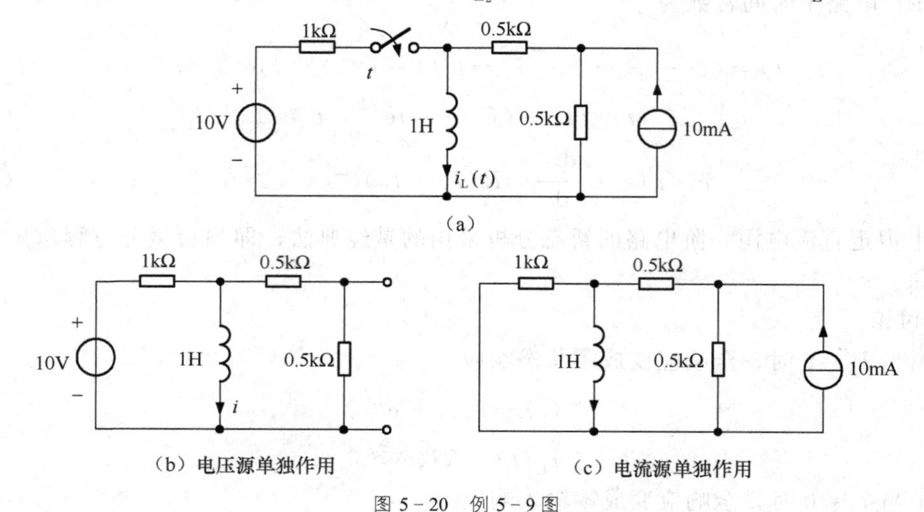

图 5-20 例 5-9 图

解：(1) 求零输入响应 $i_{L_1}(t)$

因为开关闭和前电路已处于稳态，电感相当于短路。

所以
$$i_{L_1}(0_-)=\frac{1}{2}\times 10\text{mA}=5\text{mA}$$

因为状态不能跃变，所以 $i_{L_1}(0_+)=i_{L_1}(0_-)=5\text{mA}$

开关闭合后，电路参照图 5-20(a)

从电感两端看进去戴维南等效电阻 $R_0=1k\ //\ (0.5k+0.5k)=500\Omega$

时间常数
$$\tau=\frac{L}{R_0}=\frac{1}{500}\text{s}$$

所以零输入响应 $i_{L_1}(t)=i_L(0_+)\text{e}^{-\frac{t}{\tau}}=5\text{e}^{-500t}\text{mA}\quad(t\geqslant 0)$

(2) 求零状态响应 $i_{L_2}(t)$

10V 电源单独作用，电路如图 5-20(b)所示。τ 见(1)

$$i'_{L_2}(\infty)=\frac{10}{10^3}=10(\text{mA})$$

得
$$i'_{L_2}(t)=10(1-\text{e}^{-500t})\text{mA}\quad(t\geqslant 0)$$

10mA 电源单独作用，电路如图 5-20(c)所示；

$$i''_{L_2}(\infty)=\frac{1}{2}\times 10^{-2}=5(\text{mA})$$

得
$$i''_{L_2}(t)=5(1-\text{e}^{-500t})\text{mA},$$

所以
$$i_{L_2}(t)=i'_{L_2}(t)+i''_{L_2}(t)=15(1-\text{e}^{-500t})\text{mA}$$

(3) 由(1)、(2)的结果，利用叠加定理得全响应为

$$\begin{aligned}i_L(t)&=i_{L_1}(t)+i_{L_2}(t)\\&=5\text{e}^{-500t}+15(1-\text{e}^{-500t})\text{mA}=15-10\text{e}^{-500t}\text{mA}\end{aligned}$$

5.4 三要素法

1. 三要素

5.2 节与 5.3 节的分析方法是列写和求解微分方程，称为经典分析法，经典分析法相对烦琐，其结果遵循一定的规律，下面进一步探讨一阶电路暂态分析结果的规律性。

如果支路的电压或电流用广义符号 $x(t)$ 表示，相应的初始值用 $x(0_+)$ 表示，相应的稳态值用 $x(\infty)$ 表示，则一阶电路全响应，即式(5-22)或式(5-27)可写成

$$x(t)=x(\infty)+[x(0_+)-x(\infty)]\text{e}^{-\frac{t}{\tau}}\tag{5-29}$$

式(5-29)就是著名的三要素公式，它是直流激励下一阶电路暂态分析结果的规律总结。只要知道 $x(\infty)$、$x(0_+)$、τ 三个要素，就可以写出全响应。式(5-29)具有普遍性，当 $x(\infty)=0$ 时，就是零输入响应，即式(5-19)；当 $x(0_+)=0$ 时，就是零状态响应，当 $x(\infty)$、$x(0_+)$ 都不为零时就是全响应。

实际解题过程中，同一个一阶电路不管求哪条支路的电压或电流，时间常数 τ 是一个值，可根据具体电路求出。一般地，利用三要素法，对 RC 电路先求出 $u_c(t)$，对 RL 电路先求出 $i_L(t)$，然后根据电路定律求出其他变量。若求出每个相应待求量的初始值和稳态值，然后代入式(5-29)求出其他变量，这样解题相对烦琐一些。

2. 三要素的含义

在恒定直流输入下，三要素的含义如图 5-21 所示。

初始值 $x(0_+)$ 是响应的起始点；稳态函数(值) $x_\infty(t)$，则是换路后当 $t\to\infty$ 时电路的

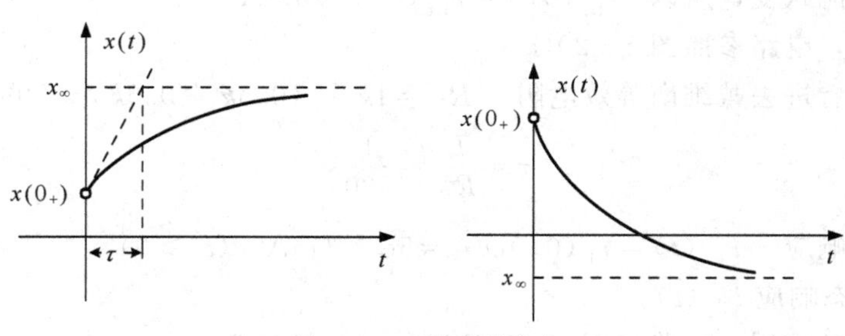

图 5-21 三要素的含义

稳态状态(实际上 $t=3\tau \sim 5\tau$ 时已接近这一状态)；而时间常数 τ 则决定从起点到稳态这一“过渡过程”的时间(工程上，一般取 $3\tau \sim 5\tau$)。

3. 三要素的求法

(1) 初值求法见 5.1 节。

(2) 时间常数 τ 的计算

对 RC 与 RL 电路，时间常数 τ 分别为 RC、L/R。

对一般一阶电路而言，可将 C 和 L 以外的电路用戴维南定理等效成如图 5-22 所示的典型电路(此时，可以只求出 R)，再按以上公式计算时间常数。

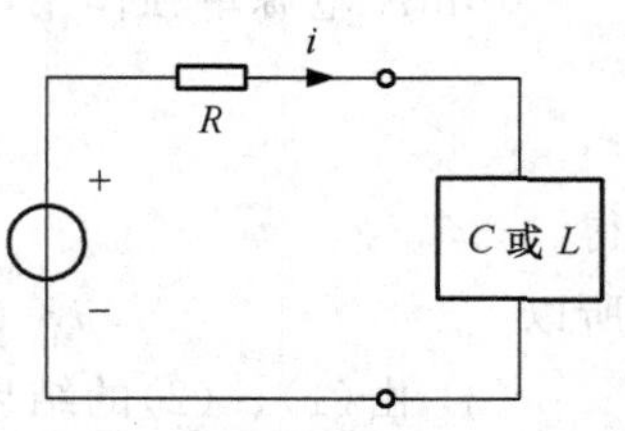

图 5-22 一阶典型电路

(3) 稳态解 $x(\infty)$ 的求法

① 换路后，作用于电路的激励是恒定直流时，画出换路后的电路。当电路稳定时，C→开路，L→短路，电路等效成电阻电路。求解该电路即得稳态解 $x(\infty)$ 或称稳态值。

② 换路后作用于电路的激励若是正弦信号，$x_{\infty}(t)$ 是换路后的稳态解，求解时必须根据换路后的电路和参数来求。求 $x_{\infty}(t)$ 可用相量法(见第 6 章)或用待定系数法，还可以用运算法(见第 11 章)。

例 5-10 已知图 5-23(a)所示电路中的开关 S 原合在“1”端很久，在 $t=0$ 时 S 合向“2”端，求 $i_C(t)$，$u_C(t)$ 并绘出其曲线。

解：本题是求一阶电路的全响应，下面用三要素法求解。

做 $t=0_-$ 时的电路如图 5-23(b)所示，由此求出 $u_C(0_-)$

$$u_C(0_-)=\frac{6}{6+3}\times 3=2(\text{V})$$

做 $t\geqslant 0_+$ 时的电路如图 5-23 (c)所示，电路的时间常数 τ 为

$$\tau=RC=\left(\frac{6\times 3}{6+3}\right)\times\frac{1}{2}=1(\text{s})$$

$t=\infty$时，电路为直流稳态，则可求出 $u_C(\infty)$

$$u_C(\infty)=\frac{6}{6+3}\times(-3)=-2(\text{V})$$

又
$$u_C(0_+)=u_C(0_-)=2\text{V}$$

所以
$$u_C(t)=u_C(\infty)+[u_C(0_+)-u_C(\infty)]\text{e}^{-t/\tau}=-2+4\text{e}^{-t}\text{V}(t>0)$$

$$i_C(t)=C\frac{\text{d}u_C(t)}{\text{d}t}=\frac{1}{2}\frac{\text{d}}{\text{d}t}(-2+4\text{e}^{-t})=-2\text{e}^{-t}(\text{A})(t>0)$$

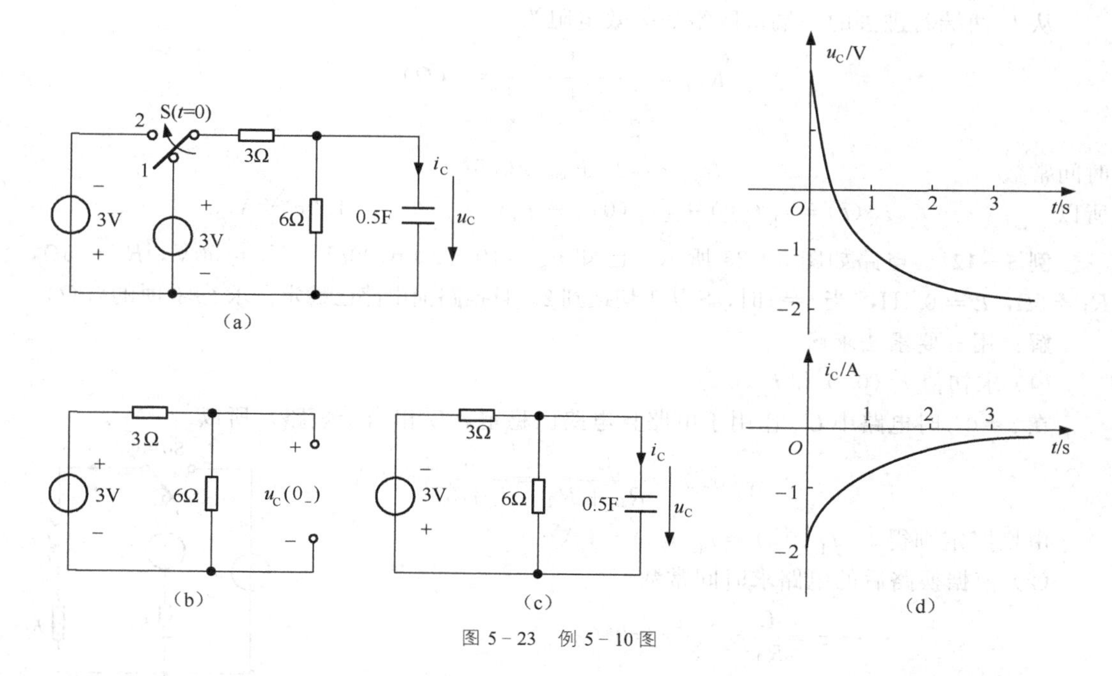

图 5－23　例 5－10 图

做出 $u_C(t)$、$i_C(t)$ 的波形如图 5－23 (d)所示。画波形时，应掌握三要素的三个要点，从 $x(0_+)$ 值开始，经过$(3\sim5)\tau$ 趋于 $x(\infty)$ 值，中间是按指数规律变化的。

例 5－11　电路如图 5－24 (a)所示，开关 S 闭合前电路已稳定。求 S 闭合后，2Ω 电阻中电流随时间变化的规律 $i_R(t)$。

解：用三要素法求全响应。首先由 S 闭合前的电路计算 $i_L(0_-)$，由于是直流稳态，所以做 $t=0_+$ 的电路如图 5－24 (b)所示，根据换路定则有

$$i_L(0_+)=i_L(0_-)=0.5\text{A}$$

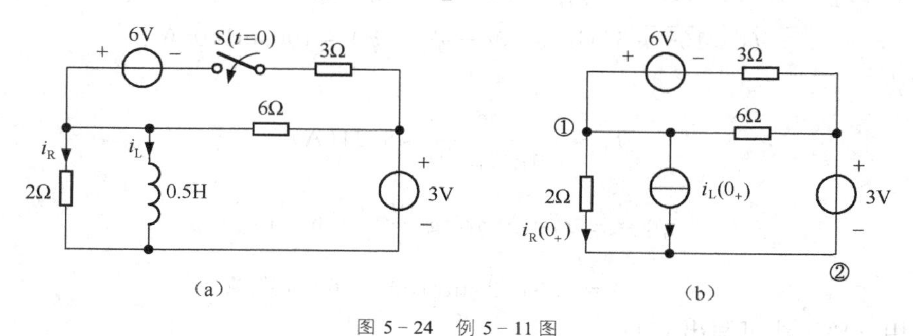

图 5－24　例 5－11 图

计算 $i_R(0_+)$，图 5－24 (b)中，以②点为参考点，设节点①的电压为 u_R，对①点列 KCL 方程

$$i_R(0_+)+i_L(0_+)+\frac{u_R-6-3}{3}+\frac{u_R-3}{6}=0$$

又

$$\frac{u_R}{2}=i_R(0_+)$$

解得

$$i_R(0_+)=1.5\text{A}$$

当 $t=\infty$时，L 视为短路，故

$$i_R(\infty)=0$$

从 L 两端看进去的一端口网络的等效电阻为

$$R_{eq}=\frac{1}{\frac{1}{2}+\frac{1}{6}+\frac{1}{3}}=1(\Omega)$$

时间常数 $\tau=L/R_{eq}=0.5\mathrm{s}$

所以 $i_R(t)=i_R(\infty)+[i_R(0_+)-i_R(\infty)]\mathrm{e}^{-t/\tau}=1.5\mathrm{e}^{-2t}\,\mathrm{A}$

例 5-12* 电路如图 5-25 所示。已知 $u_s=100\sqrt{2}\sin 100t\,\mathrm{V}$，$U_s=50\mathrm{V}$，$R_0=5\Omega$，$R_1=5\Omega$，$L=0.1\mathrm{H}$，当 $t=0$ 时，S 从 1 切换到 2，且换路前电路已稳定。求 $t\geqslant 0$ 时的 $i_L(t)$。

解： 用三要素法求解

(1) 求初值 $i_L(0_-)$ 和 $i_L(0_+)$

在 $t=0_-$ 时电路中 U_s 作用于电路且电路已稳定，L 相当于短路，所以

$$i_L(0_-)=\frac{U_s}{R_0+R_1}=\frac{50}{5+5}\mathrm{A}=5\mathrm{A}$$

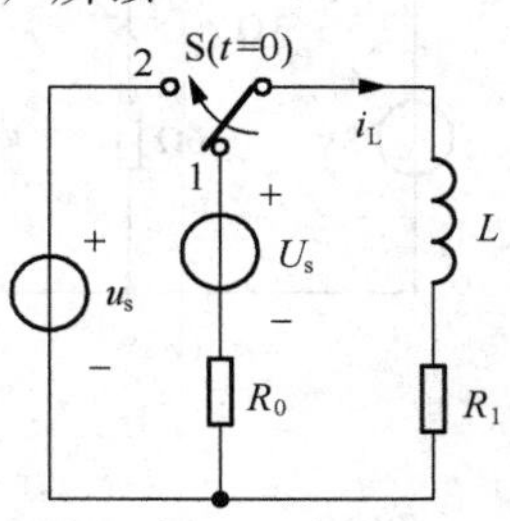

图 5-25 例 5-12 图

由换路定则得 $i_L(0_+)=i_L(0_-)=5\mathrm{A}$

(2) 依据换路后的电路求时间常数

$$\tau=\frac{L}{R_1}=\frac{0.1}{5}\mathrm{s}=0.02\mathrm{s}$$

(3) 用待定系数法求换路后的稳态解 $i_{L\infty}(t)$

换路后的微分方程是

$$L\frac{\mathrm{d}i_L}{\mathrm{d}t}+R_1 i_L=u_s \quad ①$$

设 $$i_{L\infty}(t)=\sqrt{2}I_L\sin(100t+\psi_i) \quad ②$$

将式②代入式①得

$$\sqrt{2}\times 0.1\times I_L\times 100\cos(100t+\psi_i)+\sqrt{2}\times 5\times I_L\sin(100t+\psi_i)=\sqrt{2}\times 100\sin(100t)$$

则 $$I_L\sqrt{10^2+5^2}\sin(100t+\psi_i+\varphi)=100\sin 100t\,\mathrm{A}$$

比较系数得

$$I_L=\frac{100}{\sqrt{10^2+5^2}}=8.94(\mathrm{A})$$

$$\psi_i=-\varphi=-\mathrm{arctg}\frac{10}{5}=-63.43°$$

所以 $$i_{L\infty}(t)=8.94\sqrt{2}\sin(100t-63.43°)\mathrm{A}$$

(4) 用三要素法可写出 $i_L(t)$

$$\begin{aligned}i_L(t)&=i_{L\infty}(t)+[i_L(0_+)-i_{L\infty}(0_+)]\mathrm{e}^{-t/\tau}\\&=i_{L\infty}(t)+[5-8.94\sqrt{2}\sin(-63.43°)]\mathrm{e}^{-50t}\,\mathrm{A}\\&=8.94\sqrt{2}\sin(100t-63.43°)+16.31\mathrm{e}^{-50t}\,\mathrm{A}\end{aligned}$$

(5) 求换路后的稳态解也可以用相量法：

$$\dot{I}_{L\infty}=\frac{\dot{U}_s}{R+\mathrm{j}\omega L}=\frac{100\angle 0°}{5+\mathrm{j}100\times 0.1}=8.94\angle-63.43°(\mathrm{A})$$

所以 $$i_{L\infty}(t)=8.94\sqrt{2}\sin(100t-63.43°)\mathrm{A}$$

5.5 一阶电路的阶跃响应

在动态电路中，为方便描述电路的激励和响应，常应用阶跃函数(Step Function)来表示开关的动作。

5.5.1 单位阶跃函数及其性质

1. 单位阶跃函数的定义

① 单位阶跃函数，又称 $\varepsilon(t)$ 函数，是一种奇异函数。单位阶跃函数如图 5-26(a)所示，可定义为

$$\varepsilon(t)=\begin{cases}0, & t\leqslant 0_-\\ 1, & t\geqslant 0_+\end{cases} \tag{5-30}$$

② 延迟的单位阶跃函数，如图 5-26(b)。

$$\varepsilon(t-t_0)=\begin{cases}0, & t\leqslant t_{0-}\\ 1, & t\geqslant t_{0+}\end{cases} \tag{5-31}$$

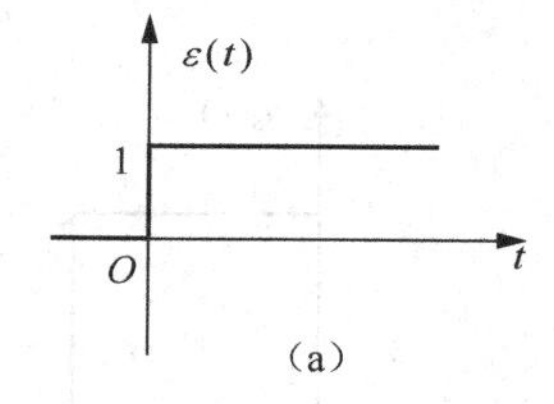

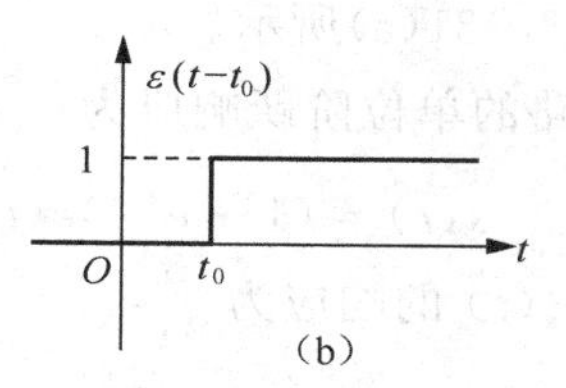

图 5-26 阶跃函数

2. 阶跃函数的性质

① 阶跃函数的起始性，如图 5-27 所示。

$$f(t)\varepsilon(t-t_0)=\begin{cases}0, & t\leqslant t_{0-}\\ f(t), & t\geqslant t_{0+}\end{cases}$$

$f(t)$ 在 t_0 作用于电路的换路描述就可用该函数替代。

② 可以用阶跃函数来表示电源的接入，即描述开关，如图 5-28 所示。

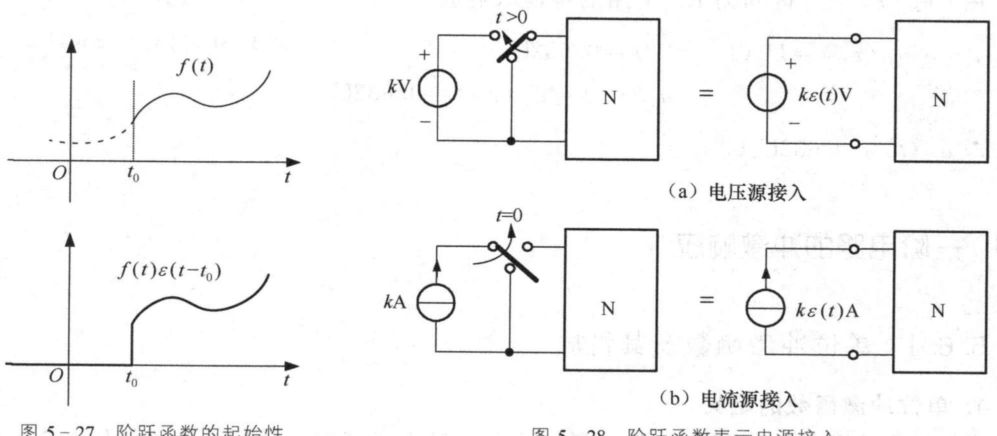

图 5-27 阶跃函数的起始性

图 5-28 阶跃函数表示电源接入

③ 合成矩形脉冲，两个延迟的单位阶跃函数相减可得到一个矩形脉冲。

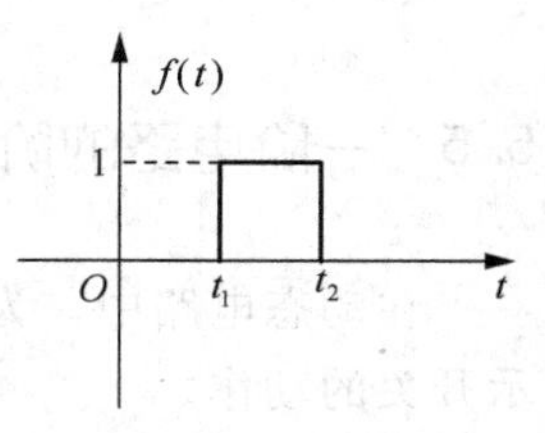

图 5-29 矩形脉冲

图 5-29 所示的矩形脉冲可写成 $f(t)=\varepsilon(t-t_1)-\varepsilon(t-t_2)$。

5.5.2 一阶电路的阶跃响应

1. 定义：单位阶跃输入的零状态响应称为**单位阶跃响应**，记作：$s(t)$。要注意必须是在零状态下。

2. 阶跃响应的求法与恒定直流作用下的零状态响应求法，本质上是相同的。

例 5-13 如图 5-30 所示电路，开关 S 合在 1 时电路已达稳态。$t=0$ 时，开关由 1 合向 2，在 $t=\tau=RC$ 时又由 2 合向 1。求 $t\geqslant 0$ 时的电容电压 $u_C(t)$。

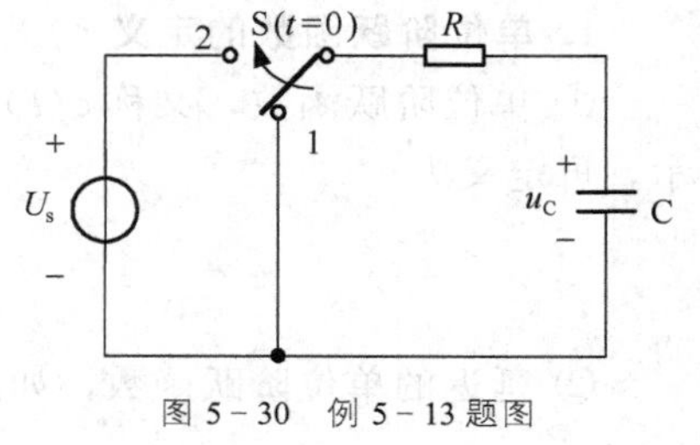

图 5-30 例 5-13 题图

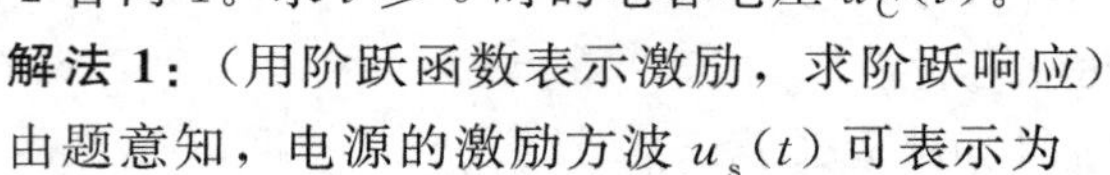

解法 1：（用阶跃函数表示激励，求阶跃响应）

由题意知，电源的激励方波 $u_s(t)$ 可表示为

$$u_s(t)=U_s\varepsilon(t)-U_s\varepsilon(t-\tau)$$

波形如图 5-31(a)所示。

∵ RC 电路的单位阶跃响应为

$$s(t)=(1-e^{-\frac{t}{\tau}})\varepsilon(t)$$

∴ 方波 $u_s(t)$ 的响应为

$$u_C(t)=U_s(1-e^{-\frac{t}{\tau}})\varepsilon(t)-U_s(1-e^{-\frac{t-\tau}{\tau}})\varepsilon(t-\tau)$$

其中第一项为阶跃响应，第二项为延迟阶跃函数响应。$u_C(t)$ 的波形如图 5-31(b)所示。

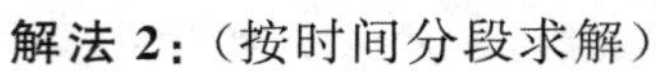

解法 2：（按时间分段求解）

在 $t\in[0,\tau]$ 区间为 RC 电路零状态响应

$$u_C(0_+)=u_C(0_-)=0$$

∴ $u_C(t)=U_s(1-e^{-\frac{t}{\tau}})$，$\tau=RC$

在 $t\in[\tau,\infty]$ 区间为 RC 电路的零输入响应

$$u_C(\tau_-)=U_s(1-e^{-\frac{\tau}{\tau}})=0.632U_s$$

$$u_C(\tau_-)=u_C(\tau_+)=0.632U_s$$

∴ $u_C(t)=0.632U_se^{-\frac{t-\tau}{\tau}}$。

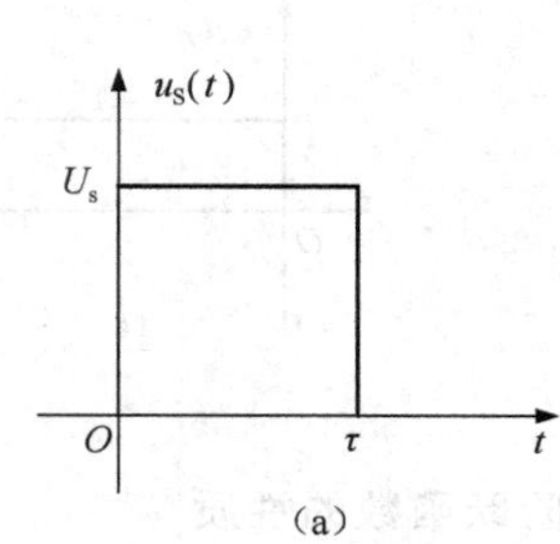

(a)

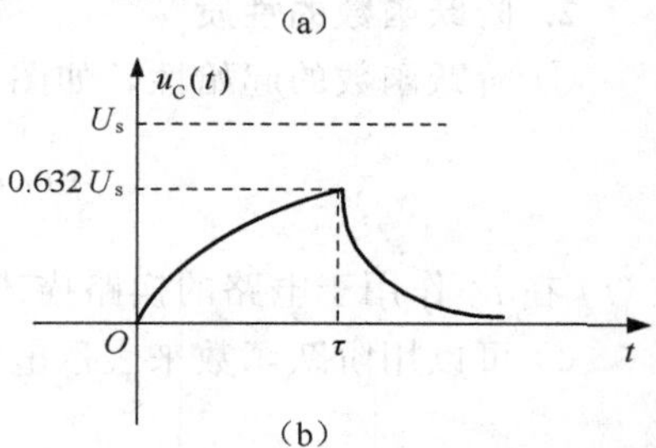

(b)

图 5-31 例 5-13 题解附图

5.6 一阶电路的冲激响应

5.6.1 单位冲激函数及其性质

1. 单位冲激函数的定义

(1) 单位冲激函数，又称 $\delta(t)$ 函数，也是一种奇异函数。单位冲激函数如图 5-32(a)

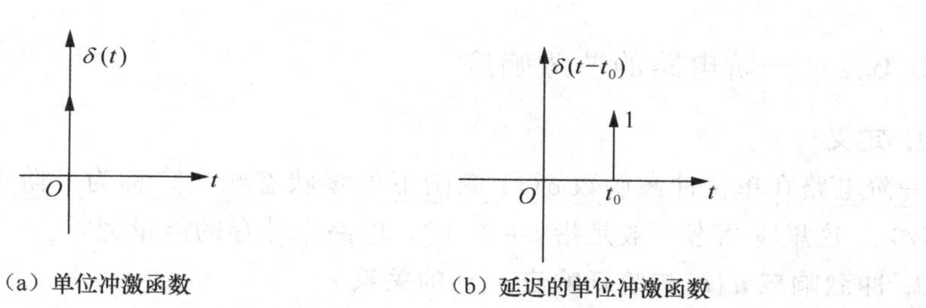

(a) 单位冲激函数　　(b) 延迟的单位冲激函数

图 5－32

所示，可定义为

$$\delta(t)=0\quad\begin{cases}t\geqslant 0_{+},\\ t\leqslant 0_{-},\end{cases}\tag{5-32}$$

且满足

$$\int_{-\infty}^{+\infty}\delta(t)\mathrm{d}t=1$$

（2）延迟的单位冲激函数

延迟的单位冲激函数，又称 $\delta(t-t_0)$ 函数，如图 5－32(b)所示，可定义为

$$\delta(t-t_0)=0\quad\begin{cases}t\geqslant t_{0+},\\ t\leqslant t_{0-},\end{cases}$$

且满足

$$\int_{-\infty}^{+\infty}\delta(t-t_0)\mathrm{d}t=1$$

单位冲激函数 $\delta(t)$ 可以看作是单位脉冲函数的极限情况。图 5－33 所示是一个单位脉冲函数 $p(t)$。假设脉冲的宽为 Δ，高为 $\frac{1}{\Delta}$，在保证矩形面积 $\Delta\cdot\frac{1}{\Delta}=1$ 不变的情况下，它的宽度越来越窄直到 $\Delta\to 0$，脉冲高度 $\frac{1}{\Delta}\to\infty$，在此极限情况下，可以得到一个宽度趋于零、幅度趋于无限大，面积仍为 1 的脉冲，这就是单位冲激函数 $\delta(t)$，可记为

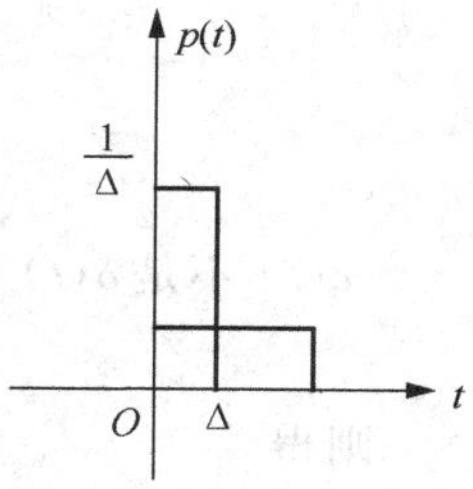

图 5－33　单位脉冲函数

$$\lim_{\Delta\to 0}p(t)=\delta(t)$$

（3）冲激强度　定义中的积分值称为冲激强度。$k\delta(t)$ 的冲激强度为 k。

2. 单位冲激函数的性质

（1）“筛分”性质

$$f(t)\delta(t-t_0)=f(t_0)\delta(t_0)$$

$$\int_{-\infty}^{+\infty}f(t)\delta(t-t_0)\mathrm{d}t=f(t_0)\int_{-\infty}^{+\infty}\delta(t-t_0)\mathrm{d}t=f(t_0)\tag{5-33}$$

冲激函数能把一个函数在某一时刻的值“筛”出来的功能，称“筛分”性质，又称取样性质。

（2）冲激函数 $\delta(t)$ 与阶跃函数 $\varepsilon(t)$ 的关系

$$\delta(t)=\frac{\mathrm{d}\varepsilon(t)}{\mathrm{d}t}\tag{5-34}$$

$$\varepsilon(t)=\int_{-\infty}^{t}\delta(\xi)\mathrm{d}\xi\tag{5-35}$$

5.6.2 一阶电路的冲激响应

1. 定义

一阶电路在单位冲激函数 $\delta(t)$ 激励下的零状态响应，称为一阶电路的**冲激响应**，记作 $h(t)$。这里零状态一般是指 $t=0_-$ 时，电路中储存的能量为零。

2. 冲激响应 $h(t)$ 与阶跃响应 $s(t)$ 的关系

对同一电路同一变量而言，其冲激响应 $h(t)$ 与阶跃响应 $s(t)$ 之间满足

$$h(t)=\frac{\mathrm{d}s(t)}{\mathrm{d}t} \tag{5-36}$$

$$s(t)=\int_{-\infty}^{t}h(\xi)\mathrm{d}\xi \tag{5-37}$$

3. 冲激响应的求解

一阶电路的冲激响应的求解过程是

(1) 列出 $t\geqslant 0_-$ 时电路的微分方程，设 $x(t)$ 为 $u_C(t)$ 或 $i_L(t)$，则方程的形式为

$$a\frac{\mathrm{d}x(t)}{\mathrm{d}t}+bx(t)=\delta(t) \tag{5-38}$$

$$x(0_-)=0 \tag{5-39}$$

(2)求 $x(0_+)$，其方法是对式(5-38)取积分

$$\int_{0_-}^{0_+}\left[a\frac{\mathrm{d}x(t)}{\mathrm{d}t}+bx(t)\right]\mathrm{d}t=\int_{0_-}^{0_+}\delta(t)\mathrm{d}t$$

$x(t)$ 不是 $\delta(t)$ 函数，否则式(5-38)不成立。因此 $\int_{0_-}^{0_+}x(t)\mathrm{d}t=0$，而 $\int_{0_-}^{0_+}\delta(t)\mathrm{d}t=1$。

则得

$$a\int_{0_-}^{0_+}\frac{\mathrm{d}x(t)}{\mathrm{d}t}\mathrm{d}t+b\int_{0_-}^{0_+}x(t)\mathrm{d}t=\int_{0_-}^{0_+}\delta(t)\mathrm{d}t$$

$$a[x(0_+)-x(0_-)]+0=1$$

$$\therefore\ x(0_+)=\frac{1}{a}+x(0_-) \tag{5-40}$$

(3) 当 $t\geqslant 0_+$ 时，式(5-38)、式(5-39)变成

$$a\frac{\mathrm{d}x(t)}{\mathrm{d}t}+bx(t)=0 \tag{5-41}$$

$$x(0_+)=\frac{1}{a}+x(0_-)（注意，t\geqslant 0_+ 时，\delta(t)=0） \tag{5-42}$$

(4) 解微分式(5-41)、式(5-42)实际上已变成零输入响应（$t\geqslant 0_+$）的求解问题。

由上述过程可以看出，冲激响应可分为两个过程：

第一个过程是 t 从 $0_-\to 0_+$，在这瞬间 $x(t)$ 从 $x(0_-)\to x(0_+)$，产生跃变 $x(0_-)\neq x(0_+)$。因为 $\delta(t)$ 在 $t=0$ 时为无限值，这时已不满足换路定则的条件，因此，换路定则不成立。

第二个过程是 t 从 $0_+\to\infty$，这时 $\delta(t)$ 已不起作用，这一过程实际上是在第一过程产生的非零状态 $x(0_+)$ 激励下的一个零输入响应过程。

例 5-14　求图 5-34 所示电路的 $i(t)$，已知 $i(0_-)=0$。

图 5-34　例 5-14 题图

解：(1) 电路方程及初始值为

$$L\frac{\mathrm{d}i}{\mathrm{d}t}+Ri=5\delta(t) \quad ①$$

$$i(0_-)=0 \quad ②$$

(2) 对式①两边积分得

$$L\int_{0_-}^{0_+}\frac{\mathrm{d}i}{\mathrm{d}t}\mathrm{d}t+\int_{0_-}^{0_+}R\cdot i\,\mathrm{d}t=5\int_{0_-}^{0_+}\delta(t)\mathrm{d}t$$

$i(t)$ 为有限，且不能为 $\delta(t)$ 函数，否则式①不能成立，所以有

$$i(0_+)=\frac{5}{2}\mathrm{A}$$

(3) 当 $t>0_+$ 时有

$$L\frac{\mathrm{d}i}{\mathrm{d}t}+Ri=0 \quad ③$$

$$i(0_+)=\frac{5}{2}\mathrm{A} \quad ④$$

解式③、④得

$$i(t)=\frac{5}{2}\mathrm{e}^{-\frac{t}{\tau}}\mathrm{A}=2.5\mathrm{e}^{-5t}\mathrm{A}$$

其中

$$\tau=\frac{L}{R}=\left(\frac{2}{10}\right)\mathrm{s}=0.2\mathrm{s}$$

或用三要素法，由第②步已得 $i(0_+)=\frac{5}{2}\mathrm{A}$，$\tau=\frac{L}{R}=\left(\frac{2}{10}\right)\mathrm{s}=0.2\mathrm{s}$，$i(\infty)=0\mathrm{A}$，代入三要素公式，得

$$i(t)=\frac{5}{2}\mathrm{e}^{-\frac{t}{\tau}}\mathrm{A}=2.5\mathrm{e}^{-5t}\mathrm{A}$$

例 5-15　求图 5-35 所示电路对单位冲激信号的响应。

解：(1) 求初始值

由 KVL　　$\delta(t)=i_{\mathrm{C}}R+u_{\mathrm{C}}$

求 $u_{\mathrm{C}}(0_+)$，对上式两边积分

$$\int_{0_-}^{0_+}\delta(t)\mathrm{d}t=\int_{0_-}^{0_+}i_{\mathrm{c}}R\,\mathrm{d}t+\int_{0_-}^{0_+}u_{\mathrm{C}}\mathrm{d}t$$

$$1=0+u_{\mathrm{C}}(0_+)-u_{\mathrm{C}}(0_-)$$

$$u_{\mathrm{C}}(0_+)=1\mathrm{V}$$

图 5-35　例 5-15 题图

(2) $t\geqslant 0^+$ 时，为 $u_{\mathrm{C}}(0_+)$ 条件下的零输入响应

$$u_{\mathrm{C}}(t)=u_{\mathrm{C}}(0_+)\mathrm{e}^{-\frac{t}{\tau}}=\mathrm{e}^{-\frac{t}{RC}}\mathrm{V}$$

综合例题　图(a)所示电路中，$R_1=6\Omega$，$R_2=4\Omega$，$L=100\mathrm{mH}$，求：(1) 当 $u_{\mathrm{s}}=4\mathrm{V}$；(2) 当 $u_{\mathrm{s}}=4\varepsilon(t)\mathrm{V}$；(3) 当 $u_{\mathrm{s}}=4\delta(t)\mathrm{V}$，电路的 i_{L} 和 u_{L}。

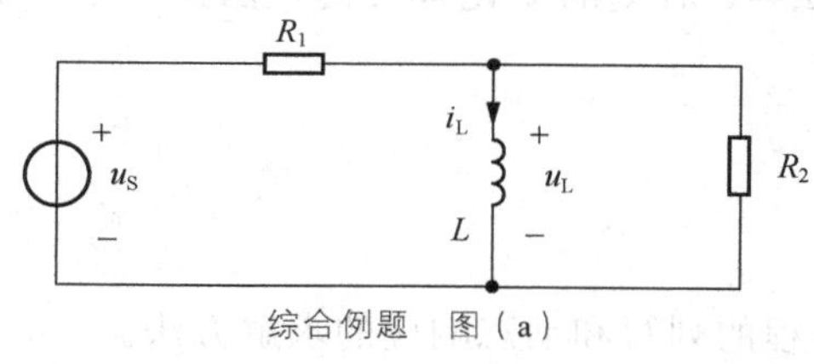

综合例题　图(a)

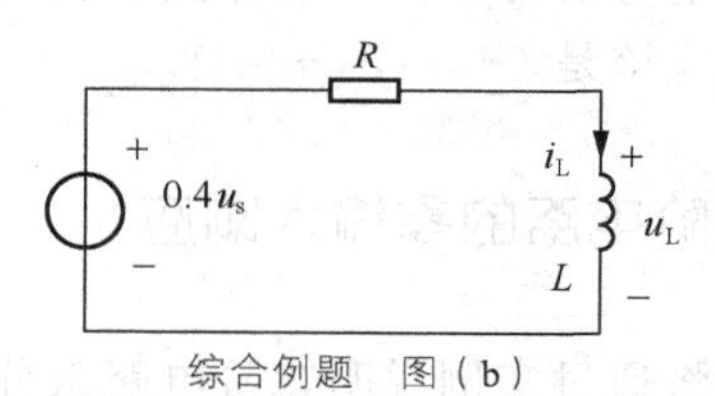

综合例题　图(b)

解：(1) 当 $u_s=4\text{V}$；电路稳定时，L 短路 $u_L=0\text{V}$，$i_L=\dfrac{u_s}{R_1}=\dfrac{4}{6}=\dfrac{2}{3}(\text{A})$；

(2)当 $u_s=4\varepsilon(t)\text{V}$；属直流动态电路分析，为了求时间常数，把图(a)等效变换为图(b)，其中

$$R=\frac{R_1R_2}{R_1+R_2}=2.4\Omega$$

求三要素，

$$i_L(0_+)=i_L(0_-)=0\text{A},$$

$$i_L(\infty)=\frac{u_s}{R_1}=\frac{4}{6}=\frac{2}{3}(\text{A})$$

$$\tau=\frac{L}{R}=\frac{0.1}{2.4}=\frac{1}{24}(\text{s})$$

代入三要素公式得，

$$i_L(t)=i_L(\infty)+[i_L(0_+)-i_L(\infty)]\text{e}^{-\frac{t}{\tau}}=\frac{2}{3}(1-\text{e}^{-24t})\text{A}\qquad(t\geqslant 0_+)\qquad ①$$

$$u_L(t)=L\frac{\text{d}i}{\text{d}t}=0.1\times\frac{2}{3}(24)\text{e}^{-24t}\text{V}=1.6\text{e}^{-24t}\text{V}\qquad(t\geqslant 0_+)\qquad ②$$

(3) 当 $u_s=4\delta(t)\text{V}$，属直流动态电路分析，时间常数与②所求相同。此时电感电压 u_L 不是有限值，所以 $i_L(0_+)=i_L(0_-)$ 不再成立，需根据电路图(b)，列 KVL 方程，求出 $i_L(0_+)$，

$$Ri_L+L\frac{\text{d}i_L}{\text{d}t}=0.4\times 4\delta(t)$$

$$\int_{0_-}^{0_+}Ri_L\text{d}t+\int_{0_-}^{0_+}L\frac{\text{d}i_L}{\text{d}t}\text{d}t=1.6\int_{0_-}^{0_+}\delta(t)\text{d}t$$

$$\therefore\quad L[i_L(0_+)-i_L(0_-)]=1.6$$

$$i_L(0_+)=16\text{A}$$

$$i_L(\infty)=0\text{A}$$

$$i_L(t)=i_L(\infty)+[i_L(0_+)-i_L(\infty)]\text{e}^{-\frac{t}{\tau}}=16\text{e}^{-24t}\text{A}\qquad(t\geqslant 0_+)\qquad ③$$

$$u_L(t)=L\frac{\text{d}i}{\text{d}t}=0.1\times 16\times(-24)\text{e}^{-24t}=-38.4\text{e}^{-24t}\text{V}\qquad(t\geqslant 0_+)\qquad ④$$

注意，$t\geqslant 0_+$ 的时间区间要求，在暂态分析中，尤其是开关动作，主要关心的是换路后的情况，即 $t\geqslant 0_+$，本题是冲激响应，主要的变化在 $t=0$ 时刻，因此，更全面的分析时间区间应该是 $(-\infty,\ +\infty)$，那么，③式应写成

$$i_L(t)=16\text{e}^{-24t}\varepsilon(t)\text{A}$$

$$u_L(t)=L\frac{\text{d}i}{\text{d}t}=0.1\times[16(-24)\text{e}^{-24t}\varepsilon(t)+16\text{e}^{-24t}\delta(t)]$$

$$=-38.4\text{e}^{-24t}\varepsilon(t)+1.6\text{e}^{-24t}\delta(t)$$

从以上分析可知，当求冲激响应时，$t=0$ 时刻的变化很关键，因此，更全面的分析，时间区间应该是 $(-\infty,\ +\infty)$。

5.7 二阶电路的零输入响应

本节将通过实例说明二阶电路微分方程的列写和动态响应的求解方法。

5.7.1 RLC串联电路的零输入响应

1. RLC串联电路、方程及特征根

零输入RLC串联电路如图5-36所示，设电路参数R、L、C已知，开关S在$t=0$时闭合，初始状态不为零，则电路的响应由初始状态引起，是零输入响应。

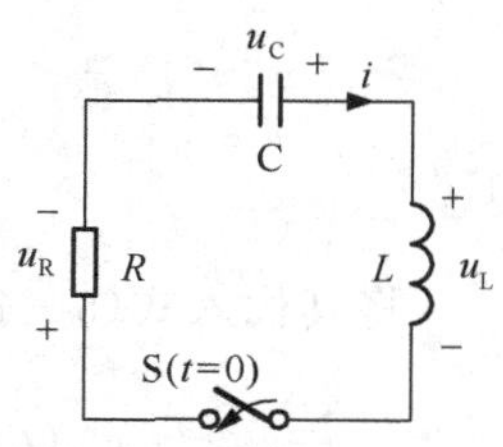

图5-36 RLC串联电路

初始状态：　$u_C(0_-)=U_0$，$i_L(0_-)=I_0$

共有6个待求电路变量，即3个元件电阻、电感、电容的电压u_R、u_C、u_L和电流i_R、i_L、i_C。为求解这些变量首先要建立此电路的微分方程，通常以u_C为变量列方程。

在图示参考方向下，由KVL可得

$$u_R-u_C+u_L=0 \tag{5-43}$$

又知电容、电阻和电感的VCR方程

$$i_R(t)=i_L(t)=i_C(t)=-C\frac{\mathrm{d}u_C}{\mathrm{d}t}$$

$$u_R(t)=Ri_R(t)=-RC\frac{\mathrm{d}u_C}{\mathrm{d}t}$$

$$u_L(t)=L\frac{\mathrm{d}i_L}{\mathrm{d}t}=-LC\frac{\mathrm{d}^2u_C}{\mathrm{d}t^2}$$

将其带入式(5-43)得到以下微分方程

$$LC\frac{\mathrm{d}^2u_C}{\mathrm{d}t^2}+RC\frac{\mathrm{d}u_C}{\mathrm{d}t}+u_C=0 \tag{5-44}$$

这是一个二阶常系数线性齐次微分方程，其特征方程为$LCs^2+RCs+1=0$

由此求得两个特征根s_1、s_2的值

$$s_{1,2}=-\frac{R}{2L}\pm\sqrt{\left(\frac{R}{2L}\right)^2-\frac{1}{LC}} \tag{5-45}$$

若电路中所选R、L、C的参数不同，则上式中根号内的符号亦不同，可能为正值、负值和零值。因此特征根s_1、s_2也会有不同的值，应该有三种情况，下面分别讨论这三种情况下电路的响应形式。

2. 零输入响应

(1) $R>2\sqrt{L/C}$，过阻尼情况(非振荡放电过程)

当$\left(\frac{R}{2L}\right)^2>\frac{1}{LC}$，即$R>2\sqrt{\frac{L}{C}}$时，特征根$s_1$、$s_2$是两个不相等的实数根，此时齐次方程的解，设为

$$u_C(t)=K_1\mathrm{e}^{s_1t}+K_2\mathrm{e}^{s_2t} \tag{5-46}$$

由电路的初始条件得

$$\begin{cases}u_C(0)=K_1+K_2\\ \left.\dfrac{\mathrm{d}u_C}{\mathrm{d}t}\right|_{t=0}=K_1s_1+K_2s_2=-\dfrac{i_L(0)}{C}\end{cases}$$

联立两方程求解得

$$\begin{cases}K_1=\dfrac{1}{s_2-s_1}\left[s_2u_C(0)+\dfrac{i_L(0)}{C}\right]\\K_2=-\dfrac{1}{s_2-s_1}\left[s_1u_C(0)+\dfrac{i_L(0)}{C}\right]\end{cases}$$

将其代入式(5-46)中，得

$$u_C(t)=\frac{u_C(0)}{s_1-s_2}(s_1e^{s_2t}-s_2e^{s_1t})-\frac{i_L(0)}{C(s_1-s_2)}(e^{s_1t}-e^{s_2t}) \tag{5-47}$$

电感电流 $i_L(t)$ 可由 $i_L(t)=i_C(t)=-C\dfrac{du_C}{dt}$ 求得，即

$$i_L(t)=\frac{u_C(0)s_1s_2C}{s_1-s_2}(e^{s_1t}-e^{s_2t})+\frac{i_L(0)}{s_1-s_2}(s_1e^{s_1t}-s_2e^{s_2t})$$

电路中的其他变量亦可由元件的伏安关系相应求得，这里就不再一一列举。

当电路中电容中有储能，电感无储能时，即 $u_C(0)=U_0$，$i_L(0)=0$，代入公式可得

$$u_C(t)=\frac{U_0}{s_1-s_2}(s_1e^{s_2t}-s_2e^{s_1t}) \tag{5-48}$$

$$i_L(t)=\frac{U_0s_1s_2C}{s_1-s_2}(e^{s_1t}-e^{s_2t})=\frac{U_0}{L(s_1-s_2)}(e^{s_1t}-e^{s_2t}) \tag{5-49}$$

$$u_L=L\frac{di_L}{dt}=\frac{U_0}{s_1-s_2}(s_1e^{s_1t}-s_2e^{s_2t}) \tag{5-50}$$

这三个变量随时间变化的波形图如图 5-37 所示。

从波形图上看，电容电压 u_C 始终单调地下降，即不断在减小，说明电容通过电阻和电感放电；电感电流 $|i_L|$ 一开始是呈上升趋势，在 t_m 时刻达到某一最大值，然后开始下降，最终趋向于零。由电感的伏安关系知电感电流 $|i_L|$ 达到最大值时，电感电压 u_L 应该为零。所以令 $\dfrac{di_L}{dt}=0$ 可求出此时间值

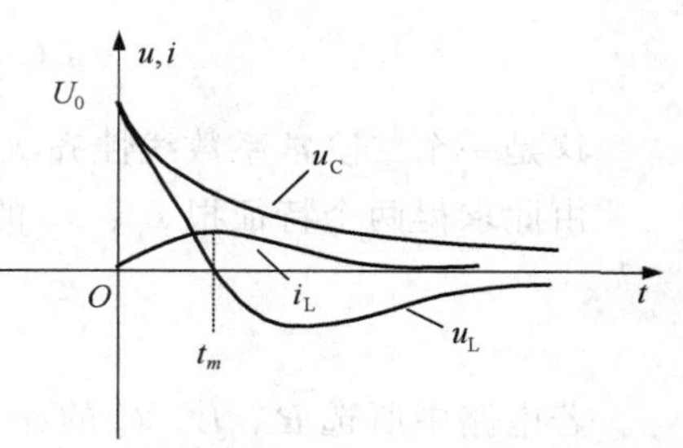

图 5-37 过阻尼情况时电路的响应

$$t_m=\frac{\ln(s_2/s_1)}{s_1-s_2} \tag{5-51}$$

从物理意义上来说，初始时刻后电容通过电感、电阻放电，它所贮存的电场能量一部分转变为磁场能存于电感之中，另一部分被电阻消耗。电感在时间 $t<t_m$ 时吸收能量，建立磁场。由于电阻比较大($R>2\sqrt{L/C}$)，电阻消耗能量迅速，所以到 $t=t_m$ 时电流达到最大值。而在 $t>t_m$ 时，电感亦随着电流的下降而释放能量，磁场的储能逐渐衰减，连同电容释放的电场能量一起供给电阻消耗。最终能量将全部被消耗，电路中的储能趋于零。这一过程中的能量转换如表 5-3 所示。

由于电路中电阻值较大，消耗能量快，所以称电路的这种情况为过阻尼情况。从电容角度来讲，它的电压始终单调地下降，就是说整个过程中电容一直在释放能量，因此这种情况下的过渡过程也称为非振荡的放电过程。

表 5-3 过阻尼电路能量转换表

	$[0, t_m]$	$[t_m, \infty]$
R	消耗能量	消耗能量
C	释放能量	释放能量
L	吸收能量	释放能量

例 5-16 图 5-38 所示电路，已知 $U_s=300\text{V}$，$R=250\Omega$，$L=0.25\text{H}$，$C=25\mu\text{F}$，原来开关 S 是闭合的，电路已达稳态，$t=0$ 时将 S 打开。求 S 打开后电容和电感上的电压、电流的变化规律。

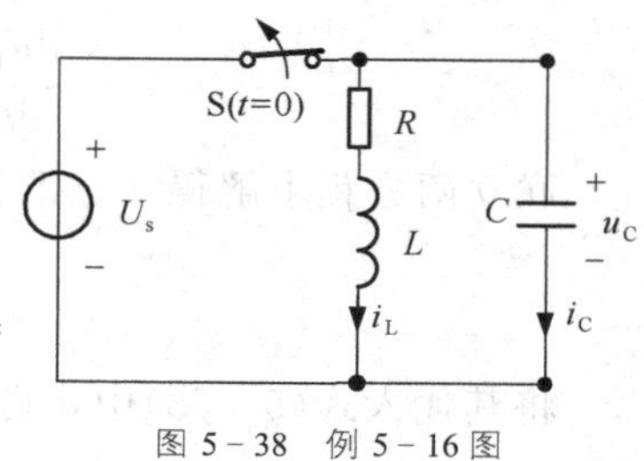

图 5-38 例 5-16 图

解：当 S 闭合电路达到稳态时，有 $u_C(0_+)=U_s=300\text{V}$，$i_L(0_+)=\dfrac{U_s}{R}=1.2\text{A}$

根据换路定则有

$$u_C(0_+)=u_C(0_-)=300\text{V}$$
$$i_L(0_+)=i_L(0_-)=1.2\text{A}$$

因为

$$i_C=C\frac{du_C}{dt}=-i_L$$

可求出

$$\left.\frac{du_C}{dt}\right|_{t=0_+}=-\frac{i_L(0_+)}{C}=-4.8\times10^4$$

S 打开后 RCL 串联电路不再有外施激励，故电路电压、电流只是零输入响应。与微分方程相应的特征方程的根为

$$s_{1、2}=-\frac{R}{2L}\pm\sqrt{\frac{R^2}{4L^2}-\frac{1}{LC}}$$
$$s_1=-200 \qquad s_2=-800$$

因此电容电压

$$u_C=u''=K_1e^{-200t}+K_2e^{-800t}$$

将初始条件代入，有

$$K_1+K_2=300$$
$$-200K_1-800K_2=-4.8\times10^4$$

解得 $K_1=320$，$K_2=-20$，故得到 $t\geqslant0$ 时

电容电压

$$u_C=320e^{-200t}-20e^{-800t}\text{ V}$$

电容电流

$$i_C=C\frac{du_C}{dt}=-1.6e^{-200t}+0.4e^{-800t}\text{ A}$$

电感电流

$$i_L=-i_C=-C\frac{du_C}{dt}=1.6e^{-200t}-0.4e^{-800t}\text{ A}$$

电感电压

$$u_L=L\frac{di_L}{dt}=80(-e^{-200t}+e^{-800t})\text{ V}$$

将 $t=0$ 代入 u_C 和 i_L 进行校验，与初始值相符。

此外，还可由 KVL 列出电路方程 $u_C=Ri_L+u_L$ 对上述结果加以校验。

(2) $R=2\sqrt{L/C}$，临界阻尼情况

当 $\left(\dfrac{R}{2L}\right)^2=\dfrac{1}{LC}$，即 $R=2\sqrt{\dfrac{L}{C}}$ 时，特征根 s_1、s_2 为两个相等的实数根

$$s_1=s_2=-\frac{R}{2L}=-\alpha \tag{5-52}$$

此时齐次方程的解可设为 $u_C(t)=(K_1+K_2t)e^{-\alpha t}$ (5-53)

代入电路的初始条件可得 $u_C(0)=K_1$

$$\left.\frac{du_C}{dt}\right|_{t=0}=-\alpha K_1+K_2=-\frac{i_L(0)}{C}$$

联立两方程求解得 $K_1=u_C(0)$

$$K_2=-\frac{i_L(0)}{C}+\alpha u_C(0)$$

将其代入式(5-53)中，得到

$$u_C(t)=u_C(0)(1+\alpha t)e^{-\alpha t}-\frac{i_L(0)}{C}te^{-\alpha t} \tag{5-54}$$

根据电路的 VCR 求得

$$i_L(t)=i_C(t)=-C\frac{du_C}{dt}=u_C(0)\alpha^2Cte^{-\alpha t}+i_L(0)(1-\alpha t)e^{-\alpha t} \tag{5-55}$$

当电路中电容有储能，电感无储能，即 $u_C(0)=U_0$，$i_L(0)=0$ 时，代入公式可得

$$u_C(t)=U_0(1+\alpha t)e^{-\alpha t}，\ i_L(t)=\frac{U_0}{L}te^{-\alpha t}，\ u_L(t)=U_0e^{-\alpha t}(1-\alpha t)$$

由上式可知，三个电路变量随着时间的增长均趋于零，电容电压 u_C 和电感电流 i_L 不做振荡变化，即储能也不做振荡变化，能量单调地减少，有非振荡性质。三个变量随时间变化的波形图与过阻尼波形图相似，但它处于振荡与非振荡之间，所以称为临界阻尼情况。

例 5-17 图 5-39 所示电路中，已知 $R=2\text{k}\Omega$，$L=\dfrac{1}{2}\text{H}$，$C=\dfrac{1}{2}\mu\text{F}$，$u_C(0_-)=2\text{V}$，$i_L(0_-)=0$，求零输入响应 u_C 和 i。

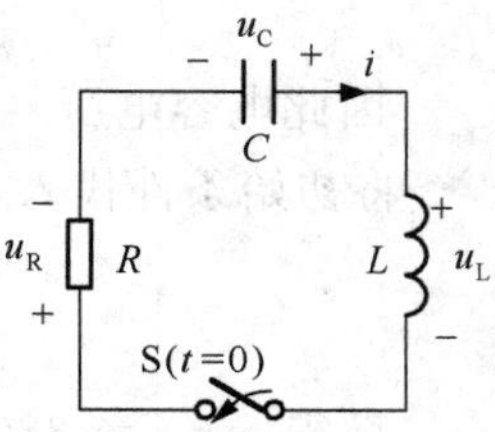

图 5-39 例 5-17 图

解： $2\sqrt{\dfrac{L}{C}}=2\sqrt{\dfrac{0.5}{0.5\times10^{-6}}}=2\text{k}\Omega$，$R=2\sqrt{\dfrac{L}{C}}$，电路属于临界阻尼情况；

由式求得固有频率为

$$s_{12}=-\frac{R}{2L}\pm\sqrt{\left(\frac{R}{2L}\right)^2-\frac{1}{LC}}=-\frac{R}{2L}=-2000\ 1/s$$

其解为 $u_C(t)=(A_1+A_2t)e^{-2000t}$

$$i(t)=-C\frac{du_C}{dt}=-C[A_2e^{-2000t}-2000(A_1+A_2t)e^{-2000t}]$$

将初始条件 $u_C(0_+)=u_C(0_-)=2\text{V}$ $\quad i(0_+)=i_L(0_-)=0\text{A}$

代入 $u_C(t)$、$i(t)$ 表达式，得 $A_1=2$

$$A_2 - 20000A_1 = 0$$

解得 $\qquad A_1 = 2 \qquad A_2 = 2000 \times 2 = 4000$

则 $\qquad u_C(t) = (2 + 4000t)e^{-2000t}\text{ V}$

$$i(t) = -0.5 \times 10^{-6}[4000e^{-2000t} - 2000 \times (2 + 4000t)e^{-2000t}] = 4te^{-2000t}\text{ (A)}$$

(3) $R < 2\sqrt{L/C}$，欠阻尼情况(振荡放电过程)

当 $\left(\dfrac{R}{2L}\right)^2 < \dfrac{1}{LC}$，即 $R < 2\sqrt{\dfrac{L}{C}}$ 时，特征根 s_1、s_2 为一对共轭复数

$$s_{1,2} = -\frac{R}{2L} \pm \sqrt{\left(\frac{R}{2L}\right)^2 - \frac{1}{LC}} = -\frac{R}{2L} \pm j\sqrt{\frac{1}{LC} - \left(\frac{R}{2L}\right)^2} = -\alpha \pm j\omega_d \quad (5-56)$$

式中 $\quad \alpha = \dfrac{R}{2L}$ ——衰减系数

$$\omega_d = \sqrt{\frac{1}{LC} - \left(\frac{R}{2L}\right)^2} = \sqrt{\omega_0^2 - \alpha^2}$$ ——衰减振荡角频率

$$\omega_0 = \sqrt{\frac{1}{LC}}$$ ——固有振荡角频率(或谐振角频率)

此时齐次方程的解答设为

$$u_C(t) = e^{-\alpha t}(K_1\cos\omega_d t + K_2\sin\omega_d t) \quad (5-57)$$

① 解的表达形式 1

$$\begin{aligned} u_C(t) &= e^{-\alpha t}\sqrt{K_1^2 + K_2^2}\left(\frac{K_1}{\sqrt{K_1^2 + K_2^2}}\cos\omega_d t + \frac{K_2}{\sqrt{K_1^2 + K_2^2}}\sin\omega_d t\right) \\ &= Ke^{-\alpha t}\sin(\omega_d t + \theta) \end{aligned} \quad (5-58)$$

式中 $\quad K = \sqrt{K_1^2 + K_2^2}$，$\theta = \text{arctg}\dfrac{K_1}{K_2}$

将电路的初始条件直接代入(5-57)得

$$\begin{cases} u_C(0) = K_1 = u_C(0) \\ \left.\dfrac{du_c}{dt}\right|_{t=0} = -\alpha K_1 s + \omega_d K_2 = -\dfrac{i_L(0)}{C} \end{cases}$$

联立两方程求解得

$$\begin{cases} K_1 = u_C(0) \\ K_2 = \dfrac{1}{\omega_d}\left[\alpha u_C(0) - \dfrac{i_L(0)}{C}\right] \end{cases}$$

② 解的表达形式 2

如果将 K_1、K_2 表达式直接代入式(5-57)中，可得

$$u_C(t) = u_C(0)\frac{\omega_0}{\omega_d}e^{-\alpha t}\sin(\omega_d t + \beta) - \frac{i_L(0)}{\omega_d C}e^{-\alpha t}\sin\omega_d t \quad (5-59)$$

式(5-59)是叠加定理的体现。

电感、电容电流可由 $i_L(t) = i_C(t) = -C\dfrac{du_C}{dt}$ 求得

$$i_L(t) = i_C(t) = u_C(0)\frac{1}{L\omega_d}e^{-\alpha t}\sin\omega_d t - i_L(0)\frac{\omega_0}{\omega_d}e^{-\alpha t}\sin(\omega_d - \beta)$$

式中 $\omega_0=\sqrt{\alpha^2+\omega_d^2}$，$\beta=\operatorname{arctg}\dfrac{\omega_d}{\alpha}$ (5-60)

当 $i_L(0)=0$、$u_C(0)=U_0$ 时

$$u_C(t)=u_C(0)\frac{\omega_0}{\omega_d}e^{-\alpha t}\sin(\omega_d t+\beta)$$

$$i_L(t)=i_C(t)=u_C(0)\frac{1}{L\omega_d}e^{-\alpha t}\sin\omega_d t$$

$u_C(t)$、$i_L(t)$ 的波形图如图 5-40 所示。

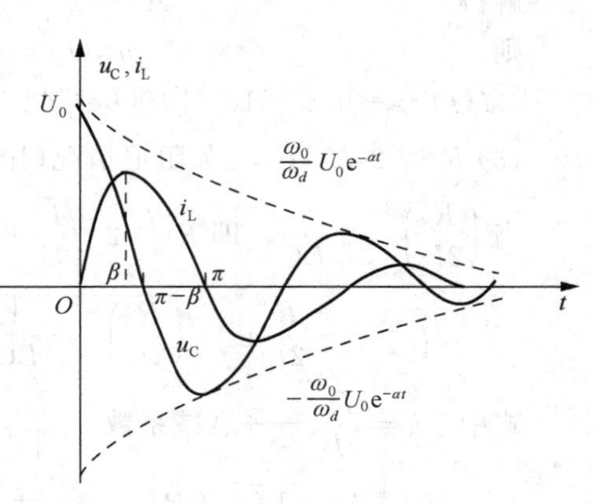

图 5-40 欠阻尼情况时电路的响应

由波形图可知，两个变量最终均趋于零，所以是放电过程，但电容电压并不是始终单调地下降，能量在整个时间段内有时释放有时吸收，因此这种情况被称为振荡放电过程。α 为衰减系数，其值越大，图中所示电压衰减越快；ω_d 为角频率，其值越大，电压波形周期越小，振荡频率越快；从包络线上看，电容电压是按指数规律衰减的。电路中各元件能量随时间的变化如表 5-4 所示。

表 5-4 欠阻尼电路能量转换表

ω_t	$(0, \beta)$	$(\beta, \pi-\beta)$	$(\pi-\beta, \pi)$
R	消耗能量	消耗能量	消耗能量
L	吸收能量	释放能量	释放能量
C	释放能量	释放能量	吸收能量

此种情况中电阻阻值较小，称为欠阻尼(Underdamlped)情况。若阻值为零，即电路中无电阻，也就是没有能量消耗部分，则电路将呈现等幅振荡形式。能量不断往返于电场与磁场之间，永不减少。

③ 解的表达形式 3——无阻尼电路

在 $R=0$ 且 $u_C(0)=U_0$、$i_L(0)=0$ 时，$\delta=0$，则 $\omega=\omega_0=\dfrac{1}{\sqrt{LC}}$，$\beta=\dfrac{\pi}{2}$

这时 u_C、i、u_L 的表达式为

$$u_C=U_0\sin\left(\omega_0 t+\frac{\pi}{2}\right) \tag{5-61}$$

$$i=\frac{U_0}{\omega_0 L}\sin(\omega_0 t)=\frac{U_0}{\sqrt{L/C}}\sin(\omega_0 t)$$

$$u_L=u_C=U_0\sin\left(\omega_0 t+\frac{\pi}{2}\right)$$

这时 u_C、i、u_L 诸量都是正弦函数，它们的振幅并不衰减，是一种等幅振荡过程。

尽管实际的振荡电路都是有损耗的，但若仅关心在很短的时间间隔内发生的过程时，则按等幅振荡处理不会带来显著的误差。

例 5-18 强大脉冲电流可以由 RLC 放电电路产生。若已知放电电路 $U_0=15\text{kV}$，$C=1700\mu\text{F}$，$R=6\times10^{-4}\Omega$，$L=6\times10^{-9}\text{H}$，试问

(1) $i(t)$ 为多少？

(2) $i(t)$ 在何时达到极大植？求出 $i_{\max}$。

解： 根据已知参数有

$$\delta=\frac{R}{2L}=5\times10^{4}\ 1/\text{s}$$

$$\omega=\sqrt{\left(\frac{R}{2L}\right)^2-\frac{1}{LC}}=\text{j}3.09\times10^{5}\text{rad/s}$$

$$\beta=\arctan\left(\frac{\omega}{\delta}\right)=1.41\text{rad}$$

即特征跟为共轭复数，属于震荡放电情况。所以有

① 电流 i 为

$$|i|=\frac{U_0}{\omega L}\text{e}^{-\delta t}\sin(\omega t)=8.09\times10^{6}\text{e}^{-5\times10^{4}t}\sin(3.09\times10^{5}t)(\text{A})$$

② 当 $\omega t=\beta$，即当 $t=\dfrac{\beta}{\omega}=4.56\mu\text{s}$ 时，$|i|$ 电流达到极大值

$$i_{\max}=8.09\times10^{6}\text{e}^{-5\times10^{4}\times4.56\times10^{-6}}\sin(3.09\times10^{5}\times4.56\times10^{-6})=6.36\times10^{6}(\text{A})$$

5.7.2 GLC 并联电路的分析

$t>0$ 时 $GCLi_s$ 并联电路如图 5-41 所示。

它与 $RLCu_s$ 串联电路是互相对偶的。所以二者的微分方程式、固有频率式、变量响应式都是互相对偶的。由此，我们可知 $t>0$ 时解的变量 $i_L(t)$ 的二阶微分方程为

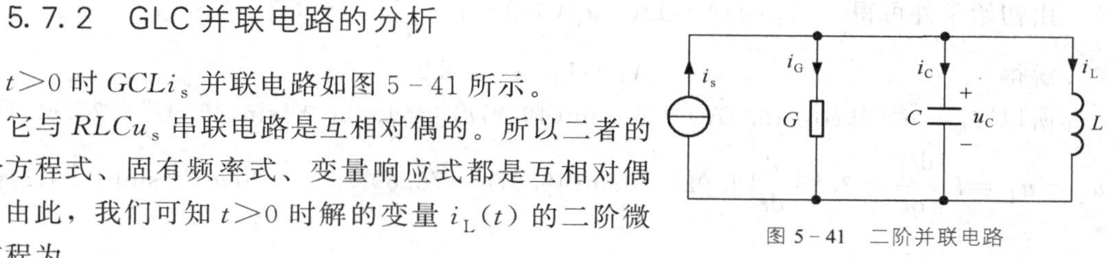

图 5-41 二阶并联电路

$$LC\frac{\text{d}^2i_L}{\text{d}t^2}+GL\frac{\text{d}i_L}{\text{d}t}+i_L=i_s \tag{5-62}$$

两个固有频率为

$$s_{1,2}=-\frac{G}{2C}\pm\sqrt{\left(\frac{G}{2C}\right)^2-\frac{1}{LC}} \tag{5-63}$$

G、L、C 的值不同时，特征根可能有以下三种情况。

(1) 当 $G>2\sqrt{\dfrac{C}{L}}$ 时，$s_{1,2}$ 为两个不相等的实数根，电路是过阻尼的；

(2) 当 $G=2\sqrt{\dfrac{C}{L}}$ 时，$s_{1,2}$ 为两个相等的实数根，电路是临界阻尼的；

(3) 当 $G<2\sqrt{\dfrac{C}{L}}$ 时，$s_{1,2}$ 为两个共轭复数根，电路是欠阻尼的。

例 5-19 图 5-42 所示的电路中，S 闭合已久，$t=0$ 时将 S 打开，求 u_C、i_L。

解： 求初始值

$$i_L(0_+)=i_L(0_-)=\frac{1\text{V}}{1\Omega}=1\text{A}\quad u_C(0_+)=u_C(0_-)=0\text{V}$$

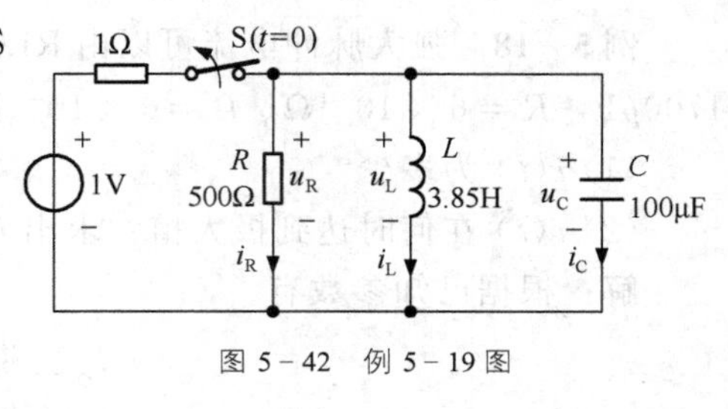

图 5-42 例 5-19 图

i_R、i_L、i_C 方向如图，取关联参考方向，S 打开后，由 KCL 得

$$i_R + i_L + i_C = 0$$

而 $i_C = C\dfrac{du_C}{dt} \qquad u_L = L\dfrac{di_L}{dt}$

且 $u_R = u_C = u_L$

从而得到

$$LC\frac{d^2 i_L}{dt^2} + \frac{L}{R}\frac{di_L}{dt} + i_L = 0$$

代入数据整理得

$$\begin{cases} 77\dfrac{d^2 i_L}{dt^2} + 1540\dfrac{di_L}{dt} + 2\times10^5 i_L = 0 \\ i_L(0_+) = i_L(0_-) = 1\text{A} \\ u_C(0_+) = u_C(0_-) = 0\text{V} \end{cases}$$

可解得特征根为

$$s_{1、2} = -10 \pm j49.97$$

从而 $i_L = e^{-10t}[A_1\cos(49.97t) + A_2\sin(49.97t)]$

由初始条件可得 $i_L(0_+) = 1\text{A}$，$u_C(0_+) = L\dfrac{di_L}{dt}\Big|_{0+} = 0\text{V}$

解得 $A_1 = 1$，$A_2 = 0.2$

所以 $i_L = e^{-10t}[\cos(49.97t) + 0.2\sin(49.97t)] = 1.02e^{-10t}\sin(49.97° + 78.69°)(\text{A})$

$$u_C = u_L = L\frac{di_L}{dt} = 3.85\frac{d}{dt}[1.02e^{-10t}\sin(49.97t + 78.69°)] = -200e^{-10t}\sin(49.97t)(\text{V})$$

5.8 二阶电路的全响应、零状态响应和阶跃响应

5.8.1 RLC 串联电路的全响应

在图 5-43 所示的 RLC 串联电路中，若电路的输入 $u_s \neq 0$，初始状态也不为零，则电路为全响应。这一节通过实例研究此种电路的全响应。

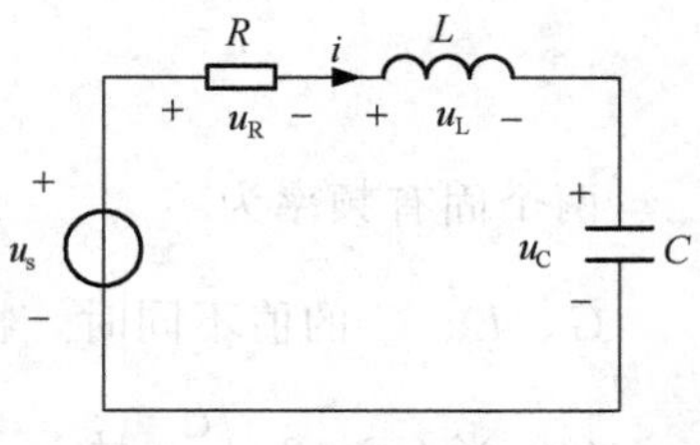

图 5-43 $t>0$ 时的 RLC 串联电路

与 5.7 节的串联电路方法一样，先列出电路的微分方程

$$LC\frac{d^2u_C}{dt^2} + RC\frac{du_C}{dt} + u_C = u_s \tag{5-64}$$

这是一个非齐次的二阶微分方程，由高等数学的知识，其解 $u_C(t)$ 等于非齐次微分方程的特解 $u_{cp}(t)$ 加上对应齐次微分方程的通解 $u_{ch}(t)$。即

$$u_C(t) = u_{ch}(t) + u_{cp}(t)。$$

可令特解 $u_{cp}(t) = U_s$，它是满足非齐次微分方程的一个解。特征根不同，通解 $u_{ch}(t)$ 形式也不同，情况与 5.7 节中零输入响应的结论相类似。如设特征根 $s_{1,2}$ 为两个不

相等的实数，则电路的完全响应为

$$u_C(t)=K_1e^{s_1t}+K_2e^{s_2t}+U_s \tag{5-65}$$

代入电路的初始条件可得

$$K_1=\frac{1}{s_2-s_1}\left[s_2(u_C(0)-U_s)-\frac{i_L(0)}{C}\right]$$

$$K_2=-\frac{1}{s_2-s_1}\left[s_1(u_C(0)-U_s)-\frac{i_L(0)}{C}\right]$$

这与零输入响应的结果比较，主要差别仅在于 K_1、K_2 公式中的 $[u_C(0)-U_s]$ 代替了 $u_C(0)$，并且在解的表达式中多了 U_s 项；$i_L(0)$ 前面的符号差别是由于 $u_C(t)$ 参考方向不同所引起。

例 5-20　图 5-44(a)所示电路中，已知 $U_s=100V$，$R=10\Omega$，$C=2\mu F$，$L=0.5mH$，原来开关 S 是闭合的，电路已达稳态。求 K 打开后 u_C 的过渡过程。

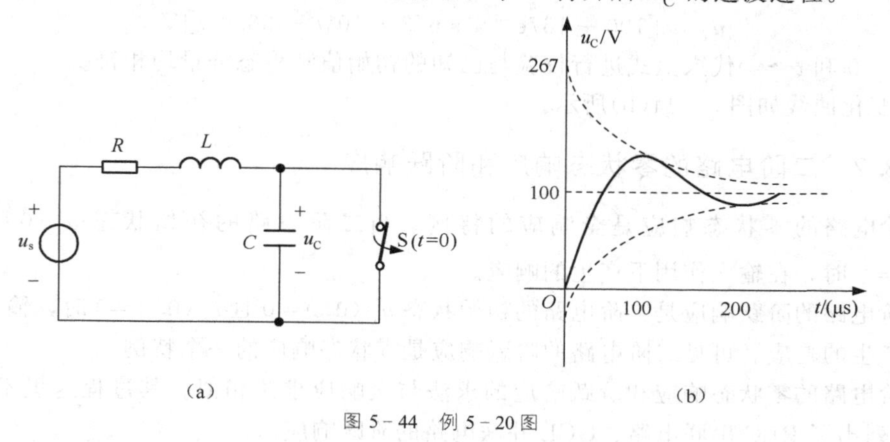

图 5-44　例 5-20 图

解：将解答分解成稳态分量 u'_C 和暂态分量 u''_C

$$u_C=u'_C+u''_C$$

因输入是直流电源，可直接得到稳态分量

$$u'_C=U_s=100V$$

暂态分量则取决于特征方程的根，即

$$s_{1、2}=-\frac{R}{2L}\pm\sqrt{\frac{R^2}{4L^2}-\frac{1}{LC}}=-10^4\pm j3\times10^4$$

这是一对共轭复根，可知电路暂态分量为

$$u''_C=e^{-\beta t}(A_1\cos\omega' t+A_2\sin\omega' t)$$

$$=e^{-10^4t}[A_1\cos(3\times10^4t)+A_2\sin(3\times10^4t)]V$$

$$u_C=u'_C+u''_C=100+e^{-10^4t}[A_1\cos(3\times10^4t)+A_2\sin(3\times10^4t)]V$$

由初始条件确定常数 A_1、A_2，设开关 S 打开瞬间为 $t=0$，在此瞬间 u_C 和 i 不发生突变，即

$$u_C(0_+)=u_C(0_-)=0V$$

$$i(0_+)=i(0_-)=\frac{U_s}{R}=10A$$

而
$$i = C\frac{\mathrm{d}u_C}{\mathrm{d}t}$$

故
$$\left.\frac{\mathrm{d}u_C}{\mathrm{d}t}\right|_{t=0_+} = \frac{i(0_+)}{C} = 5\times 10^6$$

所以有
$$100 + A_1 = 0$$
$$(-10^4)A_1 + (3\times 10^4)A_2 = 5\times 10^6$$

解出
$$A_1 = -100,\ A_2 = 133$$

则有
$$A = \sqrt{A_1^2 + A_2^2} = 167$$
$$\theta = \mathrm{tg}^{-1}\frac{A_1}{A_2} = -36.9°$$

最后得到当 $t\geqslant 0$ 时的解为
$$u_C = [100 + 167\mathrm{e}^{-10^4 t}\sin(3\times 10^4 t - 36.9°)]\mathrm{V}$$

将 $t=0$ 和 $t\to\infty$ 代入上式进行校验与已知的初始值和稳态分量均相符。

u_C 变化曲线如图 5-44(b)所示。

5.8.2 二阶电路的零状态响应和阶跃响应

二阶电路的零状态响应是全响应的特例，当二阶电路的初始状态 $u_C(0_-)=0$ 且 $i_L(0_-)=0$ 时，在输入作用下产生的响应。

二阶电路的阶跃响应是二阶电路的初始状态 $u_C(0_-)=0$ 且 $i_L(0_-)=0$ 时，输入为阶跃函数所产生的响应。可见二阶电路的阶跃响应是零状态响应的一个特例。

二阶电路的零状态响应和阶跃响应的求法与全响应求法相似。其过程这里不再赘述，表 5-5 列出了 RLC 串联电路、GCL 并联电路的阶跃响应。

表 5-5 RLC 串联电路、GCL 并联电路的阶跃响应

电路名称		RLC 串联电路	GCL 并联电路
电路图		R i L u_R u_L u_s C u_C	i_s G i_G C i_C u_C L i_L
方程		$LC\frac{\mathrm{d}^2u_C}{\mathrm{d}t^2}+RC\frac{\mathrm{d}u_C}{\mathrm{d}t}+u_C=u_s$ …………(a)	$CL\frac{\mathrm{d}^2i_L}{\mathrm{d}t^2}+GL\frac{\mathrm{d}i_L}{\mathrm{d}t}+i_L=i_s$ …………(d)
阶跃响应	初值	$u_C(0_+)=0$；$i_L(0_+)=0$	$I_L(0_+)=0$；$u_C(0_+)=0$
	激励	$u_s=U_s\varepsilon(t)$	$i_s=I_s\varepsilon(t)$
	稳态解	$R>0$ 时 u_C 的稳态解 $u_C(\infty)=U_s$	$G>0$ 时，i_L 的稳态解 $i_L(\infty)=I_s$
	响应过程	① 若 $R>2\sqrt{\frac{L}{C}}$，u_C 为单调上升到 U_s ② 若 $R<2\sqrt{\frac{L}{C}}$，u_C 为振荡上升到 U_s ③ 若 $R=2\sqrt{\frac{L}{C}}$，临界情况，u_C 为单调上升到 U_s	① 若 $G>2\sqrt{\frac{C}{L}}$，i_L 为单调上升到 I_s ② 若 $G<2\sqrt{\frac{C}{L}}$，i_L 为振荡上升到 I_s ③ 若 $G=2\sqrt{\frac{C}{L}}$，临界情况，i_L 为单调上升到 I_s

例 5－21 已知图 5－45(a)所示电路，求电路的阶跃响应 $i(t)$。

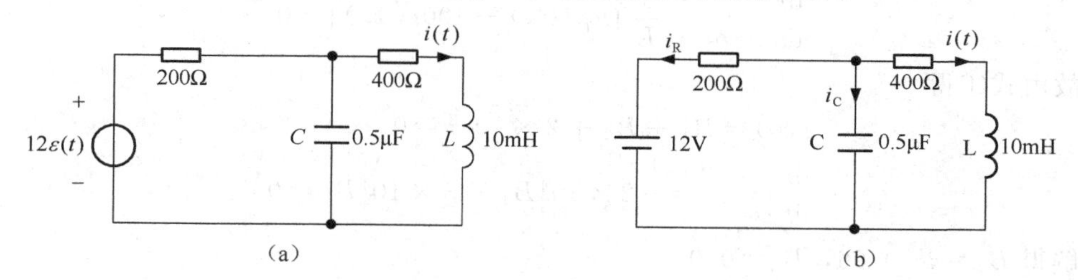

图 5－45 例 5－21 图

解： $t>0$ 时的等效电路开关闭合如图 5－45(b)所示，设电流 i_R、i_C 的参考方向。

(1) 列写微分方程

由 KCL 得
$$i_R+i_C+i=0 \quad ①$$

由 KVL 得
$$u_C=400i+L\frac{di}{dt} \quad ②$$

$$i_C=C\frac{du_C}{dt}=400C\frac{di}{dt}+LC\frac{d^2i}{dt^2}$$

$$i_R=\frac{u_C-u_s}{200}=\frac{1}{200}\left[400i+L\frac{di}{dt}-u_s\right]$$

把 i_C，i_R 代入式①，并整理得

$$LC\frac{d^2i}{dt^2}+\left[400C+\frac{L}{200}\right]\frac{di}{dt}+3i=\frac{u_s}{200}$$

代入参数并化简得

$$\frac{d^2i}{dt^2}+5\times10^4\frac{di}{dt}+6\times10^8 i(t)=12\times10^6 \quad ③$$

(2) 求方程的齐次解

特征方程为
$$s^2+5\times10^4 s+6\times10^8=0$$

特征根
$$s_1=-2\times10^4$$
$$s_2=-3\times10^4$$

故，齐次解
$$i_h(t)=B_1e^{-2\times10^4 t}+B_2e^{-3\times10^4 t} \quad t\geqslant0$$

式中 B_1 和 B_2 为待定常数。

(3) 求特解 $i_p(t)$

由于激励为直流电压源，故特解为常数，设

$$i_p(t)=I_p$$

代入式③得
$$i_p(t)=I_p=\frac{12\times10^6}{6\times10^8}=2\times10^{-2}(A)$$

$i_p(t)$ 即为稳态时的电流 $i(t)$（即为稳态响应）。

(4) 求 B_1、B_2

零状态响应(通解)$i(t)$为

$$i(t)=B_1e^{-2\times10^4 t}+B_2e^{-3\times10^4 t}+2\times10^{-2}\text{A} \quad ④$$

初始条件为
$$i(0_+)=0,\ u_C(0_+)=0$$

由式②可知

$$\left.\frac{di}{dt}\right|_{t=0_+}=\frac{1}{L}[u_C(0_+)-400i(0_+)]=0$$

故由式④得

$$i(0)=B_1+B_2+2\times10^{-2}=0$$

$$\left.\frac{di}{dt}\right|_{t=0_+}=-2\times10^4B_1-3\times10^4B_2=0$$

解得 $B_1=-0.06$，$B_2=0.04$

故 $i(t)=(-0.06e^{-2\times10^4t}+0.04e^{-3\times10^4t}+2\times10^{-2})\varepsilon(t)\mathrm{A}$

5.8.3 一般二阶电路的时域分析

一般二阶电路可以转换成典型二阶电路进行分析，也可直接对电路列写 KL 和 VCR 方程，再整理得到二阶微分方程，最后求解二阶微分方程。

例 5－22 电路如图 5－46(a)所示。已知 $i_L(0_+)=1\mathrm{A}$，$u_C(0_+)=2\mathrm{V}$。求 $t\geqslant0$ 时的 $u_C(t)$。

解： 设各支路电流的参考方向如图 5－46 (b)所示。

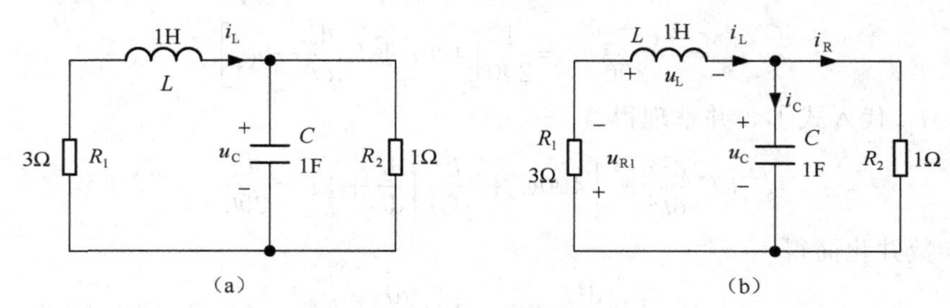

图 5－46 例 5－22 图

(1) 列写微分方程

由 KVL 得

$$u_L+u_C+u_{R_1}=0 \quad ①$$

由 VCR 得

$$i_C=C\frac{du_C}{dt} \qquad i_R=\frac{u_C}{R_2}$$

由 KCL 得

$$i_L=i_C+i_R=\frac{u_C}{R_2}+C\frac{du_C}{dt} \quad ②$$

$$u_L=L\frac{di_L}{dt}=\frac{L}{R_2}\frac{du_C}{dt}+LC\frac{d^2u_C}{dt^2}$$

$$u_{R_1}=R_1i_L=\frac{R_1}{R_2}u_C+R_1C\frac{du_C}{dt}$$

把 u_L 和 u_{R_1} 代入式①，并整理得

$$\frac{d^2u_C}{dt^2}+\left(\frac{1}{R_2C}+\frac{R_1}{L}\right)\frac{du_C}{dt}+\frac{1}{LC}\left(1+\frac{R_1}{R_2}\right)u_C=0$$

把元件参数代入上式，得

$$\frac{d^2u_C}{dt^2}+4\frac{du_C}{dt}+4u_C=0 \quad ③$$

（2）求 $u_C(t)$

微分方程式③的特征方程为　　$s^2+4s+4=0$

特征根　　$s_{1、2}=-2$

故　　$u_C=(B_1t+B_2)e^{-2t}$　　④

初始条件代入式④得　　$u_C(0_+)=B_2=2V$

初始条件代入式②得

$$\left.\frac{du_C}{dt}\right|_{t=0_+}=\frac{i_L(0_+)}{C}-\frac{u_C(0_+)}{R_2C}=\frac{1}{1}-\frac{2}{1}=-1$$

由式④得

$$\left.\frac{du_C}{dt}\right|_{t=0_+}=B_1e^{-2t}+(B_1t+B_2)\times(-2)e^{-2t}\Big|_{t=0}=B_1-2B_2=-1$$

求解　　$B_2=2$

$$B_1-2B_2=-1$$

得　　$B_1=3，B_2=2$

故　　$u(t)=(3t+2)e^{-2t}V\quad t\geqslant 0$

例 5-23　图 5-47 含受控源电路，且处于零初始状态，已知 $u_s=10\varepsilon(t)$，试用经典法求各支路电流。

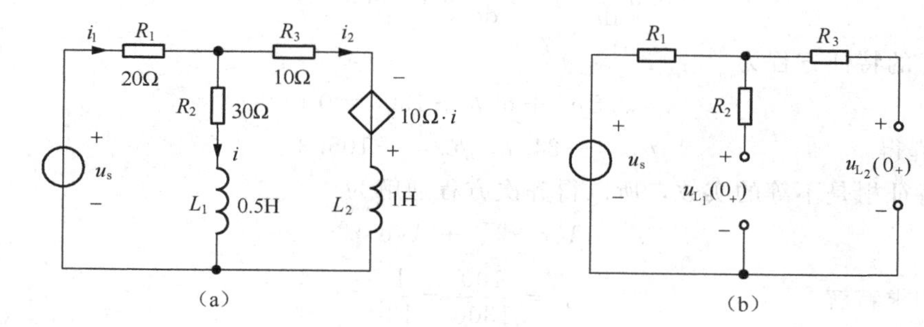

图 5-47　例 5-23 图

解： 设各支路电流参考方向如图 5-47(a)，用支路法列出电路的方程：

$$i_1=i+i_2 \qquad ①$$

$$R_1i_1+R_2i+L_1\frac{di}{dt}=u_s \qquad ②$$

$$R_3i_2-R_2i+L_2\frac{di_2}{dt}-L_1\frac{di}{dt}=10i \qquad ③$$

将式①代入式②，将元件参数代入③，得

$$\begin{cases}50i+0.5\dfrac{di}{dt}+20i_2=u_s & ②'\\ -40i-0.5\dfrac{di}{dt}+10i_2+\dfrac{di_2}{dt}=0 & ③'\end{cases}$$

引用微分算子　　$D=\dfrac{d}{dt}$

方程②′、③′改写为

$$\begin{cases}(50+0.5\mathrm{D})i+20i_2=u_s & ④\\ -(40+0.5\mathrm{D})i+(10+\mathrm{D})i_2=0 & ⑤\end{cases}$$

为了解出变量 i 必须得到分别含有这两个变量的方程，令

$$\Delta=\begin{vmatrix}50+0.5\mathrm{D} & 20\\ -40-0.5\mathrm{D} & 10+\mathrm{D}\end{vmatrix}=0.5\mathrm{D}^2+65\mathrm{D}+1300$$

$$\Delta_1=\begin{vmatrix}u_s & 20\\ 0 & 10+\mathrm{D}\end{vmatrix}=(10+\mathrm{D})u_s$$

则
$$i=\frac{\Delta_1}{\Delta}=\frac{(10+\mathrm{D})u_s}{0.5\mathrm{D}^2+65\mathrm{D}+1300} \quad ⑥$$

由式⑥即可得到只含单个变量的微分方程

$$(0.5\mathrm{D}^2+65\mathrm{D}+1300)i=(10+\mathrm{D})u_s$$

或写为
$$0.5\frac{\mathrm{d}^2i}{\mathrm{d}t^2}+65\frac{\mathrm{d}i}{\mathrm{d}t}+1300i=10u_s+\frac{\mathrm{d}u_s}{\mathrm{d}t}$$

因为 $(t\geqslant 0_+$ 时$)u_s=10\mathrm{V}$，所以 $\frac{\mathrm{d}u_s}{\mathrm{d}t}=0$，代入上述方程得

$$0.5\frac{\mathrm{d}^2i}{\mathrm{d}t^2}+65\frac{\mathrm{d}i}{\mathrm{d}t}+1300i=100 \quad ⑦$$

方程⑦的特征方程为

$$0.5p^2+65p+1300=0$$

解方程得
$$p_1=-24.7,\ p_2=-105.3$$

因为特征根是不等的实数，所以得齐次方程通解为

$$i''=A_1\mathrm{e}^{-24.7t}+A_2\mathrm{e}^{-105.3t}$$

由式⑦求特解
$$i'=\frac{100}{1300}=\frac{1}{13}$$

完全解
$$i=i'+i''=\frac{1}{13}+A_1\mathrm{e}^{-24.7t}+A_2\mathrm{e}^{-105.3t} \quad ⑧$$

对式⑧求导，得
$$\frac{\mathrm{d}i}{\mathrm{d}t}=-24.7A_1\mathrm{e}^{-24.7t}-105.3A_2\mathrm{e}^{-105.3t} \quad ⑨$$

由初始条件确定积分常数，给定的条件为零初始状态，所以

$$i(0_+)=i_2(0_+)=0$$

做出 $t=0_+$ 时的电路如图 5-47(b)所示，由此我们可以求出 $t=0_+$ 时的 $\frac{\mathrm{d}i}{\mathrm{d}t}$ 之值。在 $t=0_+$ 瞬间，两电感元件均视为开路(因两电感的初始电流为零)，得

$$u_{L1}(0_+)=u_{L2}(0_+)=10\mathrm{V}$$

所以
$$\left.\frac{\mathrm{d}i}{\mathrm{d}t}\right|_{t=0_+}=\frac{u_{L1}(0_+)}{L_1}=20$$

将初始值代入式⑧、⑨，得

$$A_1+A_2+1/(13)=0$$

$$-24.7A_1-105.3A_2=20$$

由此解出　　　　$A_1 = 0.1477 \qquad A_2 = -0.2246$

代入式⑧，即得出解答为

$$i = \frac{4}{13} + 0.278e^{-24.7t} - 0.0297e^{-105.3t}\,A(t \geqslant 0)$$

由②′得

$$i_2 = (u_s - 50i - 0.5\frac{di}{dt})/20 = \frac{4}{13} - 0.2278e^{-24.7t} - 0.0297e^{-105.3t}\,A(t \geqslant 0)$$

$$i_1 = i + i_2 = \frac{5}{13} - 0.1303e^{-24.7t} - 0.2543e^{-105.3t}\,A(t \geqslant 0)$$

5.9 仿真

仿真例题 1　一阶动态电路如图 1 所示。

(1) 在 $t=0$ 时，开关 S_1 打开，开关 S_2 闭合，在开关动作前，电路已达稳态，观察 L_1 两端电压的波形。

(2) 经过 10s 后，开关 S_1 闭合，S_2 打开，观察 L_1 两端电压的波形。

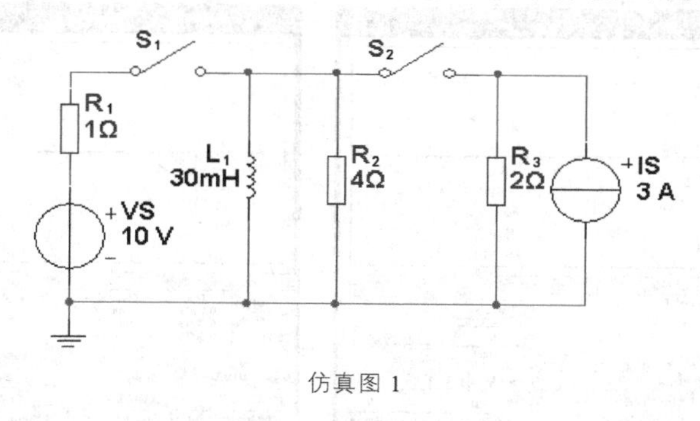

仿真图 1

1. 启动 Multisim，界面(见图 2)

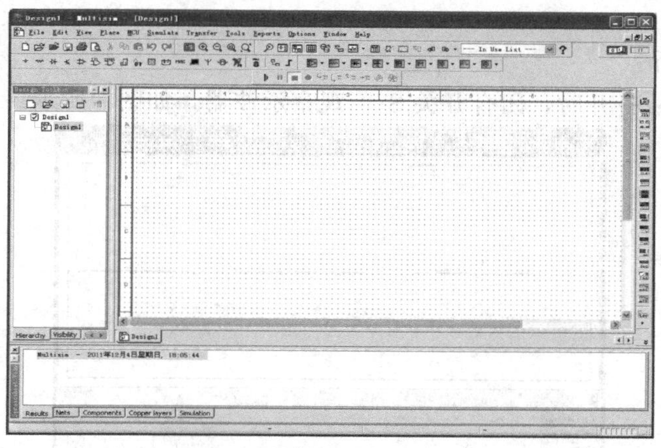

仿真图 2

2. 创建电路

通过菜单 Place－＞Conponent，选择所需元件，绘制电路，如图 3 所示。

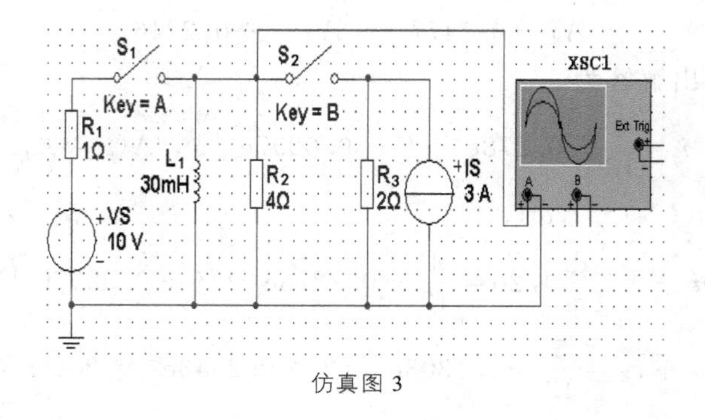

仿真图 3

3. 仿真

启动仿真，打开示波器：

(1)零状态响应分析

在 S_1、S_2 打开时，闭合开关 S_1，观察示波器，如图 4 所示。

(2)零输入响应分析

在 S_1 闭合、S_2 打开时，打开开关 S_1，观察示波器，如图 5 所示。

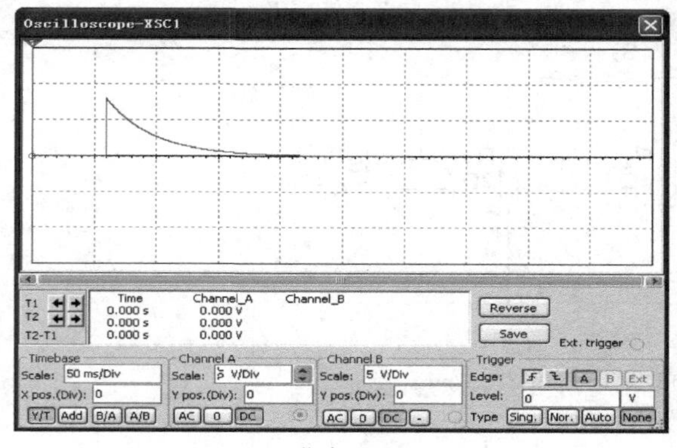

仿真图 4

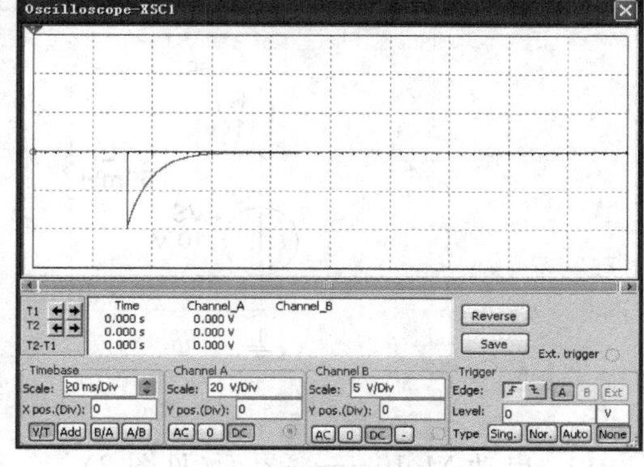

仿真图 5

(3)全响应分析

在 S_1 闭合、S_2 打开时，闭合开关 S_2，观察示波器，如图 6 所示。

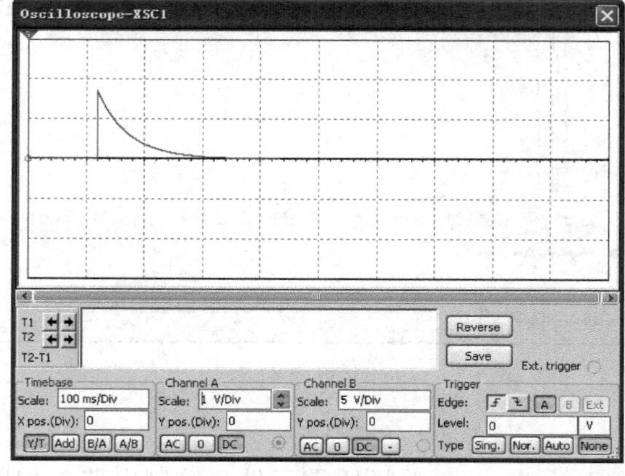

仿真图 6

仿真例题 2

二阶过阻尼电路的零输入响应分析，电路如图 1 所示，开关 J_1 在 $t=0$ 时刻打到电源正极。

(1) 将开关打到电源负极，观察示波器波形；

(2) 将开关打到电源正极，观察示波器波形。

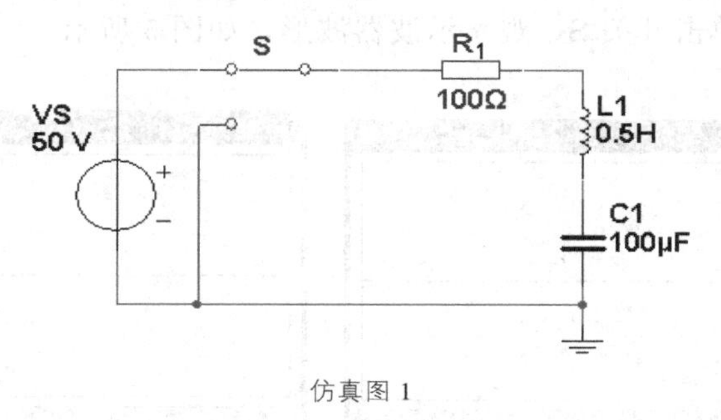

仿真图 1

1. 启动 Multisim，界面(见图 2)

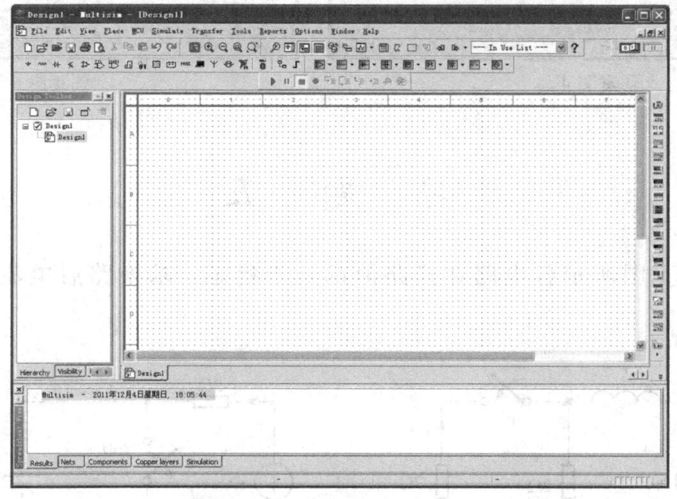

仿真图 2

2. 创建电路

通过菜单 Place－>Conponent，选择所需元件，绘制电路，如图 3 所示。

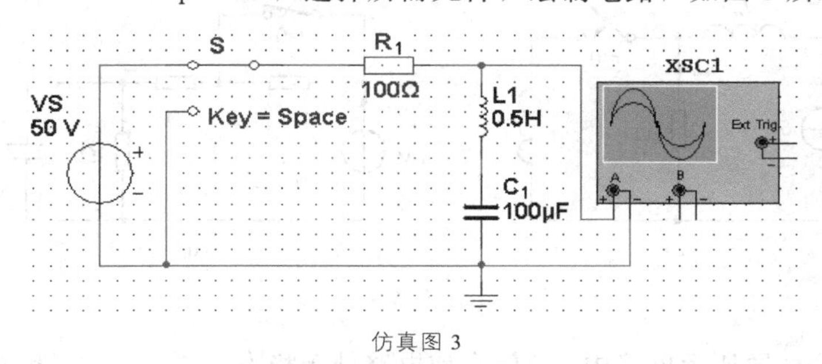

仿真图 3

3. 仿真

启动仿真，打开示波器：

(1)零输入响应

鼠标左键单击开关 S，或按空格键使开关打到电源负极，观察示波器波形，如图 4 所示。

(2)零状态响应

待波形稳定后，单击开关 S，观察示波器波形，如图 5 所示。

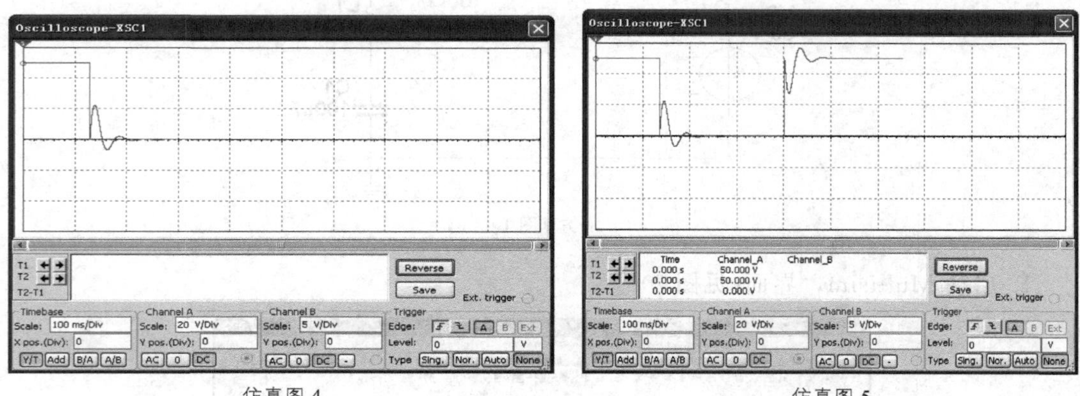

仿真图 4　　　　仿真图 5

习　题　五

5－1　题 5－1 图所示各电路在换路前都处于稳态，求换路后电流 i 的初始值和稳态值。

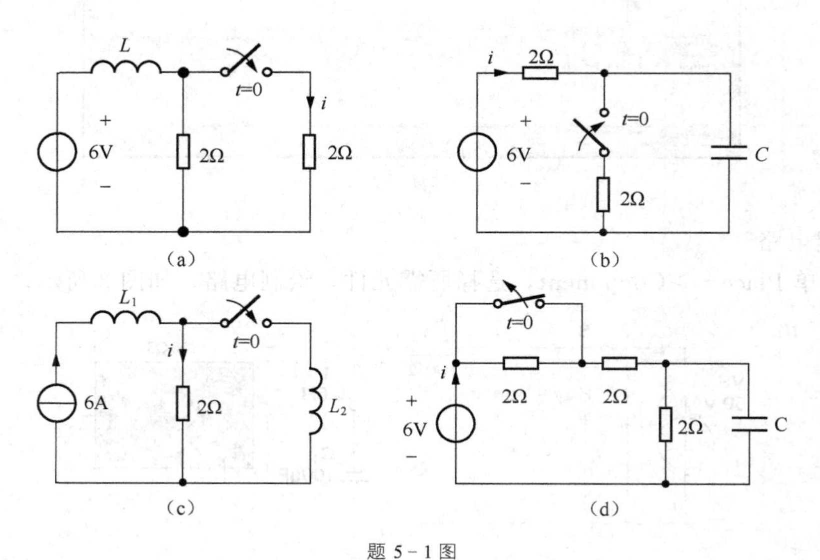

题 5－1 图

5－2　题 5－2 图所示电路中，S 闭合前电路处于稳态，求 u_L、i_C 和 i_R 的初始值。

5－3　求题 5－3 图所示电路换路后 u_L 和 i_C 的初始值。设换路前电路已处于稳态。

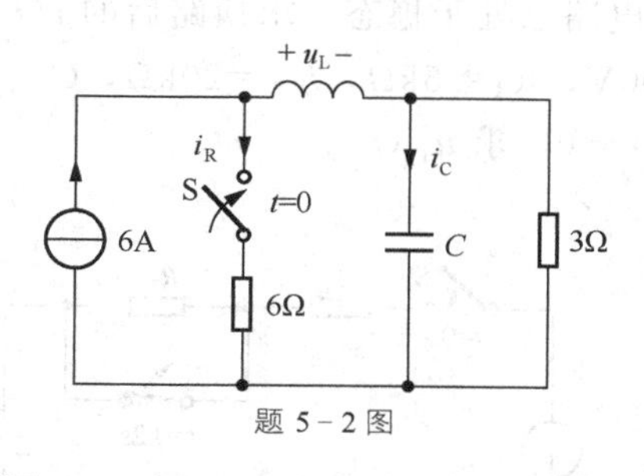

题 5－2 图

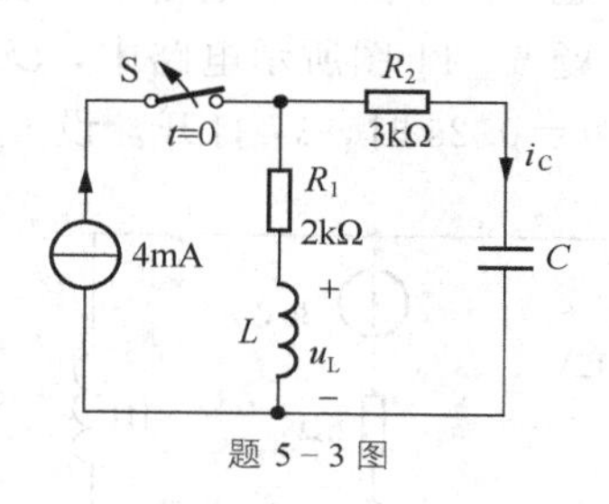

题 5－3 图

5－4　题 5－4 图所示电路中，换路前电路已处于稳态，求换路后的 i、i_L 和 u_L。

5－5　题 5－5 图所示电路中，换路前电路已处于稳态，求换路后的 u_C 和 i。

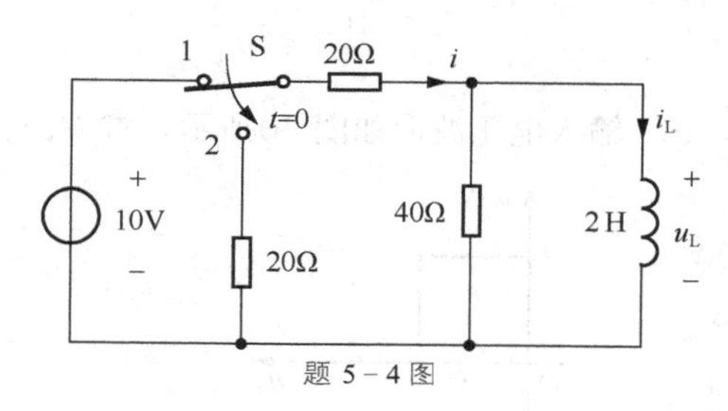

题 5－4 图

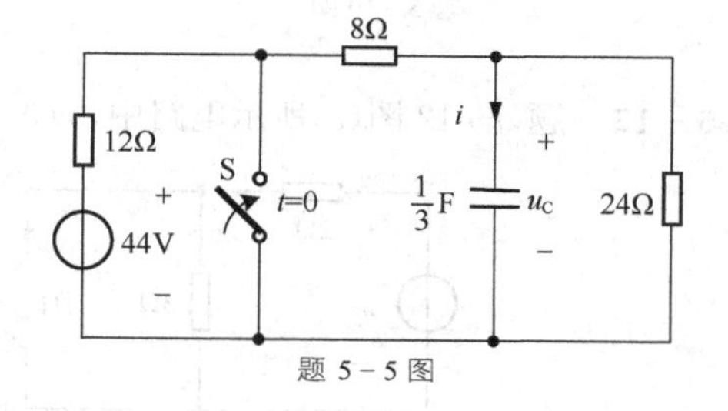

题 5－5 图

5－6　题 5－6 图所示电路中，已知开关合上前电感中无电流，求 $t \geqslant 0$ 时的 $i_L(t)$ 和 $u_L(t)$。

5－7　题 5－7 图所示电路中，$t=0$ 时，开关 S 合上。已知电容电压的初始值为零，求 $u_C(t)$ 和 $i(t)$。

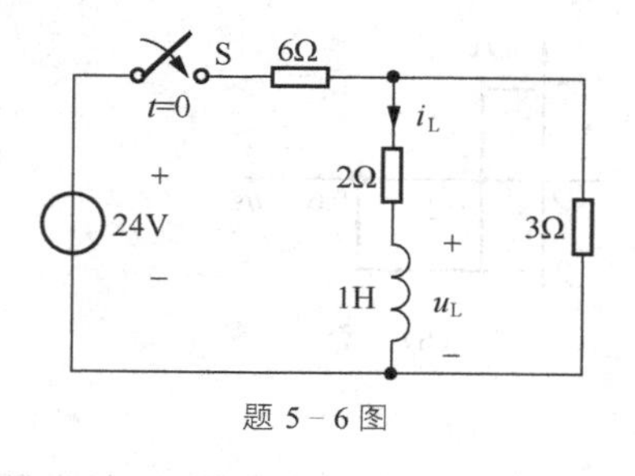

题 5－6 图

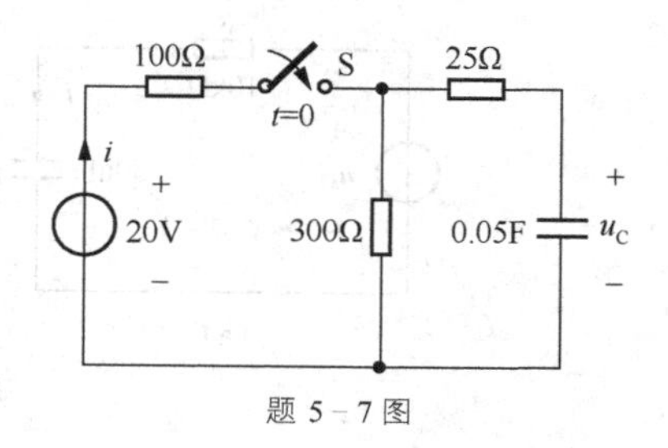

题 5－7 图

5－8　题 5－8 图所示电路中，已知换路前电路已处于稳态，求换路后的 $u_C(t)$。

5－9　题 5－9 图所示电路中，换路前电路已处于稳态，求换路后 $u_C(t)$ 的零输入响应、零状态响应、暂态响应、稳态响应和完全响应。

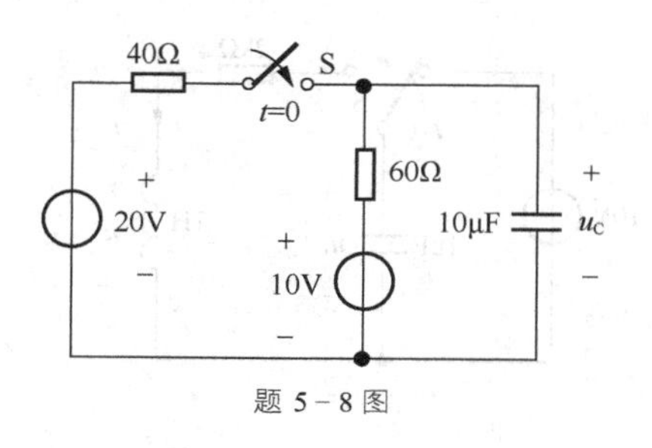

题 5－8 图

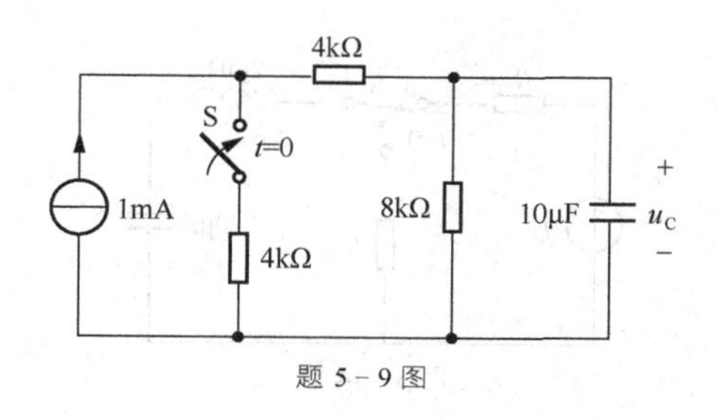

题 5－9 图

5-10 题 5-10 图所示电路中，换路前电路已处于稳态，求换路后的 $i(t)$。

5-11 题 5-11 图所示电路中，$U_s=100\text{V}$，$R_1=5\text{k}\Omega$，$R_2=20\text{k}\Omega$，$C=20\mu\text{F}$，$t=0$ 时 S_1 闭合，$t=0.2\text{s}$ 时，s_2 打开。设 $u_C(0_-)=0$，求 $u_C(t)$。

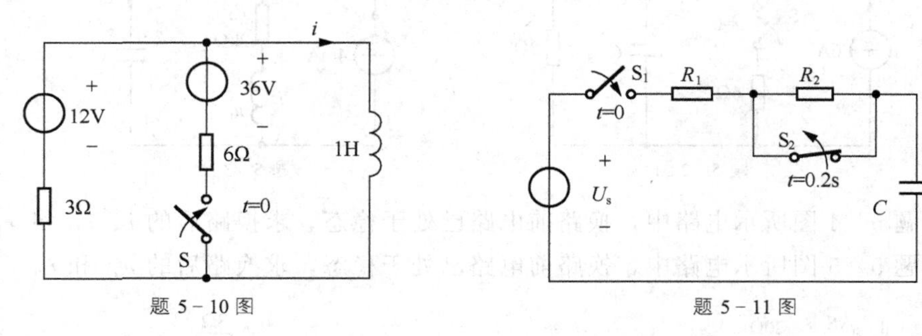

题 5-10 图　　　　题 5-11 图

5-12 题 5-12 图(a)所示电路中，$i(0_-)=0$，输入电压波形如图(b)所示，求 $i(t)$。

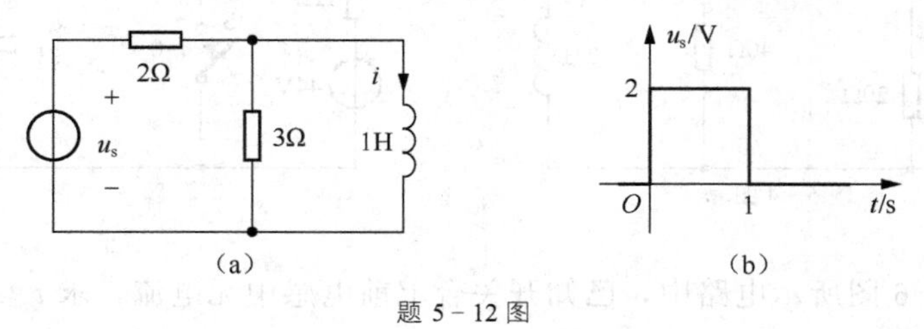

(a)　　　　(b)

题 5-12 图

5-13 题 5-13 图(a)所示电路中，电源电压波形如图(b)所示，$u_C(0-)=0$，求 $u_C(t)$ 和 $i(t)$。

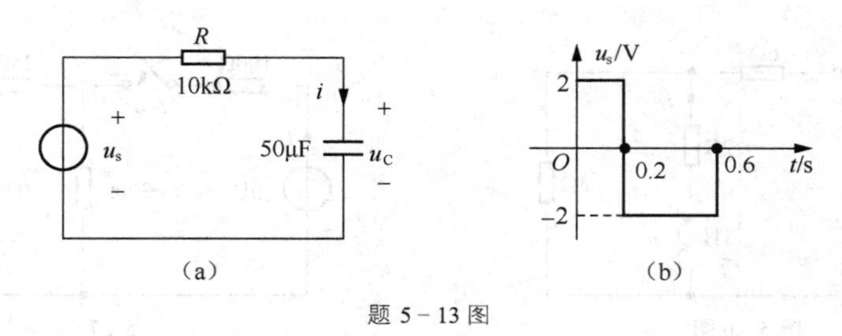

(a)　　　　(b)

题 5-13 图

5-14 要使题 5-14 图所示电路在换路呈现衰减振荡，试确定电阻 R 的范围，并求出当 $R=10\Omega$ 时的振荡角频率。

5-15 题 5-15 图所示电路中，换路前电路处于稳态，求换路后的 u_C、i、u_L 和 i_{max}。

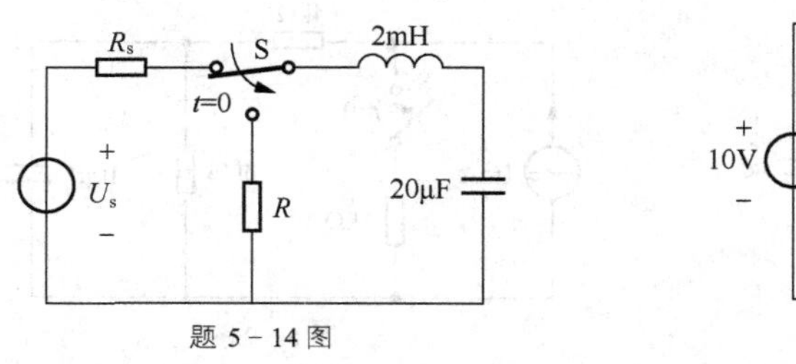

题 5-14 图

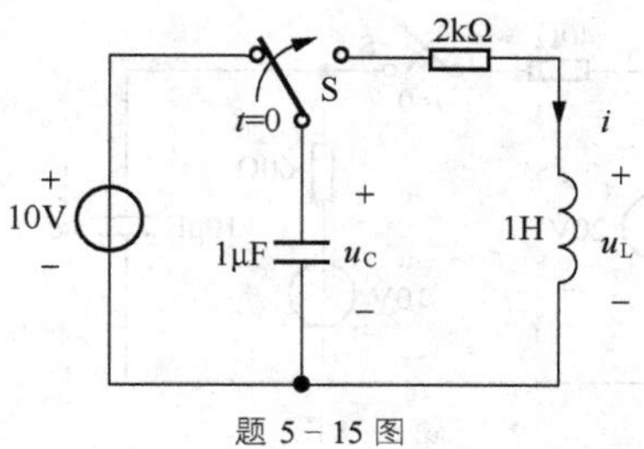

题 5-15 图

5-16 题 5-16 图所示电路中，若 $t=0$ 时开关 S 闭合，求 $t\geqslant 0$ 时的 i_L、u_C、i_C 和 i。

5-17 图(a)所示电路中，开关 S 在 $t=0$ 时闭合，求 $t\geqslant 0$ 时的 u_C 及 i_1。

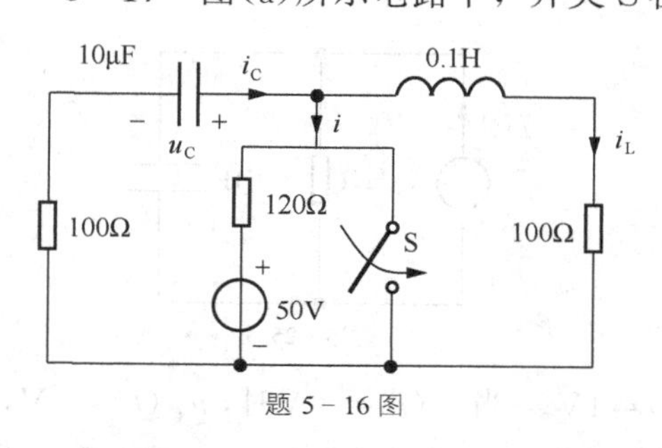

题 5-16 图

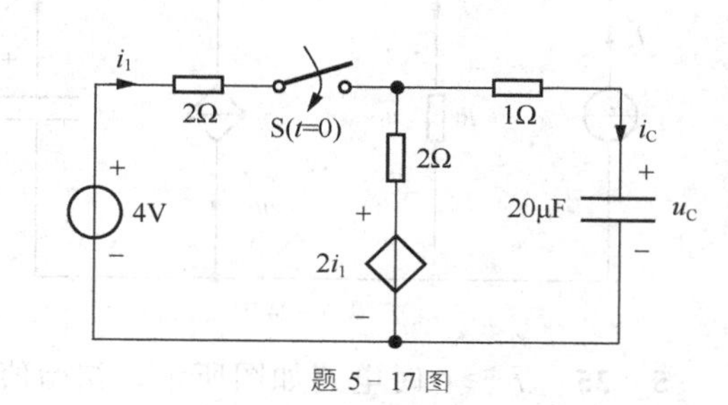

题 5-17 图

5-18 图(a)所示电路中，$t=0$ 时开关 S 打开，求 $t\geqslant 0$ 时的 i_L 及 u。

5-19 图(a)所示电路中，$U_s=5\text{V}$，在 $t=0$ 时开始作用于电路，求 $t\geqslant 0$ 时的 i_L 及 u_L。

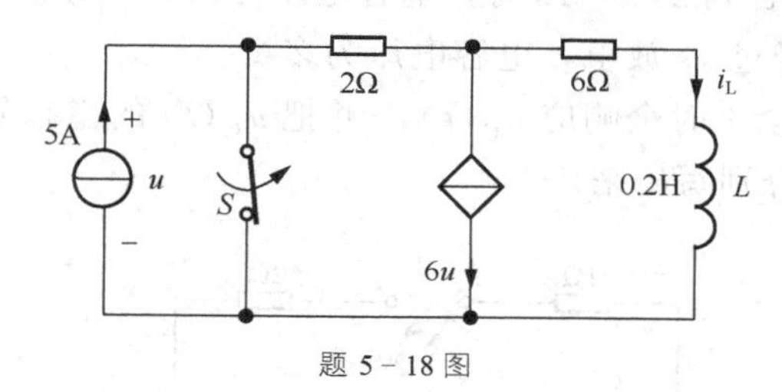

题 5-18 图

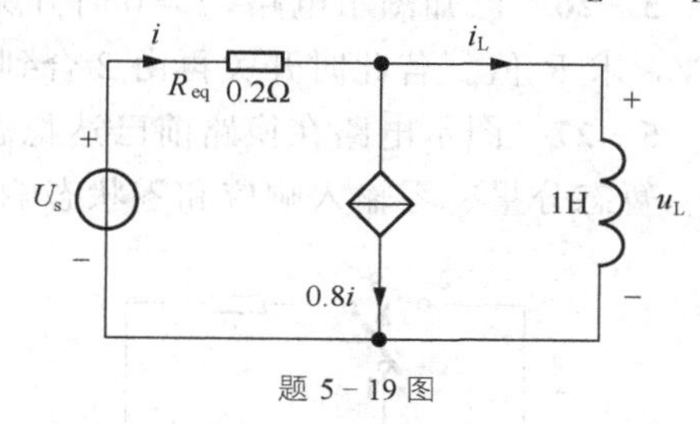

题 5-19 图

5-20 图示电路中，已知 $I_s=5\text{A}$，$R=4\Omega$，$C=1\text{F}$，$t=0$ 时闭合开关 S，在下列两种情况下求 u_C、i_C 以及电流源发出的功率：(1) $u_C(0_-)=15\text{V}$；(2) $u_C(0_-)=25\text{V}$。

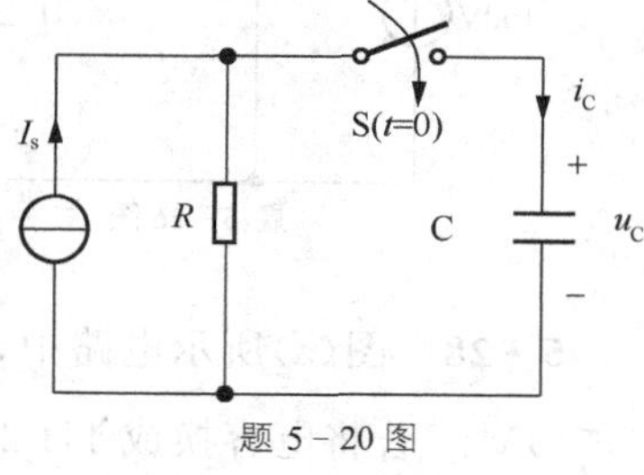

题 5-20 图

5-21 图示电路中，已知 $U_s=12\text{V}$，$R_1=100\Omega$，$C=0.1\mu\text{F}$，$R_2=10\Omega$，$I_s=2\text{A}$，开关 s 在 $t=0$ 时由 1 合到 2，设开关动作前电路已处于稳态。求 u_C 和电流源发出的功率。

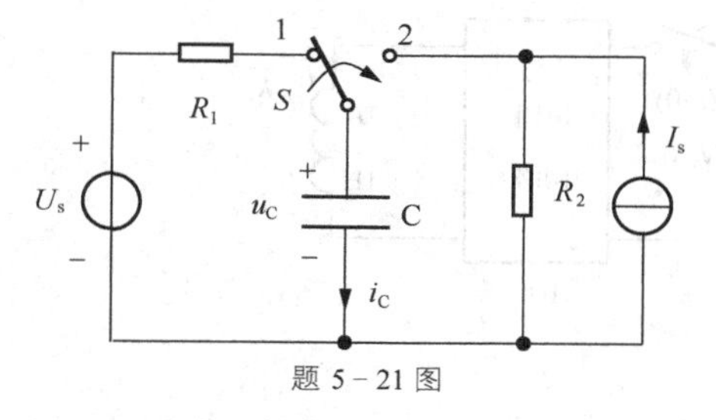

题 5-21 图

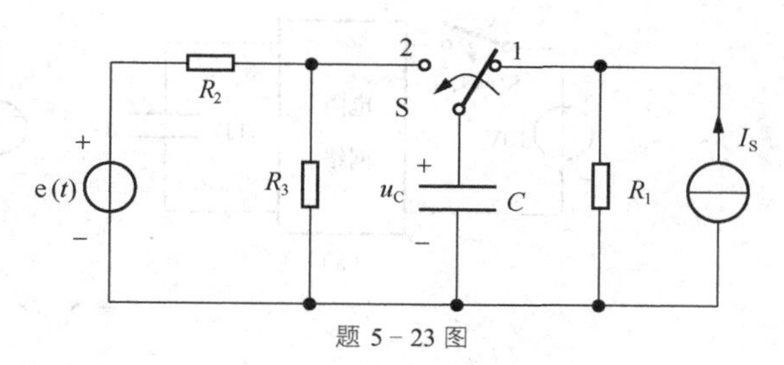

题 5-23 图

5-22 在上题中，若开关 S 原合在 2 位置已处于稳态，$t=0$ 时开关 S 由 2 合到 1，求 u_C 及电压源 U_s 发出的功率。

***5-23** 图示电路中，已知 $e(t)=220\sqrt{2}\cos(314t+50°)\text{V}$，$R_1=6\Omega$，$R_2=10\Omega$，$R_3=20\Omega$，$C=0.1\mu\text{F}$，$I_s=10\text{A}$。开关 S 在 $t=0$ 时由 1 合到 2，设开关 S 动作前电路已处于稳态，求 u_C。当 I_s 取何值时，u_C 的瞬态分量为零。

5-24 图(a)所示电路中，已知 $R_1=1\Omega$，$R_2=2\Omega$，$C=1\mu\text{F}$，$u_C(0_-)=3\text{V}$，$g=0.2\text{s}$，电流源 $I_s=12\text{A}$ 从 $t=0$ 时开始作用于电路。求 $i_1(t)$、$i_C(t)$ 和 $u_C(t)$。

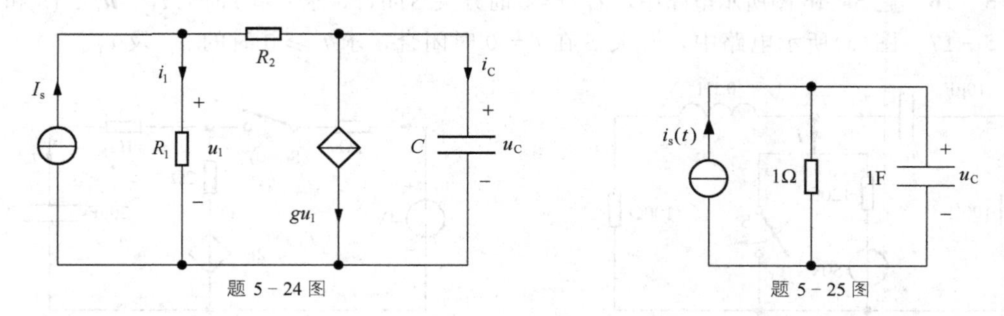

题 5-24 图　　　　题 5-25 图

5-25　$t \geqslant 0$ 时电路如图所示，初始值 $u_C(0)=1\text{V}$。当 $i_s(t)=1\text{A}$ 时，$u_C(t)=1\text{V}$，$t \geqslant 0$；当 $i_s(t)=t\text{A}$ 时，$u_C(t)=(2\text{e}^{-t}+t-1)\text{V}$，$t \geqslant 0$。当 $i_s(t)=(1+t)\text{A}$ 时，且 $u_C(0)$ 仍为 1V，在 $t \geqslant 0$ 时，$u_C(t)$ 为多少？

5-26　已知图示电路，$t=0$ 时开关 S 由 1 合到 2，$t=1\text{s}$ 时，电容电压可由 0V 充电至 60V，求 R 值。若此时开关再由 2 合到 1，再经过 1s 放电，电容电压为多少？

5-27　图示电路在换路前已达稳态，求 $t \geqslant 0$ 时全响应 $u_C(t)$，并把 $u_C(t)$ 的稳态分量、暂态分量、零输入响应和零状态响应分量分别写出来。

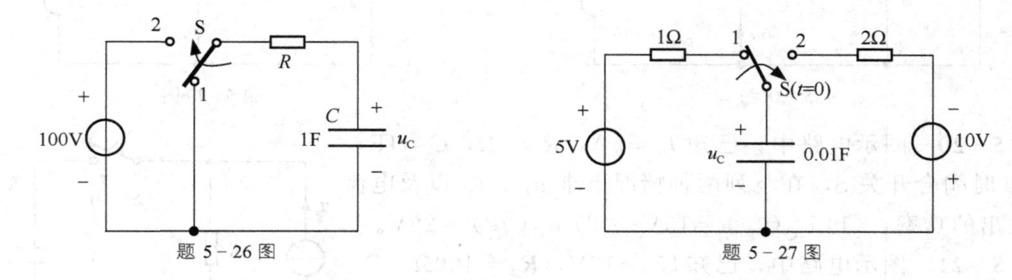

题 5-26 图　　　　题 5-27 图

5-28　图(a)所示电路中，$u_C(0)=1\text{V}$，开关 S 在 $t=0$ 时闭合，求得 $u_C(t)=(6-5\text{e}^{-\frac{1}{2}t})\text{V}$。若将电容换成 1H 的电感，如图(b)所示，且知 $i_L(0)=1\text{A}$，求 $i_L(t)$。

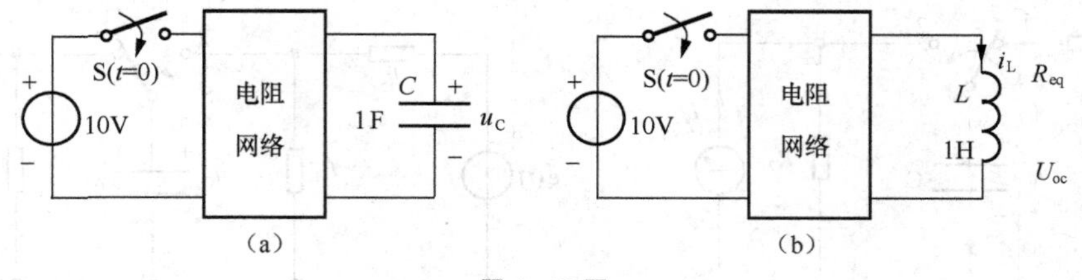

题 5-28 图

5-29　已知图(a)所示电路中，N 为线性电阻网络，$u_s(t)=1\text{V}$，$C=2\text{F}$，其零状态响应为 $u_2(t)=\left(\frac{1}{2}+\frac{1}{8}\text{e}^{-0.25t}\right)\text{V}(t \geqslant 0)$，如果用 $L=2\text{H}$ 的电感代替电容 C[见图 5-29(b)]，试求 $t \geqslant 0$ 时零状态响应 $u_2(t)$。

5-30　图示电路中，$\varepsilon(t)$ 为单位阶跃电压源。(1) $i_L(0_-)=0$ 时，求 $i_L(t)$ 及 $i(t)$；(2) $i_L(0_-)=2\text{A}$ 时，求 $i_L(t)$ 及 $i(t)$。

5-31　图(a)所示电路中，电压源 $u_s(t)$ 的波形如图(b)所示。试求电流 $i_L(t)$。

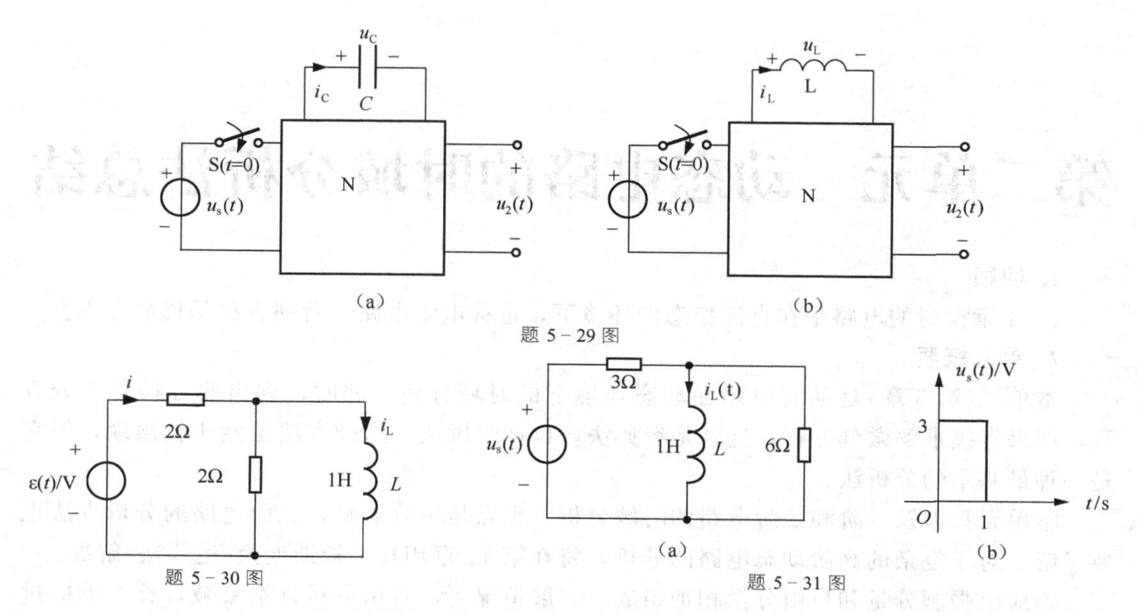

题 5－29 图

题 5－30 图

题 5－31 图

5－32　已知 RC 电路对单位阶跃电流的零状态响应为 $s(t)=2(1-e^{-t})\varepsilon(t)$，求该电路对图示输入电流的零状态响应。

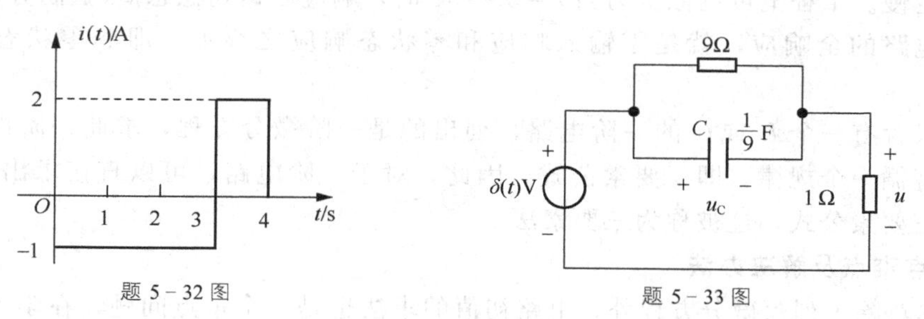

题 5－32 图

题 5－33 图

5－33　电路如图所示，求单位冲激响应 $u_C(t)$ 和 $u(t)$。若 $u_C(0_-)=2$V，再求 $u_C(t)$ 和 $u(t)$。

5－34　图示电路中，已知 $C=1\mu$F，$L=1$H，$u_C(0_-)=10$V，$i_L(0_-)=2$A，开关 S 在 $t=0$ 时闭合。在(1) $R=4000\Omega$；(2) $R=2000\Omega$；(3) $R=1000\Omega$ 三种情况下，求 $t\geqslant 0$ 时的 u_C、i 及 u_L。

5－35　图示电路中，已知 $C=1\mu$F，$L=1$H，$i_L(0_-)=2$A，$u_C(0_-)=10$V。在(1) $R=250\Omega$；(2) $R=500\Omega$；(3) $R=1000\Omega$ 三种情况下，求 $t\geqslant 0$ 时的 u_C、i_L 及 i_R。

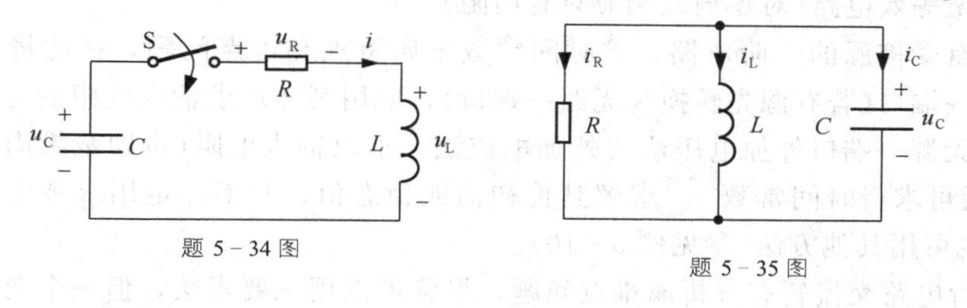

题 5－34 图

题 5－35 图

第二单元　动态电路的时域分析法总结

1. 回顾

1～4 章探讨的电路是在直流稳态的环境下，也称电阻电路，所列方程是代数方程。

2. 单元概要

本单元(第 5 章)是动态电路在动态环境下的时域分析，此时，列出的方程是微分方程，如果直接求解微分方程，这就是经典法，也称时域法。这种方法虽然比较烦琐，但它是一种最基本的分析法。

本单元只涉及一阶和二阶电路的时域分析，重点是一阶电路，二阶电路的分析方法也要了解。对于复杂的高阶动态电路的分析，将在第 11 章用拉普拉斯变换(运算法)解决。

响应由强制分量和自由分量相加组成。一般情况下，自由分量逐渐衰减，整个响应过程是电路的状态从初始值逐渐逼近强制分量的过程。逼近的快慢用时间常数 τ 表示，τ 越大，逼近越慢。工程上可近似认为当 $t=3\tau\sim5\tau$ 时，响应已达到稳态值(强制分量)。

线性电路的全响应，就是零输入响应和零状态响应之叠加，即非零状态下的非零输入。

对于只含有一个 L 或 C 的一阶电路，列出的是一阶微分方程，求此一阶微分方程的解，共同遵循一个规律，即三要素公式。因此，对于一阶电路，可以直接求出三个要素，然后代入三要素公式，这被称为三要素法。

3. 重点难点及解决办法

(1) 本章除了列写微分方程外，电路初值的求法也是一个重点问题，在学习过程中要理清电路初值的求解过程。对于一个动态电路，列出微分方程，求出初始值，剩下的问题就是数学问题了。

(2) 一阶电路所求未知量较多时，不用求出每一个未知量的三个要素。一般地，对含电容电路，先用三要素法求出 $u_c(t)$，对含电感电路先用三要素法求出 $i_l(t)$，对所求的其他的未知量，根据电路的具体情况，与 $u_c(t)$ 或 $i_l(t)$ 列时域形式方程，求解结果直接是时域形式(参见例 5－7 和例 5－8)。

(3) 三个要素法的求解属重点问题，较复杂的电路是将 L 或 C 移出，将剩下的一端口转换为戴维南等效电路(对零输入响应只有内阻)。

对于含有受控源的一阶电路，求时间常数 τ 属重点和难点问题，在此将动态元件移出，剩下的一端口(若有源先转换为无源一端口)，应用第 2 章求输入电阻的方法，即对含有受控源的无源一端口外加电压法或外加电流法，求出输入电阻(也即戴维南等效电路的内阻)，然后可求得时间常数 τ。求解其他初值或稳态值，并不一定用求戴维南等效电路 u_{oc} 求解，也可用其他方法(参见例 5－10)。

(4) 一阶电路交流暂态分析属难点问题，尽管可以用三要素法，但三个要素的求解也较烦琐(参见例 5－6*)，用 11 章的运算法更合适。

(5) 二阶电路的分析属难点问题，三要素法只适用一阶电路，对二阶电路，只能列出二阶微分方程，用经典法求解微分方程，比较烦琐(参见例 5－17)。用 11 章的运算法求解二阶电路暂态分析更合适。

(6) 冲激响应属难点问题，因为 i_c 或 u_l 不再为有限值，因此换路定理不再适用，在此需要用 0_- ～0_+ 区间积分，求出 0_+ 时刻的初始值，也比较烦琐(参见例 5－15)。用 11 章的运算法求解冲激响应时，可以避开 0_+ 初始值，是更合适的简便分析方法。

第6章 正弦稳态分析——相量法

学习要点

(1) 正弦量的三要素及相量表示。

(2) 复阻抗。

(3) KCL、KVL 的相量形式。

(4) 有功功率、无功功率、视在功率和复功率。

电路的正弦稳态分析是重要的基础性问题，相量法是分析正弦稳态电路的简便、有效方法，读者应重点理解相量法与正弦量的关系及相量法的原理。引入相量法后，可方便地利用电路的两大约束，应用电路的基本分析方法，求解电路的相量响应。本章涉及的主要概念包括正弦量的三要素、有效值、相量、阻抗、有功功率、无功功率、视在功率、功率因数、复功率和最大功率传输等。

6.1 正弦量

在经典电路理论中，一般把方向和大小均呈现周期性变化(交变)的电压、电流等周期函数(信号)作为基本的分析对象。其中最重要的周期函数就是按正弦规律变化的正弦量。可以采用 sin 或 cos 函数描述正弦量，本书采用 cos 函数描述正弦量。

1. 正弦量的表示

以正弦电流 $i(t)$ [①]为例，说明正弦量的表示方法和意义。

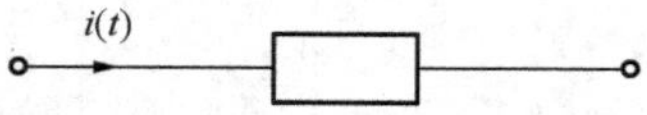

如图 6-1 所示，一段电路中有正弦电流 $i(t)$，在图示参考方向下，$i(t)$ 在每一瞬时 t 的值(瞬时值)可表示为

$i(t)$

图 6-1　一段电路中的正弦电流

$$i(t)=I_m\cos(\omega t+\varphi_i) \tag{6-1}$$

式(6-1)被称为正弦量的三角函数式或瞬时表达式，式中的幅值 I_m、角频率 ω 和初相位 φ_i 称为正弦量的**三要素**。

正弦电流 $i(t)$ 是一个交变的电流，正半周时其值为正，表明其实际方向与参考方向相同，负半周时则相反。

正弦量的第二种表达方式是波形图，也称为正弦波，其横轴可以是时间 t，单位为 s(秒)；也可以是 ωt，单位为 rad(弧度)。图 6-2 所示是正弦电流 $i(t)$ 的波形图。

下面结合波形图来说明正弦量三要素的意义。

I_m 称为正弦量的振幅或幅值。显然，当 $\cos(\omega t+\varphi_i)=1$ 时，$i(t)$ 取最大值 I_m；当 $\cos(\omega t+\varphi_i)=-1$ 时，$i(t)$ 取其最小值 $-I_m$。最大值与最小值之差 $I_m-(-I_m)=2I_m$ 称

---

① $i(t)$ 是时间 t 的函数，有时也简记为 i。

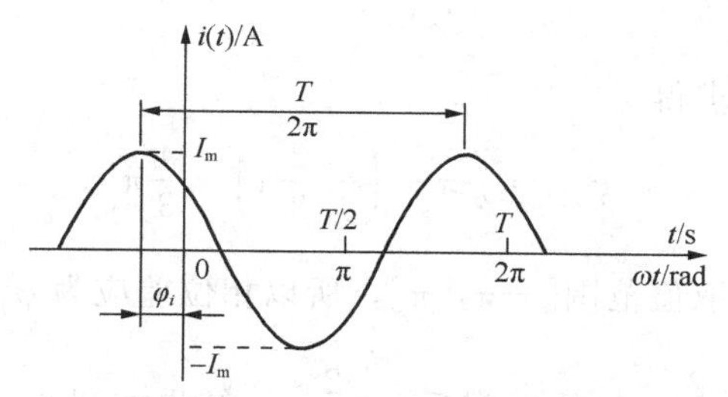

图 6-2　正弦电流 $i(t)$ 的波形图

为峰/峰值。

随时间变化的角度 $(\omega t+\varphi_i)$ 称为正弦量的相位或相位角，其时间变化率称为角频率，容易求得角频率就是 ω，单位为 rad/s(弧度/秒)，它与周期 T 和频率 f 之间的关系为

$$\omega=\frac{2\pi}{T}=2\pi f \tag{6-2}$$

周期 T 的单位为 s（秒），频率 f 的单位为 $\frac{1}{s}$（1/秒），称为 Hz(赫兹，简称赫)。

φ_i 是正弦量在 $t=0$ 时的相位，称为初相位(角)，简称初相，初相的单位为 rad(弧度)或°(度)。对一组同频正弦量，初相代表了每个正弦量达到其最大值的先后关系，称为相位关系。一般称初相位为 0°的正弦量为参考(标准)正弦量，所以其他同频正弦量的初相代表了“超前”或“滞后”参考正弦量的角度。由于正弦量是以 2π 为周期的周期函数，所以如果不对初相的取值范围有所限制的话，就可能出现多种“超前”或“滞后”的歧义说法。一般规定初相的取值范围为$[-\pi,\ \pi]$。如果初相值超出取值范围，可通过加减 2π 求出符合取值范围的初相值。

正弦电压的表示方法和意义与正弦电流类似，这里不再赘述。

2. 相位差

电路中常用相位差的概念来表示两个同频正弦量之间相位关系，相位差就是两者相位的差，显然也等于初相的差，相位差是一个与时间 t 无关的常数。例如，如以 φ_{12} 表示电流 $i_1(t)=I_m\cos(\omega t+\varphi_1)$ 和电压 $u_2(t)=U_m\cos(\omega t+\varphi_2)$ 的相位差，则有

$$\varphi_{12}=\varphi_1-\varphi_2 \tag{6-3}$$

同初相一样，一般也规定相位差的取值范围为$[-\pi,\ \pi]$。

知道了相位差以后，就可以结合“超前”和“滞后”等概念来说明两个同频正弦量的相位关系。当 $\varphi_{12}>0$ 时，称 i_1 超前 $u_2\varphi_{12}$，或称 u_2 滞后 $i_1\varphi_{12}$，反之亦然。

(1) 当 $\varphi_{12}=0$ 时，称 i_1 与 u_2 同相；

(2) 当 $|\varphi_{12}|=\pi$，称 i_1 与 u_2(彼此)反相；

(3) 当 $|\varphi_{12}|=\frac{\pi}{2}$，称 i_1 与 u_2(彼此)正交。

显然，当改变某一正弦量的参考方向时，为保证正弦量的瞬时值不变，其新表达式应取原表达式的反相，即初相加 π 或减 π。

在波形图上更容易理解相位差的意义，见例题 6-1。

例 6-1　求正弦量 $i_1(t)=I_{m1}\cos\left(\omega t+\frac{2}{3}\pi\right)$ A 和 $i_2(t)=I_{m2}\cos\left(\omega t-\frac{2}{3}\pi\right)$ A 的相

位差。

解：根据式(6-3)可求得

$$\varphi_{12}=\frac{2}{3}\pi-\left(-\frac{2}{3}\pi\right)=\frac{4}{3}\pi$$

此值已超出相位差的取值范围[$-\pi$，π]，所以相位差应为 $\varphi_{12}=-2\pi+\frac{4}{3}\pi=-\frac{2}{3}\pi$。具体可表述为，$i_2$ 超前 i_1 $\frac{2}{3}\pi$，或 i_1 滞后 i_2 $\frac{2}{3}\pi$，结果如图 6-3 所示。

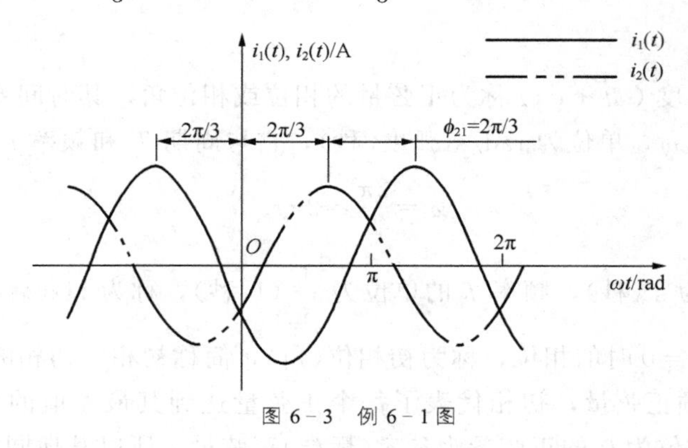

图 6-3 例 6-1 图

3. 有效值

通常交流电流表、交流电压表的读数以及常用交流电器所标注的额定值都是有效值，市电电压 220V，即指有效值。

交流电的有效值是根据电流的热效应来定义的。以周期电流 $i(t)$ 为例，假设把一个周期电流 $i(t)$ 和另一个直流电流 I 加到电阻值均为 R 的两个相同的电阻上，如果两者在一个周期为 T 的时间内所产生的热能相等，则这个直流电流 I 的值就是这个周期电流 $i(t)$ 的**有效值**。显然，可在一个周期内表达这种相等关系，即

$$\int_0^T Ri^2(t)\mathrm{d}t=TRI^2$$

因此可求得

$$I=\sqrt{\frac{1}{T}\int_0^T i^2(t)\mathrm{d}t} \tag{6-4}$$

即一个周期电流的有效值等于其瞬时值的平方在一个周期内积分的平均值的平方根，所以有效值也被称为均方根值或方均根值。

当电流 $i(t)$ 是正弦量时，可以推导出其有效值与振幅之间的关系。由式(6-1)和式(6-4)，并根据三角公式 $i^2(t)=I_m^2\cos^2(\omega t+\varphi_i)=I_m^2\dfrac{1+\cos[2(\omega t+\varphi_i)]}{2}$ 可求得

$$I=\frac{1}{\sqrt{2}}I_m=0.707I_m \tag{6-5}$$

据此，正弦电流 $i(t)$ 也可记为如下形式

$$i(t)=\sqrt{2}I\cos(\omega t+\varphi_i) \tag{6-6}$$

上式中，I、ω、φ_i 也可称为正弦量的三要素。

注意，式(6-5)只适用于正弦量，对其他周期函数不成立。

电压有效值的定义与电流完全相同，这里不再赘述。

6.2 复数

相量法是基于复数的分析方法，首先对复数运算做简要复习。

复数 F 定义为

$$F=a+\mathrm{j}b$$

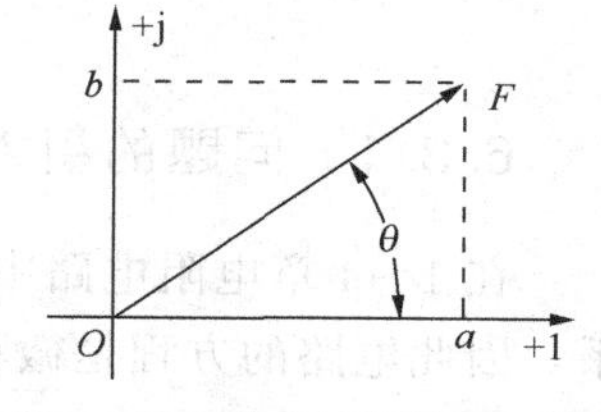

图 6-4 复数在复平面上的表示

式中，a 和 b 分别称为复数 F 的实部和虚部，而 $\mathrm{j}=\sqrt{-1}$ 为虚数单位。此定义式一般称为复数的代数形式。

若两个复数的实部和虚部分别相等，定义为两个复数相等。

如图 6-4 所示，复数 F 可以用复平面上的一个向量 F 来表示。

为计算方便，还经常把复数表示成其三角形式、指数形式及极坐标形式。根据图 6-4，复数 F 的三角形式为

$$F=|F|\cos\theta+\mathrm{j}|F|\sin\theta$$

式中 $|F|=\sqrt{a^2+b^2}$ 为复数 F 的模，$\theta=\arctan\dfrac{b}{a}$ 为复数 F 的幅角，因此有

$$a=|F|\cos\theta,\ b=|F|\sin\theta$$

θ 可以用弧度或度表示。

根据欧拉公式 $e^{\mathrm{j}\theta}=\cos\theta+\mathrm{j}\sin\theta$，复数 F 还可表示为指数形式和极坐标形式，即

$$F=|F|\mathrm{e}^{\mathrm{j}\theta},\ F=|F|\angle\theta$$

用 $\mathrm{Re}[F]$ 表示取复数 F 的实部，$I_m[F]$ 表示取复数 F 的虚部，所以有

$$\mathrm{Re}[F]=a,\ I_m[F]=b$$

用 F^* 表示复数 F 的共轭复数，即 $F^*=a-\mathrm{j}b$ 或 $F^*=|F|\angle-\theta$。

复数的基本运算包括加减和乘除。

复数的加减运算定义为其实部和虚部分别相加减，所以一般适合以代数形式进行。例如，设 $F_1=a_1+\mathrm{j}b_1$、$F_2=a_2+\mathrm{j}b_2$，则

$$F_1\pm F_2=a_1\pm a_2+\mathrm{j}(b_1\pm b_2)$$

复数的加减运算也可以在复平面上按向量加减的平行四边形法则进行，如图 6-5 表示了两个复数相加的运算 $F=F_1+F_2$。

显然，两个复数相减的运算 $F=F_1-F_2$ 可视作 $F=F_1+(-F_2)$。

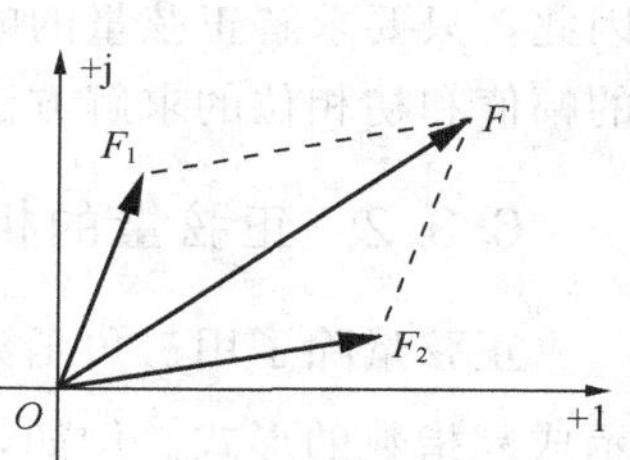

图 6-5 复平面上两个复数相加的运算

复数的乘除运算以指数形式或极坐标形式进行较为简便。两个复数相乘定义为它们的模相乘、幅角相加，即

$$F=F_1F_2=|F_1||F_2|\angle\theta_1+\theta_2$$

两个复数相除定义为他们的模相除、幅角相减，即

$$F=\frac{F_1}{F_2}=\frac{|F_1|}{|F_2|}\angle\theta_1-\theta_2$$

下面讲解几个特殊的复数。

$e^{j\theta}=1\angle\theta$ 是一个模等于1、幅角为 θ 的复数。任意复数 $F=|F|\angle\theta_F$，乘以 $e^{j\theta}$ 等于把复数 F 逆时针旋转一个角度 θ，而 F 的模不变，所以 $e^{j\theta}=1\angle\theta$ 称为旋转因子。当 $\theta=90°$，$e^{j90°}=\cos90°+j\sin90°=j$，所以，$j=\angle90°$、$-j=\angle-90°$、$-1=\angle180°$ 都是特殊的旋转因子。

6.3 正弦交流电的相量表示

6.3.1 问题的引入

在1～4章电阻电路中，不包含电感和电容。第5章中，电感和电容的VCR为微分关系，因此电路的方程是微积分方程。在交流电路中，电流或电压都是变化的，此时列出的方程是含有正弦函数的微积分方程，给电路分析计算带来困难。

例如，图6-6所示电路，已知激励 $u_s(t)=200\cos(314t+50°)$。

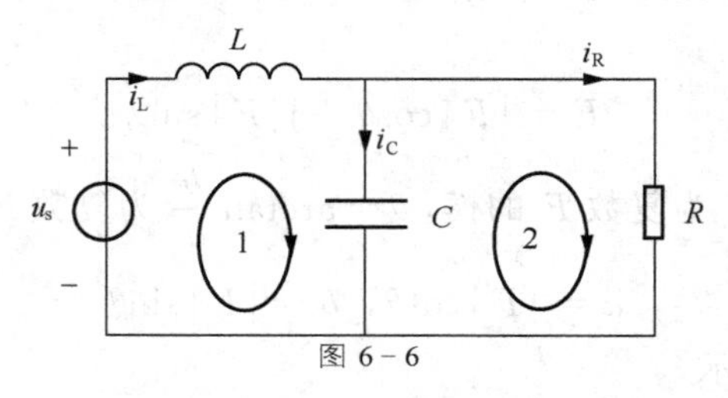

图6-6

用支路电流法求 i_L、i_C、i_R，则电路方程为

$$i_L=i_C+i_R$$

$$L\frac{di_L}{dt}+\frac{1}{C}\int i_C dt=200\cos(314t+50°) \tag{6-7}$$

$$Ri_R=\frac{1}{C}\int i_C dt$$

以上方程是关于正弦量三角函数式的微分方程，用微分方程的经典法求解很烦琐，为此，我们探寻新的方法。

根据线性性质，在线性电路中，如果电路的全部激励是同一频率的正弦量，那么电路的稳态响应，也将是同一频率的正弦量，且响应与激励的频率相等。

正弦交流电的求解就是要关注正弦量的三要素，其中响应的频率与激励的频率相等，因此，只要求解正弦量的幅值和初相位即可。下面我们将根据数学和电路原理探寻正弦量的幅值和初相位的求解方法——相量法。

6.3.2 正弦量的相量式

正弦量除了用三角函数式(瞬时表达式)和波形图来表示以外，利用欧拉公式还可以表示成复指数的形式。例如，一个正弦交流电流 $i_1(t)=\sqrt{2}I\cos(\omega t+\varphi)$A，可以表示为复指数函数的实部，即

$$i_1(t)=\sqrt{2}I\cos(\omega t+\varphi)=\mathrm{Re}[\sqrt{2}Ie^{j(\omega t+\varphi)}]=\mathrm{Re}[\sqrt{2}Ie^{j\varphi}\cdot e^{j\omega t}] \tag{6-8}$$

式(6-8)中，方括号内是一个复数，符号 Re 表示取复数的实部。其中的 $e^{j\omega t}$ 在复平面上，是一个以角速度 ω 逆时针旋转的单位矢量。矢量 $\sqrt{2}Ie^{j\varphi}$ 包含了正弦量的**最大值**和**初相位**两要素的矢量，再乘以 $e^{j\omega t}$，即得一个以**角速度** ω 逆时针旋转的矢量，因此旋转的矢量能完整地表示正弦量的三要素。这个旋转的矢量中的 $Ie^{j\varphi}$ 我们称为正弦量的相量，用 $\dot{I}$ 表示。将正弦电流 $i(t)$（对应)的相量，记为

$$\dot{I}=Ie^{j\varphi}=I\angle\varphi \tag{6-9}$$

其与正弦电流 $i(t)$ 的一一对应关系可表示为

$$i(t)\Leftrightarrow\dot{I} \tag{6-10}$$

要特别强调，式(6-10)表示的是一个正弦量与其相量之间的一一对应关系，不是相等关系，不能用等号。

显然，一个正弦量与其相量的关系也可表示为

$$i(t)=\mathrm{Re}[\sqrt{2}\dot{I}e^{j\omega t}] \tag{6-11}$$

综上可得，正弦交流电流 $i(t)=\sqrt{2}I\cos(\omega t+\varphi)$A 的相量式

$$\dot{I}_m=\sqrt{2}Ie^{j\varphi}\text{或}\dot{I}_m=\sqrt{2}I\angle\varphi \tag{6-12}$$

在电路分析中，复数中的模也可以取为正弦量的有效值，即可以把正弦交流电流的相量形式为

$$\dot{I}=Ie^{j\varphi}\text{ 或 }\dot{I}=I\angle\varphi \tag{6-13}$$

注意，用有效值代表相量的模时，要想得到结果如图 6-7 所示，对应的物理意义必须将有效值乘以$\sqrt{2}$。

6.3.3　正弦量的相量图表示

若把复数 $\sqrt{2}Ie^{j\varphi}\cdot e^{j\omega t}$ 在复平面上的对应点与原点之间用一带箭头的有向线段画出，为了做图方便，将复数坐标逆时针旋转了 90°。例如，当初相位是 0°，幅值是 $\sqrt{2}I$，即把 $\sqrt{2}Ie^{j0}\cdot e^{j\omega t}$ 画在图 6-7 中，有向线段长度是 $\sqrt{2}I$、初相位是 0°的矢量，且以 ω 角速度逆时针旋转。

如图 6-7(a)所示，当 $t=0$ 时，该相量与实轴夹角为正弦函数的初相位角 $\varphi=0°$，此时，相量在实轴上的投影等于 $\sqrt{2}I\cos0°$。该相量以 ω 角速度随时间逆时针方向旋转，当 $t=t_1$ 时，相量转到图(b)中所示位置。此时与实轴夹角为 $(\omega t_1+\varphi)=60°$，由图可以看出，该相量在实轴上的投影等于 $\sqrt{2}I\cos60°$，即等于对应的正弦函数在该时刻的瞬时值，以此类推。

相量的定义构建了两个数域之间的变换关系，正弦量的三角函数式和波形图在时间域，其相量式和相量图在复数域。在后续课程中我们会发现，类似的变换方法在科学研究和工程技术中被广泛采用。

正弦交流电流 $i(t)=\sqrt{2}I\cos(\omega t+\varphi)$A 的相量 $\dot{I}$ 可以用如图 6-8 所示的相量图表示。

在用复平面上的相量表示正弦函数时，只要确定其初相位时的相量即可，即相当于取 $t=0$ 时的复指数函数 $\sqrt{2}Ie^{j\varphi}$。实际的正弦时间函数只要把该复数乘以 $e^{j\omega t}$，再取其实部就可以得到 $i(t)=\sqrt{2}I\cos(\omega t+\varphi)$A。

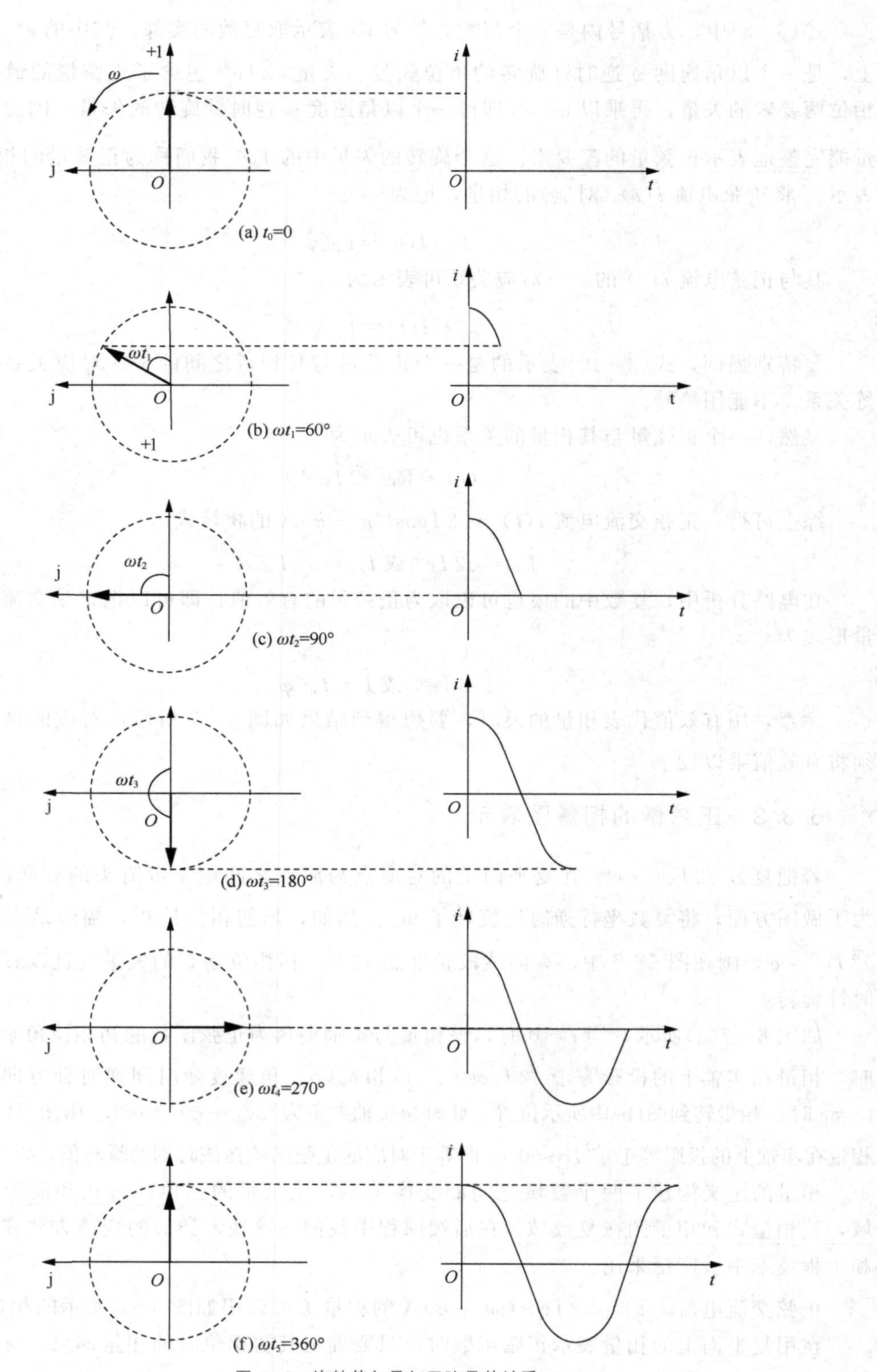

图 6-7 旋转的矢量与正弦量的关系

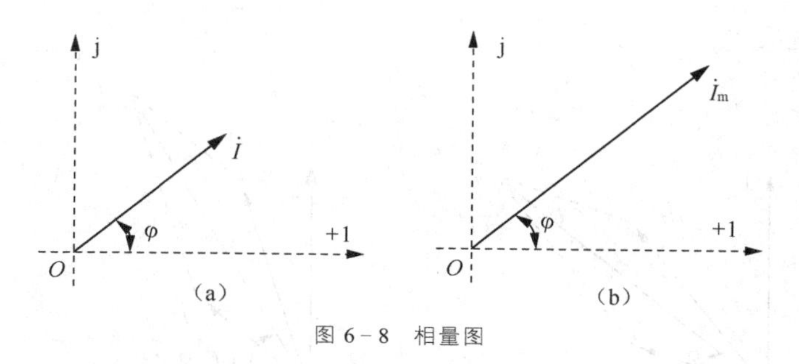

图 6-8　相量图

掌握三角函数式、相量的复数表达式和相量图形表示，并理解它们之间的内在转换关系和意义，是稳态正弦交流电路中相量计算的基础。

6.3.4　正弦量相量表示的应用

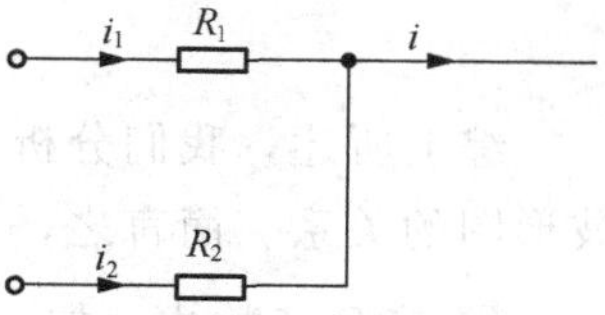

对于图 6-9(a)所示的电路，若已知两条支路中的电流为

$$i_1 = \sqrt{2} I_1 \cos(\omega t + \varphi_1)$$
$$i_2 = \sqrt{2} I_2 \cos(\omega t + \varphi_2)$$

(a)

图 6-9　向量图

则，总电流

$$\begin{aligned} i &= i_1 + i_2 \\ &= \mathrm{Re}[\sqrt{2} I \mathrm{e}^{\mathrm{j}(\omega t + \varphi_1)}] + \mathrm{Re}[\sqrt{2} I \mathrm{e}^{\mathrm{j}\varphi_2} \cdot \mathrm{e}^{\mathrm{j}\omega t}] \\ &= \mathrm{Re}[\sqrt{2}(\dot{I}_1 + \dot{I}_2)\mathrm{e}^{\mathrm{j}\omega t}] \\ &= \mathrm{Re}[\sqrt{2} \dot{I} \mathrm{e}^{\mathrm{j}\omega t}] \\ &= \sqrt{2} I \cos(\omega t + \varphi) \end{aligned}$$

$$\dot{I} = \dot{I}_1 + \dot{I}_2$$

由上式可知，要计算总电流 i，只要知道总电流的相量 $\dot{I}$ 即可。于是，两个同频率的正弦电流相加问题就转化成这两个正弦电流的对应相量的相加问题，即把三角函数的相加转化为两个复数的相加运算。以上是转换的推导过程，以后的计算直接转换为相量利用 $\dot{I} = \dot{I}_1 + \dot{I}_2$ 相加即可。

我们还可以在相量图上直观地来分析两个正弦量的相量相加的意义。电流 i_1 与 i_2 的相量 $\dot{I}_1$、$\dot{I}_2$ 如图 6-9(b)或图 6-9(c)所示。

当 $t=0$ 时，相量处于初始位置。按两个相量相加的平行四边形法则，做 $\dot{I}_1$、$\dot{I}_2$ 平行四边形(或首尾依次连接)得合成相量 $\dot{I}$，如图 6-9(b)所示。

当 $t=t_1$ 时，相量 $\dot{I}_1$、$\dot{I}_2$ 以 ω 角速度随时间逆时针方向旋转了 ωt_1 角度，做平行四边形(或首尾依次连接)得合成相量 $\dot{I}$，如图 6-9(c)所示。

由图 6-9(b)和(c)可见，$t=0$ 时和 t 等于任意时刻，其合成的相量 $\dot{I}$ 的幅值均不变，因此只要画出 $t=0$ 时的相量图，即图 6-9(b)就可以求出三要素中初相位和幅值(或有效值)。

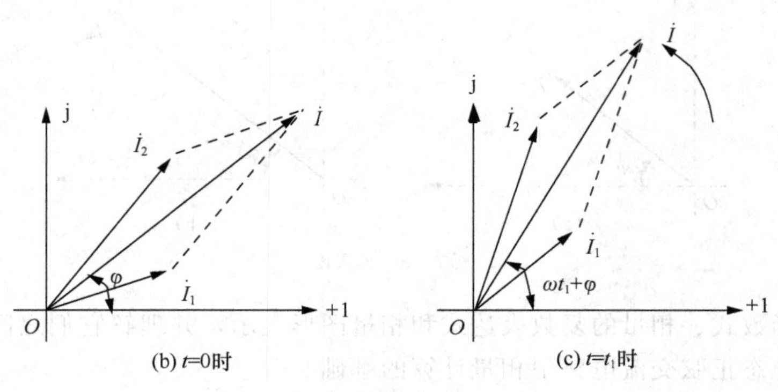

图 6-9　相量图

综上所述，我们分析了正弦函数相量式与三角函数式的关系，以及正弦函数相量图与波形图的关系。简言之，正弦量可以用以下 4 种表达方式表达。

① 三角函数式，如 $i(t)=\sqrt{2}I\cos(\omega t+\varphi)\text{A}$；

② 波形图(如图 6-2 所示)；

③ 相量式(如式 6-12 或式 6-13)；

④ 相量图(如图 6-8 所示)。

正弦量的这 4 种表达方式可以相互转换，各有特点。对正弦量运算，用相量式更简便，用相量图做辅助分析比较直观，下面通过例题，进一步说明同频率正弦量的转换表达方式等问题。

例 6-2　写出下列三角函数式的相量式、并画出相量图。

$$i_1(t)=-14.14\cos(628\times10^3t+60°)\text{mA}$$

$$u_2(t)=220\sqrt{2}\sin(314t-120°)\text{V}$$

解：注意，首先要统一用 cos 或 sin 函数表示正弦量，而且表达式前的负号要等效到其初相位中，变换后还要注意初相位是否超出其取值范围。据此，两个正弦量应首先变换为

$$i_1(t)=14.14\cos(628\times10^3t+60°-180°)=14.14\cos(628\times10^3t-120°)\text{mA}$$

$$u_2(t)=220\sqrt{2}\cos(314t-120°-90°+360°)=220\sqrt{2}\cos(314t+150°)\text{V}$$

所以，两者(对应的)相量式为

$$\dot{I}_1=10\angle-120°\text{mA}$$

$$\dot{U}_2=220\angle150°\text{V}$$

相量图

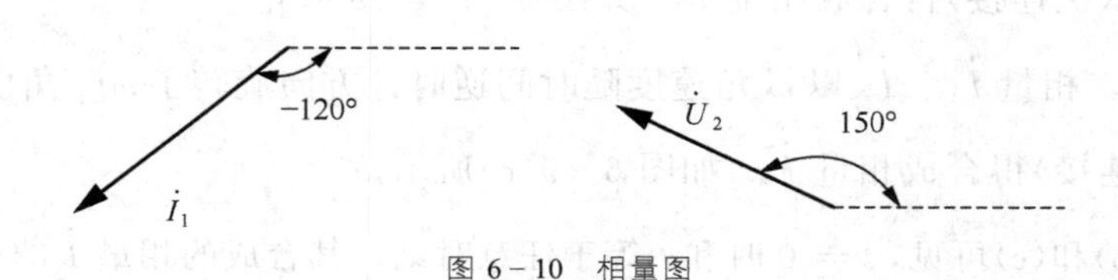

图 6-10　相量图

相量图中的水平参考可以不用画出，请读者自己画出对应的波形图。

① 从已知的三角函数式，可以直观地找到幅值、角频率 ω 和初相位三个要素；

② 从波形图可以直观地看到幅值、周期 T 和初相位三个要素；

③ 从相量式和相量图中可以直观地找到幅值(或有效值)、初相位两个要素；可以认为角频率 ω 被隐含在相量式的“·”中，因此，写相量式或画相量图时，一定不能丢掉大写字母上方的“·”，如果只写大写字母表示有效值，大写字母上方需加“·”表示一个完整的正弦量的相量式。而小写字母表示随时域变化的三角函数式，请大家一定注意写法的不同，代表的物理意义各不相同。

6.4 KCL、 KVL 相量形式

根据基尔霍夫电流定律(KCL)：在任意时刻，对电路中任意节点，流出该节点的所有支路电流的代数和恒等于零，即

$$i_1 + i_2 + i_3 + \cdots + i_k = 0 \text{ 或简记为} \sum_k i_k = 0$$

当电流均为同频正弦量时，可对上式两边用相量表示，有

$$\dot{I}_1 + \dot{I}_2 + \dot{I}_3 + \cdots + \dot{I}_k = 0 \text{ 或简记为} \sum_k \dot{I}_k = 0 \tag{6-14}$$

此即 KCL 的相量形式，可表述为，任一节点上，同频正弦电流对应相量的代数和等于零。

同样，由基尔霍夫电压定律(KVL)，当支路电压均为同频正弦量时，有

$$\dot{U}_1 + \dot{U}_2 + \dot{U}_3 + \cdots + \dot{U}_k = 0 \text{ 或简记为} \sum_k \dot{U}_k = 0 \tag{6-15}$$

此即 KVL 相量形式，可表述为，任一回路中，同频正弦电压对应相量的代数和等于零。

由于振幅相量与有效值相量仅有$\sqrt{2}$倍的差别，所以对振幅相量，KCL 和 KVL 的相量形式同样成立。

实际应用中，总是先画出所谓原电路对应的相量模型，然后根据相量模型直接写出 KCL 方程和 KVL 方程的相量形式。

要特别强调的是，KCL、KVL 的相量形式并没有什么新的物理意义，本质上，其所反映的仍是其对应的正弦量在(时域内)每一时刻满足 KCL 或 KVL。由于只有相量才对应其正弦量，所以要特别注意，只有相量才满足 KCL 或 KVL，其有效值不满足 KCL 或 KVL。

例 6-3　在图 6-11(a)中，已知电流的参考方向，且电流 $i_1(t) = 3\sqrt{2}\cos(314t)$A，$i_2(t) = 3\sqrt{2}\cos(314t + 60°)$A，求另一电流 $i_3(t)$。

解：(1) 将正弦量的三角函数式转化为相量式——相量的正变换，得

$$\dot{I}_1 = 3\angle 0° \quad \dot{I}_2 = 3\angle 60°$$

根据节点 A 的 KCL

$$\dot{I}_3 = \dot{I}_1 - \dot{I}_2 = 3\angle 0° - 3\angle 60° = 3\angle 0° + 3\angle -120° = 3\angle -60°\text{A}$$

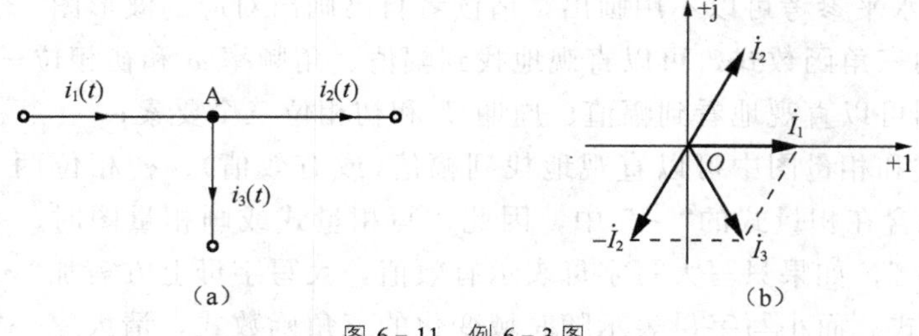

图 6-11 例 6-3图

(2) 将正弦量的相量式转化为三角函数式——相量的反变换，得

$$i_3(t)=3\sqrt{2}\cos(314t-60°)\mathrm{A}$$

也可在复平面上用图解法求解 $\dot{I}_3$，$\dot{I}_3=\dot{I}_1+(-\dot{I}_2)$，如图 6-11(b)所示。

也可用最大值表示相量，此时得到的是 $\dot{I}_{3m}$。

6.5 电阻、电感和电容元件 VCR 的相量形式

电阻、电感和电容这三种基本二端元件都可以被视作最简单的单口。下面我们讲解这三种元件 VCR 的相量形式，并对其正弦稳态下的特性做深入分析。

1. 电阻

电阻 R 的时域模型如图 6-12(a)所示，设电流和电压呈关联方向，其中 $i_{\mathrm{R}}(t)=\sqrt{2}I_{\mathrm{R}}\cos(\omega t+\varphi_i)$，$\dot{I}_{\mathrm{R}}=I_{\mathrm{R}}\angle\varphi_i$ 根据欧姆定律

$$u_{\mathrm{R}}(t)=Ri_{\mathrm{R}}(t) \tag{6-16}$$

可求得

$$u_{\mathrm{R}}(t)=\sqrt{2}RI_{\mathrm{R}}\cos(\omega t+\varphi_i) \tag{6-17}$$

可见，其电压有效值是电流有效值的 R 倍，电压与电流同相。

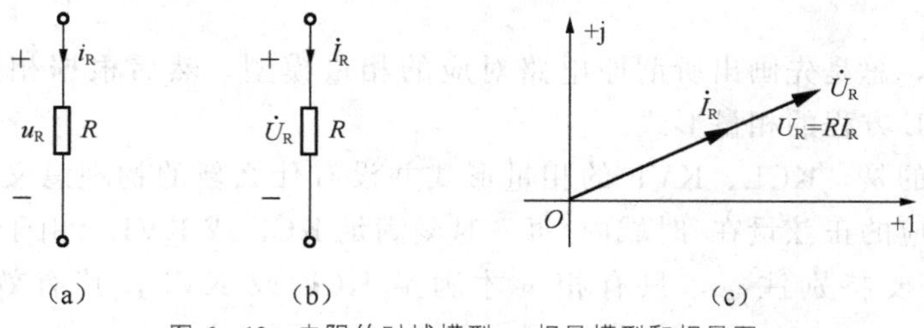

图 6-12 电阻的时域模型、相量模型和相量图

直接对式(6-17)写出相量式，可求得电阻的 VCR 的相量形式为

$$\dot{U}_{\mathrm{R}}=RI_{\mathrm{R}}\angle\varphi_i=R\dot{I}_{\mathrm{R}} \tag{6-18}$$

式(6-18)可分解为有效值的关系和辐角的关系，即

$$\begin{cases}U_{\mathrm{R}}=RI_{\mathrm{R}}\\ \varphi_u=\varphi_i\end{cases} \tag{6-19}$$

此结果与时域分析结果一致。

由式(6-18)可得，电阻 R 的相量模型如图 6-12(b)所示，式(6-18)可根据此相量模

型按欧姆定律直接写出。图 6-12(c)是电阻的相量图，其简明地表明了其电压相量和电流相量的关系，电阻元件上电压和电流同相位。

2. 电感

电感 L 的时域模型如图 6-13(a)所示，其中电流和电压呈关联方向，设

$i_{\mathrm{L}}(t)=\sqrt{2}I_{\mathrm{L}}\cos(\omega t+\varphi_i)$，则 $\dot{I}_{\mathrm{L}}=I_{\mathrm{L}}\angle\varphi_i$，根据楞次定律电感的 VCR，得

$$u_{\mathrm{L}}(t)=L\frac{\mathrm{d}i_{\mathrm{L}}(t)}{\mathrm{d}t} \tag{6-20}$$

可求得

$$u_{\mathrm{L}}(t)=-\sqrt{2}\omega LI_{\mathrm{L}}\sin(\omega t+\varphi_i)=\omega L\sqrt{2}I_{\mathrm{L}}\cos(\omega t+\varphi_i+90°) \tag{6-21}$$

可见，其电压有效值是电流有效值的 ωL 倍，并电压超前电流 90°。

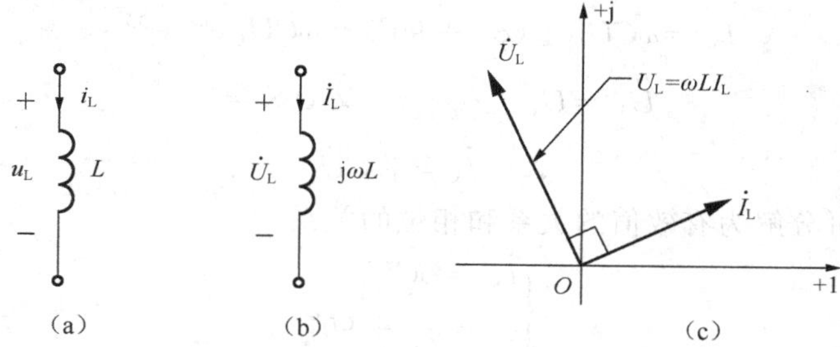

图 6-13　电感的时域模型、相量模型和相量图

直接对式(6-21)写出相量式，可求得电感的 VCR 的相量形式为

$$\dot{U}_{\mathrm{L}}=\omega LI_{\mathrm{L}}\angle(\varphi_i+90°)=\omega LI_{\mathrm{L}}\mathrm{e}^{\mathrm{j}\varphi_i}\cdot\mathrm{e}^{\mathrm{j}90°}$$

因为　$\dot{I}_{\mathrm{L}}=I_{\mathrm{L}}\mathrm{e}^{\mathrm{j}\varphi_i}$　又 $\mathrm{e}^{\mathrm{j}90°}=\mathrm{j}$

$$\therefore \dot{U}_{\mathrm{L}}=\mathrm{j}\omega L\dot{I}_{\mathrm{L}} \tag{6-22}$$

式(6-22)可分解为有效值的关系和相位的关系

$$\begin{cases}U_{\mathrm{L}}=\omega LI_{\mathrm{L}}\\ \varphi_u=\varphi_i+90°\end{cases} \tag{6-23}$$

由式(6-23)，定义 $X_{\mathrm{L}}=\omega L$ 为感抗，具有电阻的量纲[Ω]；与电阻不同，感抗随频率改变：当 $\omega\to0$ 时(直流)，$\omega L\to0$，电感相当于短路；当 $\omega\to\infty$ 时，$\omega L\to\infty$，电感相当于开路。

图 6-13(b)是电感的相量模型，式(6-22)可根据此相量模型并按欧姆定律的形式直接写出。图 6-13(c)是电感的相量图。

3. 电容

电容 C 的时域模型如图 6-14(a)所示，其中电流和电压呈关联方向，设

$$u_{\mathrm{C}}(t)=\sqrt{2}U_{\mathrm{C}}\cos(\omega t+\varphi_u)，则 \dot{U}_{\mathrm{C}}=U_{\mathrm{C}}\angle\varphi_u$$

根据电容的 VCR

$$i_{\mathrm{C}}(t)=C\frac{\mathrm{d}u_{\mathrm{C}}(t)}{\mathrm{d}t}$$

可求得

$$i_{\mathrm{C}}(t)=\omega C\sqrt{2}U_{\mathrm{C}}\cos(\omega t+\varphi_u+90°) \tag{6-24}$$

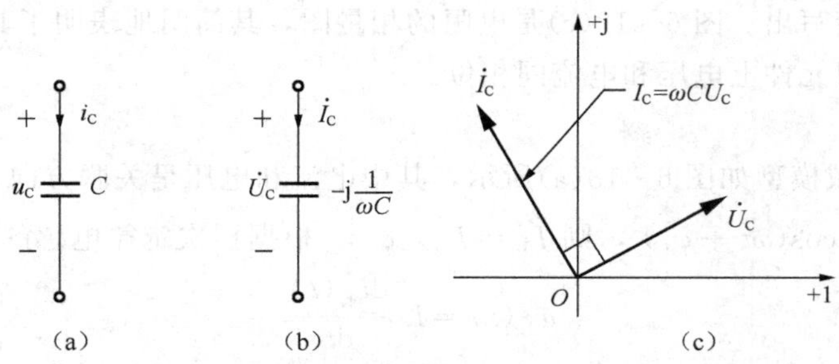

图 6-14 电容的时域模型、相量模型和相量图

可见，其电流有效值是电压有效值的 ωC 倍，并电流超前电压 90°。

直接对式(6-24)写出相量式，可求得电容的 VCR 的相量形式为

$$\dot{I}_C=\omega CU_C\angle(\varphi_u+90°)=\omega CU_C e^{j\varphi_u}e^{j90°}$$

因为 $\dot{U}_C=U_C\angle\varphi_u$ 又 $e^{j90°}=j$

$$\therefore\quad \dot{I}_C=j\omega C\dot{U}_C \tag{6-25}$$

式(6-25)也可分解为有效值的关系和相位的关系

$$\begin{cases}I_C=\omega CU_C\\ \varphi_i=\varphi_u+90°\end{cases} \tag{6-26}$$

由式(6-26)定义 $X_C=\dfrac{1}{\omega C}$ 为容抗，具有电阻的量[Ω]。与电感的特性相反，当 $\omega\to0$ 时，$\dfrac{1}{\omega C}\to\infty$，电容相当于开路；当 $\omega\to\infty$ 时，$\dfrac{1}{\omega C}\to0$，电容相当于短路。

图 6-14(b)是电容的相量模型，式(6-25)可根据此相量模型并按欧姆定律的形式直接写出。图 6-14(c)是电容的相量图。

4. 电阻、电感和电容的 VCR 的相量形式总结

根据本节的分析，可总结出，电阻、电感和电容的 VCR 的相量形式为

$$\dot{U}_R=R\dot{I}_R$$

$$\dot{U}_L=j\omega L\dot{I}_L$$

$$\dot{U}_C=\frac{1}{j\omega C}\dot{I}_C$$

它们都具有欧姆定律的形式。

5. 受控源的 VCR 相量形式

最后分析受控源的 VCR 的相量形式。以 VCCS 为例，其控制关系为

$$i(t)=gu(t)$$

其中控制系数 g 为常数，当控制电压 $u(t)$ 是正弦量时，受控电流 $i(t)$ 也是同频正弦量，因此，有

$$\dot{I}=g\dot{U} \tag{6-27}$$

式中 $\dot{I}=I\angle\varphi_i\Leftrightarrow i(t)$，$\dot{U}=U\angle\varphi_u\Leftrightarrow u(t)$。

式(6-27)就是 VCCS 的 VCR 的相量形式，图 6-15 是 VCCS 的相量模型，可见形

式上与时域模型完全相同，只是将电压、电流换成了对应的相量。

比照上述分析方法，我们也可得到其他三种类型的受控源的 VCR 的相量形式和相量模型，其结果与上述 VCCS 类似，这里不再赘述。

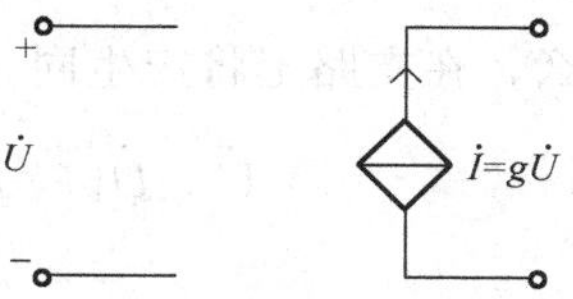

图 6-15 VCCS 的相量模型

6.6 正弦交流电路的阻抗、导纳及等效

6.6.1 阻抗的概念

上一节分析了单一参数的正弦交流电路，引出了感抗、容抗，下面我们通过分析 RLC 串联电路和并联电路，进一步介绍阻抗和导纳的概念。

图 6-16(a)所示单口 N 是一个正弦稳态下的无源单口，其端口电压 $u(t)$ 和端口电流 $i(t)$ 对单口而言呈关联方向。

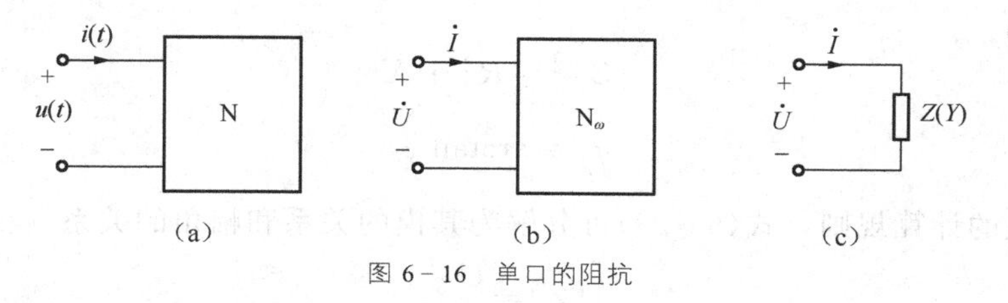

图 6-16 单口的阻抗

图 6-16(b)所示是无源单口 N 所对应的相量模型 N_ω，其中的端口电压和端口电流均以其对应的相量表示。记端口电压相量为 $\dot{U}=U\angle\varphi_u$，端口电流相量为 $\dot{I}=I\angle\varphi_i$，两者也呈关联方向，则定义

$$Z=\frac{\dot{U}}{\dot{I}} \tag{6-28}$$

Z 为单口 N_ω 的阻抗，也称为复阻抗或输入阻抗。显然对确定的频率 ω，阻抗 Z 是一个复常数，并具有电阻的量纲(Ω)。

下面通过实际电路进一步说明，阻抗的计算规则也同电阻的计算规则完全一样。

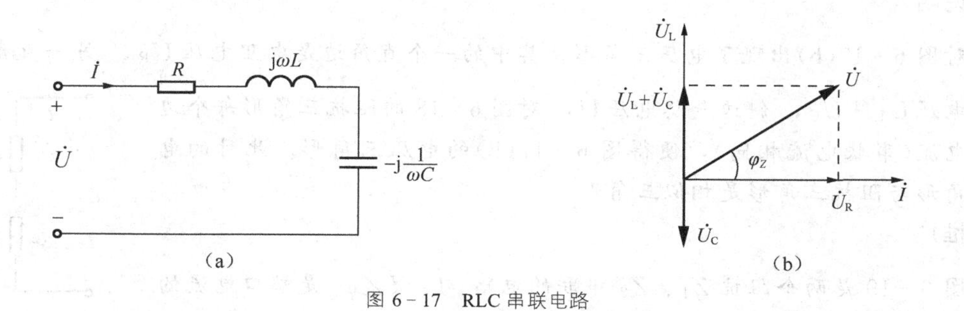

图 6-17 RLC 串联电路

图 6-17(a)是 RLC 串联电路，设加在其端口的激励是角频率为 ω 的正弦电压 $\dot{U}$，那

么，在支路上将产生同一频率的响应，如图中 $\dot{I}$，根据KVL得

$$\dot{U}=\dot{U}_{\mathrm{R}}+\dot{U}_{\mathrm{L}}+\dot{U}_{\mathrm{C}}=\dot{I}R+\dot{I}\mathrm{j}\omega L+\dot{I}\frac{1}{\mathrm{j}\omega C}=\dot{I}\left(R+\mathrm{j}\omega L+\frac{1}{\mathrm{j}\omega C}\right)$$

式中，令 $Z=R+\mathrm{j}\omega L+\frac{1}{\mathrm{j}\omega C}=R+\mathrm{j}\left(\omega L-\frac{1}{\omega C}\right)=R+\mathrm{j}(X_{\mathrm{L}}-X_{\mathrm{C}})=R+\mathrm{j}X$，得

$$\dot{U}=\dot{I}Z$$

上式与式(6-28)相同，Z 称为该串联电路的复阻抗，它等于端电压相量与相应电流相量的比值。复阻抗的极坐标表达式为

$$Z=R+\mathrm{j}X=|z|\angle\varphi_z$$

复阻抗 Z 在代数形式中，实部 R 称其为电阻，虚部 X 称其为电抗部分（$X=X_{\mathrm{L}}-X_{\mathrm{C}}$），合起来称为复阻抗。在极坐标形式中，$|Z|$ 是复阻抗的模，幅角 φ_z 称为阻抗角，两种形式可以互化。可将阻抗 $Z=R+\mathrm{j}X$ 或 $Z=|Z|\angle\varphi_z$ 画在复平面上，如图6-18所示，其 $|Z|$、R 和 X 构成直角三角形，称为阻抗三角形，所以有

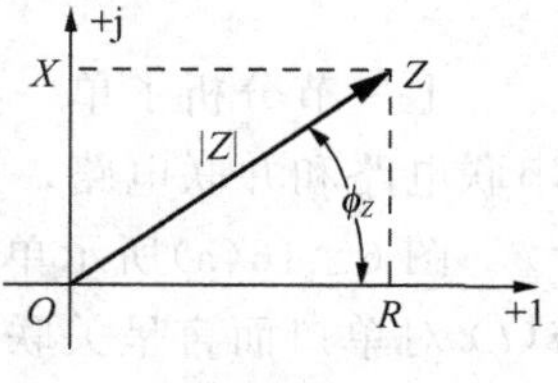

图6-18 阻抗三角形

$$|Z|^2=R^2+X^2 \tag{6-29}$$

$$\varphi_z=\arctan\frac{X}{R} \tag{6-30}$$

根据复数的计算规则，式(6-28)可分解为其模的关系和幅角的关系

$$\begin{cases}|Z|=\dfrac{U}{I}\\ \varphi_z=\varphi_u-\varphi_i\end{cases} \tag{6-31}$$

在RLC串联电路中，其总阻抗 Z 的特性是由角频率 ω 和电感 L、电容 C 的值决定的，如果感抗 X_{L} 大于容抗 X_{C}，即 $X>0$，则阻抗角 $\varphi_z>0$，这时电路阻抗呈感性，电路中的电压超前于电流。如果容抗 X_{C} 大于感抗 X_{L}，即 $X<0$，则阻抗角 $\varphi_z<0$，这时电路阻抗呈容性，电路中的电压滞后于电流。如果 $X=0$，即容抗 X_{C} 等于感抗 X_{L}，则阻抗角 $\varphi_z=0$，这时电路阻抗呈纯电阻性，电路中的电压与电流同相位。

图6-17(b)所示是图(a)的相量图，因为是串联电路每个元件上流过相同的电流，所以，设 $\dot{I}=I\angle0°$，图(b)简明地表明了相量间的关系(假设 $\varphi_z>0$)。

说明

对图6-17(b)出现了电压三角形，其中的一个直角边是电阻电压 $\dot{U}_{\mathrm{R}}$，另一直角边是电抗电压 $\dot{U}_{\mathrm{L}}+\dot{U}_{\mathrm{C}}$，斜边是总电压 $\dot{U}$，对图6-18的阻抗三角形每个边同乘电流(串联电流相同)，便得图6-17(b)的电压三角形。此时的电压三角形与阻抗三角形是相似三角形。

推广

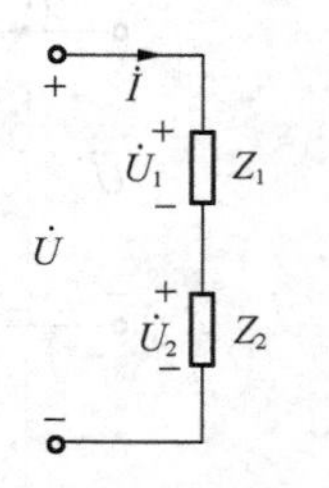

图6-19 两个阻抗的串联

图6-19是两个阻抗 Z_1、Z_2 串联的电路，$\dot{I}=I\angle\varphi_i$ 是端口电流的相量，$\dot{U}=U\angle\varphi_i$ 是端口电压的相量，$\dot{I}$ 与 $\dot{U}$ 呈关联方向。由KCL的相量形式可知，串联电路中电流相量是相同的，所以由KVL的相量形

式有

$$\dot{U}=Z_1\dot{I}+Z_2\dot{I}=(Z_1+Z_2)\dot{I}$$

其中 Z_1+Z_2 可等效为一个阻抗 Z,

$$Z=Z_1+Z_2$$

当有 n 个阻抗串联时，进一步推广，则

$$Z=Z_1+Z_2+\cdots+Z_n$$

6.6.2 导纳的概念

在相量法中还用到导纳的概念。

在如图 6－16(b)所示的关联方向下，定义

$$Y=\frac{\dot{I}}{\dot{U}}=G+\mathrm{j}B=|Y|\angle\varphi_{\mathrm{y}} \tag{6-32}$$

Y 为单口 N_ω 的导纳，也称为复导纳或输入导纳；G 为 Y 的电导部分，B 为 Y 的电纳部分；$|Y|$ 为 Y 的模，φ_{y} 为 Y 的导纳角。

由阻抗和导纳的定义式(6－28)和(6－32)可见，导纳是阻抗的倒数，因此单口 N_ω 也可等效为导纳 Y，如图 6－16(c)所示。形式上，导纳对应电阻电路中的电导。导纳具有电导的量纲(S)。

下面我们将通过实际电路将进一步说明，导纳的计算规则同电导的计算规则完全一样。

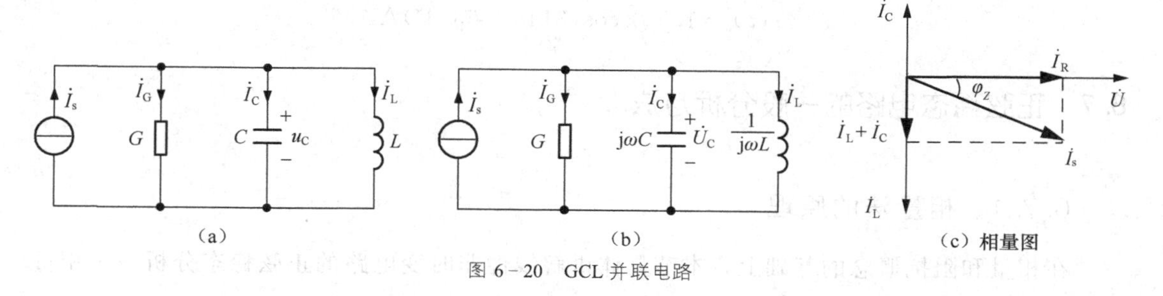

图 6－20 GCL 并联电路

图 6－20(a)是 RLC 并联电路的时域模型，首先将其变成对应的以导纳表示的相量模型(导纳是阻抗的倒数)，如 6－20 (b)所示。设加在其端口的激励是角频率为 ω 的正弦电流，如图中 $\dot{I}_{\mathrm{s}}$，那么，在支路上将产生同一频率的响应，设每个元件上的电压为 $\dot{U}$，根据 KCL 得

$$\dot{I}_{\mathrm{s}}=\dot{I}_{\mathrm{G}}+\dot{I}_{\mathrm{C}}+\dot{I}_{\mathrm{L}}=\dot{U}G+\dot{U}\mathrm{j}\omega C+\dot{U}\frac{1}{\mathrm{j}\omega L}=\dot{U}\left(G+\mathrm{j}\omega C+\frac{1}{\mathrm{j}\omega L}\right)$$

式中，令 $\frac{1}{Z}=Y=G+\mathrm{j}\omega C+\frac{1}{\mathrm{j}\omega L}$，得

$$\dot{I}_{\mathrm{s}}=\dot{U}Y=\frac{\dot{U}}{Z} \tag{6-33}$$

图 6－20(c)所示是图 6－20 (a)的相量图，因为是并联电路每个元件上的电压相同，所以，设 $\dot{U}=U\angle 0°$，图(c)简明地表明了相量间的关系。

综上，电路并联的问题也可以用阻抗来计算，完全可以按个人的习惯，在此应注意它们的实质还是欧姆定律。当然，阻抗是广义的，它可能只是一个纯电阻或是一个纯电抗等。例如，当只有一个电感元件时，此时的阻抗就是感抗，当一个电感和电容元件串联时，此时的阻抗就是电抗，不管怎样，阻抗对应直流电路中电阻的特性。

下面再看一个 RLC 混联电路的问题。

例 6-4 已知单口 N_ω 的相量模型如图 6-21 所示，其端口电压为 $u_C(t)=\sqrt{2}\,10\cos314t$，求单口的阻抗及电流 $\dot{I}_1$、$\dot{I}$、i_1、i。

解：可求得单口 N_ω 的阻抗为

$$Z=1+\mathrm{j}2+\frac{10\times \mathrm{j}5}{10+\mathrm{j}5}=1+\mathrm{j}2+2+\mathrm{j}4=3+\mathrm{j}6(\Omega)$$

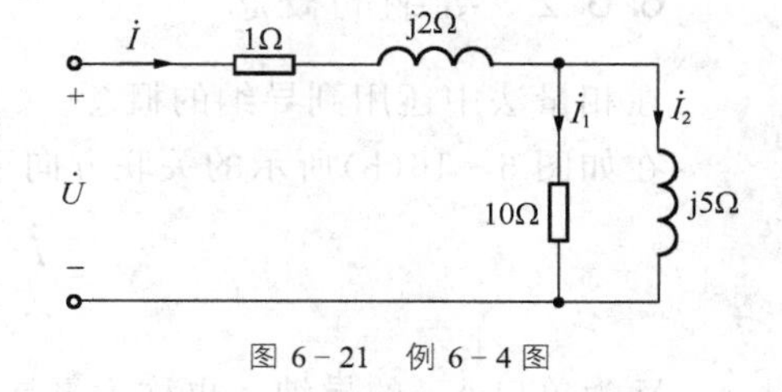

图 6-21 例 6-4 图

电压的相量式 $\dot{U}=10\angle 0°\mathrm{V}$

总电流

$$\dot{I}=\frac{\dot{U}}{Z}=\frac{10\angle 0°}{3+\mathrm{j}6}=1.5\angle -63.4°\mathrm{A}$$

进一步，由分流公式可求

$$\dot{I}_1=\frac{\mathrm{j}5}{10+\mathrm{j}5}\dot{I}=0.67\angle 0°\mathrm{A}$$

相量反变换求出

$$i_1(t)=0.67\sqrt{2}\cos314t\,\mathrm{A}$$

$$i(t)=1.5\sqrt{2}\cos(314t-63.4°)\mathrm{A}$$

6.7 正弦稳态电路的一般分析方法

6.7.1 相量法的原理

在相量和阻抗概念的基础上，本节具体讲解线性非时变电路的正弦稳态分析——相量法，它是正弦稳态分析的一般方法。

首先，有了相量和阻抗的概念以后，就可以将电路的时域模型变换成其相量模型。在相量模型中，电路的拓扑结构不变(相量模型的拓扑结构与原时域模型相同)，只是电压、电流以相量表示，R、L、C 元件分别以 R、$\mathrm{j}\omega L$、$\frac{1}{\mathrm{j}\omega C}$ 表示，受控源也以其相量模型表示。那么相量模型下的电路方程，电路的拓扑约束 KCL、KVL 和元件的约束 VCR，均可以统一写成相量形式，例如：

$$\sum_k \dot{I}_k=0$$

$$\sum_k \dot{U}_k=0$$

$$\dot{U}=Z\dot{I}$$

这些电路方程形式上与电阻电路的方程完全相同。电阻电路的各种分析方法，如支路电流法、节点法、网孔法以及叠加定理、戴维南定理等，均是以 KCL、KVL 及元件的 VCR 为基础推导出来的。既然在电路的相量模型下，电路方程形式上与电阻电路的方程完全相同，那么根据类比原理，则电阻电路的各种分析方法均适用于相量模型的分析，这就是相量法。所以可以说，在一定程度上，相量法“只有新概念，没有新方法”。

6.7.2 相量法的一般分析过程

从相量法的原理可知，相量法的根本是在相量模型下完成对时域模型的求解，一般应遵循以下步骤建立电路的相量模型并求解。

(1) 相量的正变换——由已知正弦激励的时域形式，变换成对应的相量形式。也就是将电路的时域模型变换成其相量模型，电路的拓扑结构不变，其中

① R、L、C 元件都用阻抗(或导纳)表示；

② 将独立电源和待求的电压、电流等都用其相量表示；

③ 受控源变换成其相量形式。

(2) 在相量模型下，比照前 4 章的电路定律、定理和分析方法，解待求电压和电流的相量及其他问题。

(3) 如果题目要求，进行相量的反变换——得到时域模型的解或进行功率等其他分析。

以上步骤具有一般性。有时，根据不同的已知和所求变量，步骤可以省略或变化。下面将通过例题做具体说明。

例 6-5 图 6-22(a)是一种 40W 日光灯正常工作(发光)时的电路模型，其中灯管的电阻约为 $R=250\Omega$，镇流器等效为电阻 $R_L=50\Omega$ 和电感 $L=1.6\text{H}$ 的串联，电源电压为 220V、50Hz。求电路的电流、镇流器的端电压、灯管的端电压。

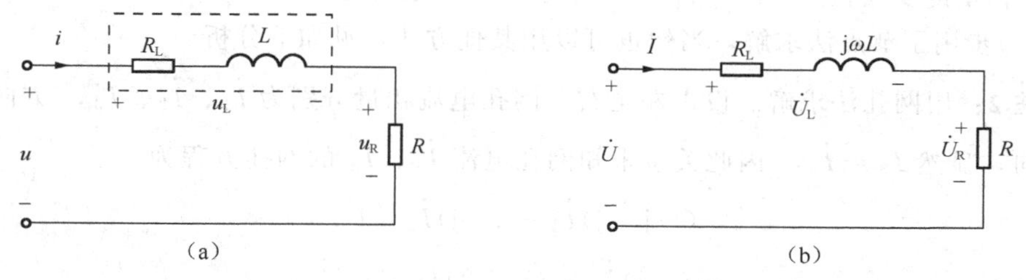

图 6-22 例 6-5 图

解： 电路的相量模型如图 6-22(b)所示，可求得

镇流器的复阻抗为 $Z_L=R_L+j\omega L=50+j314\times1.6=50+j502.4=505\angle84°\Omega$

电路的总复阻抗为 $Z=Z_L+R=50+j502.4+250=300+j502.4=585.2\angle59.2°\Omega$

电路的电流为 $I=\dfrac{U}{|Z|}=\dfrac{220}{585.2}=0.376(\text{A})$

镇流器的端电压为 $U_L=I|Z_L|=0.376\times505=190(\text{V})$

灯管的端电压为 $U_R=IR=0.38\times250=94(\text{V})$

思考(1) 为什么 $U_R+U_L\neq U$？

(2)验证 $\dot{U}_R+\dot{U}_L=\dot{U}$。

例 6-6 正弦稳态电路如图 6-23(a)所示，其中电压源 $u_s(t)=6\sqrt{2}\cos(2t-30°)\text{V}$，电流源 $i_s(t)=3\sqrt{2}\cos(2t-30°)\text{A}$，求电流 i_L。

解法 1：(1) 相量的正变换 $\dot{U}_s=6\angle-30°\text{V}$，$\dot{I}_s=3\angle-30°\text{A}$；

(2) 相量模型如图 6-23(b)所示，由 $\omega=2\text{rad/s}$ 可计算出的各阻抗的值也已标记在图中。下面分别用不同方法求解。

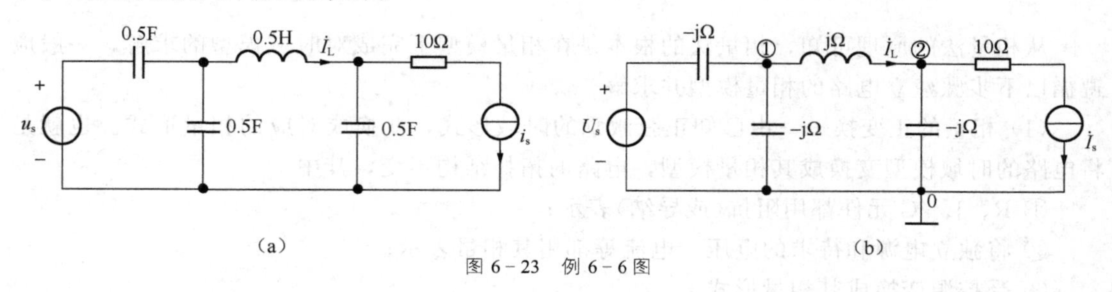

图 6-23 例 6-6 图

(3) 用节点法求解。选节点 0 为参考点，关于未知节点电压 $\dot{U}_1$ 和 $\dot{U}_2$ 的节点方程为

$$\frac{\dot{U}_1-\dot{U}_s}{-j}+\frac{\dot{U}_1-\dot{U}_2}{j}+\frac{\dot{U}_1}{-j}=0$$

$$\frac{\dot{U}_2-\dot{U}_1}{j}+\frac{\dot{U}_2}{-j}+\dot{I}_s=0$$

可解得 $\dot{U}_1=j\dot{I}_s$，$\dot{U}_2=\dot{U}_s-j\dot{I}_s$

进一步可求得 $\dot{I}_L=\dfrac{\dot{U}_1-\dot{U}_2}{j}=j\dot{U}_s+2\dot{I}_s=6\sqrt{2}\angle15°\text{A}$

(4) 相量的反变换 $i_L(t)=12\cos(2t+15°)\text{A}$

第(3)步用了节点法求解，当然也可以用其他方法，见如下分析。

解法 2：用网孔法求解。设由左至右，网孔电流相量分别为 $\dot{I}_1$、$\dot{I}_2$、$\dot{I}_3$，方向均为顺时针方向，显然 $\dot{I}_3=\dot{I}_s$，因此关于未知网孔电流 $\dot{I}_1$、$\dot{I}_2$ 的网孔方程为

$$(-j-j)\dot{I}_1-(-j)\dot{I}_2=\dot{U}_s$$

$$-(-j)\dot{I}_1+(j-j2)\dot{I}_2=-j\dot{I}_s$$

可求得 $\dot{I}_L=\dot{I}_2=j\dot{U}_s+2\dot{I}_s$

解法 3：用叠加定理求解

$\dot{U}_s$ 单独作用时的分响应 $\dot{I}'_L=j\dot{U}_s$

$\dot{I}_s$ 单独作用时的分响应 $\dot{I}''_L=2\dot{I}_s$

由叠加定理，得 $\dot{I}_L=\dot{I}'_L+\dot{I}''_L=j\dot{U}_s+2\dot{I}_s$

解法 4：用戴维南等效电求解。

将节点 1 和节点 2 间的 0.5H 电感移出去，则从端口 1-2 看进去为一含源单口，其开路电压

$$\dot{U}_{OC}=\dot{U}_1-\dot{U}_2=\frac{-j}{-j-j}\dot{U}_s-(-j)(-\dot{I}_s)=\frac{1}{2}\dot{U}_s-j\dot{I}_s$$

其输入阻抗 Z_0 就是其对应的无源单口的等效阻抗

$$Z_0=\frac{1}{\mathrm{j}2}-\mathrm{j}=-\mathrm{j}1.5\Omega$$

由此可求得
$$\dot{I}_L=\frac{\dot{U}_{OC}}{Z_0+\mathrm{j}}=\mathrm{j}\dot{U}_s+2\dot{I}_s$$

请读者探讨其他求解方法。

例 6-7 图 6-24 是某电路的相量模型，求在什么条件下，R 变化时 $\dot{I}$ 可不变？

解： 1-1′口左边的电路为一含源单口，R 是其外电路(负载)。

根据诺顿定理，此含源单口可等效为其诺顿等效电路。并且，当其输出阻抗 $Z_0=\frac{1}{Y_0}\to\infty$，即输出导纳 $Y_0=\mathrm{j}\omega C-\frac{1}{\mathrm{j}\omega L}=0$ 时，此含源单口就等效为一个理想电流源，可满足题目要求。因此由 $Y_0=\mathrm{j}\omega C-\frac{1}{\mathrm{j}\omega L}=0$，可求得 $\omega=\frac{1}{\sqrt{LC}}$。即当 $\omega=\frac{1}{\sqrt{LC}}$ 时，R 变化时 $\dot{I}$ 不变。

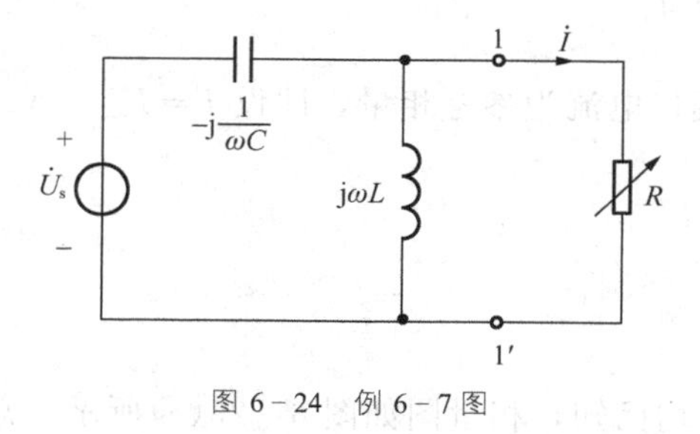

图 6-24 例 6-7 图

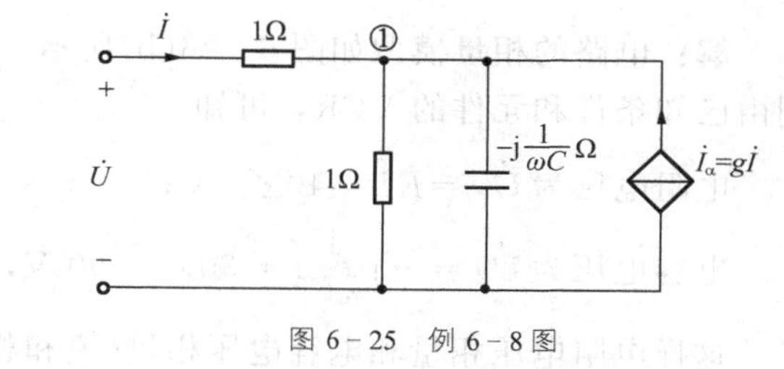

图 6-25 例 6-8 图

例 6-8 一含有受控源的单口如图 6-25 所示，求其输入阻抗。

解法 1： 求含有受控源的无源单口的输入阻抗，应采用外施电源法。具体到本题，采用加流求压法更简单。假设在端口处施加电流等于 $\dot{I}$ 的电流源，则可求得端口电压为

$$\dot{U}=\dot{I}\times 1+\frac{(1+g)\dot{I}}{1+\mathrm{j}\omega C}=\left(1+\frac{1+g}{1+\mathrm{j}\omega C}\right)\dot{I}=\frac{2+g+\mathrm{j}\omega C}{1+\mathrm{j}\omega C}\dot{I}$$

$\dot{U}$ 与 $\dot{I}$ 呈关联方向，因此可求得其输入阻抗为

$$Z=\frac{\dot{U}}{\dot{I}}=\frac{2+g+\mathrm{j}\omega C}{1+\mathrm{j}\omega C}\Omega$$

解法 2： 也可以采用加压求流法。假设在端口处施加的电压等于 $\dot{U}$ 的电压源。首先采用节点法求出节点①的电压 $\dot{U}_1$，则端口电流 $\dot{I}=\frac{\dot{U}-\dot{U}_1}{1}$。请读者自行练习。

6.7.3 相量图法

在前面几节我们已注意到，相量图可以简明地展示各相量之间的关系。在用相量法分析正弦稳态问题过程中，如果利用相量图做辅助分析(相量图法)，则可以使概念和分析过

程更加简明和清晰。

在相量图法中，首先要确定所谓参考相量(参考相量对应参考正弦量)初相位。由于并联电路的电压相等，所以对并联电路，一般取并联电路的电压相量为参考相量；由于串联电路的电流相等，所以对串联电路，一般取串联电路的电流相量为参考相量。若电压或电流的初相位未知，为使问题简化，一般地，假定参考相量的初相位为 0，其他电流、电压相量的初相位可根据元件的阻抗确定。下面结合例题来说明具体做法。

例 6-9 在图 6-26(a)所示的 RC 串联正弦稳态电路中，已知电压表读数分别为 V_1：40V，V_2：30V，求总电压 u 的有效值 U。

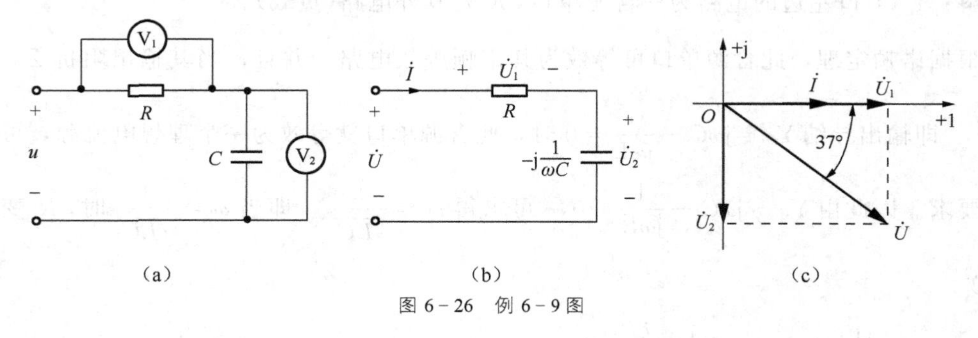

图 6-26 例 6-9 图

解：电路的相量模型如图 6-26(b)所示。设端口电流为参考相量，即设 $\dot{I}=I\angle 0^\circ$A，则由已知条件和元件的 VCR，可知

电阻电压为 $\dot{U}_1=R\dot{I}=40\angle 0^\circ$V；

电容电压为 $\dot{U}_2=-\mathrm{j}\dfrac{1}{\omega C}\dot{I}=30\angle -90^\circ$V；

这样电阻电压相量和电容电压相量(模和相位)均已知，相量图如图 6-26(c)所示，总电压 $\dot{U}=\dot{U}_1+\dot{U}_C$，根据相量运算的平行四边形规则，可求得总电压 $\dot{U}=50\angle -37^\circ$，所以，总电压 u 的有效值 U 等于 50V。

由本例可见，正弦稳态电路中，正弦量的叠加不仅与有效值有关，还与相位差有关。本例中，电阻电压和电容电压不同相，所以总电压不等于 70V!

例 6-10 在图 6-27(a)所示的正弦稳态电路中，已知电容电流有效值 I_C 为 100A，电感电流有效值 I_L 为 141A，并且端口电流 $\dot{I}$ 和端口电压 $\dot{U}$ 同相，求 $\dot{I}$ 的有效值。

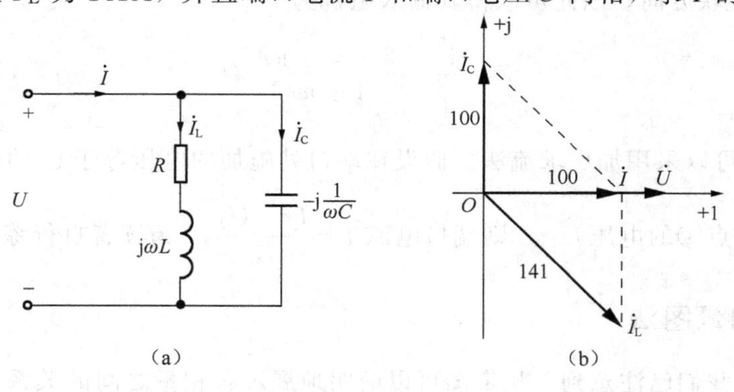

图 6-27 例 6-10 图

解：设端口电压为参考相量，$\dot{U}=U\angle 0°\text{V}$，则由已知条件可知

电容电流为 $\dot{I}_{\text{C}}=\text{j}\omega C\dot{U}=100\angle 90°\text{A}$；

电感电流为 $\dot{I}_{\text{L}}=\dfrac{1}{R+\text{j}\omega L}\dot{U}=141\angle\varphi_{\text{L}}\text{A}$，$-90°<\varphi_{\text{L}}<0$（电感支路呈感性）；

而端口电流为 $\dot{I}=\dot{I}_{\text{C}}+\dot{I}_{\text{L}}$

并由已知，$\dot{I}$ 与 $\dot{U}$ 同相，所以如图 6-27(b)所示，电流 $\dot{I}$、$\dot{I}_{\text{C}}$、$\dot{I}_{\text{L}}$ 构成直角三角形，因此可知，电感电流为 $\dot{I}_{\text{L}}=141\angle -45°\text{A}$，端口电流为 $\dot{I}=100\angle 0°\text{A}$，$\dot{I}$ 的有效值是 100A。

6.8 有功功率、无功功率、视在功率和复功率

正弦稳态的功率问题较复杂，并具有其特点。

1. 瞬时功率

我们首先回到时域模型，从瞬时功率展开分析。

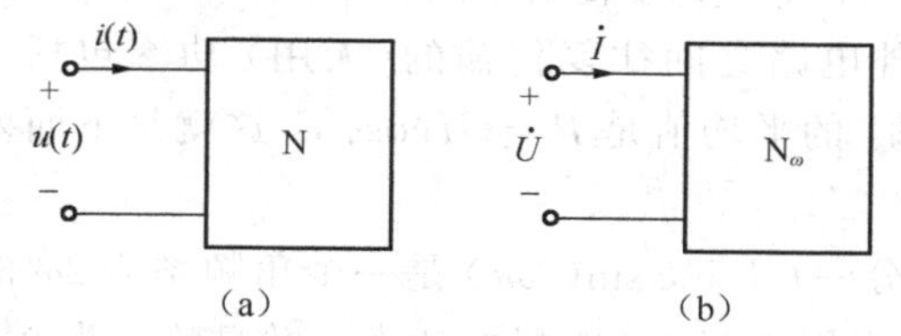

图 6-28 单口 N 的端口电压和端口电流

如图 6-28(a)所示，设单口 N 的端口电压 $u(t)$ 和端口电流 $i(t)$ 呈关联方向，设

$$u(t)=\sqrt{2}U\cos(\omega t+\varphi)$$
$$i(t)=\sqrt{2}I\cos(\omega t)$$

并记端口电压相量 $\dot{U}=U\angle\varphi$，端口电流相量 $\dot{I}=I\angle 0°$；

根据已有知识，单口 N 所吸收的瞬时功率为

$$\begin{aligned}p(t)&=u(t)i(t)\\&=2UI\cos(\omega t+\varphi)\cos(\omega t)\end{aligned}$$

根据积化和差公式 $\cos\alpha\cos\beta=\dfrac{1}{2}[\cos(\alpha+\beta)+\cos(\alpha-\beta)]$ 可求得

$$p(t)=UI\cos(2\omega t+\varphi)+UI\cos\varphi \tag{6-33}$$

进一步将其中的 $\cos(2\omega t+\varphi)$ 按两角和公式展开，可得

$$p(t)=UI\cos\varphi[1+\cos(2\omega t)]-UI\sin\varphi\sin(2\omega t) \tag{6-34}$$

式(6-33)表明，单口 N 吸收的瞬时功率 $p(t)$ 是一个角频率为 2ω 的正弦量 $UI\cos(2\omega t+\varphi)$ 和一个直流量（常量）$UI\cos\varphi$ 的叠加，波形如图 6-29 所示。一般情况下，$\varphi\neq 0$ 时，有 $|\cos\varphi|<1$，即 $UI>UI|\cos\varphi|$，正弦量的振幅 UI 大于直流量的绝对值 $UI|\cos\varphi|$。因此可知，$p(t)$ 一般是一个交变函数，表明单口 N 与其外电路之间有能量交换，当 $p(t)>0$ 时，单口 N 在吸收功率；当 $p(t)<0$ 时，单口 N 在释放功率。由于 $p(t)$ 的均值 $\overline{p(t)}=UI\cos\varphi$，所以当 $|\varphi|<90°$ 时，$UI\cos\varphi>0$，单口 N 是净吸收功率的；

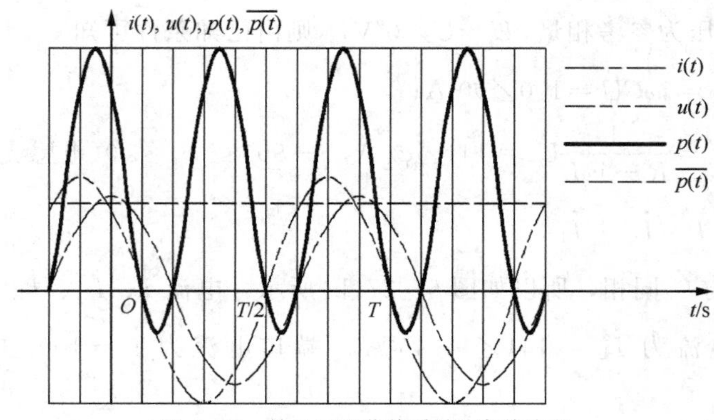

图 6－29　单口 N 吸收的瞬时功率的波形

当 $|\varphi|>90°$ 时，$UI\cos\varphi<0$， 单口 N 是净释放功率的。

下面着重分析式(6－34)。

观察式(6－34)的前半部分 $UI\cos\varphi[1+\cos(2\omega t)]$，由于$[1+\cos(2\omega t)]\geqslant 0$，所以，此前半部分均恒大于等于0(当$|\varphi|<90°$)或恒小于等于0(当$|\varphi|>90°$)，即，此前半部分不含交变成分，表明单口 N 或一直吸收功率(当$|\varphi|<90°$时)，或一直释放功率(当$|\varphi|>90°$时)，没有任何与其外电路之间往复传输的(无用)功率包括其中，因此全部是"有用功"。容易求得，"有用功"的平均值是 $P=UI\cos\varphi$，这就是下面要定义的平均功率或有功功率。

式(6－34)的后半部分 $-UI\sin\varphi\sin(2\omega t)$ 是一个角频率为 2ω 的正弦量，正半周时其值大于 0，在吸收功率，负半周小于 0，在释放功率，并且均值为 0，表明，此后半部分仅含 $p(t)$ 中单口 N 与其外电路之间往复传输(交换)的那部分功率，没有任何前述的单口所消耗或释放的"有用功"包含其中，因此，全部是"无用功"。"无用功"的振幅 $Q=UI\sin\varphi$ 就是下面要定义的无功功率。对系统而言，"无用功"是不利的，例如对供电系统，由于"无用功"在其往复传输过程会占用供电设备容量(见后述)、并增加设备和电网的能量损耗，应采取技术措施予以降低，这就要涉及后述的功率因数提高问题。

以上分析有助于我们对下述新概念的理解。

2. 有功功率(平均功率)P

定义单口吸收的平均功率 P 等于单口吸收的瞬时功率的平均值，即

$$P=\overline{p(t)}=\frac{1}{T}\int_0^T p(t)\,\mathrm{d}t$$

由式(6－33)或式(6－34)可求得

$$P=UI\cos\varphi \tag{6-35}$$

平均功率的单位是瓦特(W)。

P 也是单口吸收或释放的"有用功"的均值。为表明有功功率的特点及区别于无功功率，平均功率常称有功功率。

由式(6－35)可见，有功功率不仅与端口电压的有效值和端口电流的有效值，还与 $\cos\varphi$ 有关，定义单口的功率因数为

$$\lambda=\cos\varphi \tag{6-36}$$

φ 是端口电压与端口电流的相位差，也称功率因数角。显然，对无源单口，其功率因

数角等于单口的阻抗角，即 $\varphi=\varphi_z$。

在电气工程领域，用电设备或电器，其额定功率(消耗的)用其平均功率表示。

3. 无功功率 Q

定义单口的无功功率为

$$Q=UI\sin\varphi \tag{6-37}$$

无功功率的单位是乏(var)。

由上面分析可知，无功功率表示的是单口 N 与其外电路进行往复传输的“无用功”的振幅，代表了单口与其外电路之间往复传输的“无用功”的规模，减小无功功率，就可以减小“无用功”。

因为 $\sin\varphi$ 是 φ 的奇函数，所以由式(6-37)求无功功率时应注意，相位差 φ 是电压和电流呈关联方向时电压对电流的相位差，取反会发生错误。

4. 视在功率 s

定义视在功率为

$$S=UI \tag{6-38}$$

视在功率的单位是伏安(VA)。

根据有功功率、无功功率和视在功率的定义，显然有

$$S^2=P^2+Q^2 \tag{6-39}$$

$$\left.\begin{aligned}P&=S\cos\varphi\\Q&=S\sin\varphi\end{aligned}\right\} \tag{6-40}$$

即三者呈直角三角形的关系，称为功率三角形(三者单位不同)。

下节我们将讨论，有功功率、无功功率和复功率是守恒的，但视在功率没有守恒的概念，也不守恒。

工程实际中，视在功率一般用于表示变压器等供电设备的额定功率(或容量)，其大小决定于其设计参数及内部结构参数和材料。根据式(6-39)、式(6-40)，视在功率代表了一个供电设备所能够输出的最大有功功率，如一台 50kVA 的变压器，如果其负载的无功功率为 0，则它最大就可输出 50kW 的有功功率，但如果其负载的无功功率为 30var，则它最大仅能输出 40kW 的有功功率，所以，一般要采取措施降低其无功功率的方法，以提高用电设备的功率因数，进而提高供电设备的利用率、降低供电设备和电网的能量损耗，这就是功率因数提高(调整)的目的和原理。

5. 复功率 $\overline{S}$

单口 N 的相量模型如图 6-28(b)所示，设端口电压相量 $\dot{U}=U\angle\psi_u$，端口电流相量 $\dot{I}=I\angle\psi_i$，定义

$$\begin{aligned}P&=UI\cos(\psi_u-\psi_i)=UI\mathrm{Re}[\mathrm{e}^{\mathrm{j}(\psi_u-\psi_i)}]\\&=\mathrm{Re}[U\mathrm{e}^{\mathrm{j}\psi_u}I\mathrm{e}^{-\mathrm{j}\psi_i}]=\mathrm{Re}[\dot{U}\dot{I}^*]\end{aligned} \tag{6-41}$$

定义

$$\begin{aligned}\overline{S}&=\dot{U}\dot{I}^*\\&=U\angle\psi_u\cdot I\angle-\psi_i=UI\angle(\psi_u-\psi_i)=UI\angle\varphi\\&=UI\cos\varphi+\mathrm{j}UI\sin\varphi=P+\mathrm{j}Q\end{aligned} \tag{6-42}$$

可见，复功率是一个复数，它的实部是有功功率，虚部是无功功率，模是视在功率。

下节我们将看到，复功率概念的引入，会给正弦稳态电路的各类功率问题的计算带来方便。

复功率的单位也是伏安(VA)。

6.9 正弦稳态电路的功率守恒

本节首先分析 R、L、C 元件和 RLC 串联电路的功率问题，进而分析一般单口的功率守恒和计算问题。

1. 电阻的功率

电阻电压与电流同相，所以可记

$$i_R(t)=\sqrt{2}I_R\cos(\omega t)$$

$$u_R(t)=Ri_R(t)=\sqrt{2}RI_R\cos(\omega t)$$

电阻吸收的瞬时功率

$$p_R(t)=u_R(t)i_R(t)=2RI_R^2\cos^2(\omega t)=RI_R^2[1+\cos(2\omega t)] \tag{6-43}$$

可见，对任一时刻，均有 $p(t)\geqslant 0$，表明电阻只吸收功率，电阻是耗能元件。

根据式(6-35)可求得电阻吸收的有功功率为

$$P_R=U_RI_R\cos0°=U_RI_R=\frac{U_R^2}{R}=I_R^2R \tag{6-44}$$

这个形式我们是熟悉的，形式上与电阻电路相同。

根据式(6-37)可求得电阻吸收的无功功率为

$$Q_R=U_RI_R\sin0°=0 \tag{6-45}$$

即，电阻的无功功率为 0，这与瞬时功率的分析一致。

2. 电感的功率

电感电压超前电流 90°，所以可记

$$i_L(t)=\sqrt{2}I_L\cos(\omega t)$$

$$u_L(t)=\sqrt{2}U_L\cos(\omega t+90°)=-\sqrt{2}U_L\sin(\omega t)$$

可求得电感吸收的瞬时功率

$$p_L(t)=u_L(t)i_L(t)=-U_LI_L\sin(2\omega t)=-X_LI_L^2\sin(2\omega t) \tag{6-46}$$

可见，瞬时功率 $p_L(t)$ 一个周期的平均值(有功功率)等于零。电感只是往复传输“无用功”，其本身不消耗能量，电感是储能元件。

由式(6-35)和式(6-37)求得电感吸收的有功功率 P_L 和无功功率 Q_L，即

$$P_L=U_LI_L\cos90°=0 \tag{6-47}$$

$$Q_L=U_LI_L\sin90°=U_LI_L=X_LI_L^2=\frac{U_L^2}{X_L} \tag{6-48}$$

可见，电感的有功功率为 0W，这与瞬时功率的分析一致。而且电感(及下述的电容)的无功功率的计算公式，形式上与电阻的有功功率的计算公式相似。

3. 电容的功率

电容电流超前电压 90°，所以可记

$$i_C(t)=\sqrt{2}I_C\cos(\omega t)$$

$$u_C(t)=\sqrt{2}U_C\cos(\omega t-90°)=\sqrt{2}U_C\sin(\omega t)$$

可求得电容吸收的瞬时功率

$$p_C(t)=u_C(t)i_C(t)=U_CI_C\sin(2\omega t)=X_CI_C^2\sin(2\omega t) \tag{6-49}$$

可见，瞬时功率 $p_C(t)$ 一个周期的平均值(有功功率)等于零。电容也只是往复传输“无用功”，其本身不消耗能量，电容也是储能元件。

由式(6－35)和式(6－37)求得电容吸收的有功功率 P_C 和无功功率 Q_C，即

$$P_C=U_CI_C\cos(-90°)=0 \tag{6-50}$$

$$Q_C=U_CI_C\sin(-90°)=-U_CI_C=-\frac{U_C^2}{X_C}=-X_CI_C^2 \tag{6-51}$$

可见，电容的有功功率也为 0W，这也与对瞬时功率的分析一致。值得注意的是，电感的无功功率是正数，而电容的无功功率是负数。

4. RLC 串联的功率

RLC 串联构成的单口如图 6－30 所示，其中设电流 $i(t)=\sqrt{2}I\cos(\omega t)$。我们以此单口为例来说明正弦稳态电路的功率守恒问题。

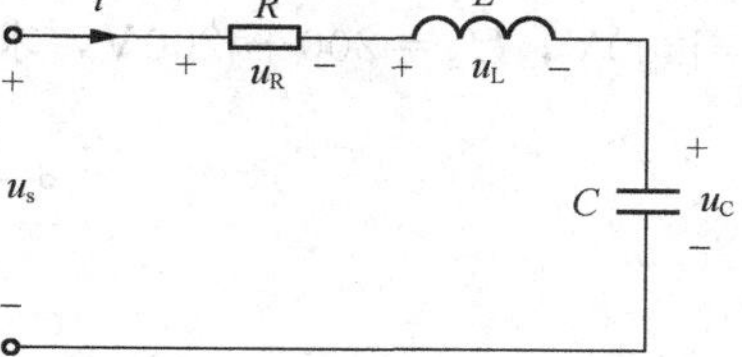

图 6－30 RLC 串联构成的单口的功率

根据能量守恒定律，此单口所吸收的瞬时功率 $p(t)$ 为

$$p(t)=p_R(t)+p_L(t)+p_C(t)$$

由式(6－43)、式(6－46)和式(6－49)，可求得

$$\begin{aligned}p(t)&=RI^2[1+\cos(2\omega t)]-[X_LI^2-X_CI^2]\sin(2\omega t)\\&=RI^2[1+\cos(2\omega t)]-[Q_L+Q_C]\sin(2\omega t)\end{aligned} \tag{6-52}$$

$$P=P_R=I^2R,\ Q=Q_C+Q_L=I^2X \tag{6-53}$$

上式前半部分是电阻所吸收的“有用功”，其均值也等于单口所吸收的有功功率，所以有功功率是守恒的。上式后半部分是电感 L 和电容 C 所吸收的“无用功”，根据电感和电容的 VCR，电感电压和电容电压是反向的，体现在无功功率上则有电感的无功功率为正，电容的无功功率为负，双方是互相补偿或互相抵消的关系。因此，电感和电容所吸收的“无用功”是反相的，能量首先在电感和电容之间往复传递。即，电感吸收时，电容释放；电容吸收时，电感释放。不能抵消的部分才在单口 N 和其外电路之间往复传递，而且，以无功功率计，无功功率也是守恒的。

5. 单口电路的功率

可以证明，对任何单口，其有功功率和无功功率都是守恒的。由于 $\overline{S}=P+jQ$，所以，复功率是守恒的，即

$$\overline{S}=\sum\overline{S}_k \tag{6-54}$$

(这里再次强调，视在功率 S 不守恒，即不存在 $\sum S=0$)。

特别是对只含有 R、L、C 元件的无源单口，其有功功率守恒可表述为，单口所吸收的有功功率等于单口内所有电阻所吸收的有功功率的和，即

$$P=\sum P_R \tag{6-55}$$

其无功功率守恒可表述为，单口所吸收的无功功率等于单口内所有储能元件所吸收的

无功功率的和，即

$$Q=\sum Q_{\mathrm{L}}+\sum Q_{\mathrm{C}} \tag{6-56}$$

例 6-11 已知一单口的端口电压 $u(t)$ 和端口电流 $i(t)$ 呈关联方向，并且 $u(t)=100\sqrt{2}\cos(314t+30°)\mathrm{V}$，$i(t)=20\sqrt{2}\cos(314t-30°)\mathrm{A}$，求单口吸收的有功功率和无功功率。

解法 1：单口吸收的有功功率 $P=UI\cos\varphi=100\times20\times\cos60°=1000\mathrm{W}$

单口吸收的无功功率 $Q=UI\sin\varphi=100\times20\times\sin60°=1732\mathrm{var}$

解法 2：端口电压相量 $\dot{U}=100\angle30°\mathrm{V}$，端口电流相量 $\dot{I}=20\angle-30°\mathrm{A}$

单口吸收的复功率 $\overline{S}=\dot{U}\dot{I}^*=100\angle30°\times20\angle30°=2000\angle60°=1000+\mathrm{j}1732\mathrm{VA}$

所以，单口吸收的有功功率 $P=1000\mathrm{W}$，单口吸收的无功功率 $Q=1732\mathrm{var}$

例 6-12 单口如图 6-31 所示，已知其中，$\dot{I}_2=5+\mathrm{j}10\mathrm{A}$，$\dot{I}_3=-5+\mathrm{j}5\mathrm{A}$，$\dot{U}_1=300-\mathrm{j}200\mathrm{V}$，$\dot{U}_2=200+\mathrm{j}200\mathrm{V}$，求单口吸收的复功率。

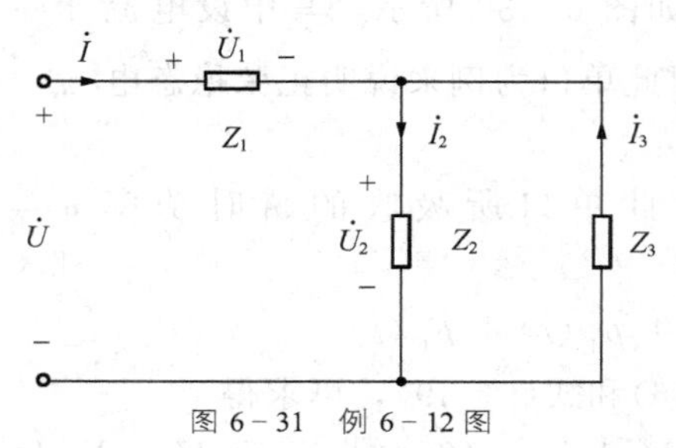

图 6-31 例 6-12 图

解法 1：根据端口电压相量、端口电流相量求解。

$$\dot{U}=\dot{U}_1+\dot{U}_2=500\mathrm{V}$$

$$\dot{I}=\dot{I}_2-\dot{I}_3=10+\mathrm{j}5\mathrm{A}$$

所以单口所吸收的复功率为

$$\overline{S}=\dot{U}\dot{I}^*=500\times(10-\mathrm{j}5)=5000-\mathrm{j}2500\mathrm{VA}$$

解法 2：根据复功率守恒求解，单口所吸收的复功率为

$$\begin{aligned}\overline{S}&=\overline{S}_1+\overline{S}_2+\overline{S}_3\\&=\dot{U}_1\dot{I}^*+\dot{U}_2\dot{I}_2^*+\dot{U}_2(-\dot{I}_3)^*\\&=(300-\mathrm{j}200)\times(10-\mathrm{j}5)+(200+\mathrm{j}200)\times(5-\mathrm{j}10)+(200+\mathrm{j}200)\times(5+\mathrm{j}5)\\&=5000-\mathrm{j}2500\mathrm{VA}\end{aligned}$$

6. 功率因数的提高

根据

$$P=UI\cos\varphi=S\cos\varphi$$

可得，功率因数提高的意义如下。

(1) 充分利用电源容量 s。

例如，$s=1000\mathrm{kVA}$，当 $\cos\varphi=0.4$ 时，$P=400\mathrm{kW}$；当 $\cos\varphi=0.9$ 时，$P=900\mathrm{kW}$；

(2) 降低线路上的能量损失、电压降。

例如，用户要求 $P=1000\mathrm{kW}$，$U=1000\mathrm{V}$，当 $\cos\varphi=0.4$ 时，$I=2500\mathrm{A}$；当 $\cos\varphi=0.9$ 时，$I=1111.1\mathrm{A}$；明显地，功率因数提高了，电流减小了，因此，降低了线路上的能

量损失和电压降。

一般用户属感性负载，功率因数较低，然而，供电部门一般要求用户的 $\cos\varphi \geqslant 0.85$，否则要受到处罚，因此功率因数需要提高。

提高功率因数的原则是，必须保证原负载的工作状态不变，即加至负载上的电压和负载的有功功率不变。利用电感电容之间无功功率的互相补偿特性，在负载两端并联电容器，就可以提高负载的功率因数。下面我们通过例题，定量分析如何提高功率因数。

例 6-13 一感性负载如图 6-32(a)所示，其端电压 $U=380\text{V}$、50Hz，所消耗的有功功率 $P_1=50\text{kW}$，功率因数 $\cos\varphi_1=0.6$。现要将功率因数提高到 $\cos\varphi_2=0.9$，求应并联多大的电容。

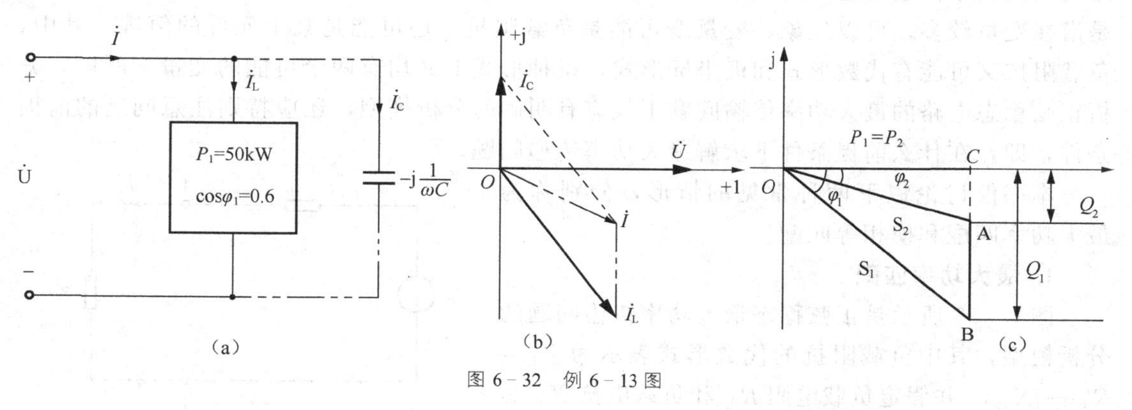

图 6-32 例 6-13 图

解：这是工厂供电中常见的功率因数补偿问题。

首先可求得 $\varphi_1=\arccos0.6=53°$，$\varphi_2=\arccos0.9=26°$，选电压的参考相位是 0°，图 6-32(b)所示是各支路电流与电压的相量图。将各边同乘电压得功率三角形，如图 6-32(c)所示。因为电压相等，因此，得到的图(c)三角形 OBC 与图(b)的对应三角形是相似三角形。

补偿电容并联在负载两端后，如图 6-32(c)所示，负载的有功功率不变，$P_1=P_2$，只补偿无功功率。如以 Q_1 和 Q_2 表示补偿前后的无功功率，则有

$$Q_1=P_1\cdot\tan\varphi_1=66.5\text{kvar}$$

$$Q_2=P_2\cdot\tan\varphi_2=24.3\text{kvar}$$

由图 6-32(c)得 $Q_1-Q_2=AB$，而 AB 是 I_C 与电压的乘积，也即并联电容上的功率 ωCU^2。

因此

$$P_1\cdot\tan\varphi_1-P_2\cdot\tan\varphi_2=\omega CU^2$$

$$C=\frac{P_1\cdot\tan\varphi_1-P_1\cdot\tan\varphi_2}{\omega U^2}=930\mu\text{F}$$

进一步可求出补偿前后的视在功率 S_1、S_2 和端口电流 I_L 和 I，

补偿前 $$S_1=\frac{P_1}{\cos\varphi_1}=83.3\text{kVA},\ I_L=\frac{S_1}{U}=219\text{A}$$

补偿后 $$S_2=\frac{P_1}{\cos\varphi_2}=55.5\text{kVA},\ I=\frac{S_2}{U}=145\text{A}$$

可见，补偿后视在功率显著减小，电流显著减小，给供电部门减轻了负担。而有功

功率不变，流过原负载的电流不变，体现出功率因数提高的有益效果，相量图如6-32(b)所示。

6.10 正弦稳态电路的最大功率传输

在直流稳态电路分析中，我们已分析过其最大功率传输问题，在那里，负载吸收的功率仅是负载电阻 R 的函数，所以电阻电路的最大功率传输问题较简单。

本节讲解正弦稳态电路的最大功率传输问题。这里首先要说明两点：(1) 正弦稳态电路的最大功率传递问题中的功率是指有功功率；(2) 正弦稳态下的分析模型较复杂，主要是潜在变量较多，可以想象，变量既可能是负载阻抗，还可能是某个元件的值等，其中，负载阻抗又可能有代数形式和极坐标形式，每种形式下又均有两个可能的变量。所以，分析正弦稳态电路的最大功率传输问题不仅应有明确的分析模型，还应特别注意问题的前提条件，即，在什么前提条件下求解最大功率传递问题。

本书仅讨论以下两种常见的情形，分别称为最大功率匹配和模相等匹配。

1. 最大功率匹配

图6-33所示是正弦稳态最大功率传输问题的分析模型，其中负载阻抗的代数形式表示为 $Z_L=R_L+jX_L$，并假定负载电阻 R_L 和负载电抗 X_L 是两个独立的变量，即两个变量可独立变化、互不影响，这是实现最大功率匹配的前提条件。

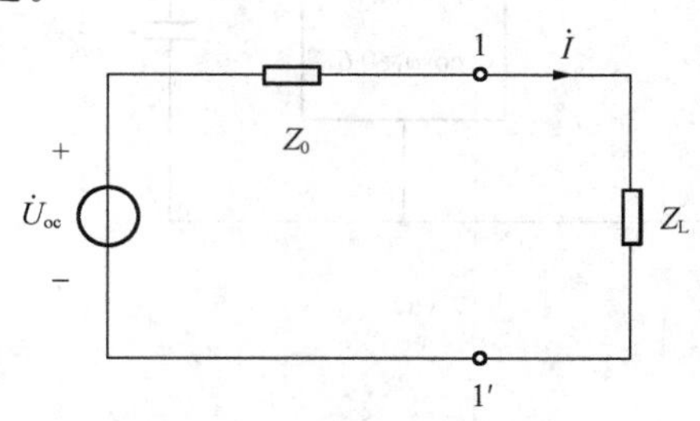

图6-33 正弦稳态最大功率传输问题的分析模型

由图6-33可知，负载电流为

$$\dot{I}=\frac{\dot{U}_{oc}}{R_0+R_L+j(X_0+X_L)} \tag{6-57}$$

其有效值为

$$I=\frac{U_{oc}}{\sqrt{(R_0+R_L)^2+(X_0+X_L)^2}} \tag{6-58}$$

由此可求得负载电阻吸收的有功功率为

$$P_L=I^2R_L=\frac{U_{oc}^2R_L}{(R_0+R_L)^2+(X_0+X_L)^2} \tag{6-59}$$

这样就把负载所吸收的有功功率表达成了自变量 R_L 和 X_L 的二元函数，观察可知，它是有最大值的。数学上，一般可通过令其偏导数为0来求出其最大值，但这里可通过下面简单的分析求出其最大值。

首先，由观察可知，对自变量 X_L，当 $X_L=-X_0$ 时，P_L 取得最大值为

$$P_L=\frac{U_{oc}^2R_L}{(R_0+R_L)^2}$$

回顾第4章最大功率传输定理一节，上式与式(4-5)相同，对自变量 R_L，存在一极大值点。通过对 P_L 求导，解得，当 $R_L=R_0$ 时，P_L 取得最大值(即负载可获得最大功

率)为

$$P_{\mathrm{Lmax}}=\frac{U_{\mathrm{oc}}^{2}}{4R_{0}} \tag{6-60}$$

可将上述的两个取得最大值的条件 $R_{\mathrm{L}}=R_{0}$ 和 $X_{\mathrm{L}}=-X_{0}$ 合并成对应的复数形式，即当

$$Z_{\mathrm{L}}=Z_{0}^{*}=R_{0}-\mathrm{j}X_{0} \tag{6-61}$$

负载所吸收的功率可取得最大值。这种模型下的最大功率传递问题称为最大功率匹配或共轭匹配。

2*. 模相等匹配

分析模型仍如图 6-33 所示，其中负载阻抗以其极坐标形式 $Z_{\mathrm{L}}=|Z_{\mathrm{L}}|\angle\varphi_{\mathrm{z}}$ 表示，且问题的前提条件是，$|Z_{\mathrm{L}}|$ 为变量，φ_{z} 为常数。

首先，将 Z_{L} 化成其代数形式，有

$$Z_{\mathrm{L}}=|Z_{\mathrm{L}}|\cos\varphi_{\mathrm{z}}+\mathrm{j}|Z_{\mathrm{L}}|\sin\varphi_{\mathrm{z}}$$

代入式(6-59) 和式(6-60)得

$$I=\frac{U_{\mathrm{OC}}}{\sqrt{(R_{0}+|Z_{\mathrm{L}}|\cos\varphi_{\mathrm{z}})^{2}+(X_{0}+|Z_{\mathrm{L}}|\sin\varphi_{\mathrm{z}})^{2}}} \tag{6-62}$$

$$P_{\mathrm{L}}=I^{2}R_{\mathrm{L}}=\frac{U_{\mathrm{OC}}^{2}|Z_{\mathrm{L}}|\cos\varphi_{\mathrm{z}}}{(R_{0}+|Z_{\mathrm{L}}|\cos\varphi_{\mathrm{z}})^{2}+(X_{0}+|Z_{\mathrm{L}}|\sin\varphi_{\mathrm{z}})^{2}} \tag{6-63}$$

这样就把负载所吸收的有功功率表达成了自变量 $|Z_{\mathrm{L}}|$ 函数，下面求其最大值。

由观察可知，函数 P_{L} 对自变量 $|Z_{\mathrm{L}}|$ 有最大值，因此令

$$\frac{\mathrm{d}P_{\mathrm{L}}}{\mathrm{d}|Z_{\mathrm{L}}|}=0$$

由此可求得(过程略)，当

$$|Z_{\mathrm{L}}|=\sqrt{R_{0}^{2}+X_{0}^{2}} \tag{6-64}$$

负载可获得最大功率。将这种最大功率传递问题称为模相等匹配，其最大功率可通过式(6-63)、式(6-64)求得。

可以想见，前提条件改变，当 φ_{z} 也是变量时，上面求得的模相等匹配的最大功率可能不再是最大值，但由于对此情形的进一步分析过于复杂，这里不再分析。

例 6-14 单口如图 6-34(a)所示，其中正弦电压源 $\dot{U}_{\mathrm{s}}$ 的有效值为 14.1V，频率为 10kHz，求：(1) 负载电阻 R_{L} 为多大时可获得最大功率；(2) 如何实现最大功率匹配，并求最大功率。

解： 首先须将原电路化简为最大功率传输问题的分析模型。设电压源 $\dot{U}_{\mathrm{s}}=14.1\angle 0^{\circ}\mathrm{V}$，根据戴维南定理，原电路可化简为图 6-34(b)所示的分析模型，其中

$$\dot{U}_{\mathrm{OC}}=14.1\angle 0^{\circ}\times\frac{\mathrm{j}1000}{1000+\mathrm{j}1000}=10\angle 45^{\circ}\mathrm{V}$$

$$Z_{0}=\frac{1000\times\mathrm{j}1000}{1000+\mathrm{j}1000}=500+\mathrm{j}500=707\angle 45^{\circ}\Omega$$

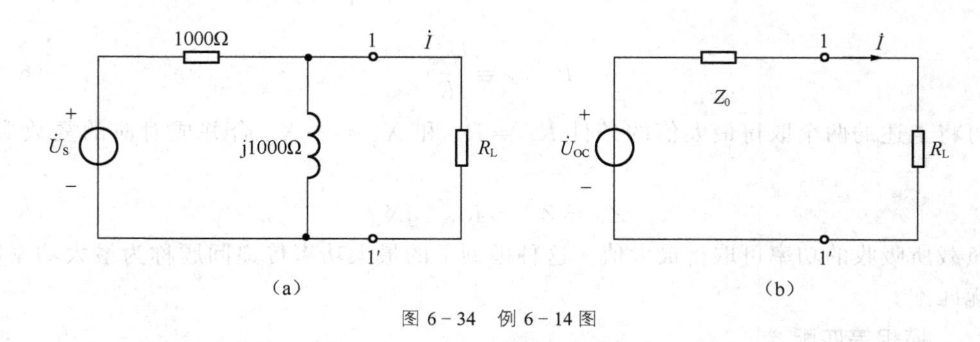

图 6-34 例 6-14 图

（1）当负载电阻 $R_L=|Z_0|=707\Omega$ 时，可实现模相等匹配，因此可求得负载电流和最大功率为

$$I=\frac{10}{|500+j500+707|}=7.6\text{mA}$$

$$P_{\text{Lmax}}=I^2R_L=40.8\text{mW}$$

（2）由于输入阻抗 $Z_0=500+j500\Omega$ 呈感性，所以在负载电阻 R_L 上串联电容 C，并当 $Z_L=R_L-jX_C=Z_0^*=500-j500\Omega$，即 $C=\frac{1}{2\pi fX_C}=0.032\mu\text{F}$ 时，可实现最大功率匹配，最大功率为

$$P_{\text{Lmax}}=\frac{U_{\text{OC}}^2}{4R_0}=\frac{10^2}{4\times500}=50\text{mW}$$

6.11 仿真

【仿真例题 1】

电容性电路的功率和功率因数的仿真测量实验。

电路如仿真图 1 所示，接入不同数量的 10μF 电容，观察电压表，电流表，功率表的变化。

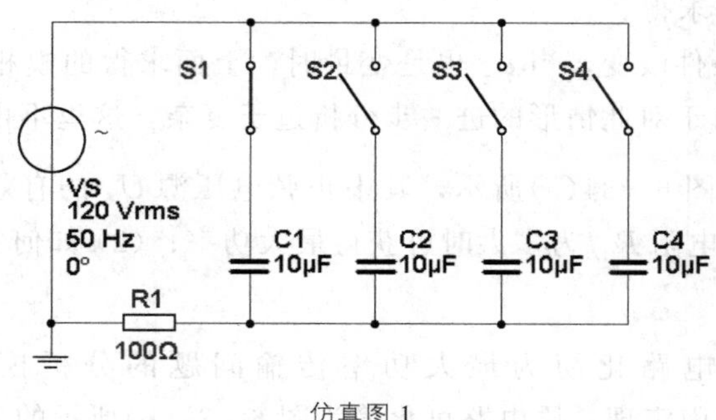

仿真图 1

1. 启动 Multisim，界面(见仿真图 2)
2. 创建电路

通过菜单 Place→Conponent，按仿真图 1 选择所需元件搭建电路，如仿真图 3 所示。

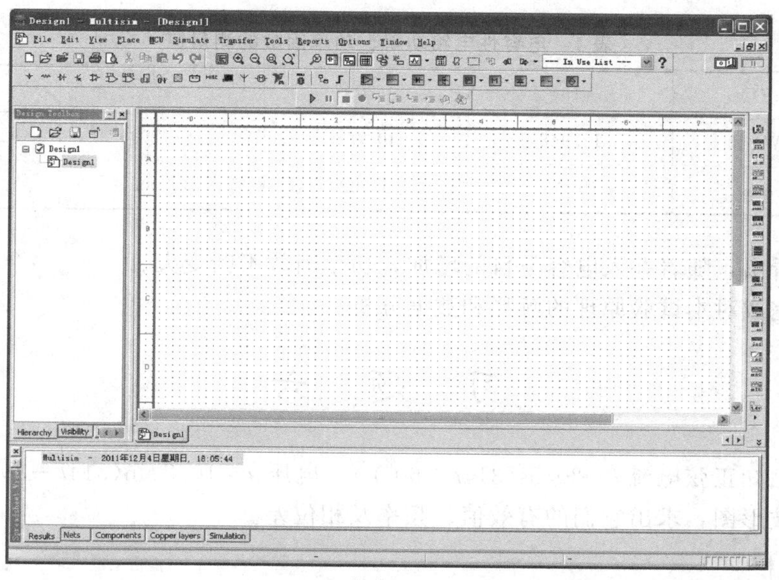

仿真图 2

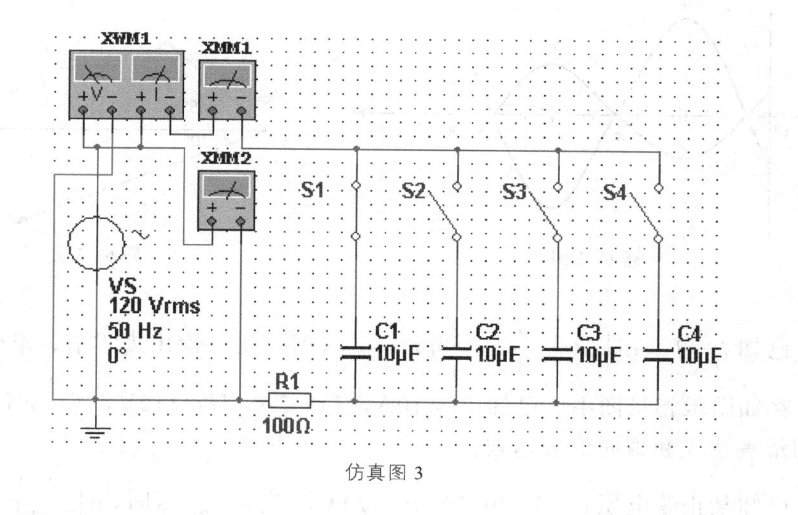

仿真图 3

3. 仿真

首先，只闭合 S_1，点动仿真实验开关，启动仿真，然后观察和读取各电表的示数。

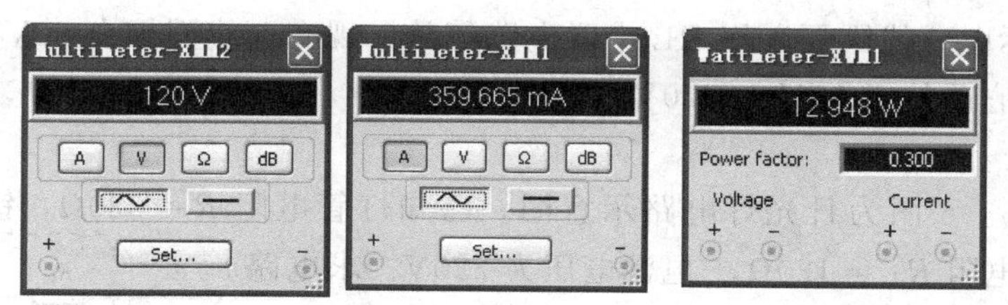

从功率表中读出功率因数为 0.300。

然后依次闭合 S_2、S_3、S_4，总电容值依次为 20μF，30μF，40μF，读取功率因数，填入表 1 中。

表 1　电容性电路功率、功率因数的测量值

电容值(μF)	10	20	30	40
功率 P(W)	12.948	40.758	67.753	88.115
功率因数 $\cos\varphi$	0.300	0.532	0.686	0.782

由表 1 看出，随着并入电容数目的增加，功率因数不断变大。

请独立完成对本试验原理的解释和数据分析。

习　题　六

6-1　已知正弦电流 $i=20\cos(314t+60°)$A，电压 $u=10\sqrt{2}\sin(314t-30°)$V。试分别画出它们的波形图，求出它们的有效值、频率及相位差。

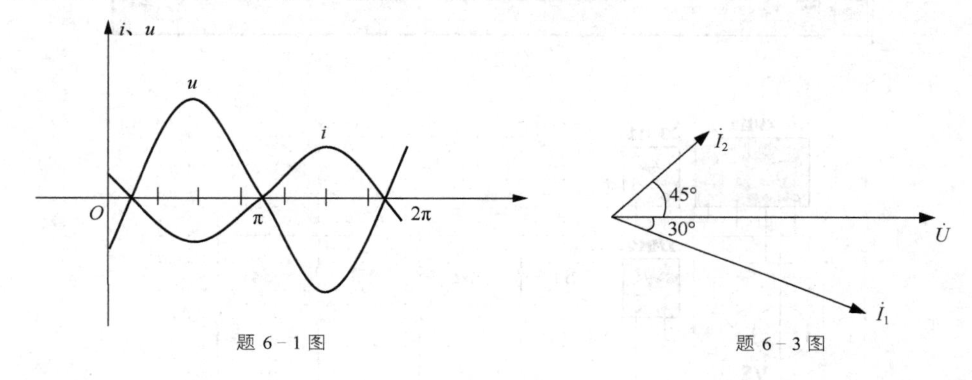

题 6-1 图　　题 6-3 图

6-2　已知 $i=I_m\cos\left(\omega t+\frac{\pi}{3}\right)$，当 $t=\frac{1}{500}$s 时，第一次出现零值，求电流频率 f。

6-3　在如图示相量图中，已知 $I_1=10$A，$I_2=5$A，$U=110$V，$f=50$Hz，试分别写出它们的相量表达式和瞬时值表达式。

6-4　已知某正弦电压 $u=10\sin(100\pi t+\psi)$V，当 $t=\frac{1}{300}$s 时，$u\left(\frac{1}{300}\right)=5$V，则该正弦电压的有效值相量 $\dot{U}=$?

6-5　实际电感线圈可以用 RL 串联电路等效，现有一线圈接在 56V 直流电源上时，电流为 7A；将它改接于 50Hz、220V 的交流电源上时，电流为 22A。试求线圈的电阻和电感。

6-6　题 6-6 图为日光灯电路示意图，已知灯管电阻 $R=530\Omega$，镇流器电感 $L=1.9$H，镇流器电阻 $R_L=120\Omega$，电源电压为 220V。求电路的电流、镇流器两端的电压、灯管两端的电压。

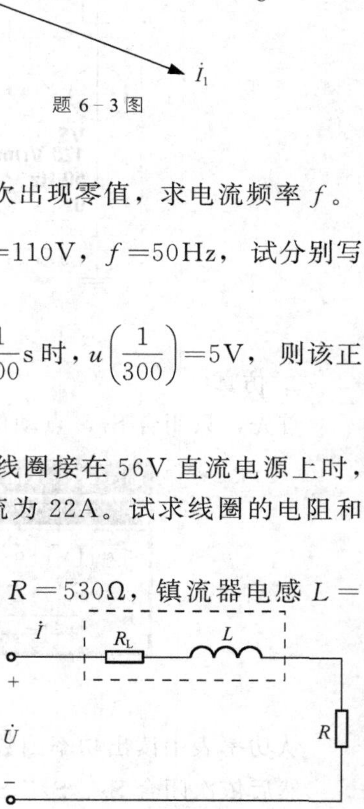

题 6-6 图

6-7　试求如图示各电路的输入阻抗 Z 和导纳 Y。

6-8　图(a)所示电路中，求 $\dot{U}_C$ 与 $\dot{U}$ 的相位差。图(b)所示电路中，求 $\dot{I}_L$ 与 $\dot{I}$ 的相位差。

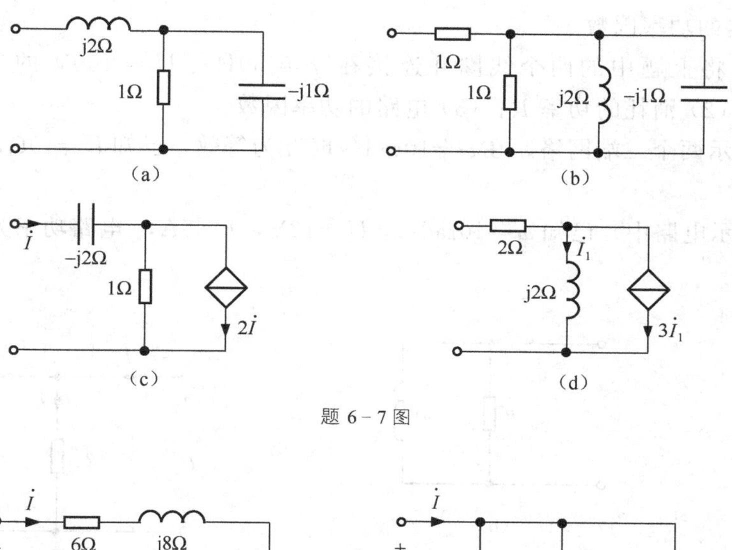

题 6－7 图

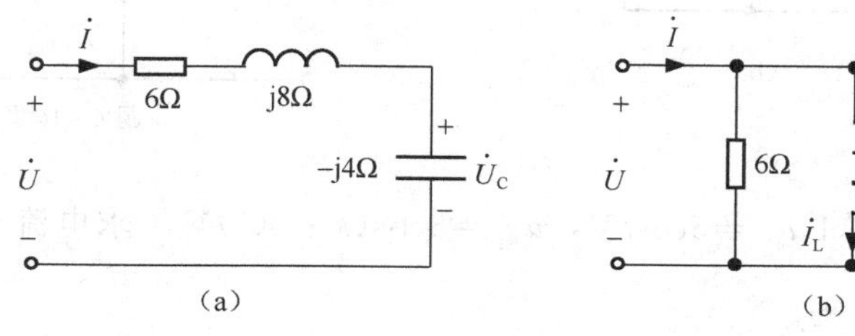

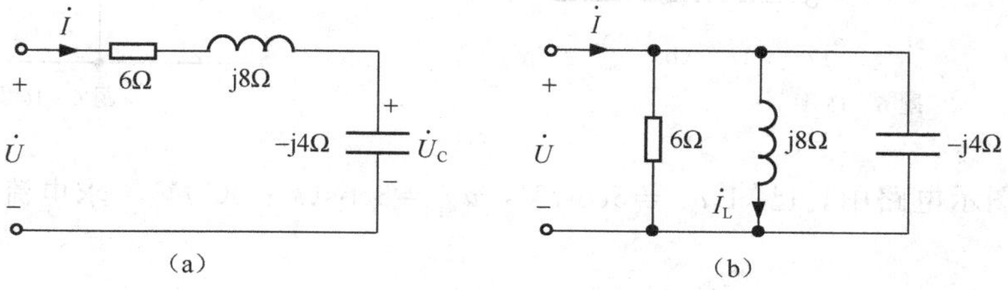

题 6－8 图

6－9　图示电路中，$u=220\sqrt{2}\cos(\omega t+60°)\text{V}$，$Z_1=(1+\text{j}2)\Omega$，$Z_2=(2+\text{j}3)\Omega$，$Z_3=(3+\text{j}4)\Omega$。求：(1) i、u_1、u_2 和 u_3 的瞬时值表达式；(2) 画出相量图。

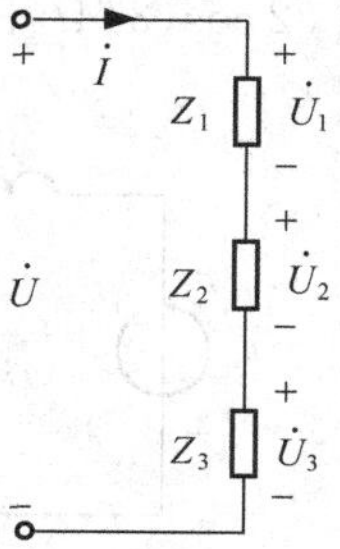

题 6－9 图

6－10　图示电路中，已知 $\dot{I}=10\angle-30°\text{A}$，$Z_1=(3.16+\text{j}6)\Omega$，$Z_2=(2.5-\text{j}4)\Omega$。求：(1) u、i_1 及 i_2；(2) 画出相量图。

6－11　图示电路中，已知 $I_1=I_2=10\text{A}$，$U=100\text{V}$，$\dot{U}$ 与 $\dot{I}$ 同相，求 I、X_C、X_L 及 R_2。

6－12　图示电路中，已知 $u=2\sqrt{2}\cos(\omega t)\text{V}$，$R=\omega L=\dfrac{1}{\omega C}$，求电压表的读数。

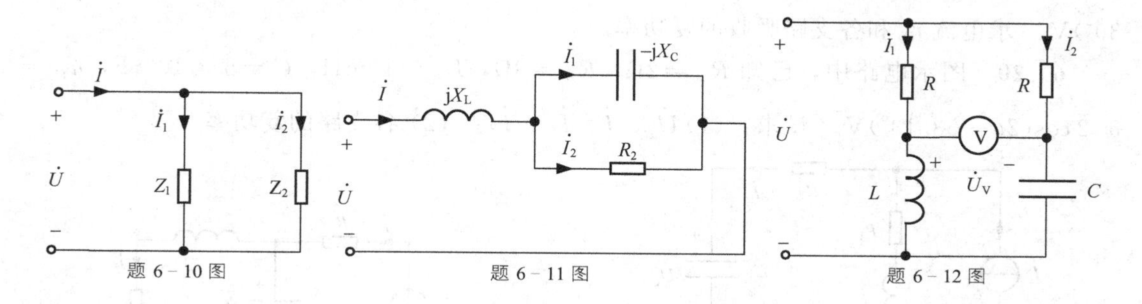

题 6－10 图　　题 6－11 图　　题 6－12 图

6－13　一个线圈接到 $f=50\text{Hz}$、$U=100\text{V}$ 的电源上时，流过的电流为 6A，消耗的功率为 200W。另一个线圈接到同一个电源上，流过的电流为 8A，消耗的功率为 600W。现将两个线圈串连接到 $f=50\text{Hz}$、$U=200\text{V}$ 的电源上，试求：(1) 电流 I；(2) 消耗的功

率 P；（3）电路的功率因数。

6-14 若将上题中的两个线圈并连接在 $f=50\text{Hz}$、$U=100\text{V}$ 的电源上，试求：（1）总电流 I；（2）消耗的功率 P；（3）电路的功率因数。

6-15 图示两个二端网络，在 $\omega=10\text{rad/s}$ 时互为等效，已知 $R=10\Omega$，$R'=12.5\Omega$，求 L 及 L'。

6-16 图示电路中，已知 $\omega=10\text{rad/s}$，$U=12\text{V}$，$I=5\text{A}$，电路功率为 $P=48\text{W}$，求 R 和 C。

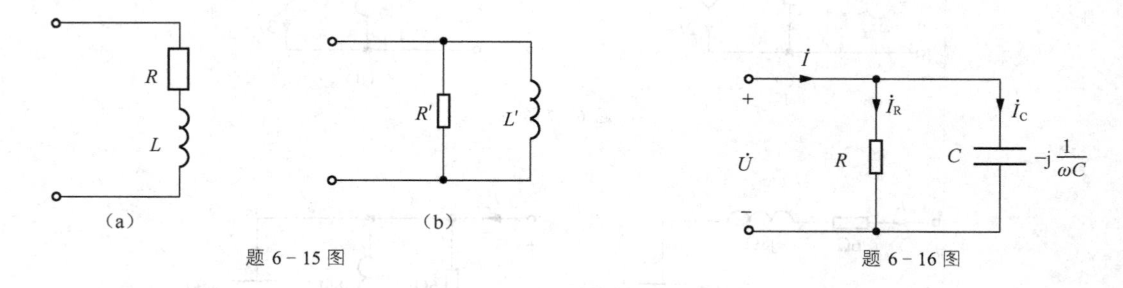

题 6-15 图　　题 6-16 图

6-17 图示电路中，已知 $u_{s_1}=5\cos t\,\text{V}$，$u_{s_2}=3\cos(t+30°)\,\text{V}$，求电流 i 和电路消耗的功率 P。

6-18 图示电路中，已知 $u=220\sqrt{2}\cos(314t)\,\text{V}$，$i_1=22\cos(314t-45°)\,\text{A}$，$i_2=11\sqrt{2}\cos(314t+90°)\,\text{A}$。试求各仪表的读数及电路参数 R、L 和 C。

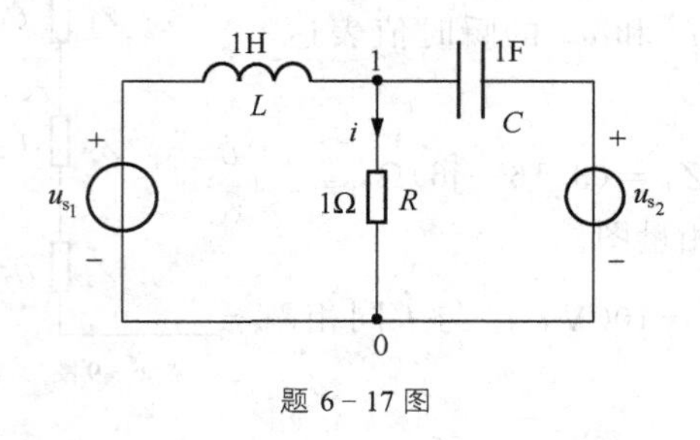

题 6-17 图

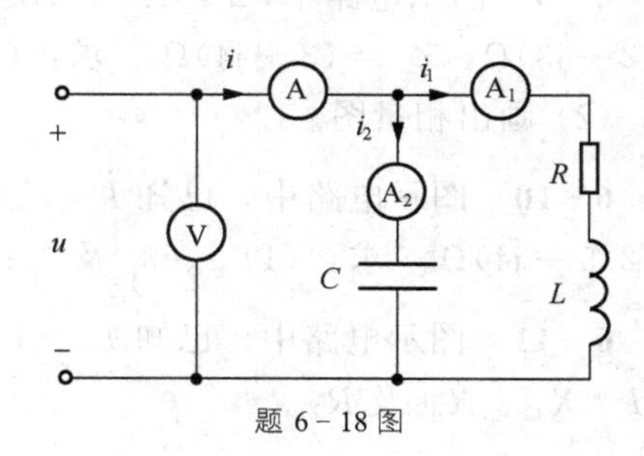

题 6-18 图

6-19 图示电路中，已知 $R_1=1\Omega$，$R_2=2\Omega$，$L_1=1\text{H}$，$C=1\text{F}$，$u_C=2\sqrt{2}\cos(t+30°)\,\text{V}$。求电流 i_s 和各支路吸收的复功率。

6-20 图示电路中，已知 $R_1=2\Omega$，$R_2=3\Omega$，$L_2=10\text{mH}$，$C=5\times10^{-3}\text{F}$，$u_C=5\sqrt{2}\cos(2t+53.13°)\,\text{V}$。试求：（1）$\dot{U}_s$、$\dot{I}$、$\dot{I}_C$、$\dot{I}_2$；（2）各支路的复功率。

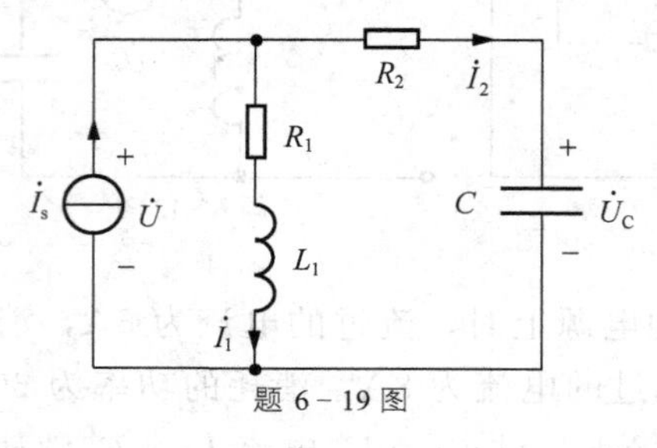

题 6-19 图

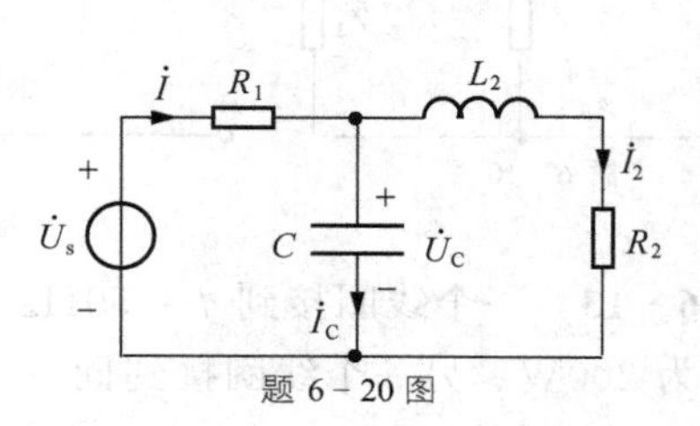

题 6-20 图

6-21 三个负载 Z_A、Z_B、Z_C 并连接在 $u=100\text{V}$ 的交流电源上。已知负载 Z_A 的电流为 10A，功率因数为 0.8(滞后)；负载 Z_B 的电流为 2A，功率因数为 0.6(超前)；负载 Z_C 的电流为 4A，功率因数为 1。试求整个电路的有功功率、无功功率、视在功率及电路的总电流。

6-22 一个负载由电压源供电，已知视在功率为 6VA 时，负载的功率因数为 0.8(滞后)。现在并联上一个电阻负载，其吸收功率为 4W。求并联电阻后，电路的总视在功率和功率因数。

6-23 图示电路中，Z_1 的电流 $I_1=8\text{A}$，功率因数 $\cos\varphi_1=0.8(\varphi_1<0)$；$Z_2$ 的电流 $I_2=16\text{A}$，功率因数为 $\cos\varphi_2=0.5(\varphi_2>0)$。端电压 $U=100\text{V}$，$\omega=1000\text{rad/s}$。(1) 求电流表、功率表的读数和电路的功率因数；(2) 若电源的额定电流为 30A，那么还能并联多大的电阻？(3) 欲使原电路的功率因数提高到 0.9，需并联多大的电容？

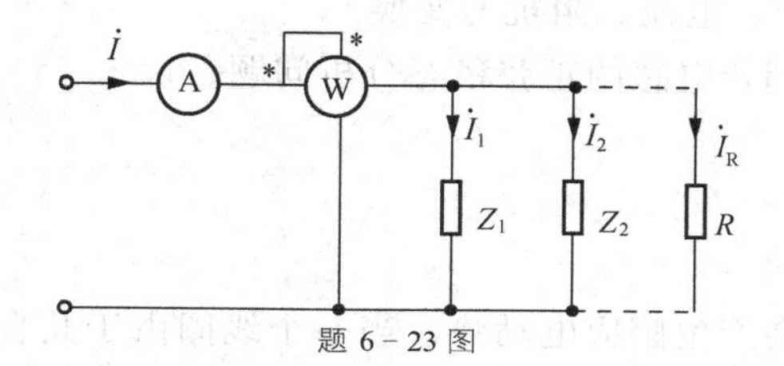

题 6-23 图

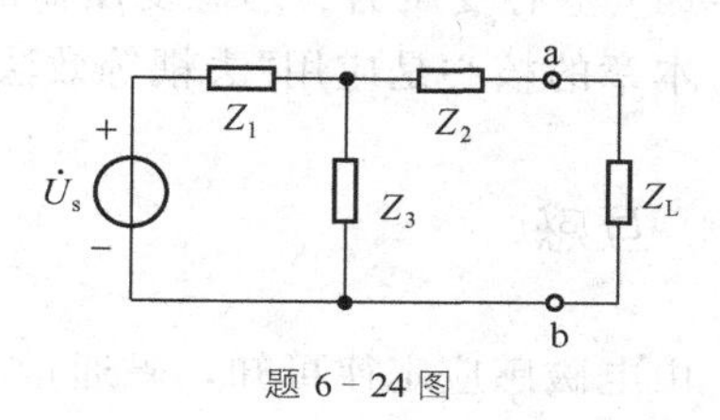

题 6-24 图

6-24 图示电路中，$Z_1=5\angle 30°\Omega$，$Z_2=8\angle -45°\Omega$，$Z_3=10\angle 60°\Omega$，$\dot{U}_s=100\angle 0°\text{V}$。$Z_L$ 取何值时可获得最大功率？并求最大功率。

6-25 图示电路中，已知 $\dot{U}_s=100\angle 0°\text{V}$，$\omega=100\text{rad/s}$，$Z_L$ 取何值时可获得最大功率，并求出最大功率 P_{max}。

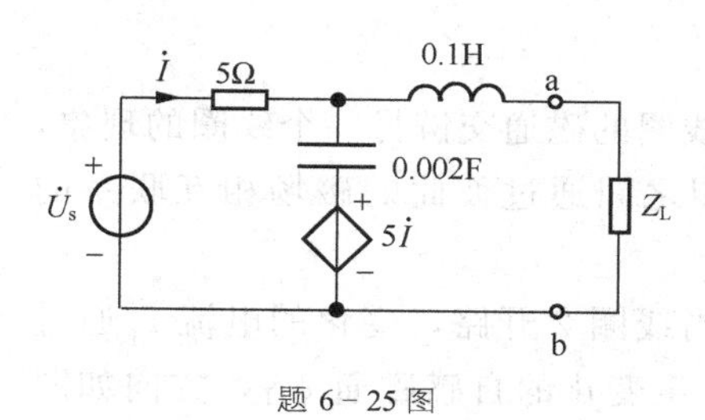

题 6-25 图

第7章 含有耦合电感电路的分析

学习要点

(1) 磁耦合现象和同名端的物理概念。

(2) 运用同名端和电流的参考方向，确定耦合电感互感电压的大小及方向。

(3) 含有耦合电感的正弦稳态分析——“去耦等效法”(互感消去法)。

(4) 空心变压器、理想变压器的分析，电压、电流、阻抗的变换。

本章的核心是应用“去耦等效法”解决含有耦合电感的正弦稳态分析问题。

7.1 互感

由电磁感应定律可知，磁通量的变化必然会产生感应电动势。当一个线圈由于其自身电流变化引起了磁通的变化，所产生的感应电动势，称为自感电动势。如果两个邻近的线圈，一个线圈中通过变化电流，此电流产生的磁通不但穿过自身线圈，同时也会有部分磁通穿过邻近线圈，从而在邻近线圈中产生感应电动势。这种由于一个线圈的电流变化，通过磁耦合在另一个线圈中产生感应电动势的现象，称为**互感**现象。互感现象在变压器、电动机等工程实际中得到了广泛应用。

7.1.1 互感 M

如图7-1所示，一个线圈的磁通交链另一个线圈的现象，称为磁耦合。即，载流线圈之间通过彼此的磁场相互联系的物理现象。

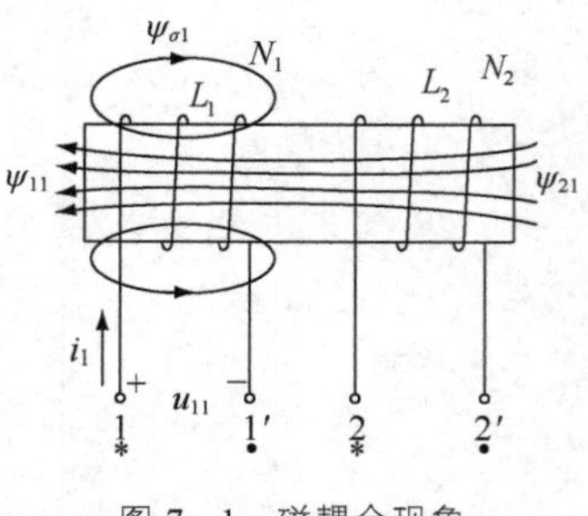

图7-1 磁耦合现象

(1) 如图7-1所示，当线圈2开路，变化的电流 i_1 通过线圈1时，将在线圈1中产生变化的自感磁通 ϕ_{11}，方向如图所示，对应的自感磁通链 $\psi_{11}=N_1\phi_{11}$。其中，ψ_{11} 的很少一部分仅穿过线圈1，这部分磁通称为漏磁通链，记作 $\Psi\sigma_1$，同时，自感磁通链 Ψ_{11} 的大部分不仅穿过线圈1同时穿过线圈2，我们把这部分磁通称为线圈1对线圈2的互感磁通链，记作 Ψ_{21}①。

一般地，线圈在铁磁材料非饱和状态下工作，磁通与电流近似线性关系公式如下

$$\psi_{11}=L_1 i_1 \tag{7-1}$$

其中，L_1 称为自感系数，单位为亨利(H)。

同样，在线性媒质中，互感磁通链

① Ψ_{21} 中，下标“2”表示该量所在线圈号，此处为线圈2，下标“1”表示产生该量施感电流所在的线圈号，此处为线圈是1，其他类同。

$$\psi_{21}=M_{21}i_1 \tag{7-2}$$

其中，M_{21}称为互感系数，单位为亨利(H)。

(2) 同理，当线圈 1 开路，变化的电流 i_2通过线圈 2 时，将在线圈 2 中产生变化的自感磁通 ϕ_{22}，对应的磁通链 $\psi_{22}=N_2\phi_{22}$，同时，有部分磁通链 Ψ_{12}交链临近线圈 1，Ψ_{12}称为互感磁通链。

在线性媒质中，自感磁通链

$$\psi_{22}=L_2i_2 \tag{7-3}$$

其中，L_2称为自感系数，单位为亨利(H)。

在线性媒质中，互感磁通链

$$\psi_{12}=M_{12}i_2 \tag{7-4}$$

其中，M_{12}称为互感系数，单位为亨利(H)。

(3) 当两个线圈都有电流时，电流方向及线圈绕向如图 7-2 所示，每一线圈的磁通链为自感磁通链与互感磁通链的和。

$$\psi_1=\psi_{11}+\psi_{12}=L_1i_1+M_{12}i_2 \tag{7-5}$$

$$\psi_2=\psi_{22}+\psi_{21}=L_2i_2+M_{21}i_1 \tag{7-6}$$

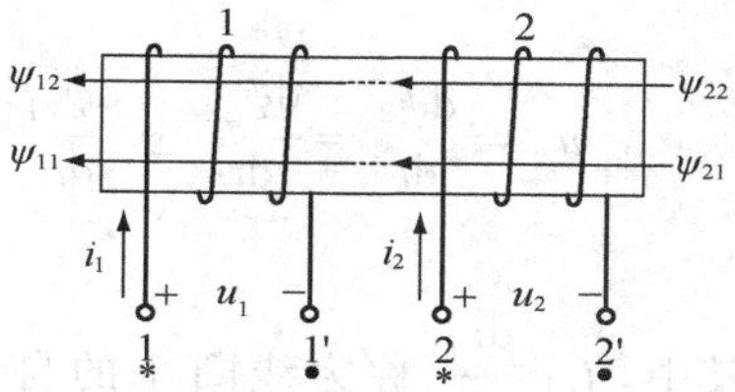

图 7-2　两个线圈磁通相互加强

将图 7-2 中 2 号线圈绕向改变，即如图 7-3 所示，同样，当两个线圈都有电流时，每一线圈的磁通链为自磁通链与互磁通链的差。

$$\psi_1=\psi_{11}-\psi_{12}=L_1i_1-M_{12}i_2 \tag{7-7}$$

$$\psi_2=\psi_{22}-\psi_{21}=L_2i_2-M_{21}i_1 \tag{7-8}$$

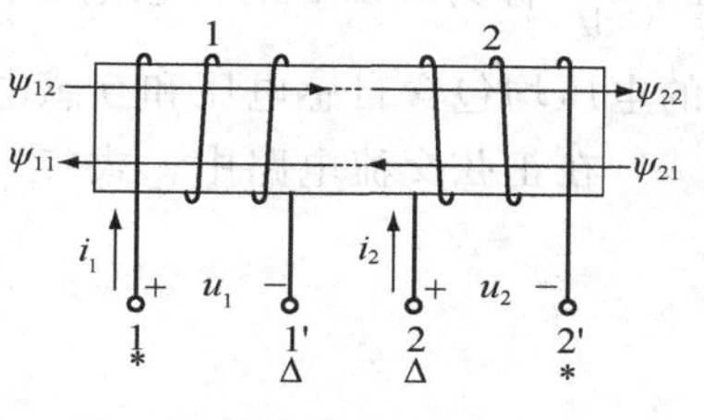

图 7-3　两个线圈磁通相互减弱

在图 7-2 和图 7-3 中，ψ_{11} 与 ψ_{21} 都是由线圈 1 中电流 i_1产生磁通，其方向用右手螺旋定则判定；ψ_{22} 与 ψ_{12} 都是由线圈 2 中电流 i_2产生磁通，其方向同样用右手螺旋定则判定。

注意：

对于线性电感 $M_{12}=M_{21}=M$(互易性)，互感系数 M 只与两个线圈的几何尺寸、匝数、相互位置和周围的介质磁导率有关。

7.1.2 耦合因数 K

工程上用耦合因数 k 来定量描述两个耦合线圈的耦合紧密程度，定义

$$k^2=\frac{\psi_{21}}{\psi_{11}}\cdot\frac{\psi_{12}}{\psi_{22}}=\frac{(Mi_1)\cdot(Mi_2)}{L_1i_1\cdot L_2i_2}=\frac{M^2}{L_1\cdot L_2}$$

$$k\overset{def}{=}\frac{M}{\sqrt{L_1L_2}} \tag{7-9}$$

一般有

$$k=\frac{M}{\sqrt{L_1L_2}}\leqslant 1$$

(1)如果两个线圈靠得很近或密绕在一起，如图 7-4(a)所示，此时 k 值可能接近 1。理想情况下 $k=1$，称全耦合，满足 $\psi_{11}=\psi_{21}$，$\psi_{22}=\psi_{12}$，漏磁通 ψ_σ 为 0。

(2)如果两个线圈相隔很远或轴线垂直，如图 7-4(b)所示，则 k 值很小，甚至可能接

近于 0。耦合因数 k 与线圈的结构、相互几何位置、空间磁介质有关。

(3) 实际中，有时会利用互感，如变压器、功率的传递、信号的采集等。有时会避免互感，例如，为了减小电磁干扰，合理布置线圈，尽量减小 k 值。

7.1.3 耦合电感上的电压、电流关系

如图 7-2 和图 7-3 所示，当两个线圈分别流过时变电流时，磁通也将随时间变化，从而在线圈两端产生感应电压。综合以上式(7-5)至式(7-8)，根据电磁感应定律和楞次定律得每个线圈两端的电压为

$$u_1=\frac{d\psi_1}{dt}=\frac{d\psi_{11}}{dt}\pm\frac{d\psi_{12}}{dt}=L_1\frac{di_1}{dt}\pm M\frac{di_2}{dt} \tag{7-10}$$

$$u_2=\frac{d\psi_2}{dt}=\frac{d\psi_{22}}{dt}\pm\frac{d\psi_{21}}{dt}=L_2\frac{di_2}{dt}\pm M\frac{di_1}{dt} \tag{7-11}$$

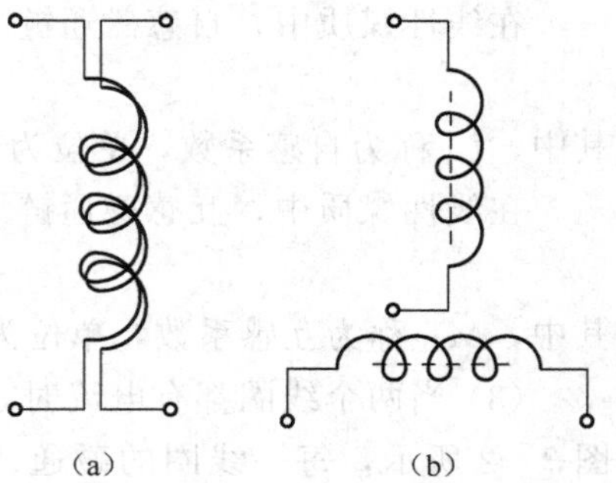

(a) (b)

图 7-4 M 与相互位置

其中，$L_1\frac{di_1}{dt}$ 称为线圈 1 的自感电压，$M\frac{di_2}{dt}$ 称为线圈 2 对线圈 1 的互感电压；同理，$L_2\frac{di_2}{dt}$ 称为线圈 2 的自感电压，$M\frac{di_1}{dt}$ 称为线圈 1 对线圈 2 的互感电压。此时，线圈两端的电压均包含自感电压和互感电压。

在正弦交流电路中，式(7-10)与式(7-11)的相量形式的方程为

$$\dot{U}_1=j\omega L_1\dot{I}_1\pm j\omega M\dot{I}_2 \tag{7-12}$$

$$\dot{U}_2=\pm j\omega M\dot{I}_1+j\omega L_2\dot{I}_2 \tag{7-13}$$

注意： 上式的"±"是根据磁通的相互交链，图 7-2 所示为磁通相互增助，图 7-3 所示为磁通相互削弱。为了便于反映"增助"或"削弱"作用和简化做图，引入"同名端"的概念。

7.1.4 互感线圈的同名端

由于产生互感电压的电流在另一线圈上，互感电压的方向不仅与线圈的电流方向有关，还与两个线圈的绕向和相对位置有关。然而，在电路中不便于画出线圈的绕向和相对位置，通常采用标记"同名端"的办法反映它们的影响。

同名端：当两个电流分别从两个线圈的对应端子同时流入或流出时，若产生的磁通相互增助，则这两个对应端子称为两互感线圈的同名端。

或：当 1 号线圈施加变化的电流，而 2 号线圈开路时，那么在 1 号线圈中会有自感电压，2 号线圈会有互感电压，这两个电压实际极性高(或低)的电位端称为同名端。用星号或小圆点等符号标记。

例如图 7-2 中线圈 1 和线圈 2 的(1、2)端或(1′、2′)端，用星号标示的端子互为同名端。同理，用小圆点标示的端子也互为同名端，当电流分别从这两端子同时流入或流出时，则磁通起相助作用。同理，图 7-3 中线圈 1 和线圈 2 的(1、2′)端或(1′、2)端，用星号标示的端子互为同名端，同理，用小Δ标示(或没有标示)的对应端子也互为同名端，当

电流分别从这两端子同时流入或流出时，则磁通起相助作用。

注意：上述图示说明当有多个线圈之间存在互感作用时，同名端必须两两线圈分别标定。

根据同名端的定义可以得出确定同名端的方法如下。

（1）当两个线圈中电流同时流入或流出同名端时，两个电流产生的磁场将相互增强。

（2）当随时间增大的时变电流从一线圈的一端流入时，将会引起另一线圈相应同名端的电位升高。

两线圈同名端的实验测定：实验线路如图 7－5 所示，当开关 K 闭合时，线圈 1 中流入星号一端的电流 i 增加，则产生的互感电压的正极端，在线圈 2 的星号一端，电压表正偏。

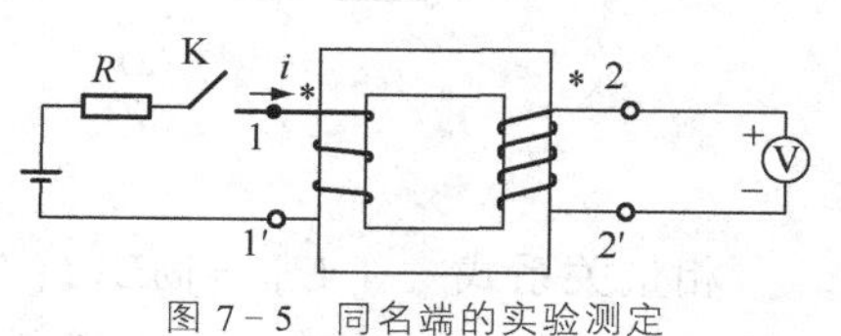

图 7－5　同名端的实验测定

有了同名端，以后表示两个线圈相互作用，就可以不再考虑画出实际绕向，而只画出同名端及电流或电压的参考方向即可。

结论

电流的流进端与互感电压的正极性端互为同名端。

即，若施感电流的流进端是有“同名端”标示，那么在另一线圈的互感电压的正极性端一定在有“同名端”标示的一端。反之亦然。

互感电压受另一个线圈电流的控制，可用电流控制电压源(CCVS)表示，如图 7－6 所示。

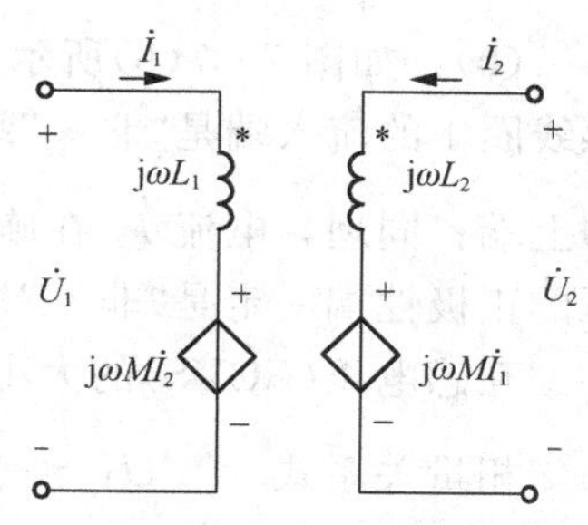

图 7－6　用 CCVS 表示的互感电压

注意

CCVS 本应该在电感线圈上，为了做图清楚，将其移出线圈，上图中分别下移到线圈下端，当然也可以上移，当线圈水平时，就平移(左移或右移)。

例 7－1　图 7－7(a)、(b)所示互感线圈，已知同名端和各线圈上电流参考方向，试在图上标出互感电压(CCVS)的大小及极性，并写出每一互感线圈上的电压电流相量关系式和时域关系式。

解(a)：如图 7－7(a)所示，进行去耦等效分析：用 CCVS 表示互感电压。电流 $\dot{I}_1$ 在施感线圈 1 的流入端是“＊”端，那么在另一线圈的互感电压的正极性端一定是“＊”端，即下端；同理，电流 $\dot{I}_2$ 在施感线圈 2 的流入端是“非＊”端，那么在另一线圈 1 的互感电压的正极性端一定是“非＊”端，即下端。互感电压(CCVS)的大小和极性如图 7－8(a)所示。

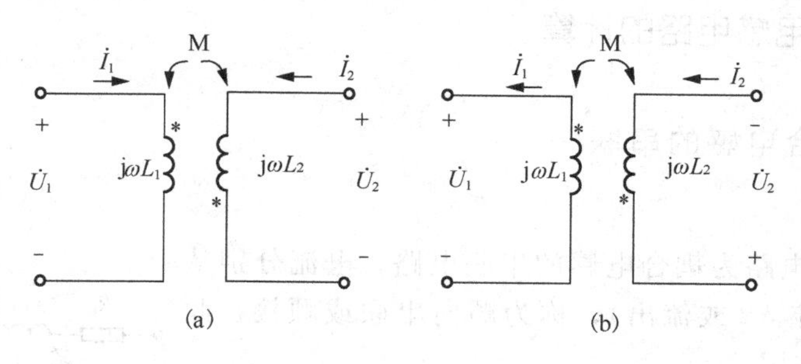

图 7－7　例 7－1 图

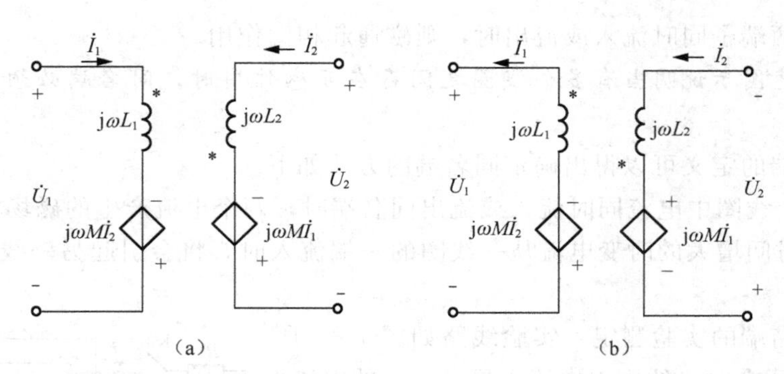

图 7－8 例 7－1 图

相量关系式 $\dot{U}_1 = j\omega L_1 \dot{I}_1 - j\omega M \dot{I}_2 \quad \dot{U}_2 = -j\omega M \dot{I}_1 + j\omega L_2 \dot{I}_2$

时域关系式 $u_1 = L_1 \dfrac{di_1}{dt} - M\dfrac{di_2}{dt} \quad u_2 = L_2 \dfrac{di_2}{dt} - M\dfrac{di_1}{dt}$

(b)：如图 7－7(b)所示，进行去耦等效分析：用 CCVS 表示互感电压。电流 $\dot{I}_1$ 在施感线圈 1 的流入端是"非 *"端，那么在另一线圈的互感电压的正极性端一定是"非 *"端，即上端；同理，电流 $\dot{I}_2$ 在施感线圈 2 的流入端是"非 *"端，那么在另一线圈 1 的互感电压的正极性端一定是"非 *"端，即下端。

互感电压(CCVS)的大小及极性如图 7－8(b)所示。

相量关系式 $\dot{U}_1 = -j\omega L_1 \dot{I}_1 - j\omega M \dot{I}_2 \quad \dot{U}_2 = -j\omega L_2 \dot{I}_2 - j\omega M \dot{I}_1$

时域关系式 $u_1 = -L_1 \dfrac{di_1}{dt} - M\dfrac{di_2}{dt} \quad u_2 = -L_2 \dfrac{di_2}{dt} - M\dfrac{di_1}{dt}$

总结：上述的这种用 CCVS 表示互感电压，等效消除原电路中的互感 M 的方法，称为去耦等效。等效后的电路即可作为一般无互感的电路来分析计算。

含有耦合电感(互感)电路的计算要注意以下几点。

(1)在正弦稳态情况下，有互感的电路的计算仍可应用前面介绍的相量分析方法。

(2)注意互感线圈上的电压除自感电压外，还应包含互感电压。即，支路电压不仅与本支路电流有关，还与那些与之有互感的支路电流有关。

(3)关键是用 CCVS 表示互感电压，即将互感 M 用电流控制电压源(CCVS)替代了，简称去耦等效分析。

7.2 含有耦合电感电路的计算

7.2.1 耦合电感的串联

1. 顺向串联

图 7－9 所示电路为耦合电感的串联电路，电流分别从两线圈的同名端流入(或流出)，称为顺向串联或顺接，此时互感起"增助"作用。

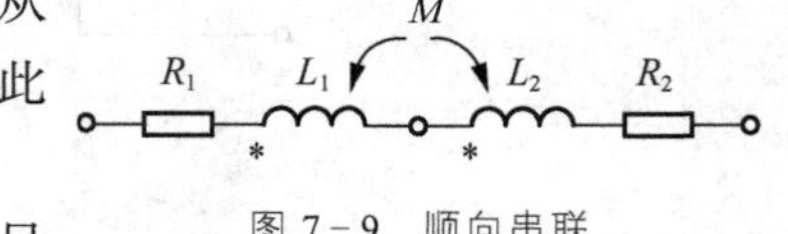

图 7－9 顺向串联

去耦等效分析：根据电流在施感线圈的流入端与在另

一线圈中互感电压的正极性端总是互为同名端。

如图 7-10 所示，电流 $\dot{I}_1$ 在施感线圈 1 的流入端是“ * ”端，那么在另一线圈的互感电压的正极性端一定是“ * ”端，即左端；同理，电流 $\dot{I}_2$ 在施感线圈 2 的流入端是“ * ”端，那么在另一线圈 1 的互感电压的正极性端一定是“ * ”端，即左端。

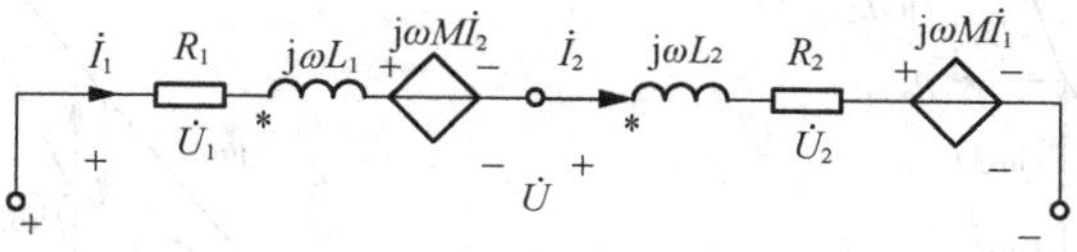

图 7-10　顺向串联

用 CCVS 表示互感电压

根据图 7-10 所示电压、电流的参考方向，得方程如下

$$\dot{U}_1 = \dot{I}_1 R_1 + \dot{I}_1 \mathrm{j}\omega L_1 + \mathrm{j}\omega M \dot{I}_2$$

$$\dot{U}_2 = \dot{I}_2 \mathrm{j}\omega L_2 + \dot{I}_2 R_2 + \mathrm{j}\omega M \dot{I}_1$$

$$\dot{I}_1 = \dot{I}_2 = \dot{I}$$

$$\therefore \quad \dot{U} = \dot{I} R_1 + \dot{I} \mathrm{j}\omega L_1 + \mathrm{j}\omega M \dot{I} + \dot{I} \mathrm{j}\omega L_2 + \dot{I} R_2 + \mathrm{j}\omega M \dot{I}$$

$$\therefore \quad \dot{U} = \dot{I}(R_1 + R_2) + \dot{I} \mathrm{j}\omega (L_1 + L_2 + 2M)$$

根据上述方程可以给出图 7-11 所示的无互感(去耦)等效电路，即，去耦等效电路的参数为

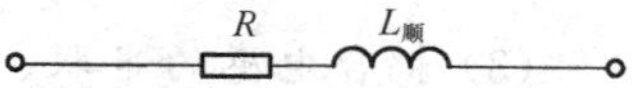

图 7-11　顺向串联去耦等效电路

$$R = R_1 + R_2$$

$$L_{顺} = L_1 + L_2 + 2M \tag{7-14}$$

以上顺向串联，把原来的电感 $L_1 + L_2$，增加到 $L_1 + L_2 + 2M$，这样使得难于集成的较大电感成为可能。

说明

用 CCVS 表示互感电压，即将互感 M 用电流控制电压源(CCVS)替代，可以省略去耦等效分析过程的描述，直接用 CCVS 表示互感 M 的作用。

2. 反向串联

如图 7-12 所示的耦合电感的串联电路，电流分别从两线圈的异名端流入(或流出)，称为反向串联或反接，此时互感起“削弱”作用。

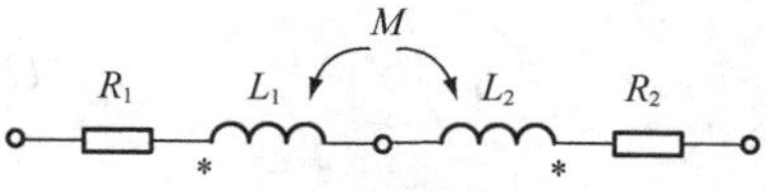

图 7-12　反向串联

分析过程不再赘述。直接给出图 7-13 所示的反向串联无互感(去耦)等效电路，即，去耦等效电路的参数为

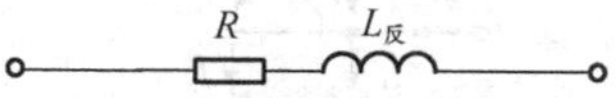

图 7-13　反向串联去耦等效电路

$$R = R_1 + R_2$$

$$L_{反} = L_1 + L_2 - 2M \tag{7-15}$$

总结：

(1) 耦合电感顺向串联时，等效阻抗大于无互感时的阻抗。顺向串联时的相量图如图 7-14 所示。

(2) 耦合电感反向串联时，等效阻抗小于无互感时的阻抗。反向串联时的相量图如图 7－15 所示。

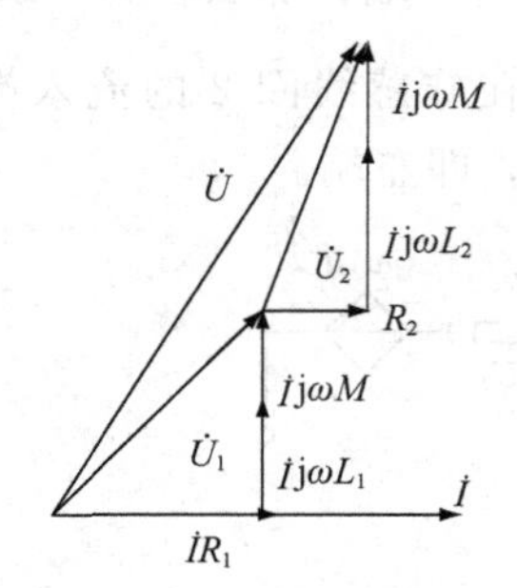

图 7－14 顺向串联时的相量图

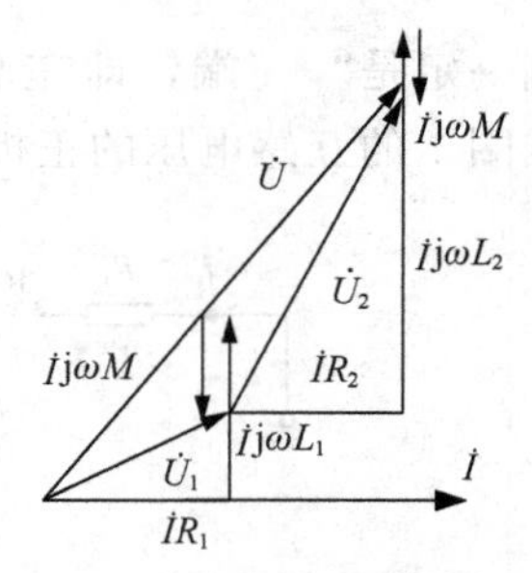

图 7－15 反向串联时的相量图

注意：

(1) 互感不大于两个自感的算术平均值，整个电路仍呈感性，即满足关系

$$M \leqslant \frac{1}{2}(L_1 + L_2) \quad L = L_1 + L_2 - 2M \geqslant 0$$

(2) 综上讨论，可以给出测量互感系数的方法：把两线圈顺接一次，反接一次，根据式(7－14)、式(7－15)，则互感系数为

$$M = \frac{L_{顺} - L_{反}}{4} \tag{7-16}$$

(3) 耦合电感的串联、并联、耦合电感的 T 型去耦等效等，多种多样的去耦等效电路，可以看作例题，结果不用强记。用 CCVS 表示互感电压，注意互感电压的大小和方向才是根本。

7.2.2 耦合电感的并联

1. 同侧并联

图 7－16 由于同名端连接在同一个节点上，称为同侧并联。

去耦等效分析得如图 7－17 所示。

根据图 7－17 所示电压、电流的参考方向，得方程如下

$$\dot{U} = \dot{I}_1(\mathrm{j}\omega L_1 + R_1) + \mathrm{j}\omega M\dot{I}_2 \quad ①$$

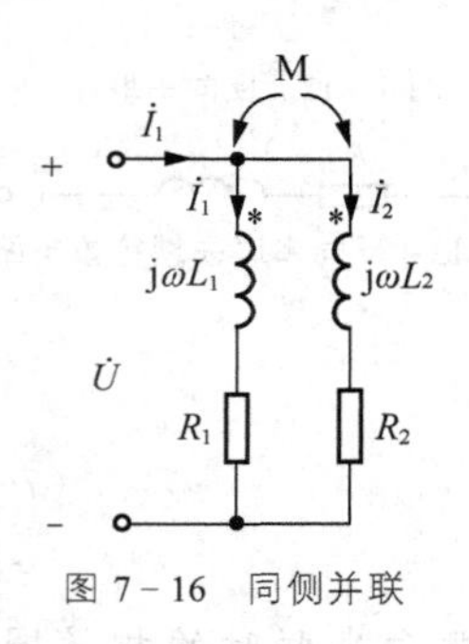

图 7－16 同侧并联

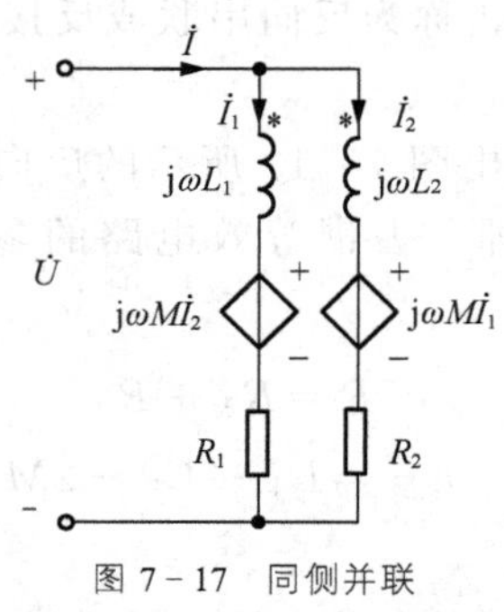

图 7－17 同侧并联
用 CCVS 表示互感电压

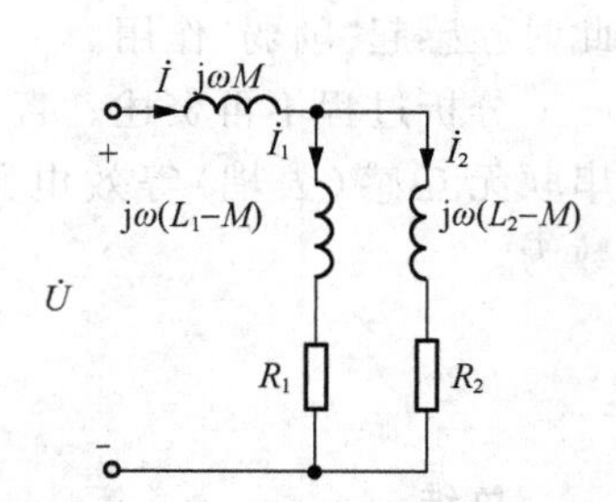

图 7－18 同侧并联等效电路

$$\dot{U}=\dot{I}_2(j\omega L_2+R_2)+j\omega M\dot{I}_1 \quad ②$$

$$\dot{I}=\dot{I}_1+\dot{I}_2 \quad ③$$

将③式代入①式，消去 $\dot{I}_2$ 得

$$\dot{U}=\dot{I}_1[j\omega(L_1-M)+R_1]+j\omega M\dot{I} \quad ④$$

③式代入②式，消去 $\dot{I}_1$ 得

$$\dot{U}=\dot{I}_2[j\omega(L_2-M)+R_2]+j\omega M\dot{I} \quad ⑤$$

根据④式和⑤式，可以给出图 7-18 所示的用自感表示互感的等效电路(无互感等效电路)。

2. 异侧并联

图 7-19 由于异名端连接在同一个节点上，称为异侧并联。

分析过程不再赘述。直接给出图 7-20 所示的异侧并联等效电路，用自感表示互感的等效电路(无互感等效电路)。

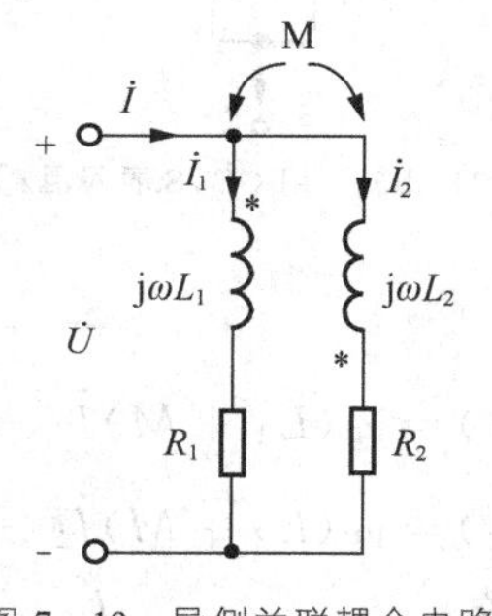

图 7-19　异侧并联耦合电路

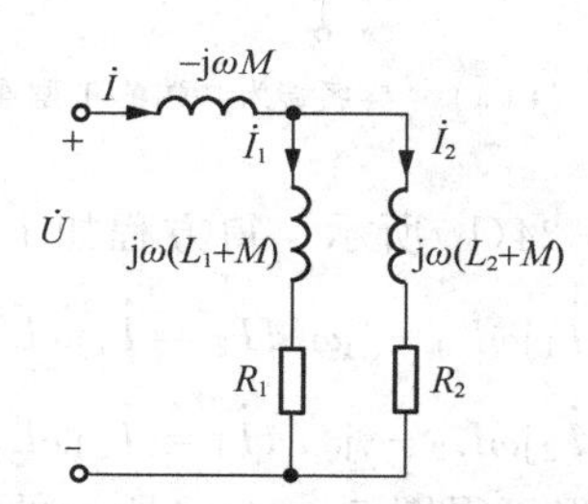

图 7-20　异侧并联等效电路

7.2.3　耦合电感的 T 型去耦等效

如果耦合电感的两条支路各有一端与第三条支路形成一个仅含三条支路的共同节点，如图 7-21 所示，称为耦合电感的 T 型连接。显然耦合电感的并联也属于 T 型连接。

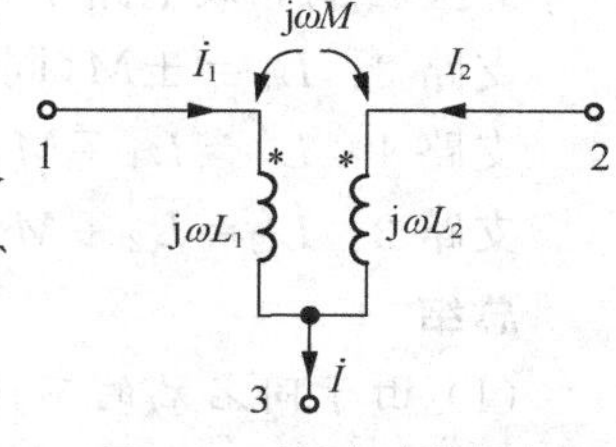

图 7-21　异名端为共端的 T 型连接

1. 同名端为共端的 T 型去耦等效

图 7-21 所示的电路为同名端为共端的 T 型连接。

去耦等效分析得如图 7-22 所示。

根据图 7-22 所示电压、电流的参考方向，得方程如下。

$$\dot{U}_{13}=\dot{I}_1 j\omega L_1+j\omega M\dot{I}_2=\dot{I}_1 j\omega L_1+j\omega M(\dot{I}-\dot{I}_1)=j\omega(L_1-M)\dot{I}_1+j\omega M\dot{I}$$

$$\dot{U}_{23}=\dot{I}_2 j\omega L_2+j\omega M\dot{I}_1=\dot{I}_2 j\omega L_2+j\omega M(\dot{I}-\dot{I}_2)=j\omega(L_2-M)\dot{I}_2+j\omega M\dot{I}$$

由上述方程可得图 7-23 所示的无互感等效电路。

2. 异名端为共端的 T 型去耦等效

图 7-24(a)所示的电路为异名端为共端的 T 型连接。

去耦等效分析得如图 7-24(b)所示。

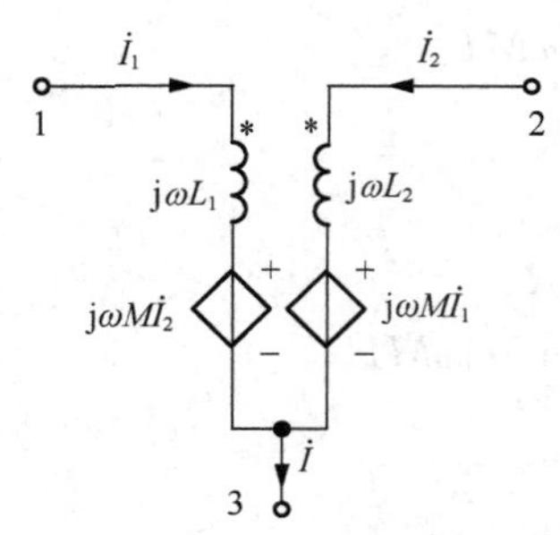

图 7-22 图 7-21 用 CCVS 表示互感电压

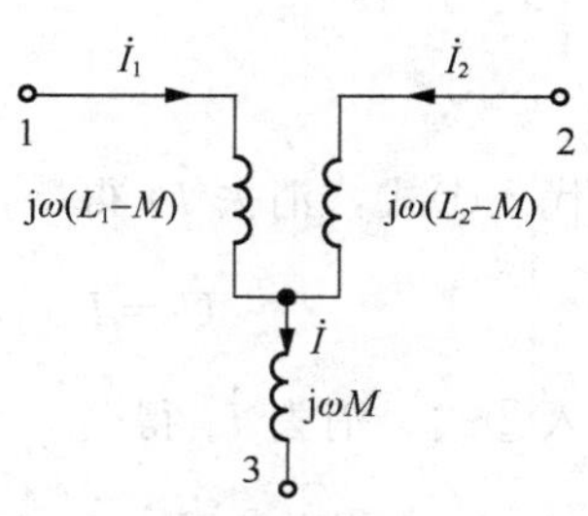

图 7-23 图 7-21 的等效电路

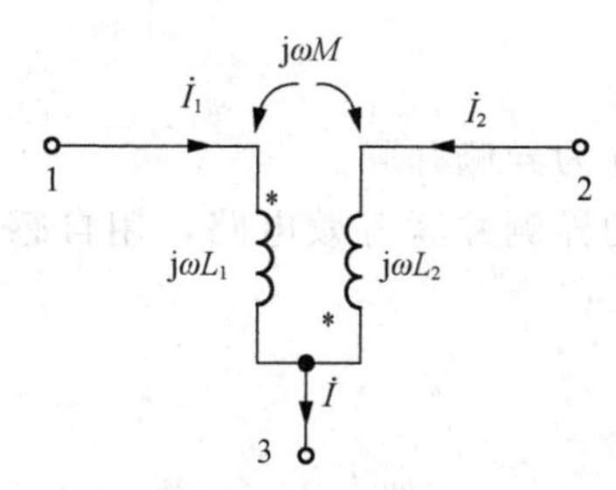

图 7-24(a) 异名端为共端的 T 型连接

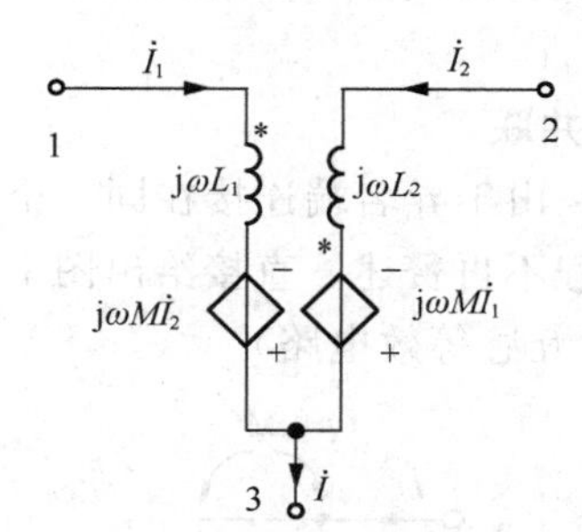

图 7-24(b) 用 CCVS 表示互感电压

根据图 7-24(b)所示，得方程如下。

$$\dot{U}_{13}=\dot{I}_1 j\omega L_1-j\omega M\dot{I}_2=\dot{I}_1 j\omega L_1-j\omega M(\dot{I}-\dot{I}_1)=j\omega(L_1+M)\dot{I}_1-j\omega M\dot{I}$$

$$\dot{U}_{23}=\dot{I}_2 j\omega L_2-j\omega M\dot{I}_1=\dot{I}_2 j\omega L_2-j\omega M(\dot{I}-\dot{I}_2)=j\omega(L_2+M)\dot{I}_2-j\omega M\dot{I}$$

由上述方程可得图 7-24(c)所示的无互感等效电路。

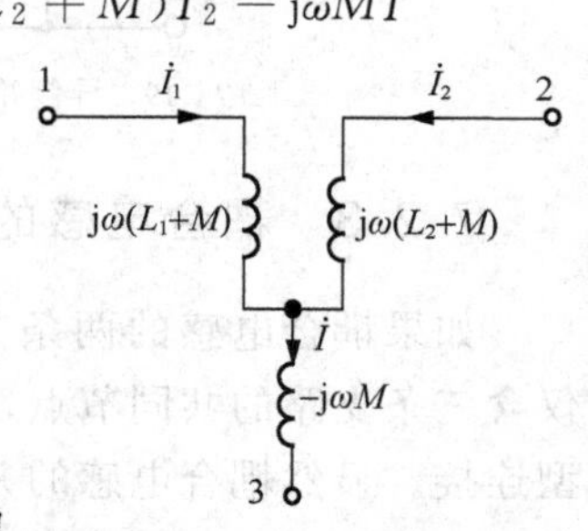

图 7-24(c) 图(a)的等效电路

T 型去耦等效电路中 3 条支路的等效电感分别为

支路 3：$L_3=\pm M$(同侧取“+”，异侧取“−”)

支路 1：$L'_1=L_1\mp M$

支路 2：$L'_2=L_2\mp M$

总结

(1) 由于同名端的不同、连接方式的不同、电流参考方向的不同均会引起去耦等效电路的不同，要想记住每种情况，难度较大，解决的关键是利用 CCVS 表示互感电压，即去耦等效分析，然后利用电路分析方法求解未知即可。

(2) 去耦等效分析，可以只在图中用 CCVS 表示互感电压，列出方程求解即可。

例 7-2 求图 7-25(a)所示电路的开路电压。

解： 去耦等效分析：用 CCVS 表示互感电压，如图 7-25(b)。

由于线圈 2 开路，电流为零。

根据图 7-25(b)列方程求解，得

$$\dot{U}_s=\dot{I}_1 R_1-j\omega M_{31}\dot{I}_1+\dot{I}_1 j\omega L_1+\dot{I}_1 j\omega L_3-j\omega M_{31}\dot{I}_1$$

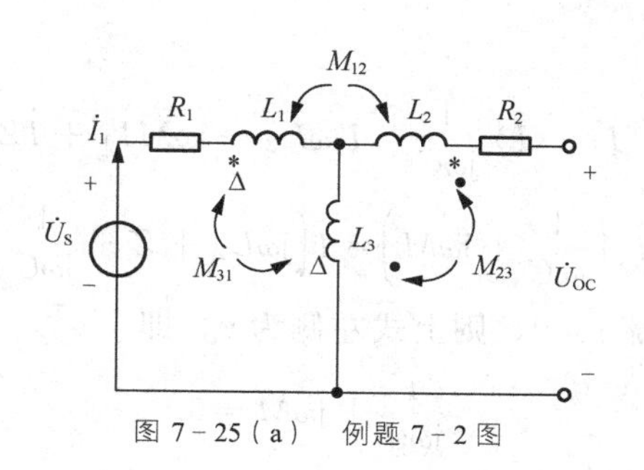

图 7-25(a) 例题 7-2 图

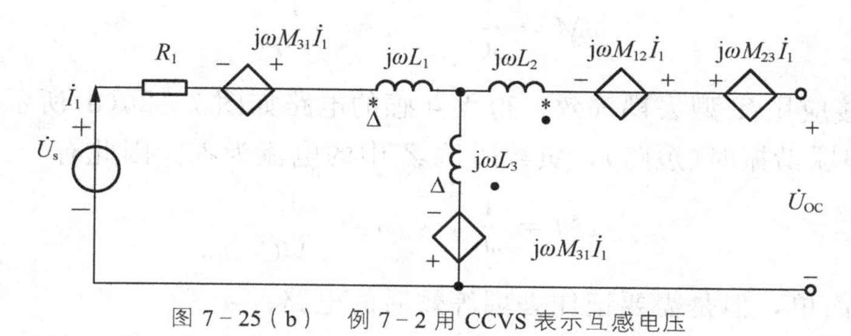

图 7-25(b) 例 7-2 用 CCVS 表示互感电压

$$\dot{I}_1=\frac{\dot{U}_s}{R_1+j\omega(L_1+L_3-2M_{31})}$$

开路电压 $$\dot{U}_{OC}=-j\omega M_{23}\dot{I}_1+j\omega M_{12}\dot{I}_1+\dot{I}_1 j\omega L_3-j\omega M_{31}\dot{I}_1$$

$$\therefore\quad \dot{U}_{OC}=\frac{j\omega(L_3+M_{12}-M_{23}-M_{31})\dot{U}_s}{R_1+j\omega(L_1+L_3-2M_{31})}$$

例 7-3 图 7-26(a)所示为有互感的电路，若要使负载阻抗 Z 中的电流 $i=0$，问电源的角频率为多少？

解法 1：根据两线圈的绕向标定同名端，如图 7-26(b)所示。

去耦等效分析得如图 7-26(c)所示。

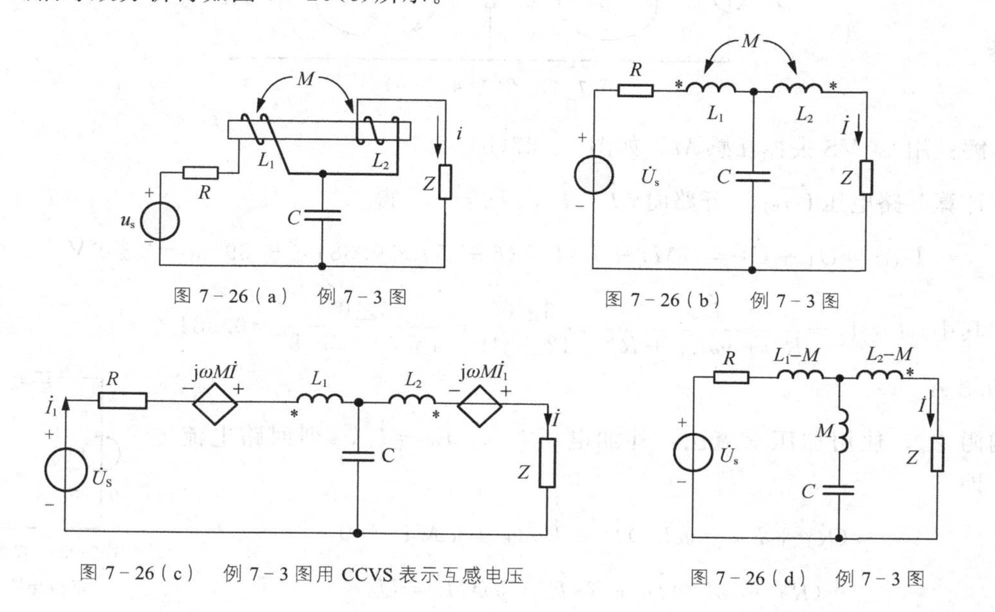

图 7-26(a) 例 7-3 图

图 7-26(b) 例 7-3 图

图 7-26(c) 例 7-3 图用 CCVS 表示互感电压

图 7-26(d) 例 7-3 图

列方程求解，得

$$(\dot{I}_1-\dot{I})\frac{1}{\mathrm{j}\omega C}=\dot{I}\mathrm{j}\omega L_2-\mathrm{j}\omega M\dot{I}_1+\dot{I}Z$$

整理得

$$\dot{I}_1\left(\frac{1}{\mathrm{j}\omega C}+\mathrm{j}\omega M\right)=\dot{I}\left(\mathrm{j}\omega L_2+Z+\frac{1}{\mathrm{j}\omega C}\right)$$

若要使负载阻抗 Z 中的电流 $i=0$，则上式左侧为 0，即

$$\frac{1}{\mathrm{j}\omega C}+\mathrm{j}\omega M=0$$

$$\omega M=\frac{1}{\omega C}\qquad \omega=\frac{1}{\sqrt{MC}}$$

解法 2：直接应用 T 型去耦等效，得无互感的电路如图 7－26(d)所示。显然，当电容和 M 电感发生串联谐振时(短路)，负载阻抗 Z 中的电流为零。因此有

$$\omega M=\frac{1}{\omega C},\qquad \omega=\frac{1}{\sqrt{MC}}$$

解法 2 尽管简单，但是需要记住去耦等效后的电路。

例 7－4 如图 7－27(a)所示，$\omega L_1=\omega L_2=10\Omega$，$\omega M=5\Omega$，$R_1=R_2=6\Omega$，$U_s=6\mathrm{V}$，求其戴维南等效电路。

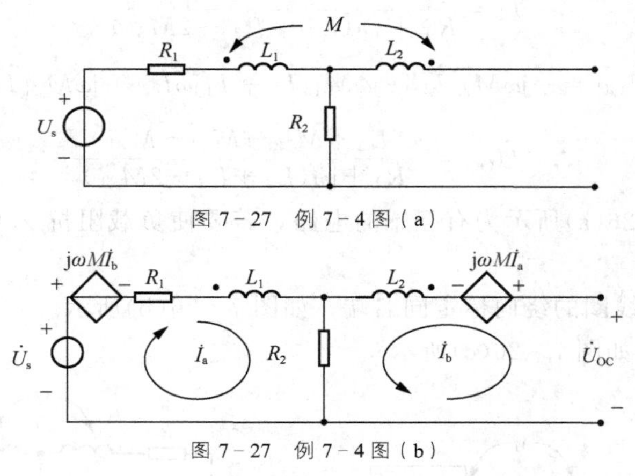

图 7－27 例 7－4 图 (a)

图 7－27 例 7－4 图 (b)

解：用 CCVS 去掉互感 M，如图 7－27(b)。

计算开路电压 $\dot{U}_{OC}$，开路时，$\dot{I}=\dot{I}_a$，$\dot{I}_b=0$，得

$$\dot{U}_{OC}=\dot{U}_1+\dot{U}_2=\mathrm{j}\omega M\dot{I}+R_2\dot{I}=(6+\mathrm{j}5)\times0.384\angle-39.8^\circ=3\angle0^\circ\mathrm{V}$$

其中，$\dot{I}=\dot{I}_a=\dfrac{\dot{U}_s}{R_1+\mathrm{j}\omega L_1+R_2}=\dfrac{6\angle0^\circ}{12+\mathrm{j}10}=\dfrac{6\angle0^\circ}{15.62\angle39.8^\circ}=0.384\angle-39.8^\circ\mathrm{A}$

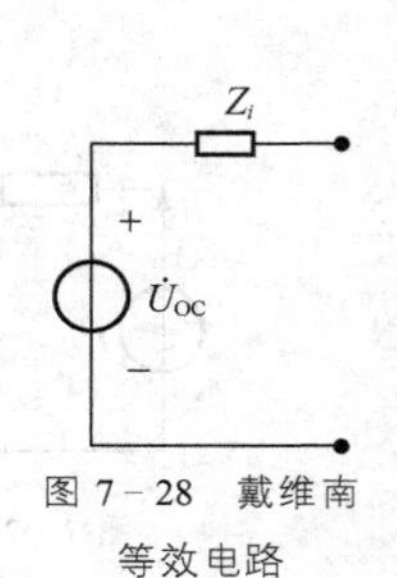

图 7－28 戴维南等效电路

求内阻 Z_i，使用加压求流法：外加电压 $\dot{U}_0$，$\dot{I}_0=\dot{I}_b$，列回路电流方程，即

$$(R_1+R_2+\mathrm{j}\omega L_1)\dot{I}_a+R_2\dot{I}_b+\mathrm{j}\omega M\dot{I}_b=0$$

$$(R_2+\mathrm{j}\omega L_2)\dot{I}_b+R_2\dot{I}_a+\mathrm{j}\omega M\dot{I}_a=\dot{U}_0$$

解得 $\dot{I}_0=\dot{I}_b=\dfrac{\dot{U}_0}{3+j7.5}$，$Z_i=\dfrac{\dot{U}_0}{\dot{I}_0}=3+j7.5=8.08\angle 68.2°\Omega$

戴维南等效电路如图 7－28。

7.3 空心变压器

变压器由两个具有互感的线圈构成，一个线圈接电源，称为原边或初级回路；另一线圈接负载，称为副边或次级回路。变压器是通过互感来实现从一个电路向另一个电路传输能量或信号的器件。当变压器线圈的芯子为非铁磁材料时，称这种变压器为空心变压器。

1. 空心变压器电路

图 7－29(a)所示为空心变压器的电路模型。

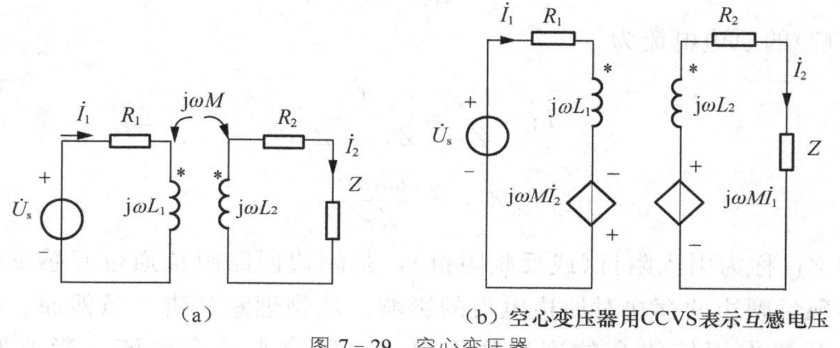

图 7－29 空心变压器

2. 空心变压器去耦等效分析

用 CCVS 表示互感电压，如图 7－29(b)所示，电流 $\dot{I}_1$ 在施感线圈 1 的流入端是"＊"端，那么在耦合线圈 2 中的互感电压的正极性端一定是"＊"端，即上端，大小为$j\omega M\dot{I}_1$。同理，可得线圈 1 中的互感电压的方向和大小。

根据图 7－29(b)所示电压、电流的参考方向，得方程如下，即

$$\dot{U}_s=(R_1+j\omega L_1)\dot{I}_1-j\omega M\dot{I}_2$$

$$(R_2+Z+j\omega L_2)\dot{I}_2-j\omega M\dot{I}_1=0$$

令 $Z_{11}=R_1+j\omega L_1$ 称为原边阻抗，$Z_{22}=R_2+j\omega L_2+Z$ 称为副边阻抗。则上述方程简写为

$$Z_{11}\dot{I}_1-j\omega M\dot{I}_2=\dot{U}_s$$

$$-j\omega M\dot{I}_1+Z_{22}\dot{I}_2=0$$

从上列方程可求得原边和副边电流，即

$$\dot{I}_1=\frac{\dot{U}_s}{Z_{11}+\dfrac{(\omega M)^2}{Z_{22}}} \tag{7-17}$$

$$\dot{I}_2=\frac{j\omega M\dot{U}_s}{\left(Z_{11}+\dfrac{(\omega M)^2}{Z_{22}}\right)Z_{22}}=\frac{j\omega M\dot{U}_s}{Z_{11}}\cdot\frac{1}{Z_{22}+\dfrac{(\omega M)^2}{Z_{11}}} \tag{7-18}$$

根据式(7－17)和式(7－18)可以分别画出原边等效电路图 7－30(a)和副边等效电路图 7－30(b)。

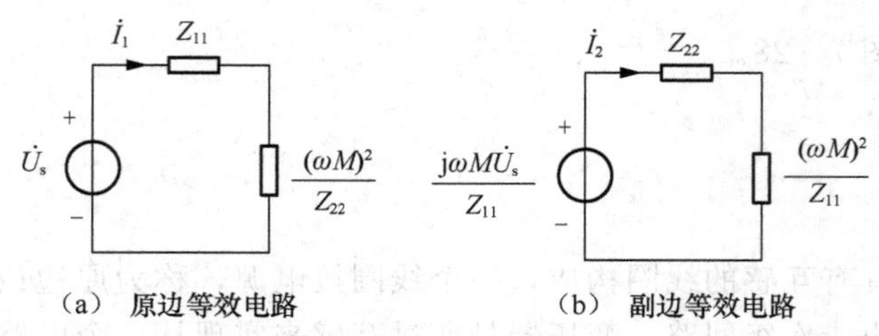

(a) 原边等效电路 (b) 副边等效电路

图 7－30 空心变压器等效电路

首先讨论原边等效电路图 7－30(a)。令式(7－17)原边电流的分母为

$$Z_i = Z_{11} + \frac{(\omega M)^2}{Z_{22}} = Z_{11} + Z_{1f}$$

则式(7－17)的原边电流为

$$\dot{I}_1 = \frac{\dot{U}_s}{Z_i} = \frac{\dot{U}_s}{Z_{11} + Z_{1f}} \tag{7-19}$$

$$Z_{1f} = \frac{(\omega M)^2}{Z_{22}}$$

上式中的 Z_{1f} 称为引入阻抗(或反映阻抗)，是副边回路阻抗通过互感反映到原边的等效阻抗，它体现了副边的存在对原边电流的影响。从物理意义讲，虽然原、副边没有电的联系，但由于互感作用使闭合的副边产生电流，反过来这个电流又影响原边的电流和电压。

同样，根据图 7－30(b)所示的副边等效电路。令式(7－18)副边电流的分母为

$$Z_{eq} = Z_{22} + \frac{(\omega M)^2}{Z_{11}} = Z_{22} + Z_{2f}$$

副边开路电压为：

$$\dot{U}_{OC} = \frac{j\omega M\dot{U}_s}{Z_{11}} = j\omega M\dot{I}_1 \tag{7-20}$$

其中，副边开路时，原边电流 $\dot{I}_1 = \frac{\dot{U}_s}{Z_{11}}$

则式(7－18)的副边电流为

$$\dot{I}_2 = \frac{\dot{U}_{OC}}{Z_{22} + Z_{2f}} = \frac{\dot{U}_{OC}}{Z_{22} + \frac{(\omega M)^2}{Z_{11}}} \tag{7-21}$$

上式中的 Z_{2f} 称为原边回路对副边回路的引入阻抗，它与 Z_{1f} 有相同的性质。

应用戴维南定理也可以求得空心变压器副边的等效电路。

$$\dot{U}_{OC} = \frac{j\omega M\dot{U}_s}{Z_{11}} = j\omega M\dot{I}_1$$

$$Z_{eq} = Z_{22} + \frac{(\omega M)^2}{Z_{11}} = Z_{22} + Z_{2f}$$

$$\dot{I}_2=\frac{\dot{U}_{OC}}{Z_{22}+Z_{2f}}=\frac{\dot{U}_{OC}}{Z_{22}+\dfrac{(\omega M)^2}{Z_{11}}}$$

例 7－5　已知图 7－31(a)所示空心变压器电路参数为：$L_1=3.6\text{H}$，$L_2=0.06\text{H}$，$M=0.465\text{H}$，$R_1=20\Omega$，$R_2=0.08\Omega$，$R_L=42\Omega$，$\omega=314\text{rad/s}$，$\dot{U}_s=115\angle 0°\text{V}$，求原、副边电流 $\dot{I}_1$，$\dot{I}_2$。

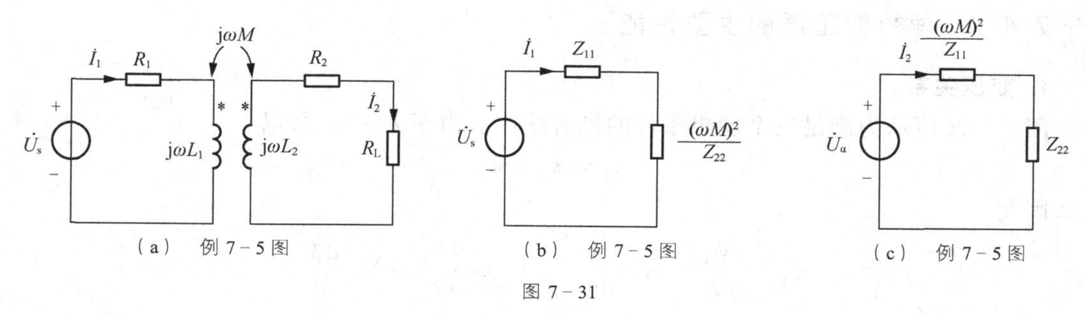

(a)　例 7－5 图　　(b)　例 7－5 图　　(c)　例 7－5 图

图 7－31

解：应用图 7－31(b)、(c)所示的原边、副边等效电路，得

$$Z_{11}=R_1+j\omega L_1=20+j1130.4\Omega$$

$$Z_{22}=R_2+R_L+j\omega L_2=42.08+j18.85\Omega$$

$$Z_{1f}=\frac{(\omega M)^2}{Z_{22}}=\frac{146^2}{42.08+j18.85}=462.3\angle(-24.1°)=422-j188.8\Omega$$

$$\therefore\quad \dot{I}_1=\frac{\dot{U}_s}{Z_{11}+Z_{1f}}=\frac{115\angle 0°}{20+j1130.4+422-j188.8}=0.111\angle(-64.9°)\text{A}$$

$$\dot{I}_2=\frac{\dot{U}_{OC}}{Z_{22}+\dfrac{(\omega M)^2}{Z_{11}}}=\frac{\dfrac{j\omega M}{Z_{11}}\dot{U}_s}{Z_{22}+\dfrac{(\omega M)^2}{Z_{11}}}=\frac{j\omega M}{Z_{22}}\cdot\frac{\dot{U}_s}{Z_{11}+\dfrac{(\omega M)^2}{Z_{22}}}=\frac{j\omega M}{Z_{22}}\cdot\dot{I}_1$$

$$\dot{I}_2=\frac{j\omega M\dot{I}_1}{Z_{22}}=\frac{j146\times 0.111\angle-64.9°}{42.08+j18.85}=\frac{16.2\angle 25.1°}{46.11\angle 24.1°}=0.351\angle 1°\text{A}$$

说明：以上解法是直接利用原边、副边等效电路，如果记不住也可以利用去耦等效分析，读者可以一试。

7.4　理想变压器

理想变压器是实际变压器的理想化模型，是对单纯磁耦合电路的理想科学抽象，是极限情况下的耦合电感。

7.4.1　理想变压器的条件

(1) 变压器内无损耗，认为线圈的导线无电阻，即 $R_1=R_2=0$，做芯子的铁磁材料的磁导率为无穷大。

(2) 全耦合，$\phi_1=\phi_2=\phi$，即耦合系数 $k=1 \Rightarrow M=\sqrt{L_1L_2}$

(3) 自感系数 L_1、L_2和互感系数 M 均为无穷大，但满足

$$\sqrt{L_1/L_2}=N_1/N_2=n$$

上式中 N_1和 N_2分别为变压器原边、副边线圈匝数，n 为匝数比。以上三个条件在工程实际中不可能满足，但在一些实际工程概算中，在误差允许的范围内，把实际变压器当理想变压器对待，可使计算过程简化。

7.4.2 理想变压器的主要性能

1. 变压关系

图 7-32 所示为满足三个理想条件的耦合线圈。由于 $k=1$，所以

$$\phi_1=\phi_2=\phi$$

因此

$$u_1=\frac{\mathrm{d}\psi_1}{\mathrm{d}t}=N_1\frac{\mathrm{d}\phi}{\mathrm{d}t} \qquad u_2=\frac{\mathrm{d}\psi_2}{\mathrm{d}t}=N_2\frac{\mathrm{d}\phi}{\mathrm{d}t}$$

$$\frac{u_1}{u_2}=\frac{N_1}{N_2}=n \tag{7-22}$$

根据式(7-22)得理想变压器的电路模型如图 7-33 所示。

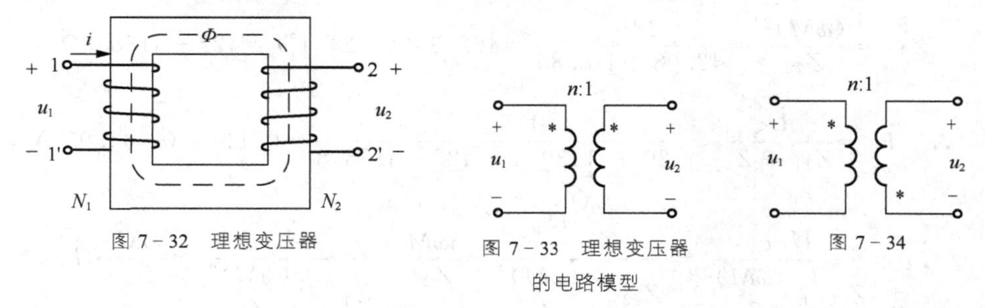

图 7-32 理想变压器　　图 7-33 理想变压器的电路模型　　图 7-34

注意： 理想变压器的变压关系与两线圈中电流参考方向的假设无关，但与电压极性的设置有关，若 u_1、u_2的参考方向的"+"极性端一个设在同名端，一个设在异名端，如图 7-34 所示，此时 u_1与 u_2之比为

$$\frac{u_1}{u_2}=-\frac{N_1}{N_2}=-n$$

2. 变流关系

如图 7-35 所示，根据互感线圈的电压、电流关系(电流参考方向设为从同名端同时流入或同时流出)，利用去耦等效分析(略)可得

$$\dot{U}_1=\mathrm{j}\omega L_1\dot{I}_1+\mathrm{j}\omega M\dot{I}_2$$

则

$$\dot{I}_1=\frac{\dot{U}_1-\mathrm{j}\omega M\dot{I}_2}{\mathrm{j}\omega L_1}=\frac{\dot{U}_1}{\mathrm{j}\omega L_1}-\frac{M}{L_1}\dot{I}_2$$

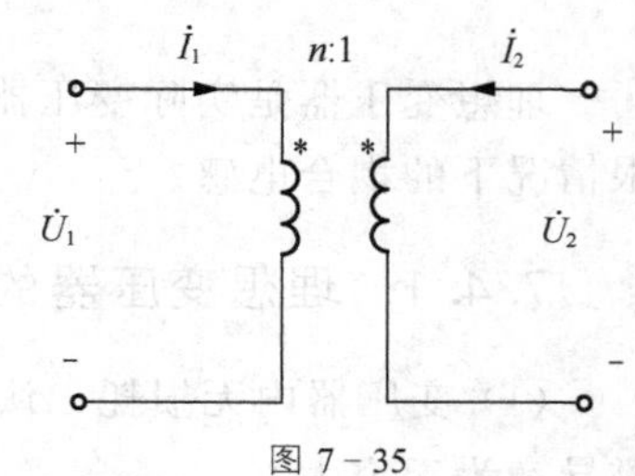

图 7-35

代入理想化条件：$L_1 \Rightarrow \infty$

$$k=1\Rightarrow M=\sqrt{L_1L_2},\quad \frac{M}{L_1}=\sqrt{\frac{L_2}{L_1}}=\frac{1}{n}$$

得理想变压器的电流关系为

$$\frac{\dot{I}_1}{\dot{I}_2}=-\frac{1}{n} \tag{7-23}$$

注意：理想变压器的变流关系与两线圈上电压参考方向的假设无关，但与电流参考方向的设置有关，若 i_1、i_2 的参考方向一个是从同名端流入，一个是从同名端流出，如图 7-36 所示，此时 i_1 与 i_2 之比为

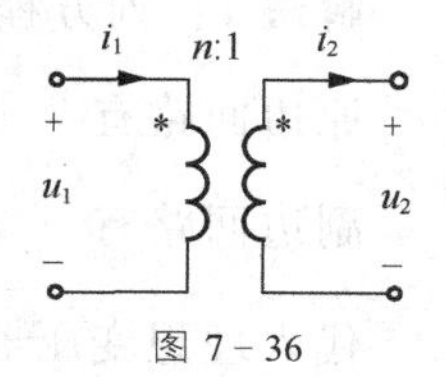

图 7-36

$$\frac{\dot{I}_1}{\dot{I}_2}=\frac{1}{n}$$

3. 变阻抗关系

设理想变压器次级接阻抗为 Z，如图 7-37 所示。由理想变压器的变压、变流关系得初级端的输入阻抗为

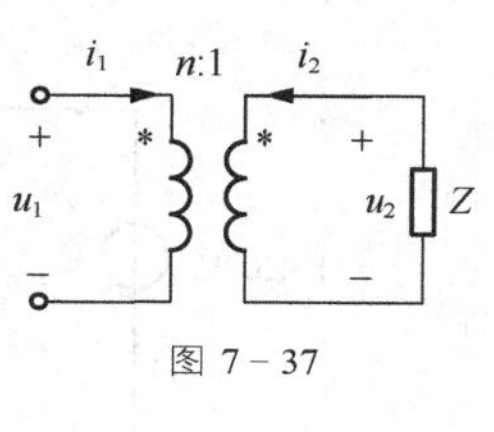

图 7-37

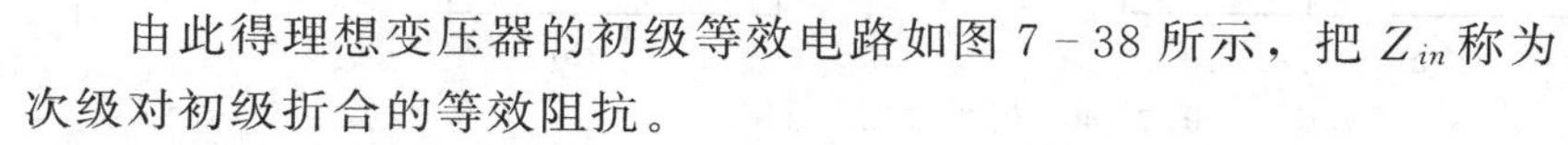

$$Z_{in}=\frac{\dot{U}_1}{\dot{I}_1}=\frac{n\dot{U}_2}{-1/n\dot{I}_2}=n^2\left(-\frac{\dot{U}_2}{\dot{I}_2}\right)=n^2Z \tag{7-24}$$

由此得理想变压器的初级等效电路如图 7-38 所示，把 Z_{in} 称为次级对初级折合的等效阻抗。

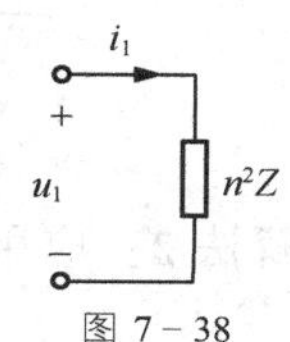

图 7-38

注意：理想变压器的阻抗变换性质只改变阻抗的大小，不改变阻抗的性质。

4. 功率性质

由理想变压器的变压、变流关系得初级端口与次级端口吸收的功率和为

$$p=u_1i_1+u_2i_2=u_1i_1+\frac{1}{n}u_1\times(-ni_1)=0 \tag{7-25}$$

以上各式表明：

(1)理想变压器既不储能，也不耗能，在电路中只起传递信号和能量的作用。

(2)理想变压器的特性方程为代数关系，因此它是无记忆的多端元件。

例 7-6　已知图 7-39(a)电路的电源内阻 $R_s=1\text{k}\Omega$，负载电阻 $R_L=10\Omega$。为使 R_L 上获得最大功率，求理想变压器的变比 n。

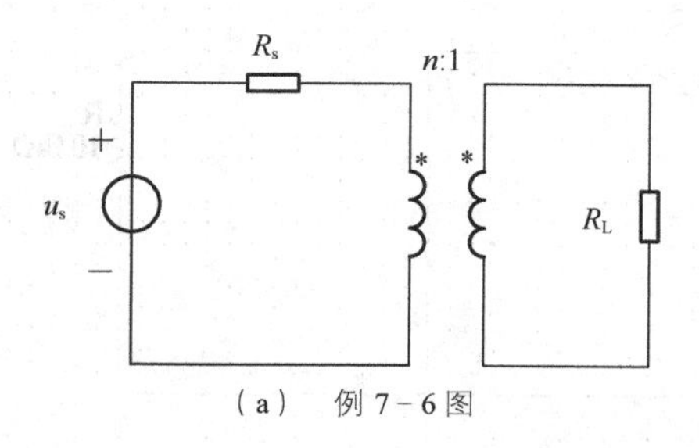

(a)　例 7-6 图

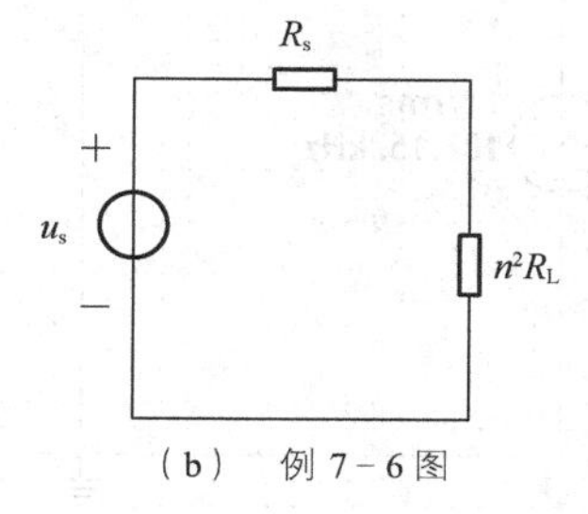

(b)　例 7-6 图

图 7-39

解：把副边阻抗折射到原边，得原边等效电路如图 7-39(b)所示，当 $n^2R_L=R_s$时电路处于匹配状态，由此得：

$$10n^2=1000$$

即

$$n^2=100,\ n=10$$

例 7-7 求图 7-40(a)所示电路负载电阻上的电压 $\dot{U}_2$。

解法 1：列方程求解。

原边回路有 $$1\times\dot{I}_1+\dot{U}_1=10\angle 0^\circ$$

副边回路有 $$50\dot{I}_2+\dot{U}_2=0$$

代入理想变压器的特性方程，得 $\dot{U}_1=\dfrac{1}{10}\dot{U}_2\quad \dot{I}_1=-10\dot{I}_2$

解得 $$\dot{U}_2=33.33\angle 0^\circ\text{V}$$

图 7-40 例 7-7 图

解法 2：应用阻抗变换得原边等效电路如图 7-40(b)所示，则

$$\dot{U}_1=\frac{10\angle 0^\circ}{1+1/2}\times\frac{1}{2}=\frac{10}{3}\angle 0^\circ\text{V}$$

所以 $$\dot{U}_2=\frac{1}{n}\dot{U}_1=10\dot{U}_1=33.33\angle 0^\circ\text{V}$$

7.5 仿真

仿真例题 互感耦合回路的仿真测试。互感耦合的电路如仿真图 1 所示。

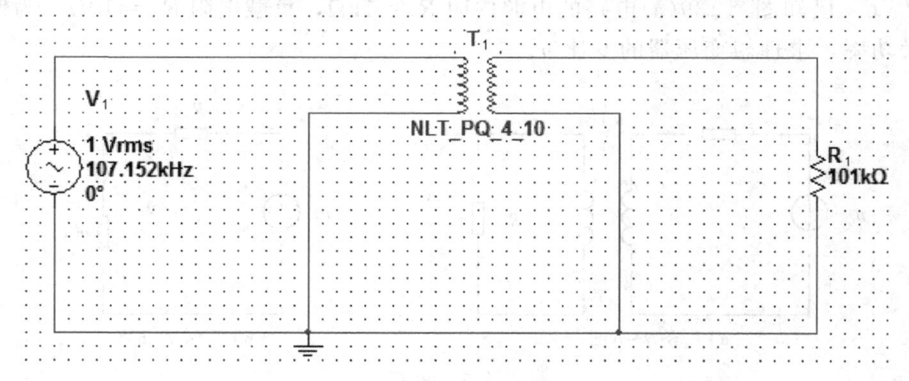

仿真图 1

1. 启动 Multisim，界面(见仿真图 2)

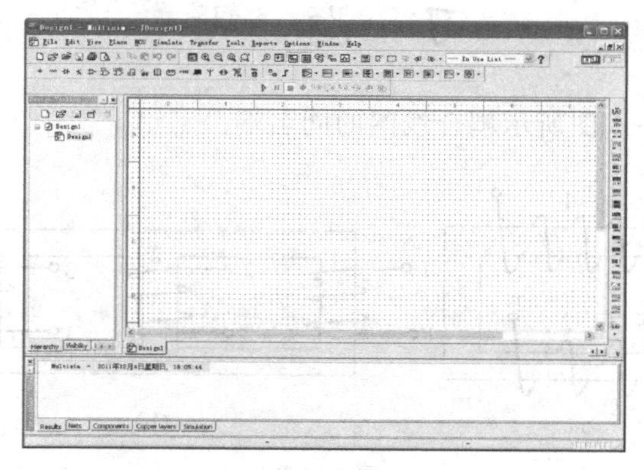

仿真图 2

2. 创建电路

通过菜单 Place－>Conponent 选择所需的元件，绘制电路，如仿真图 3 所示。

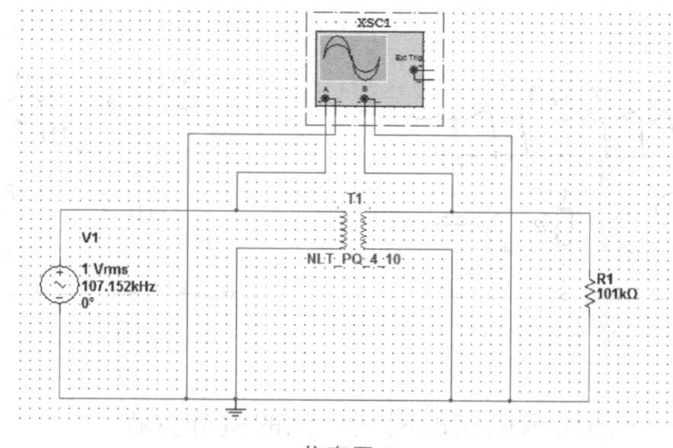

仿真图 3

3. 仿真

打开示波器，进行如下设置，按动开关，在示波器上显示的波形如仿真图 4 所示。

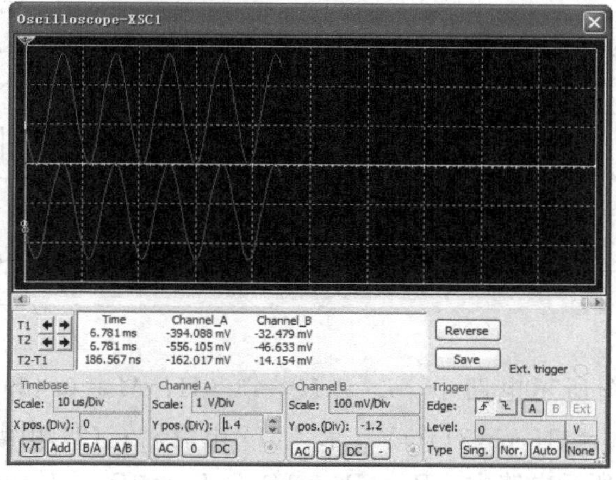

仿真图 4

习 题 七

7－1 试确定题 7－1 图所示耦合线圈的同名端。

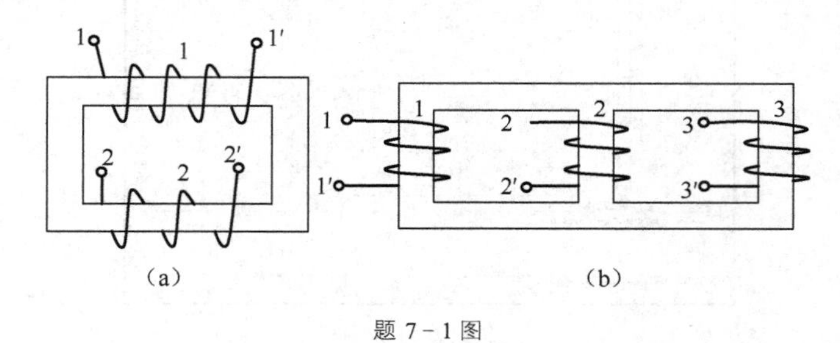

题 7－1 图

7－2 试写出题 7－2 图所示电路，以网孔电流 i_1、i_2 表示的 KVL 方程。

7－3 已知图示电路，求：(1) 当 $\omega=1\text{rad/s}$ 时的输入阻抗 Z；(2) ω 为何值时电路发生谐振。

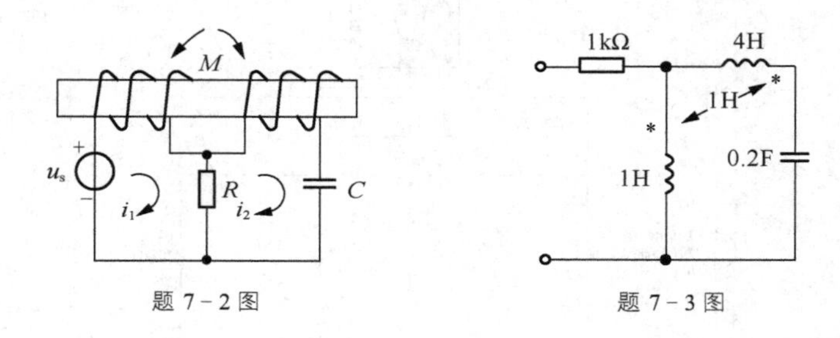

题 7－2 图　　　　题 7－3 图

7－4 试写出题 7－4 图所示电路的网孔电流的微分方程。

7－5 求题 7－5 图所示一端口电路的戴维南等效电路。已知 $\omega L_1=\omega L_2=10\Omega$，$\omega M=5\Omega$，$R_1=R_2=6\Omega$，$U_1=60\text{V}$。

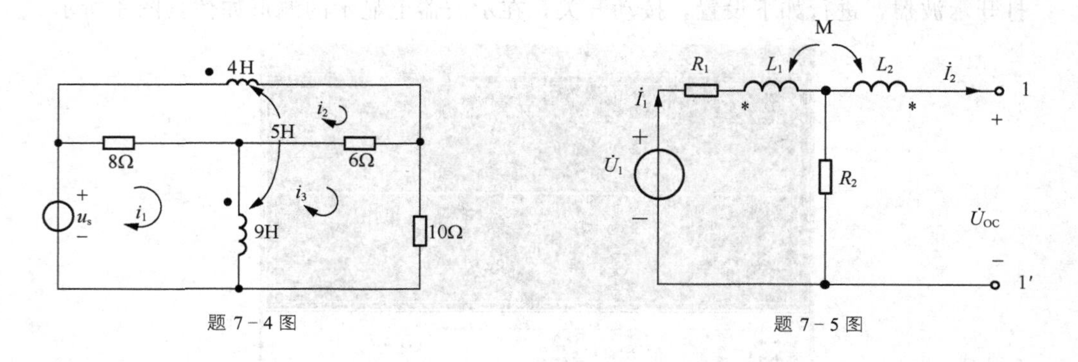

题 7－4 图　　　　题 7－5 图

7－6 题 7－6 图所示电路中，$L_1=L_2=3.6\text{H}$，$M=0.465\text{H}$，$R_1=20\Omega$，$R_2=0.08\Omega$，$R_L=42\Omega$，$u_s=115\cos(314t)\text{V}$。求：(1) 电流 i_1；(2) 用戴维南定理求 i_2。

7－7 题 7－7 图所示电路中，$R_1=R_2=1\Omega$，$\omega L_1=3\Omega$，$\omega L_2=2\Omega$，$\omega M=2\Omega$，$U_1=100\text{V}$。求：(1) 开关 S 打开和闭合时的电流 $\dot{I}_1$；(2) S 闭合时各部分的复功率。

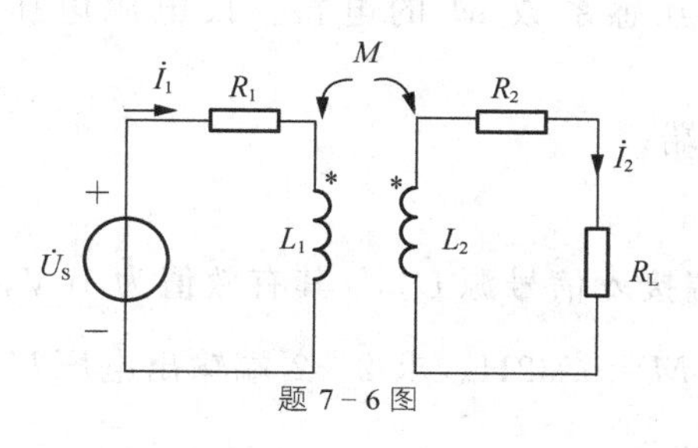

题 7-6 图

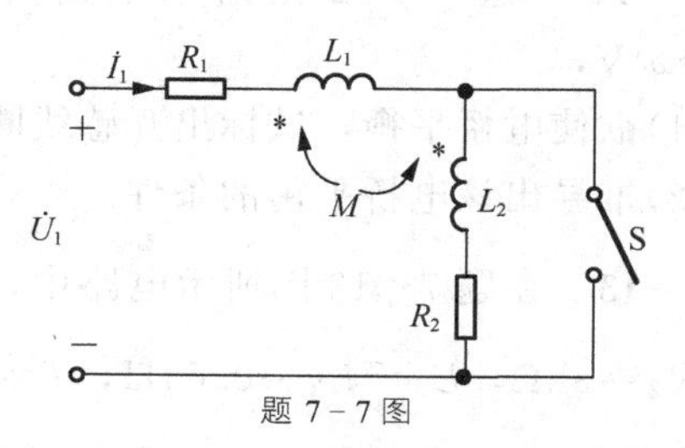

题 7-7 图

7-8　把两个线圈串联起来，接到 50HZ、220V 的正弦电源上，顺接时得电流 $I=2.7A$，吸收的功率为 218.7W；反接时电流为 7A，求互感 M。

7-9　题 7-9 图所示电路中，$M=0.04H$。求此串联电路的谐振角频率。

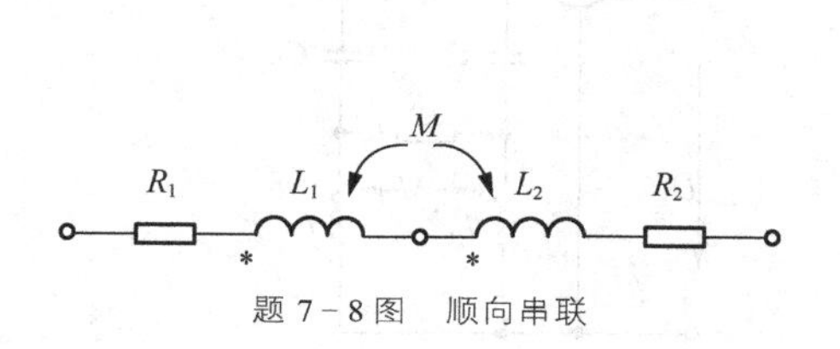

题 7-8 图　顺向串联

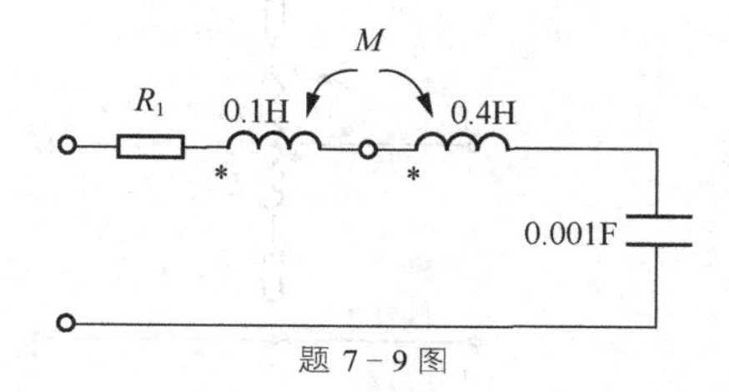

题 7-9 图

7-10　写出题 7-10 图所示电路，两端的伏安关系式。

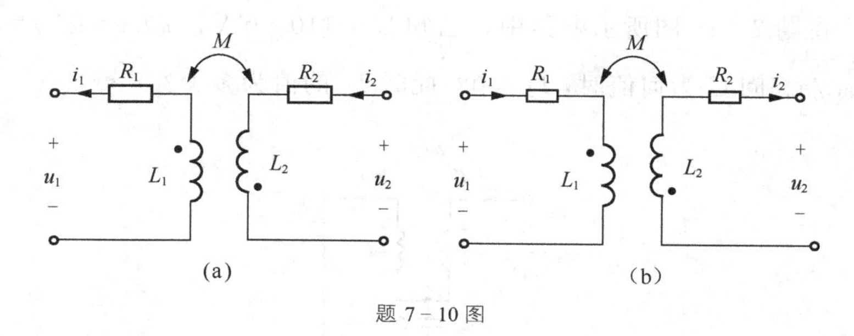

题 7-10 图

7-11　求题 7-11 图所示电路的等效阻抗。已知 $R_1=18\Omega$，$\omega L_1=\frac{1}{\omega C}=12\Omega$，$\omega L_2=10\Omega$，$\omega M=6\Omega$。

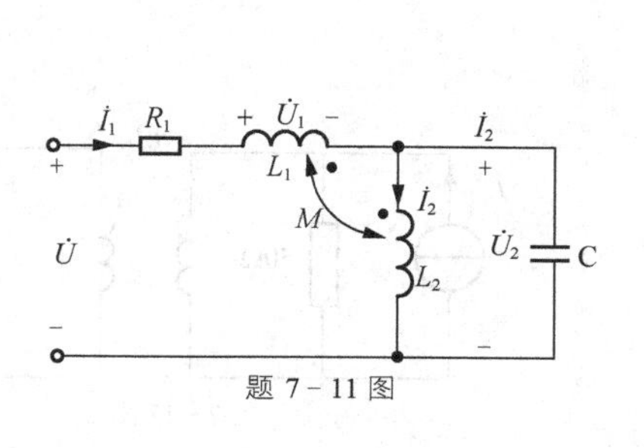

题 7-11 图

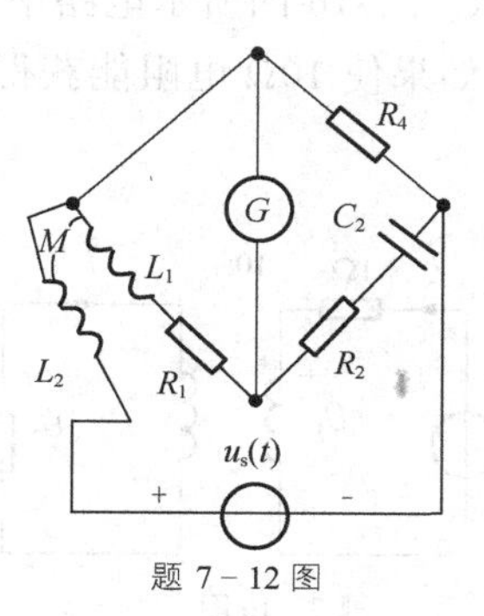

题 7-12 图

7-12 题 7-12 图所示电路为一测试互感系数 M 的电桥。设电源电压 $u_s = U_m \cos\omega t$ V，

(1)欲使电桥平衡，试标出互感线圈的同名端；

(2)推导出该电桥平衡的条件。

7-13 在题 7-13 图所示电路中，1-1′端接入信号源 $\dot{U}_1$，其有效值为 10V，已知 $R_1 = R_2 = 3\text{k}\Omega$，$L_1 = L_2 = 0.64\text{H}$，$f = 1\text{kHZ}$，$M = 0.32\text{H}$。求 2-2′端输出电压 $\dot{U}_2$ 的有效值。若将 M 同名端反接，$\dot{U}_2$ 的有效值是多少？

7-14 在题 7-14 图所示电路中，已知 $C_1 = 1.2C_2$，$L_1 = 1\text{H}$，$L_2 = 1.1\text{H}$，瓦特表读数为零。求耦合电感 M。

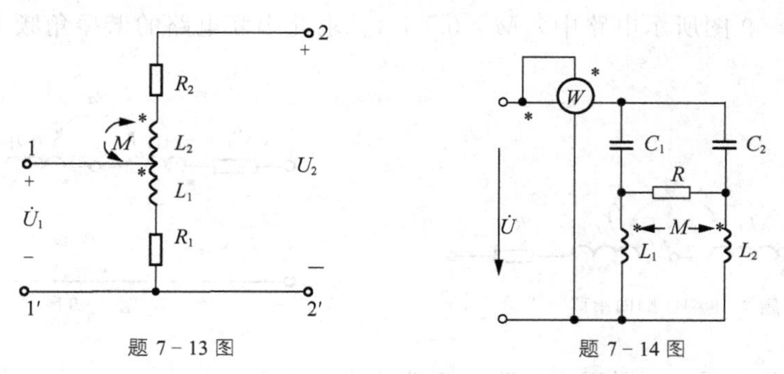

题 7-13 图　　　　题 7-14 图

7-15 在题 7-15 图所示电路中，已知 $\dot{U} = 110\angle 0°\text{V}$，$\omega L_1 = \omega L_2 = 10\Omega$，$\omega M = 6\Omega$，$\omega = 10^6 \text{rad/s}$。问 C 为何值时，$\dot{I}_1 = 0$？此时 $\dot{I}_2$ 的值为多少？

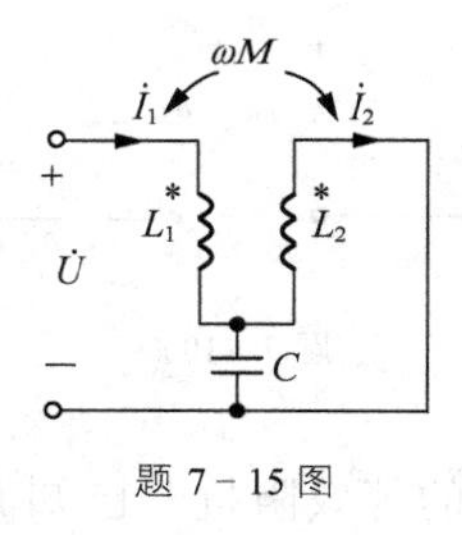

题 7-15 图

7-16 题 7-16 图所示电路中的理想变压器的变比为 10∶1。求电压 $\dot{U}_2$。

7-17 如果使 10Ω 电阻能获得最大功率，试确定题 7-17 图示电路中理想变压器的变比 n。

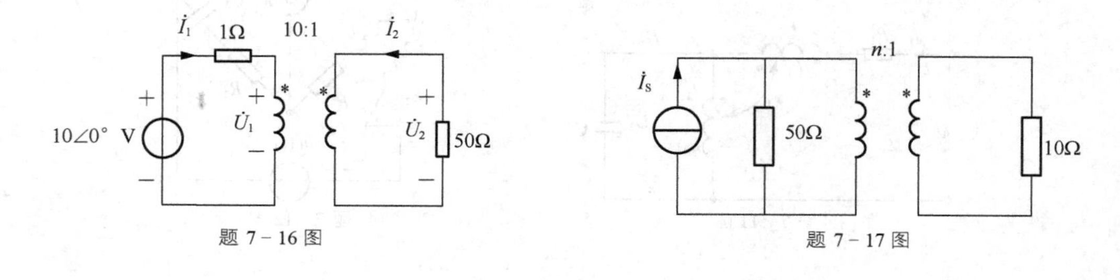

题 7-16 图　　　　题 7-17 图

7－18　求题 7－18 图所示电路的等效阻抗 Z_{ab}。

7－19　题 7－19 图所示电路中，$R_1=R_2=10\Omega$，$\omega L_1=30\Omega$，$\omega L_2=\omega M=20\Omega$，$\dot{U}_1=100\angle 0°\text{V}$，求输出电压 $\dot{U}_2$ 和 R_2 的功率 P_2。

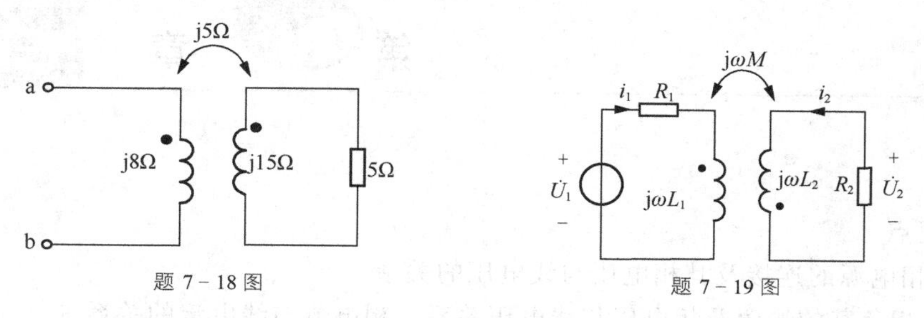

题 7－18 图　　题 7－19 图

7－20　题 7－20 图所示电路中，理想变压器的变比为 10：1，$u_s=10\sin\omega t$，求 u_2。

7－21　题 7－21 图所示电路中，如要使 8Ω 的负载电阻获得最大功率，理想变压器的变比应为多少？

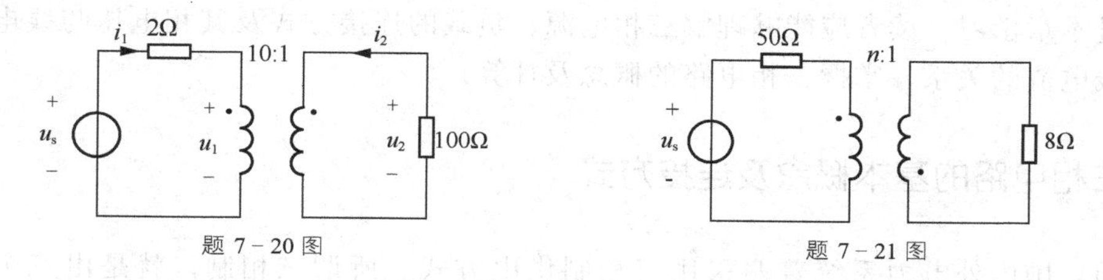

题 7－20 图　　题 7－21 图

7－22　题 7－22 图所示电路中，设 $i_s=2\sqrt{2}\sin(1000t+30°)\text{A}$，试求：

(1)负载电阻 R_L 的功率；

(2)电流源 i_s 发出的复功率。

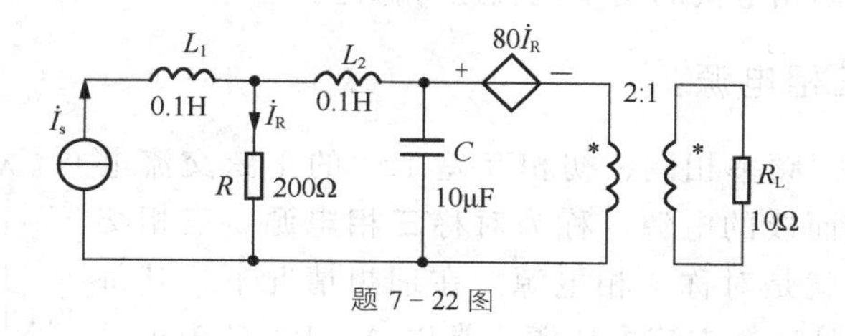

题 7－22 图

第8章 三相电路

学习要点

(1)三相电源的连接及其相电压与线电压的关系。

(2) 三相负载的概念及相电压与线电压关系，相电流与线电流的关系。

(3) 对称三相电路的概念及计算。

(4) 不对称三相电路的概念及计算。

(5) 三相功率的计算与测量。

通过本章学习，读者应能够理解三相电源、负载的连接方式及其相电压与线电压、相电流与线电流的关系，掌握三相电路的概念及计算。

8.1 三相电路的基本概念及连接方式

目前，国内外电力系统普遍采用三相制供电方式。所谓三相制，就是由三个幅值相等、频率相同，但初相不同的交流电源组成的三相供电系统。三相制之所以得到普遍的应用，是因为它比单相制在发电、输电、用电方面具有明显的优越性。如在输电方面，采用三相制可以节约大量的有色金属；在配电方面，三相变压器比单相变压器的效益高；在用电方面，三相电机比单相电机的功率大且运行稳定。

8.1.1 对称三相电源

由三个幅值相等、频率相同、初相互差 120°的正弦交流电源按一定的方式连接而成的电源，称为对称**三相电源**。三相交流发电机产生的电压就是对称三相电源。在理想情况下，其每个绕组的电路模型就是一个交流电压源，常以 A、B、C 表示电源的始端，X、Y、Z 表示末端，如图 8－1 所示。

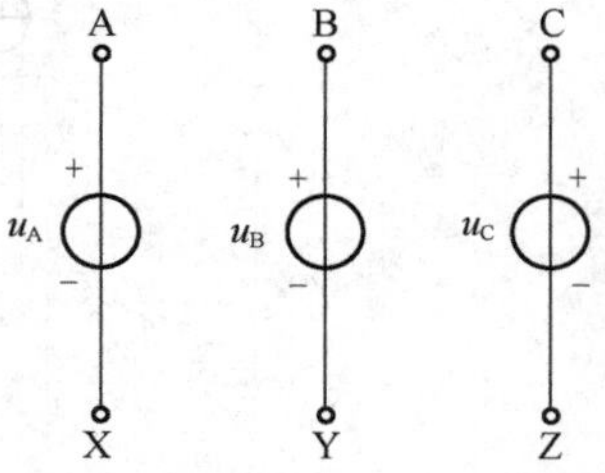

图 8－1 对称三相电源

将对称三相电源看成是理想电压源，则每个电压源为电源的一相，依次称为 A 相、B 相、C 相，电压分别记为 u_A、u_B、u_C，其电压表达式为

$$\begin{cases} u_A = \sqrt{2}U\cos(\omega t) \\ u_B = \sqrt{2}U\cos(\omega t - 120^\circ) \\ u_C = \sqrt{2}U\cos(\omega t + 120^\circ) \end{cases} \tag{8-1}$$

对称三相电源的电压波形如图 8－2 所示。

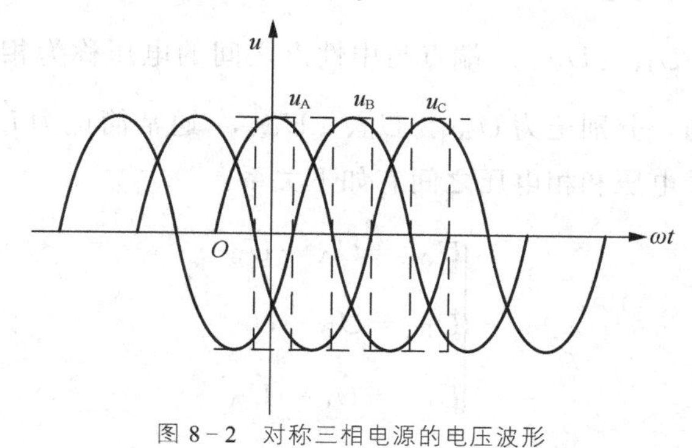

图 8－2 对称三相电源的电压波形

对称三相电源的相量表达式为

$$\begin{cases} \dot{U}_A = U\angle 0^\circ \\ \dot{U}_B = U\angle -120^\circ = \alpha^2 \dot{U}_A \\ \dot{U}_C = U\angle 120^\circ = \alpha \dot{U}_A \end{cases} \tag{8-2}$$

上式中 $\alpha = 1\angle 120^\circ$，称为旋转因子。

其相量图如图 8－3 所示。

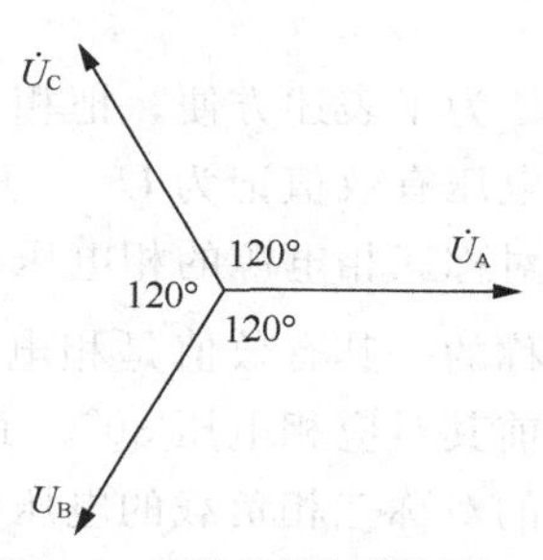

图 8－3 对称三相电源的相量图

在波形图上，各电压到达同一量值的先后次序称为相序。若 A 相比 B 相超前，B 相又比 C 相超前，则称为正序或顺序；若 A 相滞后于 B 相，B 相滞后于 C 相，则称为负序或逆序。电力系统一般采用正序，在以后的分析中，如不加以说明，均指正序而言。

当三相电源的相序改变时，由其供电的三相电动机将改变旋转方向，用这种方法控制电动机的正转或反转。

对称三相电压的瞬时值之和恒等于零，即

$$u_A + u_B + u_C = 0 \tag{8-3}$$

其对应的相量之和为零，即

$$\dot{U}_A + \dot{U}_B + \dot{U}_C = 0 \tag{8-4}$$

8.1.2 三相电源的连接

三相电源的基本连接方式有星形（Y 形）和三角形（Δ 形）两种。

1. 三相电源的星形连接

三相电源的星形连接如图 8－4 所示。

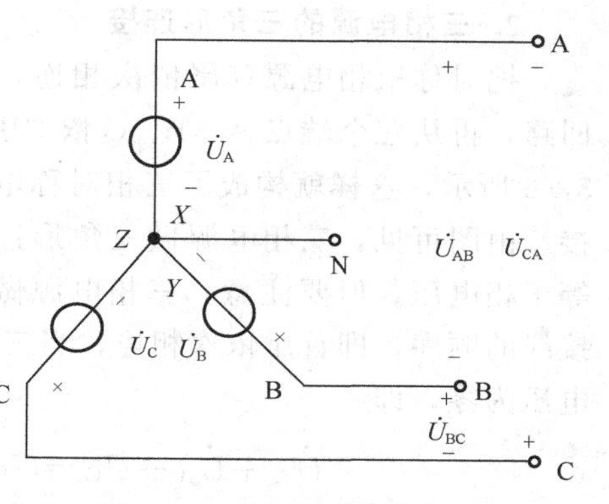

图 8－4 三相电源的星形连接

把三个电压源的负极性端 X、Y、Z 连接在一起形成一个节点，记为 N，称为三相电源的中性点。从中性点引出的导线称为**中线**，当中性点接地时，中线又称为地线或零线。从三个电压源的正极性端 A、B、C 向外引出的三条导线称为端线，俗称**火线**。

端点 A、B、C 之间的电压称为**线电压**，习惯上用下标字母的次序表示线电压的参考方向，分别记作 $\dot{U}_{AB}$、$\dot{U}_{BC}$、$\dot{U}_{CA}$。端点与中性点之间的电压称为**相电压**，也用下标字母的次序表示其参考方向，分别记为 $\dot{U}_{AN}$、$\dot{U}_{BN}$、$\dot{U}_{CN}$，通常简记为 $\dot{U}_A$，$\dot{U}_B$，$\dot{U}_C$。根据基尔霍夫电压定律，线电压和相电压之间有如下关系：

$$\begin{cases}\dot{U}_{AB}=\dot{U}_A-\dot{U}_B\\ \dot{U}_{BC}=\dot{U}_B-\dot{U}_C\\ \dot{U}_{CA}=\dot{U}_C-\dot{U}_A\end{cases} \tag{8-5}$$

如果三相电源是对称的，其相量图如图 8-5 所示。

由相量图可以得出

$$\begin{cases}\dot{U}_{AB}=\sqrt{3}\dot{U}_A\angle 30^\circ\\ \dot{U}_{BC}=\sqrt{3}\dot{U}_B\angle 30^\circ\\ \dot{U}_{CA}=\sqrt{3}\dot{U}_C\angle 30^\circ\end{cases} \tag{8-6}$$

为了表述方便，把相电压有效值记为 U_P，把线电压有效值记为 U_l。从上式结果可以看出，如果对称三相电源的相电压是对称的，则线电压也是对称的，其有效值是相电压有效值的 $\sqrt{3}$ 倍，相位超前其对应相电压 30°。此结论同样适用于星形连接的对称三相负载的电压关系。

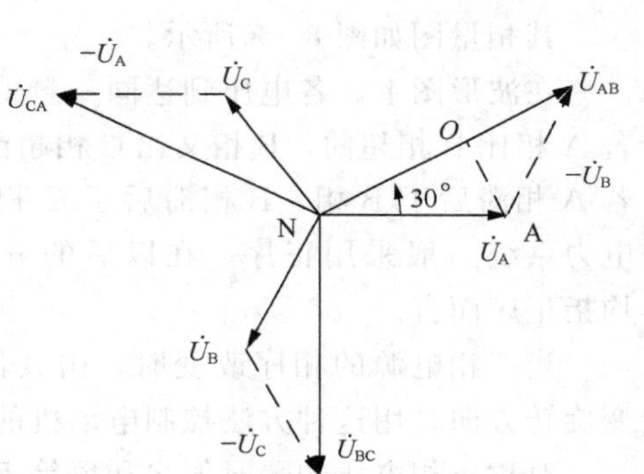

图 8-5 星形连接的电压相量图

三相电路中流过端线（火线）的电流称为线电流，有效值记为 I_l，流过每一相电源的电流称为相电流，有效值记为 I_P，当三相电源做星形连接时，每相的相电流等于线电流，即 $\dot{I}_l=\dot{I}_P$。此结论同样适用于星形连接的对称三相负载。

2. 三相电源的三角形连接

把对称三相电源首尾依次相连，构成一个闭合回路，再从三个端点 A、B、C 依次引出端线，如图 8-6 所示，这样就构成了三相对称电源的三角形连接。由图可见，三相电源做三角形连接时，线电压等于相电压。但要注意，三相电源做三角形连接时接线的顺序，即首尾依次相连，当三相电源做三角形连接正确时，三角形闭合回路中总的电压为零，即

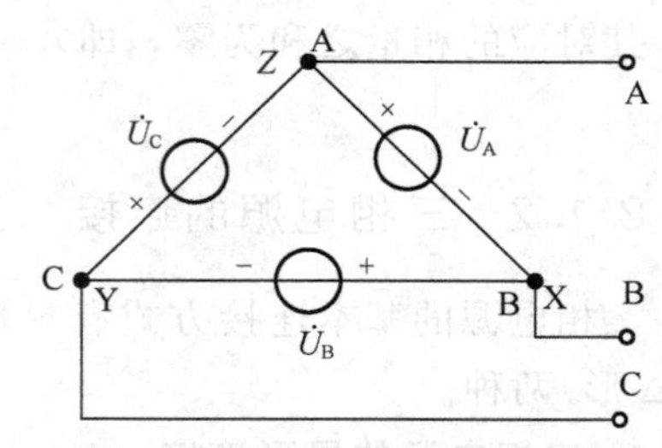

图 8-6 三相电源的三角形连接

$$\dot{U}_A+\dot{U}_B+\dot{U}_C=U_P\angle 0^\circ+U_P\angle -120^\circ+U_P\angle 120^\circ=0 \tag{8-7}$$

这样才能保证电源内部没有环形电流。但是，如果将某一相电源（如 A 相）接反，则这

时三角形回路内部总的电压将不为零。其相量图如图 8－7 所示，总电压为 A 相的两倍。由于电源阻抗很小，会在三角形回路内形成很大的环形电流，将严重损坏电源装置。

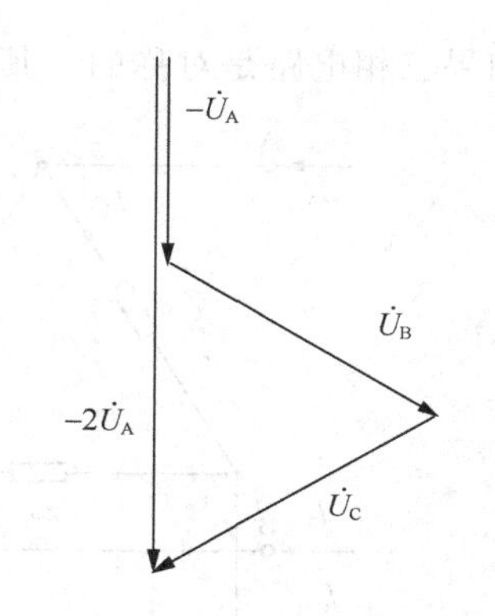

图 8－7 三相电源的三角形连接时一相接反的相量图

8.1.3 三相负载的连接

三相电路中，当三相负载的复阻抗相等时，称为负载对称；当三相电源对称，三相负载也对称，称为**对称三相电路**。

在三相供电系统中，三相负载与三相电源一样，三相负载也可以有星形、三角形两种连接方式。

1. 三相负载的星形连接

如果三相负载 Z_A、Z_B、Z_C 的一端连在一起，组成负载的中性点 N′，另一端分别与三相电源的端线连接，N 与 N′相连，则称为三相四线制电路，如图 8－8 所示。

在三相电路中，流经各端线的电流称为**线电流**，流过各相负载的电流称为**相电流**。显然，星形连接时，线电流等于相电流。在三相四线制中，流过中线的电流为

$$\dot{I}_N = \dot{I}_A + \dot{I}_B + \dot{I}_C \tag{8-8}$$

在星形连接的三相电路中，如果三相电流对称，即 $\dot{I}_A$、$\dot{I}_B$ 和 $\dot{I}_C$ 振幅相等，相位彼此相差 120 °，则中线电流为零。所以可以省去中线，变成三相三线制电路，如图 8－9 所示。

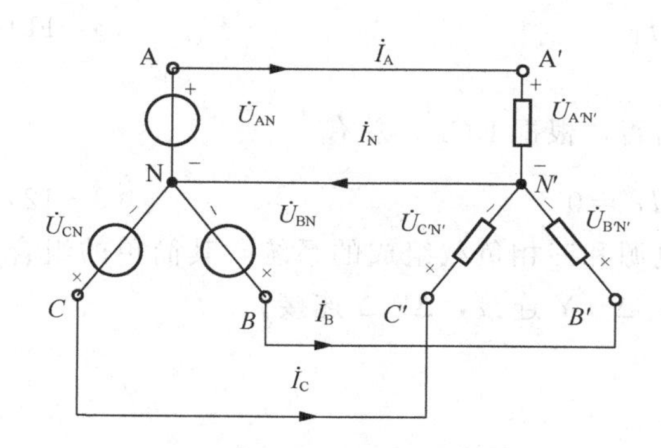

图 8－8 三相四线制负载的连接

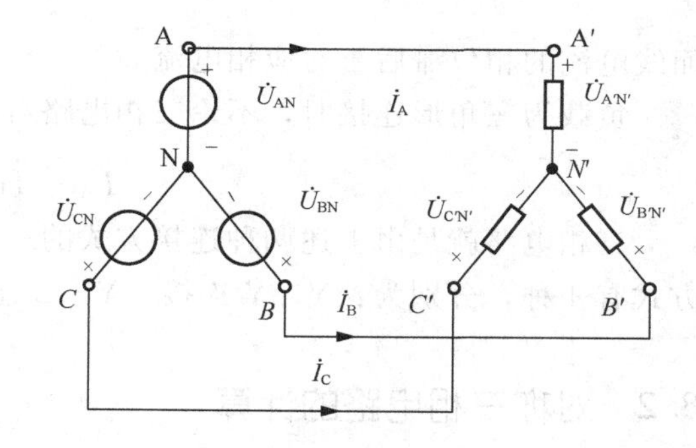

图 8－9 三相三线制星形负载的连接

2. 负载的三角形连接

与三相电源三角形连接一样，负载始末端依次相连即为三角形连接，如图 8－10 所示。

其中，各负载的相电压等于线电压，而流过各相负载的相电流为 $\dot{I}_{A'B'}$、$\dot{I}_{B'C'}$ 和 $\dot{I}_{C'A'}$，线电流为 $\dot{I}_A$、$\dot{I}_B$ 和 $\dot{I}_C$。按照图示的参考方向，根据基尔霍夫电流定律有

$$\begin{cases} \dot{I}_A = \dot{I}_{A'B'} - \dot{I}_{C'A'} \\ \dot{I}_B = \dot{I}_{B'C'} - \dot{I}_{A'B'} \\ \dot{I}_C = \dot{I}_{C'A'} - \dot{I}_{B'C'} \end{cases} \tag{8-9}$$

如果三相电路是对称的，其相量图如图 8-11 所示。

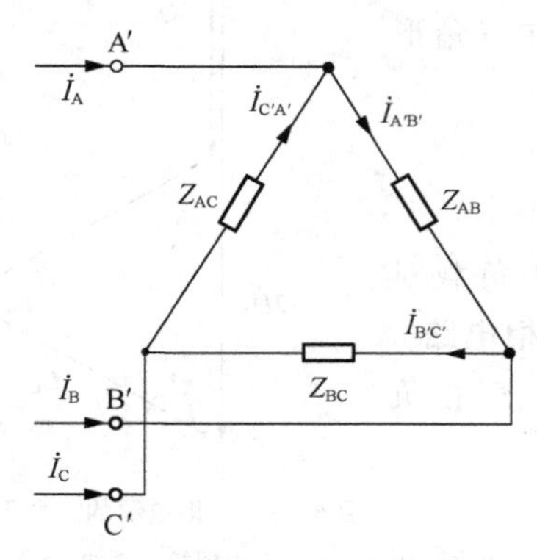

图 8-10　三角形负载的连接

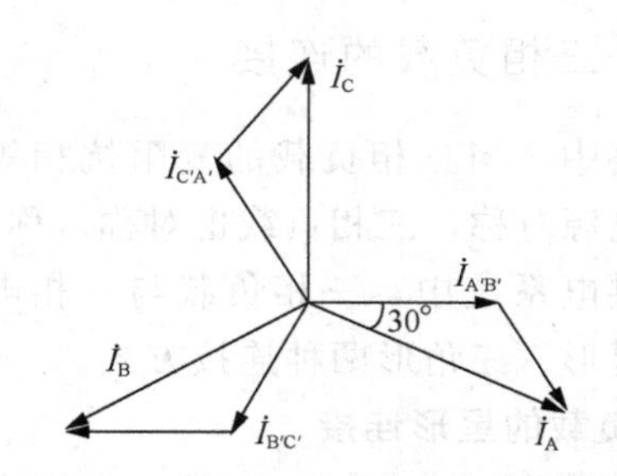

图 8-11　三角形负载连接的电流相量图

由相量图得

$$\begin{cases}\dot{I}_A=\sqrt{3}\,\dot{I}_{A'B'}\angle-30^\circ\\ \dot{I}_B=\sqrt{3}\,\dot{I}_{B'C'}\angle-30^\circ\\ \dot{I}_C=\sqrt{3}\,\dot{I}_{C'A'}\angle-30^\circ\end{cases}\tag{8-10}$$

即在三角形连接中，若相电流是对称的，则线电流也对称，且线电流的有效值等于相电流的 $\sqrt{3}$ 倍，记作

$$I_l=\sqrt{3}\,I_P\tag{8-11}$$

而线电流的相位滞后于对应相电流 30°。

负载为三角形连接时，不论三相电路对称与否，根据 KCL，总有

$$\dot{I}_A+\dot{I}_B+\dot{I}_C=0\tag{8-12}$$

三相电路就是由上述两种连接方式的三相电源和三相负载组成的系统，其简单的组合方式有 4 种，分别为：Y-Y 连接，Y-Δ 连接，Δ-Y 连接，Δ-Δ 连接。

8.2 对称三相电路的计算

8.2.1 简单对称三相电路的计算

对称三相电路是由对称三相电源与复阻抗相等的三相负载组成。在分析对称三相电路时，利用前面讨论的相量分析法的同时，还要注意对称三相电路的特点。

1. Y-Y 对称电路

现以图 8-12 所示对称三相电路为例，说明其计算方法。图中电源电压 $\dot{U}_A$、$\dot{U}_B$ 和 $\dot{U}_C$ 对称，电源内阻抗为 Z_0，线路阻抗为 Z_l，负载阻抗均为 Z。根据节点法，当选电源中性点 N 为参考节点时，可求得两个中性点之间的电压，即

$$\frac{\dot{U}_A-\dot{U}_{N'N}}{Z_0+Z_l+Z}+\frac{\dot{U}_B-\dot{U}_{N'N}}{Z_0+Z_l+Z}+\frac{\dot{U}_C-\dot{U}_{N'N}}{Z_0+Z_l+Z}=\frac{\dot{U}_{N'N}}{Z_N}$$

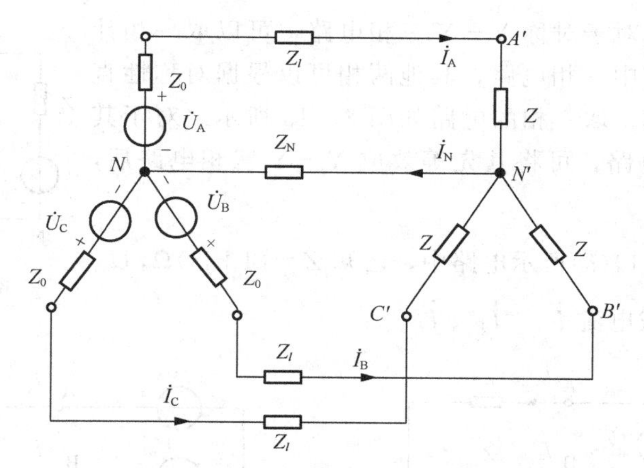

图 8－12　对称三相四线制 Y－Y 连接电路

整理得

$$\dot{U}_{N'N}=\frac{\frac{1}{Z_0+Z_l+Z}(\dot{U}_A+\dot{U}_B+\dot{U}_C)}{\frac{3}{Z_0+Z_l+Z}+\frac{1}{Z_N}} \tag{8-13}$$

因为$\dot{U}_A+\dot{U}_B+\dot{U}_C=0$，故$\dot{U}_{N'N}=0$，即 N′和 N 点同电位。因此，三个相电流分别为

$$\begin{cases}\dot{I}_A=\dfrac{\dot{U}_A-\dot{U}_{N'N}}{Z_0+Z_l+Z}=\dfrac{\dot{U}_A}{Z_0+Z_l+Z}\\ \dot{I}_B=\dfrac{\dot{U}_B-\dot{U}_{N'N}}{Z_0+Z_l+Z}=\dfrac{\dot{U}_B}{Z_0+Z_l+Z}=\dot{I}_A\angle-120^\circ=\alpha^2\dot{I}_A\\ \dot{I}_C=\dfrac{\dot{U}_C-\dot{U}_{N'N}}{Z_0+Z_l+Z}=\dfrac{\dot{U}_C}{Z_0+Z_l+Z}=\dot{I}_A\angle120^\circ=\alpha\dot{I}_A\end{cases} \tag{8-14}$$

可见，各相电流也是对称的。因此，中线电流 $\dot{I}_N$ 为零，即

$$\dot{I}_N=\dot{I}_A+\dot{I}_B+\dot{I}_C=0 \tag{8-15}$$

负载的相电压分别为

$$\begin{cases}\dot{U}_{A'N'}=Z\dot{I}_A\\ \dot{U}_{B'N'}=Z\dot{I}_B=\alpha^2\dot{U}_{A'N'}\\ \dot{U}_{C'N'}=Z\dot{I}_C=\alpha\dot{U}_{A'N'}\end{cases} \tag{8-16}$$

负载的相电压对称，负载的线电压也对称。

由以上分析可知，对称的 Y－Y 三相电路具有以下特点。

(1) 对称的 Y－Y 三相电路中两中性点为等位点，所以 Z_N 大小不影响电流的分布，即 $\dot{I}_N=0$，中线不起作用。因此，中线可以不要，构成了三相三线制电路。

(2) 在对称的 Y－Y 三相电路中，由于 $\dot{U}_{N'N}=0$，计算时可以将两个中性点连接起来，形成三个单相电路，每相的电流、电压仅是由该相的电源和阻抗决定。

(3) 各相的线、相电流和电压都是对称的。

根据上述特点，对于对称Y－Y三相电路，可以取一相计算，只要分析计算其中一相电路，其他两相可以根据对称性直接写出，而不必计算。取一相的电路如图8－13所示。对于其他连接方式的三相电路，可将其先等效成Y－Y三相电路后，再取一相进行计算。

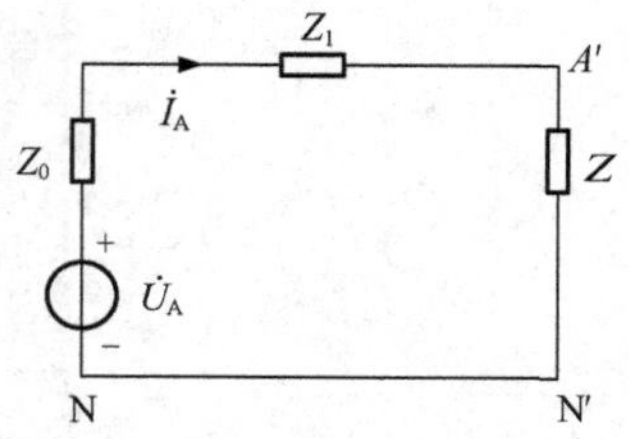

图8－13　A相电路

例8－1　图8－14(a)所示电路中，已知$Z=(4+\mathrm{j}3)\Omega$，$\dot{U}_A=380\angle 0^\circ \mathrm{V}$。求负载电流$\dot{I}_A$、$\dot{I}_B$、$\dot{I}_C$。

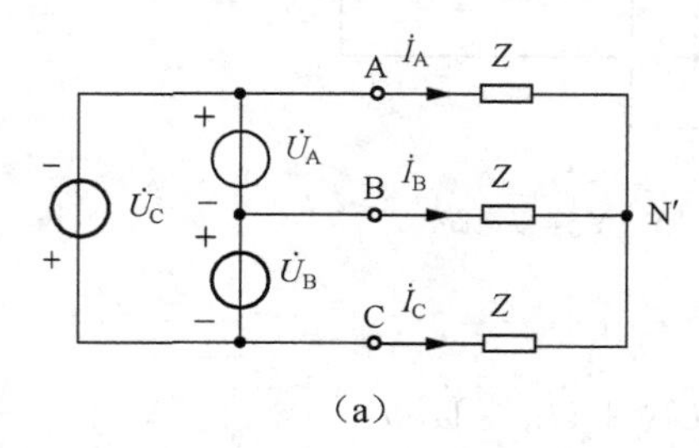

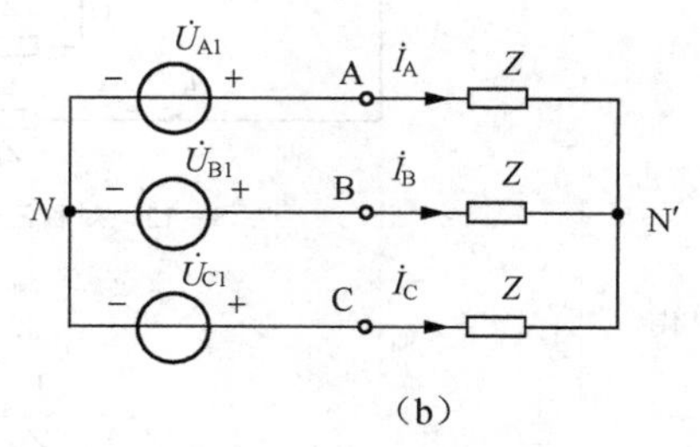

图8－14　例8－1图

解：可将图8－14(a)等效成图8－14(b)

在图(a)中　　$\dot{U}_{AB}=\dot{U}_A=380\angle 0^\circ \mathrm{V}$

在图(b)中　　$\dot{U}_{A1}=\dfrac{1}{\sqrt{3}}\dot{U}_{AB}\angle -30^\circ=220\angle -30^\circ \mathrm{V}$

$$\dot{I}_A=\frac{\dot{U}_{A1}}{Z}=\frac{220\angle -30^\circ}{4+\mathrm{j}3}\mathrm{A}=44\angle -66.87^\circ \mathrm{A}$$

$$\dot{I}_B=\dot{I}_A\angle -120^\circ=44\angle -186.87^\circ \mathrm{A}=44\angle 173.13^\circ \mathrm{A}$$

$$\dot{I}_C=\dot{I}_A\angle 120^\circ=44\angle 53.13^\circ \mathrm{A}$$

2. 三角形(Δ)负载电路

对于负载Δ连接，无论电源是Y或Δ连接，可先计算出负载的线电压，再计算负载相电流，最后计算负载线电流。

例8－2　图8－15所示的对称三相电路中，已知$Z=(2+\mathrm{j}2)\Omega$，$\dot{U}_A=220\angle 0^\circ \mathrm{V}$，求负载相电流与线电流，并画出相量图。

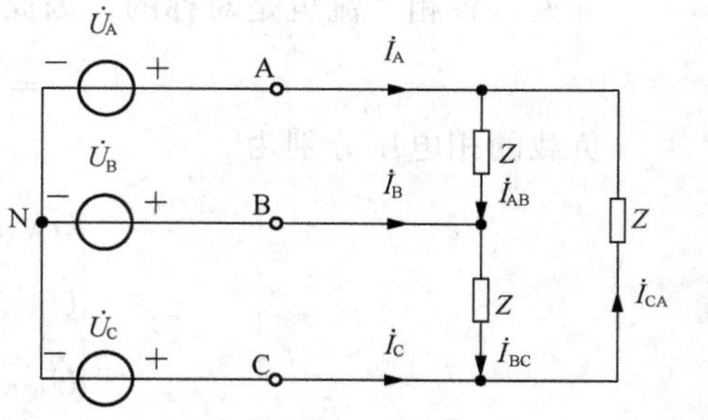

图8－15　例8－2图

解：$\dot{U}_A=220\angle 0^\circ \mathrm{V}$

∴　$\dot{U}_{AB}=\sqrt{3}\dot{U}_A\angle 30^\circ=380\angle 30^\circ \mathrm{V}$

相电流为

$$\dot{I}_{AB}=\frac{\dot{U}_{AB}}{Z}=\frac{380\angle 30^\circ}{2+\mathrm{j}2}=\frac{380}{2\sqrt{2}}\angle -15^\circ=134.4\angle -15^\circ \mathrm{A}$$

$$\dot{I}_{BC}=\dot{I}_{AB}\angle -120^\circ=134.4\angle -135^\circ \mathrm{A}$$

$$\dot{I}_{CA}=\dot{I}_{AB}\angle+120°=134.4\angle 105°\text{A}$$

线电流为

$$\dot{I}_{A}=\sqrt{3}\dot{I}_{AB}\angle-30°=232.8\angle-45°\text{A}$$

$$\dot{I}_{B}=\dot{I}_{A}\angle-120°=232.8\angle-165°\text{A}$$

$$\dot{I}_{C}=\dot{I}_{A}\angle+120°=232.8\angle 75°\text{A}$$

相量图如图 8-16 所示。

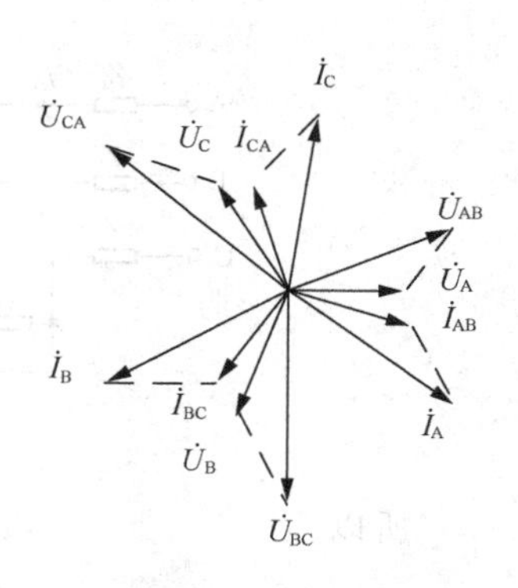

图 8-16 例 8-2 相量图

8.2.2 复杂对称三相电路的计算

复杂对称三相电路是相对于简单的 Y-Y、Y-Δ、Δ-Δ、Δ-Y对称三相电路而言的。系统中可能有多个三相电源或多个三相负载，接线方式可能Y、Δ共存。

对于复杂对称三相电路的分析，第一步可先将Δ形负载和Δ形电源分别等效变换为Y形负载和Y形电源，将复杂对称三相电路转化为对称的Y-Y三相电路。根据对称Y-Y三相电路中性点等电位的特点，将全部电源和负载的中性点用导线连接，抽出一相(如A相)，将各中性点用导线连接，将复杂三相电路变成单相电路进行计算。

对称Δ形负载等效成Y形负载比较简单，即 $Z_Y=(1/3)Z_\Delta$。

Δ形电源等效成Y形电源的原则是保持线电压不变。即 $\dot{U}_{AB}$、$\dot{U}_{BC}$、$\dot{U}_{CA}$ 不变。

图 8-17 所示的复杂对称三相电路，其A相的等效电路如图 8-18 所示。

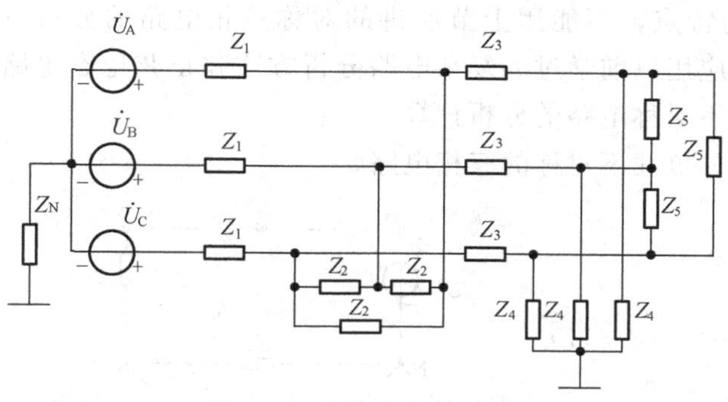

图 8-17 复杂对称三相电路

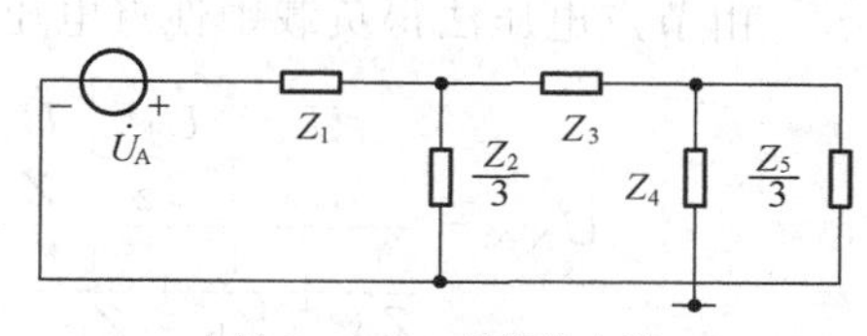

图 8-18 A相等效电路

例 8-3 图 8-19 所示电路中，对称三相电源对两组负载供电电路。已知线电压为 380V，$Z_1=300\angle 30°\Omega$，$Z_2=50\angle 60°\Omega$，$Z_L=10\angle 45°\Omega$。试求线电流 $\dot{I}_A$、负载电流 $\dot{I}_{1A}$ 和 $\dot{I}_{2A}$。

解：设电源线电压 $\dot{U}_{AB}=380\angle 30°$，则相电压 $\dot{U}_A=220\angle 0°\text{V}$

Z_1等效成Y形后，有 $Z_{1Y}=\dfrac{Z_1}{3}=100\angle 30°\Omega$

将电源和负载都变成Y形，只保留A相后，A相的等效阻抗为

$$Z=Z_L+\frac{Z_{1Y}Z_2}{Z_{1Y}+Z_2}=10\angle 45°+\frac{100\angle 30°\times 50\angle 60°}{100\angle 30°+50\angle 60°}=44.36\angle 48.84°\Omega$$

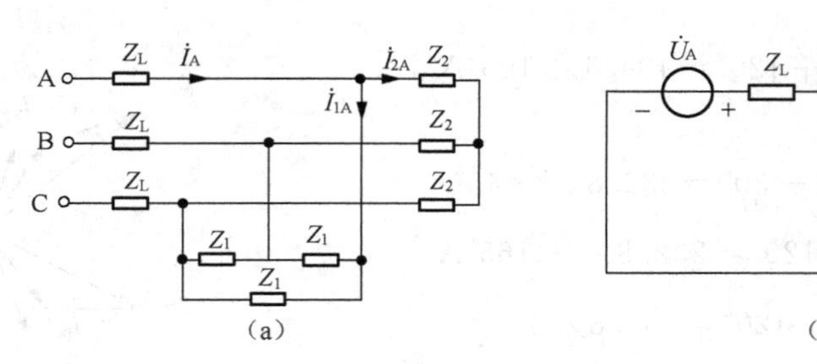

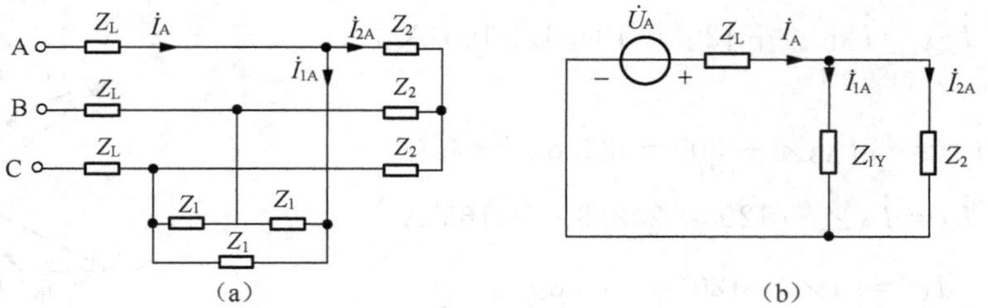

图 8-19 例 8-3 图

所以

$$\dot{I}_{\mathrm{A}}=\frac{\dot{U}_{\mathrm{A}}}{Z}=\frac{220\angle 0^{\circ}}{44.36\angle 48.84^{\circ}}=4.96\angle-48.84^{\circ}(\mathrm{A})$$

$$\dot{I}_{1\mathrm{A}}=\dot{I}_{\mathrm{A}}\frac{Z_{2}}{Z_{1\mathrm{Y}}+Z_{2}}=4.96\angle-48.84^{\circ}\frac{50\angle 60^{\circ}}{100\angle 30^{\circ}+50\angle 60^{\circ}}=1.7\angle-28.84^{\circ}(\mathrm{A})$$

$$\dot{I}_{2\mathrm{A}}=\dot{I}_{\mathrm{A}}-\dot{I}_{1\mathrm{A}}=4.96\angle-48.84^{\circ}-1.7\angle-28.84^{\circ}=3.4\angle-58.84^{\circ}(\mathrm{A})$$

8.3 不对称三相电路的计算

三相电源通常是对称的，因此，三相电路的不对称大多是由于三相负载不对称或者三相线路阻抗不同引起的。在三相负载中，三相电动机是对称负载，不对称负载主要是照明负载，如果三相对称电路发生不对称故障，此时也称电路为不对称电路。本节只讨论电源对称、负载不对称的情况。

不对称三相电路由于失去对称性的特点，不能用上节所讲的对称三相电路的分析方法。不对称三相电路是一个复杂电路，应用以前学过的复杂电路分析方法和正弦稳态电路的相量法求解。以下通过实例介绍三相不对称电路的分析计算。

图 8-20 所示电路为一组电源对称、负载不对称的三相电路。

由节点电压法得负载中性点电压为

$$\dot{U}_{\mathrm{N'N}}=\frac{\dfrac{\dot{U}_{\mathrm{A}}}{Z_{\mathrm{A}}}+\dfrac{\dot{U}_{\mathrm{B}}}{Z_{\mathrm{B}}}+\dfrac{\dot{U}_{\mathrm{C}}}{Z_{\mathrm{C}}}}{\dfrac{1}{Z_{\mathrm{A}}}+\dfrac{1}{Z_{\mathrm{B}}}+\dfrac{1}{Z_{\mathrm{C}}}+\dfrac{1}{Z_{\mathrm{N}}}} \tag{8-17}$$

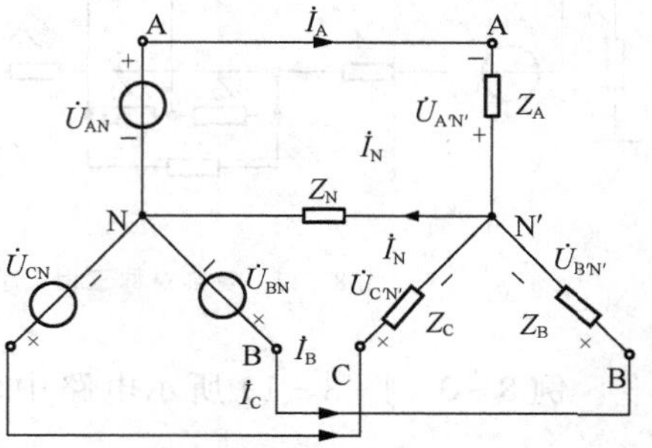

图 8-20 不对称三相电路

因为 $Z_{\mathrm{A}}\neq Z_{\mathrm{B}}\neq Z_{\mathrm{C}}$，电路处于不对称状况，所以 $\dot{U}_{\mathrm{N'N}}\neq 0$，说明电源中性点与负载中性点电位不相同。图 8-21 给出了电压的相量图。图中由 N′ 指向 N 的电压相量 $\dot{U}_{\mathrm{N'N}}$ 表示负载中性点的电压，其数值由式(8-17)决定。由 N′分别指向 A、B、C 三点的三个相量是各相负载的相电压 $\dot{U}_{\mathrm{AN'}}$、$\dot{U}_{\mathrm{BN'}}$、$\dot{U}_{\mathrm{CN'}}$。显然有

$$\begin{cases}\dot{U}_{\mathrm{AN'}}=\dot{U}_{\mathrm{A}}-\dot{U}_{\mathrm{N'N}}\\ \dot{U}_{\mathrm{BN'}}=\dot{U}_{\mathrm{B}}-\dot{U}_{\mathrm{N'N}}\\ \dot{U}_{\mathrm{CN'}}=\dot{U}_{\mathrm{C}}-\dot{U}_{\mathrm{N'N}}\end{cases} \tag{8-18}$$

可见，当负载不对称时，相量 $\dot{U}_{N'N} \neq 0$，在相量图上表现为N′点与N点不重合，从而出现位移，常称为负载中性点对电源中性点的位移，简称**中性点位移**。

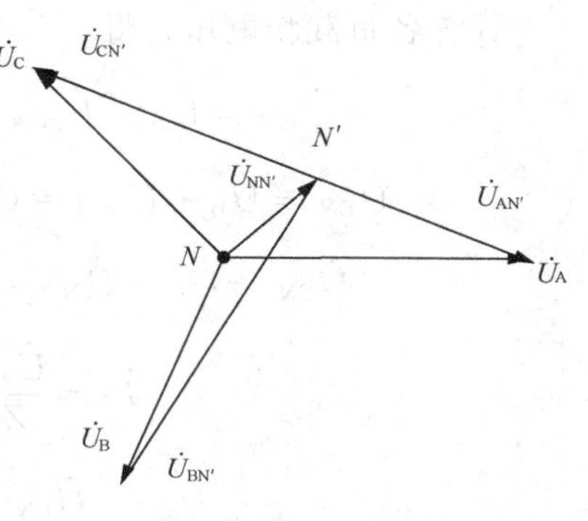

图 8－21　负载中性点位移

由图8－21可以看出，中性点位移的大小直接影响到负载各相电压的对称性。如果各相的电压相差过大，就会给负载带来不良的后果。当电源对称时，中性点位移是由负载不对称引起的。

根据式(8－17)可得，当有中线，若 $Z_N=0$，$\dot{U}_{N'N}=0$，没有中性点位移。即，中线作用，使不对称三相电路的相电压对称。

实际照明供电系统中，利用三相四线制，中线为良导体时，Z_N 近似为0，$Z_N \approx 0$，$\dot{U}_{N'N} \approx 0$，这时尽管负载不对称，由于 $Z_N \approx 0$，强迫负载中性点电位约等于电源中性点电位，从而使各相负载电压近似对称。因此，在照明线路中必须有中线，即采用三相四线制，中线连接必须可靠并且具有一定的机械强度，同时规定中线上不准安装熔断器或开关。

例 8－4　图8－22所示三相电路中，三相电源电压对称，线电压为380V，$Z_A=10\Omega$，$Z_B=\mathrm{j}10\Omega$，$Z_C=-\mathrm{j}10\Omega$。(1)当 $Z_N=0\Omega$。求 $\dot{U}_{N'N}$ 及各负载相电压和各相电流。(2)当 $Z_N=1\Omega$。求 $\dot{U}_{N'N}$ 及各负载相电压和各相电流。(3)中线断开，求 $\dot{U}_{N'N}$ 及各负载相电压。

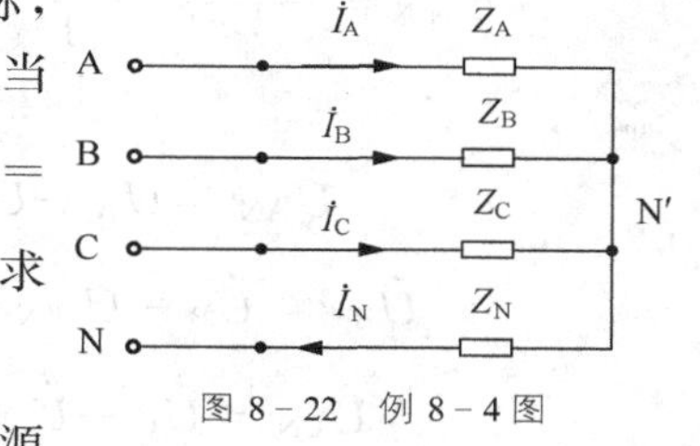

图 8－22　例 8－4 图

解：(1) 该电路为不对称三相电路，由题意知三相电源电压对称，故设

$$\dot{U}_A=\dot{U}_{AN}=\frac{380}{\sqrt{3}}\angle 0°\mathrm{V}=220\angle 0°\mathrm{V}$$

则

$$\dot{U}_B=220\angle -120°\mathrm{V}$$

$$\dot{U}_C=220\angle 120°\mathrm{V}$$

因为　$Z_N=0\Omega$　$\therefore \dot{U}_{N'N}=0\mathrm{V}$，各负载相电压为对应电源相电压，得

$$\dot{I}_A=\frac{\dot{U}_{AN'}}{Z_A}=\frac{220\angle 0°}{10}=22\angle 0°(\mathrm{A})$$

$$\dot{I}_B=\frac{\dot{U}_{BN'}}{Z_B}=\frac{220\angle -120°}{\mathrm{j}10}=22\angle 150°(\mathrm{A})$$

$$\dot{I}_C=\frac{\dot{U}_{CN'}}{Z_C}=\frac{220\angle 120°}{-\mathrm{j}10}=22\angle -150°(\mathrm{A})$$

(2) 该电路为不对称三相电路，三相电源电压对称

$$\text{则}\ \dot{U}_{N'N}=\frac{\frac{220\angle 0°}{10}+\frac{220\angle -120°}{\mathrm{j}10}+\frac{220\angle 120°}{-\mathrm{j}10}}{\frac{1}{10}+\frac{1}{\mathrm{j}10}+\frac{1}{-\mathrm{j}10}+\frac{1}{1}}\mathrm{V}=-\frac{16.1}{1.1}\mathrm{V}=14.6\angle 180°\mathrm{V}$$

计算各负载相电压，得

$$\dot{U}_{AN'}=\dot{U}_A-\dot{U}_{N'N}=(220\angle 0°-14.6\angle 180°)\text{V}=234.6\angle 0°\text{V}$$

$$\dot{U}_{BN'}=\dot{U}_B-\dot{U}_{N'N}=(220\angle -120°-14.6\angle 180°)\text{V}=213\angle -117°\text{V}$$

$$\dot{U}_{CN'}=\dot{U}_C-\dot{U}_{N'N}=(220\angle 120°-14.6\angle 180°)\text{V}=213\angle 117°\text{V}$$

$$\dot{I}_A=\frac{\dot{U}_{AN'}}{Z_A}=\frac{234.6\angle 0°}{10}=23.46\angle 0°(\text{A})$$

$$\dot{I}_B=\frac{\dot{U}_{BN'}}{Z_B}=\frac{213\angle -117°}{\text{j}10}=21.3\angle 153°(\text{A})$$

$$\dot{I}_C=\frac{\dot{U}_{CN'}}{Z_C}=\frac{213\angle 117°}{-\text{j}10}=21.3\angle -153°(\text{A})$$

(3)中线断开后，$\dot{U}_{N'N}$ 及各相负载电压计算如下，即

$$\dot{U}_{N'N}=\frac{\dfrac{220\angle 0°}{10}+\dfrac{220\angle -120°}{\text{j}10}+\dfrac{220\angle 120°}{-\text{j}10}}{\dfrac{1}{10}+\dfrac{1}{\text{j}10}+\dfrac{1}{-\text{j}10}}\text{V}=-\frac{16.1}{0.1}\text{V}=161\angle 180°\text{V}$$

$$\dot{U}_{AN'}=\dot{U}_A-\dot{U}_{N'N}=(220\angle 0°-161\angle 180°)\text{V}=381\angle 0°\text{V}$$

$$\dot{U}_{BN'}=\dot{U}_B-\dot{U}_{N'N}=(220\angle -120°-161\angle 180°)\text{V}=198\angle -75°\text{V}$$

$$\dot{U}_{CN'}=\dot{U}_C-\dot{U}_{N'N}=(220\angle 120°-161\angle 180°)\text{V}=198\angle 75°\text{V}$$

由上例可见，当中线阻抗为零时，每相负载承受电压为电源相电压；当中线阻抗较小时，负载承受电压稍有偏离电源相电压，但在允许范围之内；当中线阻抗较大或断开时，中性点位移明显，将使有的负载的相电压超出额定值，有的达不到额定值，从而使负载无法正常工作。因此，不对称负载，中线非常重要，不允许断开。

例 8-5 图 8-23(a)所示的相序仪电路中，已知 $\dfrac{1}{\omega C}=R$，三相电源对称。求灯泡承受的电压。

解：设$\dot{U}_{AN}=U\angle 0°\text{V}$，$\dot{U}_{BN}=U\angle -120°\text{V}$，$\dot{U}_{CN}=U\angle 120°\text{V}$(正序)

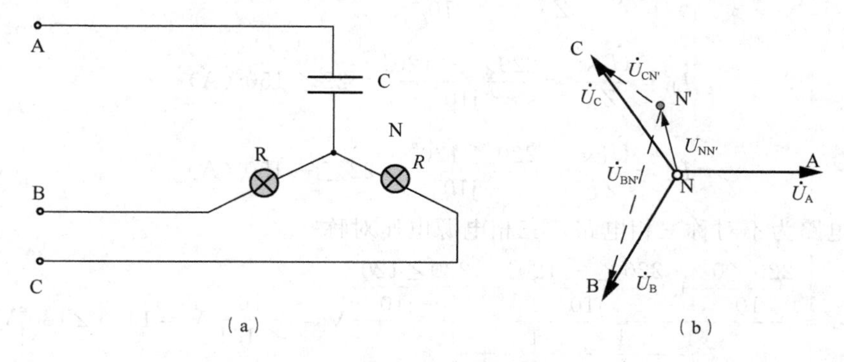

图 8-23 例 8-5 图

根据节点电压列出 KCL，即节点法

$$\frac{\dot{U}_{AN}-\dot{U}_{N'N}}{Z_a}+\frac{\dot{U}_{BN}-\dot{U}_{N'N}}{Z_b}+\frac{\dot{U}_C-\dot{U}_{N'N}}{Z_c}=0$$

$$\therefore\quad \dot{U}_{N'N}=\frac{j\omega C\dot{U}_{AN}+\dot{U}_{BN}/R+\dot{U}_{CN}/R}{j\omega C+1/R+1/R}=\frac{j\dot{U}_{AN}+\dot{U}_{BN}+\dot{U}_{CN}}{2+j1}$$

$$=\frac{(-1+j)\dot{U}_{AN}}{2+j1}=0.632\angle 108.4°\dot{U}_{AN}=0.632U\angle 108.4°\text{V}$$

$$\dot{U}_{BN'}=\dot{U}_{BN}-\dot{U}_{N'N}=U\angle -120°-0.632U\angle 108.4°=1.5U\angle -101.5°\text{V}$$

$$\dot{U}_{CN'}=\dot{U}_{CN}-\dot{U}_{N'N}=U\angle 120°-0.632U\angle 108.4°=0.4U\angle 138.4°\text{V}$$

相量图如图 8－23(b)所示。

要确定三根火线的相序时，抽取任意相接到电容上，即定义为 A 相，由以上分析可知，B 相灯泡承受的电压一个是相电压的 1.5 倍，C 相灯泡承受的电压一个是相电压的 0.4 倍，因此灯泡较亮的是 B 相，灯泡较暗的是 C 相。由此确定相序，因此，图 8－23(a)所示电路称为相序仪。

例 8－6 三相电路如图 8－24 所示。已知对称线电压为 $U_l=380\text{V}$，$Z=(50+j50)\Omega$，$Z_1=(100+j100)\Omega$。试求开关 K 闭合时的线电流。

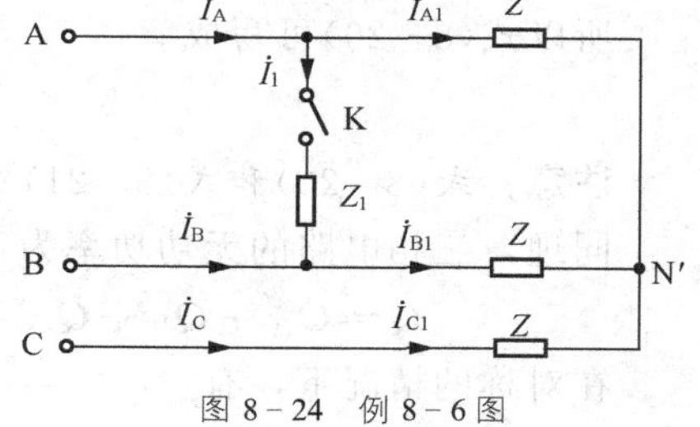

图 8－24 例 8－6 图

解：由于 Z_1的接入使该电路变成非对称电路，但 Z_1的接入并不影响 Y 形对称负载端电压及负载的对称性。所以对称负载部分仍可按对称电路计算。

(1)对称负载的相电流为

$$\dot{I}_{A1}=\frac{\dot{U}_A}{Z}=\frac{220\angle 0°}{50+j50}\text{A}=\frac{220\angle 0°}{\sqrt{2}\cdot 50\angle 45°}\text{A}=3.11\angle -45°\text{A}$$

$$\dot{I}_{B1}=\dot{I}_{A1}\angle -120°=3.11\angle -165°\text{A}$$

$$\dot{I}_{C1}=\dot{I}_{A1}\angle 120°=3.11\angle 75°\text{A}$$

(2)非对称负载 Z_1中的电流为

$$\dot{I}_1=\frac{\dot{U}_{AB}}{Z_1}=\frac{\sqrt{3}\cdot 220\angle 30°}{\sqrt{2}\cdot 100\angle 45°}\text{A}=2.69\angle -15°\text{A}$$

(3)线电流为

$$\dot{I}_A=\dot{I}_{A1}+\dot{I}_1=3.11\angle -45°+2.69\angle -15°=(2.19+2.60)-j(2.19+0.70)$$
$$=4.79-2.89j=5.60\angle -31.62°(\text{A})$$

$$\dot{I}_B=\dot{I}_{B1}-\dot{I}_1=3.11\angle -165°-2.69\angle -15°=5.86\angle -179.6°(\text{A})$$

$$\dot{I}_C=\dot{I}_{C1}=3.11\angle 75°\text{A}$$

8.4 三相功率的计算与测量

8.4.1 三相功率的计算

在三相电路中，三相负载所吸收的平均功率等于各相平均功率之和，即

$$P = P_A + P_B + P_C = U_A I_A \cos\varphi_A + U_B I_B \cos\varphi_B + U_C I_C \cos\varphi_C \tag{8-19}$$

式中 φ_A、φ_B、φ_C ——分别为 A 相、B 相和 C 相电压与相电流之间的相位差。

在对称三相制中，有

$$U_{pA} = U_{pB} = U_{pC} = U_p$$

$$I_{pA} = I_{pB} = I_{pC} = I_p$$

$$\varphi_A = \varphi_B = \varphi_C = \varphi$$

则式(8-19)可写为

$$P = 3U_p I_p \cos\varphi \tag{8-20}$$

因为对称三相制中负载在星形和三角形接线情况下，总有

$$3U_p I_p = \sqrt{3} U_l I_l$$

所以式(8-20)可写成

$$P = \sqrt{3} U_l I_l \cos\varphi \tag{8-21}$$

注意：式(8-20)和式(8-21)中的 φ 都是指相电压与相电流之间的相位差。

同理，三相电路的无功功率为

$$Q = Q_A + Q_B + Q_C = U_A I_A \sin\varphi_A + U_B I_B \sin\varphi_B + U_C I_C \sin\varphi_C \tag{8-22}$$

在对称的情况下，有

$$Q = 3U_p I_p \sin\varphi = \sqrt{3} U_l I_l \sin\varphi \tag{8-23}$$

视在功率为

$$S = \sqrt{P^2 + Q^2} \tag{8-24}$$

在对称的情况下，有 $$S = \sqrt{3} U_l I_l \tag{8-25}$$

三相负载的功率因数为 $$\lambda = \frac{P}{S} \tag{8-26}$$

在对称的情况下 $\lambda = \cos\varphi$，也就是单相负载的功率因数。

对称三相电路中的瞬时功率，为各相功率之和

$$p = p_A + p_B + p_C$$

在对称三相电路中，三相电源或三相负载各相的瞬时功率分别为

$$\begin{aligned} p_A &= u_{pA} i_{pA} = \sqrt{2} U_p \sin\omega t \times \sqrt{2} I_p \sin(\omega t - \varphi) \\ &= U_p I_p [\cos\varphi - \cos(2\omega t - \varphi)] \end{aligned}$$

$$\begin{aligned} p_B &= u_{pB} i_{pB} = \sqrt{2} U_p \sin(\omega t - 120°) \times \sqrt{2} I_p \sin(\omega t - 120° - \varphi) \\ &= U_p I_p [\cos\varphi - \cos(2\omega t - 240° - \varphi)] \end{aligned}$$

$$\begin{aligned} p_C &= u_{pC} i_{pC} = \sqrt{2} U_p \sin(\omega t + 120°) \times \sqrt{2} I_p \sin(\omega t + 120° - \varphi) \\ &= U_p I_p [\cos\varphi - \cos(2\omega t + 480° - \varphi)] \end{aligned}$$

式中 φ 为相电压与相电流之间的相位差。对于三相对称负载，φ 也是一相负载的阻抗角，显然，它们之和为

$$p=p_A+p_B+p_C=3U_pI_p\cos\varphi \tag{8-27}$$

此式表明，对称三相制的瞬时功率是一个常量，不随时间变化。这是对称三相制的又一个特性，也是三相供电的明显优点。

8.4.2 三相功率的测量

1. 三相四线制功率的测量

对于三相四线制的星形连接电路，无论对称或不对称，一般可用三只功率表进行测量，如图 8-25 所示。功率表 W_1 的电流线圈流过的电流，是 A 相的电流 i_A，电压线圈上的电压是 A 相的电压 u_A，因此功率表 W_1 指示的读数正好是 A 相的平均功率 P_A。同样地，功率表 W_2、W_3 的读数分别代表了 B 相和 C 相负载所吸收的功率 P_B 和 P_C。因此，将三只功率表的读数相加，就得到了三相负载吸收的功率，即

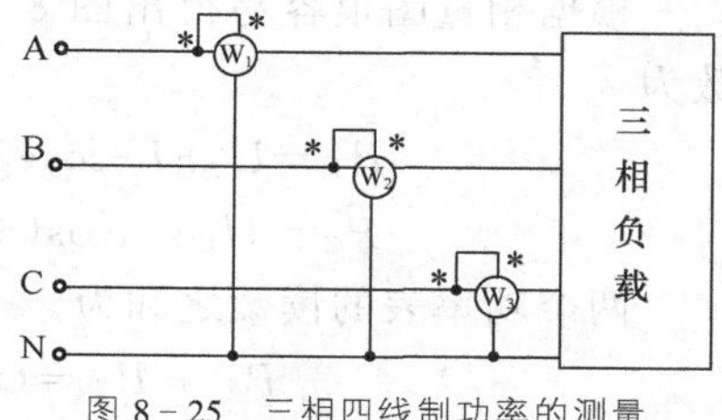

图 8-25 三相四线制功率的测量

$$P=P_A+P_B+P_C$$

2. 三相三线制功率的测量

对于三相三线制的电路，无论它是否对称，都可用两只功率表来测量，如图 8-26 所示。通常也把这种测量方法叫作**两表法**。

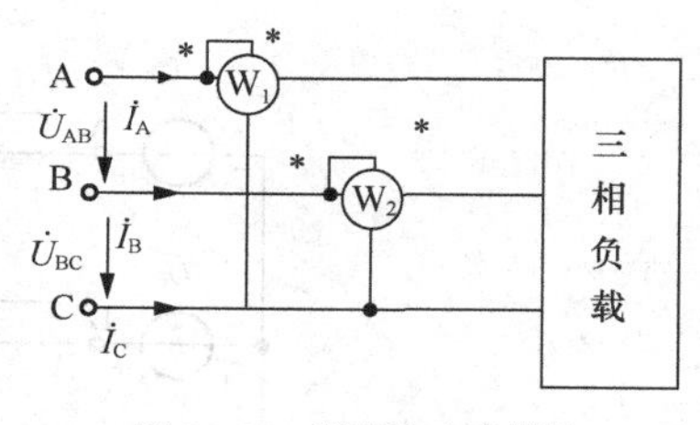

图 8-26 两表法功率测量

两个功率表的电流线圈分别串入任意两相的端线中，电压线圈接到本相端线与第三条端线之间。这时，两个功率表读数的代数和等于所测量的三相总功率。

下面证明两表法的正确性。不管负载如何连接，总可以用等效星形来表示这些负载，因此三相瞬时功率可以写成

$$p=p_A+p_B+p_C=u_Ai_A+u_Bi_B+u_Ci_C$$

因为三相三线制电路有 $i_A+i_B+i_C=0$

所以

$$\begin{aligned}p&=u_Ai_A+u_Bi_B+u_C(-i_A-i_B)=(u_A-u_C)i_A+(u_B-u_C)i_B\\&=u_{AC}i_A+u_{BC}i_B\end{aligned}$$

三相平均功率为

$$\begin{aligned}P&=\frac{1}{T}\int_0^T(u_{AC}i_A+u_{BC}i_B)\mathrm{d}t\\&=\frac{1}{T}\int_0^T u_{AC}i_A\mathrm{d}t+\frac{1}{T}\int_0^T u_{BC}i_B\mathrm{d}t\\&=U_{AC}I_A\cos\varphi_1+U_{BC}I_B\cos\varphi_2\end{aligned}\tag{8-28}$$

式中 φ_1——电压相量 $\dot{U}_{AC}$ 与电流相量 $\dot{I}_A$ 之间的相位差；

φ_2——电压相量 $\dot{U}_{BC}$ 与电流相量 $\dot{I}_B$ 之间的相位差。

上式中的第一项就是图 8－26 中功率表 W_1 的读数 P_1，而第二项就是功率表 W_2 的读数 P_2。可见，两个功率表读数的代数和就是三相的总功率。

应当指出，当用两表法测量三相三线制的功率时，即使在对称的情况下，这两个功率表的读数一般也不相等。图 8－27 所示是感性对称星形负载在对称电压作用下的相量图。

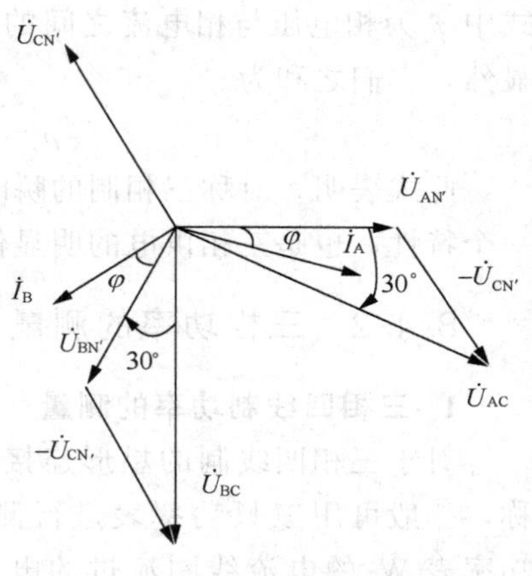

图 8－27　两表法的相量图

根据相量图很容易得出图 8－26 中两个功率表的读数为

$$P_1 = U_{AC} I_A \cos(30° - \varphi) \qquad (8-29)$$

$$P_2 = U_{BC} I_B \cos(30° + \varphi) \qquad (8-30)$$

两个功率表的读数之和为

$$P_1 + P_2 = U_l I_l \cos(30° - \varphi) + U_l I_l \cos(30° + \varphi)$$

$$= \sqrt{3} U_l I_l \cos\varphi = P \qquad (8-31)$$

例 8－7　图 8－28 所示对称三相电路，已知对称三相电源的相电压 $U_A = 220\text{V}$，$f = 50\text{Hz}$，两个功率表 W_1、W_2 的读数分别 1980W 和 782W。

试计算：(1) 电路的功率因数；(2) 相电流以及负载电感 L。

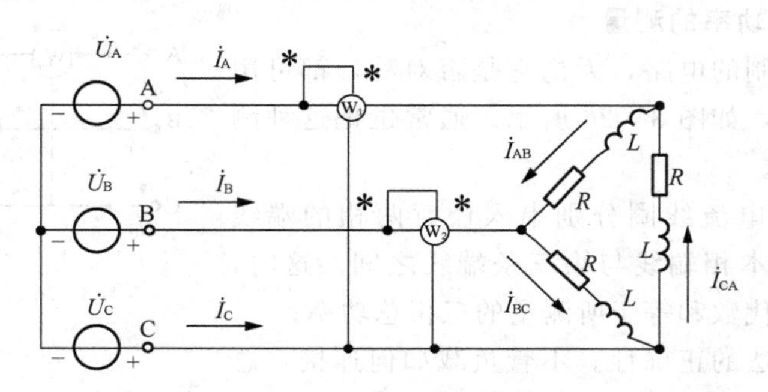

图 8－28　例 8－7 电路图

解： 令　$\dot{U}_A = 220\angle 0°\text{V}$，则

$$P = P_1 + P_2 = \sqrt{3} U_l I_l \cos\varphi$$

$$P_1 = U_{AC} I_A \cos(30° - \varphi)$$

$$P_2 = U_{BC} I_B \cos(30° + \varphi)$$

$$P_1 - P_2 = U_l I_l \cos(30° - \varphi) - U_l I_l \cos(30° + \varphi)$$

$$= 2 U_l I_l \sin 30° \sin\varphi = U_l I_l \sin\varphi$$

由上式得

$$\tan\varphi = \frac{\sin\varphi}{\cos\varphi} = \sqrt{3}\,\frac{P_1 - P_2}{P_1 + P_2}$$

可求得负载的功率因数角为

$$\varphi = \arctan\sqrt{3}\,\frac{P_1 - P_2}{P_1 + P_2} = \arctan\sqrt{3} \times \frac{1980 - 782}{1980 + 782} = 36.92°$$

代入参数 $\cos\varphi=0.7995$，有

$$I_A=\frac{P_1}{U_{AC}\cos(30°-\varphi)}=\frac{1980}{\sqrt{3}\times 220\cos(30°-36.92°)}=5.234(A)$$

相电流为

$$I_{AB}=\frac{I_A}{\sqrt{3}}=3.022A$$

$$X_L=|Z|\sin\varphi=\frac{U_{AB}}{I_{AB}}\sin\varphi=\frac{380}{3.022}\sin 36.92°=75.54(\Omega)$$

$$L=\frac{X_L}{\omega}=0.241H$$

例 8-8 已知电源线电压为 380V，对称负载 $Z=6+6j\Omega$，如图 8-29 所示。求 W_1，W_2，W_3 的读数。

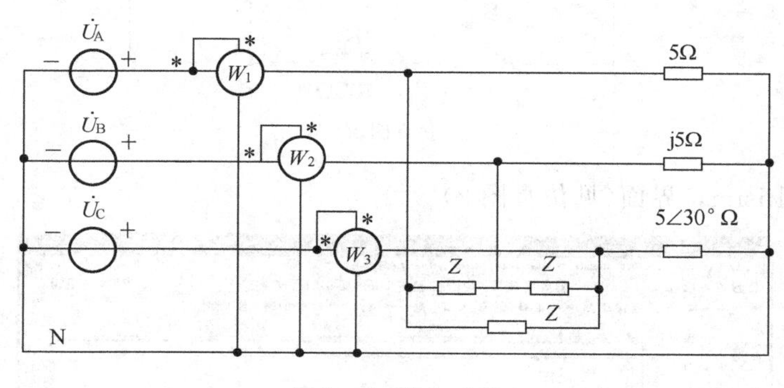

图 8-29 例 8-8 图

解：(1)对称部分：

设 $$\dot{U}_{AB}=380\angle 0°V$$

$$\dot{I}_{AB}=\frac{\dot{U}_{AB}}{Z}=\frac{380}{6+6j}A=44.78\angle-45°A$$

$$P_{A1}=U_{AB}I_{AB}\cos45°=380\times 44.78\times 0.707=12031(W)$$

$$P_{B1}=P_{C1}=12031(W)$$

(2)非对称部分：

$$P_{A2}=220^2/5=9680(W)\quad P_{B2}=0$$

$$P_{C2}=U_C\cdot I_{C2}\cdot\cos30°=220\times\frac{220}{5}\cos30°=8383(W)$$

则 3 只功率表读数：

$$P_1=P_{A1}+P_{A2}=(12031+9680)=21711(W)$$

$$P_2=P_{B1}+P_{B2}=(12031+0)=12031(W)$$

$$P_3=P_{C1}+P_{C2}=(12031+8383)=20414(W)$$

8.5 仿真

仿真例题 电路图如仿真图 1 所示，通过 S_1、S_2、S_3 的开闭观察负载对称和不对称的波形及电压电流规律。

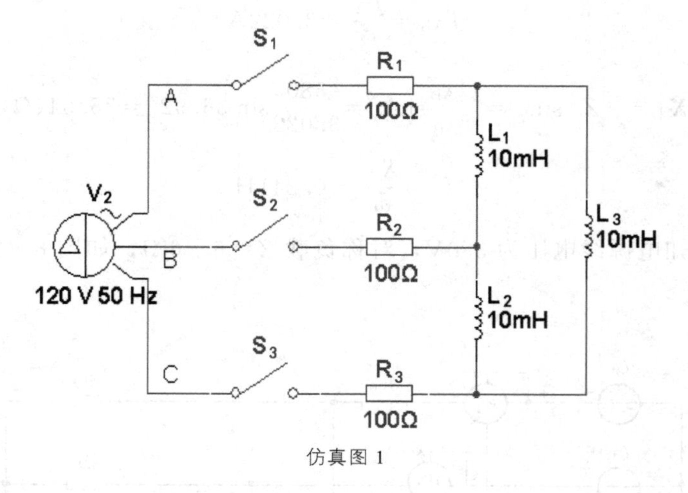

仿真图 1

1. 启动 Multisim，界面(见仿真图 2)

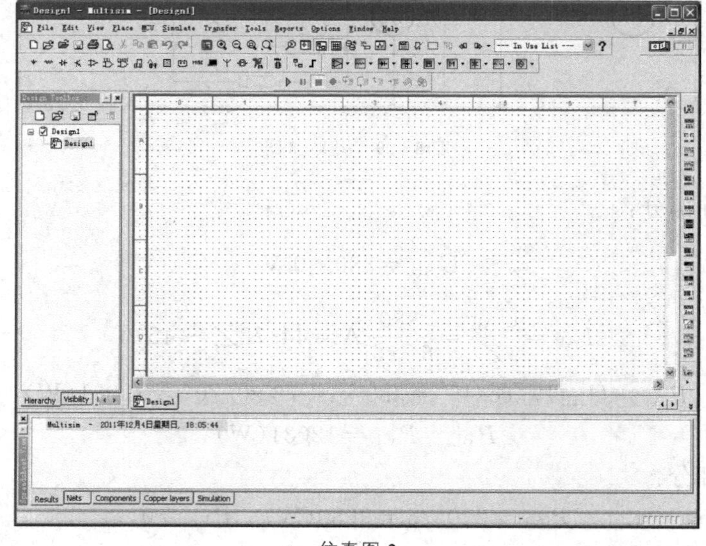

仿真图 2

2. 创建电路。

通过菜单 Place－＞Conponent，选择所需元件，其中 XSC1 为功率表，在右侧工具栏中，名字为 Wattmeter，XMM1～XMM3 为交流电流表，XMM5～XMM7 为交流电压表，绘制电路，如仿真图 3 所示。

3. 启动仿真，打开示波器

① S_1、S_2、S_3 全闭合时，波形如仿真图 4 所示，电表示数如仿真图 5 所示，记录电表示数填入表 1。

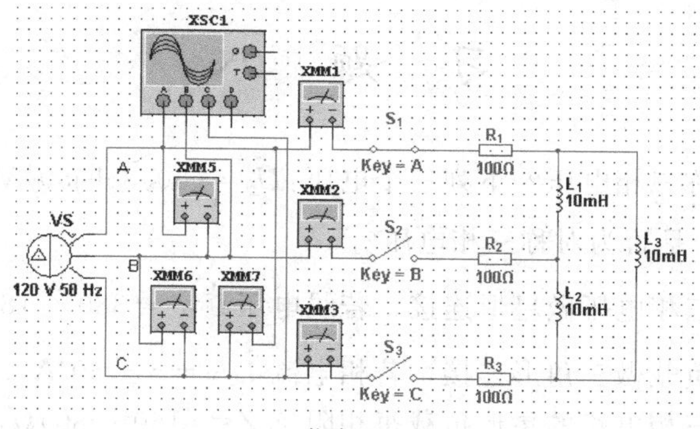

仿真图 3

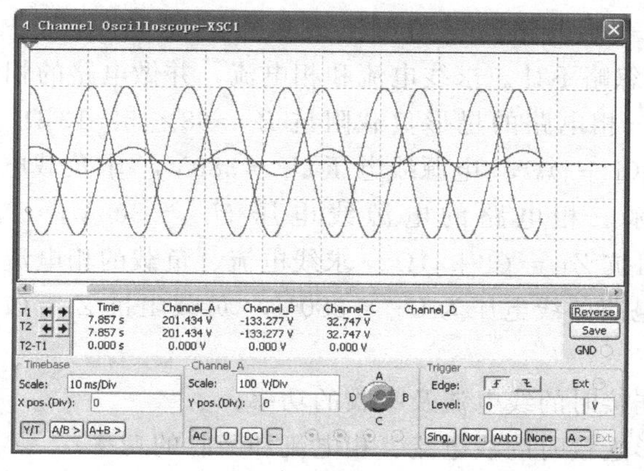

仿真图 4

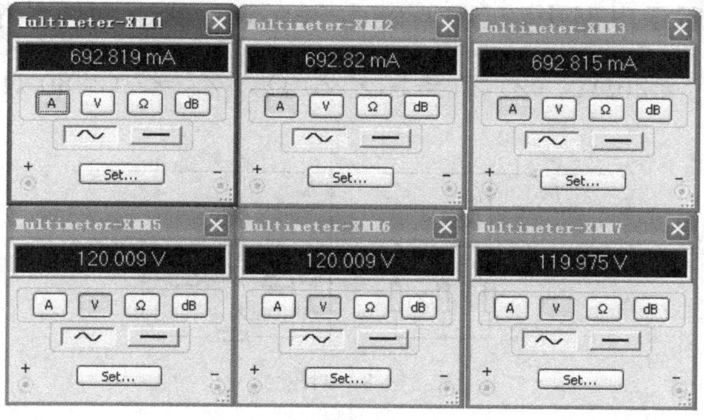

仿真图 5

② J_1闭合，J_2、J_3打开时，记录电表示数填入表 1。

③ J_1、J_2闭合，J_3打开时，记录电表示数填入表 1。

表 1

负载		U_{AB}	U_{BC}	U_{CA}	I_A	I_B	I_C
负载对称		120.009V	120.009V	119.975V	692.819mA	692.820mA	692.815mA
负载不对称	一相断开	120.009V	120.009V	120.009V	599.969mA	599.969mA	3.435uA
	两相断开	120.009V	120.009V	120.009V	2.034uA	10.431uA	10.482uA

习 题 八

8-1 什么是对称三相电压？下列三个电压：$\dot{U}_1=(50\sqrt{3}+\mathrm{j}50)\mathrm{V}$，$\dot{U}_2=-\mathrm{j}100\mathrm{V}$，$\dot{U}_3=(-50\sqrt{3}+\mathrm{j}50)\mathrm{V}$，是否为对称三相电压？

8-2 正序对称三相电压做星形连接，若线电压 $\dot{U}_{\mathrm{BC}}=380\angle 180°\mathrm{V}$，求相电压 $\dot{U}_{\mathrm{A}}$。

8-3 对称三相负载做三角形连接，若相电流 $\dot{I}_{\mathrm{CA}}=5\angle 60°\mathrm{A}$，求线电流 $\dot{I}_{\mathrm{B}}$。

8-4 已知对称三相电路的星形负载每相阻抗 $Z=(160+\mathrm{j}80)\Omega$，线电压 $U_l=380\mathrm{V}$，端线阻抗可以忽略不计，无中线。求负载电流，并做电路的相量图。

8-5 已知对称三相电路的三角形负载每相阻抗 $Z=(50+\mathrm{j}36)\Omega$，线电压 $U_l=380\mathrm{V}$，端线阻抗可以忽略不计。求线电流和相电流，并做电路的相量图。

8-6 已知对称三相电路的星形负载阻抗 $Z=68\angle 53.13°\Omega$，端线阻抗 $Z_l=(2+\mathrm{j})\Omega$，中线阻抗 $Z_{\mathrm{N}}=(1+\mathrm{j})\Omega$，电源线电压 $U_l=380\mathrm{V}$，求负载电流和线电压。

8-7 已知对称三相电路的电源线电压 $U_l=380\mathrm{V}$，三角形负载阻抗 $Z=20\angle 36.87°\Omega$，端线阻抗 $Z_{\mathrm{L}}=(1+\mathrm{j})\Omega$。求线电流、负载的相电流和负载端线电压。

8-8 对称三相电路的线电压为 $U_{\mathrm{L}}=380\mathrm{V}$，负载阻抗 $Z=(12+\mathrm{j}16)\Omega$，无线路阻抗，试求：

(1) 当负载星形连接时的线电流及吸收的功率；

(2) 当负载三角形连接时的线电流、相电流和吸收的功率；

(3) 比较(1)和(2)的结果，能得到什么结论？

8-9 题 8-9 图所示电路中，$\dot{U}_{\mathrm{AB}}=380\angle 30°\mathrm{V}$，在下列两种情况下：

(1) $Z_1=10\Omega$，$Z_2=20\Omega$；(2) $Z_1=10\angle 20°\Omega$，$Z_2=20\angle 80°\Omega$；求 A 相线电流 $\dot{I}_{\mathrm{A}}$。

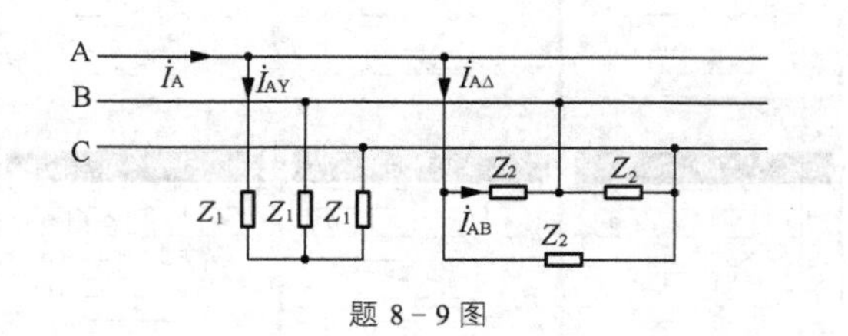

题 8-9 图

8-10 在三相四线制电路中，已知对称电源线电压 $\dot{U}_{\mathrm{AB}}=380\angle 0°\mathrm{V}$，线路阻抗相等为 $Z_{\mathrm{L}}=(1+\mathrm{j})\Omega$，中线阻抗为 $Z_{\mathrm{N}}=(1.2+\mathrm{j}2)\Omega$，不对称三相负载为 $Z_{\mathrm{A}}=10\angle 26°\Omega$，$Z_{\mathrm{B}}=15\angle 48°\Omega$，$Z_{\mathrm{C}}=20\angle -32°\Omega$。求电路的线电流、负载端线电压、中线电流。

8-11 三相对称电源三角形连接，$\dot{U}_{\mathrm{AB}}=380\angle 0°\mathrm{V}$，线路阻抗相等为 $Z_{\mathrm{L}}=(0.8+\mathrm{j}1.1)\Omega$，不对称三角形负载分别为 $Z_{\mathrm{AB}}=(6+\mathrm{j}8)\Omega$，$Z_{\mathrm{BC}}=(4-\mathrm{j}5)\Omega$，$Z_{\mathrm{CA}}=10\Omega$。求线电流和负载相电流。

8-12 题 8-12 图示电路中，对称三相电源 $\dot{U}_{\mathrm{AB}}=380\angle 0°\mathrm{V}$，试计算各相电流及中线电流。若无中线再计算各相电流。

8－13 题 8－13 图示电路中，设对称电源电压 $\dot{U}_{AB}=380\angle 30°V$，求相电流及线电流。

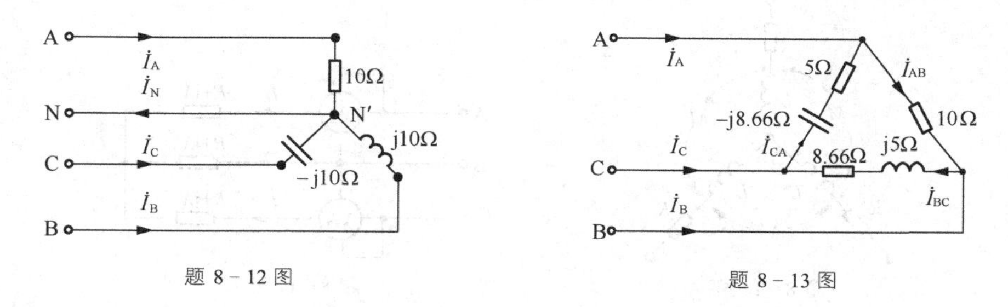

题 8－12 图　　题 8－13 图

8－14 正常情况下，照明电路是三相四线制，中线阻抗约为零，照明示意如题 8－14 图所示。分析：(1) 假设中线断了，A 相电灯没有接入，假设 B 相与 C 相接入灯泡相等，每相承受的电压？(2) 假设 B 相接入灯泡数是 C 相接入灯泡数的 4 倍，每相承受的电压？

8－15 题 8－15 图示对称三相电路中，已知负载端线电压 $\dot{U}_{A'B'}=1143.16\angle 0°V$，$Z=36\angle 60°\Omega$，$Z_L=2.236\angle 63.435°\Omega$，求 I_A 及 U_{AB}。

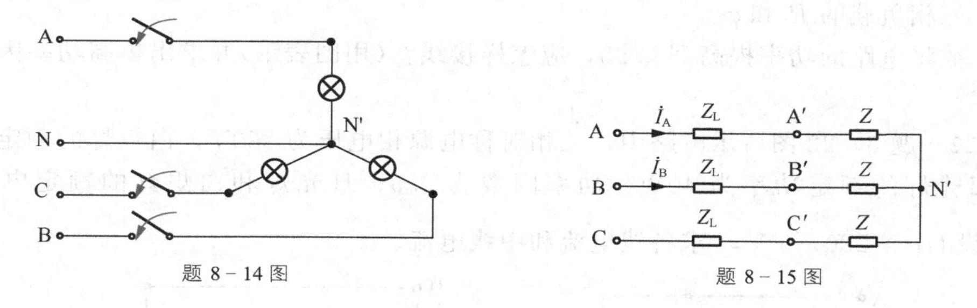

题 8－14 图　　题 8－15 图

8－16 题 8－16 图所示，对称三相电路中，已知负载相电流 $\dot{I}_{A'B'}=14.14\angle 0°A$，$Z=20\angle 30°\Omega$，$Z_L=(1.2+j)\Omega$。求 $\dot{I}_C$ 及 $\dot{U}_{BC}$。

8－17 题 8－17 图所示三相电路中，已知第一组负载是纯电阻，$R_1=10\Omega$，额定电压是 380/220V。第二组是对称感性负载，其功率 $P=5.28kW$，$\cos\varphi=0.8$，额定电压也是 380/220V。通过线路阻抗 $Z_L=(1+j2)\Omega$ 的输电线接到对称三相电源。求负载在额定运行情况下，电源端的线电压 U_X。

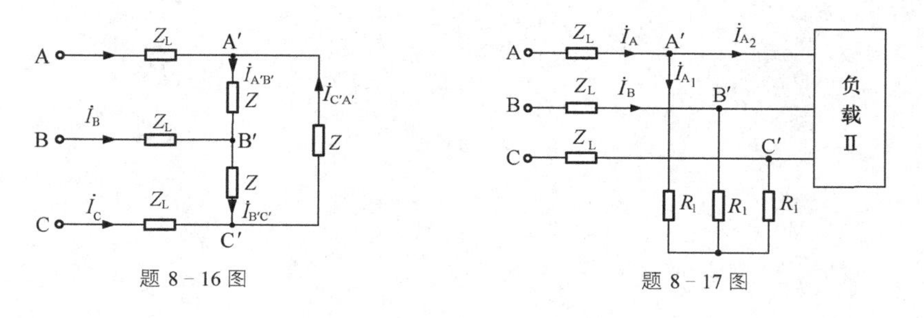

题 8－16 图　　题 8－17 图

8－18 题 8－18 图所示，对称工频三相耦合电路接于对称三相电源，线电压 $U_l=380V$，$R=36\Omega$，$L=0.28H$，$M=0.16H$。求相电流和负载吸收的总功率。

8-19 题 8-19 图所示对称三相电路，$U_l=380\text{V}$，$R=38\Omega$，$X=22\Omega$，求两瓦特表的读数。

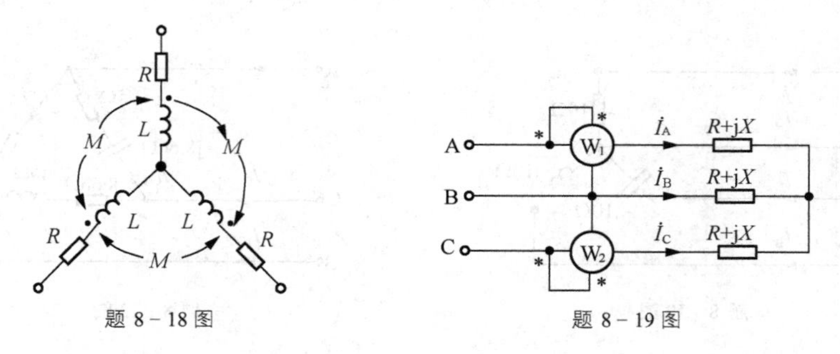

题 8-18 图　　题 8-19 图

8-20 在题 8-19 图所示电路中，若两瓦表的读数 $P_1=0\text{W}$，$P_2=1.65\text{kW}$，求负载阻抗的参数 R 和 X。

8-21 题 8-21 图示对称三相电路中，工频电源线电压为 380V，已知线电流为 10A，功率表的读数为 1900W，三相电源 A、B、C 为正序，求：

(1) Z_Δ。

(2) 三相负载的 P 和 φ。

(3) 欲将电路的功率提高到 0.95，应怎样接线？(用图表示)并求出提高功率因数所需的电容 C。

8-22 题 8-22 图所示电路中，三相对称电源相电压为 220V，白炽灯的额定功率为 60W，日光灯的额定功率为 40W，功率因数为 0.5，日光灯和白炽灯的额定电压均为 220V，设 $\dot{U}_{\text{U}}=220\angle 0^\circ\text{V}$，求各线电流和中线电流。

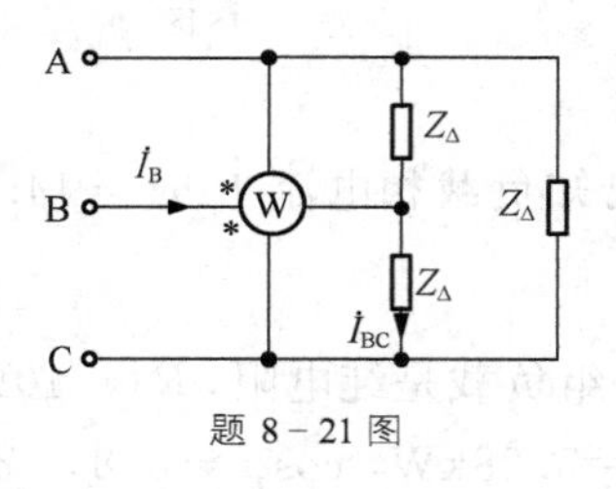

题 8-21 图

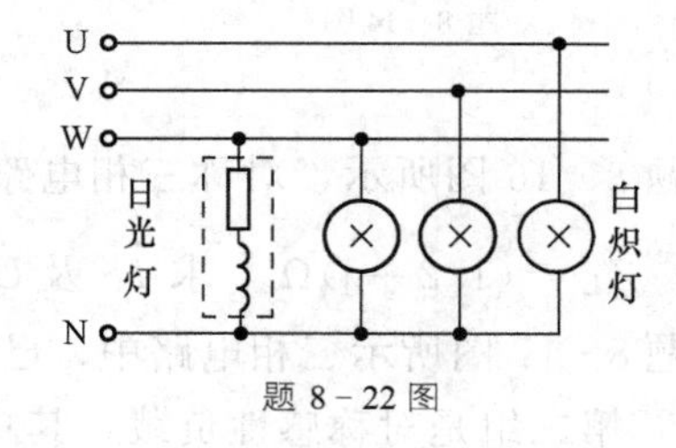

题 8-22 图

第9章 非正弦周期信号及其稳态分析

学习要点

(1) 非正弦周期量的分解——傅里叶级数展开。

(2) 非正弦周期电流、电压的有效值、平均值、平均功率。

(3) 非正弦周期电流电路的谐波分析法。

前面几章，我们分析了正弦信号作用下电路的响应。实际电路中，往往还存在着非正弦信号，本章我们将研究在非正弦周期信号作用下如何求解电路的响应。

非正弦周期信号首先分解为正弦信号，然后利用相量法，分别求出各正弦信号的响应，利用叠加定理，求出电路的响应。

9.1 非正弦周期信号

实际电路中经常会遇到非正弦周期信号。在电子技术、自动控制、计算机和通信技术等领域，电路中的电压和电流信号往往都是周期性的非正弦波。比较典型的如整流信号、锯齿波、方波等，图 9-1 所示为一些典型的非正弦周期信号的波形图。这些信号我们在后续课程的学习中会慢慢学到。

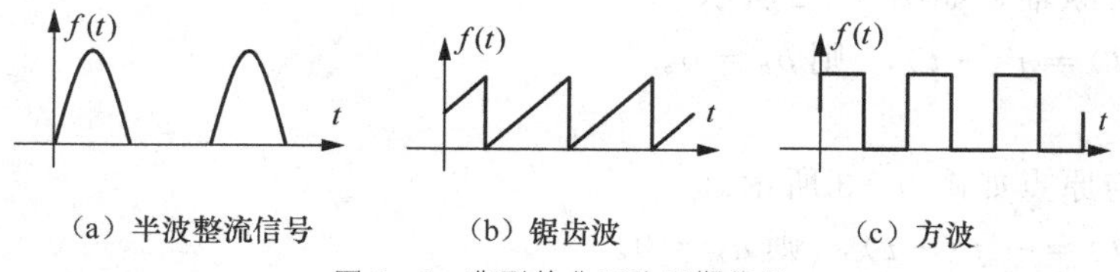

图 9-1 典型的非正弦周期信号

本章主要讨论在非正弦周期电流、电压信号的作用下，线性电路的稳态分析和计算方法。根据我们以前数学中学过的知识，可知非正弦周期信号和正弦信号有着密切的关系，即非正弦周期信号可以应用傅里叶级数分解为一系列不同频率的正弦量之和。根据非正弦周期信号这一特性，可以把一个非正弦周期信号变为多个正弦信号的和，即一个非正弦周期信号作用到电路中的响应，可以看成是多个正弦谐波信号同时作用到电路中响应的叠加。

9.2 周期函数分解为傅里叶级数

电工电子中所遇到的非正弦周期电流、电压信号一般都满足展开成傅里叶级数的条件，因而能分解成如下傅里叶级数形式。

$$f(t)=a_0+\sum_{k=1}^{\infty}[a_k\cos k\omega_1 t+b_k\sin k\omega_1 t] \tag{9-1}$$

也可表示成

$$f(t)=A_0+\sum_{k=1}^{\infty}A_{km}\cos(k\omega_1 t+\varphi_k)$$

以上两种表示式中系数之间关系为

$$A_0=a_0$$

$$A_{km}=\sqrt{a_k^{\ 2}+b_k^{\ 2}}$$

$$a_k=A_{km}\cos\varphi_k$$

$$b_k=-A_{km}\sin\varphi_k$$

$$\varphi_k=\arctan\frac{-b_k}{a_k}$$

上述系数可按下列公式计算

$$a_0=\frac{1}{2T}\int_{-T}^{T}f(t)\mathrm{d}t$$

$$a_k=\frac{1}{T}\int_{-T}^{T}f(t)\cos(k\omega_1 t)\mathrm{d}t$$

$$b_k=\frac{1}{T}\int_{-T}^{T}f(t)\sin(k\omega_1 t)\mathrm{d}t$$

求出 a_0、a_k、b_k 便可得到原函数 $f(t)$ 的展开式。

注意：非正弦周期电流、电压信号分解成傅里叶级数的关键在于求出系数 a_0、a_k、b_k，可以利用函数的某种对称性判断它包含哪些谐波分量及不包含哪些谐波分量，这样可使系数的确定过程简化，给计算和分析带来方便。

1. 偶函数

波形对称于纵轴，如图 9-2 所示。

满足　$f(t)=f(-t)$，则 $b_k=0$。

2. 奇函数

波形对称与原点如图 9-3 所示。

满足　$f(t)=-f(-t)$，则 $a_k=0$。

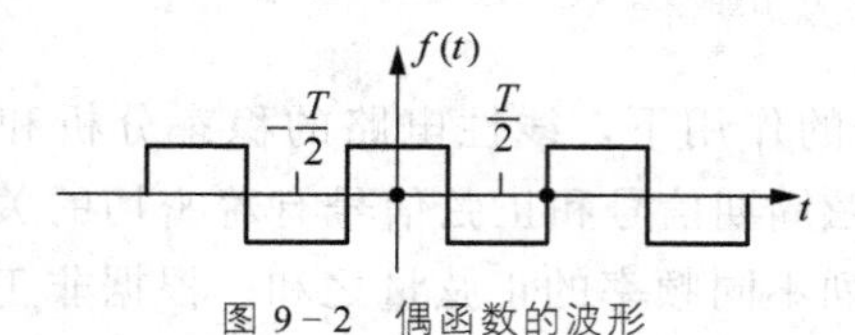

图 9-2　偶函数的波形

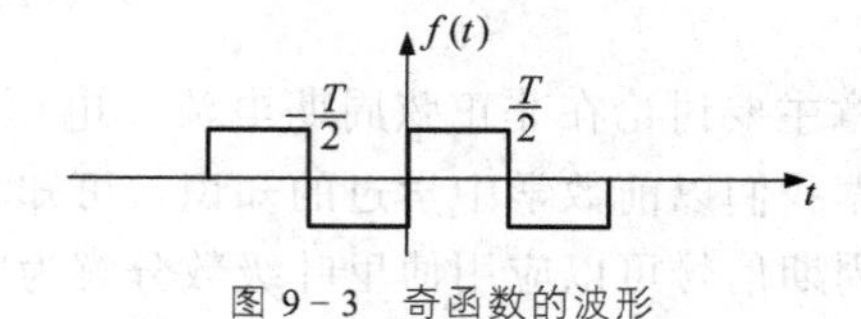

图 9-3　奇函数的波形

3. 奇谐波函数

波形镜对称如图 9-4 所示。

满足　$f(t)=-f\left(t+\frac{T}{2}\right)$，则 $a_0=a_{2k}=b_{2k}=0$。

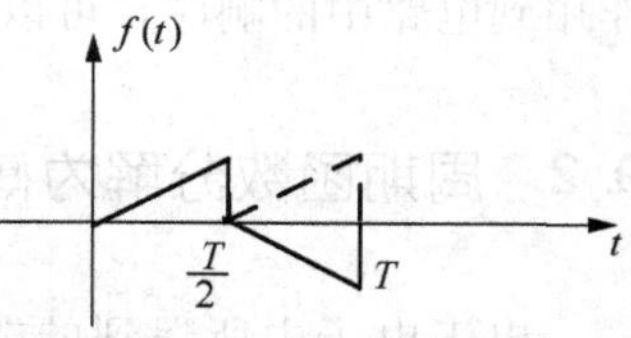

图 9-4　奇谐函数的波形

4. 若函数是偶函数又是镜对称时，则只含有奇次的余弦项，即

$$a_0=a_{2k}=b_k=0$$

5. 若函数是奇函数又是镜对称时，则只含有奇次的正弦项，即

$$a_0 = a_k = b_{2k} = 0$$

实际中所遇到的周期函数可能较复杂，不易看出对称性，但是如果将波形做一定的平移，或视为几个典型波形的合成，则也能使计算各次谐波的系数简化。

例 9－1　把图 9－5 所示周期性方波电流分解成傅里叶级数（$T=2\pi$）。

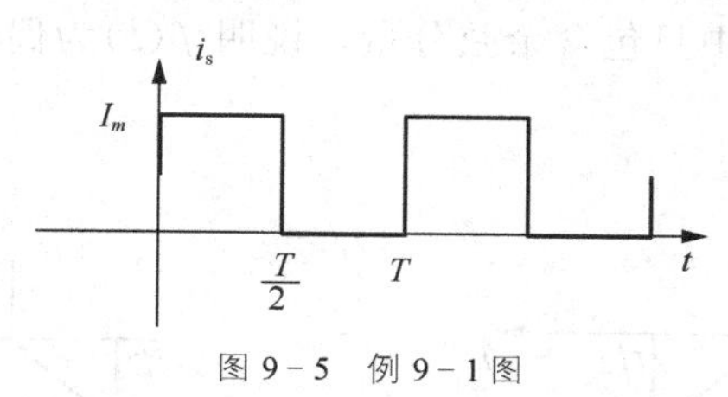

图 9－5　例 9－1 图

解： 周期性方波电流在一个周期内的函数表示式为

$$i_s(t)=\begin{cases} I_m & 0<t<\dfrac{T}{2} \\ 0 & \dfrac{T}{2}<t<T \end{cases}$$

各次谐波分量的系数为

$$I_0=\frac{1}{T}\int_0^T i_s(t)\mathrm{d}t=\frac{1}{T}\int_0^{T/2} I_m \mathrm{d}t=\frac{I_m}{2}$$

$$b_k=\frac{1}{\pi}\int_0^{2\pi} i_s(\omega t)\sin k\omega t\,\mathrm{d}(\omega t)$$

$$=\frac{I_m}{\pi}\left(-\frac{1}{k}\cos k\omega t\right)\Big|_0^{\pi}=\begin{cases} 0 & k\text{ 为偶数} \\ \dfrac{2I_m}{k\pi} & k\text{ 为奇数} \end{cases}$$

$$a_k=\frac{1}{\pi}\int_0^{2\pi} i_s(\omega t)\cos k\omega t\,\mathrm{d}(\omega t)=\frac{I_m}{\pi}\frac{1}{k}\sin k\omega t\Big|_0^{\pi}=0$$

$$A_k=\sqrt{b_k^2+a_k^2}=b_k=\frac{2I_m}{k\pi}(k\text{ 为奇数}),\ \psi_k=\arctan\frac{b_k}{a_k}=0$$

因此，i_s 的傅里叶级数展开式为

$$i_s=\frac{I_m}{2}+\frac{2I_m}{\pi}\left(\sin\omega t+\frac{1}{3}\sin 3\omega t+\frac{1}{5}\sin 5\omega t+\cdots\right)$$

即，周期性方波可以看成是直流分量与一次谐波、三次谐波、五次谐波等的叠加，如图 9－6所示。

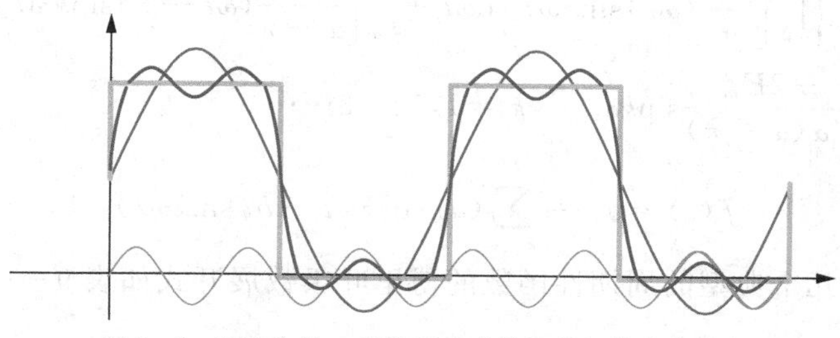

图 9－6　直流分量、基波及三次谐波叠加构成的方波

例 9-2 给定函数 $f(t)$的部分波形如图 9-7 所示。当 $f(t)$的傅里叶级数中只包含如下的分量：(1)正弦分量；(2)余弦分量；(3)正弦偶次分量；(4)余弦奇次分量。试画出 $f(t)$的波形。

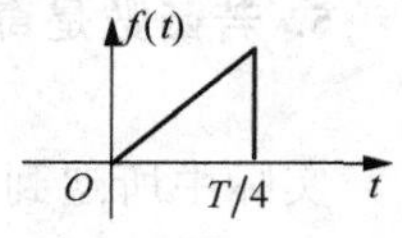

图 9-7 例 9-2 图

解：(1) $f(t)$的傅里叶级数中只包含正弦分量，说明 $f(t)$为奇函数，对原点对称，可用图 9-8 波形表示。

(2) $f(t)$的傅里叶级数中只包含余弦分量，说明 $f(t)$为偶函数，对坐标纵轴对称，可用图 9-9 波形表示。

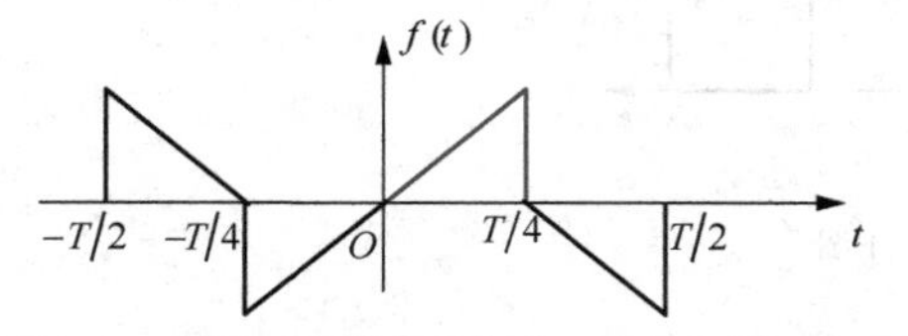

图 9-8 傅里叶级数中只包含正弦分量的 $f(t)$

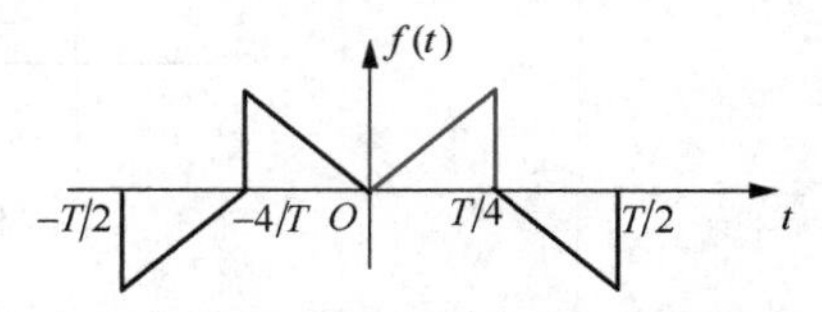

图 9-9 傅里叶级数中只包含余弦分量的 $f(t)$

(3) $f(t)$的傅里叶级数中只包含正弦偶次分量，可用图 9-10 波形表示。

(4) $f(t)$的傅里叶级数中只包含余弦奇次分量，可用图 9-11 波形表示。

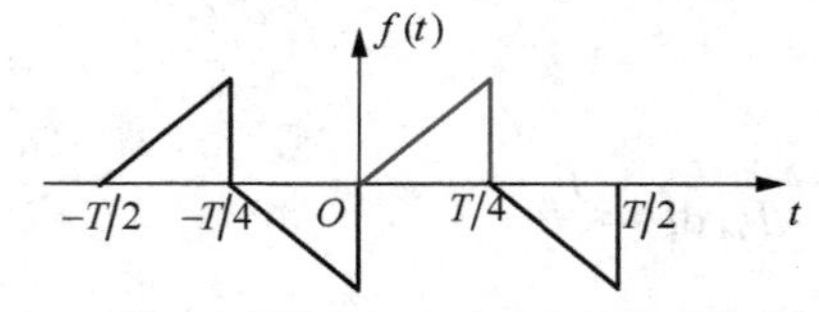

图 9-10 傅里叶级数中只包含正弦偶次分量的 $f(t)$

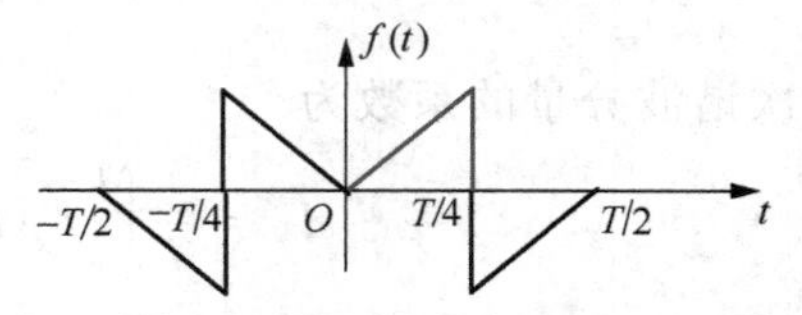

图 9-11 傅里叶级数中只包含余弦奇次分量的 $f(t)$

例 9-3 求图 9-12 所示波形的傅里叶级数。

解：图中 $f(t)$ 在第一个周期内表达式为

$$f(t)=\begin{cases}-\dfrac{E_m}{\pi-\alpha}(\omega t+\pi) & -\pi\leqslant\omega t\leqslant-\alpha\\ \dfrac{E_m}{\alpha}\omega t & -\alpha\leqslant\omega t\leqslant\alpha\\ -\dfrac{E_m}{\pi-\alpha}(\omega t-\pi) & \alpha\leqslant\omega t\leqslant\pi\end{cases}$$

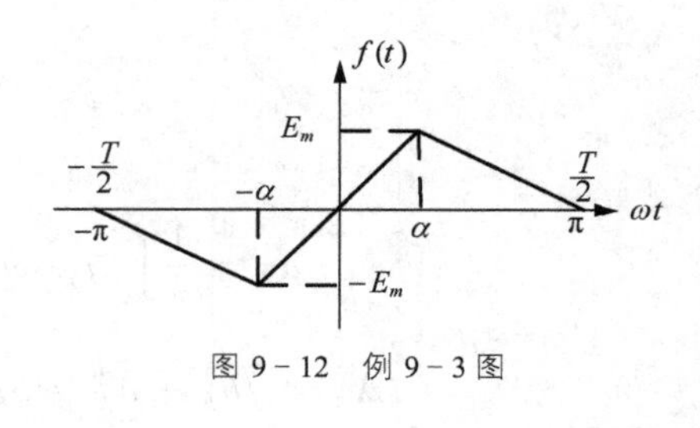

图 9-12 例 9-3 图

$$f(t)=a_0+\sum_{k=0}^{\infty}(a_k\cos k\omega t+b_k\sin k\omega t)$$

$f(t)$ 为奇函数，$a_0=a_k=0$，确定 b_k，得

$$b_k=\frac{2}{\pi}\left\{\int_0^{\alpha}\left[\frac{E_m}{\alpha}(\omega t)\sin k\omega t\right]\mathrm{d}\omega t+\int_{\alpha}^{\pi}\left[\frac{E_m}{\alpha-\pi}(\omega t-\pi)\sin k\omega t\right]\mathrm{d}\omega t\right\}$$

$$=\frac{-2E_m}{k^2\alpha(\alpha-\pi)}\sin k\alpha \qquad k=1,2,3\cdots\cdots$$

$$f(t)=a_0+\sum_{k=0}^{\infty}(a_k\cos k\omega t+b_k\sin k\omega t)$$

工程中常用的几个典型的周期性函数的傅里叶级数展开式如表 9-1 所示。

表 9-1 常用的几个典型周期性函数的傅里叶级数展开式

$f(t)$的时域波形	$f(t)$分解为傅里叶级数	A(有效值)	A_m(平均值)
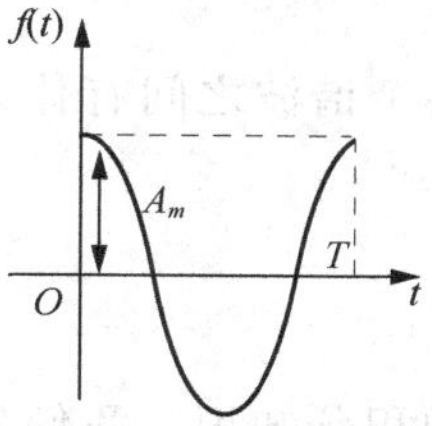	$f(t)=A_m\cos(\omega_1 t)$	$\frac{A_m}{\sqrt{2}}$	$\frac{2A_m}{\pi}$
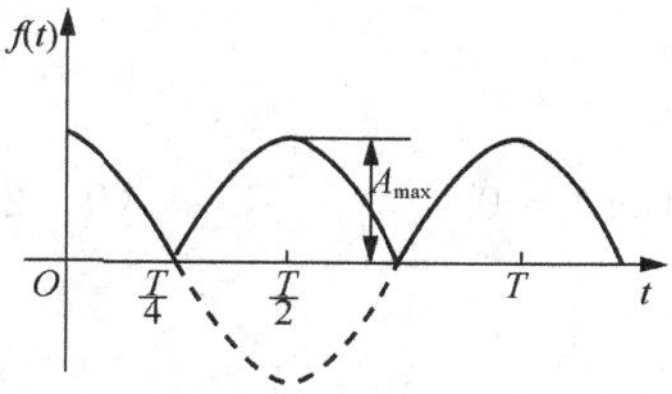	$f(t)=\frac{4A_{\max}}{\pi}\left[\frac{1}{2}+\frac{1}{1\times 3}\cos(2\omega_1 t)-\frac{1}{3\times 5}\cos(4\omega_1 t)+\frac{1}{5\times 7}\cos(6\omega_1 t)+\cdots\right]$	$\frac{A_m}{\sqrt{2}}$	$\frac{2A_m}{\pi}$
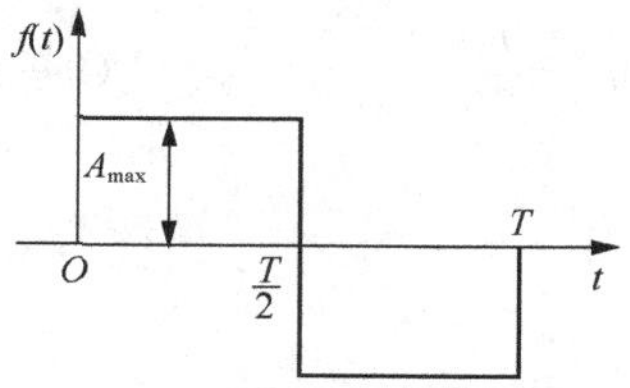	$f(t)=\frac{4A_{\max}}{\pi}\left[\sin(\omega_1 t)+\frac{1}{3}\sin(3\omega_1 t)+\frac{1}{5}\sin(5\omega_1 t)+\cdots+\frac{1}{k}\sin(k\omega_1 t)+\cdots\right]$($k$ 为奇数)	$A_{\max}$	$A_{\max}$
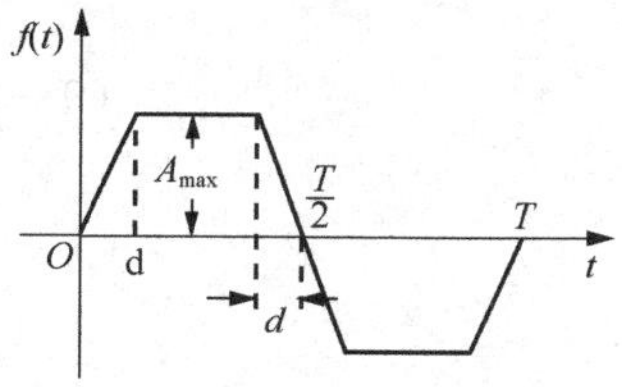	$f(t)=\frac{4A_{\max}}{a\pi}\left[\sin a\sin(\omega_1 t)+\frac{1}{9}\sin 3a\sin(3\omega_1 t)+\frac{1}{25}\sin 5a\sin(5\omega_1 t)+\cdots+\frac{1}{k^2}\sin ka\sin(k\omega_1 t)+\cdots\right]$ ($a=\frac{2\pi d}{T}$, k 为奇数)	$A_{\max}\sqrt{1-\frac{4a}{3\pi}}$	$A_{\max}(1-\frac{a}{\pi})$
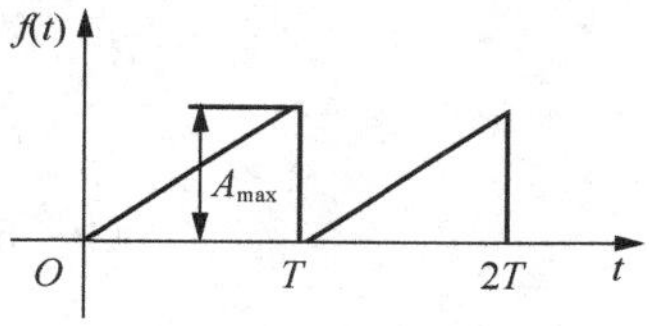	$f(t)=A_{\max}\left[\frac{1}{2}-\frac{1}{\pi}\left[\sin(\omega_1 t)+\frac{1}{2}\sin(2\omega_1 t)+\frac{1}{3}\sin(3\omega_1 t)+\cdots\right]\right]$	$\frac{A_{\max}}{\sqrt{3}}$	$\frac{A_{\max}}{2}$
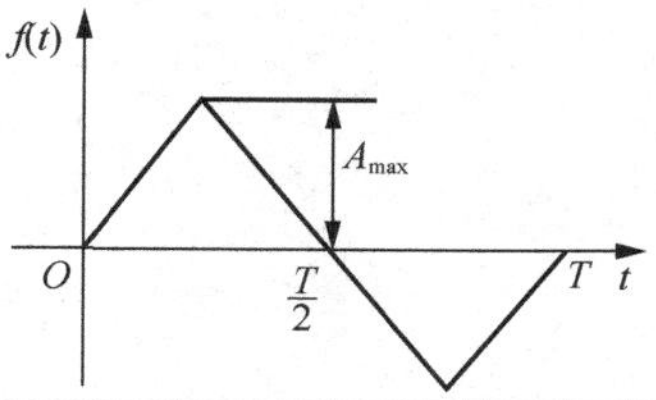	$f(t)=\frac{8A_{\max}}{\pi^2}\left[\sin(\omega_1 t)-\frac{1}{9}\sin(3\omega_1 t)+\frac{1}{25}\sin(5\omega_1 t)-\cdots+\frac{(-1)^{\frac{k-1}{2}}}{k^2}\sin(k\omega_1 t)+\cdots\right]$ (k 为奇数)	$\frac{A_{\max}}{\sqrt{3}}$	$\frac{A_{\max}}{2}$
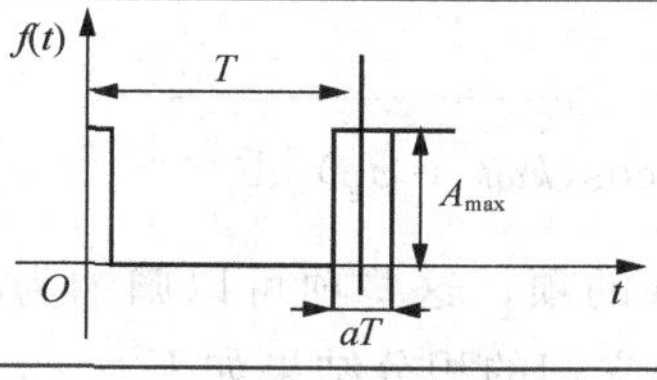	$f(t)=A_{\max}\left\{a+\frac{2}{\pi}\left[\sin(a\pi)\cos(\omega_1 t)+\frac{1}{2}\sin(2a\pi)\cos(2\omega_1 t)+\frac{1}{3}\sin(3a\pi)\cos(3\omega_1 t)+\cdots\right]\right\}$	$\sqrt{a}A_{\max}$	$aA_{\max}$

9.3 非正弦周期信号的有效值、平均值和平均功率

对于由多个正弦信号构成的非正弦周期信号，它的有效值和各个谐波之间有什么样的关系呢？

9.3.1 三角函数的积分

进一步分析非正弦周期信号的有效值需要用到一些三角函数的积分知识。我们先复习一下几种不同形式三角函数的积分结果。

(1) 正弦函数在一个周期内积分为0，即

$$\int_0^T \sin(k\omega t)\mathrm{d}(\omega t)=0,\qquad \int_0^T \cos(k\omega t)\mathrm{d}(\omega t)=0 \tag{9-2}$$

(2) 正弦函数的平方在一个周期内积分为π，即

$$\int_0^T \sin^2(k\omega t)\mathrm{d}(\omega t)=\pi,\qquad \int_0^T \cos^2(k\omega t)\mathrm{d}(\omega t)=\pi$$

$$\int_0^T \sin^2(k\omega t)\mathrm{d}t=\frac{T}{2},\qquad \int_0^T \cos^2(k\omega t)\mathrm{d}t=\frac{T}{2} \tag{9-3}$$

(3) 不同频率正弦函数的乘积在一个周期内积分为0，即

$k\neq p$ 时

$$\begin{aligned}&\int_0^T \cos(k\omega t)\cdot\sin(p\omega t)\mathrm{d}(\omega t)=0\\&\int_0^T \cos(k\omega t)\cdot\cos(p\omega t)\mathrm{d}(\omega t)=0\\&\int_0^T \sin(k\omega t)\cdot\sin(p\omega t)\mathrm{d}(\omega t)=0\end{aligned} \tag{9-4}$$

9.3.2 非正弦周期信号的有效值

设非正弦周期电流 $i(t)$ 可以分解为傅里叶级数，即

$$i(t)=I_0+\sum_{k=1}^{\infty}I_{km}\cos(k\omega t+\varphi_k) \tag{9-5}$$

前面我们讨论过，电流有效值的定义式为

$$I=\sqrt{\frac{1}{T}\int_0^T i\ (t)^2\mathrm{d}(t)} \tag{9-6}$$

(9-5)式代入(9-6)式可得

$$\begin{aligned}I&=\sqrt{\frac{1}{T}\int_0^T\left[I_0+\sum_{k=1}^{\infty}I_{km}\cos(k\omega t+\varphi_k)\right]^2\mathrm{d}(t)}\\&=\sqrt{\frac{1}{T}\int_0^T\left[I_0+\sum_{k=1}^{\infty}I_{km}\cos(k\omega t+\varphi_k)\right]\left[I_0+\sum_{k=1}^{\infty}I_{km}\cos(k\omega t+\varphi_k)\right]\mathrm{d}(t)}\end{aligned}$$

上式中，积分内为两项相乘，得到的结果为多个两两相乘的项，这些项可以归纳为4种积分，根据上面分析的三角函数的积分性质，可以分别求得它们的积分结果如下。

$$\frac{1}{T}\int_0^T I_0^2 \mathrm{d}(t) = I_0^2$$

$$\frac{1}{T}\int_0^{2\pi} [I_{km}\cos(k\omega t + \varphi_k)]^2 \mathrm{d}(\omega t) = \frac{1}{2} I_{km}^2$$

$$\frac{1}{T}\int_0^{2\pi} 2I_0 \cos(k\omega t + \varphi_k) \mathrm{d}(\omega t) = 0$$

$$\frac{1}{T}\int_0^{2\pi} 2I_{km}\cos(k\omega t + \varphi_k) I_{pm}\cos(p\omega t + \varphi_p) \mathrm{d}(\omega t) = 0 \quad k \neq p$$

这样可以求得电流 i 的有效值为

$$I = \sqrt{I_0^2 + \sum_{k=0}^{\infty} \frac{1}{2} I_{km}^2} = \sqrt{I_0^2 + I_1^2 + I_2^2 + I_3^2 + \cdots\cdots} \tag{9-7}$$

对于电压信号，可以得到类似的结论，即电压 u 的有效值为

$$U = \sqrt{U_0^2 + \sum_{k=0}^{\infty} \frac{1}{2} U_{km}^2} = \sqrt{U_0^2 + U_1^2 + U_2^2 + U_3^2 + \cdots\cdots} \tag{9-8}$$

结论：周期函数的有效值为直流分量的平方及各次谐波分量有效值平方和的方根。此结论可以推广用于其他非正弦周期量。

9.3.3　非正弦周期信号的平均值

按照数学中平均值的定义，周期函数在一周期内的平均值应等于其直流分量。但当波形对称于横轴时，平均分量为零，显然不能表征信号的电磁响应。因此定义绝对值的平均值为非正弦周期信号的平均值。以电流为例，即

$$I_{\mathrm{av}} = \frac{1}{T}\int_0^T |i(t)| \mathrm{d}t \tag{9-9}$$

它相当于正弦电流经全波整流后的平均值，因为取电流的绝对值相当于把负半周的值变为对应的正值。

设非正弦周期电流可以分解为傅里叶级数

$$i(t) = I_0 + \sum_{k=1}^{\infty} I_{km}\cos(k\omega t + \varphi_k)$$

则可求得其平均值为

$$\begin{aligned} I_{\mathrm{av}} &= \frac{1}{T}\int_0^T |I_m \cos(\omega t)| \mathrm{d}t = \frac{4I_m}{T}\int_0^{\frac{T}{4}} \cos(\omega t) \mathrm{d}t \\ &= \frac{4I_m}{\omega T} [\sin(\omega t)]_0^{\frac{T}{4}} = 0.637 I_m = 0.898 I \end{aligned} \tag{9-10}$$

注意：

对于同一非正弦周期电流，当用不同的仪表进行测量时，会得到不同的结果。用磁电系仪表测量，其结果为直流分量，因为这种仪表的偏转角 $\alpha \propto \frac{1}{T}\int_0^T i \mathrm{d}t$；用电磁系仪表测量，其结果为有效值，因为这种仪表的偏转角 $\alpha \propto \frac{1}{T}\int_0^T i^2 \mathrm{d}t$；用全波整流式仪表测量，为平均值，因为这种仪表的偏转角与电流的平均值成正比。

9.3.4 非正弦周期信号的平均功率

设任意电路一端口的非正弦周期电流和电压可以分解为傅里叶级数，即

$$u(t)=U_0+\sum_{k=1}^{\infty}U_{km}\cos(k\omega t+\varphi_{uk})$$

$$i(t)=I_0+\sum_{k=1}^{\infty}I_{km}\cos(k\omega t+\varphi_{ik})$$

则该端口的平均功率为 $P=\frac{1}{T}\int_0^T u(t)\cdot i(t)\mathrm{d}t$

代入电压、电流表示式并利用三角函数的性质，得

$$\begin{aligned}P&=U_0I_0+\sum_{k=1}^{\infty}U_kI_k\cos\varphi_k\\&=U_0I_0+U_1I_1\cos\varphi_1+U_2I_2\cos\varphi_2+\cdots+U_nI_n\cos\varphi_n\\&=P_0+P_1+P_2+\cdots+P_n\end{aligned}\tag{9-11}$$

其中，$\varphi_k=\varphi_{uk}-\varphi_{ik}$

结论： 非正弦周期电流电路的平均功率＝直流分量的功率＋各次谐波的平均功率。

9.4 非正弦周期交流电路的分析

从前面的讨论可知，一个可以分解为多个正弦谐波信号和的非正弦周期信号作用到电路中，可以看作是多个正弦谐波同时作用到电路中。每个正弦谐波信号作用到电路中的响应可根据线性电路的叠加性计算，电路的总响应是这些信号作用的响应之和。综上，可得非正弦周期电流电路的求解步骤如下。

(1) 把给定电源的非正弦周期电流或电压做傅里叶级数分解，展开成若干频率的谐波信号；

(2) 将分解后的直流和不同频率的正弦信号，按照一个频率看作一个电源的原则，根据叠加定理分别作用于电路。对直流和各次谐波激励作用到电路中分别计算其响应，即，对直流信号作用到电路中，C 相当于开路、L 相当于短路；对于各个谐波作用到电路中，采用相量法，不同频率正弦信号得到的感抗和容抗并不相同，需要分别建立相量模型求解；

(3) 将以上计算结果转换为时域值，并叠加，即在时域里面进行叠加。

例 9-4 电路如图 9-13(a)所示，电流源为图 9-13(b)所示的方波信号。已知，$I_m=157\mu\text{A}$，$T=6.28\mu\text{s}$ 求输出电压 u。

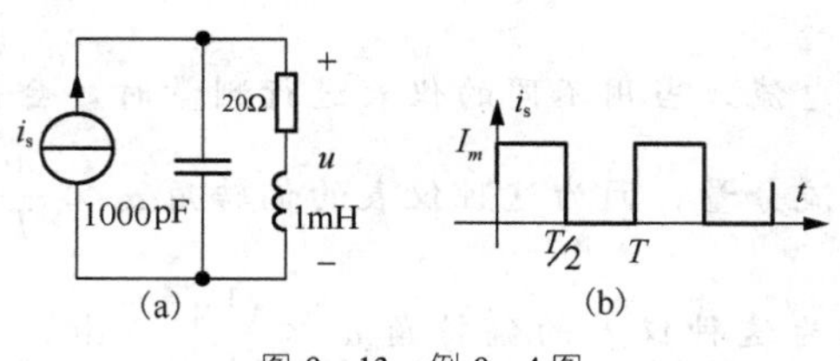

图 9-13 例 9-4 图

解：(1) 展开方波信号为正弦信号的和

$$i_s=\frac{I_m}{2}+\frac{2I_m}{\pi}(\sin\omega t+\frac{1}{3}\sin3\omega t+\frac{1}{5}\sin5\omega t+\cdots)$$

代入数据　$I_m=157\mu A$，$\omega=\frac{2\pi}{T}=10^6\,\text{rad/s}$，得

$$i_s=[78.5+100\sin(10^6t)+33.3\sin(3\times10^6t)+20\sin(5\times10^6t)+\cdots]\mu A$$

(2) 对各次频率的谐波分量单独计算响应

① 直流分量 $i_{s0}=78.5\mu A$ 单独作用时，电容开路，电感短路，电路如图 9－14 所示，可计算其响应为

$$U_0=R\times i_{s0}=20\times78.5\times10^{-6}\,\text{V}=1.57\,\text{mV}。$$

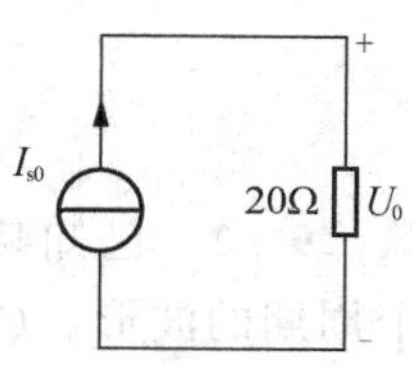

图 9－14　直流分量作用的等效电路

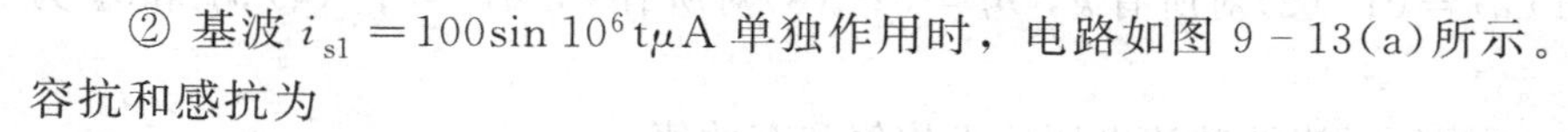

② 基波 $i_{s1}=100\sin10^6t\mu A$ 单独作用时，电路如图 9－13(a)所示。容抗和感抗为

$$\frac{1}{\omega C}=\frac{1}{10^6\times1000\times10^{-12}}\Omega=1\text{k}\Omega，\omega L=10^6\times10^{-3}\Omega=1\text{k}\Omega，$$

总阻抗为　$$Z(\omega)=\frac{(R+jX_L)\cdot(-jX_C)}{R+jX_L-jX_C}\approx\frac{X_LX_C}{R}=50\text{k}\Omega，$$

则基波的响应为　$$\dot{U}_1=\dot{I}_{s1}\cdot Z(\omega)=\frac{100\times10^{-6}}{\sqrt{2}}\cdot50\times1000=\frac{5}{\sqrt{2}}(\text{V})$$

③ 三次谐波 $i_{s3}=33.3\sin(3\times10^6t)\mu A$ 单独作用时，容抗和感抗为

$$\frac{1}{3\omega C}=\frac{1}{3\times10^6\times1000\times10^{-12}}=0.33\text{k}\Omega，3\omega L=3\times10^6\times10^{-3}=3\text{k}\Omega，$$

总阻抗为　$$Z(3\omega)=\frac{(R+jX_{L3})\cdot(-jX_{C3})}{R+jX_{L3}-jX_{C3}}=374.5\angle-89.19°\Omega$$

则　$$\dot{U}_3=\dot{I}_{s3}\cdot Z(3\omega)=\frac{33.3\times10^{-6}}{\sqrt{2}}\times374.5\angle-89.19°=\frac{12.47}{\sqrt{2}}\angle-89.19°(\text{mV})$$

④ 五次谐波 $i_{s5}=20\sin5\times10^6t\mu A$ 单独作用时，容抗和感抗为

$$\frac{1}{5\omega C}=\frac{1}{5\times10^6\times1000\times10^{-12}}\Omega=0.2\text{k}\Omega，5\omega L=5\times10^6\times10^{-3}=5(\text{k}\Omega)，$$

总阻抗为　$$Z(5\omega)=\frac{(R+jX_{L5})\cdot(-jX_{C5})}{R+jX_{L5}-jX_{C5}}=208.3\angle-89.53°\Omega$$

则五次谐波的响应

$$\dot{U}_5=\dot{I}_{s5}\cdot Z(5\omega)=\frac{20\times10^{-6}}{\sqrt{2}}\times208.3\angle-89.53°=\frac{4.166}{\sqrt{2}}\angle-89.53°(\text{mV})$$

(3) 总响应为各次谐波分量的响应在时域的叠加，即

$$u=U_0+u_1+u_3+u_5$$
$$=[1.57+5000\sin\omega t+12.47\sin(3\omega t-89.19°)+4.166\sin(5\omega t-89.53°)]\text{mV}。$$

习　题　九

9－1　求题 9－1 图所示波形的傅里叶级数。

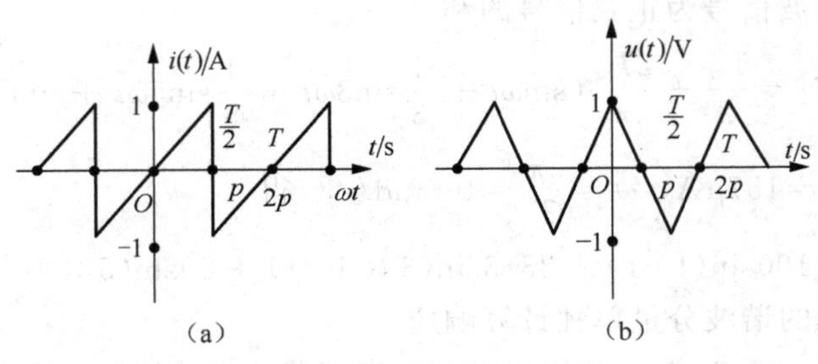

题 9-1 图

9-2 已知某信号半周期的波形如题 9-2 图所示。试在下列各种不同条件下画出整个周期的波形。(1) $a_0=0$；(2)对所有 k，$b_k=0$；(3)对所有 k，$a_k=0$；(4) a_k 和b_k 为零，k 为偶数。

9-3 求题 9-3 图所示半波整流电压的平均值和有效值。

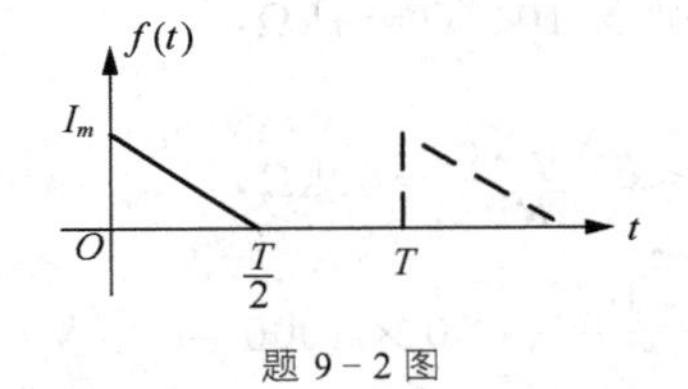

题 9-2 图

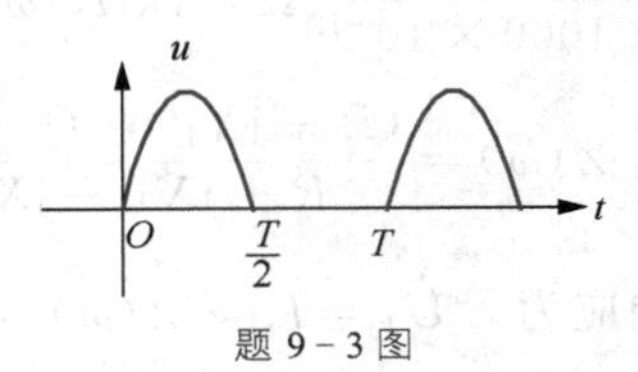

题 9-3 图

9-4 电路如题 9-4 图所示，电源电压为 $u_s(t)=[50+100\sin(314t)-40\cos(628t)+10\sin(942t+20°)]$V，试求电流 $i(t)$ 和电源发出的功率及电源电压和电流的有效值。

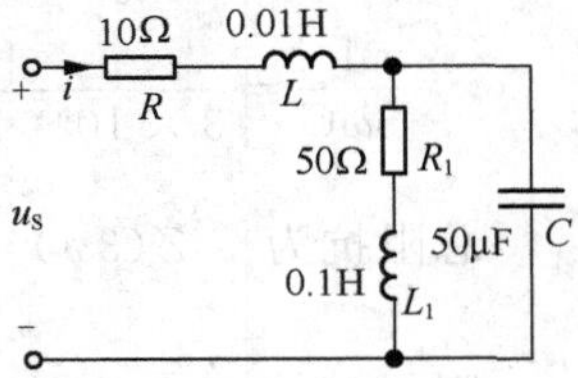

题 9-4 图

9-5 一个 RLC 串联电路，已知 $R=10\Omega$，$L=0.016$H，$C=80\mu$F，外加电压 $u(t)=[10+50\sqrt{2}\cos(1000t+16°)+20\sqrt{2}\cos(2000t+39°)]$V，试求电路中的电流 $i(t)$ 及其有效值 I，并求电路消耗的功率。

9-6 在题 9-6 图所示 π 型 RC 滤波电路中，u_i为全波整流电压，基波频率为 50Hz，如要求 u_0的二次谐波分量小于直流分量的 0.1%，求 R 与 C 所需满足的关系。

9-7 一个 RLC 串联电路如题 9-7 图所示，其中 $R=11\Omega$，$L=0.015$H，$C=70\mu$F，外加电压为 $u(t)=[11+141.4\cos(1000t)-35.4\sin(2000t)]$V，试求电路中的电流 $i(t)$ 和电路消耗的功率。

9-8 题 9-8 图所示电路中，$R=100\Omega$，$L=1$H，$u_i(t)=[20+100\cos(\omega t)+70\cos(3\omega t)]$V，基波频率为 50Hz，求电阻电压 u_0 及电路消耗的功率。

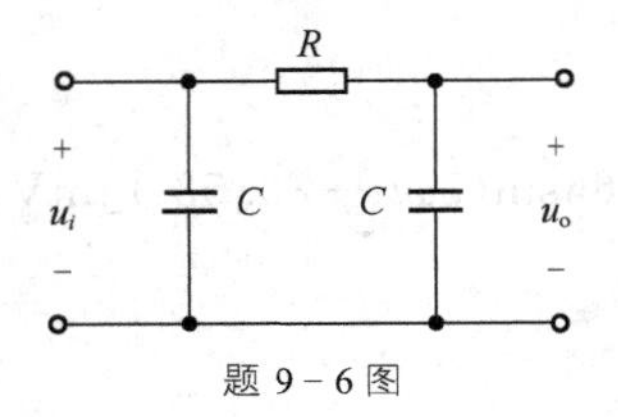

题 9-6 图

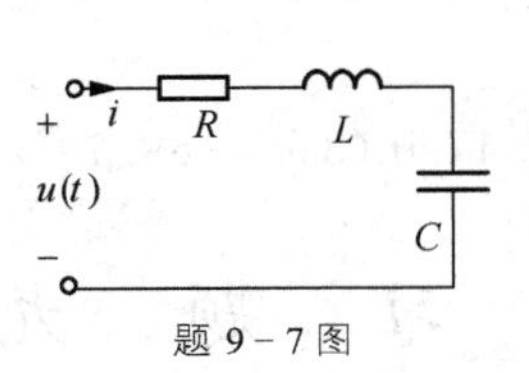

题 9-7 图

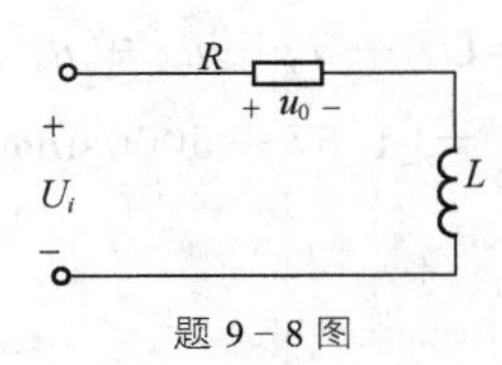

题 9-8 图

9-9　在题 9-9 图所示电路中，$U_s=4\text{V}$，$u(t)=3\sin 2t\,\text{V}$，求电阻上的电压 u_R。

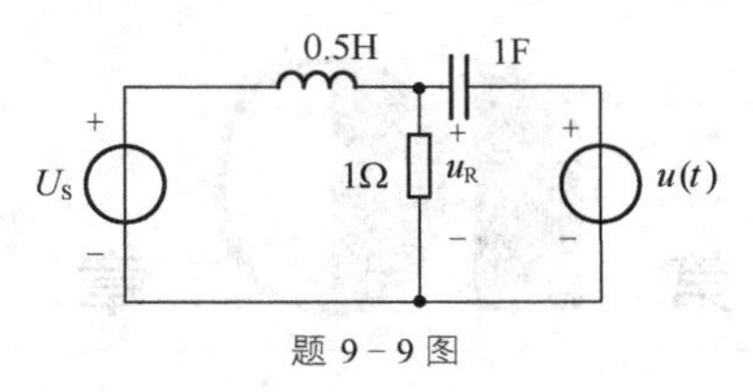

题 9-9 图

9-10　题 9-10(a)、(b)图所示电路中，试求 $u_2(t)$ 的直流分量和基波。($\omega=1\text{rad/s}$)

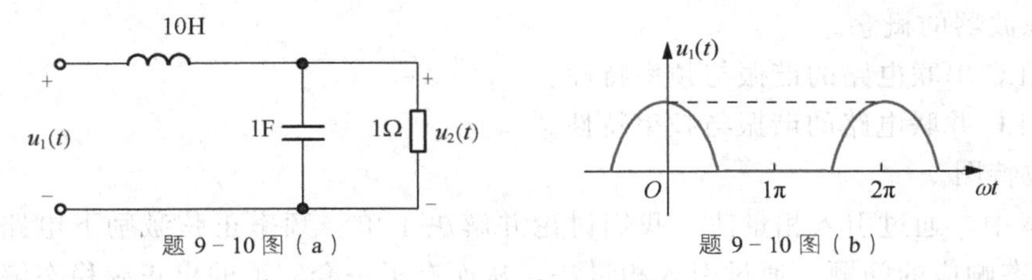

题 9-10 图 (a)　　题 9-10 图 (b)

9-11　验证三角波电压的傅里叶级数展开式，并求出当 $U_m=123\text{V}$ 时的有效值。

9-12　在 RLC 串联电路中，已知 $R=10\Omega$，$L=0.05\text{H}$，$C=22.5\mu\text{F}$，电源电压为 $u(t)=60+180\sin\omega t+60\sin(3\omega t+45°)+20\sin(5\omega t+18°)$，基波频率为 50Hz，试求电路中的电流、电源的功率及电路的功率因数。

第10章 电路的频率响应

学习要点

（1）滤波器的概念。

（2）RLC 串联电路的谐振与频率特性。

（3）GLC 并联电路的谐振与频率特性。

（4）波特图。

前几章中，通过引入相量法，我们讨论并解决了单一频率正弦激励下电路（简称单频电路）的稳态响应的问题。通过引入相量法，从而有了一套完整的求正弦稳态解的方法。

本章讨论的主要问题是，在正弦稳态电路中，当激励的角频率变化时，响应如何随激励的角频率变化。为了解决这个问题，我们引入频率响应等概念，并着重讨论电路滤波、谐振等问题。

10.1 滤波器

电路中激励源的频率变化时，电路中的感抗、容抗将随频率变化，从而导致电路的工作状态亦随频率变化。所谓滤波就是利用容抗或感抗随频率变化的特性，对不同频率的输入信号产生不同的响应，让需要的频带信号顺利通过，抑制不需要的其他频带信号。

滤波电路通常分为低通、高通、带通等多种。

10.1.1 低通滤波电路

下面我们以 RC 低通滤波电路为例，初步讨论频率响应的概念及其应用。

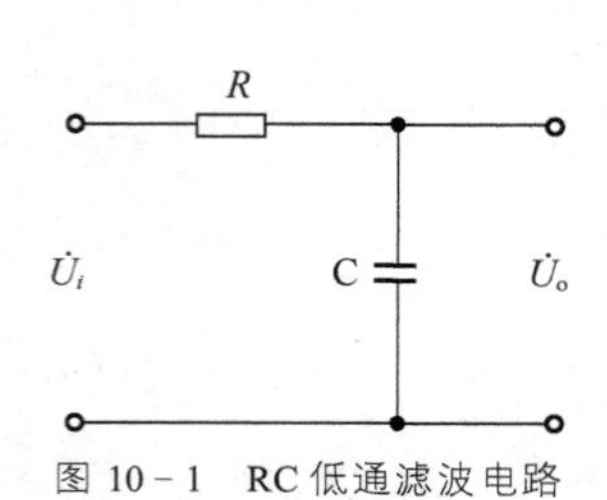

图 10-1 RC 低通滤波电路

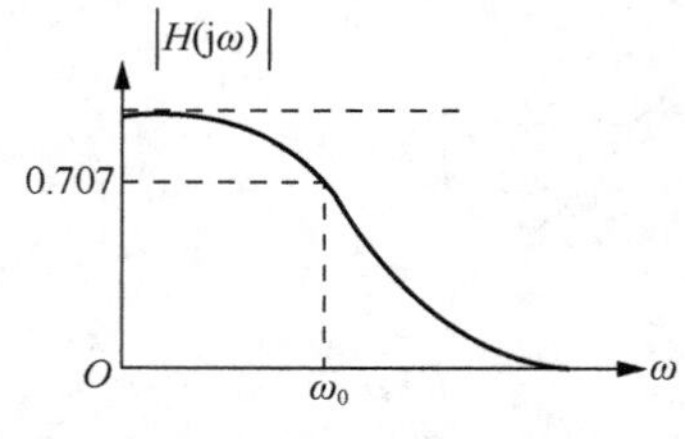

图 10-2 RC 低通滤波电路幅频特性

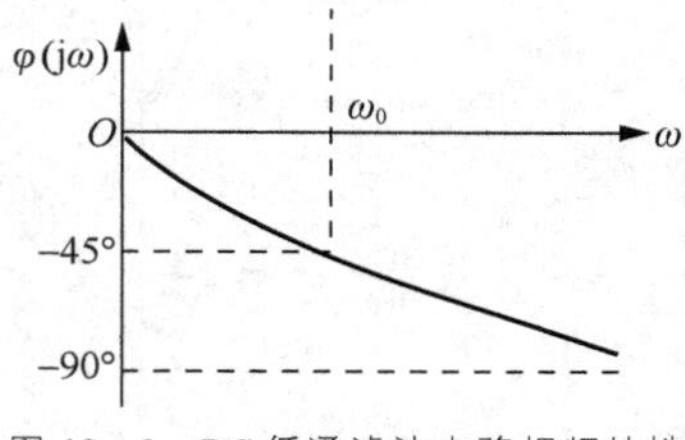

图 10-3 RC 低通滤波电路相频特性

如图 10-1 所示，当正弦激励 $\dot{U}_i$ 的角频率变化时，正弦稳态响应 $\dot{U}_o$ 如何变化？

按图 10-1 所示的电路，根据题意，应该找到正弦稳态响应 $\dot{U}_o$ 与正弦激励 $\dot{U}_i$ 的关系，即

$$\frac{\dot{U}_o(\mathrm{j}\omega)}{\dot{U}_i(\mathrm{j}\omega)}=\frac{\dfrac{1}{\mathrm{j}\omega C}}{R+\dfrac{1}{\mathrm{j}\omega C}}=H(\mathrm{j}\omega) \tag{10-1}$$

$$H(\mathrm{j}\omega)=|H(\mathrm{j}\omega)|\angle\varphi(\mathrm{j}\omega)$$

响应与激励的相量的比值 $H(j\omega)$ 反映了响应和激励之间相互依赖的关系。$H(j\omega)$ 是一个复数，也称网络函数。很明显，$H(j\omega)$ 与频率 ω 有关，并且取决于电路的参数 R 和 C。

为了直观地观察 $H(j\omega)$ 随频率变化的特性，也就是响应的频率特性，我们还可以把 $H(j\omega)$ 的图形画出来。相应地，$|H(j\omega)|$ 称为幅频特性，其图形称为幅频曲线；而 $\varphi(j\omega)$ 称为相频特性，其图形称为相频曲线。

下面对 $H(j\omega)$ 进一步分析，并做出幅频曲线(图 10－2)和相频曲线(图 10－3)。为方便分析和做图，把式(10－1)写成

$$H(j\omega)=\frac{\dot{U}_o(j\omega)}{\dot{U}_i(j\omega)}=\frac{\frac{1}{j\omega C}}{R+\frac{1}{j\omega C}}=\frac{1}{1+j\omega RC}$$

因此

$$|H(j\omega)|=\frac{1}{\sqrt{1+(RC\omega)^2}} \tag{10-2a}$$

$$\varphi(j\omega)=-\arctan(\omega RC) \tag{10-2b}$$

根据式(10－2)，得到

$$|H(j0)|=1 \quad \varphi(j0)=0$$

$$|H(j\infty)|=0 \quad \varphi(j\infty)=-90^\circ$$

$$\left|H\left(j\frac{1}{RC}\right)\right|=\sqrt{\frac{1}{2}}=0.707 \quad \varphi\left(j\frac{1}{RC}\right)=-45^\circ$$

以上几个式子是图 10－2 和图 10－3 的几个特殊点。此处讨论的 RC 电路产生频率响应的根本原因是电容的阻抗与频率有关。直观地看，电容的阻抗 $Z_C=\frac{1}{j\omega c}$，当 $\omega\to 0$，电容可以看成开路，从而 $\dot{U}_o\approx\dot{U}_i$，换句话说，较低频率的信号可以通过电路使相位和幅值近似不变；而当 $\omega\to\infty$，$\dot{U}_o\approx 0$ 时，换句话说，频率很高的信号不能通过。因此，当激励如果包含多种高、低频率成分，这样的激励中的高频成分将被“滤掉”。正因为这个原因，图 10－1 所示的电路称为低通滤波电路。

在很多实际应用中，输出电压不能下降过多。通常规定：当输出电压下降到输入电压的 70.7%，即 $|H(j\omega)|$ 下降到 0.707 倍时为最低限。此时，$\omega=\omega_0=\frac{1}{RC}$，将 $0<\omega\leqslant\omega_0$ 称为**通频带**，ω_0 称为**截止频率**，又称为半功率点频率①或 3dB 频率②。

式(10－2a)和图 10－2 都表明，上述图 10－1 所示的 RC 电路是低通滤波电路。

10.1.2 高通滤波电路

如图 10－4 所示，当正弦激励 $\dot{U}_i$ 的角频率变化时，正弦稳态响应 $\dot{U}_o$ 如何变化？

---

① 如果电路输出接一电阻，当 R 一定时，因为功率与电压平方成正比，这时输出功率只有输入功率的一半，因此而得名。

② $|H(j\omega)|=0.707$ 时，$20\lg 0.70=20\times(-0.15)=-3(\text{dB})$

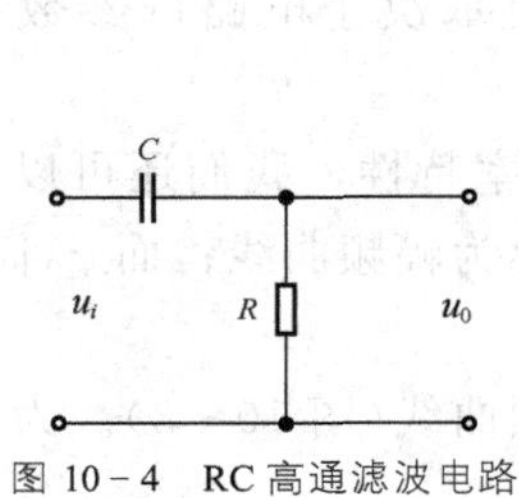

图 10-4 RC 高通滤波电路

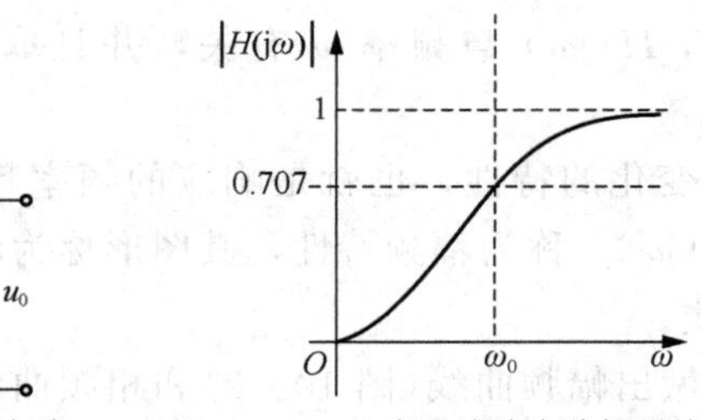

图 10-5 RC 高通滤波电路幅频特性

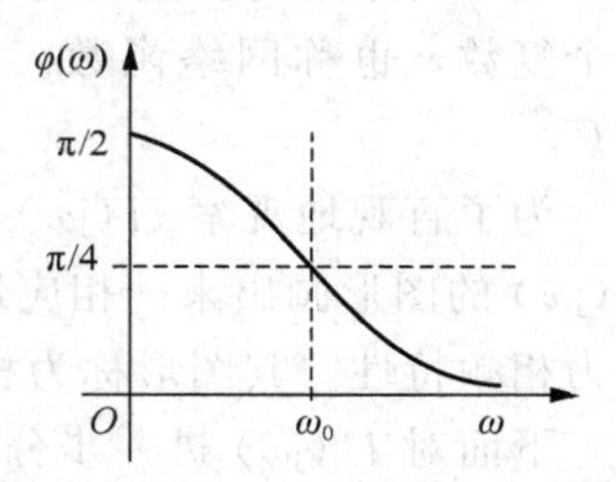

图 10-6 RC 高通滤波电路相频特性

按图 10-4 所示的电路，根据题意，应该找到正弦稳态响应 $\dot{U}_o$ 与正弦激励 $\dot{U}_i$ 的关系。

$$H(\mathrm{j}\omega)=\frac{\dot{U}_o(\mathrm{j}\omega)}{\dot{U}_i(\mathrm{j}\omega)}=\frac{R}{R+\dfrac{1}{\mathrm{j}\omega C}}=\frac{\mathrm{j}\omega RC}{1+\mathrm{j}\omega RC}=\frac{1}{1-\mathrm{j}\dfrac{1}{\omega RC}}$$

$$|H(\mathrm{j}\omega)|=\frac{1}{\sqrt{1+\left(\dfrac{1}{RC\omega}\right)^2}} \tag{10-3a}$$

$$\varphi(\omega)=\arctan\left(\frac{1}{\omega RC}\right) \tag{10-3b}$$

根据式(10-3)，得到

$$|H(\mathrm{j}0)|=0 \quad \varphi(0)=90^\circ$$
$$|H(\mathrm{j}\infty)|=1 \quad \varphi(\infty)=0^\circ$$
$$\left|H\left(\mathrm{j}\frac{1}{RC}\right)\right|=\sqrt{\frac{1}{2}}=0.707 \quad \varphi\left(\mathrm{j}\frac{1}{RC}\right)=45^\circ$$

以上几个式子，是图 10-5 和图 10-6 的几个特殊点。此处讨论的 RC 电路产生频率响应的根本原因是电容的阻抗与频率有关。直观地看，电容的阻抗 $Z_C=\dfrac{1}{\mathrm{j}\omega c}$，当 $\omega\rightarrow\infty$，电容可以看成短路，从而 $\dot{U}_o\approx\dot{U}_i$，换句话说，较高频率的信号可以通过电路，并且相位和幅值近似不变；而当 $\omega\rightarrow 0$，$\dot{U}_o\approx 0$，换句话说，频率很低的信号不能通过。当 $|H(\mathrm{j}\omega)|$ 下降到 0.707 倍时为最低限，$|H(\mathrm{j}\omega)|=\dfrac{1}{\sqrt{2}}$，此时截止频率 $\omega=\omega_0=\dfrac{1}{RC}$。因此，当激励包含多种高、低频率成分时，激励中的低频成分将被“滤掉”。因此，图 10-4 所示的电路称为高通滤波电路。

10.1.3 带通滤波电路

按图 10-7 所示的电路，找到正弦稳态响应 $\dot{U}_o$ 与正弦激励 $\dot{U}_i$ 的关系。

$$H(\mathrm{j}\omega)=\frac{\dot{U}_o(\mathrm{j}\omega)}{\dot{U}_i(\mathrm{j}\omega)}=\frac{\dfrac{\dfrac{R}{\mathrm{j}\omega C}}{R+\dfrac{1}{\mathrm{j}\omega C}}}{R+\dfrac{1}{\mathrm{j}\omega C}+\dfrac{\dfrac{R}{\mathrm{j}\omega C}}{R+\dfrac{1}{\mathrm{j}\omega C}}}$$

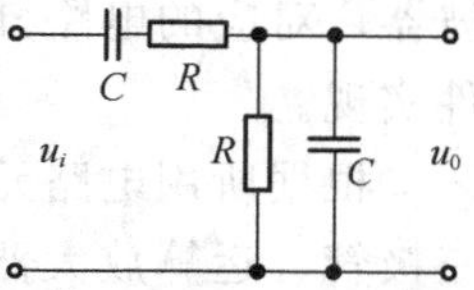

图 10-7　RC 带通滤波电路

$$=\frac{\dfrac{R}{1+\mathrm{j}\omega RC}}{\dfrac{1+\mathrm{j}\omega RC}{\mathrm{j}\omega C}+\dfrac{R}{1+\mathrm{j}\omega RC}}=\frac{1}{3+\mathrm{j}(\omega RC-\dfrac{1}{\omega RC})}$$

$$|H(\mathrm{j}\omega)|=\frac{1}{\sqrt{3^2+(RC\omega-\dfrac{1}{RC\omega})^2}} \tag{10-4a}$$

$$\varphi(\omega)=-\arctan\frac{\omega RC-\dfrac{1}{\omega RC}}{3} \tag{10-4b}$$

根据式(10-4)，得到

$$|H(\mathrm{j}0)|=0 \quad \varphi(\mathrm{j}0)=90°$$
$$|H(\mathrm{j}\infty)|=0 \quad \varphi(\infty)=-90°$$
$$\left|H\left(\mathrm{j}\frac{1}{RC}\right)\right|=\frac{1}{3} \quad \varphi\left(\frac{1}{RC}\right)=0°$$

以上几个式子，是图 10-8 和图 10-9 的几个特殊点。其中，同时规定，当 $|H(\mathrm{j}\omega)|$ 等于最大值($\frac{1}{3}$)的$\frac{\sqrt{2}}{2}$倍对应频率的上下限之间的宽度称为通频带，即 $\Delta\omega=\omega_2-\omega_1$。

即，当 $|H(\mathrm{j}\omega)|$ 下降到最大值($\frac{1}{3}$)的 0.707 倍时为最低限。这样激励中只有频率在 ω_1 与 ω_2 之间才能通过，其他频率将被“滤掉”。正因为这个原因，图 10-7 所示的电路称为带通滤波电路。

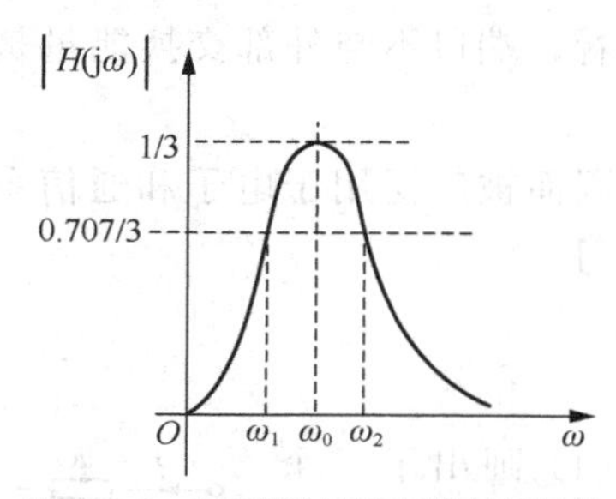

图 10-8　RC 带通滤波电路幅频特性

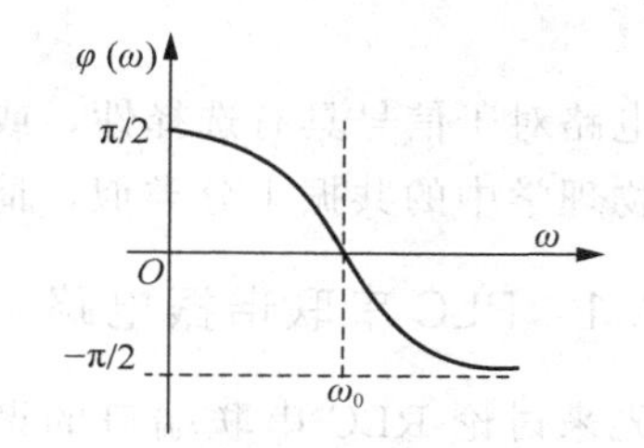

图 10-9　RC 带通滤波电路相频特性

下面我们把滤波的概念一般化。顾名思义，滤波是对某电路而言，所说的电路具有滤除某一频率范围信号的能力。或者等价地说，滤波电路对某些频率的信号具有选择性。

根据电路工作的信号是连续信号还是离散信号，滤波器可以分为模拟滤波器和数字滤波器，对应的电路分别为模拟电路和数字电路。而数字滤波器还可以借助计算机，利用软件实现。

根据所用电路元器件的不同，滤波器可以分为无源滤波器和有源滤波器。一般把含有三极管、运算放大器等有源器件的称为有源滤波器。

根据滤波器幅频曲线的特点，滤波器可以分为低通滤波器、高通滤波器、带阻滤波器和带通滤波器。图 10－10 所示是几种典型的理想滤波器的幅频特性。电路有效工作频段又称为通带，而其余的频段称为阻带。之所以称为“理想”的幅频特性，是因为根据滤波器理论，实际滤波器通带到阻带之间不可能是跳跃的阶梯形状，而应该是平滑的曲线，有一个过渡区，读者可以参阅信号处理或网络理论方面的文献。

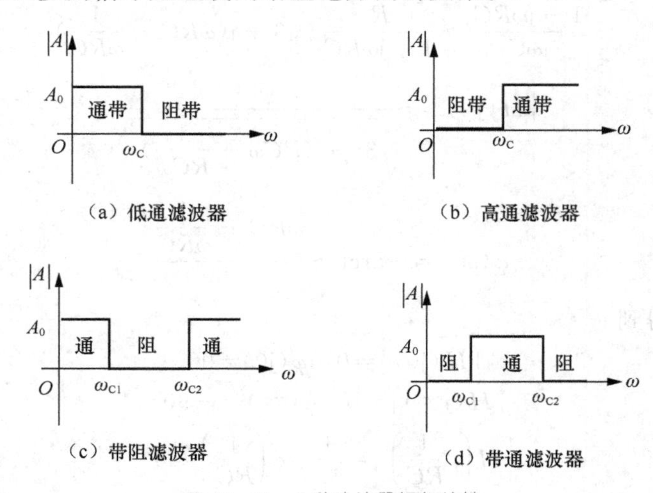

图 10－10 几种滤波器幅频特性

10.2 RLC 串联电路频率特性与串联谐振

对于含有电抗元件的端口来说，如果端口的电压和电流同相位，我们就说该端口发生了**谐振**。谐振时含多个电抗元件的端口必然呈现纯电阻性质。我们知道，电抗元件本身不消耗能量，只是交换能量。所以也可以说，当含多个电抗元件的某端口的内部与外部不交换能量时，该端口发生了谐振。因此从物理的角度看，端口不与外部交换能量是谐振的本质特征。

谐振电路对于信号具有选择性，或称“选频”，因而被广泛用于电子和通信系统。谐振的概念与物理学中的共振十分类似，请读者对比学习。

10.2.1 RLC 串联谐振电路

我们先来讨论 RLC 串联端口的谐振。图 10－11 画出了一个 RLC 串联电路。端口的输入阻抗为

$$Z(\mathrm{j}\omega)=R+\mathrm{j}\left(\omega L-\frac{1}{\omega C}\right) \tag{10-5}$$

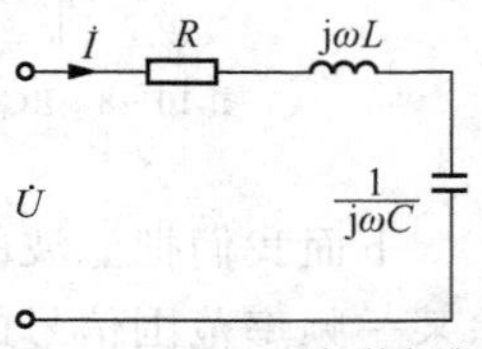

图 10－11 RLC 串联电路

当激励电压的角频率 ω 恰好使得 $Z(\mathrm{j}\omega)=R$ 时，电路发生谐

振。这时，阻抗虚部为零，也就是

$$\omega L-\frac{1}{\omega C}=0$$

而满足上式的角频率 ω 为

$$\begin{aligned}\omega_0&=\sqrt{\frac{1}{LC}}\\ f_0&=\frac{1}{2\pi\sqrt{LC}}\end{aligned}\qquad(10-6)$$

此时激励的频率恰好等于无阻尼振荡频率。ω_0 称为电路的谐振角频率，f_0 称为谐振频率。

根据上面的分析，我们可以看出：

(1) ω_0 仅由 L 和 C 决定，因此，ω_0 反映了串联电路的固有性质；

(2) 每个 RLC 串联电路总有一个对应的谐振频率 ω_0，所以，通过改变 ω_0 或改变 L 和 C，都可使电路发生谐振或消除谐振。

10.2.2 RLC 串联谐振的特征

现在我们讨论 RLC 串联谐振时的特征。

1. 谐振时的阻抗

$$Z(\mathrm{j}\omega_0)=R+\mathrm{j}(\omega_0 L-\frac{1}{\omega_0 C})=R$$

此时端口阻抗呈现纯电阻性质，其阻抗模为最小。这一点可以从式(10－5)看出。也可以通过做出端口的阻抗三角形得到。但要注意，如图 10－12 所示，此时，感抗和容抗都不是零，即 $\omega_0 L=\frac{1}{\omega_0 C}\neq 0$。

2. 谐振时的电流

$$I=\frac{U}{|Z|}=\frac{U}{R},\ U_{\mathrm{R}}=RI=U$$

所以在输入电压有效值 U 不变的情况下，谐振时电流的有效值 I 和电阻电压的有效值 U_{R} 为最大。我们还可以做出电流的有效值 I 的频率特性，如图 10－13 所示。电路的相量图如图 10－14 所示。

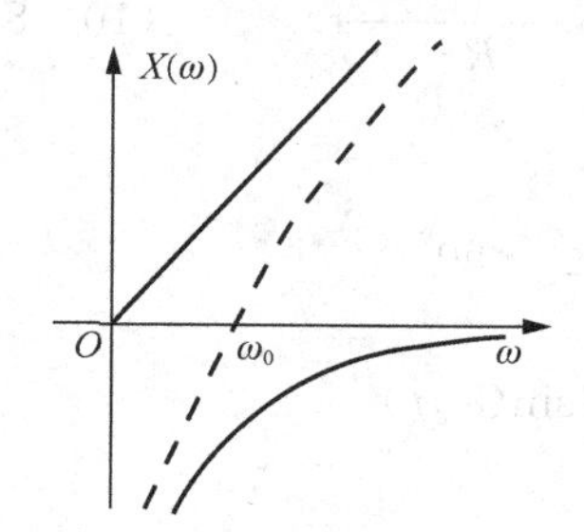

图 10－12　RLC 串联电路电抗特性

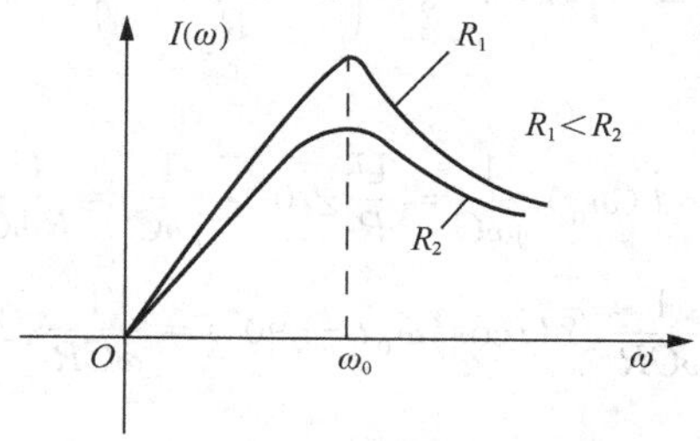

图 10－13　RLC 串联电路电流频率特性

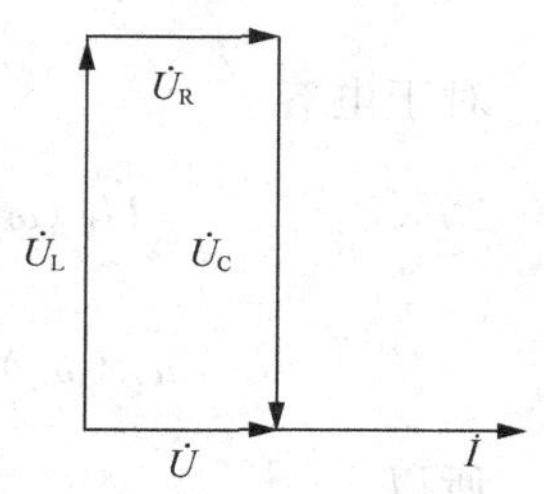

图 10－14　RLC 串联电路相量图

3. 谐振时的电压

两个电抗元件的总电压为零，但每个电抗元件各自的电压却可能比端口电压高很多。

因为电抗元件的电压分别为

$$\dot{U}_{\mathrm{L}}(\mathrm{j}\omega_0)=\mathrm{j}\omega_0 L\dot{I}(\mathrm{j}\omega_0)=\mathrm{j}\omega_0 L\frac{\dot{U}}{R}$$

$$\dot{U}_{\mathrm{C}}(\mathrm{j}\omega_0)=\frac{1}{\mathrm{j}\omega_0 C}\dot{I}(\mathrm{j}\omega_0)=\frac{1}{\mathrm{j}\omega_0 C}\frac{\dot{U}}{R}=-\mathrm{j}\omega_0 L\frac{\dot{U}}{R}$$

也就是 $\dot{U}_{\mathrm{L}}+\dot{U}_{\mathrm{C}}=0$(相当于短路)。习惯上又把串联谐振称为电压谐振。

定义品质因数 Q

$$Q\overset{\mathrm{def}}{=\!=\!=}\frac{U_{\mathrm{L}}(\omega_0)}{U}=\frac{U_{\mathrm{C}}(\omega_0)}{U}=\frac{\omega_0 L}{R}=\frac{1}{\omega_0 CR}=\frac{1}{R}\sqrt{\frac{L}{C}} \tag{10-7}$$

容易看出，若 $Q>1$，则 $U_{\mathrm{L}}=U_{\mathrm{C}}>U$。这就是说，电容和电感上可能出现比端口电压还高的过电压。当 $Q\gg 1$，电容和电感上出现很大的过电压。在电力系统中，过电压是有害的，因为有可能超过设备的耐压值；而在电子和通信系统中，则经常利用高品质因数的电路来进行选频。

4. 谐振时的功率

因为
$$\varphi(\omega_0)=0$$

所以
$$\lambda=\cos\varphi=1$$

有功功率为
$$P(\omega_0)=UI\lambda=UI=\frac{1}{2}U_m I_m$$

无功功率为
$$Q_{\mathrm{L}}(\omega_0)=\omega_0 LI^2$$

$$Q_{\mathrm{C}}(\omega_0)=-\frac{1}{\omega_0 C}I^2$$

$$Q_{\mathrm{L}}(\omega_0)+Q_{\mathrm{C}}(\omega_0)=0$$

复功率为
$$\overline{S}=P+\mathrm{j}Q=P+\mathrm{j}(Q_{\mathrm{L}}+Q_{\mathrm{C}})=P$$

5. 谐振时能量

谐振时的端口与外部没有能量交换，端口内部电场能量与磁场能量形成周期性振荡。下面具体分析电抗元件的储能和电阻元件的耗能。假设 $u=\sqrt{2}U\cos\omega_0 t\,\mathrm{V}$，则电感存储的能量为

$$W_{\mathrm{L}}(\omega_0)=\frac{1}{2}Li^2(\omega_0)=\frac{1}{2}L\left(\frac{\sqrt{2}U\cos\omega_0 t}{R}\right)^2=L\frac{U^2\cos^2\omega_0 t}{R^2} \tag{10-8}$$

对于电容

$$\dot{U}_{\mathrm{C}}(\omega_0)=\dot{I}(\omega_0)\frac{1}{\mathrm{j}\omega C}=\frac{U}{R}\angle 0^\circ\cdot\frac{1}{\mathrm{j}\omega C}=\frac{U}{R\omega C}\angle-90^\circ$$

$$u_{\mathrm{C}}(\omega_0)=\frac{1}{\omega CR}\sqrt{2}U\cos(\omega_0 t-90^\circ)=\frac{1}{\omega CR}\sqrt{2}U\sin(\omega_0 t)$$

所以

$$W_{\mathrm{C}}(\omega_0)=\frac{1}{2}Cu_{\mathrm{C}}^2(\omega_0)=\frac{1}{2}C\left(\frac{\sqrt{2}U\sin\omega_0 t}{\omega CR}\right)^2=L\frac{U^2\sin^2\omega_0 t}{R^2} \tag{10-9}$$

由式(10-8)与式(10-9)可以看出电路的总储能为 $W(\omega_0)=W_{\mathrm{L}}(\omega_0)+W_{\mathrm{C}}(\omega_0)=$

$L\dfrac{U^2}{R^2}$，这是一个常数。因此验证了端口与外部没有能量交换，端口内部电场能量与磁场能量形成周期性振荡。

对于电路在一个振荡周期内消耗的能量，也就是电阻消耗的能量为

$$W_R(\omega_0)=\int_0^{T_0} i^2(\omega_0)R\,dt=\int_0^{T_0}\left(\frac{\sqrt{2}U\cos\omega_0 t}{R}\right)^2 R\,dt=\frac{2U^2}{\omega_0 R}\int_0^{T_0}\cos^2\omega_0 t\,d\omega_0 t=\frac{2U^2}{R\omega_0}\times\pi$$

因此电路总储能与电路在一个振荡周期内消耗的能量之比为

$$\frac{W(\omega_0)}{W_R(\omega_0)}=\frac{L\dfrac{U^2}{R^2}}{\dfrac{2U^2}{R\omega_0}\times\pi}=\frac{Q}{2\pi} \tag{10-10}$$

上式表明，Q 反映了谐振时电路存储的总能量和电路一个周期消耗的能量的数量关系。

例 10-1 RLC 串联谐振电路，$U=10\text{V}$，$R=10\Omega$，$L=20\text{mH}$，$C=200\text{pF}$，$I=1\text{A}$，求 ω_0，U_L，U_C 和 Q。

解： 令 $\dot{U}=10\angle 0°$，则

$$\omega_0=\frac{1}{\sqrt{LC}}=\frac{1}{\sqrt{20\times10^{-3}\times200\times10^{-12}}}=5\times10^5(\text{rad/s})$$

$$U_L=U_C=\frac{\omega_0 L}{R}U=5\times10^5\times20\times10^{-3}\times\frac{10}{10}=10000(\text{V})$$

$$Q=\frac{U_L}{U}=1000$$

10.2.3 RLC 串联电路的频率响应

前面我们讨论了 RLC 串联电路工作在谐振角频率 ω_0 时的有关问题。现在考虑网络函数 $\dfrac{\dot{U}_R(j\omega)}{\dot{U}(j\omega)}$、$\dfrac{\dot{U}_L(j\omega)}{\dot{U}(j\omega)}$ 和 $\dfrac{\dot{U}_C(j\omega)}{\dot{U}(j\omega)}$ 这三个电压相量之比的频率特性。这相当于在电路的不同位置(可以理解为以不同的元件为输出端口)来观察激励的角频率 ω 对电路的影响。

1. 端口阻抗的频率特性

$$\begin{aligned}Z(j\omega)&=R+j(\omega L-\frac{1}{\omega C})\\&=R+j\left(\frac{\omega_0}{\omega_0}\omega L-\frac{\omega_0}{\omega_0}\frac{1}{\omega C}\right)=R\left[1+jQ\left(\eta-\frac{1}{\eta}\right)\right]\end{aligned} \tag{10-11}$$

其中，设 $\eta=\dfrac{\omega}{\omega_0}$

则
$$|Z(j\omega)|=\sqrt{R^2+\left(\omega L-\frac{1}{\omega C}\right)^2}$$

$$\varphi_Z(j\omega)=\arg Z(j\omega)=\arctan\frac{\omega L-\dfrac{1}{\omega C}}{R}$$

$Z(j\omega)$ 的频率特性如图 10-15、图 10-16 所示。

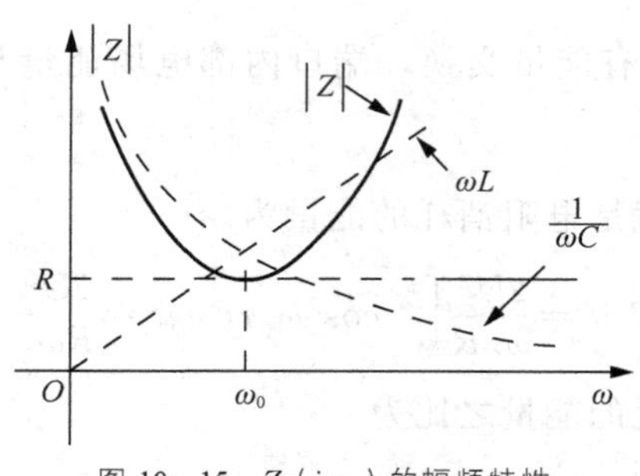

图 10－15　$Z(\mathrm{j}\omega)$ 的幅频特性

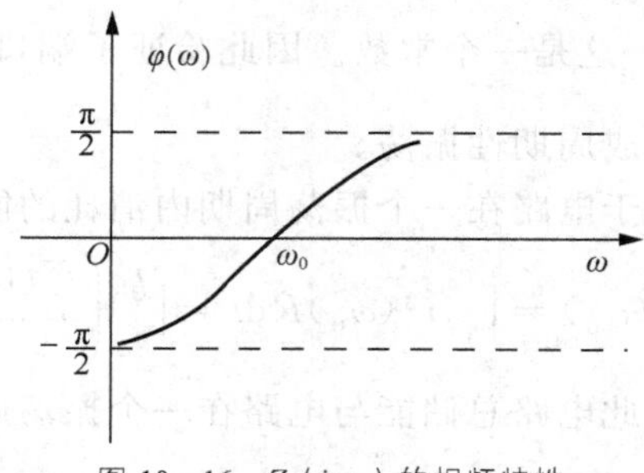

图 10－16　$Z(\mathrm{j}\omega)$ 的相频特性

为了比较不同参数的电路频率响应，工程上经常采用归一化的方法。其中一种具体的做法是，讨论和绘制频率特性的时候，纵坐标和横坐标都采用相对于谐振点的比值。也就是将横坐标即原来的变量 ω 改为 $\eta=\dfrac{\omega}{\omega_0}$，并设定 $U_s(\mathrm{j}\omega)=U$。这样，所有的 RLC 串联电路都在 $\eta=1$ 处谐振，相当于在同一个相对尺度下来比较网络函数的特性。这样绘制出的曲线称为**通用曲线**，如图 10－17 所示。把不同参数的 RLC 串联电路的频率特性画在一张图中，便于比较。

2. $\dfrac{\dot{U}_R(\mathrm{j}\omega)}{\dot{U}(\mathrm{j}\omega)}$ 的频率特性

按归一化的方法，令 $\eta=\dfrac{\omega}{\omega_0}$

则按分压公式并利用式(10－11)

$$U_R(\eta)=\frac{R}{|Z(\mathrm{j}\omega)|}U=\frac{U}{\sqrt{1+Q^2\left(\eta-\dfrac{1}{\eta}\right)^2}},$$

$$\frac{U_R(\eta)}{U}=\frac{1}{\sqrt{1+Q^2\left(\eta-\dfrac{1}{\eta}\right)^2}}$$

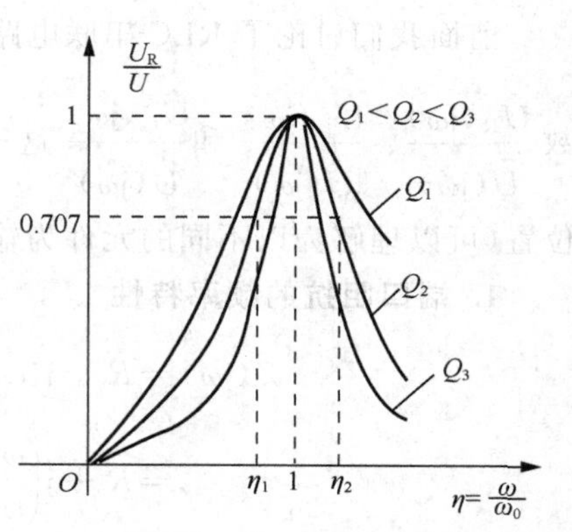

图 10－17　$\dfrac{U_R}{U}$ 的幅频特性（通用曲线）

观察上面两式，如图 10－17 所示，可得以下结论。

(1) 当 $\eta=1$，即谐振时，曲线出现高峰，输出达到了最大(等于 1)；

(2) 当 $\eta<1$ 和 $\eta>1$ 时，输出逐渐单调地下降；

(3) Q 值越大，曲线在谐振点附近形状越尖锐，选择性越好。

通频带定义为

$$BW=\omega_2-\omega_1 \tag{10-12}$$

其中 ω_1、ω_2 为满足 $\dfrac{U_R(\omega_{1,2})}{U}=\dfrac{1}{\sqrt{2}}$ 的角频率。很多文献把通频带称为有效工作频段或者带宽。下面寻找 BW 与 Q 以及 ω_0 的关系。

令
$$\frac{1}{\sqrt{1+Q^2\left(\eta-\frac{1}{\eta}\right)^2}}=\frac{1}{\sqrt{2}}$$

可得
$$Q^2\left(\eta-\frac{1}{\eta}\right)^2=1$$

即
$$\eta-\frac{1}{\eta}=\pm\frac{1}{Q}$$

即
$$\eta^2\mp\frac{1}{Q}\eta-1=0$$

从上式可以解出 4 个根，取 2 个合理的

$$\eta_1=-\frac{1}{2Q}+\sqrt{\frac{1}{4Q^2}+1}<1$$

$$\eta_2=\frac{1}{2Q}+\sqrt{\frac{1}{4Q^2}+1}>1$$

所以
$$\eta_2-\eta_1=\frac{1}{Q}$$

因此
$$BW=\omega_2-\omega_1=\frac{\omega_0}{Q} \tag{10-13}$$

也就是说，单对选择性来说，Q 值越大，通频带越窄，即选择性越好。必须指出，不是所有场合都希望 Q 大一些或带宽窄一些这么简单。对一些问题的深入探讨，可参考《自控原理》和《模拟电子技术》等。

3. $\frac{U_C(\eta)}{U}$ 和 $\frac{U_L(\eta)}{U}$ 的频率特性

$$\frac{U_C(\eta)}{U}=\frac{U_R(\eta)}{U}\times\frac{1}{\omega CR}=\frac{U_R(\eta)}{U}\times\frac{Q}{\eta}=\frac{Q}{\sqrt{\eta^2+Q^2(\eta^2-1)^2}}$$

$$\frac{U_L(\eta)}{U}=\frac{U_R(\eta)}{U}\times\frac{\omega L}{R}=\frac{U_R(\eta)}{U}\times\eta Q=\frac{Q}{\sqrt{\frac{1}{\eta^2}+Q^2\left(1-\frac{1}{\eta^2}\right)^2}}$$

$\frac{U_C(\eta)}{U}$ 和 $\frac{U_L(\eta)}{U}$ 的频率特性如图 10－18 所示。

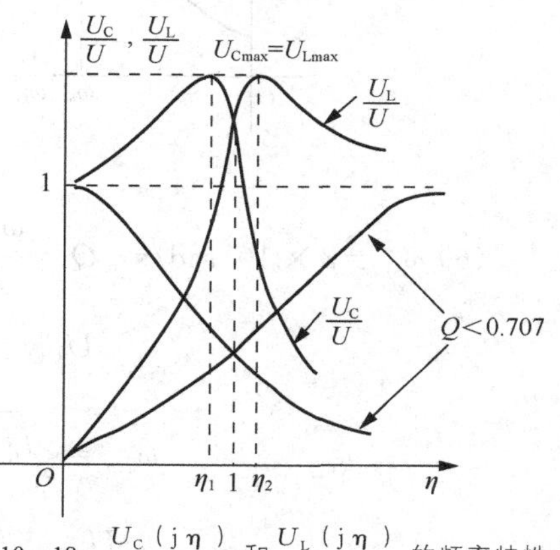

图 10－18 $\frac{U_C(j\eta)}{U}$ 和 $\frac{U_L(j\eta)}{U}$ 的频率特性

可以证明，当 $Q>\frac{1}{\sqrt{2}}$ 时，特性曲线会出现峰值。

(1) 对于 $\frac{U_C(\eta)}{U}$，$\eta_1=\sqrt{1-\frac{1}{2Q^2}}<1$，$\omega_1=\omega_0\sqrt{1-\frac{1}{2Q^2}}<\omega_0$

峰值为 $\left.\frac{U_C(\eta)}{U}\right|_{max}=\frac{Q}{\sqrt{1-\frac{1}{4Q^2}}}$

(2) 对于 $\dfrac{U_{\mathrm{L}}(\eta)}{U}$，$\eta_2=\sqrt{\dfrac{2Q^2}{2Q^2-1}}>1$，$\omega_2=\omega_0\sqrt{\dfrac{2Q^2}{2Q^2-1}}>\omega_0$

峰值为
$$\left.\frac{U_{\mathrm{L}}(\eta)}{U}\right|_{\max}=\frac{Q}{\sqrt{1-\dfrac{1}{4Q^2}}}$$

① 当 Q 值很大时，$\dfrac{U_{\mathrm{C}}(\eta)}{U}$ 和 $\dfrac{U_{\mathrm{L}}(\eta)}{U}$ 两个峰值的频率向谐振频率接近；

② 当 $Q<0.707$ 时，$\dfrac{U_{\mathrm{C}}(\eta)}{U}$ 和 $\dfrac{U_{\mathrm{L}}(\eta)}{U}$ 都没有峰值。

例 10－2 RLC 串联电路中，外施电源电压 $u_1=10\cos\omega t\,\mathrm{V}$，$R=50\Omega$，$L=5\mathrm{mH}$，$C=0.5\mu\mathrm{F}$。(1)求 ω_0 和 Q；(2) 求输出电压(取自电容)在 ω_0 时有效值；(3) 求使输出电压为最大时的频率 ω_{cm}；(4) 当 $\omega=\omega_m$ 时输出电压是多少？(5) 绘出幅频特性；(6) 当 R 降低到 10Ω 时重复(1)～(5)的各项要求。

解：(1) $\omega_0=\dfrac{1}{\sqrt{LC}}=20000\mathrm{rad/s}$

$$Q=\frac{\omega_0 L}{R}=2$$

(2) $U_{\mathrm{co}}=QU_1=2\times\dfrac{10}{\sqrt{2}}=10\sqrt{2}(\mathrm{V})$

(3) $\omega_{cm}=\omega_0\sqrt{1-\dfrac{1}{2Q^2}}=\sqrt{4\times10^8-0.5\times10^8}=18708.29(\mathrm{rad/s})<\omega_0$

(4) $U_{\mathrm{C}}(\omega_{cm})=\dfrac{QU}{\sqrt{1-\dfrac{1}{4Q^2}}}=\dfrac{10}{\sqrt{2}}\times\dfrac{2}{\sqrt{1-\dfrac{1}{16}}}=14.61(\mathrm{V})$

(5) 幅频特性曲线如图 10－19 所示；

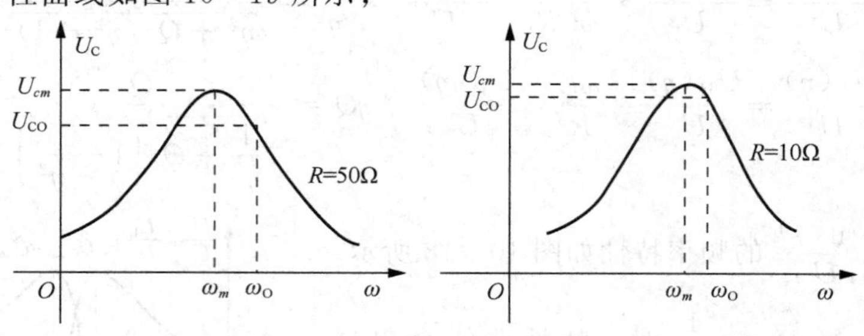

图 10－19 例 10－2 图

(6) $\omega_0=2\times10^4\,\mathrm{rad/s}$，$Q=\dfrac{\omega_0 L}{R}=10$

$$U_{\mathrm{CO}}=QU_1=10\times\frac{10}{\sqrt{2}}=50\sqrt{2}\,\mathrm{V}$$

$$\omega_{cm}=\sqrt{4\times10^8-\frac{10^8}{50}}=19949.94\mathrm{rad/s}$$

$$U_{cm}=\frac{10}{\sqrt{2}}\times\frac{10}{\sqrt{1-\dfrac{1}{400}}}=70.79(\mathrm{V})$$

幅频特性曲线如图 10 - 19 所示。

10.3 并联谐振电路

10.3.1 GLC 并联谐振电路

这一节来讨论并联电路的谐振。读者可参照 RLC 串联电路来学习。借助对偶的概念，只要将 RLC 串联电路中的所有概念和结论稍作改变，就可以搬到 GLC 并联电路中。

1. 并联谐振阻抗与谐振条件

与串联谐振类似，并联谐振定义为：电压 $\dot{U}$ 与电流 $\dot{I}$ 同相，得并联谐振条件 $I_m[Y(j\omega_0)]=0$ 和 $\arg[Y(j\omega_0)]=0$

谐振时的导纳为 $$Y(j\omega_0)=G+j\left(\omega_0 C-\frac{1}{\omega_0 L}\right)=G$$

由此可知谐振时导纳模为最小。

谐振时的阻抗为 $$Z(j\omega_0)=R=\frac{1}{G}$$

也就是谐振时阻抗模最大。

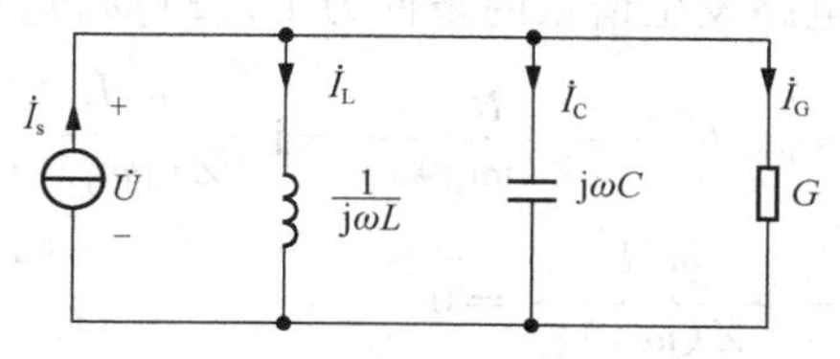

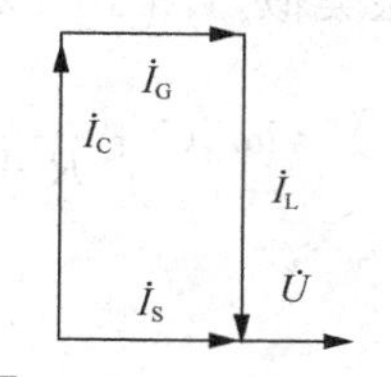

图 10 - 20 GLC 并联谐振电路及相量图

2. 并联谐振频率

由并联谐振条件 $I_m[Y(j\omega_0)]=0$，即 $\omega_0 C-\frac{1}{\omega_0 L}=0$，解得

谐振角频率 $$\omega_0=\frac{1}{\sqrt{LC}} \tag{10-14}$$

或谐振频率 $$f_0=\frac{1}{2\pi\sqrt{LC}}$$

3. 并联谐振时的端电压

$$U(\omega_0)=|Z(j\omega_0)|I_s=RI_s$$

谐振时端电压达最大值。

4. 并联谐振时的电流

$$\dot{I}_L+\dot{I}_C=0$$

$$\dot{I}_L(\omega_0)=-j\frac{1}{\omega_0 L}\dot{U}=-j\frac{1}{\omega_0 LG}\dot{I}_s=-jQ\dot{I}_s$$

$$\dot{I}_C(\omega_0)=-\dot{I}_L(\omega_0)=j\omega_0 CU=j\frac{\omega_0 C}{G}\dot{I}_s=jQ\dot{I}_s$$

$$I_L(\omega_0)=I_C(\omega_0)=QI_s$$

5. 品质因数 Q

$$Q=\frac{I_{L}(\omega_{0})}{I_{s}}=\frac{I_{C}(\omega_{0})}{I_{s}}=\frac{1}{\omega_{0}LG}=\frac{\omega_{0}C}{G}=\frac{1}{G}\sqrt{\frac{C}{L}} \tag{10-15}$$

若 $Q>1$，则 $I_L=I_C>I_s$。因而并联谐振时在 L 和 C 上会产生过电流，因此并联谐振又称为电流谐振。

6. 并联谐振时的无功功率

$$Q_L=\frac{1}{\omega_0 L}U^2$$

$$Q_C=-\omega_0 CU^2$$

$$Q_L+Q_C=0$$

7. 并联谐振时的能量

并联谐振总储能为 $W(\omega_0)=W_L(\omega_0)+W_C(\omega_0)=LQ^2I_s^2=$ 常数

谐振曲线可以参照对偶关系按串联谐振曲线获得。

10.3.2 电感线圈和电容并联的谐振电路

下面讨论电感线圈和电容并联电路的谐振，也称为实际并联电路。

与并联谐振类似，图 10-21 所示电路发生谐振的条件为 $I_m[Y(j\omega_0)]=0$

因为 $Y(j\omega_0)=j\omega_0 C+\dfrac{1}{R+j\omega_0 L}=j\omega_0 C+\dfrac{R}{|Z(j\omega_0)|^2}-j\dfrac{\omega_0 L}{|Z(j\omega_0)|^2}$

所以
$$\omega_0 C-\frac{\omega_0 L}{|Z(j\omega_0)|^2}=0$$

也就是
$$\omega_0=\frac{1}{\sqrt{LC}}\cdot\sqrt{1-\frac{CR^2}{L}}$$

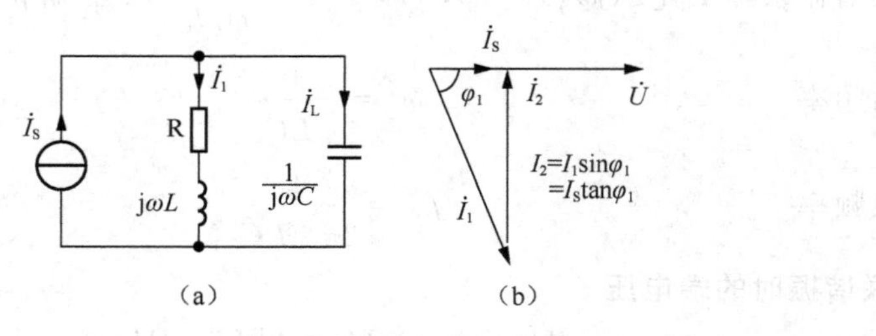

图 10-21 实际并联谐振电路及相量图

观察上式，可以总结如下：

(1) 当 $R<\sqrt{\dfrac{L}{C}}$，$1-\dfrac{CR^2}{L}>0$ 时，ω_0 是实数；

(2) 若 $R>\sqrt{\dfrac{L}{C}}$ 时，电路不会谐振；ω_0 是虚数，这是因为 ω_0 必须为实数才有意义。

(3) 如图 10-21(b)所示，当电感线圈的阻抗角 φ_1 很大，即 $\omega_0 L\gg R$ 谐振时会有过电流出现在电感支路和电容中。

(4) 谐振时端口的输入导纳为

$$Y(\mathrm{j}\omega_0)=\frac{R}{|Z(\mathrm{j}\omega_0)|^2}=\frac{CR}{L}$$

也就是相当于一个等效电阻。

(5) 可以证明，发生谐振时的输入导纳不是最小值(即输入阻抗不是最大值)，谐振时的端电压不是最大值。

(6) 当 $R\ll\sqrt{\dfrac{L}{C}}$ 时，$\omega_0=\dfrac{1}{\sqrt{LC}}$ 与 GLC 并联电路的并联谐振情况接近。

例 10-3 电路如图 10-22 所示，$U_\mathrm{s}=100\mathrm{V}$，$\omega_0=10^3\mathrm{rad/s}$，$R_1=10.1\Omega$，$R_2=1000\Omega$，$C=10\mu\mathrm{F}$，求 L、$\dot{U}_{10}$。

解：谐振条件为 $I_m[Z]=0$

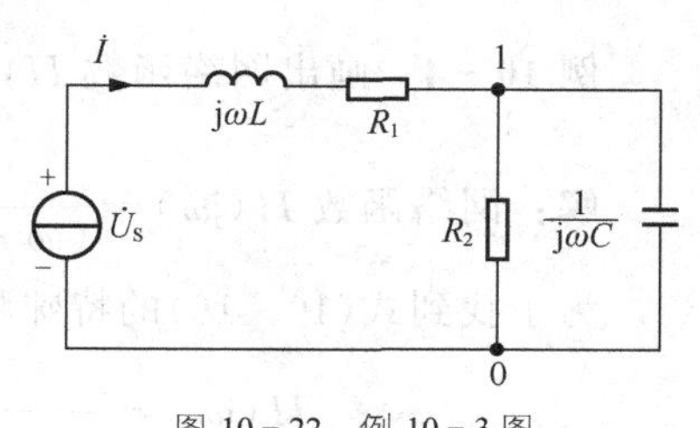

图 10-22 例 10-3 图

因为

$$Z=R_1+\mathrm{j}\omega_0L+\frac{\dfrac{R_2}{\mathrm{j}\omega_0C}}{R_2+\dfrac{1}{\mathrm{j}\omega_0C}}$$

而

$$I_m\left[\mathrm{j}\omega_0L+\frac{\dfrac{R_2}{\mathrm{j}\omega_0C}}{R_2+\dfrac{1}{\mathrm{j}\omega_0C}}\right]=0$$

所以

$$L=\frac{1}{\omega_0}\cdot\frac{\omega_0R_2^2C}{1+(\omega_0R_2C)^2}=\frac{1}{10^3}\times\frac{10^3\times(10^3)^2\times10\times10^{-6}}{1+(10^3\times10^3\times10\times10^{-6})^2}=\frac{10}{101}=99(\mathrm{mH})$$

$$\dot{I}=\frac{\dot{U}_\mathrm{s}}{Z}=\frac{100\angle0^\circ}{\left(10.1+\dfrac{10^3}{101}\right)}=\frac{100\angle0^\circ}{20}=5\angle0^\circ\mathrm{A}$$

$$\dot{U}_{10}=\dot{I}\times\frac{\dfrac{R_2}{\mathrm{j}\omega_0C}}{R_2+\dfrac{1}{\mathrm{j}\omega_0C}}=5\angle0^\circ\times\frac{R_2}{1+\mathrm{j}\omega_0R_2C}=5\angle0^\circ\cdot\frac{1000}{1+\mathrm{j}10}=497.5\angle-84.29^\circ(\mathrm{V})$$

$$\dot{U}_\mathrm{L}=\mathrm{j}\omega_0L\dot{I}=\mathrm{j}99\times5\angle0^\circ=495\angle90^\circ(\mathrm{V})$$

可见，(1) 谐振频率与电阻 R_1 无关；(2) 电容电压 U_{10} 与电感电压 U_L 都高于电源电压。

10.4 波特图

在研究电路的频率响应时，由于信号的频率范围很宽(从几赫到几百兆赫以上)，电路的放大倍数也很大(可达百万倍)，为压缩坐标、扩大视野，在画频率特性曲线时，横坐标的频率改成指数增长，比如频率刻度为 $1\mathrm{Hz}\sim10^7\mathrm{Hz}$ 这么大的频率范围，用 0～7 代表。即，幅频特性的横坐标频率，采用对数刻度(一个更重要的原因是这样做符合人耳对声音的敏感程度[对数效应])。幅频特性的纵坐标是电压增益 A，用 $20\lg A$ 表示，单位是分贝

(dB)，(当 A 从 10 倍变化到 10^3 倍时，分贝值只从 20 变化到 60)。这样绘出的 $20\lg A$-$\lg\omega$ 的关系曲线称为对数幅频特性。而相频特性的纵坐标相移 φ 采用线性刻度，绘制出的 φ-$\lg\omega$ 关系曲线称为对数相频特性。两者合起来，称为对数频率特性。

波特图是把对数频率特性再做进一步的简化处理，使得原来的曲线，变为折线。尽管这样处理会产生一定的误差。理论计算可知，在截断频率处真实值与估计值有 3dB 的误差。但波特图的折线化，使得频率特性的分析简单明了。

波特图把曲线做直线化处理。主要做了如下的近似，例如

$$1+10\text{j}\approx 10\text{j},\ 1+1\text{j}\approx 1\angle 45^\circ,\ 1+0.1\text{j}\approx 1 \tag{10-16}$$

也就是说，画波特图，主要是寻找使得式(10-16)成立的角频率 ω 值。

下面通过实例，具体说明波特图的画法。

例 10-4 画出网络函数 $H(\text{j}\omega)=\dfrac{200\text{j}\omega}{(\text{j}\omega+2)(\text{j}\omega+10)}$ 的波特图

解： 网络函数 $H(\text{j}\omega)=\dfrac{200\text{j}\omega}{(\text{j}\omega+2)(\text{j}\omega+10)}$

为了找到式(10-16)的特殊频率点，把上式转换为

$$H(\text{j}\omega)=\frac{10\text{j}\omega}{\left(1+\dfrac{\text{j}\omega}{2}\right)\left(1+\dfrac{\text{j}\omega}{10}\right)}$$

$$=\frac{|10\text{j}\omega|}{\left|1+\dfrac{\text{j}\omega}{2}\right|\left|1+\dfrac{\text{j}\omega}{10}\right|}\angle 90^\circ-\arctan\left(\frac{\omega}{2}\right)-\arctan\left(\frac{\omega}{10}\right)$$

对上式的模 $|H(\text{j}\omega)|$ 取 $20\lg|H(\text{j}\omega)|$，得

$$H_{\text{dB}}=20\lg 10+20\lg|\text{j}\omega|-20\lg\left|1+\text{j}\frac{\omega}{2}\right|-20\lg\left|1+\text{j}\frac{\omega}{10}\right|\cdots \tag{1}$$

$$\varphi=90^\circ-\arctan\left(\frac{\omega}{2}\right)-\arctan\left(\frac{\omega}{10}\right)\cdots \tag{2}$$

先画出幅频特性，如图 10-23(a)所示。

其中，(1)式中的第一项，$20\lg 10=20$，如图(a)虚线①；

第二项，$20\lg|\text{j}\omega|$，当 $\omega=10$ 时，$20\lg|\text{j}10|=20$，当 $\omega=1$ 时，$20\lg|\text{j}1|=0$，连接两点得如图(a)虚线②；

第三项，$-20\lg\left|1+\text{j}\dfrac{\omega}{2}\right|$，为了得到 $1+1\text{j}\approx 1\angle 45^\circ$，取 $\omega\leqslant 2$ 时，$-20\lg\left|1+\text{j}\dfrac{\omega}{2}\right|=0$，画出 $\omega\leqslant 2$，得如图(a)虚线③；为了得到 $1+10\text{j}\approx 10\text{j}$，取 $\omega=20$ 时，$-20\lg\left|1+\text{j}\dfrac{\omega}{2}\right|=-20$，连接 $\omega=2$、$\omega=20$ 时两点得如图(a)虚线④；

第四项，$-20\lg\left|1+\text{j}\dfrac{\omega}{10}\right|$，为了得到 $1+1\text{j}\approx 1\angle 45^\circ$，取 $\omega\leqslant 10$ 时，$-20\lg\left|1+\text{j}\dfrac{\omega}{10}\right|=0$，画出 $\omega\leqslant 10$，得如图(a)虚线⑤，为了得到 $1+10\text{j}\approx 10\text{j}$，取 $\omega=100$ 时，$-20\lg\left|1+\text{j}\dfrac{\omega}{10}\right|=-20$，连接 $\omega=10$、$\omega=100$ 时两点得如图(a)虚线⑥；

最后将以上六条虚线合成得实折线，即幅频图，如图 10－23(a)所示。

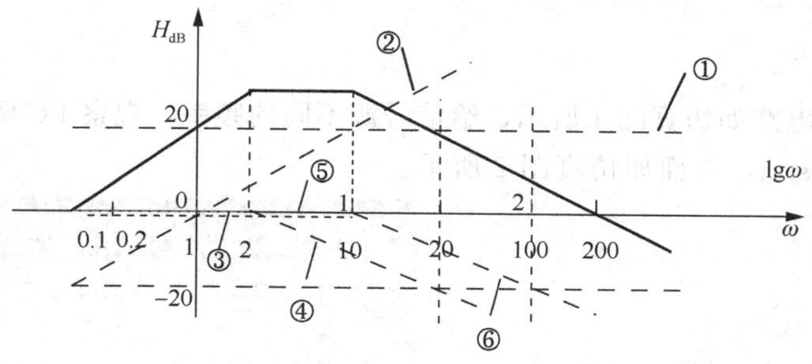

图 10－23（a） 例 10－4 幅频图

再画相频特性，如图 10－23(b)。

其中，(2)式中的第一项，90°，如图 10－23(b)虚线①所示；

第二项，$-\arctan\dfrac{\omega}{2}$，该项是 $1+\dfrac{j\omega}{2}$ 的辅角，为了得到 $1+0.1j\approx1\angle0°$，取 $\omega\leqslant0.2$ 时，此时角度为 0°，如图(b)虚线②所示；为了得到 $1+10j\approx10j$，取 $\omega\geqslant20$ 时，此项是分母，因此角度为－90°，如图(b)虚线④所示；将 $\omega=0.2$ 和 $\omega=20$ 两点连接，如图(b)虚线③所示(当 $\omega=2$ 时，利用 $1+1j\approx1\angle45°$，此时角度为－45°)。

第三项，$-\arctan\dfrac{\omega}{10}$，该项是 $1+\dfrac{j\omega}{10}$ 的辅角，为了得到 $1+0.1j\approx1\angle0°$，取 $\omega\leqslant1$ 时，此时角度为 0°，如图(b)虚线⑤所示；为了得到 $1+10j\approx10j$，取 $\omega\geqslant100$ 时，此项是分母，因此角度为－90°，如图(b)虚线⑦所示；将 $\omega=1$ 和 $\omega=100$ 两点连接，如图(b)虚线⑥所示。

最后将以上 7 条虚线合成得实折线，即相频图，如图 10－23(b)所示。

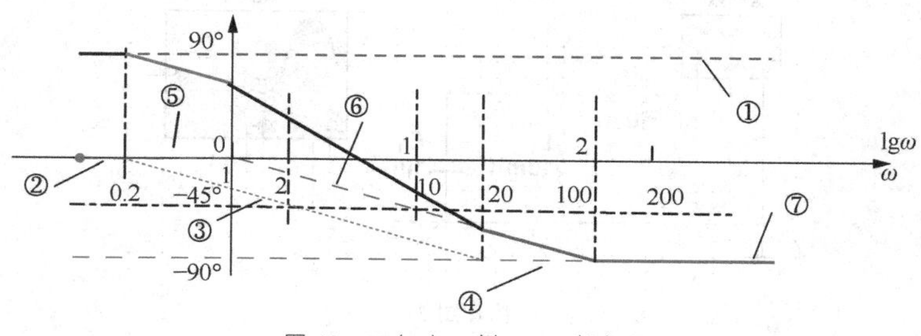

图 10－23（b） 例 10－4 相频图

图 10－23(a)所示是幅频图表示频率响应增益的分贝值对频率的变化，图 10－23(b)所示是相频图表示频率响应的相位对频率的变化。两张合在一起称为波特图。利用波特图可以看出系统的频率响应。波特图表明了一个电路网络对不同频率信号的放大能力和相位变化。

综上所述，把曲线做直线化处理。画图所依据的式子中会得到 f_L 和 f_H 的数值。得出的波特图也应该在 f_L 和 f_H 处出现拐角(此点所在的频率称为截断频率)，不过这样处理会产生一定的误差。理论计算可知：在截断频率处真实值与估计值有 3dB 的误差。在斜率不为零的直线处要标明斜率。标明出每十倍频程放大倍数的变化情况。经过这三种简化，波特图的曲线就是由一条折线组成，画起来简单，看起来舒服。虽然经过处理造成了误差，但已经成为一种标准。

10.5 仿真

仿真例题 1 电路如仿真图 1 所示，给信号源不同的频率，观察 LC 两端的波形。

1. 启动 Multisim，界面如仿真图 2 所示。

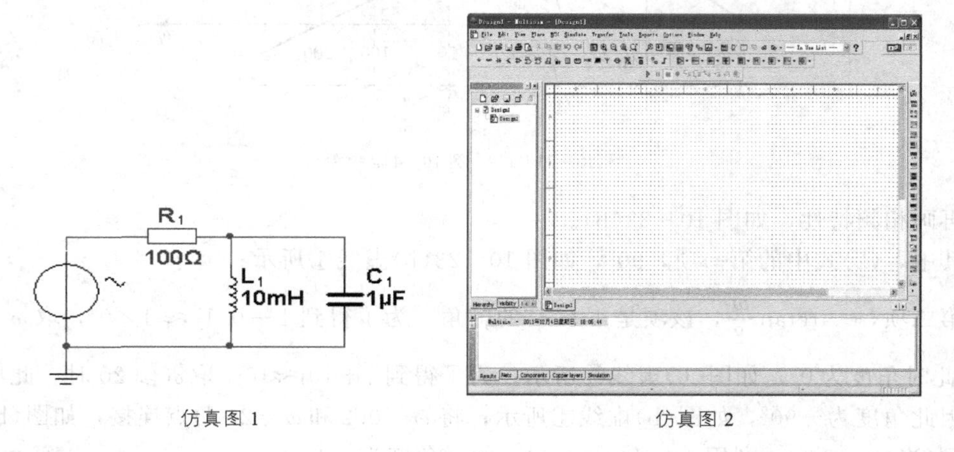

仿真图 1　　　　仿真图 2

2. 创建电路

(1) 单击 Options 下 GlobalPreferences…，选取美制；

(2) 通过菜单 Place－＞Conponent，选择所需元件，XFG1 为信号发生器，在右侧工具栏中，图标为 ，名字为 Function Generator，XSC1 为双踪示波器，也在右侧工具栏中，绘制电路，如仿真图 3 所示。

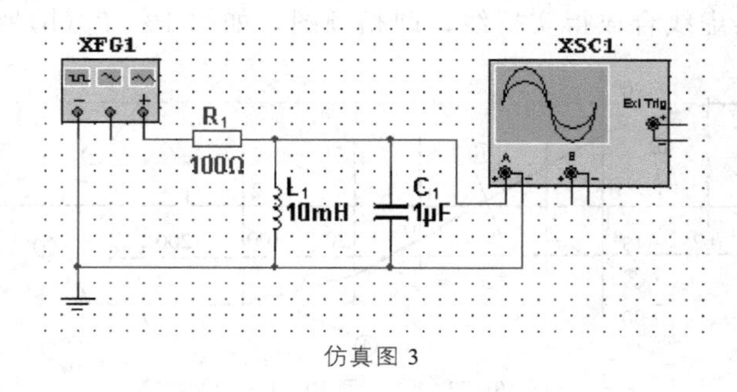

仿真图 3

3. 仿真

单击右上角仿真 按钮(或 Simulate 下 Run)，开始仿真。

计算谐振频率

$$F=\frac{1}{2\pi\sqrt{LC}}\approx 1592\text{Hz}$$

由此可知，当输入电压的频率为 1592Hz 时，电路谐振，此时 LC 两端等效导纳为 0，相当于 AB 间开路，此时 AB 间平均电压最大，鼠标左键双击 XFG1，弹出设置界面，如仿真图 4 所示。

选择输出正弦波，还可以设置频率，幅值，偏移等。依次将频率设置为表 1 中所列数值，启动仿真，观察示波器所显示的波形的峰峰值，如仿真图 5 所示。

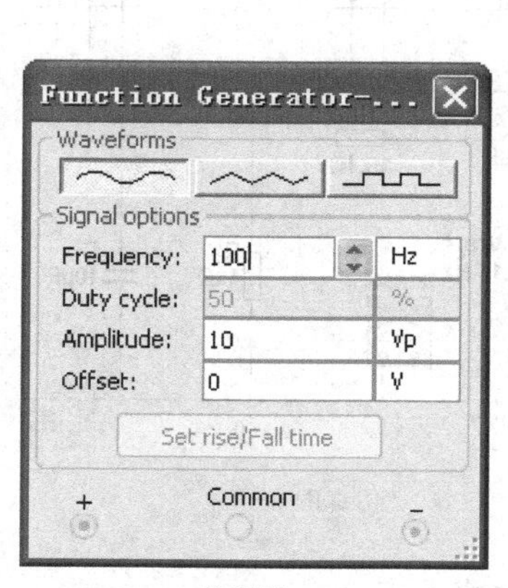

仿真图 4

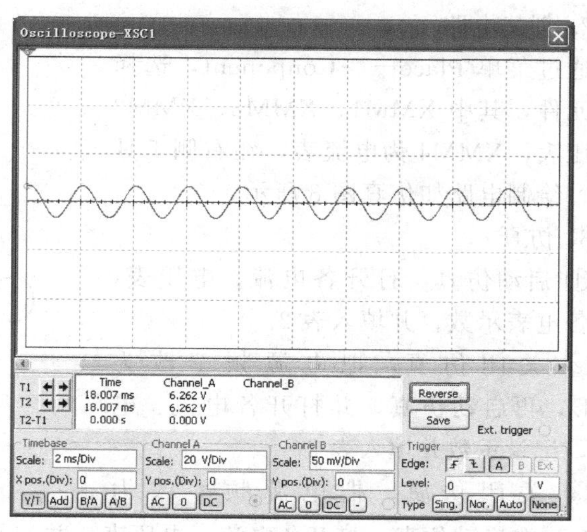

仿真图 5

当 $f=500\text{Hz}$ 时，峰峰值约为 12V，填入表 1 中。同样，设置信号源的频率分别为 1000Hz、1592Hz、2000Hz、2500Hz，读取峰峰值，填入表 1 中。

4. 总结、观察并估计峰峰值，填入表格。

表 1

频率(Hz)	500	1000	1592	2000	2500
峰峰值(V)	12	32	40	36	28

由此可验证当电路谐振时，电压最大。

仿真例题 2 谐振电路及参数如仿真图 6 所示，经计算谐振频率 159.15Hz，试用 Multisim 验证：(1) 该图中谐振时，电容电压 U_{10} 与电感电压 U_L 都高于电源电压；(2) 谐振频率与电阻 R_1 无关。

1. 启动 Multisim，界面如仿真图 7 所示。

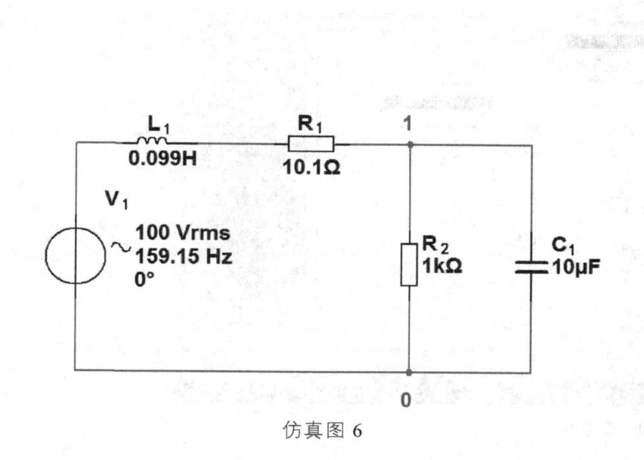

仿真图 6

仿真图 7

2. 创建电路

通过菜单 Place－>Conponent，选择所需元件，其中 XMM1、XMM2、XMM3 为电压表，XMM4 为电流表，在右侧工具栏中，绘制电路如仿真图 8 所示。

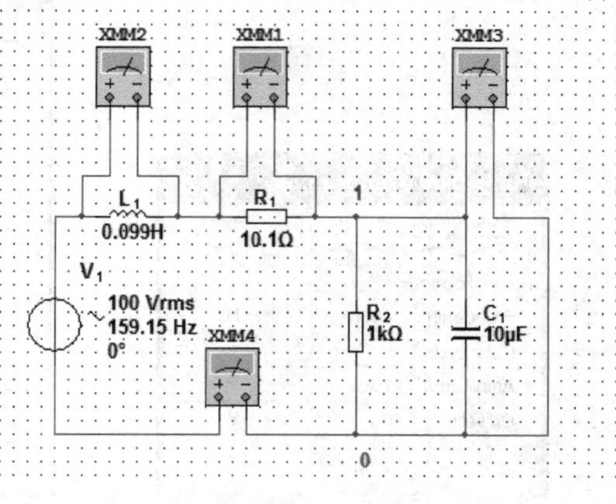

仿真图 8

3. 仿真

① 启动仿真，打开各电流、电压表，记录各电表示数，并填入表 2。

② 关闭仿真，把电源频率改为 100Hz，再启动仿真，并打开各电流、电压表，记录示数并填入表 2。

③ 关闭仿真，把电源频率改为 200Hz，在启动仿真，打开各电流、电压表，并记录示数填入表 2。

④ 关闭仿真，把电源频率改回 159.15Hz，但是把 R_1 的阻值改为 20Ω，打开各电流、电压表，记录示数并填入表 2。

表 2

	XMM1(V)	XMM2(V)	XMM3(V)	XMM4(A)
电源频率 100Hz	10.169	62.632	158.257	1.007
电源频率 200Hz	20.952	285.078	164.556	2.074
电阻 R_1 为 20Ω	66.886	331.08	332.78	3.344
谐振	50.496	494.953	497.493	5

由表 2 可知：① 当电路谐振时，电路电流最大。

② 电阻 R_1 改变，谐振频率仍为 159.15Hz，因此谐振频率与电阻 R_1 无关。

③ 谐振时，电容电压 U_{10} 与电感电压 U_L 都高于电源电压。

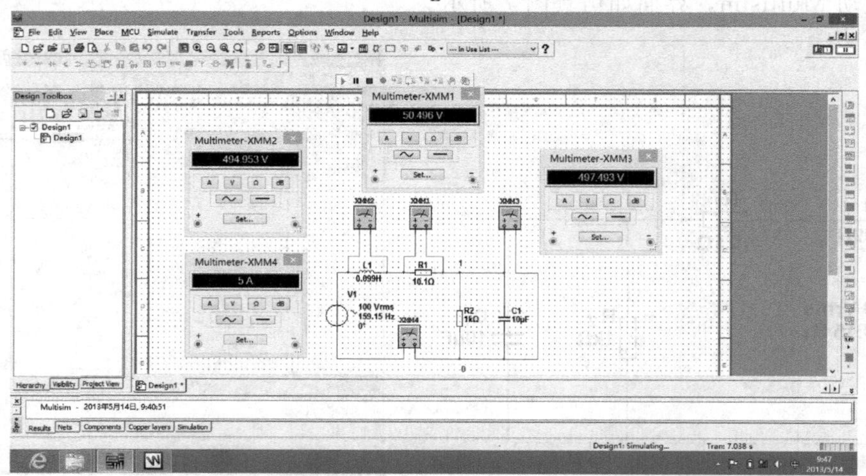

仿真图 9

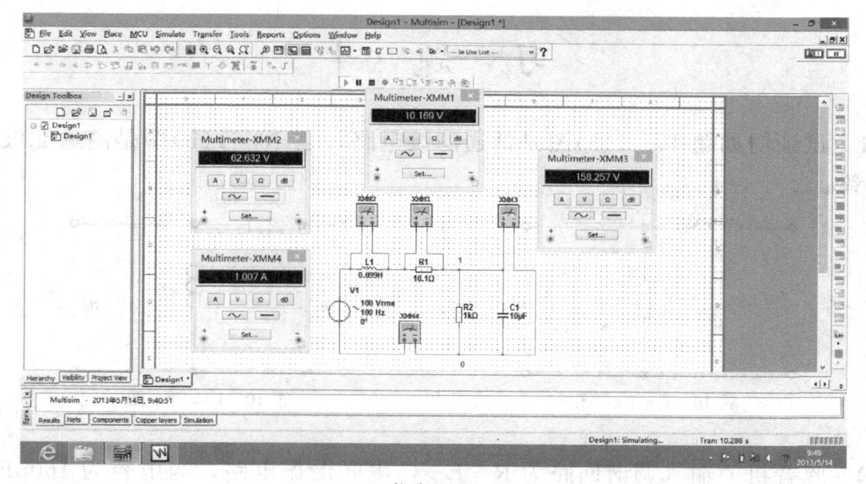

仿真图 10

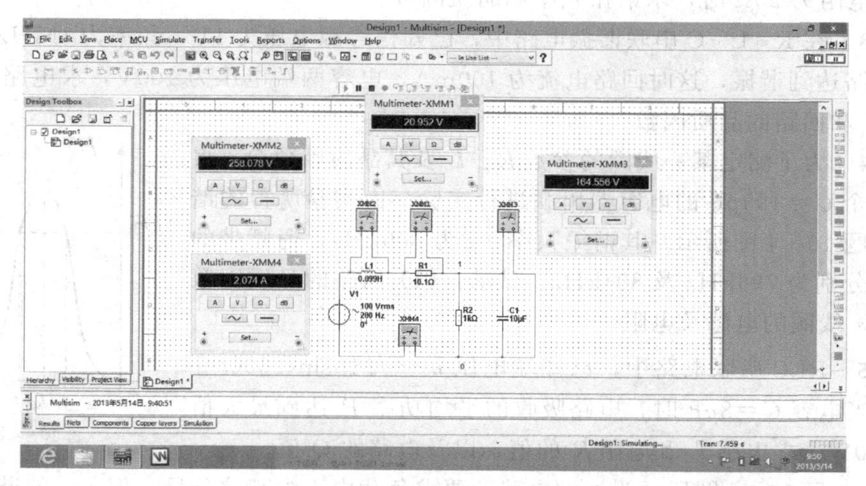

仿真图 11

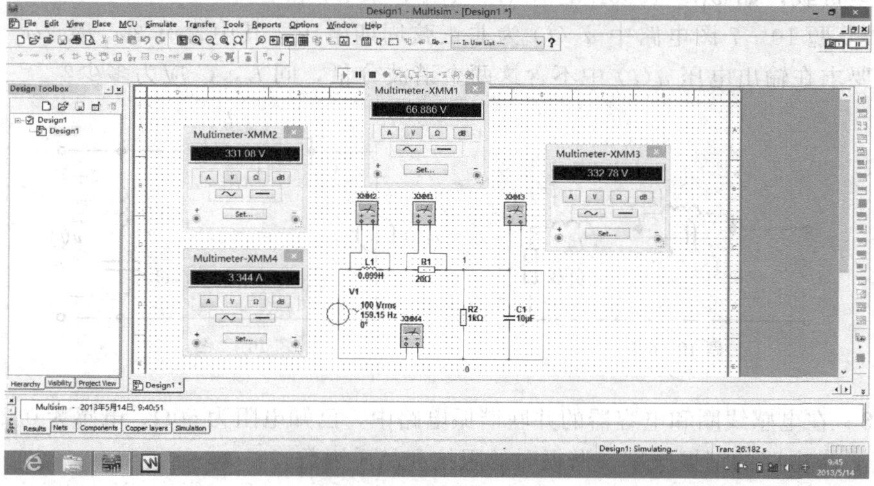

仿真图 12

习 题 十

10－1 试证明如题 10－1(a)图是低通滤波电路，题 10－1(b)图是高通滤波电路，求出截止频率 ω_0。

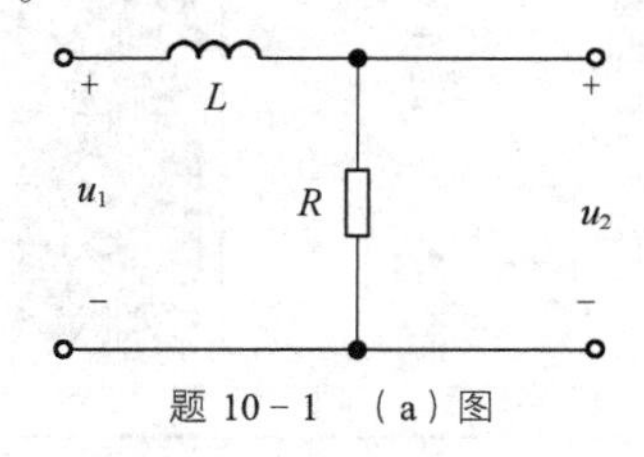

题 10－1 (a)图

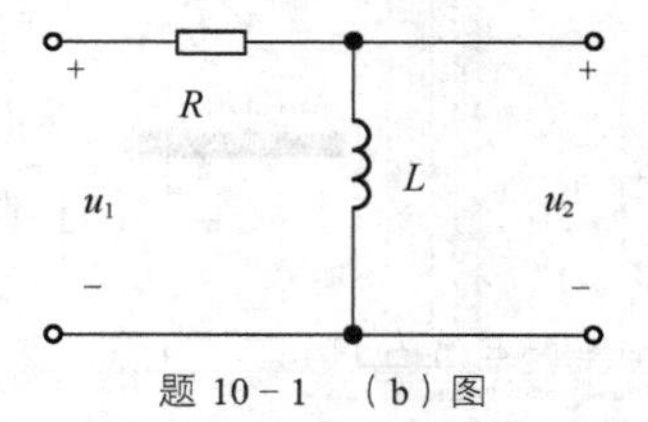

题 10－1 (b)图

10－2 收音机的输入调谐回路为 R－L－C 串联谐振电路，当电容为 160pF，电感为 250μH，电阻为 20Ω 时，求谐振频率和品质因数。

10－3 在 R－L－C 串联谐振电路中，已知信号源电压为 1V，频率为 1MHz，现调节电容使回路达到谐振，这时回路电流为 100mA，电容两端电压为 100V，求电路元件参数 R、L、C 和回路的品质因数。

10－4 为了测定某一线圈的参数 R、L 及其品质因数 Q，将线圈与一个 $C=199$pF 的电容器串联进行实验。由实验所得的谐振曲线如题 10－4 图所示。其谐振频率 f_0 为 800kHz，通频带的边界频率分别为 796kHz 及 804kHz。试求：(1) 回路的品质因数 Q 值；(2) 线圈的电感及电阻。

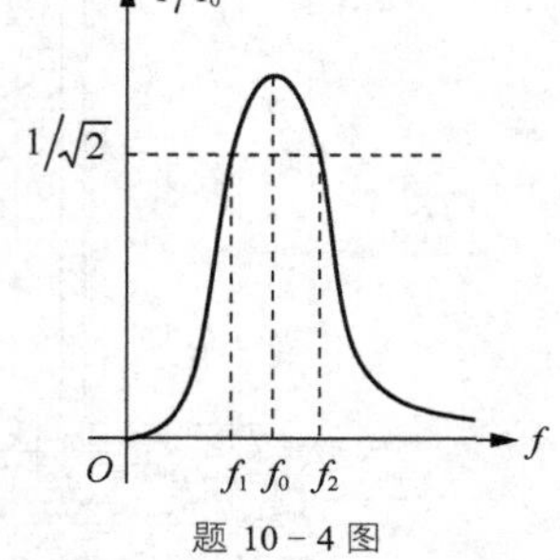

题 10－4 图

10－5 RLC 串联电路中，已知端电压 $u=\sqrt{2}\,10\sin(2500t+15°)$V，当电容 $C=8\mu$F 时，电路吸收的平均功率 P 达到最大值 $P_{\max}=100$W。求电感 L 和电阻 R 的值，以及电路的 Q 值。

10－6 题 10－6 图所示为滤波电路，要求负载中不含基波分量，但 $4\omega_1$ 的谐波分量能全部传送至负载，如 $\omega_1=1000$rad/s，$C=1\mu$F，求 L_1 和 L_2。

10－7 题 10－7 图电路中 $u_s(t)$ 为非正弦周期电压，其中含有 $3\omega_1$ 及 $7\omega_1$ 的谐波分量，如果要求在输出电压 $u(t)$ 中不含这两个谐波分量，问 L，C 应为多少？

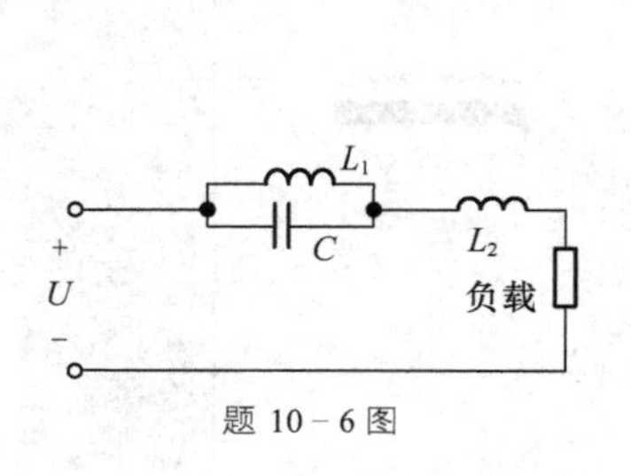

题 10－6 图

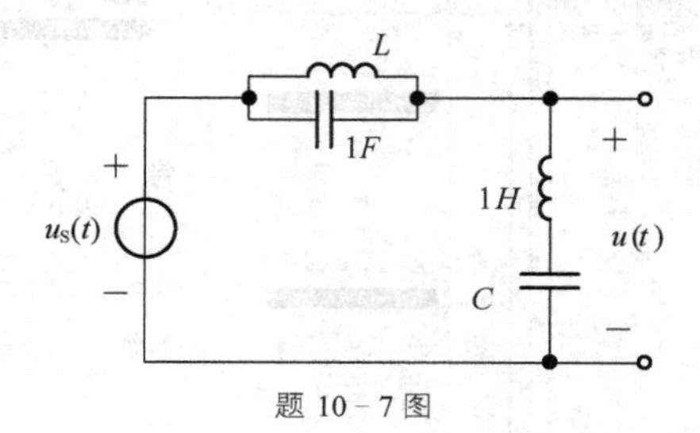

题 10－7 图

10－8 在电感线圈和电容器的并联谐振电路中，已知电阻为 50Ω，电感为 0.25mH，电容为 10pF，求电路的谐振频率、谐振时的阻抗和品质因数。

10－9 在上题的并联谐振电路中，若已知谐振时阻抗是 10KΩ，电感是 0.02mH，电容是 200pF，求电阻和电路的品质因数？

10-10　如题 10-10 图所示电路能否谐振？若能，那么谐振频率是多少？

10-11　一个电感为 0.25mH，电阻为 25Ω 的线圈与 85pF 的电容并联。试求该电路的谐振频率和谐振时的阻抗。

10-12　电路如题 10-12 图所示，若要求从 A、B 端看去，无论电源频率为何值，Z_{AB}均等于纯电阻(即在任意频率下，电路均处于谐振状态)，则电路参数应满足什么条件？

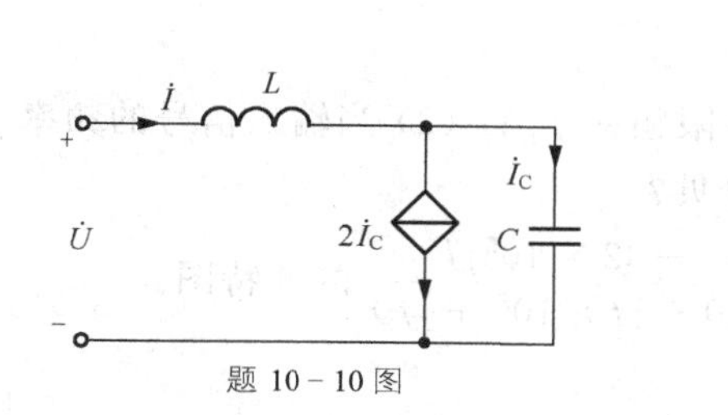

题 10-10 图

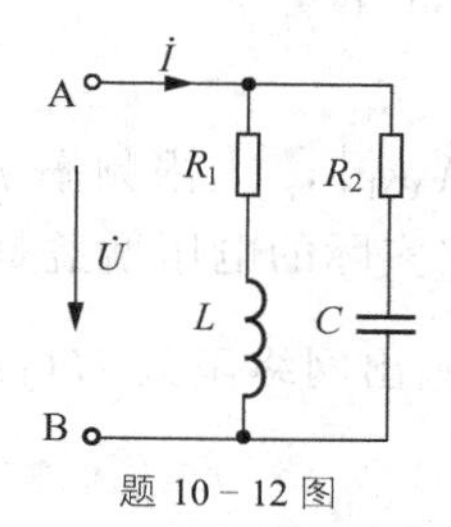

题 10-12 图

10-13　RLC 串联电路，谐振时测得 $U_R=20V$，$U_C=200V$。求电源电压 U_s 及电路的品质因数 Q。

10-14　RLC 串联电路中，已知端电压 $u=5\sqrt{2}\cos(2500t)V$，当电容 $C=10\mu F$ 时，电路吸收的功率 P 达到最大值 $P_{max}=150W$。求电感 L 和电阻 R 的值，以及电路的 Q 值。

10-15　RLC 串联电路，已知电源电压 $U_s=2mV$，$f=1.59MHz$，调整电容 C 使电路达到谐振，此时测得电路电流 $I_0=0.2mA$，电感电压 $U_{L0}=100mV$，求电路参数 R、L、C 及电路的品质因数 Q 和通频带 $\Delta\omega$。

10-16　某收音机的输入等效电路如题 10-16 图所示。已知 $R=8\Omega$，$L=300mH$，C 为可调电容，电台信号 $U_{s1}=1.5mV$，$f_1=540kHz$；$U_{s2}=1.5mV$，$f_2=600kHz$。

(1) 当电路对信号 u_{s1} 发生谐振时，求电容 C 值和电路的品质因数 Q。

(2) 当电路对信号 u_{s2} 发生谐振时，求 C。

(3) 当电路对信号 u_{s1} 发生谐振时，分别计算 u_{s1} 和 u_{s2} 在电容中产生的输出电压。

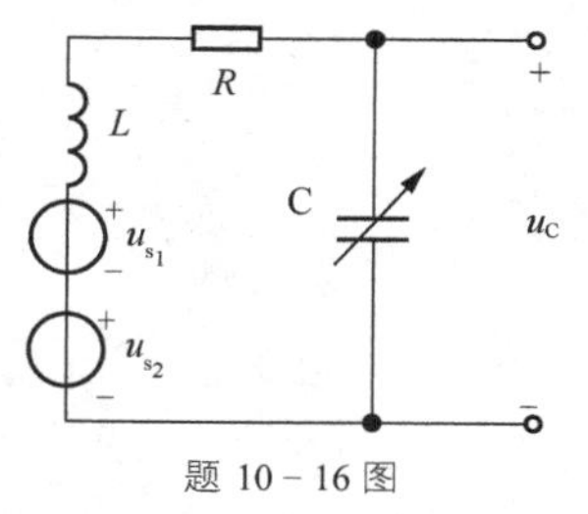

题 10-16 图

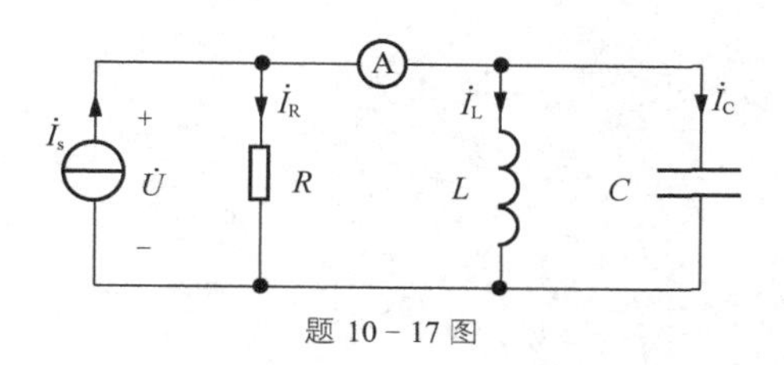

题 10-17 图

10-17　题 10-17 图所示 RLC 并联电路中，$i_s=5\sqrt{2}\cos(2500t+60°)A$，$R=5\Omega$，$L=30mH$。问电容 C 取何值时电流表的读数为零？求此时的 $\dot{U}$、$\dot{I}_R$、$\dot{I}_L$ 及$\dot{I}_C$。

10-18　一个电感为 0.35mH、电阻为 25Ω 的线圈与 86pF 的电容并联。试求该电路的谐振频率和谐振时的阻抗。

10-19　题 10-19 图所示电路能否发生谐振？若能，试求谐振频率。

10-20　某放大电路中 $\dot{A}_V$ 的对数幅频特性如题 10-20 图所示。(1) 试求该电路的中

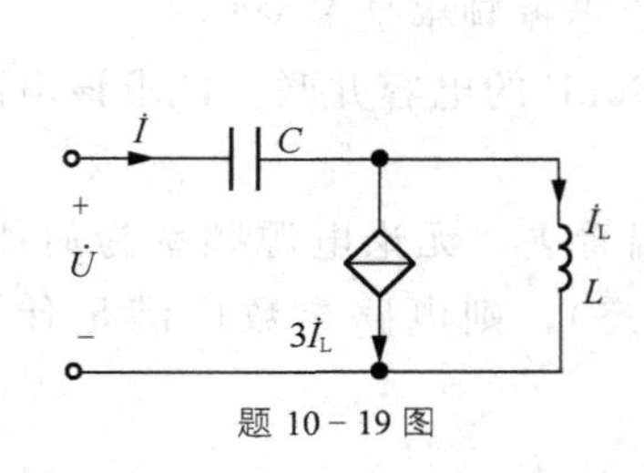

题 10－19 图

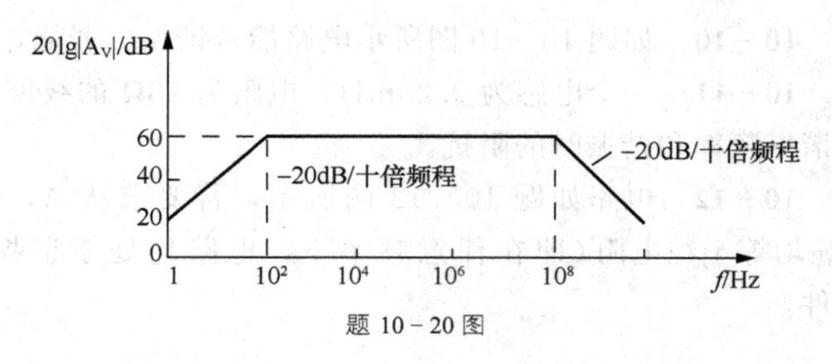

题 10－20 图

频电压增益 $|\dot{A}_{VM}|$，上限频率 f_H，下限频率 f_L；（2）当输入信号的频率 $f=f_L$ 或 $f=f_H$ 时，该电路实际的电压增益是多少分贝？

10－21 画出网络函数 $H(\mathrm{j}f)=\dfrac{-32\times10^5\mathrm{j}f}{(10+\mathrm{j}f)(10^5+\mathrm{j}f)}$ 的波特图。

10－22 已知某放大电路电压增益的频率特性表达式为 $A_V=\dfrac{100\mathrm{j}\dfrac{f}{10}}{\left(1+\mathrm{j}\dfrac{f}{10}\right)\left(1+\mathrm{j}\dfrac{f}{10^5}\right)}$（式中 f 的单位为 Hz）。试求：该电路的上、下限频率，中频电压增益的分贝数，输出电压与输入电压在中频区的相位差。

第三单元　交流电路的稳态分析总结

1. 回顾

第二单元主要研究直流激励，一阶(或二阶)电路，暂态环境下的时域分析。

2. 单元概要

本单元(包括第 6 章～第 10 章)，重点分析单相、三相、含有互感的电路在正弦激励下的稳态响应，简称正弦稳态响应。

首先要明确，在线性电路中，如果全部激励都是同一频率的正弦函数，则电路中的全部稳态响应也将是同一频率的正弦函数，这样的电路称为**正弦交流电路**(正弦激励下的稳态响应问题)。

本单元在交流稳态的环境下，此时的方程是含有正弦函数的微积分方程，如果直接求解此方程，即，按下图中的虚线步骤①与②，这被称为经典法，此方法求解过程非常烦琐。

为此，本单元针对正弦交流电路探究了新的方法。正弦交流电的求解就是要关注正弦量的三要素，其中，响应的频率与激励的频率相等，因此，求解正弦量的幅值和初相位是关键，根据数学和电路原理探寻正弦量的幅值和初相位的求解方法，即相量法，相量法的步骤如下图中实线箭头所示。采用相量法，即把求解线性常系数微分方程的特解问题变换成求解复数方程的问题。

相量法，也称频域分析法，是将时域分析运用数学工具变换到频域的分析，从而使分析简化。

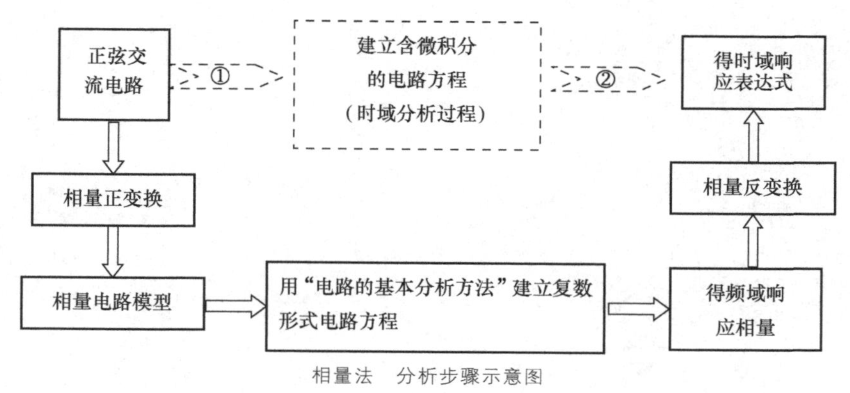

相量法　分析步骤示意图

相量法，是将电路的时域模型转换为相量模型，即，R 还是 R，L 对应 $\mathrm{j}\omega L$，C 对应 $\frac{1}{\mathrm{j}\omega C}$，电源写成对应的相量形式。还是用“电路的基本分析方法”列出相应的方程，得到未知量的相量形式，然后利用相量反变换，得未知量的时域形式。

在周期性非正弦稳态电路分析中，将非正弦周期电量分解为傅里叶级数，对于不同频率仍然采用相量法，即变换成各个频率的正弦量的叠加，从而把问题变换成分析多频的正弦稳态电路分析。

3. 单元的重点难点及解决办法

(1) 必须注意不同分析域各物理量的写法不同

就电流而言，有直流量 I、交流量 i、电流的有效值 I、电流的最大值 I_m、电流的相量 $\dot{I}$ 或 $\dot{I}_m$，以上尽管都是电流，但所代表的物理意义不同，必须高度重视，否则会有“概念混乱、分析域不清”之嫌，甚至直接影响分析结果。

(2) 对含有互感的电路分析属重点和难点

解决的办法是透彻理解“同名端”的概念，掌握“电流的流进端与互感电压的正极性端互为同名端”，会用 CCVS 表示互感电压(参见例 7-4)。

在用 CCVS 表示互感电压的基础上，将互感等效为相应的自感，消去互感，也是一种有效的计算方法，但不是必须记住结果，也就是分析方法最重要(参见图 7-26(c))。

(3) 负载不对称的三相交流电的分析属重点和难点

解决的办法是透彻理解中线的作用，掌握用“节点电压法”求出中性点的位移量，然后就会得到每相负载承受的电压，进行相应的分析(参见例 8-4 和例 8-5)。

(4) 三线制的电路用两个功率表测量三相功率的计算属难点

掌握两个功率表测量三相功率依据是 $i_A+i_B+i_C=0$，注意此时的功率因数角分别是两个功率表跨接的电压与各自电流的夹角。

(5) 周期性非正弦激励的电路属难点

对于周期性非正弦激励的电路响应问题，应用傅里叶级数求得多个不同频率的正弦激励，由于频率不同，相量模型不同。各不同频率的相应相量也不能直接相加。不同频率的相量各自反变换，得出时间 t 的函数后，才能叠加得出总的响应。

第11章 动态电路的运算分析法

学习要点

(1) 拉普拉斯变换的定义及性质。

(2) 拉普拉斯反变换——部分分式展开方法。

(3) 动态电路的复频域模型——运算电路。

(4) 动态电路的拉普拉斯变换法——运算法。

(5) 用运算法分析动态电路。

本章的核心是如何用数学工具——拉普拉斯变换解决电路的动态分析问题。因此，学习本章首先应掌握拉普拉斯变换的定义、性质和反变换，在此基础上掌握如何用拉普拉斯变换解决动态电路分析的问题，即运算法的有关问题。

第5章用时域分析法分析一阶电路比较方便，但对于二阶和高阶或交流的动态电路，列写和求解方程很烦琐(例题5-12)。本章的复频域分析法(运算法)对分析复杂的电路将更为有效。

11.1 拉普拉斯①变换的定义及性质

拉普拉斯变换(拉氏变换)是分析线性非时变网络的一种有效而重要的工具，它在其他技术领域中也同样得到了广泛的应用，尤其是在各种线性定常系统中，拉氏变换方法作为基本的数学工具受到了人们的普遍重视。

为了说明拉氏变换在电路理论中的地位，首先简单回顾一下分析电路的常用方法。在一阶、二阶电路中，用微分方程求解动态电路时，虽然能结合电路中的物理过程分析一些简单的信号输入的时域响应特性，而且对于一阶、二阶电路而言，微分方程也不难求解，但是，若输入信号较为复杂，或是高阶电路，微分方程的求解就会很麻烦，甚至在有些情况下，人工解答已很难实现。在分析正弦稳态电路时，采用的是相量法，将求解微分方程的过程，变换为相量的代数方程，从而简化了数学运算，从本质上讲，相量分析也是一种数学变换，它只适用于正弦稳态电路的分析。利用傅里叶分析方法，能够有效地揭示出一些较为复杂的非正弦周期信号的频率特性，而且傅里叶变换作为一种数学变换方法也可以应用于线性电路的分析。然而傅里叶变换方法有着明显的局限性：其一，因为周期信号的傅里叶级数是无穷级数，因此对于周期信号输入的电路，利用傅里叶级数不易求得封闭形式的解，只能取有限项的近似解；其二，工程上很多有用的信号不满足绝对可积的条件，对于这些信号，傅里叶变换就不能直接应用。特别是对于具有初始条件的电路，利用傅里叶变换法求全响应是比较麻烦的。由以上事实可以看出，探

---

① 拉普拉斯(Pierre-Simon Laplace，1749—1827)是法国分析学家、概率论学家和物理学家，法国科学院院士。

索分析任意信号输入时线性电路的响应问题是非常必要的。拉氏变换方法是解决此类问题的工具。

11.1.1 拉氏变换的定义

一个定义在$[0_-, \infty)$区间上的函数 $f(t)$ 的拉氏变换记作

$$L[f(t)] = F(s) = \int_{0_-}^{\infty} f(t)\mathrm{e}^{-st}\,\mathrm{d}t \qquad (11-1)$$

式(11－1)是单边拉氏变换的数学定义。$F(s)$ 称为 $f(t)$ 的拉氏变换或象函数，$f(t)$ 是 $F(s)$ 的原函数。如果把式(11－1)中的积分下限取$-\infty$，则称为双边拉氏变换，本书只讨论单边拉氏变换。应当指出，为了顾及函数 $f(t)$ 在 $t=0$ 处可能存在冲激的情况，式(11－1)中的积分下限取 0_-。在电路原理中，把式(11－1)称为拉氏变换的 0_- 系统，把积分下限取为 0_+ 的拉氏变换，称为 0_+ 系统。在 0_+ 系统中，函数的初始值为 $f(0_+)$，在 0_- 系统中，函数的初始值为 $f(0_-)$。若 $f(0_+)=f(0_-)$，两者并无区别，若 $f(0_+) \neq f(0_-)$，对电路求解，两者会得到不同的结果。

如果 $F(s)$ 已知，要求出与之对应的原函数，由 $F(s)$ 到 $f(t)$ 的变换称为拉氏反变换，它定义为

$$L^{-1}[F(s)] = f(t) = \frac{1}{2\pi \mathrm{j}}\int_{c-\mathrm{j}\infty}^{c+\mathrm{j}\infty} F(s)\mathrm{e}^{st}\,\mathrm{d}s \qquad (11-2)$$

式(11－1)与式(11－2)称为拉普拉斯变换对。理论上可以证明，单值函数的拉氏变换具有唯一性。

11.1.2 拉氏变换的条件

拉氏变换是一个积分变换，此变换要想存在，$f(t)$ 必须满足以下 3 个条件。

(1) $t<0$ 时 $f(t)=0$。一般假设电路的过渡过程从 $t=0$ 时刻开始，因此这个条件总能满足。

(2) $f(t)$ 和它的一阶导数在 $t \geqslant 0$ 时是分段连续的。

(3) $f(t)$ 是指数阶的，即：$\lim\limits_{t\to\infty} f(t)\mathrm{e}^{-\alpha t}=0$，$\alpha>0$。其中 $\mathrm{e}^{-\alpha t}$ 称为收敛因子。在拉氏变换时，将 $f(t)$ 乘以收敛因子，只要 $\alpha=\mathrm{Re}[s]$ 足够大，总能使 $f(t)$ 较快地衰减。

大多数函数均满足以上条件，其拉氏变换积分是收敛的。

例 11－1 求以下函数的象函数：①单位阶跃函数；②单位冲激函数；③指数函数。

解： 单位阶跃函数的象函数：$f(t)=\varepsilon(t)$

$$F(s) = \int_{0_-}^{\infty} \varepsilon(t)\mathrm{e}^{-st}\,\mathrm{d}t = \int_{0_-}^{\infty} \mathrm{e}^{-st}\,\mathrm{d}t = -\frac{1}{s}\mathrm{e}^{-st}\Big|_{0_-}^{\infty} = \frac{1}{s}$$

单位冲激函数的象函数：$f(t)=\delta(t)$

$$F(s) = \int_{0_-}^{\infty} \delta(t)\mathrm{e}^{-st}\,\mathrm{d}t = \int_{0_-}^{0_+} \delta(t)\mathrm{e}^{-st}\,\mathrm{d}t = \mathrm{e}^{0} = 1$$

指数函数的象函数：$f(t)=\mathrm{e}^{at}$

$$F(s) = \int_{0_-}^{\infty} \mathrm{e}^{at}\mathrm{e}^{-st}\,\mathrm{d}t = \int_{0_-}^{\infty} \mathrm{e}^{-(s-a)t}\,\mathrm{d}t = \frac{1}{-(s-a)}\mathrm{e}^{-(s-a)t}\Big|_{0_-}^{\infty} = \frac{1}{s-a}$$

11.1.3　拉氏变换的基本性质

1. 线性性质

设 $f_1(t)$ 和 $f_2(t)$ 是两个任意的时间函数，它们的象函数分别为 $F_1(s)$ 和 $F_2(s)$，A_1 和 A_2 是两个任意的实常数，则有：$L[A_1f_1(t)+A_2f_2(t)]=A_1F_1(s)+A_2F_2(s)$。

证明：
$$L[A_1f_1(t)+A_2f_2(t)]=\int_{0_-}^{\infty}[A_1f_1(t)+A_2f_2(t)]\mathrm{e}^{-st}\mathrm{d}t$$
$$=\int_{0_-}^{\infty}A_1f_1(t)\mathrm{e}^{-st}\mathrm{d}t+\int_{0_-}^{\infty}A_2f_2(t)\mathrm{e}^{-st}\mathrm{d}t$$
$$=A_1F_1(s)+A_2F_2(s)$$

例 11-2　设下面两个函数的定义域为[0，∞)，求其象函数。

(1) $f(t)=\sin(\omega t)$　　　　(2) $f(t)=\sinh(\omega t)$

解： (1) $L[\sin(\omega t)]=L\left[\frac{1}{2\mathrm{j}}(\mathrm{e}^{\mathrm{j}\omega t}-\mathrm{e}^{-\mathrm{j}\omega t})\right]=\frac{1}{2\mathrm{j}}\left(\frac{1}{s-\mathrm{j}\omega t}-\frac{1}{s+\mathrm{j}\omega t}\right)=\frac{\omega}{s^2+\omega^2}$

(2) $L[\sinh(\omega t)]=L\left[\frac{1}{2}(\mathrm{e}^{\omega t}-\mathrm{e}^{-\omega t})\right]=\frac{1}{2}\left(\frac{1}{s-\omega}-\frac{1}{s+\omega}\right)=\frac{\omega}{s^2-\omega^2}$

2. 时域微分性质

设 $f(t)$ 的象函数为 $F(s)$，其导数 $f'(t)=\frac{\mathrm{d}f(t)}{\mathrm{d}t}$ 则 $L[f'(t)]=sF(s)-f(0_-)$。

证明： 由于 $L[f'(t)]=\int_{0_-}^{\infty}f'(t)\mathrm{e}^{-st}\mathrm{d}t$，利用分部积分，设 $u=\mathrm{e}^{-st}$，$\mathrm{d}v=f'(t)\mathrm{d}t$，$\mathrm{d}u=-s\mathrm{e}^{-st}\mathrm{d}t$，$v=f(t)$，由于 $\int u\mathrm{d}v=uv-\int v\mathrm{d}u$，所以

$$\int_{0_-}^{\infty}f'(t)\mathrm{e}^{-st}\mathrm{d}t=f(t)\mathrm{e}^{-st}\Big|_{0_-}^{\infty}-\int_{0_-}^{\infty}f(t)(-s\mathrm{e}^{-st})\mathrm{d}t$$
$$=-f(0_-)+s\int_{0_-}^{\infty}f(t)\mathrm{e}^{-st}\mathrm{d}t=sF(s)-f(0_-)$$

例 11-3　利用微分的性质求下列函数的象函数。

(1) $f(t)=\cos(\omega t)$　　　　(2) $f(t)=\delta(t)$

解： (1) 由于 $f(t)=\cos(\omega t)=\frac{1}{\omega}\frac{\mathrm{d}[\sin(\omega t)]}{\mathrm{d}t}$，所以

$$F(s)=\frac{1}{\omega}L\frac{\mathrm{d}[\sin(\omega t)]}{\mathrm{d}t}=\frac{1}{\omega}[\frac{s\omega}{s^2+\omega^2}-\sin(0)]=\frac{s}{s^2+\omega^2}$$

(2) 由于 $f(t)=\delta(t)=\frac{\mathrm{d}\varepsilon(t)}{\mathrm{d}t}$，所以

$$F(s)=s\times\frac{1}{s}-\varepsilon(0_-)=1$$

3. 时域积分性质

设 $f(t)$ 的象函数为 $F(s)$，则 $L[\int_{0_-}^{t}f(\xi)\mathrm{d}\xi]=\frac{F(s)}{s}$。

证明： 设 $g(t)=\int_{0_-}^{t}f(\xi)\mathrm{d}\xi$，则 $G(s)=L[g(t)]$。由于 $g(0_-)=0$，且 $f(t)=$

$\frac{dg(t)}{dt}$，所以

$$F(s)=sG(s)-g(0_-)=sG(s)$$

故 $G(s)=\frac{F(s)}{s}$

例 11-4 利用积分性质求 $f(t)=t$ 和 $f(t)=\frac{1}{t^n}$ 的象函数。

解：由于 $f(t)=t=\int_{0_-}^{t}\varepsilon(\xi)d\xi$，所以

$$L[t]=\frac{1}{s}\times\frac{1}{s}=\frac{1}{s^2}$$

同理，$t^2=\int_{0_-}^{t}2\xi d\xi$，则

$$L[t^2]=2\times\frac{1}{s}\times\frac{1}{s^2}=\frac{2}{s^3}$$

依次类推，$L[t^n]=\frac{n!}{s^{n+1}}$

4. 时域延迟性质

设 $f(t)$ 的象函数为 $F(s)$，$f(t-t_0)$ 是 $f(t)$ 的延迟函数，则 $L[f(t-t_0)]=e^{-st_0}F(s)$

证明：由于 $t<t_0$ 时 $f(t)=0$。令 $\tau=t-t_0$ 则

$$L[f(t-t_0)]=\int_{0_-}^{\infty}f(t-t_0)e^{-st}dt=\int_{t_0}^{\infty}f(t-t_0)e^{-st}dt$$
$$=\int_{0_-}^{\infty}f(\tau)e^{-s\tau}e^{-st_0}d\tau=e^{-st_0}F(s)$$

例 11-5 求图 11-1 中波形的象函数。

解：$p(t)=\varepsilon(t)-\varepsilon(t-a)$

由延迟性质可得：

$$G(s)=\frac{1}{s}-e^{-sa}\ \frac{1}{s}=\frac{1}{s}(1-e^{-sa})$$

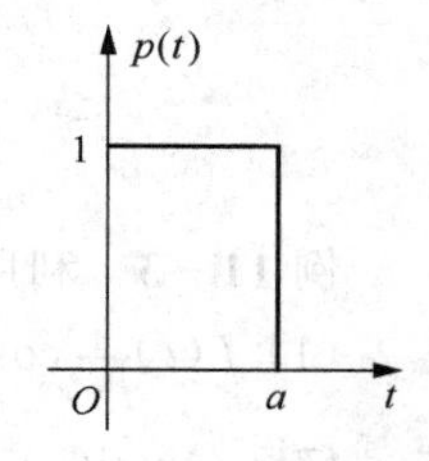

图 11-1 例 11-5 图

5. 频域微分性质

设 $f(t)$ 的象函数为 $F(s)$，则 $L[tf(t)]=-\frac{d}{ds}F(s)$

证明：$F(s)=\int_{0_-}^{\infty}f(t)e^{-st}dt$，两边对 s 求导得：

$$\frac{d}{ds}F(s)=\frac{d}{ds}[\int_{0_-}^{\infty}f(t)e^{-st}dt]=\int_{0_-}^{\infty}(-t)f(t)e^{-st}dt=-L[tf(t)]$$

所以：$L[tf(t)]=-\frac{d}{ds}F(s)$，多次使用此性质，可得：$L[t^nf(t)]=(-1)^n\frac{d^n}{ds^n}F(s)$

例 11-6 利用频域微分性质求 $t\sin(bt)$ 的象函数。

解：由于 $L(\sin(bt))=\frac{b}{s^2+b^2}$

所以 $L(t\sin(bt)) = -\frac{\mathrm{d}}{\mathrm{d}s}\left(\frac{b}{s^2+b^2}\right) = \frac{2bs}{(s^2+b^2)^2}$

6. 频域积分性质

设 $f(t)$ 的象函数为 $F(s)$，则 $L\left[\frac{f(t)}{t}\right] = \int_s^\infty F(u)\mathrm{d}u$。

证明： $\int_s^\infty F(u)\mathrm{d}u = \int_s^\infty [\int_{0_-}^\infty f(t)\mathrm{e}^{-ut}\mathrm{d}t]\mathrm{d}u = \int_{0_-}^\infty \int_s^\infty f(t)\mathrm{e}^{-ut}\mathrm{d}u\mathrm{d}t = \int_{0_-}^\infty f(t)\frac{\mathrm{e}^{-st}}{t}\mathrm{d}t = L\left[\frac{f(t)}{t}\right]$

例 11-7 求 $\frac{\sin(t)}{t}$ 的象函数。

解： 由于 $L[\sin(t)] = \frac{1}{s^2+1}$，所以

$$L\left[\frac{\sin(t)}{t}\right] = \int_s^\infty \frac{1}{u^2+1}\mathrm{d}u$$

设 $v = \frac{1}{u}$，则

$$\int_s^\infty \frac{1}{u^2+1}\mathrm{d}u = \int_0^{\frac{1}{s}} \frac{1}{v^2+1}\mathrm{d}v = \arctan\frac{1}{s}$$

7. 频域延迟性质

设 $f(t)$ 的象函数为 $F(s)$，则 $L[\mathrm{e}^{-at}f(t)] = F(s+a)$。

证明： $L[\mathrm{e}^{-at}f(t)] = \int_{0_-}^\infty f(t)\mathrm{e}^{-at}\mathrm{e}^{-st}\mathrm{d}t = \int_{0_-}^\infty f(t)\mathrm{e}^{-(s+a)t}\mathrm{d}t = F(s+a)$

例 11-8 利用频域延迟性质求 $f(t) = \mathrm{e}^{-at}\sin(\omega t)$ 的象函数。

解： 由于 $F(s) = L[\sin(\omega t)] = \frac{\omega}{s^2+\omega^2}$

所以 $L[\mathrm{e}^{-at}\sin(\omega t)] = F(s+a) = \frac{\omega}{(s+a)^2+\omega^2}$

8. 尺度变换性质

设 $f(t)$ 的象函数为 $F(s)$，则 $L[f(at)] = \frac{1}{a}F\left(\frac{s}{a}\right)$。

证明： $L[f(at)] = \int_{0_-}^\infty f(at)\mathrm{e}^{-st}\mathrm{d}t$

设 $\tau = at$，则

$$\int_{0_-}^\infty f(at)\mathrm{e}^{-st}\mathrm{d}t = \frac{1}{a}\int_{0_-}^\infty f(\tau)\mathrm{e}^{-\frac{s}{a}\tau}\mathrm{d}\tau = \frac{1}{a}F\left(\frac{s}{a}\right)$$

例 11-9 已知 $f(t) = (t-2)^2$ 的象函数是 $F(s) = \frac{4s^2-4s+2}{s^3}$，求 $g(t) = (at-2)^2$ 的象函数。

解： 由于 $g(t) = (at-2)^2 = f(at)$

所以 $G(s) = \frac{1}{a}F\left(\frac{s}{a}\right) = \frac{1}{a}\times\frac{4(s/a)^2 - 4\times s/a + 2}{(s/a)^3} = \frac{4s^2-4as+2a^2}{s^3}$

9. 卷积定理

设有两个定义在$[0_-，\infty)$区间的函数$f_1(t)$和$f_2(t)$，它们的卷积定义为：

$$f_1(t)*f_2(t)=\int_{0_-}^{\infty}f_1(t-\xi)f_2(\xi)\mathrm{d}\xi$$

卷积定理：如设$f_1(t)$和$f_2(t)$的象函数分别为$F_1(s)$和$F_2(s)$，则

$$L[f_1(t)*f_2(t)]=F_1(s)F_2(s)$$

证明：$L[f_1(t)*f_2(t)]=\int_{0_-}^{\infty}\int_{0_-}^{\infty}f_1(t-\xi)f_2(\xi)\mathrm{d}\xi\mathrm{e}^{-st}\mathrm{d}t$

由于$\varepsilon(t-\xi)=\begin{cases}1, & \xi<t\\ 0, & \xi>t\end{cases}$

故
$$\int_{0_-}^{\infty}f_1(t-\xi)f_2(\xi)\mathrm{d}\xi=\int_{0_-}^{\infty}f_1(t-\xi)\varepsilon(t-\xi)f_2(\xi)\mathrm{d}\xi$$

$$L[f_1(t)*f_2(t)]=\int_{0_-}^{\infty}\int_{0_-}^{\infty}f_1(t-\xi)\varepsilon(t-\xi)f_2(\xi)\mathrm{d}\xi\mathrm{e}^{-st}\mathrm{d}t$$

设$x=t-\xi$

则$\int_{0_-}^{\infty}\int_{0_-}^{\infty}f_1(t-\xi)\varepsilon(t-\xi)f_2(\xi)\mathrm{d}\xi\mathrm{e}^{-st}\mathrm{d}t=\int_{0_-}^{\infty}f_2(\xi)\int_{0_-}^{\infty}f_1(x)\mathrm{e}^{-(x+\xi)s}\mathrm{d}x\mathrm{d}\xi$

$$=\int_{0_-}^{\infty}f_2(\xi)\mathrm{e}^{-s\xi}\mathrm{d}\xi\int_{0_-}^{\infty}f_1(x)\mathrm{e}^{-sx}\mathrm{d}x=F_1(s)F_2(s)$$

由于$F_1(s)F_2(s)=F_2(s)F_1(s)$，所以

$$f_1(t)*f_2(t)=f_2(t)*f_1(t)$$

根据拉氏变换的定义和它的一些性质，可以很方便地求出一些常用时间函数的象函数，表11－1为常用函数的拉氏变换表。

表11－1 常用函数的拉氏变换

原函数	象函数	原函数	象函数
$A\delta(t)$	A	$\mathrm{e}^{-at}\sin(\omega t)$	$\frac{\omega}{(s+a)^2+\omega^2}$
$A\varepsilon(t)$	$\frac{A}{s}$	$\mathrm{e}^{-at}\cos(\omega t)$	$\frac{s+a}{(s+a)^2+\omega^2}$
$A\mathrm{e}^{-at}$	$\frac{A}{s+a}$	$t\mathrm{e}^{-at}$	$\frac{1}{(s+a)^2}$
$1-\mathrm{e}^{-at}$	$\frac{a}{s(s+a)}$	t	$\frac{1}{s^2}$
$\sin(\omega t)$	$\frac{\omega}{s^2+\omega^2}$	$(1-at)\mathrm{e}^{-at}$	$\frac{s}{(s+a)^2}$
$\cos(\omega t)$	$\frac{s}{s^2+\omega^2}$	$\frac{1}{2}t^2$	$\frac{1}{s^3}$
$\sin(\omega t+\beta)$	$\frac{s\sin\beta+\omega\cos\beta}{s^2+\omega^2}$	$\frac{1}{n!}t^n$	$\frac{1}{s^{n+1}}$
$\cos(\omega t+\beta)$	$\frac{s\cos\beta-\omega\sin\beta}{s^2+\omega^2}$	$\frac{1}{n!}t^n\mathrm{e}^{-at}$	$\frac{1}{(s+a)^{n+1}}$
$\sinh(\omega t)$	$\frac{\omega}{s^2-\omega^2}$	$t\sin(\omega t)$	$\frac{2\omega s}{(s^2+\omega^2)^2}$
$\cosh(\omega t)$	$\frac{s}{s^2-\omega^2}$	$t\cos(\omega t)$	$\frac{s^2-\omega^2}{(s^2+\omega^2)^2}$

11.2　拉氏反变换——分解定理

用拉氏变换求解线性电路的时域响应时，需要把响应的象函数反变换为时域函数。拉氏反变换可以直接用定义积分求得，但涉及到计算一个复变函数的积分，一般比较复杂。如果象函数比较简单，往往能够从拉氏变换表中查出其原函数。对于不能从表中查出原函数的情况，如果能设法把象函数分解成若干个简单的能从表中查到的项，就可以查出各个项所对应的原函数，而它们的代数和即是所求的原函数。这种方法称为部分分式展开法，或称为分解定理。另外，也可以用工程数学上的围线积分和留数定理来求拉氏反变换。下面重点介绍拉氏反变换的部分分式展开法。

对于有理函数 $F(s)$ 可以表示为

$$F(s)=\frac{N(s)}{D(s)}=\frac{a_m s^m+a_{m-1}s^{m-1}+\cdots+a_0}{b_n s^n+b_{n-1}s^{n-1}+\cdots+b_0} \tag{11-3}$$

式中：a_i，b_j——实数；

m 和 n——正整数，且 $m \leqslant n$。

用部分分式展开有理分式 $F(s)$ 时，要求 $F(s)$ 为真分式，即 $m<n$。如果 $m=n$，可先将 $F(s)$ 化为真分式，再进行分解。在电路分析中，通常不会出现 $m>n$ 的情况。当 $m=n$，则

$$F(s)=\frac{N(s)}{D(s)}=A+\frac{N_0(s)}{D(s)}$$

式中：A——一个常数，其对应的时间函数为 $A\delta(t)$，余数项 $\frac{N_0(s)}{D(s)}$ 即是真分式。

由数理理论知，在式(11-3)中，使 $F(s)$ 为零的 s 值，称为 $F(s)$ 的零点；使 $F(s)$ 为无穷大的 s 值，称为 $F(s)$ 的极点。显然，多项式 $N(s)=0$ 的根就是 $F(s)$ 的零点，而多项式 $D(s)=0$ 的根就是 $F(s)$ 的极点。一般来说，多项式 $D(s)=0$ 的根可以分为如下 4 种类型。

1. $D(s)=0$ 具有 n 个单根

$F(s)$ 的分母 $D(s)=0$ 的根，是不相等的实数根，此时，极点分别为 p_1，p_2，…，p_n，故 $F(s)$ 可以展开为

$$F(s)=\frac{K_1}{s-p_1}+\frac{K_2}{s-p_2}+\cdots+\frac{K_n}{s-p_n} \tag{11-4a}$$

式中：K_1，K_2，…，K_n——待定系数。

将式(11-4a)两边同乘以 $(s-p_1)$，得

$$(s-p_1)F(s)=K_1+(s-p_1)\left(\frac{K_2}{s-p_2}+\cdots+\frac{K_n}{s-p_n}\right)$$

令 $s=p_1$，则等式除了第一项外都为零，这样求可求得 K_1，$K_1=[(s-p_1)F(s)]_{s=p_1}$。

同理可求得 K_2，…，K_n，所以确定各待定系数的公式为

$$K_i=[(s-p_i)F(s)]_{s=p_i} \qquad i=1,2,3,\cdots,n \tag{11-4b}$$

K_i 的另一种求法是利用分解定理求得。

$$K_i=\lim_{s\to p_i}(s-p_i)F(s)=\lim_{s\to p_i}\frac{N(s)(s-p_i)}{D(s)}$$

上式为$\frac{0}{0}$型不定式，可以应用求极限的方法(洛必达法则)确定 K_i，即

$$K_i=\lim_{s\to p_i}\frac{N'(s)(s-p_i)+N(s)}{D'(s)}$$

因此确定 K_i 的另一公式为

$$K_i=\frac{N(s)}{D'(s)}\bigg|_{s=p_i}\qquad i=1,2,3\cdots,n \tag{11-4c}$$

确定了式(11-4a)中的系数后，对应的原函数为

$$f(t)=L^{-1}[F(s)]=\sum_{i=1}^{n}K_i e^{p_i t}$$

例 11-10 已知 $F(s)=\frac{s+3}{s^2+3s+2}$，求其原函数。

解： $F(s)=\frac{s+3}{s^2+3s+2}=\frac{s+3}{(s+1)(s+2)}=\frac{K_1}{s+1}+\frac{K_2}{s+2}$

$$K_1=[(s+1)F(s)]_{s=-1}=\frac{s+3}{s+2}\bigg|_{s=-1}=2$$

$$K_1=[(s+2)F(s)]_{s=-2}=\frac{s+3}{s+1}\bigg|_{s=-2}=-1$$

所以 $$f(t)=L^{-1}[F(s)]=2e^{-t}-e^{-2t}$$

2. $D(s)=0$ 具有非重共轭复根

设 $p_1=\alpha+j\omega$，$p_2=\alpha-j\omega$，则

$$F(s)=\frac{K_1}{s-\alpha-j\omega}+\frac{K_2}{s-\alpha+j\omega}+F_1(s)$$

式中：$K_1=[(s-p_1)F(s)]_{s=p_1}$；

$K_2=[(s-p_2)F(s)]_{s=p_2}$。

$F_1(s)$——不包含该共轭复根的其余各项。当然，$F_1(s)$ 可能还包含其他共轭复根，对它们的处理与下面的处理方法相同。为了简单起见，设 $F_1(s)=0$。由于 $F(s)$ 是实系数多项式之比，故 p_1、p_2 为共轭复数时，K_1，K_2 也为共轭复数。

设 $$K_1=|K_1|\angle\theta_1=|K_1|e^{j\theta_1}$$

则 $$K_2=|K_1|\angle-\theta_1=|K_1|e^{-j\theta_1}$$

则有

$$\begin{aligned}f(t)&=K_1e^{(\alpha+j\omega)t}+K_2e^{(\alpha-j\omega)t}=|K_1|e^{j\theta_1}e^{(\alpha+j\omega)t}+|K_1|e^{-j\theta_1}e^{(\alpha-j\omega)t}\\&=|K_1|e^{\alpha t}[e^{j(\omega t+\theta_1)}+e^{-j(\omega t+\theta_1)}]\\&=2|K_1|e^{\alpha t}\cos(\omega t+\theta_1)\end{aligned}\tag{11-5}$$

例 11-11 求 $F(s)=\frac{s+3}{s^2+2s+5}$ 的原函数。

解： $D(s)=s^2+2s+5=0$ 的根为 $p_1=-1+j2$，$p_2=-1-j2$，为共轭复根。则

$$K_1=[(s+1-j2)F(s)]_{s=-1+j2}=\frac{s+3}{s+1+j2}\bigg|_{s=-1+j2}=0.5-j0.5=\frac{\sqrt{2}}{2}\angle-45^\circ$$

$$K_2 = K_1^* = 0.5 + j0.5 = \frac{\sqrt{2}}{2} \angle 45^\circ$$

代入式(11-5)得：$f(t) = 2|K_1| e^{-t}\cos(2t - 45^\circ) = \sqrt{2} e^{-t}\cos(2t - 45^\circ)$

3. $D(s)=0$ 具有实数重根

若 $D(s)=0$ 具有实数重根，则 $D(s)$ 含有 $(s-p_1)^q$ 的因式。设 $D(s)$ 含有 $(s-p_1)^3$ 的因式，则 p_1 是 $D(s)=0$ 的 3 重根，则 $F(s)$ 可以分解为

$$F(s) = \frac{K_{13}}{s-p_1} + \frac{K_{12}}{(s-p_1)^2} + \frac{K_{11}}{(s-p_1)^3} + F_1(s) \tag{11-6}$$

$F_1(s)$ 为不包含该重根的其余各项。当然，$F_1(s)$ 可能包含单根或非重共轭复根，甚至其他的重根，单根或非重共轭复根的处理方法前面已论述，其他重根的处理方法与下面的处理方法相同。为了简单起见，设 $F_1(s)=0$。为了确定 K_{11}，K_{12} 和 K_{13}，可以将式(11-6)两边都乘以 $(s-p_1)^3$，则 K_{11} 被单独分离出来，即

$$(s-p_1)^3 F(s) = (s-p_1)^2 K_{13} + (s-p_1)K_{12} + K_{11} \tag{11-7}$$

则
$$K_{11} = (s-p_1)^3 F(s)\Big|_{s=p_1}$$

再对式(11-7)两边对 s 求导一次，K_{12} 被分离出来，即

$$\frac{d}{ds}[(s-p_1)^3 F(s)] = 2(s-p_1)K_{13} + K_{12},$$

所以
$$K_{12} = \frac{d}{ds}[(s-p_1)^3 F(s)]\Big|_{s=p_1}$$

用同样的方法可得
$$K_{13} = \frac{1}{2}\frac{d^2}{ds^2}[(s-p_1)^3 F(s)]\Big|_{s=p_1}$$

与以上的分析过程相似，可以推导出当 $D(s)=0$ 在 p_1 处具有 q 阶重根的情况，此时 $F(s)$ 可以分解为

$$F(s) = \frac{K_{1q}}{s-p_1} + \frac{K_{1(q-1)}}{(s-p_1)^2} + \cdots + \frac{K_{11}}{(s-p_1)^q}$$

式中：$K_{11} = (s-p_1)^q F(s)\Big|_{s=p_1}$

$$K_{1i} = \frac{1}{(i-1)!}\frac{d^{i-1}}{ds^{i-1}}[(s-p_1)^q F(s)]\Big|_{s=p_1} \qquad i=2,\ 3,\ \cdots,\ q$$

则 $f(t) = K_{1q}e^{p_1 t} + K_{1(q-1)}te^{p_1 t} + \frac{1}{2!}K_{1(q-2)}t^2 e^{p_1 t} + \cdots + \frac{1}{(q-1)!}K_{11}t^{(q-1)}e^{p_1 t}$

例 11-12 已知 $F(s) = \frac{3s^2+11s+11}{(s+1)^2(s+2)}$，求其原函数。

解： 此 $F(s)$ 有一个 2 重根和一个单根，由以上分析可知，$F(s)$ 可以分解为

$$F(s) = \frac{K_{12}}{s+1} + \frac{K_{11}}{(s+1)^2} + \frac{K_2}{s+2}$$

式中：
$$K_{11} = (s+1)^2 F(s)\big|_{s=-1} = \frac{3s^2+11s+11}{s+2}\Big|_{s=-1} = 3$$

$$K_{12} = \frac{d}{ds}[(s+1)^2 F(s)]\big|_{s=-1} = \frac{d}{ds}\left[\frac{3s^2+11s+11}{s+2}\right]\Big|_{s=-1} = 2$$

$$K_2=[(s+2)F(s)]|_{s=-2}=\left.\frac{3s^2+11s+11}{(s+1)^2}\right|_{s=-2}=1$$

故
$$f(t)=2e^{-t}+3te^{-t}+e^{-2t}$$

4. D(s)=0 有多重复根

如设 $p_1=\alpha+j\omega$ 为 3 重复根，$p_2=\alpha-j\omega$ 为 3 重复根。则根据重根的处理方法得

$$F(s)=\frac{K_{13}}{s-p_1}+\frac{K_{12}}{(s-p_1)^2}+\frac{K_{11}}{(s-p_1)^3}+\frac{K_{23}}{s-p_2}+\frac{K_{22}}{(s-p_2)^2}+\frac{K_{21}}{(s-p_2)^3}$$

可以用求重根系数的方法来求 K_{13}，K_{12}，K_{11}，K_{23}，K_{22}，K_{21}。

其中
$$K_{13}=K_{23}^*，K_{12}=K_{22}^*，K_{11}=K_{21}^*$$

可设
$$K_{13}=|K_{13}|e^{j\theta_3}，K_{12}=|K_{12}|e^{j\theta_2}，K_{11}=|K_{11}|e^{j\theta_1}$$

这样原函数为

$$f(t)=|K_{13}|e^{\alpha t}[e^{j(\omega t+\theta_3)}+e^{-j(\omega t+\theta_3)}]+|K_{12}|te^{\alpha t}[e^{j(\omega t+\theta_2)}+e^{-j(\omega t+\theta_2)}]$$
$$+\frac{1}{2!}|K_{11}|t^2e^{\alpha t}[e^{j(\omega t+\theta_1)}+e^{-j(\omega t+\theta_1)}]$$

$$f(t)=2|K_{13}|e^{\alpha t}\cos(\omega t+\theta_3)+2|K_{12}|te^{\alpha t}\cos(\omega t+\theta_2)+|K_{11}|t^2e^{\alpha t}\cos(\omega t+\theta_1)$$

与以上的分析过程相似，可以推导出当 $D(s)=0$ 具有 q 阶共轭重根的情况，$F(s)$ 可以分解为

$$F(s)=\frac{K_{1q}}{s-p_1}+\frac{K_{1(q-1)}}{(s-p_1)^2}+\cdots+\frac{K_{11}}{(s-p_1)^q}+\frac{K_{2q}}{s-p_2}+\frac{K_{2(q-1)}}{(s-p_2)^2}+\cdots+\frac{K_{21}}{(s-p_2)^q}$$

式中：
$$K_{11}=(s-p_1)^qF(s)|_{s=p_1} \tag{11-8}$$

$$K_{1i}=\frac{1}{(i-1)!}\frac{d^{i-1}}{ds^{i-1}}[(s-p_1)^qF(s)]|_{s=p_1}\quad i=2,3,\cdots,q \tag{11-9}$$

$$K_{21}=(s-p_2)^qF(s)|_{s=p_2} \tag{11-10}$$

$$K_{2i}=\frac{1}{(i-1)!}\frac{d^{i-1}}{ds^{i-1}}[(s-p_2)^qF(s)]|_{s=p_2}\quad i=2,3,\cdots,q \tag{11-11}$$

其中，K_{1i} 与 K_{2i} 互为共轭，设 $K_{1i}=|K_{1i}|e^{i\theta_i}$，则

$$\begin{aligned}f(t)=&2|K_{1q}|e^{\alpha t}\cos(\omega t+\theta_q)+2|K_{1(q-1)}|te^{\alpha t}\cos(\omega t+\theta_{(q-1)})\\&+\frac{1}{2!}\times2|K_{1(q-2)}|t^2e^{\alpha t}\cos(\omega t+\theta_{(q-2)})+\\&\cdots+\frac{1}{(q-1)!}\times2|K_{11}|t^{(q-1)}e^{\alpha t}\cos(\omega t+\theta_1)\end{aligned} \tag{11-12}$$

例 11-13 已知 $F(s)=\dfrac{-s^4-2s^3+4s^2+14s+25}{s[(s+1)^2+4]^2}$，求它的原函数。

解：$F(s)$ 的分母多项式在 $s=-1+j2$ 处有 2 重根，在 $s=-1-j2$ 处有 2 重根，在 $s=0$ 处是单根。$F(s)$ 可分解为：

$$F(s)=\frac{K_{12}}{s+1-j2}+\frac{K_{11}}{(s+1-j2)^2}+\frac{K_{22}}{s+1+j2}+\frac{K_{21}}{(s+1+j2)^2}+\frac{K_3}{s}$$

式中：
$$K_{11}=(s+1-j2)^2F(s)|_{s=-1+j2}=\left.\frac{-s^4-2s^3+4s^2+14s+25}{s(s+1+j2)^2}\right|_{s=-1+j2}=-j\frac{1}{2}$$

$$K_{12}=\frac{d}{ds}\left[\frac{-s^4-2s^3+4s^2+14s+25}{s(s+1-j2)^2}\right]\Bigg|_{s=-1+j2}=-1$$

$$K_3 = sF(s)\big|_{s=0} = \left.\frac{-s^4 - 2s^3 + 4s^2 + 14s + 25}{[(s+1)+4]^2}\right|_{s=0} = 1$$

故

$$\begin{aligned} f(t) &= 2|K_{12}|\mathrm{e}^{-t}\cos(2t - 180^\circ) + 2|K_{11}|t\mathrm{e}^{-t}\cos(2t - 90^\circ) + 1 \\ &= 1 + t\mathrm{e}^{-t}\sin(2t) - 2\mathrm{e}^{-t}\cos(2t) \end{aligned}$$

11.3 线性动态电路的复频域模型——运算电路

用拉氏变换把原函数 $f(t)$ 与 e^{-st} 的乘积从 0_- 到∞对 t 进行积分，则此积分结果不再是 t 的函数，而是复变量 s 的函数，所以拉氏变换是一个把时域函数 $f(t)$ 变换到 s 域内的复变函数 $F(s)$，变量 s 称为复频率。应用拉氏变换法进行线性电路的分析称为电路的复频域分析方法，又称为**运算法**。用运算法进行分析时，先要把电路变成运算电路，把电路变量变成象函数，把元件变成运算形式，再列出电路方程，求出未知量的象函数，最后进行反变换求出时域原函数。

11.3.1 KL 的运算形式

基尔霍夫定律的时域表示形式为：

对任一节点，有 $\sum i = 0$；对任一回路，有 $\sum u = 0$。

根据拉氏变换的线性性质可以得出基尔霍夫定律的运算形式为：

对任一节点，有 $\sum I(s) = 0$；对任一回路，有 $\sum U(s) = 0$。

11.3.2 VCR 的运算形式

根据元件上电压电流的时域关系，可以推导出各个元件电压电流关系的运算形式及相应的运算电路。

1. 电阻

电阻的时域伏安关系为 $u = Ri$，根据拉氏变换的线性性质可得其运算形式为 $U(s) = RI(s)$，因此电阻的运算电路如图 11-2 所示。

(a) (b)

图 11-2 电阻的运算电路

2. 电感

电感的时域伏安关系为 $u = L\dfrac{\mathrm{d}i}{\mathrm{d}t}$，由拉氏变换的微分性质可得它的运算形式为

$$U(s) = sLI(s) - Li(0_-) \text{ 或 } I(s) = \frac{1}{sL}U(s) + \frac{i(0_-)}{s}$$

上式中可以把 sL 当作电感的运算阻抗，把 $\dfrac{1}{sL}$ 当作电感的运算导纳，$i(0_-)$ 为电感中的初始值。这样就可以得到图 11-3(b)、图 11-3(c)所示的运算电路，其中 $Li(0_-)$ 为附加电压源的电压，$\dfrac{i(0_-)}{s}$ 为附加电流源的电流，它反映了电感中初始值的作用。

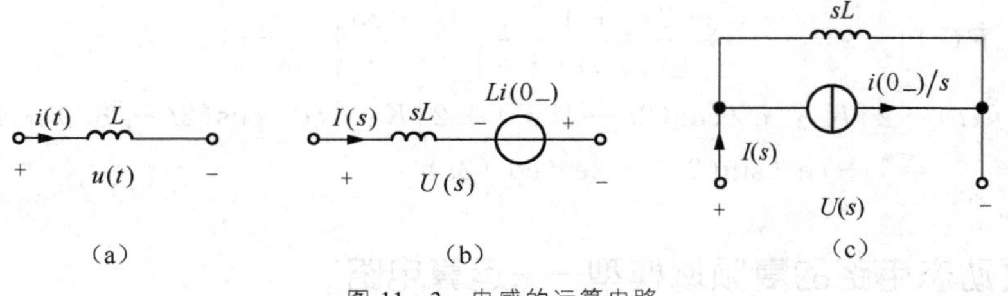

图 11-3 电感的运算电路

3. 电容

电容的时域伏安关系为 $i=C\dfrac{\mathrm{d}u}{\mathrm{d}t}$，由拉氏变化的微分性质可得其运算形式为

$$U(s)=\frac{1}{sc}I(s)+\frac{u(0_-)}{s} \text{ 或 } I(s)=SCU(s)-Cu(0_-)$$

上式中可以把 $\dfrac{1}{sc}$ 当作电容的运算阻抗，sc 当作电容的运算导纳，$u(0_-)$ 为电容中的初始值，这样就可以得到图 11-4(b)、图 11-4(c)所示的运算电路，其中 $\dfrac{u(0_-)}{s}$ 是附加电压源的电压，$Cu(0_-)$ 是附加电流源的电流，它反映了电容中初始值的作用。

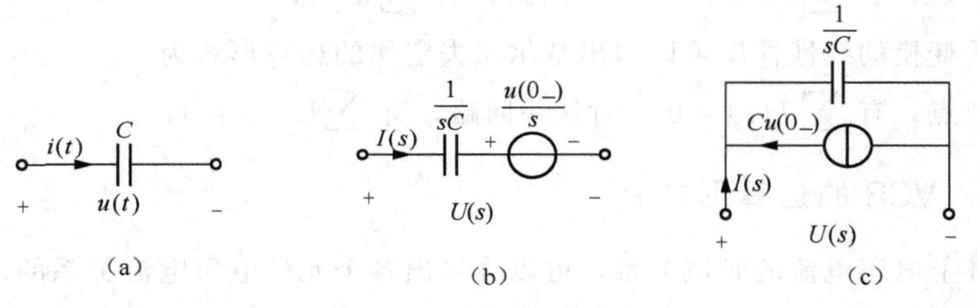

图 11-4 电容的运算电路

4. 互感

对两个耦合电感，运算电路中除了有各个电感初始值引起的附加电源外，还有因互感引起的附加电源。对图 11-5(a)，有时域伏安关系：

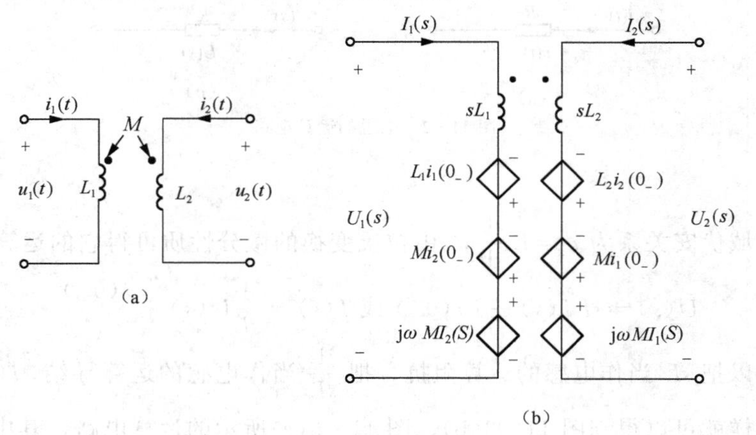

图 11-5 耦合电感的运算电路

$$u_1 = L_1 \frac{\mathrm{d}i_1}{\mathrm{d}t} + M\frac{\mathrm{d}i_2}{\mathrm{d}t}, \quad u_2 = L_2 \frac{\mathrm{d}i_2}{\mathrm{d}t} + M\frac{\mathrm{d}i_1}{\mathrm{d}t}$$

对上式两边取拉氏变换，得

$$U_1(s) = sL_1 I_1(s) - L_1 i_1(0_-) + sMI_2(s) - Mi_2(0_-)$$
$$U_2(s) = sL_2 I_2(s) - L_2 i_2(0_-) + sMI_1(s) - Mi_1(0_-)$$

上式中 sM 称为互感运算阻抗，$Mi_1(0_-)$ 和 $Mi_2(0_-)$ 都是附加电源，它们的方向与电流的参考方向有关，还与互感的同名端位置有关。图 11-5(b)为图 11-5(a)用 CCVS 代替互感后的运算电路。

5. 零状态无源一端口

一个无源一端口，如果其中的电容、电感上初值为零，则可以把每个元件进行运算变换，所得的一端口仍然是无源的，此时这个一端口可以等效为一个运算阻抗。

图 11-6(a)所示的 RLC 串联电路，其中 L、C 上初始值为零，其运算电路为图 11-6(b)，则等效阻抗为

$$z(s) = R + sL + \frac{1}{sc}$$

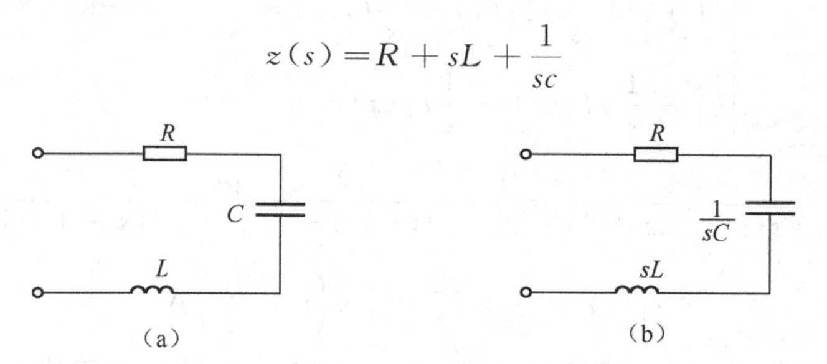

图 11-6　RLC 串联电路

11.4 用复频域分析法计算线性电路——运算法

用复频域分析法分析线性电路时，一般按这样的步骤进行：①求 $t=0_-$ 时的初始值；②画运算电路；③列方程求出象函数；④部分分式展开；⑤用查表法反变换求原函数。

例 11-14　图 11-7(a)所示的电路原处于稳定状态，$t=0$ 时开关 S 闭合，试用运算法求解电压 $u_L(t)$。

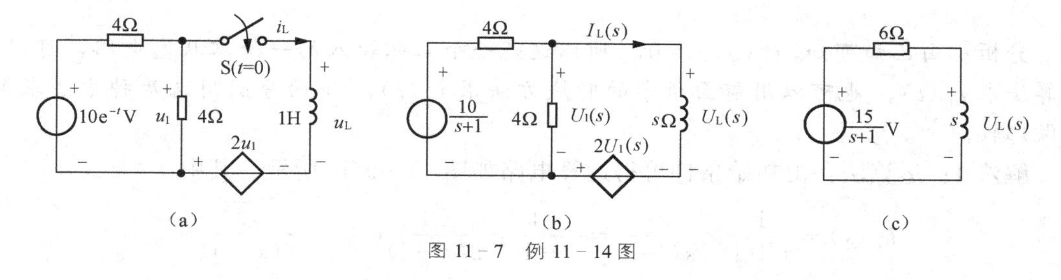

图 11-7　例 11-14 图

解： 由已知可得 $i_L(0_-)=0$，所以可得运算电路如图 11-7(b)所示。对电感之外的电路进行戴维南等效，等效电路如图 11-7(c)所示，因此可得

$$U_L(s) = \frac{s}{6+s} \times \frac{15}{s+1} = \frac{15s}{(s+1)(s+6)} = \frac{-3}{s+1} + \frac{18}{s+6}$$

故 $$u_{L}(t)=18e^{-6t}-3e^{-t}(V)$$

例 11-15 图 11-8(a)所示的电路原处于稳定状态，$t=0$ 时开关 S 闭合，试用运算法求解电流 $i_1(t)$。

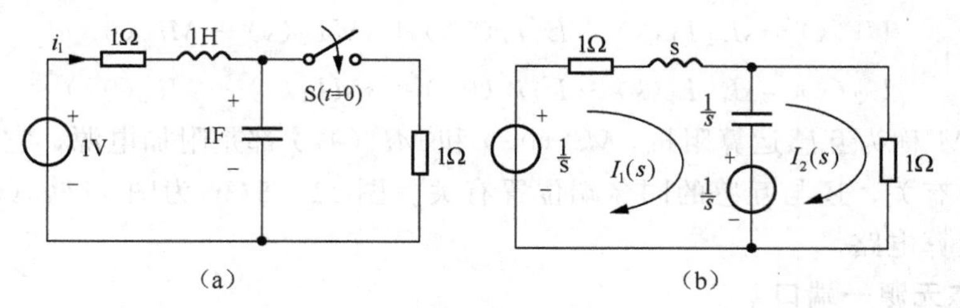

图 11-8 例 11-15 图

解： 由已知可知，$i_L(0_-)=0$，$u_C(0_-)=1V$，所以可得运算电路如图 11-8(b)所示。对图列网孔电流方程得

$$\begin{cases}(1+s+\dfrac{1}{s})I_1(s)-\dfrac{1}{s}I_2(s)=\dfrac{1}{s}-\dfrac{1}{s}=0\\(1+\dfrac{1}{s})I_2(s)-\dfrac{1}{s}I_1(s)=\dfrac{1}{s}\end{cases}$$

解之得 $I_1(s)=\dfrac{1}{s(s^2+2s+2)}=\dfrac{1}{2s}+\dfrac{\sqrt{2}}{4(s+1-j)}e^{j\frac{3\pi}{4}}+\dfrac{\sqrt{2}}{4(s+1+j)}e^{-j\frac{3\pi}{4}}$

故 $$i_1(t)=\frac{1}{2}+\frac{\sqrt{2}}{2}e^{-t}\cos\left(t+\frac{3\pi}{4}\right)A$$

例 11-16 如图 11-9(a)所示，$i_s(t)=2\cos t(A)$，电路原处于稳定状态，$t=0$ 时开关 S 闭合，求 $t\geqslant0$ 时的电流 $i_L(t)$。

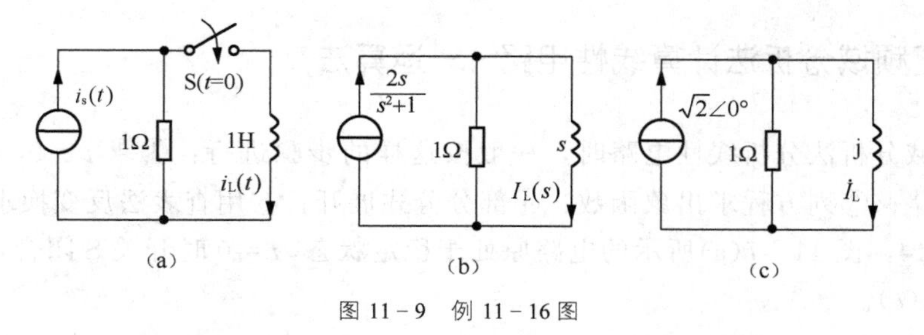

图 11-9 例 11-16 图

分析： 由已知可知，$i_L(0_-)=0$，所以这是一个正弦输入的一阶零状态电路，可以用运算法求 $i_L(t)$。也可以用前面所学的时域方法求 $i_L(t)$，下面分别用这两种方法求解，并做比较。

解法 1： 运算法：由初始条件可得运算电路如图 11-9(b)所示。其中

$$I_L(s)=\frac{1}{s+1}\times\frac{2s}{s^2+1}=\frac{-1}{s+1}+\frac{\sqrt{2}}{2(s-j)}e^{-j\frac{\pi}{4}}+\frac{\sqrt{2}}{2(s+j)}e^{j\frac{\pi}{4}}$$

故 $$i_L(t)=-e^{-t}+\sqrt{2}\cos\left(t-\frac{\pi}{4}\right)A$$

解法 2： 经典法：此一阶电路的微分方程为

$$\frac{di_L}{dt}+i_L=2\cos t$$

此微分方程的解的形式为：$i_L=i'_L+i''_L$，其中 i'_L 为齐次微分方程的通解，$i'_L=Ae^{-t}$；i''_L 为齐次微分方程的特解，$i''_L=B\cos(t+\theta)$，A，B，θ 为待定系数，可以把 i_L 代入微分方程及初始条件中求得，也可以用相量法分析正弦稳态电路如图 11－9(c)，所求出的电流即为 i''_L。在图 11－9(c)中，

$$\dot{I}_L=\frac{1}{1+j}\times\sqrt{2}\angle 0°=1\angle -45°(\text{A})$$

故
$$i''_L=\sqrt{2}\cos(t-45°)$$

所以
$$i_L=i'_L+i''_L=Ae^{-t}+\sqrt{2}\cos(t-45°)$$

代入初始条件得 $A=-1$，因此 $i_L(t)=-e^{-t}+\sqrt{2}\cos\left(t-\frac{\pi}{4}\right)(\text{A})$

例 11－17　图 11－10(a)所示的电路原处于稳定状态，$t=0$ 时开关 S 闭合，用运算法求解 $i_L(t)$ 和 $u_L(t)$。

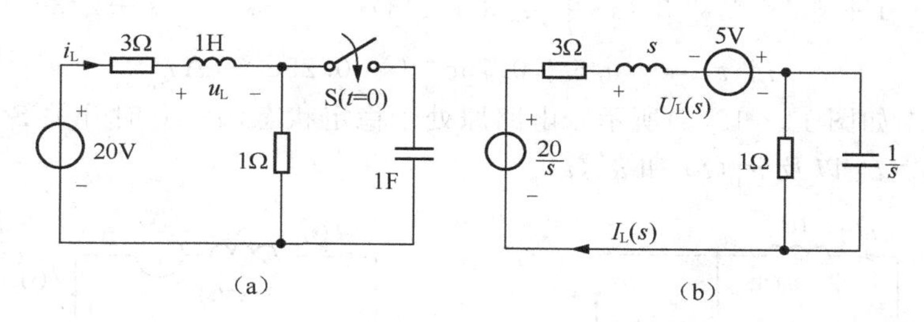

图 11－10　例 11－17 图

解：由已知可知，$i_L(0_-)=5\text{A}$，$u_C(0_-)=0$，所以可得运算电路如图 11－10(b)所示。

电路中总的阻抗为　　$Z(s)=3+s+\frac{1}{1+s}=\frac{s^2+4s+4}{1+s}$

所以
$$I_L(s)=(5+\frac{20}{s})/Z(s)=\frac{5(s+4)(s+1)}{s(s+2)^2}=\frac{5}{s}+\frac{5}{(s+2)^2}$$

故
$$i_L(t)=5+5te^{-2t}(\text{A})$$

$$U_L(s)=sI_L(s)-5=\frac{5s}{(s+2)^2}=\frac{5}{s+2}+\frac{-10}{(s+2)^2}$$

故
$$u_L(t)=5e^{-2t}-10te^{-2t}=(5-10t)e^{-2t}(\text{V})$$

或　$u_L(t)=L\frac{di_L}{dt}=\frac{d}{dt}(5+5te^{-2t})=5e^{-2t}-10te^{-2t}=(5-10t)e^{-2t}(\text{V})$

例 11－18　图 11－11(a)中 $M=0.5\text{H}$，$u_s(t)=t$，电路原处于稳定状态，$t=0$ 时开关 S 闭合，用运算法求 $i_1(t)$ 和 $i_2(t)$。

解：由已知可知，$i_1(0_-)=0$，$i_2(0_-)=0$。所以可得运算电路如图 11－11(b)所示。对两个回路列方程得

$$\begin{cases}(1+s)I_1(s)+0.5sI_2(s)=\frac{1}{s^2}\\(1+s)I_2(s)+0.5sI_1(s)=0\end{cases}$$

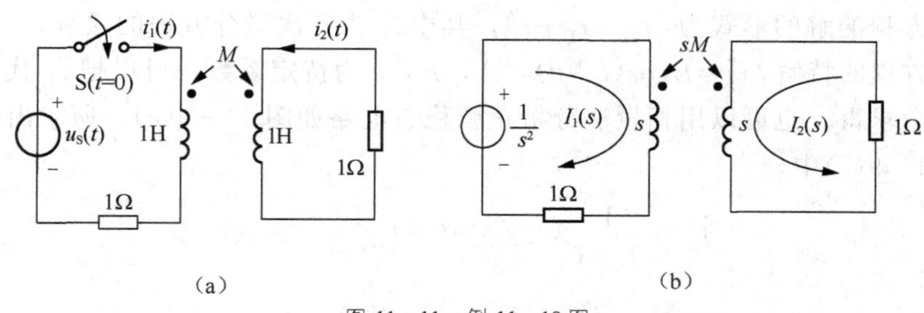

(a) (b)

图 11-11 例 11-18 图

解之得

$$I_1(s)=\frac{1+s}{s^2(0.75s^2+2s+1)}=\frac{4(s+1)}{3s^2(s^2+8s/3+4/3)}=\frac{1}{s^2}+\frac{-1}{s}+\frac{2.25}{(s+2/3)}+\frac{0.25}{(s+2)}$$

故 $$i_1(t)=t-1+2.25e^{-\frac{2}{3}t}+0.25e^{-2t}(\mathrm{A})$$

$$I_2(s)=\frac{-0.5s}{1+s}I_1(s)=\frac{-2}{3s(s^2+8s/3+4/3)}=-\frac{-0.5}{s}+\frac{0.75}{s+2/3}+\frac{-0.25}{s+2}$$

故 $$i_2(t)=-0.5+0.75e^{-\frac{2}{3}t}-0.25e^{-2t}(\mathrm{A})$$

例 11-19 如图 11-12(a)所示，电路原处于稳定状态，$t=0$ 时开关 S 打开，求 S 打开后 $i_1(t)$ 和 $i_2(t)$ 以及 $u_1(t)$ 和 $u_2(t)$。

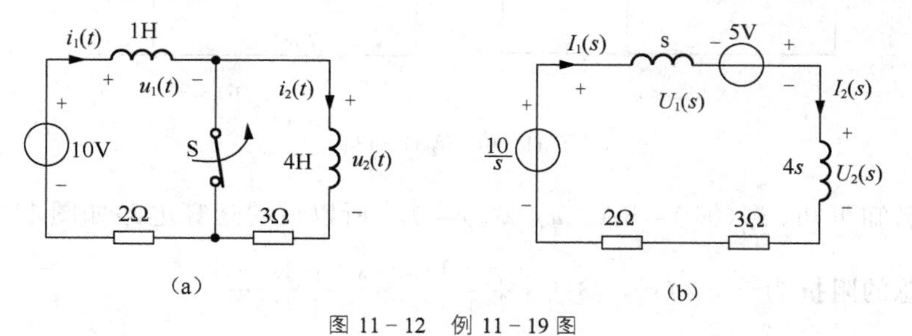

(a) (b)

图 11-12 例 11-19 图

解：由已知可知，$i_1(0_-)=5\mathrm{A}$，$i_2(0_-)=0$，所以可得运算电路如图 11-12(b)所示。由图 11-12(b)可得：

$$I_1(s)=I_2(s)=\left(\frac{10}{s}+5\right)/(5+5s)=\frac{s+2}{s(s+1)}=\frac{2}{s}+\frac{-1}{s+1}$$

所以 $$i_1(t)=i_2(t)=2-e^{-t}(\mathrm{A})$$

则 $$U_1(s)=sI_1(s)-5=-4+\frac{1}{s+1},\ U_2(s)=4sI_1(s)=4+\frac{4}{s+1}$$

故 $$u_1(t)=-4\delta(t)+e^{-t}(\mathrm{V}),\ u_2(t)=4\delta(t)+4e^{-t}(\mathrm{V})$$

本例中两个电感上的电流均发生跃变，在 $t=0_+$ 时电流被强制为 1A，因此两电感上的电压将有冲激函数出现，但 $u_1(t)+u_2(t)$ 中并无冲激函数，这是因为虽然电流发生跃变，电压出现冲激函数，但二者大小相等方向相反，所以在整个回路中不会出现冲激电压，保证满足了 KVL 关系。

例 11-20 图 11-13(a)所示电路中，若 $t=0$ 时开关 S 闭合，求 $t\geqslant 0$ 时的 i_L，u_C，i_C 和 i。

解法 1：S 闭合，此题属直流动态，L 与 C 构成的回路各自独立，属一阶电路，可以

用三要素法，根据换路定则可以求出

$$i_L(0_+)=i_L(0_-)=\frac{50}{120+100}=0.227(\mathrm{A})$$

$$u_C(0_+)=u_C(0_-)=100i_L(0_+)=22.7(\mathrm{V})$$

$$\tau_C=RC=100\times10\times10^{-6}=10^{-3}(\mathrm{s})$$

$$\tau_L=\frac{L}{R}=\frac{0.1}{100}=10^{-3}(\mathrm{s})$$

则有

$$i_L=i_L(0_+)\mathrm{e}^{-\frac{t}{\tau_L}}=0.227\mathrm{e}^{-10^3t}\,\mathrm{A}$$

$$u_C=u_C(0_+)\mathrm{e}^{-\frac{t}{\tau_C}}=22.7\mathrm{e}^{-10^3t}\,\mathrm{V}$$

$$i_C=\frac{u_C}{100}=0.227\mathrm{e}^{-10^3t}\,\mathrm{A}$$

$$i=i_C-i_L=0.227\mathrm{e}^{-10^3t}-0.227\mathrm{e}^{-10^3t}=0$$

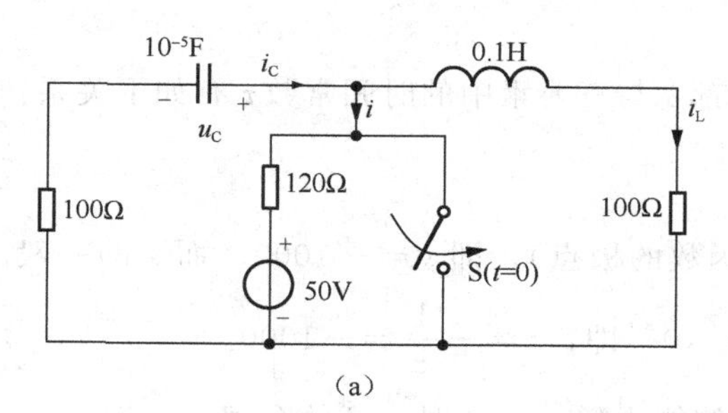

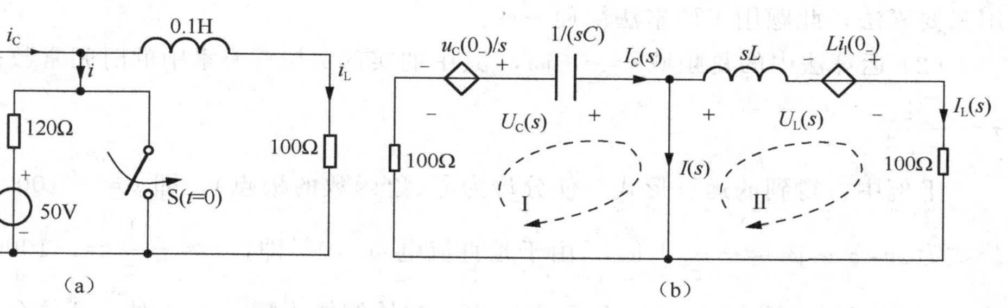

图 11－13　综合例题 11－20 图

解法 2：用运算法，根据换路前电路，求出

$$i_L(0_-)=\frac{50}{120+100}=0.227\mathrm{A}$$

$$u_C(0_-)=100i_L(0_+)=22.7\mathrm{V}$$

画出运算电路如图 11－13(b)所示。

对网孔 Ⅰ 列 KVL

$$-\frac{u_C(0_-)}{s}+\frac{1}{sC}I_C(s)+100I_C(s)=0$$

代入已知量

$$-\frac{22.7}{s}+\frac{10^5}{s}I_C(s)+100I_C(s)=0$$

解得

$$I_C(s)=\frac{\frac{22.7}{s}}{\frac{10^5}{s}+100}=\frac{0.227}{s+1000}$$

拉普拉斯反变换得

$$i_C(t)=0.227\mathrm{e}^{-1000t}\,\mathrm{A}$$

$$U_C(s)=-I_C(s)\times\frac{1}{sC}+\frac{u_C(0_-)}{s}$$

$$=-\frac{0.227}{s+1000}\times\frac{10^5}{s}+\frac{22.7}{s}$$

$$=\frac{22.7}{s+1000}$$

拉普拉斯反变换得

$$u_C = 22.7\mathrm{e}^{-10^3 t}\,(\mathrm{V})$$

对网孔Ⅱ列 KVL　　$sLI_L(s) - Li_l(0_-) + 100I_L(s) = 0$

代入已知量

$$0.1sI_L(s) - 0.1 \times 0.227 + 100I_L(s) = 0$$

解得　　$I_L(s) = \dfrac{0.227}{s + 1000}$

拉普拉斯反变换得　　$i_L = 0.227\mathrm{e}^{-1000t}\,(\mathrm{A})$

$$i = i_C - i_L = 0.227\mathrm{e}^{-10^3 t} - 0.227\mathrm{e}^{-10^3 t} = 0$$

三要素法与运算法的比较如下。

(1) 两种方法得到的结果相同，上例中，由于正好是一阶电路的直流动态，所以可以用三要素法，此题用三要素法简便一些。

(2) 运算法中的复频域 $s=\sigma+\mathrm{j}\omega$，其中的实部 σ 与三要素中的时间常数 τ 有如下关系：$\sigma = -\dfrac{1}{\tau}$。

上例中，得到的运算形式，使分母为零(象函数的极点)，即 $s=-1000$。而 s 的一般形式为 $s=\sigma+\mathrm{j}\omega=-\dfrac{1}{\tau}+\mathrm{j}\omega$，由于是直流电 $\omega=0$，即，$s=-\dfrac{1}{\tau}=-1000$。

例 11-21　图 11-14(a)所示电路中，初始储能为零，$t=0$ 时，开关合闸，已知 $u_s = 5\cos t\,(\mathrm{V})$，①求稳态时的电流 i；② 求 $t \geqslant 0$ 时的电流 i。

(1) 求稳态时的电流 i，可用相量法。

$$\dot{I}_m = \frac{\dot{U}_{sm}}{R + \mathrm{j}\omega L + \dfrac{1}{\mathrm{j}\omega C}} = \frac{5\angle 0^\circ}{2+\mathrm{j}-\mathrm{j}} = 2.5\angle 0^\circ$$

则

$$i = 2.5\cos t\,(\mathrm{A}) \tag{1}$$

(2) 求 $t \geqslant 0$ 时的电流 i，属二阶交流动态电路，用运算法。

$$u_s = 5\cos t\,(\mathrm{V})$$

$$U_s(s) = 5\,\frac{s}{s^2+\omega^2} = 5\,\frac{s}{s^2+1}$$

画出运算电路如图 11-14(b)所示，$i_L(0_-)=0\mathrm{A}$，$u_C(0_-)=0\mathrm{V}$，则

$$I(s) = \frac{U_s(s)}{R + sL + \dfrac{1}{sC}}$$

代入已知量，解得

$$I(s) = \frac{\dfrac{5s}{s^2+1}}{2 + s + \dfrac{1}{s}} = \frac{5s}{s^2+1} \times \frac{s}{(s+1)^2} = \frac{K_1}{s-\mathrm{j}} + \frac{K_2}{s+\mathrm{j}} + \frac{K_{12}}{s+1} + \frac{K_{11}}{(s+1)^2}$$

其中

$$K_1 = I(s)(s-\mathrm{j})\big|_{s=\mathrm{j}} = \frac{5s}{s+\mathrm{j}} \times \frac{s}{(s+1)^2}\bigg|_{s=\mathrm{j}} = 1.25$$

$$K_2 = I(s)(s+\mathrm{j})\big|_{s=-\mathrm{j}} = \frac{5s}{s-\mathrm{j}} \times \frac{s}{(s+1)^2}\bigg|_{s=-\mathrm{j}} = 1.25$$

$$K_{11} = I(s)\,(s+1)^2\big|_{s=-1} = \frac{5s}{s^2+1} \times s\bigg|_{s=-1} = 2.5$$

$$K_{12} = \frac{\mathrm{d}}{\mathrm{d}s}\left[I(s)\,(s+1)^2\right]\bigg|_{s=-1} = \frac{\mathrm{d}}{\mathrm{d}s}\left(\frac{5}{s^2+1}s^2\right)\bigg|_{s=-1}$$

$$= \frac{10s(s^2+1) - 5s^2(2s)}{(s^2+1)^2}\bigg|_{s=-1} = -2.5$$

则有

$$i(t) = L^{-1}[I(s)] = L^{-1}\left[\frac{1.25}{s-\mathrm{j}} + \frac{1.25}{s+\mathrm{j}} + \frac{-2.5}{s+1} + \frac{2.5}{(s+1)^2}\right]$$

$$= 2 \times 1.25\cos t - 2.5\mathrm{e}^{-t} + 2.5t\mathrm{e}^{-t}$$

$$= 2.5\cos t - 2.5\mathrm{e}^{-t} + 2.5t\mathrm{e}^{-t} \tag{2}$$

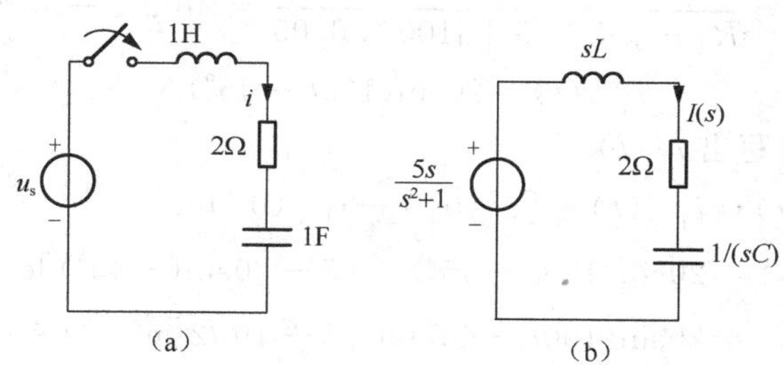

图 11-14 例 11-21 图

分析：式(2)中，$t=\infty$，当电路进入稳态，得 $i=2.5\cos t$(A)，与式(1)结果相同。

式(2)的结果是针对 $t \geqslant 0$ 时，回路的电流 $i(t)=2.5\cos t-2.5\mathrm{e}^{-t}+2.5t\mathrm{e}^{-t}$，当 $t=0$ 时，$i(t)=0$ 即 $i_l(0_-)=i_l(0_+)=0$，与实际结论相符。因此，式(2)的结果与式(1)的结果只是时域范围不同。式(2)的分析时域是 $t \geqslant 0$，属交流的动态分析，而式(1)结果的时域范围是 $t=\infty$，属交流的稳态分析。

极点 $s=\pm\mathrm{j}$ 是激励产生的，与通式 $s=\sigma+\mathrm{j}\omega$ 比较，$\sigma=0$，$\omega=1$，对应稳态分量为 $2.5\cos t$，也称强制分量；双重极点 $s=-1$，对应自由分量为 $-2.5\mathrm{e}^{-t}+2.5t\mathrm{e}^{-t}$，当 $t=\infty$ 时，衰减为零，也称暂态分量。

相量法是 $\sigma=0$ 时，运算法的特例，只能可对交流电路进行稳态分析，当遇到交流的动态分析时，它只能求其中的稳态分量。

例 11-22 电路如图 11-15(a)所示，已知 $u_s=100\sqrt{2}\sin 100t$(V)，$U_s=50$V，$R_0=5\Omega$，$R_1=5\Omega$，$L=0.05$H，当 $t=0$ 时，S 从 1 切换到 2，且换路前电路已稳定。求 $t \geqslant 0$ 时的 $i_L(t)$。

解法 1：用三要素法求解

(1) 求初值 $i_L(0_-)$ 和 $i_L(0_+)$。

在 $t=0_-$ 时，电路中 U_s 作用于电路且电路已稳定，L 相当于短路，所以

$$i_L(0_-) = \frac{U_s}{R_0+R_1} = \frac{50}{5+5} = 5(\mathrm{A})$$

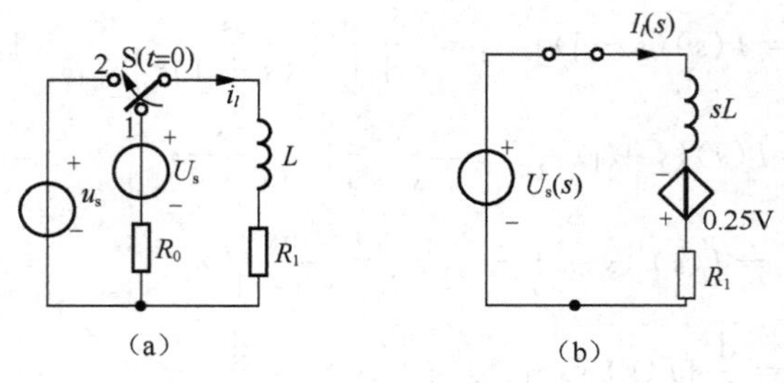

图 11-15 例 11-22 图

由换路定则得 $$i_L(0_+)=i_L(0_-)=5\text{A}$$

(2) 求时间常数，按换路后的电路求时间常数。

$$\tau=\frac{L}{R_1}=\frac{0.05}{5}=0.01(\text{s})$$

(3) 求换路后的稳态解可以用相量法。

$$\dot{I}_{L\infty}=\frac{\dot{U}_s}{R_1+j\omega L}=\frac{100\angle 0^\circ}{5+j100\times 0.05}=10\sqrt{2}\angle -45^\circ(\text{A})$$

所以 $$i_{L\infty}(t)=20\sin(100t-45^\circ)\text{A}$$

(4) 用三要素法可写出 $i_L(t)$。

$$\begin{aligned}i_L(t)&=i_{L\infty}(t)+[i_L(0_+)-i_{L\infty}(0_+)]e^{-t/\tau}\\&=20\sin(100t-45^\circ)+[5-20\sin(-45^\circ)]e^{-100t}\\&=20\sin(100t-45^\circ)+[5+10\sqrt{2}]e^{-100t}(\text{A})\end{aligned}$$

解法 2：用运算法求解

求初值 $i_L(0_-)$。

如图 11-15(a)所示，在 $t\leqslant 0_-$ 时，电路中 U_s 作用于电路且电路已稳定，L 相当于短路，所以

$$i_L(0_-)=\frac{U_s}{R_0+R_1}=\frac{50}{5+5}=5(\text{A})$$

故 $$Li_L(0_-)=0.25\text{V}$$

又 $$u_s=100\sqrt{2}\sin 100t\,\text{V}$$

所以 $$U_{sm}(s)=100\sqrt{2}\,\frac{\omega}{s^2+\omega^2}=100\sqrt{2}\,\frac{100}{s^2+100^2}$$

画出运算电路，如图 11-15(b)所示。

0.25V 附加电源单独作用时，

$$I'_L(s)=\frac{0.25}{R_1+sL}=\frac{0.25}{5+0.05s}=\frac{5}{s+100}$$

$$i'_L(t)=5e^{-100t}\text{A}$$

$U_s(s)$ 电源单独作用时，

$$I''_{Lm}(s)=\frac{U_{sm}(s)}{R_1+sL}=\frac{\dfrac{10000\sqrt{2}}{s^2+10000}}{5+0.05s}=\frac{2\times 10^5\sqrt{2}}{(s+100)(s^2+100^2)}$$

$$=\frac{10\sqrt{2}}{s+100}+\frac{10\angle 135^\circ}{s+100\mathrm{j}}+\frac{10\angle -135^\circ}{s-100\mathrm{j}}$$

$$i''_{\mathrm{L}}(t)=10\sqrt{2}\mathrm{e}^{-100t}+20\cos(100t-135^\circ)\mathrm{A}$$

所以，$$i_{\mathrm{L}}(t)=5\mathrm{e}^{-100t}+10\sqrt{2}\mathrm{e}^{-100t}+20\sin(100t-45^\circ)\mathrm{A}$$

例 11 - 22 属交流的动态分析。需要注意，三要素中，$i_{\mathrm{L}}(t)=i_{\mathrm{L}\infty}(t)+[i_{\mathrm{L}}(0_+)-i_{\mathrm{L}\infty}(0_+)]\mathrm{e}^{-t/\tau}$，暂态分量中 $i_{\mathrm{L}\infty}(0_+)$ 表示交流电稳态分量在(0_+)时刻的值，总之，本类题目用三要素法较麻烦，用运算法相对简便。

11.5 网络函数及其零点、极点

1. 网络函数

电路在单一独立激励 $e(t)$ 作用下的零状态响应为 $r(t)$，$e(t)$ 和 $r(t)$ 的象函数分别为 $E(s)$ 和 $R(s)$，定义 $R(s)$ 比 $E(s)$ 为该电路的网络函数 $H(s)$，即

$$H(s)=\frac{R(s)}{E(s)} \tag{11-13}$$

在具体电路中，激励可以是电压源，也可以是电流源，响应可以是电路中电压也可以是电流，而且激励与响应可能是同一端口上的变量，也可能不是同一端口上的变量，因此式(11 - 13)定义的网络函数有以下几种类型。

① 驱动点阻抗或输入阻抗。

$$H(s)=\frac{U(s)}{I(s)} \tag{11-14}$$

式中：$U(s)$ 与 $I(s)$ ——同一端口上的变量；

$I(s)$ ——激励；

$U(s)$ ——响应。

② 驱动点导纳或输入导纳。

$$H(s)=\frac{I(s)}{U(s)} \tag{11-15}$$

式中：$U(s)$ 与 $I(s)$ ——同一端口上的变量；

$U(s)$ ——激励；

$I(s)$ ——响应。

③ 传输函数。

$$H(s)=\frac{I_2(s)}{U_1(s)} \quad \text{（转移导纳函数）} \tag{11-16}$$

$$H(s)=\frac{U_2(s)}{I_1(s)} \quad \text{（转移阻抗函数）} \tag{11-17}$$

$$H(s)=\frac{I_2(s)}{I_1(s)} \quad \text{（电流放大函数）} \tag{11-18}$$

$$H(s)=\frac{U_2(s)}{U_1(s)} \quad \text{（电压放大函数）} \tag{11-19}$$

式中：$I_1(s)$，$U_1(s)$ ——一个端口上的电流和电压；

$I_2(s)$，$U_2(s)$——另一个端口上的电流和电压变量。

如果已知一个电路的网络函数 $H(s)$ 以及激励的象函数 $E(s)$，则响应的象函数为

$$R(s)=H(s)E(s) \tag{11-20}$$

特别地，当 $e(t)=\delta(t)$ 时，$E(s)=1$，于是 $R(s)=H(s)$，这就是冲激响应的象函数。因此，网络函数的原函数 $h(t)$ 是电路的单位冲激响应，即

$$h(t)=L^{-1}[H(s)] \tag{11-21}$$

例 11-23 电路如图 11-16(a)所示，求网络函数 $H(s)=\dfrac{I_2(s)}{U_s(s)}$，并求此电路的单位冲激响应 $i_2(t)$。

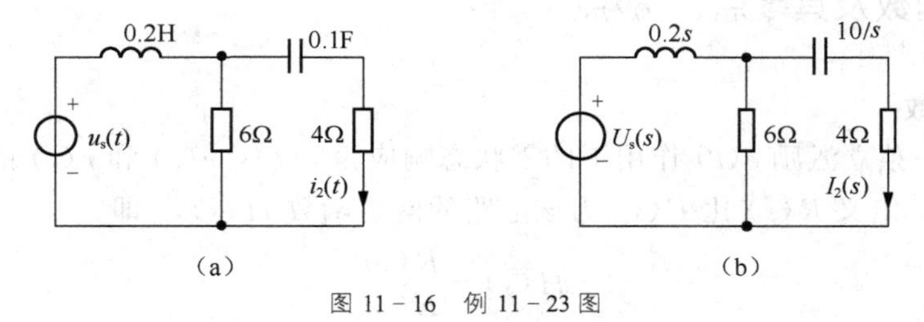

图 11-16 例 11-23 图

解： 首先画出运算电路，冲激响应一定是零状态响应，则图 11-16(a)的运算电路如图 11-16(b)所示。

电路中的总阻抗为 $Z(s)=0.2s+6 \mathbin{/\!/} \left(4+\dfrac{10}{s}\right)=\dfrac{s^2+13s+30}{5(s+1)}$

则
$$I_2(s)=\frac{U_s(s)}{Z(s)}\times\frac{6}{6+(4+10/s)}=\frac{3s}{(s+3)(s+10)}U_s(s)$$

故
$$H(s)=\frac{I_2(s)}{U_s(s)}=\frac{3s}{(s+3)(s+10)}$$

由于单位冲激响应 $h(t)=L^{-1}[H(s)]$

所以单位冲激响应为

$$i_2(t)=L^{-1}[H(s)]=L^{-1}\left[\frac{-9/7}{s+3}+\frac{30/7}{s+10}\right]=-\frac{9}{7}e^{-3t}+\frac{30}{7}e^{-10t}\,(\mathrm{A})$$

由网络函数的定义及上例可见，对于任一线性非时变电路，其网络函数是 s 的实系数有理函数，即：其分子分母多项式的根或为实数，或为共轭复数。另外，可以看出网络函数中不会出现激励的象函数，也就是说，网络函数与激励无关，是电路所固有的。

2. 零点与极点

由于网络函数是实系数的有理函数，其分子分母都是 s 的多项式，故其一般形式可写为

$$H(s)=\frac{N(s)}{D(s)}=\frac{b_m s^m+b_{m-1}s^{m-1}+\cdots+b_0}{a_n s^n+a_{n-1}s^{n-1}+\cdots+a_0}$$

$$=H_0\frac{(s-z_1)(s-z_2)\cdots(s-z_i)\cdots(s-z_m)}{(s-p_1)(s-p_2)\cdots(s-p_j)\cdots(s-p_n)}=H_0\frac{\prod_{i=1}^{m}(s-z_i)}{\prod_{j=1}^{n}(s-p_j)}$$

式中：H_0 为一个常数；

z_1，z_2，…，z_m 是 $N(s)=0$ 的根；

p_1，p_2，…，p_n 是 $D(s)=0$ 的根。

当 $s=z_i$ 时，$H(s)=0$，则 z_1，z_2，…，z_m 称为 $H(s)$ 的零点；当 $s=p_i$ 时，$H(s)$ 将趋于无穷大，则 p_1，p_2，…，p_n 称为 $H(s)$ 的极点。用“o”代表零点，用“×”代表极点，把 z_i 和 p_i 标在平面上，就得到网络函数的零极点分布图。零极点在平面上的分布与网络的时域响应和正弦稳态响应有密切的关系，这一点将在后面详细分析。

例 11－24 画出 $H(s)=\dfrac{s^2+4s-5}{3(s^3+2s^2+2s+1)}$ 的零极点分布图。

解：分子 $N(s)=s^2+4s-5=(s-1)(s+5)$

分母 $D(s)=3(s^3+2s^2+2s+1)=3(s+1)(s+\dfrac{1}{2}-\mathrm{j}\dfrac{\sqrt{3}}{2})(s+\dfrac{1}{2}+\mathrm{j}\dfrac{\sqrt{3}}{2})$

所以，$H(s)$ 有 2 个零点：$z_1=1$，$z_2=-5$；有 3 个极点：$p_1=-1$，$p_2=-\dfrac{1}{2}+\mathrm{j}\dfrac{\sqrt{3}}{2}$，$p_3=-\dfrac{1}{2}-\mathrm{j}\dfrac{\sqrt{3}}{2}$。

其零极点分布如图 11－17 所示。

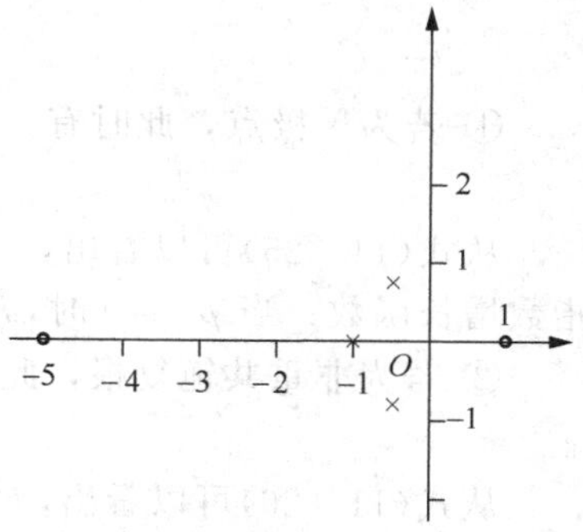

图 11－17 例 11－24 图

11.6 零、极点与冲激响应的关系

由网络函数的定义可知 $R(s)=H(s)E(s)$，若设 $H(s)=\dfrac{N(s)}{D(s)}$，$E(s)=\dfrac{P(s)}{Q(s)}$，则

$$R(s)=\frac{N(s)}{D(s)}\times\frac{P(s)}{Q(s)} \tag{11-22}$$

如果 $R(s)$ 没有重极点，则

$$R(s)=\sum_{i=1}^{n}\frac{k_i}{s-p_i}+\sum_{j=1}^{r}\frac{k_j}{s-q_j} \tag{11-23}$$

其中第一部分的极点 p_i 是 $H(s)$ 的极点，第二部分的极点 q_i 是 $E(s)$ 的极点。则 $R(s)$ 的原函数为

$$r(t)=\sum_{i=1}^{n}k_i\mathrm{e}^{p_it}+\sum_{j=1}^{r}k_j\mathrm{e}^{q_jt} \tag{11-24}$$

式(11－24)第一部分与电路的结构和参数有关，由电路本身特性决定，是响应的自由分量，所以，$H(s)$ 的极点又称为电路的固有频率或自然频率。第二部分与激励有关，是响应的强制分量。

又因为第一部分是由 $H(s)$ 的极点决定，因此自由分量与冲激响应的变化规律相同，分析冲激响应就可得到网络的时域响应特性。

为了表明极点位置和冲激响应特性之间的关系，在图 11－18 中画出了极点分别为正负实数和零、共轭复数时所对应的冲激响应的波形。由图 11－18 中可以看出极点与冲激响应的关系。

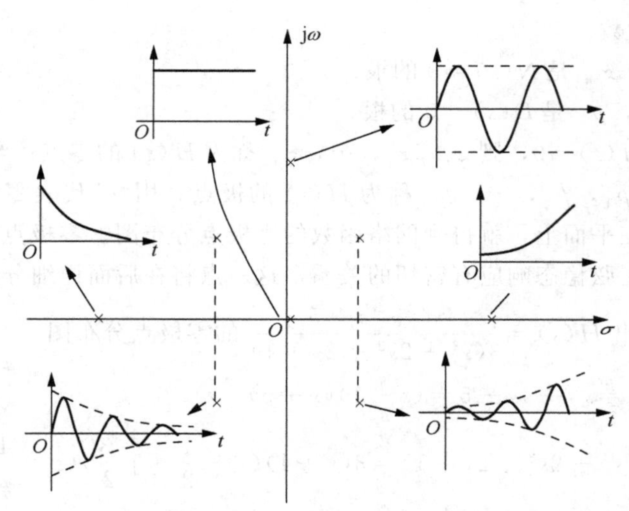

图 11-18 极点与冲激响应的关系

① 若为单极点，此时有

$$h(t)=k_i e^{p_i t} \tag{11-25}$$

从式(11-25)可以看出，当 $p_i<0$ 时，$h(t)$ 是指数衰减函数；当 $p_i>0$ 时，$h(t)$ 是指数增长函数；当 $p_i=0$ 时，$h(t)=k_i\varepsilon(t)$ 是阶跃函数。

② 若为非重共轭复根，此时有

$$h(t)=2|k|e^{\alpha t}\cos(\omega t+\theta) \tag{11-26}$$

从式(11-26)可以看出，$h(t)$ 是正弦振荡函数，其包络线是指数函数 $2|k|e^{\alpha t}$；当 $\alpha>0$ 时，$h(t)$ 是增幅振荡函数；当 $\alpha<0$ 时，$h(t)$ 是衰减振荡函数，当 $\alpha=0$ 时，$h(t)$ 是等幅振荡函数。

在电路理论中，把极点位于 s 左半平面的网络，称为稳定网络；把极点位于右半平面的网络，称为不稳定网络；把极点位于 $j\omega$ 轴上的网络，称为临界(或条件)稳定网络。关于稳定性的内容，在这里不做深入讨论，只指出这样一个重要结论：由正值元件构成的线性电路，它的极点必然具有非正实部，即这种电路网络函数的极点或在 s 的左半平面上，或在 $j\omega$ 轴上，所以，这种电路是稳定的或是条件稳定的。

以上分析的是极点与时域响应的关系，对于零点与时域响应的关系，可以参看下面的例子。

例 11-25 如果 $H(s)=\dfrac{s+3}{s^2+3s+2}$，求单位冲激响应 $h(t)$ 和当激励为 $e(t)=6e^{-3t}$ 时的响应 $r(t)$。

解：

$$H(s)=\frac{s+3}{(s+1)(s+2)}=\frac{2}{s+1}+\frac{-1}{s+2}$$

$$h(t)=2e^{-t}-e^{-2t}$$

由于网络函数可知，$H(s)$ 在 $s=-3$ 处有一个零点。又由于 $e(t)=6e^{-3t}$，

则

$$E(s)=\frac{6}{s+3}$$

所以 $R(s)=H(s)E(s)=\dfrac{s+3}{s2+3s+2}\times\dfrac{6}{s+3}=\dfrac{6}{(s+1)(s+2)}=\dfrac{6}{s+1}+\dfrac{-6}{s+2}$

则
$$r(t)=6(\mathrm{e}^{-t}-\mathrm{e}^{-2t})$$

从此例中可以看到，激励的极点与网络函数的零点相消，此时在响应象函数的极点中只有网络函数的极点，而没有激励的极点，那么响应中将只有暂态分量，而没有稳态分量。这是一种特殊情况。

11.7 零、极点与频率响应的关系

对于线性非时变电路，当激励是正弦量时，其正弦稳态响应也是同频率的正弦量。那么，响应与激励之比就定义为正弦网络函数，则有

$$H(\mathrm{j}\omega)=\frac{R(\mathrm{j}\omega)}{E(\mathrm{j}\omega)} \tag{11-27}$$

由数学理论可知，网络函数与正弦网络函数存在如下关系：$H(\mathrm{j}\omega)=H(s)|_{s=\mathrm{j}\omega}$，因此，用网络函数就可以表示同一电路的正弦稳态性质。

对于某一频率 ω，$H(\mathrm{j}\omega)$ 通常是一个复数，可以表示为

$$H(s)=|H(\mathrm{j}\omega)|\angle\varphi(\mathrm{j}\omega) \tag{11-28}$$

式中：$|H(\mathrm{j}\omega)|$——在 ω 处的模；

$\varphi(\mathrm{j}\omega)$——在 ω 处的相位。

$|H(\mathrm{j}\omega)|$ 和 $\varphi(\mathrm{j}\omega)$ 都是随 ω 的变化而变化的。其中 $|H(\mathrm{j}\omega)|\sim\omega$ 称为幅频特性，$\varphi(\mathrm{j}\omega)\sim\omega$ 称为相频特性。由式(11-27)有

$$H(\mathrm{j}\omega)=H_0\frac{\prod\limits_{i=1}^{m}(\mathrm{j}\omega-z_i)}{\prod\limits_{k=1}^{n}(\mathrm{j}\omega-p_k)} \tag{11-29}$$

于是有
$$H(\mathrm{j}\omega)=H_0\frac{\prod\limits_{i=1}^{m}|\mathrm{j}\omega-z_i|}{\prod\limits_{k=1}^{n}|\mathrm{j}\omega-p_k|} \tag{11-30}$$

$$\varphi(\mathrm{j}\omega)=\sum_{i=1}^{m}\arg(\mathrm{j}\omega-z_i)-\sum_{k=1}^{n}\arg(\mathrm{j}\omega-p_k) \tag{11-31}$$

所以若知道网络函数的零点和极点，则可按上式计算相应的频率响应。另外，也可以用图解的方法，定性地描绘出频率响应。

例 11-26 电路如图 11-19 所示，以电压 u_2 为输出，求电压转移函数 $H(s)=\dfrac{U_2(s)}{U_1(s)}$；并根据该网络的零极点分布，定性地分析该电路的频率响应。

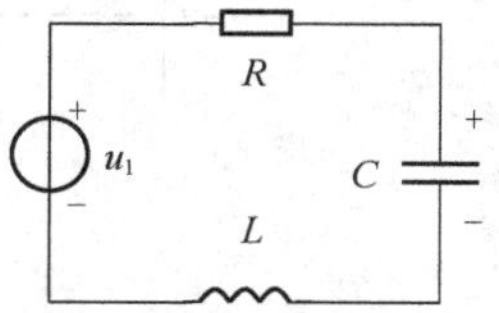

图 11-19 例 11-26 图

解： 由电路可得

$$H(s)=\frac{U_2(s)}{U_1(s)}=\frac{1/(sC)}{R+sL+1/(sC)}$$
$$=\frac{1}{LC}\frac{1}{(s-p_1)(s-p_2)}$$

$$=H_0\frac{1}{(s-p_1)(s-p_2)}$$

则正弦网络函数为

$$H(j\omega)=H_0\frac{1}{(j\omega-p_1)(j\omega-p_2)}$$

其中，p_1，p_2 为 $H(s)$ 的两个极点。设该极点为一对共轭复数，即

$$p_{1,2}=-\frac{R}{2L}\pm j\sqrt{\frac{1}{LC}-\left(\frac{R}{2L}\right)^2}=-\delta\pm j\omega_d$$

其中设 $\omega_0=\sqrt{\delta^2+\omega_d^2}=\frac{1}{\sqrt{LC}}$，则

$$|H(j\omega)|=\frac{H_0}{|j\omega-p_1||j\omega-p_2|}=\frac{H_0}{M_1M_2}$$

$$\varphi(j\omega)=-[\arg(j\omega-p_1)+\arg(j\omega-p_2)]=-(\theta_1+\theta_2)$$

取不同的 ω 值，得到一系列的点，这样就可以定性地画出幅频特性和相频特性，如图 11-20(b)和图 11-20(c)所示。

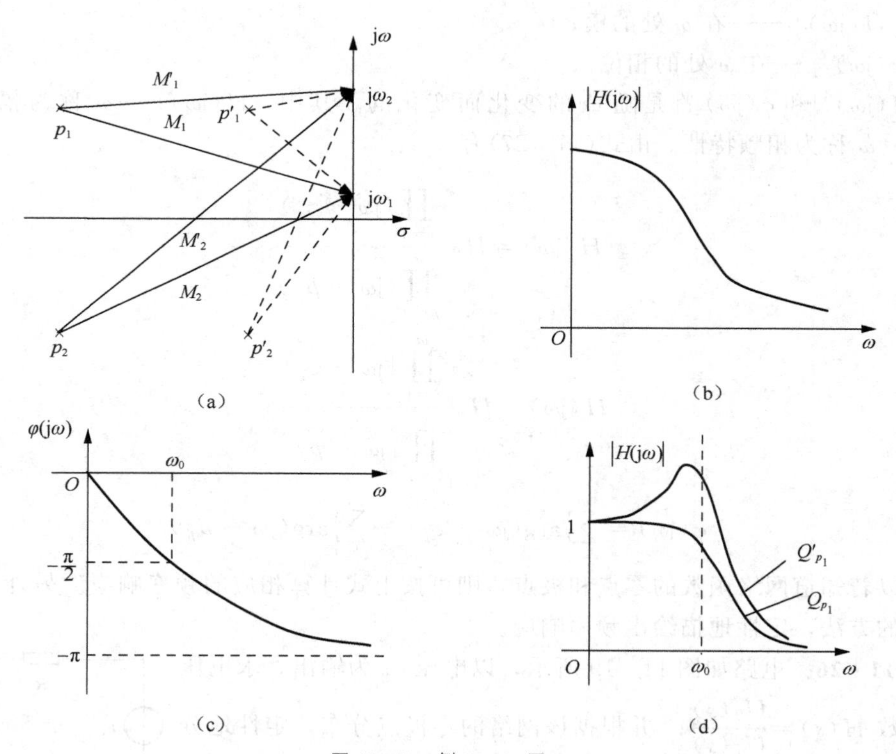

图 11-20 例 11-26 图

从图 11-20(a)可以看出，当极点离虚轴很远时，M_1 与 M_2 的变化几乎相同，它们对响应的作用也几乎相同，所以没有哪个极点对频率响应起主要作用。当这两个极点离虚轴很近时，可以看出，M_1 与 θ_1 的变化幅度比较大，所以 p_1 对频率响应影响比较大，起主要作用。因此，当极点为共轭复数时，极点到坐标原点的距离与实部之比的一半，即 $\frac{\omega_0}{2\delta}$ 称

为极点的品质因数，用 Q_p 表示。对于二阶电路，则有

$$Q_p=\frac{\omega_0}{2\delta}=\frac{\omega_0 L}{R}=\frac{1}{R}\sqrt{\frac{L}{C}}=Q$$

从上式可以看出，极点的品质因数等于电路的品质因数。

特别地，当 $Q_p<\sqrt{2}$ 时，$|H(j\omega)|$ 随 ω 的增长而单调减小，如图 11-20(d)所示；当 $Q_p>\sqrt{2}$ 时，$|H(j\omega)|$ 会出现峰值，而且 Q_p 越大，$|H(j\omega)|$ 的峰值越高越尖锐。

特别地，前面讨论了极点对频率响应的影响，零点对频率响应的影响，与前面时域响应中的影响相似，即当激励的频率与零点的频率相同时，则此时的频率响应为零，这种情况一般是发生了谐振，对此可以自行分析。

例 11-27 试用三要素法、运算法和网络函数的定义 3 种方法，求图 11-21(a)电路的冲激响应 $u_C(t)$、$i_C(t)$。

解法 1：用三要素法

冲激响应为零状态响应，则 $u_C(0_-)=0$。

由于电路中有冲击量，换路定理不再成立。

$$i_C+i_R=\delta(t)$$

$$\frac{1}{R}u_C+C\frac{du_C}{dt}=\delta(t)$$

$$\int_{0_-}^{0_+}\frac{1}{R}u_C dt+\int_{0_-}^{0_+}C\frac{du_C}{dt}dt=\int_{0_-}^{0_+}\delta(t)dt$$

u_C 不可能是冲激函数，故

$$0+C[u_C(0_+)-u_C(0_-)]=1$$

此时

$$u_C(0_+)\neq u_C(0_-)$$

$t\geqslant 0_+$ 后，$\delta(t)=0$，所以可视为 $u_C(0+)=1/C$ 的零输入响应，利用三要素公式，得

$$u_C(t)=\frac{1}{C}e^{-\frac{t}{\tau}}\varepsilon(t)\quad(\tau=RC)$$

$u_C(t)$ 的曲线如图 11-21(c)所示。

$$i_C(t)=C\frac{du_C}{dt}=-\frac{1}{\tau}e^{-\frac{t}{\tau}}\varepsilon(t)+e^{-\frac{t}{\tau}}\delta(t)=\delta(t)-\frac{1}{RC}e^{-\frac{t}{\tau}}\varepsilon(t)$$

或

$$i_C=\delta(t)-i_R=\delta(t)-\frac{u_C}{R}=\delta(t)-\frac{1}{RC}e^{-t/RC}\varepsilon(t)$$

$i_C(t)$ 的曲线如图 11-21(d)所示。

解法 2：用运算法

$$i_s=\delta(t),\ u_C(0^-)=0,\ I_s(s)=1$$

画出运算电路如图 11-21(e)所示。

$$U_C(s)=\frac{R\times\frac{1}{sC}}{R+\frac{1}{sC}}I_s(s)=\frac{R}{RC(s+1/(RC))}$$

拉氏反变换

$$u_C=\frac{1}{C}e^{-t/RC}\varepsilon(t)\quad(t\geqslant 0)$$

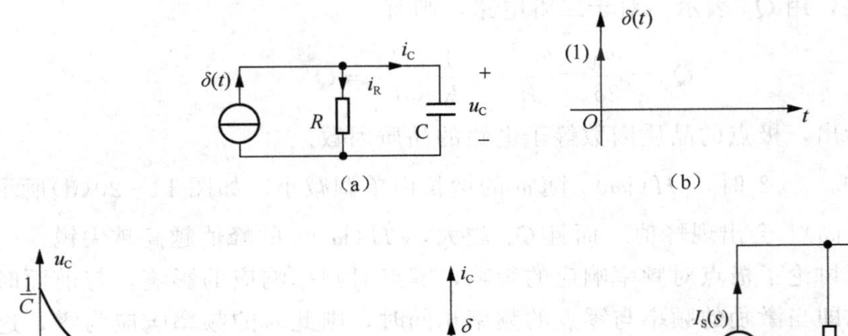

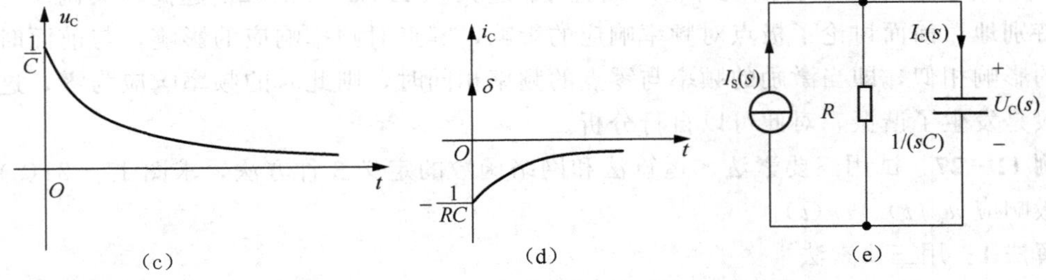

图 11－21　例 11－27 图

当 $t>0$ 时，$\varepsilon(t)=1$， 此时，$u_C=\dfrac{1}{C}e^{-t/RC}$

$$I_C(s)=U_C(s)sC=\frac{RsC}{RsC+1}=1-\frac{1}{RsC+1}$$

拉氏反变换　　$i_C=\delta(t)-\dfrac{1}{RC}e^{-t/RC}\ (t\geqslant 0)$

$$i_C=-\frac{1}{RC}e^{-t/RC}\ (t>0)$$

注意：$t\geqslant 0$ 和 $t>0$ 时刻，响应是不同的。

解法 3： 用网络函数的概念

该网络函数是驱动点阻抗，则

$$H((s))=\frac{R((s))}{E((s))}=\frac{U_C((s))}{1}=Z((s))=\frac{1}{SC+G}=\frac{1}{C}\cdot\frac{1}{S+\frac{1}{RC}}$$

$$h(t)=u_C(t)=L^{-1}[H(s)]=L^{-1}[\frac{1}{C}\cdot\frac{1}{S+\frac{1}{RC}}]=\frac{1}{C}e^{-\frac{1}{RC}t}\varepsilon(t)$$

$$i_C(t)=C\frac{du_C}{dt}=-\frac{1}{RC}e^{-\frac{t}{RC}}\varepsilon(t)+e^{-\frac{t}{RC}}\delta(t)=\delta(t)-\frac{1}{RC}e^{-\frac{t}{RC}}\varepsilon(t)$$

11.8　卷积的应用

拉氏变换的卷积性质为 $L[f_1(t)*f_2(t)]=F_1(s)F_2(s)$，此性质提供了另一种求响应的方法：由于 $R(s)=H(s)E(s)$，所以 $r(t)=h(t)*e(t)=e(t)*h(t)$。

例 11－28　已知电路的单位冲激响应为 $h(t)=e^{-t}+2e^{-2t}$，

① 求 $H(s)$；② 当激励为时 $e(t)=\varepsilon(t)+e^{-3t}$，求其响应 $r(t)$。

解： ① $H(s)=L[h(t)]=\dfrac{1}{s+1}+\dfrac{2}{s+2}=\dfrac{3s+4}{(s+1)(s+2)}$

② 反变换法：由于 $e(t)=\varepsilon(t)+e^{-3t}$，所以 $E(s)=\dfrac{1}{s}+\dfrac{1}{s+3}=\dfrac{2s+3}{s(s+3)}$

$$R(s)=H(s)E(s)=\frac{(3s+4)(2s+3)}{s(s+1)(s+2)(s+3)}=\frac{2}{s}+\frac{-0.5}{s+1}+\frac{1}{s+2}+\frac{-2.5}{s+3}$$

所以
$$r(t)=2-0.5e^{-t}+e^{-2t}-2.5e^{-3t}$$

卷积法：由于 $r(t)=h(t)*e(t)$，所以

$$r(t)=\int_0^t h(t-\xi)e(\xi)d\xi=\int_0^t(e^{-(t-\xi)}+2e^{-2(t-\xi)})(\varepsilon(\xi)+e^{-3\xi})d\xi$$
$$=e^{-t}\int_0^t(e^{\xi}+e^{-2\xi})d\xi+2e^{-2t}\int_0^t(e^{2\xi}+e^{-\xi})d\xi$$
$$=2-0.5e^{-t}+e^{-2t}-2.5e^{-3t}$$

习 题 十 一

11-1 求下列各函数的象函数

(1) $\sin(\omega t+\theta)$　　(2) $\cos(\omega t+\theta)$

(3) $e^{-2t}\cos(3t)$　　(4) $e^{-2t}\sin(4t)$

(5) $t\cos(\omega t)$　　(6) $te^{-t}\sin(2t)$

(7) $10e(t-2)+2d(t-1)$　　(8) $(t+4)e(t)+2e^{-t}e(t-4)$

11-2 用两种不同的方法求 $f(t)=\dfrac{d}{dt}(te^{-t}\cos t)$ 的拉普拉斯变换。

11-3 计算题 11-3 图所示函数的拉普拉斯变换。

11-4 计算题 11-4 图所示函数的拉普拉斯变换。

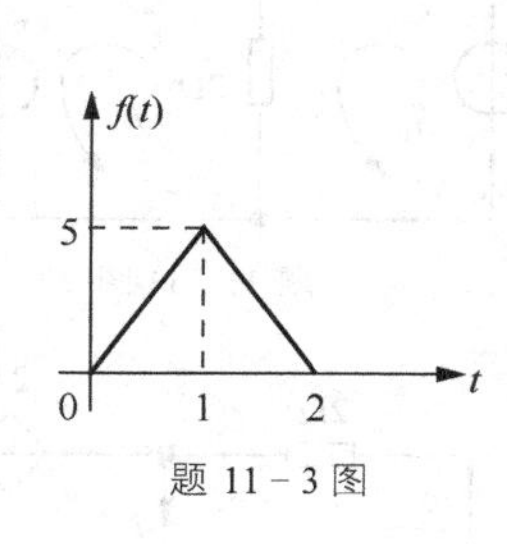

题 11-3 图

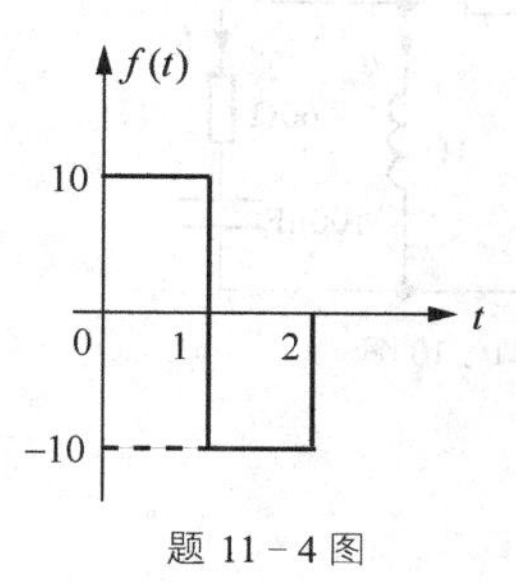

题 11-4 图

11-5 求下列象函数的原函数。

(1) $F(s)=\dfrac{1}{s}+\dfrac{2}{s+1}$　　(2) $F(s)=\dfrac{4}{(s+1)(s+3)}$

(3) $F(s)=\dfrac{3s+1}{s+4}$　　(4) $F(s)=\dfrac{12}{(s+2)^2(s+4)}$

11-6 对每个 $F(s)$，求其 $f(t)$。

(1) $F(s)=\dfrac{2s^2+4s+1}{(s+1)(s+2)^3}$　　(2) $F(s)=\dfrac{s+1}{(s+2)(s^2+2s+5)}$

(3) $F(s)=\dfrac{6(s-1)}{s^4-1}$　　(4) $F(s)=\dfrac{s\mathrm{e}^{-st}}{s^2+1}$

11－7　用拉普拉斯变换法求题 11－7 图所示电路中的 $i(t)$，$u_{\mathrm{L}}(t)$ 和 $u_{\mathrm{C}}(t)$。

11－8　求题 11－8 图所示电路中的 $i(t)$，$u_{\mathrm{C}}(t)$。

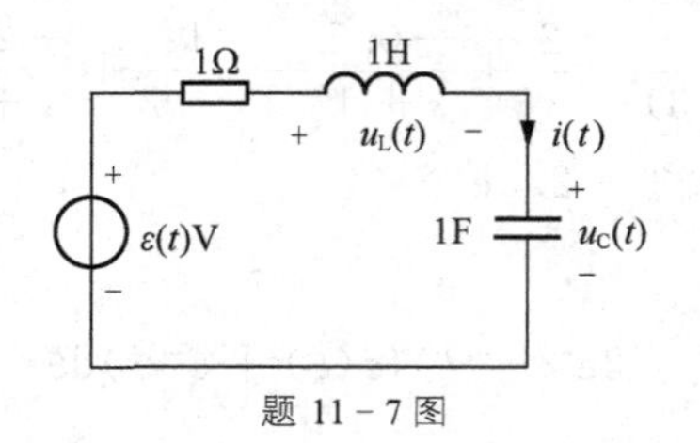

题 11－7 图

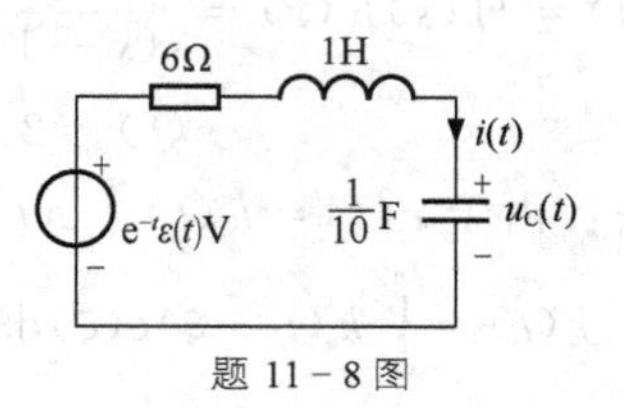

题 11－8 图

11－9　求题 11－9 图所示两个电路的输入运算阻抗 $Z_{in}(s)$。

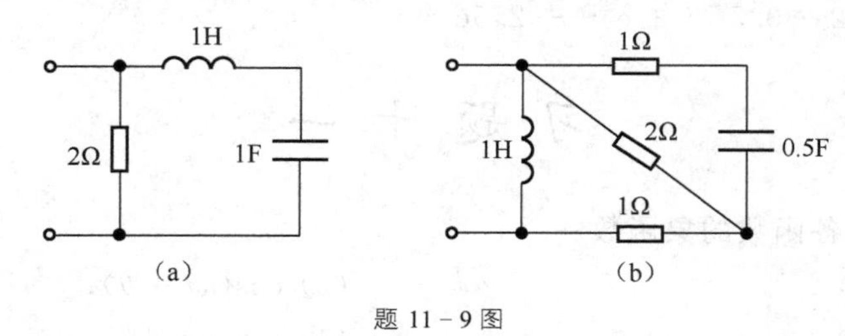

题 11－9 图

11－10　题 11－10 图所示电路原处于零状态，$t=0$ 时合上开关 S，求 i_{L}，i_{C}。

11－11　求题 11－11 图所示电路中的回路电流 i_1 和 i_2。

11－12　求题 11－12 图所示电路中的 $u(t)$ 及 $i(t)$。

11－13　题 11－13 图所示电路中，$i(0_-)=1\mathrm{A}$，$u(0_-)=2\mathrm{V}$，求 $u(t)$，$t>0$。

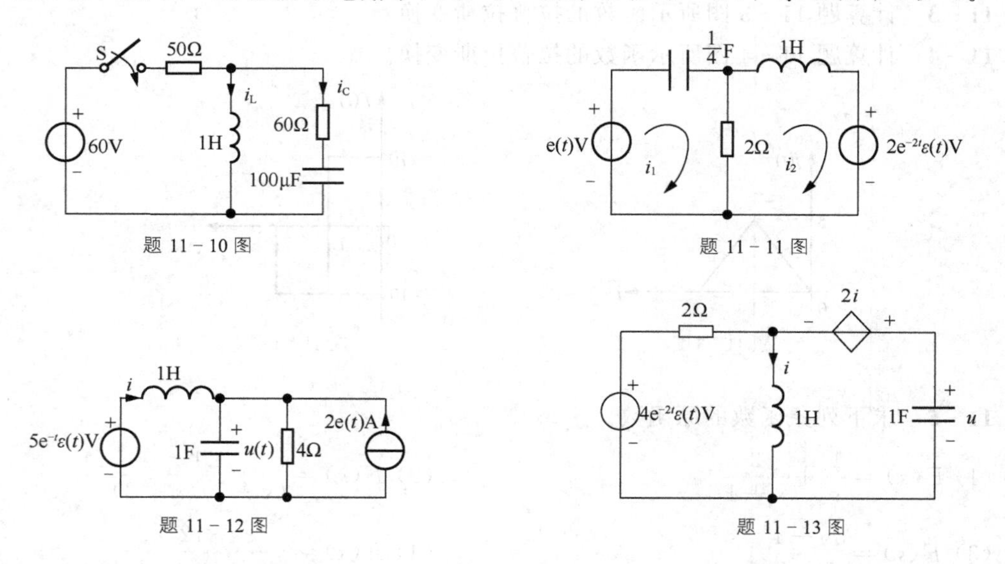

11－14　题 11－14 图所示电路中，开关 S 原为闭合，电路已达稳态，$t=0$ 时打开开关 S，求 $i(t)$ 和 $u_{\mathrm{L}}(t)$。

11－15　题 11－15 图所示电路原来已达到稳态，在 $t=0$ 时合上开关 S，求电流 $i(t)$。

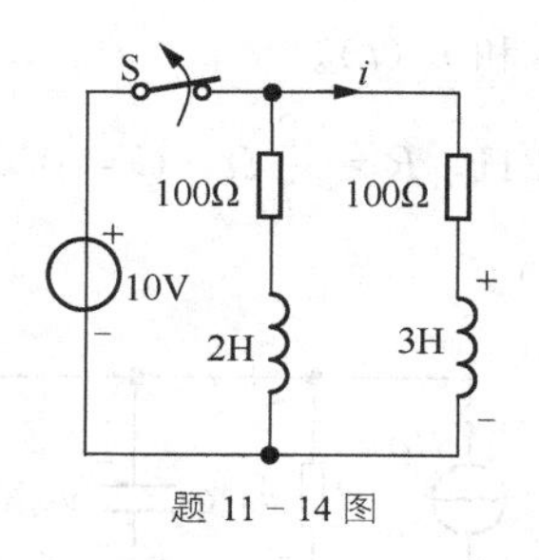

题 11-14 图

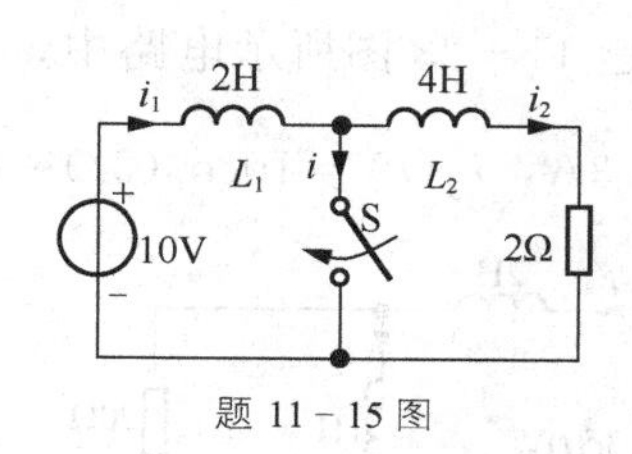

题 11-15 图

11-16 题 11-16 图所示电路，开关 S 原是闭合的，电路已处于稳态，若开关 S 在 $t=0$ 时打开，求 $t \geqslant 0$ 时的 $i_1(t)$ 和 $u_2(t)$。

11-17 题 11-17 图所示电路中，已知 $L_1=1\text{H}$，$L_2=4\text{H}$，$k=0.5$，$R_1=R_2=1\Omega$，$U_s=2\text{V}$，电感中原无磁场能量。$t=0$ 时闭合开关 S，求 i_1、i_2。

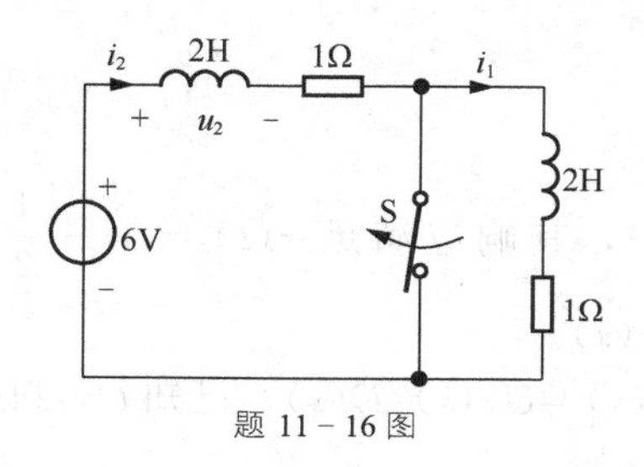

题 11-16 图

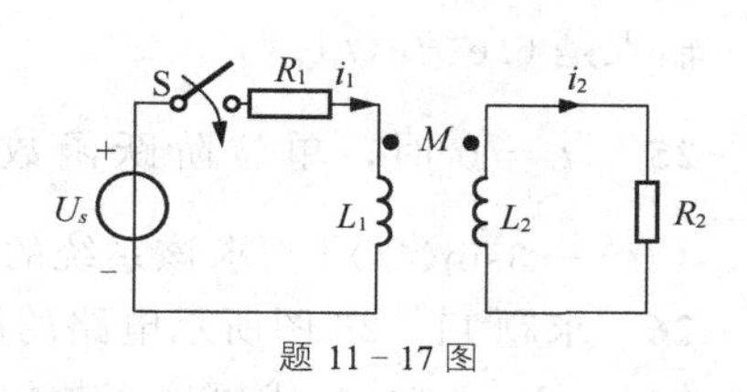

题 11-17 图

11-18 题 11-18 图所示电路中，开关 S 在 $t=0$ 时打开，电路原处于稳态，求 $t>0$ 时的 $i_1(t)$。

11-19 题 11-19 图所示电路，已知开关 S 闭合前电路已处于稳态，且 $u_{C_2}(0_-)=0$，$t=0$ 时开关 S 闭合，求 $t \geqslant 0$ 时的 $u_{C_2}(t)$。

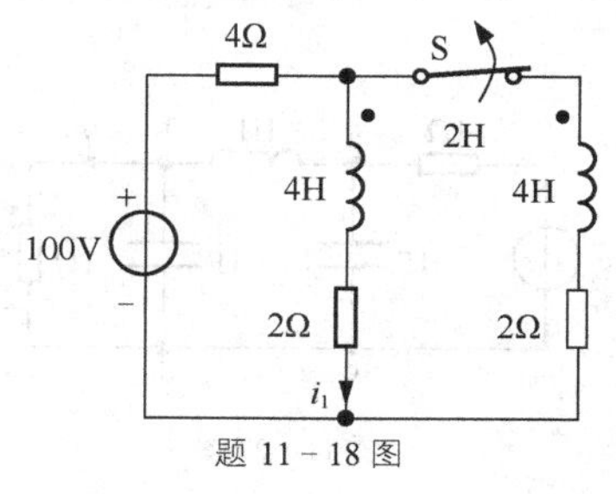

题 11-18 图

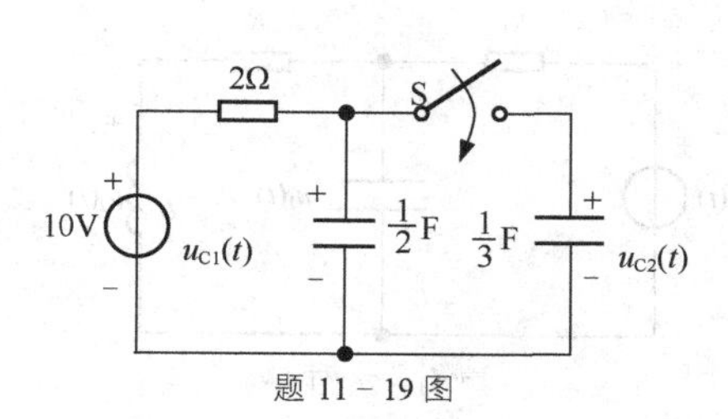

题 11-19 图

11-20 题 11-20 图所示电路中，已知 $R_1=R_2=R_3=3\Omega$，$C_1=C_2=2\text{F}$，$U_{s1}=U_{s2}=6\text{V}$，$t=0$ 时开关 S 闭合，开关动作前电路已处于稳态，求 u_{C1} 和 u_{C2}。

11-21 题 11-21 图所示电路中，$u_C(0_-)=0$，求 S 闭合后的 $u_C(t)$、$i(t)$。

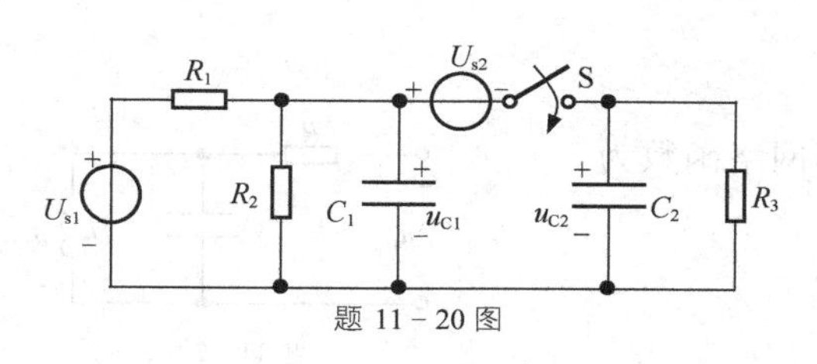

题 11-20 图

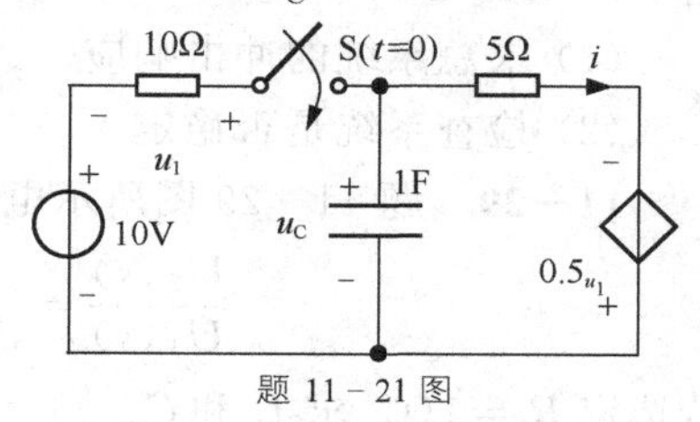

题 11-21 图

11－22 求题 11－22 图所示电路中的电流 $i_1(t)$ 和 $i_2(t)$。

11－23 题 11－23 图所示电路中，已知 $L=0.2\text{H}$，$R=\frac{2}{7}\Omega$，$C=0.5\text{F}$，$u_C(0_-)=2\text{V}$，$i_L(0_-)=3\text{A}$，$i_s(t)=10\cos(5t)\varepsilon(t)\text{A}$，求 $u(t)$。

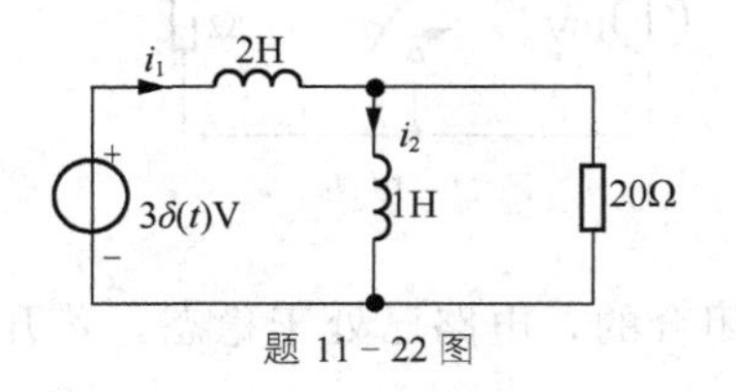

题 11－22 图

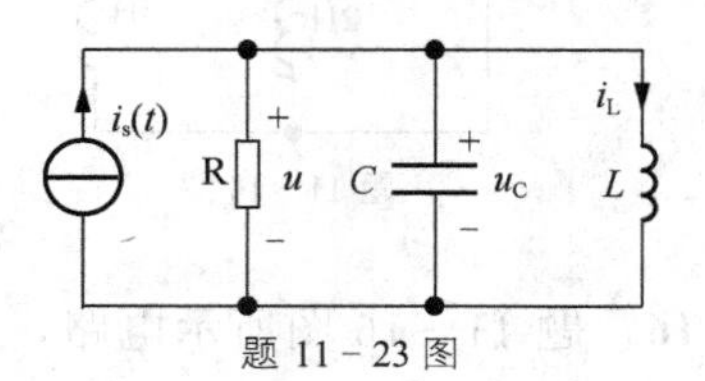

题 11－23 图

11－24 一个已知电路的网络函数为 $H(s)=\frac{s+3}{s^2+4s+5}$，在下面两种输入情况下，求其输出。

（1）输入为单位阶跃函数。

（2）输入是 $6t\mathrm{e}^{-2t}\varepsilon(t)$。

11－25 $t=0$ 时，单位阶跃函数加到系统中，其响应满足 $r(t)=4+\frac{1}{2}\mathrm{e}^{-3t}-\mathrm{e}^{-2t}[2\cos(4t)+3\sin(4t)]$，求该系统的网络函数 $H(s)$。

11－26 求题 11－26 图所示电路的网络函数 $H(s)=U_2(s)/E(s)$，已知 $L=1\text{H}$，$C=2\text{F}$，$R_1=1\Omega$，$R_2=2\Omega$，求网络函数的零点和极点。

11－27 题 11－27 图所示电路中，求下列网络函数：（1）$H_1(s)=\frac{U_1(s)}{U_s(s)}$；（2）$H_2(s)=\frac{I_1(s)}{U_s(s)}$

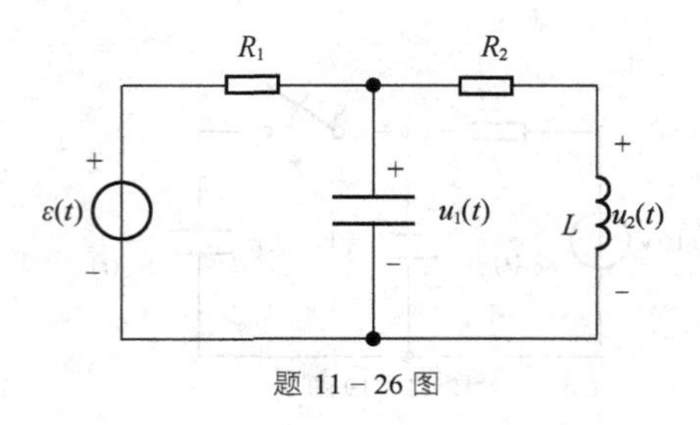

题 11－26 图

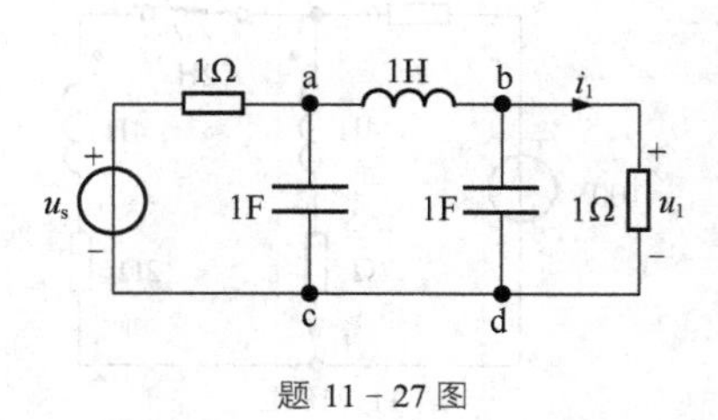

题 11－27 图

11－28 一个系统是由两个子系统串接而成，如题 11－28 图所示，已知各子系统的冲击响应是：$h_1(t)=3\mathrm{e}^{-t}\varepsilon(t)$，$h_2(t)=\mathrm{e}^{-4t}\varepsilon(t)$。

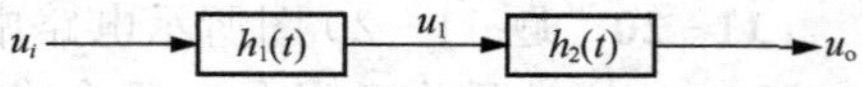

$u_i \rightarrow h_1(t) \xrightarrow{u_1} h_2(t) \rightarrow u_o$

题 11－28 图

（1）求总系统的冲击响应。

（2）检查系统是否稳定。

11－29 题 11－29 图所示电路中，要求其网络函数为

$$\frac{U_2(s)}{U_1(s)}=\frac{2s}{s^2+2s+6}$$

若选定 $R=1\Omega$，求 L 和 C。

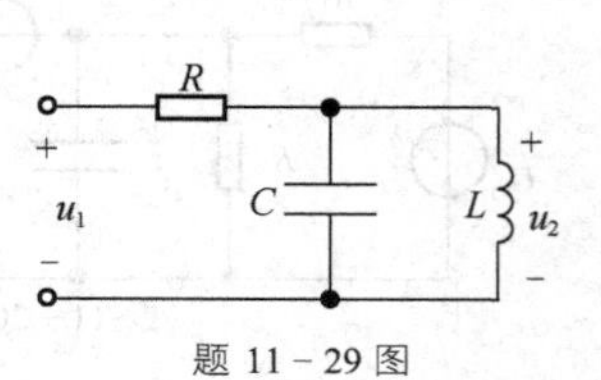

题 11－29 图

11－30　题 11－30 图所示电路中，要求其网络函数为

$$\frac{U_o(s)}{U_i(s)}=\frac{5}{s^2+6s+25}$$

若选定 $R_1=4\Omega$，$R_2=1\Omega$，求 L 和 C。

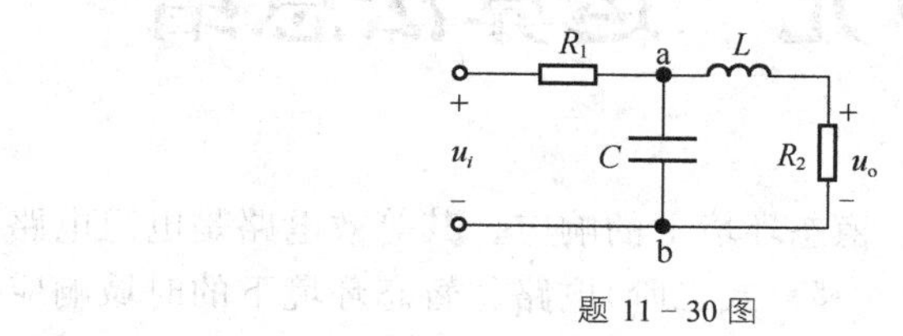

题 11－30 图

11－31　已知网络函数 $H(s)=\dfrac{U_2(s)}{U_i(s)}=\dfrac{1}{s^2+3s+1}$，定性画出幅频特性和相频特性示意图。

11－32　题 11－32 图所示 RLC 并联电路，试用网络函数分析 $H(s)=\dfrac{U_2(s)}{I_s(s)}$ 的频率响应特性。

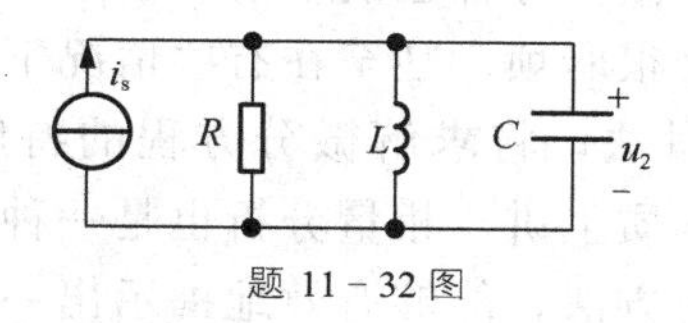

题 11－32 图

第四单元　运算法总结

1　回顾

第一单元主要研究直流激励、稳态环境下的响应，其等效电路是电阻电路。

第二单元主要研究直流激励、一阶(或二阶)电路、暂态环境下的时域响应。

第三单元主要研究正弦激励、稳态环境下的响应。

当遇到非直流激励或出现高阶电路，暂态环境下的响应；利用前面的方法，求解过程烦琐甚至无能为力，于是探讨了运算法。

为了说明拉氏变换在电路理论中的地位，首先简单回顾一下分析电路的各种方法。在前面一阶、二阶电路中，用微分方程求解动态电路时，能结合电路中的物理过程分析一些简单的信号输入时的时域响应特性，对于一阶电路而言，微分方程求解结果有一个规律，即三要素法，对二阶电路而言，微分方程也能求解。但是，若输入信号较为复杂，或者是高阶电路，微分方程的求解就会很麻烦，甚至在有些情况下，人工解答已很困难。在分析正弦稳态电路时，采用的是相量法，将求解微分方程的特解过程，变换为相量的代数方程，从而简化了数学运算，从本质上讲，相量分析也是一种数学变换，它只适用于正弦稳态电路的分析。利用傅里叶分析方法，能够有效地揭示出一些较为复杂的非正弦周期信号的频率特性，而且傅里叶变换作为一种数学变换方法也可以应用于线性电路的分析。然而傅里叶变换方法有着明显的局限性。其一，因为周期信号的傅里叶级数是无穷级数，因此对于输入信号为周期信号的电路，利用傅里叶级数，不易求得封闭形式的解，只能取有限项的近似；对于激励为任意信号的电路，傅里叶变换需要在复平面上沿虚轴积分，这种积分在数学上有可能难以计算。其二，工程上很多有用的信号，不满足绝对可积的条件，傅里叶变换就不能直接应用。特别是对于具有初始条件的电路，利用傅里叶变换法求全响应是比较麻烦的。由以上分析可以看出，寻找出能够有效地探索分析任意信号输入时，线性电路的响应问题是非常必要的。拉氏变换方法是解决此类问题的工具。

2　单元概要

拉氏变换是把原函数 $f(t)$ 与 e^{-st} 的乘积从 0_- 到∞对 t 进行积分，则此积分结果不再是 t 的函数，而是复变量 s 的函数，所以拉氏变换是一个把时域函数 $f(t)$ 变换到 s 域内的复变函数，变量 s 称为复频率。应用拉氏变换法进行线性电路的分析，称为电路的复频域分析，又称为运算法。用运算法进行分析时，先要把电路变成运算电路，把其中的电路参量变成其相应的象函数，列出电路方程，求出未知量，然后再对其进行反变换，从而求出时域的原函数。运算法的分析步骤与相量法一致，如下页图所示。

本单元的核心是如何用数学工具——拉普拉斯变换解决电路的动态分析问题。因此，学习本章首先应掌握拉普拉斯变换的定义、性质和反变换问题，在此基础上，掌握如何用拉普拉斯变换解决动态电路分析的问题，即运算法的有关问题。

第 5 章用时域分析法分析直流一阶动态电路比较方便，但对于二阶及以上或交流电的动态电路，列写和求解方程很烦琐(参见例题 5 - 12)。本章复频域分析法(运算法)对分析

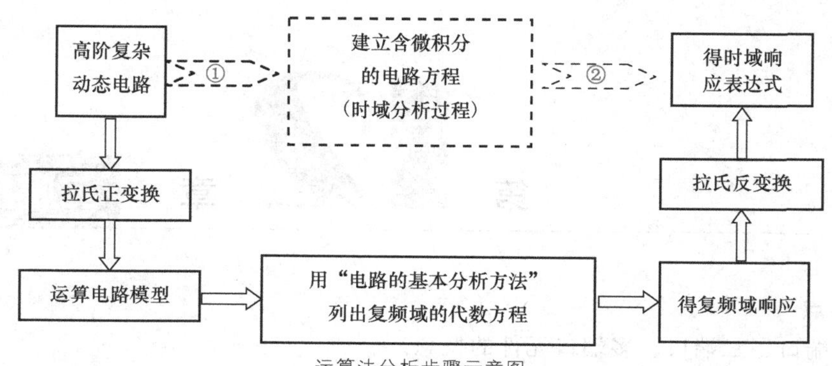

运算法分析步骤示意图

复杂的电路将更为有效。

3 三要素法与运算法比较

第11章综合例题11－20，由于正好是一阶电路的直流动态，所以可以用三要素法，此题用三要素法比运算法简便一些。此例题的设置主要是为了进一步验证运算法中的复频域 s 象函数的极点的实部 σ 与时间常数 τ 的关系，即 $\sigma=-\dfrac{1}{\tau}$。

4 相量法与运算法比较

第11章综合例题11－21，交流稳态分析(相量法)求出的结果是 $t=\infty$ 时刻，此时其暂态过程已经结束。为了进一步研究相量法与运算法内在关联，交流稳态分析也可以用运算法求解，此时，$s=\sigma+\mathrm{j}\omega$ 中，$\omega\neq 0$，$\sigma=0$，也可理解为时间常数 $\tau=\infty$ 属于稳态分析。

第11章的综合例题，把一阶的暂态分析——三要素法、交流的稳态分析——相量法与运算法的分析通过实题分析找出了它们的关联和不同，各种方法适应范围不同，各有优缺点，请读者注意。三要素法仅适用于一阶的暂态分析；当遇到直流二阶的暂态分析时，要求解二阶微分方程较麻烦，此时用运算法较好；相量法用于对交流电路进行稳态分析，当对交流电路进行暂态分析时，也是用运算法比较简便。

5 《电路原理》中分析域的比较与关联

一单元是关于电路的基本定律和基本分析方法，尽管是在直流的稳态环境下(电阻电路)引出的分析方法，但这些分析方法，不管对时域、频域、复频域都适应，因此一单元是基础。

二单元的时域分析法是运算法当 s 的虚部为零的特例，$s=-\dfrac{1}{\tau}$（参见第11章综合例题11－20）。

三单元的相量法与四单元运算法只是分析域不同，相量法的分析域是 $\mathrm{j}\omega$，运算法的分析域是复频域 $s=\sigma+\mathrm{j}\omega$。相量法是运算法当S的实部为零的特例(参见第11章综合例题11－21)。

第12章 二端口网络

学习要点

(1) 一端口、二端口、多端口元件的概念。

(2) 二端口的方程及参数：掌握各参数方程形式，参数的含义及求法。

(3) 二端口转移函数及求法。

(4) 特性阻抗的定义及求法。

(5) 二端口等效电路的概念、结构及参数。

(6) 二端口级联、串联及并联的条件与等效参数的求法。

(7) 回转器、负阻抗变换器的定义及特性。

随着集成电路的发展，电子电路器件的内部越来越复杂，器件的外部则相对简单。从实际应用的角度考虑，掌握器件的外部特性更为重要，为此本章分析的着眼点将放在网络整体的外部特性上。二端口网络是一种基本的多端网络，是更复杂的多端网络的分析基础。二端口网络是本章分析的主要对象，具体内容有二端口网络的参数及特性、参数方程、二端口网络的连接等。最后讨论两种特殊的二端口网络——回转器和负阻抗变换器。

12.1 二端网络与多端网络

一个电网络，如果引出的连接端子数大于2，则称该网络为多端网络，如三相供电网络等。前几章遇到的仅有两个端子的网络称二端网络或一端口网络，简称一端口。在一端口中，两端子的电流大小是相等的，方向为一端入，另一端出。在多端网络中，若由端子k流入电流$i_k(t)$，由端子k'流出电流$i'_k(t)$，且对所有时间恒满足$i_k(t)=i'_k(t)$，则两端子$k-k'$构成一个端口。多端网络的任意两个端子，不一定都是一个端口，这与网络本身结构有关，另外还与外部连接有关。如图12-1(a)中，1-1′不一定是一个端口，而在图12-1(b)中，则1-1′必定是一个端口。

对于一个四端网络，若4个端子形成2个端口，则该四端网络称之为二端口网络，简称二端口。二端口的图形如图12-2所示，其中两个电流i_1、i_2称为端口电流，两个电压u_1、u_2称为端口电压，其参考方向规定如图12-2所示。图12-3为二端口网络示例。

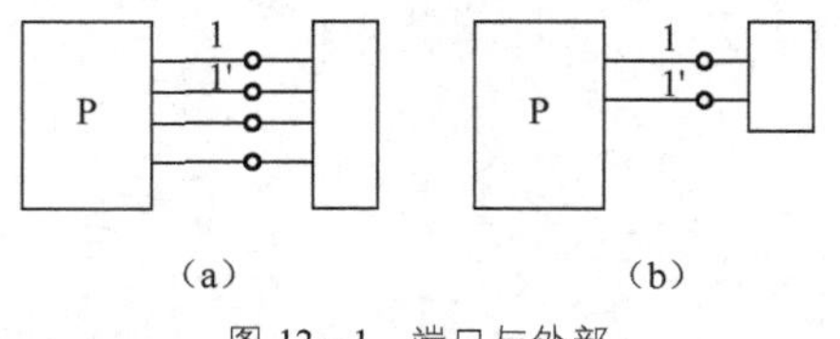

图12-1 端口与外部

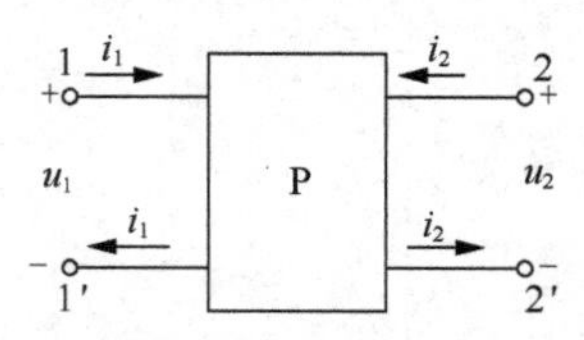

图12-2 二端口网络示例

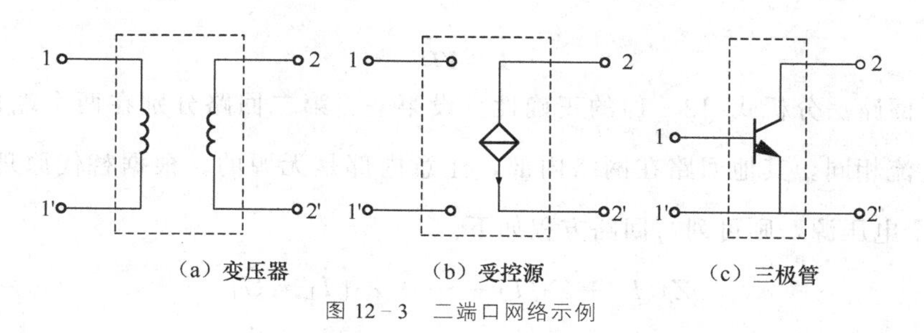

图 12-3 二端口网络示例

必须注意，并非所有四端网络都是二端口网络。

当二端口网络不含独立电源，仅由线性电阻 R、电容 C、自感 L、互感 M 和线性受控源构成时称为线性无源二端口。当仅由线性电阻 R、自感 L、互感 M、电容 C 构成时，本书以后简称为线性 RLMC 二端口。在用运算法讨论时，还规定电感电流、电容电压初始值为零。

12.2 二端口网络的方程和参数

二端口网络是一种最常见的网络，在工程中，人们往往关心的是其外部特性，表征其外部特性的是其参数方程。二端口共含有两个电流和两个电压。其中的两个量可通过参数方程由另外两个量表示。方程中的系数称为二端口的参数。4 个量进行不同组合共有 6 种组合形式，即有 6 种参数及方程，但常用的有 4 种，即 Y、Z、A 和 H 参数方程。

在本节分析讨论时均采用相量形式，二端口的相量形式如图 12-4 所示。若在运算形式下讨论，其公式结构与相量形式是相似的。

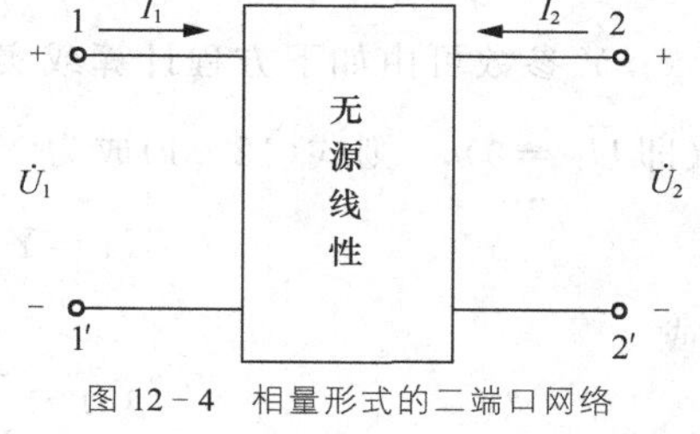

图 12-4 相量形式的二端口网络

12.2.1 二端口网络的 Y 参数及其方程

对图 12-4 所示的二端口，以下方程为其 Y 参数方程：

$$\begin{cases}\dot{I}_1=Y_{11}\dot{U}_1+Y_{12}\dot{U}_2\\ \dot{I}_2=Y_{21}\dot{U}_1+Y_{22}\dot{U}_2\end{cases}\tag{12-1}$$

式中：Y_{11}、Y_{12}、Y_{21}、Y_{22} ——二端口的 Y 参数。

因这些参数均具有导纳性质，因此 Y 参数也称为导纳参数。

若令

$$\dot{I}=\begin{bmatrix}\dot{I}_1\\ \dot{I}_2\end{bmatrix},\ Y=\begin{bmatrix}Y_{11} & Y_{12}\\ Y_{21} & Y_{22}\end{bmatrix},\ \dot{U}=\begin{bmatrix}\dot{U}_1\\ \dot{U}_2\end{bmatrix}$$

则式(12-1)可写成矩阵形式：

$$\begin{bmatrix}\dot{I}_1\\ \dot{I}_2\end{bmatrix}=\begin{bmatrix}Y_{11} & Y_{12}\\ Y_{21} & Y_{22}\end{bmatrix}\begin{bmatrix}\dot{U}_1\\ \dot{U}_2\end{bmatrix}$$

即
$$\dot{\boldsymbol{I}}=\boldsymbol{Y}\dot{\boldsymbol{U}} \tag{12-2}$$

下面用回路法分析式(12－1)的正确性。设第一、第二回路分别在两个端口，回路电流与端口电流相同，其他回路在网络内部，注意内部是无源的。根据替代原理，将$\dot{U}_1$、$\dot{U}_2$看成两个电压源，则可列写回路方程如下。

$$Z_{11}\dot{I}_1+Z_{12}\dot{I}_2+\cdots+Z_{1L}\dot{I}_L=\dot{U}_1$$
$$Z_{21}\dot{I}_1+Z_{22}\dot{I}_2+\cdots+Z_{2L}\dot{I}_L=\dot{U}_2$$
$$\cdots$$
$$Z_{L1}\dot{I}_1+Z_{L2}\dot{I}_2+\cdots+Z_{LL}\dot{I}_L=\dot{U}_L$$

根据克莱姆法则求得

$$\dot{I}_1=\frac{\Delta_{11}}{\Delta}\dot{U}_1+\frac{\Delta_{21}}{\Delta}\dot{U}_2=Y_{11}\dot{U}_1+Y_{21}\dot{U}_2$$

$$\dot{I}_2=\frac{\Delta_{12}}{\Delta}\dot{U}_1+\frac{\Delta_{22}}{\Delta}\dot{U}_2=Y_{21}\dot{U}_1+Y_{22}\dot{U}_2$$

可见当$\Delta\neq 0$时，Y参数方程一定存在，且参数Y_{11}、Y_{12}、Y_{21}、Y_{22}仅取决于网络内部元件及其连接形式。这是因为各参数取决于回路方程，回路方程又取决于基尔霍夫方程和元件伏安关系。前者取决于元件连接形式与元件参数。

Y参数可由如下方程计算或实验测量求得。在$1-1'$端口外加电压$\dot{U}_1$，$2-2'$端口短路(即$\dot{U}_2=0$)，则式(12－1)成为

$$\dot{I}_1=Y_{11}\dot{U}_1\Big|_{\dot{U}_2=0}，\ \dot{I}_2=Y_{21}\dot{U}_1\Big|_{\dot{U}_2=0}$$

或
$$Y_{11}=\frac{\dot{I}_1}{\dot{U}_1}\Big|_{\dot{U}_2=0}，\ Y_{21}=\frac{\dot{I}_2}{\dot{U}_1}\Big|_{\dot{U}_2=0} \tag{12-3a}$$

式中，竖线下角的$\dot{U}_2=0$表示公式成立的条件。

由公式可见，Y_{11}、Y_{21}分别表示端口$2-2'$短路时，端口$1-1'$的输入导纳和转移导纳。

同理，在端口$2-2'$外加电压$\dot{U}_2$，对端口短路$1-1'$ ($\dot{U}_1=0$)则由式(12－1)可得

$$Y_{12}=\frac{\dot{I}_1}{\dot{U}_2}\Bigg|_{\dot{U}_1=0}，\ Y_{22}=\frac{\dot{I}_2}{\dot{U}_2}\Bigg|_{\dot{U}_1=0} \tag{12-3b}$$

所以，Y_{12}、Y_{22}分别表示端口$1-1'$短路时，端口$2-2'$的转移导纳和输入导纳。

式(12－3)不仅表现了Y参数的物理含义，同时提供了计算和测量Y参数的方法。当给定二端口的网络结构时，可采用以上短路方法按公式计算Y参数。由于4个Y参数可在短路条件下计算和测量出来，所以也把它们称为短路参数。

例 12－1 求图 12－5(a)所示二端口的Y参数。

解：(1) $2-2'$短路时电路如图 12－5(b)所示，这时有

$$\dot{I}_1=Y_a\dot{U}_1+Y_b\dot{U}_1+g\dot{U}_1$$
$$\dot{I}_2=-g\dot{U}_1-Y_b\dot{U}_1$$

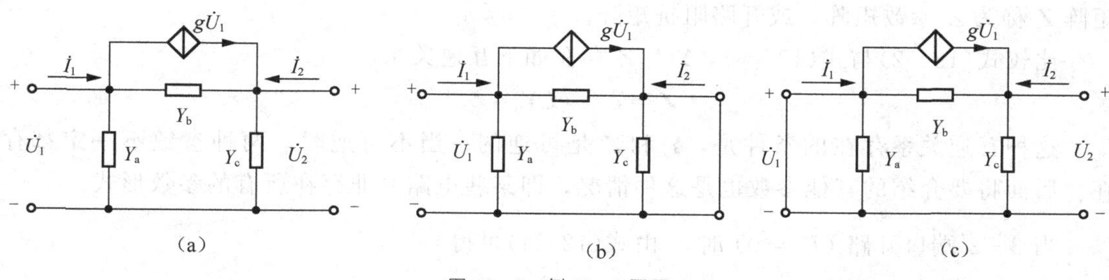

图 12-5 例 12-1 题图

所以有
$$Y_{11}=\left.\frac{\dot{I}_1}{\dot{U}_1}\right|_{\dot{U}_2=0}=Y_a+Y_b+g$$

$$Y_{21}=\left.\frac{\dot{I}_2}{\dot{U}_1}\right|_{\dot{U}_2=0}=-Y_b-g$$

(2) 1-1′短路时，电路如图 12-5(c)所示。注意：$\dot{U}_1=0$ 时受控电流源等于零，即开路，所以可得

$$Y_{12}=-Y_b，Y_{22}=Y_b+Y_c$$

讨论：

① 当 $g=0$ 时，即无受控源时，$Y_{11}=Y_a+Y_b$，$Y_{22}=Y_b+Y_c$，$Y_{12}=Y_{21}=-Y_b$。

② 当 $g=0$ 且 $Y_a=Y_c$ 时，则有 $Y_{11}=Y_{22}$，$Y_{12}=Y_{21}$。

一个端口若 $Y_{12}=Y_{21}$，则称该二端口网络是互易的，即具有互易特性。线性 RLMC 二端口一定是互易的，含受控源的线性二端口一般情况下是非互易的。

若一个二端口除满足 $Y_{12}=Y_{21}$ 外还满足 $Y_{11}=Y_{22}$，则该二端口称为对称二端口。结构上对称的二端口必是对称二端口，但满足对称条件的二端口，结构上不一定都是对称的。

12.2.2 二端口网络的 Z 参数及其方程

对图 12-4 所示的二端口网络，根据式(12-1)不难变换出如下形式：

$$\begin{cases}\dot{U}_1=Z_{11}\dot{I}_1+Z_{12}\dot{I}_2\\ \dot{U}_2=Z_{21}\dot{I}_1+Z_{22}\dot{I}_2\end{cases} \tag{12-4}$$

式(12-4)称为 Z 参数方程。Z_{11}、Z_{12}、Z_{21}、Z_{22} 称为二端口的 Z 参数。Z 参数与 Y 参数的关系见 12.2.5 节表 12-1。

将式(12-4)改写为矩阵形式

$$\begin{bmatrix}\dot{U}_1\\ \dot{U}_2\end{bmatrix}=\begin{bmatrix}Z_{11} & Z_{12}\\ Z_{21} & Z_{22}\end{bmatrix}\begin{bmatrix}\dot{I}_1\\ \dot{I}_2\end{bmatrix}$$

令
$$\boldsymbol{Z}=\begin{bmatrix}Z_{11} & Z_{12}\\ Z_{21} & Z_{22}\end{bmatrix}$$

则有
$$\dot{\boldsymbol{U}}=\boldsymbol{Z}\dot{\boldsymbol{I}} \tag{12-5}$$

矩阵$\boldsymbol{Z}$称为Z参数矩阵，或开路阻抗矩阵。

比较式(12－2)与式(12－5)，$\boldsymbol{Y}$与$\boldsymbol{Z}$存在如下互逆关系。

$$\boldsymbol{Z}=\boldsymbol{Y}^{-1} \text{ 或 } \boldsymbol{Y}=\boldsymbol{Z}^{-1}$$

这种互逆关系存在的条件是，$\boldsymbol{Y}$和$\boldsymbol{Z}$是可逆的；当不可逆时，两种参数不一定都存在。后面将要介绍的其他参数也是这种情况，即某些电路并非存在所有的参数形式。

当2－2′端口开路（$\dot{I}_2=0$）时，由式(12－4)可得

$$Z_{11}=\left.\frac{\dot{U}_1}{\dot{I}_1}\right|_{\dot{I}_2=0},\quad Z_{21}=\left.\frac{\dot{U}_2}{\dot{I}_1}\right|_{\dot{I}_2=0} \tag{12-6a}$$

Z_{11}、Z_{21}分别是2－2′端口开路时，1－1′端口的输入阻抗和转移阻抗。

当1－1′端口开路时（$\dot{I}_1=0$），由式(12－4)可得

$$Z_{12}=\left.\frac{\dot{U}_1}{\dot{I}_2}\right|_{\dot{I}_1=0},\quad Z_{22}=\left.\frac{\dot{U}_2}{\dot{I}_2}\right|_{\dot{I}_1=0} \tag{12-6b}$$

Z_{12}、Z_{22}分别是1－1′端口开路时，2－2′端口的输入阻抗和转移阻抗。

式(12－6)表明了Z参数的物理意义，同时也是一种计算方法。由于Z参数可以在开路情况下计算和测量出来，所以又称为开路参数。具有互易性的二端口网络，$Z_{12}=Z_{21}$成立，线性RLMC二端口一定满足$Z_{12}=Z_{21}$；对称的二端口网络，还满足$Z_{11}=Z_{22}$。

例12－2 求图12－6所示T形电路的Z参数。

解：(1) 当2－2′开路时，$\dot{I}_2=0$，这时有

$$\dot{U}_1=(Z_1+Z_2)\dot{I}_1$$

$$\dot{U}_2=Z_2\dot{I}_1$$

所以

$$Z_{11}=\left.\frac{\dot{U}_1}{\dot{I}_1}\right|_{\dot{I}_2=0}=Z_1+Z_2$$

$$Z_{21}=\left.\frac{\dot{U}_2}{\dot{I}_1}\right|_{\dot{I}_2=0}=Z_2$$

(2) 当1－1′开路时，$\dot{I}_1=0$，则有

$$\dot{U}_1=Z_2\dot{I}_2$$

$$\dot{U}_2=(Z_2+Z_3)\dot{I}_2$$

所以

$$Z_{12}=\left.\frac{\dot{U}_1}{\dot{I}_2}\right|_{\dot{I}_1=0}=Z_2$$

$$Z_{22}=\left.\frac{\dot{U}_2}{\dot{I}_2}\right|_{\dot{I}_1=0}=Z_2+Z_3$$

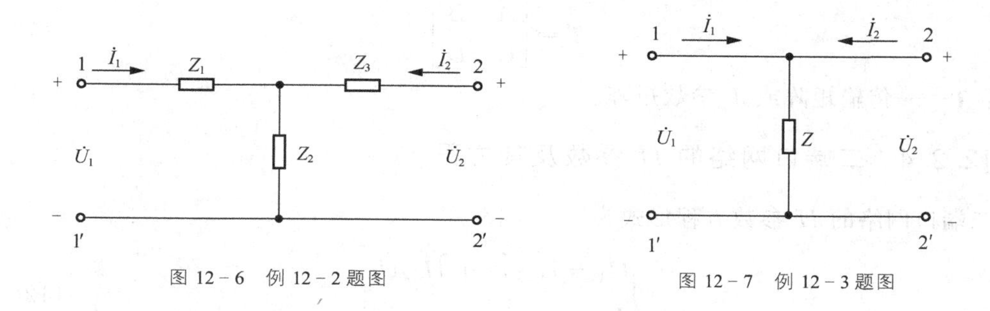

图 12－6　例 12－2 题图

图 12－7　例 12－3 题图

例 12－3　求图 12－7 二端口网络的 Z 参数矩阵。

解：由图 12－7 可列写如下方程：

$$\dot{U}_1=(\dot{I}_1+\dot{I}_2)Z=Z\dot{I}_1+Z\dot{I}_2$$

$$\dot{U}_2=\dot{U}_1=Z\dot{I}_1+Z\dot{I}_2$$

所以

$$\boldsymbol{Z}=\begin{bmatrix}Z & Z\\ Z & Z\end{bmatrix}$$

显然，$\boldsymbol{Z}$ 的逆不存在，Y 参数也就不存在。

12.2.3　二端口网络的 T 参数及其方程

Y 参数和 Z 参数描述的问题是两个端口电压和电流的关系，方程一侧的电流或电压均属于两个端口。工程实际问题中希望知道一个端口电压、电流与另一个端口电压、电流间的关系。如放大器的输入输出间的关系、传输线的传输特性等。描述二端口网络这种传输关系的参数方程就是二端口网络的 T 参数方程或 A 参数方程，也称传输参数方程，或一般参数方程。其参数方程的形式为

$$\begin{aligned}\dot{U}_1&=A\dot{U}_2+B(-\dot{I}_2)\\ \dot{I}_1&=C\dot{U}_2+D(-\dot{I}_2)\end{aligned}\qquad(12-7)$$

式中：$-\dot{I}_2$——流出端子 2 的电流。

T 参数方程可由 Y 参数或 Z 参数方程推出，其关系见 12.2.5 节表 12－1。

具有互易性的二端口网络，A 参数间满足

$$AD-BC=1\ \text{即}\begin{vmatrix}A & B\\ C & D\end{vmatrix}=1$$

对称的二端口网络还满足 $A=D$。

T 参数的意义可由下列关系式说明，具体含义不再解释。

$$A=\left.\frac{\dot{U}_1}{\dot{U}_2}\right|_{\dot{I}_2=0},\ B=\left.\frac{\dot{U}_1}{-\dot{I}_2}\right|_{\dot{U}_2=0},\ C=\left.\frac{\dot{I}_1}{\dot{U}_2}\right|_{\dot{I}_2=0},\ D=\left.\frac{\dot{I}_1}{-\dot{I}_2}\right|_{\dot{U}_2=0}\qquad(12-8)$$

将式(12－7)表示成矩阵形式为

$$\begin{bmatrix}\dot{U}_1\\ \dot{I}_1\end{bmatrix}=\begin{bmatrix}A & B\\ C & D\end{bmatrix}\begin{bmatrix}\dot{U}_2\\ -\dot{I}_2\end{bmatrix}=T\begin{bmatrix}\dot{U}_2\\ -\dot{I}_2\end{bmatrix}$$

$$\boldsymbol{T}=\begin{bmatrix}A & B\\ C & D\end{bmatrix} \tag{12-9}$$

式中：$\boldsymbol{T}$——传输矩阵或 T 参数矩阵。

12.2.4 二端口网络的 H 参数及其方程

二端口网络的 H 参数方程形式为

$$\begin{cases}\dot{U}_1=H_{11}\dot{I}_1+H_{12}\dot{U}_2\\ \dot{I}_2=H_{21}\dot{I}_1+H_{22}\dot{U}_2\end{cases} \tag{12-10}$$

式中：H_{11}、H_{12}、H_{21}、H_{22}——二端口网络的 H 参数或混合参数。

将式(12-10)表示成矩阵形式，有

$$\begin{bmatrix}\dot{U}_1\\ \dot{I}_2\end{bmatrix}=\begin{bmatrix}H_{11} & H_{12}\\ H_{21} & H_{22}\end{bmatrix}\begin{bmatrix}\dot{I}_1\\ \dot{U}_2\end{bmatrix}=\boldsymbol{H}\begin{bmatrix}\dot{I}_1\\ \dot{U}_2\end{bmatrix} \tag{12-11}$$

$$\boldsymbol{H}\overset{\Delta}{=}\begin{bmatrix}H_{11} & H_{12}\\ H_{21} & H_{22}\end{bmatrix} \tag{12-12}$$

式中：$\boldsymbol{H}$——H 参数矩阵或混合参数矩阵。

H 参数的含义可用下列式子表示：

$$H_{11}=\left.\frac{\dot{U}_1}{\dot{I}_1}\right|_{\dot{U}_2=0},\ H_{12}=\left.\frac{\dot{U}_1}{\dot{U}_2}\right|_{\dot{I}_1=0},\ H_{21}=\left.\frac{\dot{I}_2}{\dot{I}_1}\right|_{\dot{U}_2=0},\ H_{22}=\left.\frac{\dot{I}_2}{\dot{U}_2}\right|_{\dot{I}_1=0}$$

具有互易性二端口满足：$H_{12}=H_{21}$；对称二端口还满足

$$\begin{vmatrix}H_{11} & H_{12}\\ H_{21} & H_{22}\end{vmatrix}=1$$

即
$$H_{11}H_{22}-H_{12}H_{21}=1$$

H 参数常被应用于晶体管电路分析中。

例 12-4 晶体三极管的等效电路如图 12-8 所示，求该二端口的 H 参数。

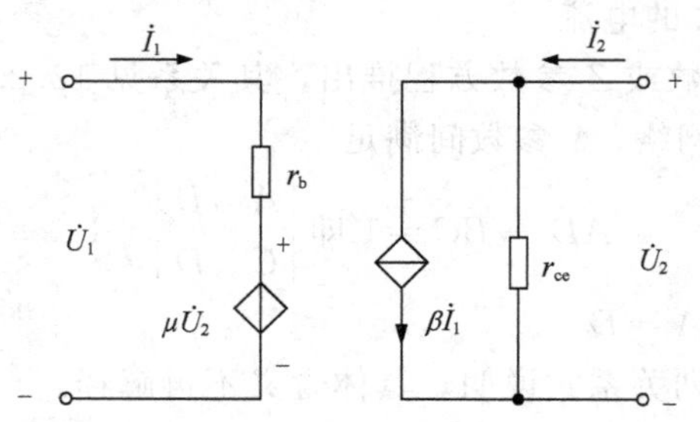

图 12-8 例 12-4 图

解：$\because\ \dot{U}_2=0$ 时，$\dot{U}_1=r_b\dot{I}_1$ $\therefore\ H_{11}=\left.\frac{\dot{U}_1}{\dot{I}_1}\right|_{\dot{U}_2=0}=r_b$ $\because\ \dot{I}_1=0$ 时，$\dot{U}_1=\mu\dot{U}_2$

$\therefore\ H_{12}=\left.\frac{\dot{U}_1}{\dot{U}_2}\right|_{\dot{I}_1=0}=\mu$ $\because\ \dot{U}_2=0$ 时，$\dot{I}_2=\beta\dot{I}_1$ $\therefore\ H_{21}=\left.\frac{\dot{I}_2}{\dot{I}_1}\right|_{\dot{U}_2=0}=\beta$ $\because\ \dot{I}_1=0$ 时，

$$\dot{I}_2=\frac{1}{r_{ce}}\dot{U}_2 \quad \therefore H_{22}=\left.\frac{\dot{I}_2}{\dot{U}_2}\right|_{\dot{I}_1=0}=\frac{1}{r_{ce}}$$

可见三极管等效电路的每一个元件参数对应于 H 参数中的一个参数。

12.2.5　二端口网络参数之间的关系

以上介绍了 4 种不同的参数，一个二端口使用哪种参数，要视具体情况而定。如晶体三极管分析一般用 H 参数，计算电路工作状态一般用 Y 参数或者 A 参数。

各参数间的关系，本节未做过多推导，现列于表 12－1，读者可自行推导。

表 12－1　二端口网络参数变换法

	Z 参数	Y 参数	H 参数	A 参数
Z 参数	$Z_{11}\quad Z_{12}$ $Z_{21}\quad Z_{22}$	$\frac{Y_{22}}{\Delta_Y}\quad -\frac{Y_{12}}{\Delta_Y}$ $-\frac{Y_{21}}{\Delta_Y}\quad \frac{Y_{11}}{\Delta_Y}$	$\frac{\Delta_H}{H_{12}}\quad \frac{H_{12}}{H_{22}}$ $-\frac{H_{21}}{H_{22}}\quad \frac{1}{H_{22}}$	$\frac{A}{C}\quad \frac{\Delta_T}{C}$ $\frac{1}{C}\quad \frac{D}{C}$
Y 参数	$\frac{Z_{22}}{\Delta_Z}\quad -\frac{Z_{12}}{\Delta_Z}$ $-\frac{Z_{21}}{\Delta_Z}\quad \frac{Z_{11}}{\Delta_Z}$	$Y_{11}\quad Y_{12}$ $Y_{21}\quad Y_{22}$	$\frac{1}{H_{11}}\quad -\frac{H_{12}}{H_{11}}$ $\frac{H_{21}}{H_{11}}\quad \frac{\Delta_H}{H_{11}}$	$\frac{D}{B}\quad -\frac{\Delta_T}{B}$ $-\frac{1}{B}\quad \frac{A}{B}$
H 参数	$\frac{\Delta_Z}{Z_{22}}\quad \frac{Z_{22}}{Z_{12}}$ $-\frac{Z_{21}}{Z_{22}}\quad \frac{1}{Z_{22}}$	$\frac{1}{Y_{11}}\quad -\frac{Y_{12}}{Y_{11}}$ $\frac{Y_{21}}{Y_{11}}\quad \frac{\Delta_Y}{Y_{11}}$	$H_{11}\quad H_{12}$ $H_{21}\quad H_{22}$	$\frac{B}{D}\quad \frac{\Delta_T}{D}$ $-\frac{1}{D}\quad \frac{C}{D}$
T 参数	$\frac{Z_{11}}{Z_{21}}\quad \frac{\Delta_Z}{Z_{21}}$ $\frac{1}{Z_{21}}\quad \frac{Z_{22}}{Z_{21}}$	$-\frac{Y_{22}}{Y_{21}}\quad -\frac{1}{Y_{21}}$ $-\frac{\Delta_Y}{Y_{21}}\quad -\frac{Y_{11}}{Y_{21}}$	$-\frac{\Delta_H}{H_{21}}\quad -\frac{H_{11}}{H_{21}}$ $-\frac{H_{22}}{H_{21}}\quad -\frac{1}{H_{21}}$	$A\quad B$ $C\quad D$
互易条件	$Z_{12}=Z_{21}$	$Y_{12}=Y_{21}$	$H_{12}=-H_{21}$	$\Delta_T=1$

表 12－1 中，

$$\Delta_Z=\begin{vmatrix} Z_{11} & Z_{12}\\ Z_{21} & Z_{22}\end{vmatrix};\ \Delta_Y=\begin{vmatrix} Y_{11} & Y_{12}\\ Y_{21} & Y_{22}\end{vmatrix};\ \Delta_H=\begin{vmatrix} H_{11} & H_{12}\\ H_{21} & H_{22}\end{vmatrix};\ \Delta_T=\begin{vmatrix} A & B\\ C & D\end{vmatrix}$$

各种参数计算除采用短路、开路法以外，也可以采用其他方法。如采用第 2 章、第 3 章介绍的各种分析方法，列出有关方程，将其变换成标准参数方程形式，则方程的系数就是对应的参数。

例 12－5　求图 12－9 所示网络的 Y 参数矩阵。

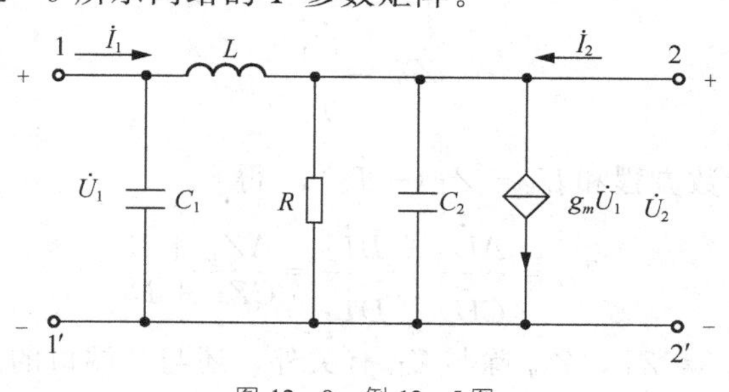

图 12－9　例 12－5 图

解：采用节点法，选 1′、2′为参考节点，则有

$$\dot{I}_1=(\mathrm{j}\omega C_1+\frac{1}{\mathrm{j}\omega L})\dot{U}_1-\frac{1}{\mathrm{j}\omega L}\dot{U}_2$$

$$\dot{I}_2=-\frac{1}{\mathrm{j}\omega L}\dot{U}_1+\left(\frac{1}{R}+\frac{1}{\mathrm{j}\omega L}+\mathrm{j}\omega C_2\right)\dot{U}_2+g_m\dot{U}_1$$

即

$$\begin{bmatrix}\dot{I}_1\\\dot{I}_2\end{bmatrix}=\begin{bmatrix}\mathrm{j}(\omega C_1-\dfrac{1}{\omega L}) & \mathrm{j}\dfrac{1}{\omega L}\\ g_m+\mathrm{j}\dfrac{1}{\omega L} & \dfrac{1}{R}+\mathrm{j}(\omega C_2-\dfrac{1}{\omega L})\end{bmatrix}\begin{bmatrix}\dot{U}_1\\\dot{U}_2\end{bmatrix}$$

则

$$\boldsymbol{Y}=\begin{bmatrix}\mathrm{j}(\omega C_1-\dfrac{1}{\omega L}) & \mathrm{j}\dfrac{1}{\omega L}\\ g_m+\mathrm{j}\dfrac{1}{\omega L} & \dfrac{1}{R}+\mathrm{j}(\omega C_2-\dfrac{1}{\omega L})\end{bmatrix}$$

可见这种方法有时是很方便的。

12.3 有端接的二端口网络

当在二端口网络的端口上接入单口网络时，称该二端口网络是“有端接的”，有端接的二端口一般可以化简成图 12－10 的形式。其中 Z_L 为负载阻抗，Z_s 为电源内阻抗。仅计及 $Z_s(\neq 0)$ 或仅计及 $Z_L(|Z_L|<\infty)$ 时称二端口为“单端接的”，同时计及 Z_s 和 Z_L 时称二端口为“双端接的”。

12.3.1 输入阻抗

根据第 2 章输入阻抗的定义，对于图 12－10 所示的二端口，端口 1－1′的输入阻抗可定义如下。

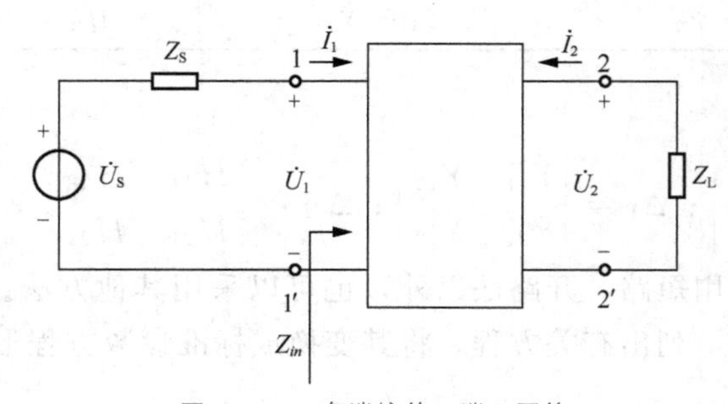

图 12－10 有端接的二端口网络

$$Z_{in}=\frac{\dot{U}_1}{\dot{I}_1}$$

由二端口的一般参数方程和 $\dot{U}_2=Z_L(-\dot{I}_2)$，得

$$Z_{in}=\frac{A\dot{U}_2-B\dot{I}_2}{C\dot{U}_2-D\dot{I}_2}=\frac{AZ_L+B}{CZ_L+D}\tag{12-13}$$

可见，一般情况下，$Z_{in}\neq Z_L$，Z_{in} 除与 Z_L 有关外，还与二端口的自身参数(如一般参数)

有关。

若将 $\dot{U}_s$ 置零，Z_s 不变，将 2－2′端口的输出阻抗定义为

$$Z_{out}=\frac{\dot{U}_2}{\dot{I}_2} \tag{12-14}$$

由一般参数方程可得

$$\dot{U}_2=-\frac{D}{\Delta_A}\dot{U}_1+\frac{B}{\Delta_A}\dot{I}_2$$

$$\dot{I}_2=\frac{C}{\Delta_A}\dot{U}_1-\frac{A}{\Delta_A}\dot{I}_1$$

另外有

$$\dot{U}_1=Z_s(-\dot{I}_1)$$

将以上关系代入式(12－14)得

$$Z_{out}=\frac{DZ_s+B}{CZ_s+A} \tag{12-15}$$

12.3.2 特性阻抗

若在双口网络输出口接负载 $Z_L=Z_{C2}$ 时，网络输入阻抗 $Z_{in}=Z_{C1}$；而当网络输入口接阻抗 $Z_s=Z_{C1}$ 时，有网络输出阻抗 $Z_{out}=Z_{C2}$，则 Z_{C1} 称为双口网络的输入口特性阻抗，而 Z_{C2} 称为输出口的特性阻抗，即 Z_{C1} 与 Z_{C2} 是特定条件下的输入阻抗和输出阻抗。

如图 12－11 所示，对一个对称的二端口，若 $Z_L=Z_s=Z_C$ 时，恰好使 $Z_{in}=Z_{out}=Z_C$，则 Z_C 称为该二端口的特性阻抗。

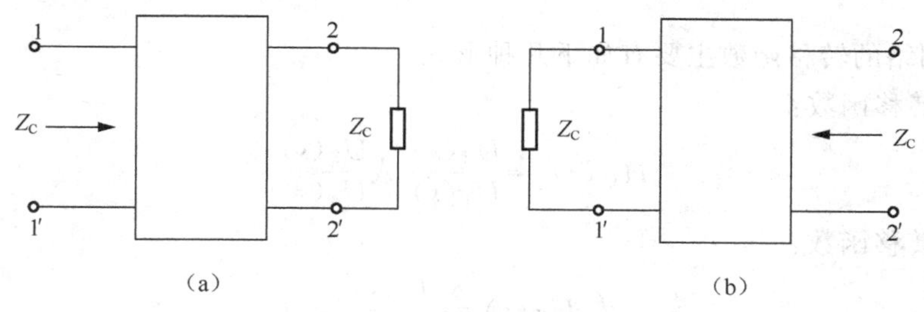

图 12－11 二端口的特性阻抗

根据特性阻抗的这一定义及二端口的对称条件 $A=D$，式(12－15)可写成为

$$Z_C=\frac{AZ_C+B}{CZ_C+D}$$

解得

$$Z_C=\sqrt{\frac{B}{C}} \tag{12-16}$$

由式(12－16)可知，特性阻抗仅由二端口参数决定，当二端口确定后，Z_C 也随之确定。当 2－2′(或 1－1′)端口接的负载阻抗与 Z_C 相等时，则 1－1′或 2－2′端的输入阻抗或输出阻抗就是 Z_C。

例 12－6 求图 12－12 所示 π 形电路的 A 参数及特性阻抗。

解：此二端口的 Y 参数为(注意对称性)

$$Y_{11}=Y_{22}=\frac{1}{10}+\frac{1}{5}=\frac{3}{10}$$

$$Y_{12}=Y_{21}=-\frac{1}{5}$$

则 A 参数为

$$A=-\frac{Y_{22}}{Y_{21}}=1.5，B=-\frac{1}{Y_{21}}=5(\Omega)$$

$$C=Y_{12}-\frac{Y_{11}Y_{22}}{Y_{21}}=\frac{1}{4}(\mathrm{s})，D=-\frac{Y_{11}}{Y_{21}}$$

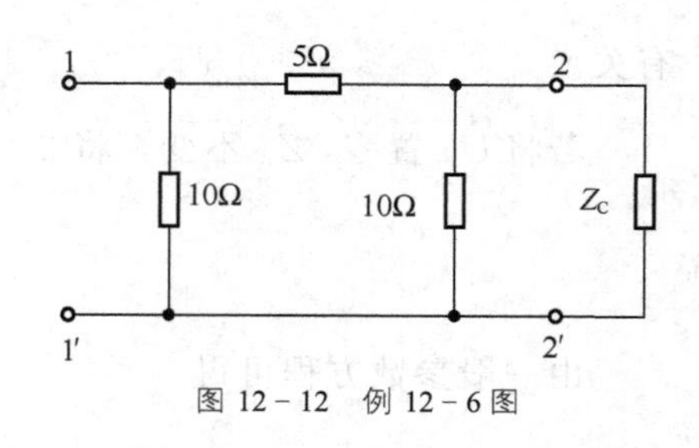

图 12-12 例 12-6 图

特性阻抗为

$$Z_C=\sqrt{\frac{B}{C}}=\sqrt{20}=4.47(\Omega)$$

12.3.3 有端接二端口网络的转移函数

转移(传递)函数是自动控制理论的一个重要概念。一般在零状态下用运算形式分析。设一般电路形式如图 12-13 所示。

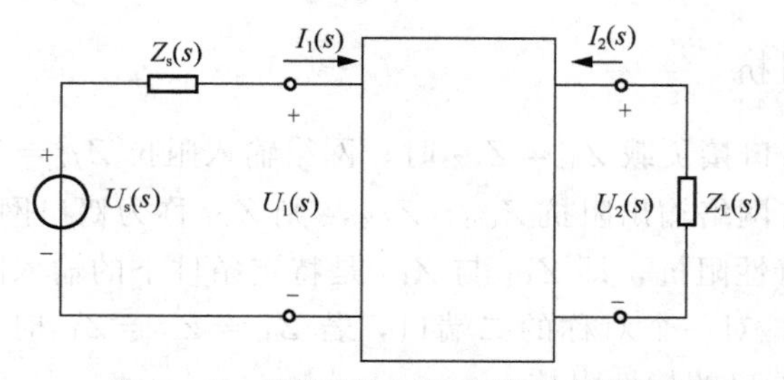

图 12-13 有端接的二端口网络的电路形式

二端口网络的转移函数主要有如下几种形式。

① 电压转移函数：

$$H_U(s)\overset{\Delta}{=}\frac{U_2(s)}{U_1(s)}\text{或}\frac{U_2(s)}{U_s(s)}$$

② 电流转移函数：

$$H_I(s)\overset{\Delta}{=}\frac{I_2(s)}{I_1(s)}$$

③ 转移阻抗

$$Z_{21}(s)=\frac{U_2(s)}{I_1(s)}$$

④ 转移导纳

$$Y_{21}(s)=\frac{I_2(s)}{U_1(s)}$$

在不同条件下，采用不同的参数求解转移函数的公式是不同的，下面仅举两例加以说明。

(1) 对于图 12-13 所示的二端口，用 Z 参数求电流转移函数。根据 Z 参数方程及负载阻抗 Z_L 的 VCR 可列方程如下：

$$U_2(s)=Z_{21}(s)I_1(s)+Z_{22}(s)I_2(s)$$
$$U_2(s)=-Z_L(s)I_2(s)$$

由以上两个方程可得

$$H_{\mathrm{I}}(s)=\frac{I_2(s)}{I_1(s)}=-\frac{Z_{21}}{Z_{22}+Z_{\mathrm{L}}}$$

（2）对于图 12－13 所示的二端口，若用 Y 参数求 $H_{\mathrm{U}}(s)=\dfrac{U_2(s)}{U_{\mathrm{s}}(s)}$ 可列基本方程如下：

$$I_1(s)=Y_{11}(s)U_1(s)+Y_{12}(s)U_2(s) \quad \text{(a)}$$

$$I_2(s)=Y_{21}(s)U_1(s)+Y_{22}(s)U_2(s) \quad \text{(b)}$$

$$U_1(s)=U_{\mathrm{s}}(s)-Z_{\mathrm{s}}(s)I_1(s) \quad \text{(c)}$$

$$U_2(s)=-Z_{\mathrm{L}}(s)I_2(s) \quad \text{(d)}$$

将式(c)、式(d)代入式(a)、式(b)得

$$[U_{\mathrm{s}}(s)-U_1(s)]Y_{\mathrm{s}}(s)=Y_{11}(s)U_1(s)+Y_{12}(s)U_2(s) \quad \text{(e)}$$

$$-Y_{\mathrm{L}}(s)U_2(s)=Y_{21}(s)U_1(s)+Y_{22}(s)U_2(s) \quad \text{(f)}$$

式中，
$$Y_{\mathrm{L}}(s)=\frac{1}{Z_{\mathrm{L}}(s)},\ Y_{\mathrm{s}}(s)=\frac{1}{Z_{\mathrm{s}}(s)}$$

解式(e)、式(f)得

$$H_{\mathrm{U}}(s)=\frac{U_2(s)}{U_{\mathrm{s}}(s)}=\frac{Y_{\mathrm{s}}(s)Y_{21}(s)}{Y_{12}(s)Y_{21}(s)-[Y_{11}(s)+Y_{\mathrm{s}}(s)][Y_{22}(s)+Y_{\mathrm{L}}(s)]}$$

可见当有端接时，转移函数 $\dfrac{U_2(s)}{U_{\mathrm{s}}(s)}$ 除与网络参数有关外，还与 $Z_{\mathrm{L}}(s)$ 和 $Z_{\mathrm{s}}(s)$ 有关。

12.4 二端口网络的等效电路

在第 2 章、第 4 章已介绍，任何一个复杂的无源一端口都可以用一个阻抗表征其外部特性。那么对任意给定的无源线性二端口，也可以用一个等效的电路表征它的外部特性。对二端口来说，等效的条件是两个二端口的参数完全相同。对于正弦稳态电路，因二端口的参数是频率的函数，因此等效也只能是在某一频率下成立。

对一般线性无源二端口网络，通常有 4 个独立的参数，因此等效电路至少含 4 个独立元件(可能是阻抗、导纳、受控源)。对具有互易特性的二端口，如 RLMC 二端口，因仅有 3 个独立参数，所以等效电路还有 3 个元件(阻抗或导纳)。确定二端口等效电路包含两个方面，一是等效电路的结构，二是等效电路元件的参数。常用的具有 3 个独立元件的电路结构形式有两种——T 形、π 形等效电路，其结构分别如图 12－14 所示。

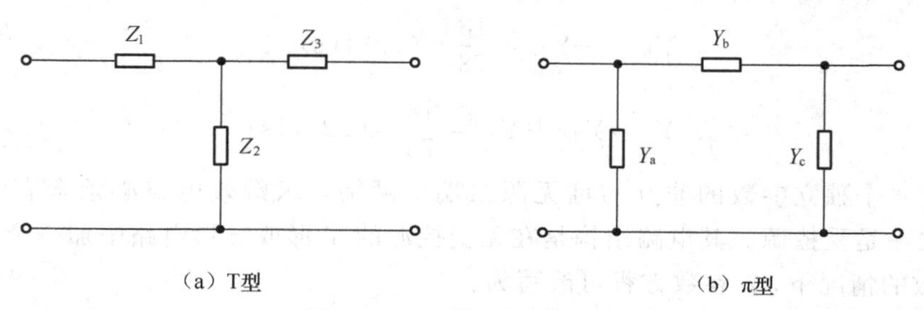

（a）T型　　（b）π型

图 12－14　二端口的等效电路

电路结构确定后，如何求元件参数呢？

对T形电路，由例12-2可知

$$Z_{11}=Z_1+Z_2,\ Z_{12}=Z_{21}=Z_2,\ Z_{22}=Z_2+Z_3$$

若已知Z参数求元件参数Z_1，Z_2，Z_3，则有

$$\begin{cases}Z_1=Z_{11}-Z_{21}\\Z_2=Z_{12}=Z_{21}\\Z_3=Z_{22}-Z_{21}\end{cases} \tag{12-17}$$

式(12-17)就是已知Z参数求T形等效电路元件参数的公式。

对π形电路，由例12-1可知，当$g=0$时，即无受控源时，π形电路的Y参数为

$$Y_{11}=Y_a+Y_b,\ Y_{12}=Y_{21}=-Y_b,\ Y_{22}=Y_c+Y_b$$

若已知Y参数，求Y_a，Y_b，Y_c，计算π形等效电路元件参数的关系式如下

$$Y_a=Y_{11}+Y_{21},\ Y_b=-Y_{21},\ Y_c=Y_{22}+Y_{21} \tag{12-18}$$

当给定二端口的其他参数时，求T(π)形等效电路的方法有两种：一种方法如以上所述，先找出给定二端口参数与等效电路元件参数的关系，然后求解元件参数；另一种方法是根据各种参数间的关系，先求出Z参数或Y参数，再根据式(12-17)和式(12-18)求等效电路元件参数。

例12-7 已知二端口网络的Z参数矩阵为

$$\boldsymbol{Z}=\begin{bmatrix}3 & 1.5\\1.5 & 2.92\end{bmatrix}(\Omega)$$

求该二端口的T形和π形等效电路。

解：(1) 由式(12-17)，T形电路的元件值应为

$$\begin{cases}Z_1=Z_{11}-Z_{21}=1.5(\Omega)\\Z_2=Z_{21}=1.5(\Omega)\\Z_3=Z_{22}-Z_{21}=1.42(\Omega)\end{cases}$$

(2)先求Y参数。

$$\boldsymbol{Y}=\boldsymbol{Z}^{-1}=\begin{bmatrix}\frac{35}{78} & -\frac{18}{78}\\-\frac{18}{78} & \frac{36}{78}\end{bmatrix}(\mathrm{s})$$

由式(12-17)得π形等效电路中的元件值为

$$Y_a=Y_{11}+Y_{21}=\frac{17}{78}=0.218(\mathrm{s})$$

$$Y_b=-Y_{21}=\frac{18}{78}=0.231(\mathrm{s})$$

$$Y_c=Y_{22}+Y_{21}=\frac{18}{78}=0.231(\mathrm{s})$$

对于有4个独立参数的非互易性无源二端口网络，求等效电路必须含有4个独立元件，其中之一是受控源。其电路结构是在无受控源的T形或π形电路中加一个受控源。在已知Y参数的情况下，Y参数方程可改写为：

$$\begin{cases}\dot{I}_1=Y_{11}\dot{U}_1+Y_{12}\dot{U}_2\\\dot{I}_2=Y_{12}\dot{U}_1+Y_{22}\dot{U}_2+(Y_{21}-Y_{12})\dot{U}_1\end{cases} \tag{12-19}$$

与具有互易性的 Y 参数方程相较，式(12－19)中多了一项 $(Y_{21}-Y_{12})\dot{U}_1$，这一项可用一个电压控制的电流源等效，则非互易性二端口的等效电路如图 12－15 所示。其中 Y_a、Y_b、Y_c 求法与式(12－18)相同。

非互易二端口的 T 形等效电路也可用类似方法得到。

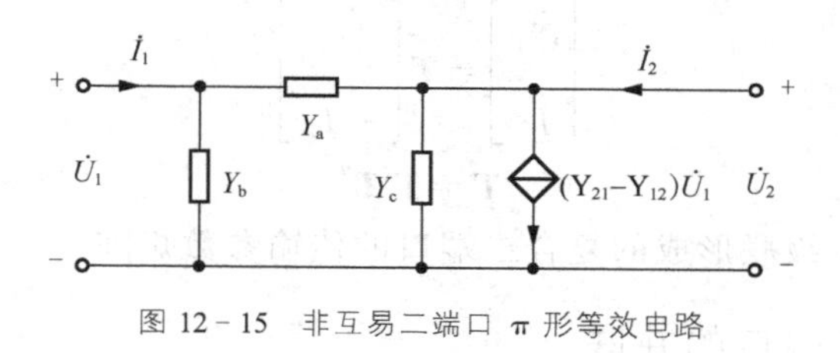

图 12－15　非互易二端口 π 形等效电路

12.5　二端口网络的连接

一个复杂的二端口网络往往是由若干个相对简单的二端口采用一定的方式连接而成。对于一个复杂的二端口，为使电路分析简化，可将复杂的二端口简化成若干个简单的二端口。

二端口可按各种不同的方式相互连接。最常见的连接方式有：级联、串联和并联。在下面的讨论中，主要关心的是两个二端口连接后复合二端口的参数与两个原二端口参数间的关系以及连接的条件等。

12.5.1　两个二端口的级联

所谓级联就是第一个二端口的输出与第二个二端口的输入口相连接。图 12－16 表示 P_1 和 P_2 的级联。

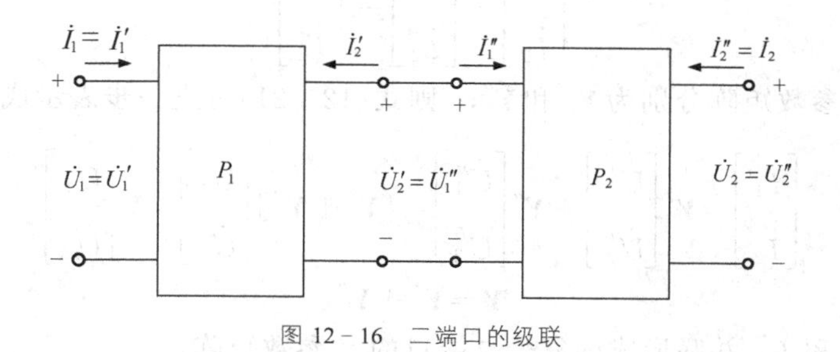

图 12－16　二端口的级联

设 P_1 和 P_2 的 A 参数方程分别为

$$\begin{bmatrix}\dot{U}_1'\\ \dot{I}_1'\end{bmatrix}=\boldsymbol{T}'\begin{bmatrix}\dot{U}_2'\\ -\dot{I}_2'\end{bmatrix},\quad \begin{bmatrix}\dot{U}_1''\\ \dot{I}_1''\end{bmatrix}=\boldsymbol{T}''\begin{bmatrix}\dot{U}_2''\\ -\dot{I}_2''\end{bmatrix}$$

由图 12－16 可知

$$\begin{bmatrix}\dot{U}_1\\ \dot{I}_1\end{bmatrix}=\begin{bmatrix}\dot{U}_1'\\ \dot{I}_1'\end{bmatrix},\quad \begin{bmatrix}\dot{U}_2'\\ -\dot{I}_2'\end{bmatrix}=\begin{bmatrix}\dot{U}_1''\\ \dot{I}_1''\end{bmatrix},\quad \begin{bmatrix}\dot{U}_2''\\ -\dot{I}_2''\end{bmatrix}=\begin{bmatrix}\dot{U}_2\\ -\dot{I}_2\end{bmatrix}$$

则有

$$\begin{bmatrix}\dot{U}_1\\\dot{I}_1\end{bmatrix}=\begin{bmatrix}\dot{U}'_1\\\dot{I}'_1\end{bmatrix}=\boldsymbol{T}'\begin{bmatrix}\dot{U}'_2\\-\dot{I}'_2\end{bmatrix}=\boldsymbol{T}'\begin{bmatrix}\dot{U}''_1\\\dot{I}''_1\end{bmatrix}=\boldsymbol{T}'\boldsymbol{T}''\begin{bmatrix}\dot{U}''_2\\-\dot{I}''_2\end{bmatrix}=\boldsymbol{T}'\boldsymbol{T}''\begin{bmatrix}\dot{U}_2\\-\dot{I}_2\end{bmatrix}$$

即

$$\begin{bmatrix}\dot{U}_1\\\dot{I}_1\end{bmatrix}=\boldsymbol{T}\begin{bmatrix}\dot{U}_2\\-\dot{I}_2\end{bmatrix}\tag{12-20}$$

$$\boldsymbol{T}=\boldsymbol{T}'\boldsymbol{T}''$$

式中：$\boldsymbol{T}$ —— P_1 与 P_2 级联形成的复合二端口的传输参数矩阵。

12.5.2 两个二端口的并联

所谓二端口的并联是指两个二端口的输入端并接，两个输出口并接。图 12-17 表示 P_1 和 P_2 的并联。

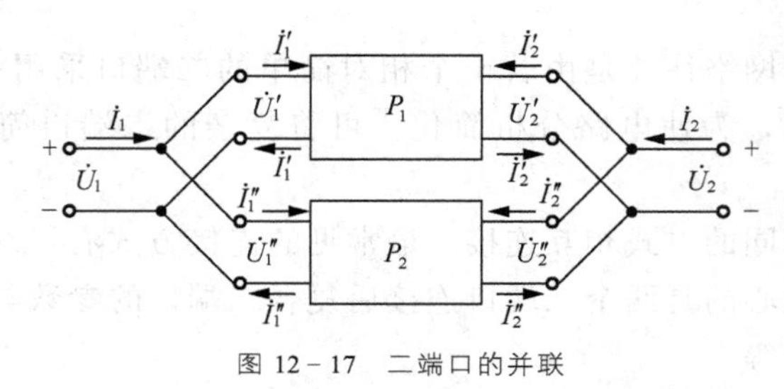

图 12-17 二端口的并联

由图 12-17 可知：$\dot{U}_1=\dot{U}'_1=\dot{U}''_1$，$\dot{U}_2=\dot{U}'_2=U''_2$。如果 P_1 和 P_2 仍满足端口条件，则电流之间应满足：

$$\begin{bmatrix}\dot{I}_1\\\dot{I}_2\end{bmatrix}=\begin{bmatrix}\dot{I}'_1\\\dot{I}'_2\end{bmatrix}+\begin{bmatrix}\dot{I}''_1\\\dot{I}''_2\end{bmatrix}\tag{12-21}$$

若 P_1、P_2 的 Y 参数矩阵分别为 $\boldsymbol{Y}'$ 和 $\boldsymbol{Y}''$，则式(12-21)可进一步表示成：

$$\begin{bmatrix}\dot{I}_1\\\dot{I}_2\end{bmatrix}=\boldsymbol{Y}'\begin{bmatrix}\dot{U}'_1\\\dot{U}'_2\end{bmatrix}+\boldsymbol{Y}''\begin{bmatrix}\dot{U}''_1\\\dot{U}''_2\end{bmatrix}=[\boldsymbol{Y}'+\boldsymbol{Y}'']\begin{bmatrix}\dot{U}_1\\\dot{U}_2\end{bmatrix}=\boldsymbol{Y}\begin{bmatrix}\dot{U}_1\\\dot{U}_2\end{bmatrix}\tag{12-22}$$

$$\boldsymbol{Y}=\boldsymbol{Y}'+\boldsymbol{Y}''$$

式中：$\boldsymbol{Y}$ —— P_1 和 P_2 并联形成的复合二端口的 Y 参数矩阵。

12.5.3 二端口的串联

P_1 和 P_2 的串联方式如图 12-18 所示。如果 P_1、P_2 的端口条件仍成立，则有

$$\dot{I}_1=\dot{I}'_1=\dot{I}''_1,\quad \dot{I}_2=\dot{I}'_2=\dot{I}''_2$$

$$\begin{bmatrix}\dot{U}_1\\\dot{U}_2\end{bmatrix}=\begin{bmatrix}\dot{U}'_1\\\dot{U}'_2\end{bmatrix}+\begin{bmatrix}\dot{U}''_1\\\dot{U}''_2\end{bmatrix}\tag{12-23}$$

图 12-18 二端口的串联

若 P_1、P_2 的 Z 参数矩阵分别为 $\boldsymbol{Z}'$ 和 $\boldsymbol{Z}''$，则式(12－23)可写成：

$$\begin{bmatrix}\dot{U}_1\\ \dot{U}_2\end{bmatrix}=\boldsymbol{Z}'\begin{bmatrix}\dot{I}'_1\\ \dot{I}'_2\end{bmatrix}+\boldsymbol{Z}''\begin{bmatrix}\dot{I}''_1\\ \dot{I}''_2\end{bmatrix}=[\boldsymbol{Z}'+\boldsymbol{Z}'']\begin{bmatrix}\dot{I}_1\\ \dot{I}_2\end{bmatrix}=Z\begin{bmatrix}\dot{I}_1\\ \dot{I}_2\end{bmatrix}$$

$$\boldsymbol{Z}=\boldsymbol{Z}'+\boldsymbol{Z}'' \tag{12-24}$$

式中：$\boldsymbol{Z}$ —— P_1、P_2 串联形成的复合二端口的 Z 参数矩阵。

12.6 回转器和负阻抗变换器

12.6.1 回转器

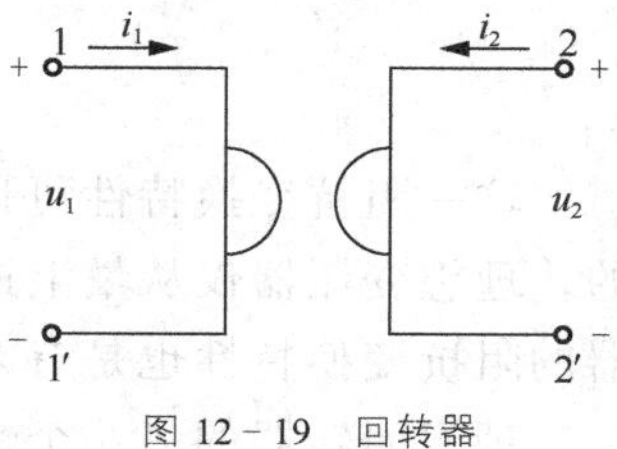

图 12－19 回转器

回转器是一种多端理想元件。理想回转器的电路符号如图 12－19 所示，它是一个线性非互易的二端口，其端口电压电流可用下列 Z 参数方程表示为

$$\begin{cases}u_1=-ri_2\\ u_2=ri_1\end{cases} \tag{12-25}$$

或用 Y 参数表示为

$$\begin{cases}i_1=gu_2\\ i_2=-gu_1\end{cases} \tag{12-26}$$

式中，r 和 g 的单位分别是 Ω 和 S。由于 r 和 g 分别具有电阻和电导性质，故分别称为回转电阻和回转电导，简称回转常数。请注意理想回转器与理想变压器的相似性和差别。

用矩阵形式表示式(12－25)和式(12－26)，则有

$$\begin{bmatrix}u_1\\ u_2\end{bmatrix}=\begin{bmatrix}0 & -r\\ r & 0\end{bmatrix}\begin{bmatrix}i_1\\ i_2\end{bmatrix}\text{或}\begin{bmatrix}i_1\\ i_2\end{bmatrix}=\begin{bmatrix}0 & g\\ -g & 0\end{bmatrix}\begin{bmatrix}u_1\\ u_2\end{bmatrix}$$

因此，回转器的 Z 参数矩阵和 Y 参数矩阵分别为

$$\boldsymbol{Z}=\begin{bmatrix}0 & -r\\ r & 0\end{bmatrix},\ \boldsymbol{Y}=\begin{bmatrix}0 & g\\ -g & 0\end{bmatrix}$$

理想回转器的一个重要性质是回转特性。由回转器的参数方程可以看出，回转器能把一个端口的电流(电压)回转成另一个端口的电压(电流)。利用回转性质可以把一个电容回转成一个电感。在微电子器件中，可以利用这个性质，用易于集成的电容来实现难于集成的电感。

将电容回转成电感，证明：由图 12－20 可得

$$u_1=-ri_2,\ i_2=-C\frac{\mathrm{d}u_2}{\mathrm{d}t},\ u_2=ri_1$$

所以
$$u_1=rC\frac{\mathrm{d}u_2}{\mathrm{d}t}=r^2C\frac{\mathrm{d}i_1}{\mathrm{d}t}=L_0\frac{\mathrm{d}i_1}{\mathrm{d}t}$$

式中：$L_0=r^2C$ ——为输入端等效电感。

如果 $r=100\mathrm{k}\Omega$，$C=0.1\mu\mathrm{F}$，则 $L_0=r^2C=100^2\times0.1=1000(\mathrm{H})$，可见一个小容量的电容可回转成一个大容量的电感。

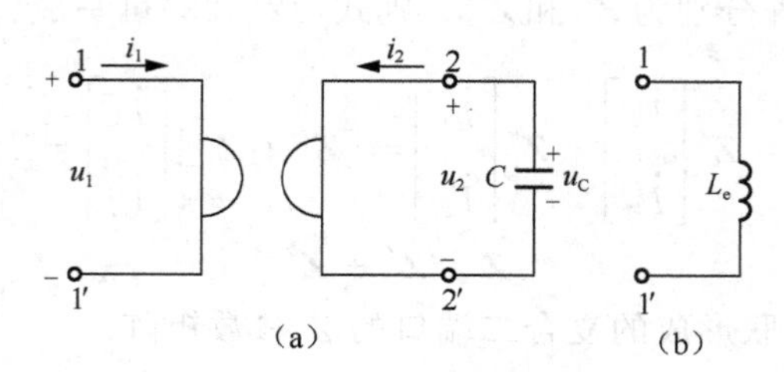

图 12-20 电感的实现

可以证明：当 C 换成一般阻抗 Z_2 时，1-1′端口的等效阻抗可表示为

$$Z_1=\frac{r^2}{Z_2}$$

这一阻抗变换特性可以改变元件的性质，但它与理想变压器的阻抗变换特性是不同的，理想变压器仅从量上进行变换。回转器的阻抗变换特性与下面将要介绍的负阻抗变换器的阻抗变换特性也是有差别的。

理想回转器的另一个性质是：它既不消耗功率又不发出功率，即它是一个无源线性元件。这可以用两个端口的瞬时功率之和恒为零加以证明。即

$$u_1i_1+u_2i_2=-ri_1i_2+ri_1i_2=0$$

12.6.2 负阻抗变换器

负阻抗变换器(Negative Impedance Converter，NIC)，也是一个二端口，其符号如图 12-21 所示，端口电压和电流可用 A 参数方程表示为

$$\begin{cases}u_1=u_2\\ i_1=-k(-i_2)\end{cases} \tag{12-27}$$

或

$$\begin{cases}u_1=-ku_2\\ i_1=-i_2\end{cases} \tag{12-28}$$

写成 A 参数矩阵形式为

$$\begin{bmatrix}u_1\\ i_1\end{bmatrix}=\begin{bmatrix}1 & 0\\ 0 & -k\end{bmatrix}\begin{bmatrix}u_2\\ -i_2\end{bmatrix}\text{或}\begin{bmatrix}u_1\\ i_1\end{bmatrix}=\begin{bmatrix}-k & 0\\ 0 & 1\end{bmatrix}\begin{bmatrix}u_2\\ -i_2\end{bmatrix}$$

式中，k 为正实数。

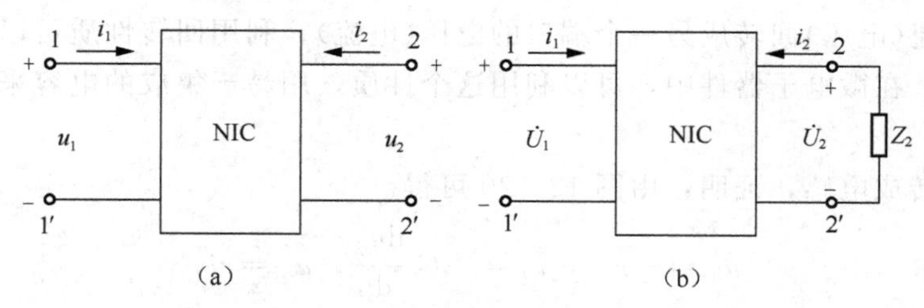

图 12-21 负阻抗变换器

由式(12-27)可以看出，经 NIC 后两个端口电压相同，而电流 i_1 变换为 $-k(-i_2)=ki_2$。因 i_1 与 i_2 的方向相反，这种 NIC 被称为电流反向型的 NIC。

从式(12-28)可知，经 NIC 后，i_1 与 $(-i_2)$ 与方向相同，而 u_1 变为 $-ku_2$，这种 NIC 称为电压反向型的 NIC。

NIC 的一个性质就是将正阻抗变为负阻抗。采用向量形式证明如下：

由式(12－27)得
$$\dot{U}_1=\dot{U}_2$$
$$\dot{I}_1=-k(-\dot{I}_2)$$

由图 12－21(b)得
$$\dot{U}_1=Z_2(-\dot{I}_2)$$

所以
$$Z_1=\frac{\dot{U}_1}{\dot{I}_1}=-\frac{1}{k}\frac{\dot{U}_2}{(-\dot{I}_2)}=-\frac{Z_2}{k}$$

即端口 1－1′的等效阻抗为端口 2－2′所接阻抗 Z_2 的负值再乘以正实数 $\frac{1}{k}$。如 2－2′端口接上的电阻 R，在端口 1－1′将变成 $-\frac{1}{k}R$。

请读者自己比较理想变压器、回转器和负阻抗变换器的阻抗变换公式，并注意它们之间的区别。

习 题 十 二

12－1　求题 12－1 图所示二端口的 Y、Z 和 T 参数矩阵。

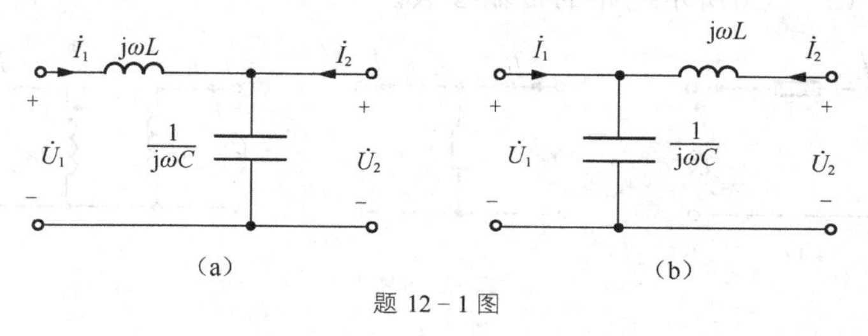

题 12－1 图

12－2　求题 12－2 图所示二端口的 T 和 H 参数矩阵。

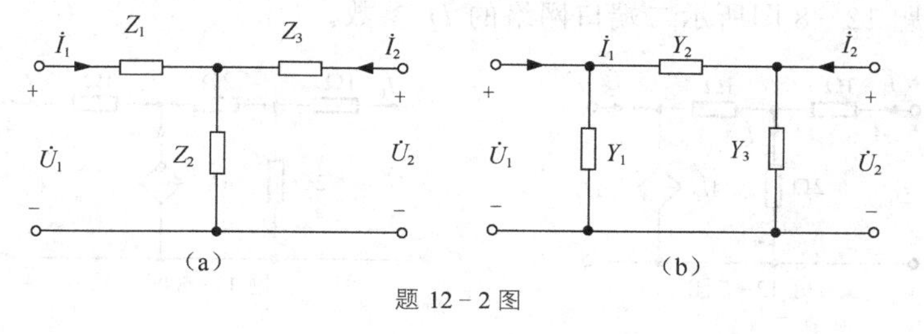

题 12－2 图

12－3　求题 12－3 图所示二端口的 Y 和 Z 参数矩阵。

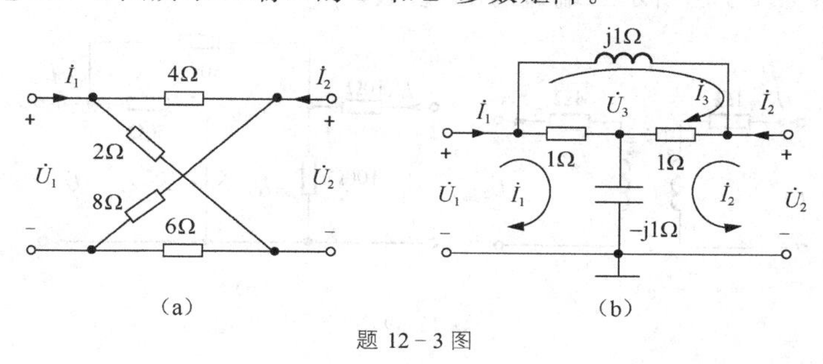

题 12－3 图

12－4　求题 12－4 图所示电路的 Z 参数。

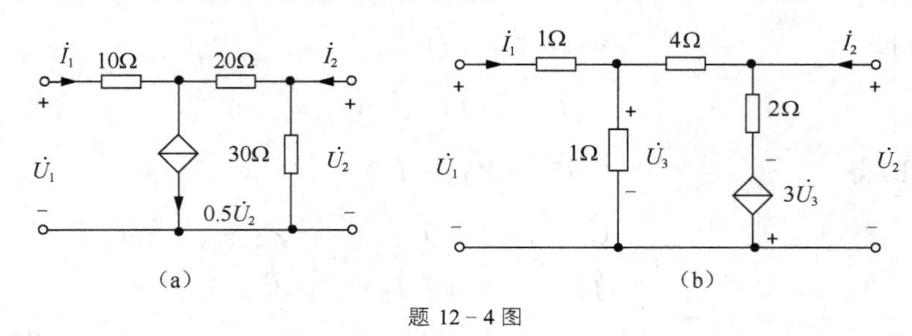

题 12－4 图

12－5　求题 12－5 图所示电路的 Y 参数。

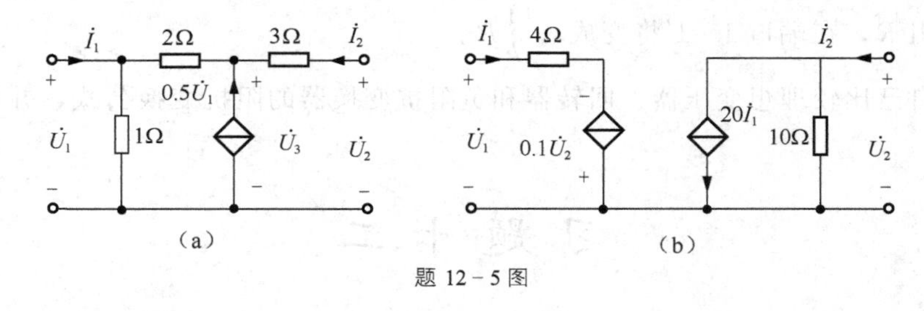

题 12－5 图

12－6　求题 12－6 图所示电路的传输参数。

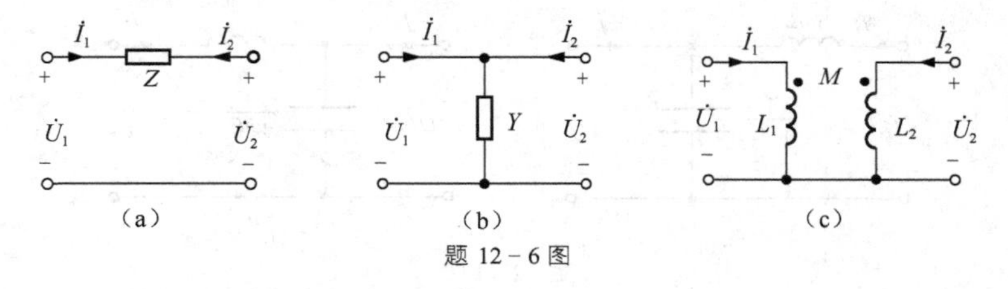

题 12－6 图

12－7　求题 12－7 图所示电路的传输参数。

12－8　求题 12－8 图所示二端口网络的 H 参数。

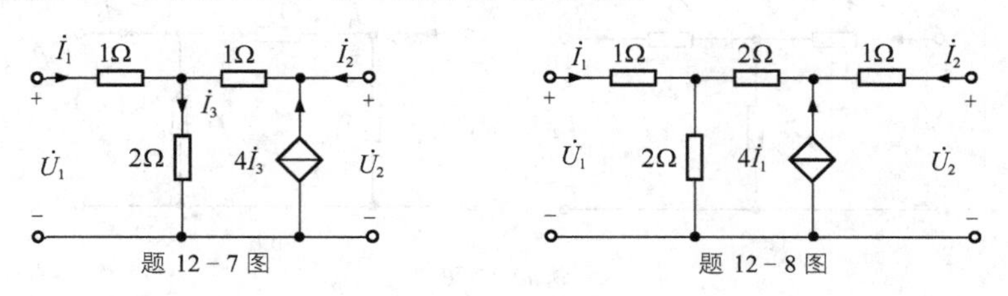

题 12－7 图　　　　题 12－8 图

12－9　求题 12－9 图所示二端口的 H 参数。

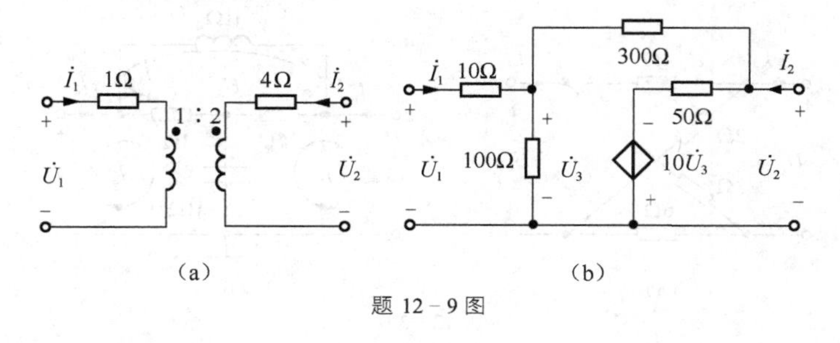

题 12－9 图

12-10　一个二端口，其 Z 参数矩阵为 $\boldsymbol{Z}=\begin{bmatrix}12 & 4\\ 4 & 6\end{bmatrix}\Omega$，若该网络的终端电阻为 2Ω，求 $\dfrac{\dot{U}_2}{\dot{U}_1}$。

12-11　若题 12-11 图所示的二端口的 Z 参数矩阵为 $\boldsymbol{Z}=\begin{bmatrix}50 & 10\\ 30 & 20\end{bmatrix}\Omega$，试计算 100Ω 电阻消耗的功率。

12-12　题 12-12 图所示电路在 $\omega=2\text{rad/s}$ 时，$Z_{11}=10\Omega$，$Z_{12}=Z_{21}=\text{j}6\Omega$，$Z_{22}=4\Omega$，求 a，b 端的戴维南等效电路。

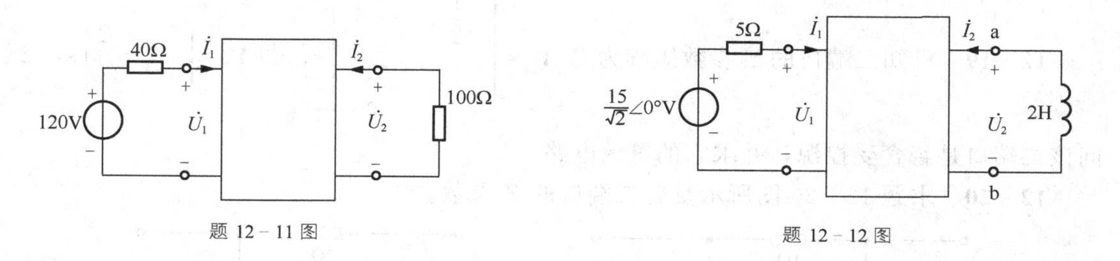

题 12-11 图　　　　题 12-12 图

12-13　题 12-13 图所示电阻性二端口网络，已知：$R=\infty$ 时，$U_2=7.5\text{V}$；$R=0$ 时，$I_1=3\text{A}$，$I_2=-1\text{A}$。求①二端口网络的 Z 参数；②当 $R=2.5\Omega$ 时，I_1 和 I_2 的值。

12-14　题 12-14 图所示电路中，用 Y 参数计算 2Ω 电阻上消耗的功率，并用直接电路分析计算来证实计算结果。

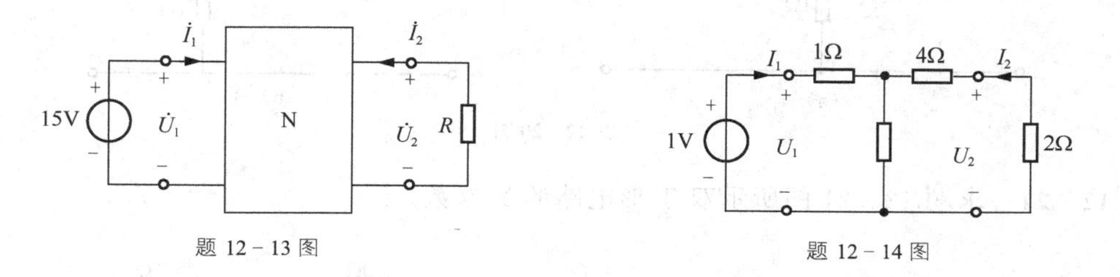

题 12-13 图　　　　题 12-14 图

12-15　一个二端口，若其 T 参数为：$A=4$，$B=30\Omega$，$C=0.1\text{s}$，$D=1.5$。计算下列情况下的输入阻抗 $Z_{in}=\dfrac{\dot{U}_1}{\dot{I}_1}$。①输出端口短路；②输出端口开路；③输出端口接 10Ω 电阻负载。

12-16　题 12-16 图所示二端口电路，其 H 参数为 $\boldsymbol{H}=\begin{bmatrix}16 & 3\\ -2 & 0.01\end{bmatrix}$，求① $\dfrac{U_2}{U_1}$；② $\dfrac{I_2}{I_1}$；③ $\dfrac{I_1}{U_1}$；④ $\dfrac{U_2}{I_2}$。

12-17　在题 12-17 图所示电路中，用该电路的 H 参数求 3Ω 电阻两端的电压，并用直接计算的方法证实计算结果。

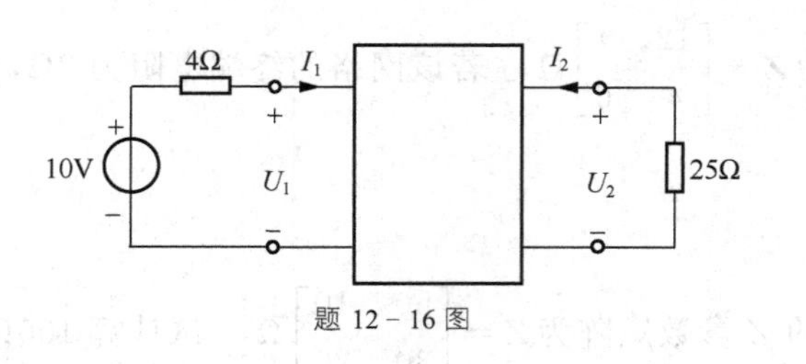

题 12－16 图

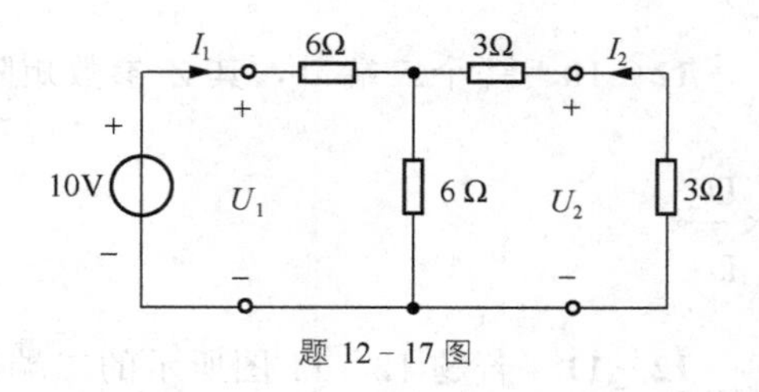

题 12－17 图

12－18 已知某二端口的 Z 参数矩阵为① $\boldsymbol{Z}=\begin{bmatrix}10 & 4\\4 & 6\end{bmatrix}\Omega$；② $\boldsymbol{Z}=\begin{bmatrix}25 & 20\\5 & 30\end{bmatrix}\Omega$，试问该二端口是否含有受控源，并求它的等效电路。

12－19 已知二端口的 Y 参数矩阵为 ① $\boldsymbol{Y}=\begin{bmatrix}\frac{1}{2} & -\frac{1}{4}\\-\frac{1}{4} & \frac{3}{8}\end{bmatrix}$s；② $\boldsymbol{Y}=\begin{bmatrix}5 & -2\\0 & 3\end{bmatrix}$s，试问该二端口是否含受控源，并求它的等效电路。

12－20 求题 12－20 图所示复合二端口的 Z 参数。

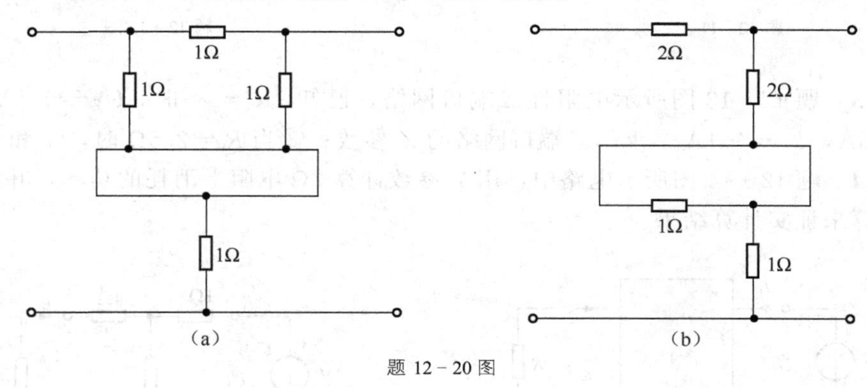

题 12－20 图

12－21 求题 12－21 图所示双 T 形电路的 Y 参数。

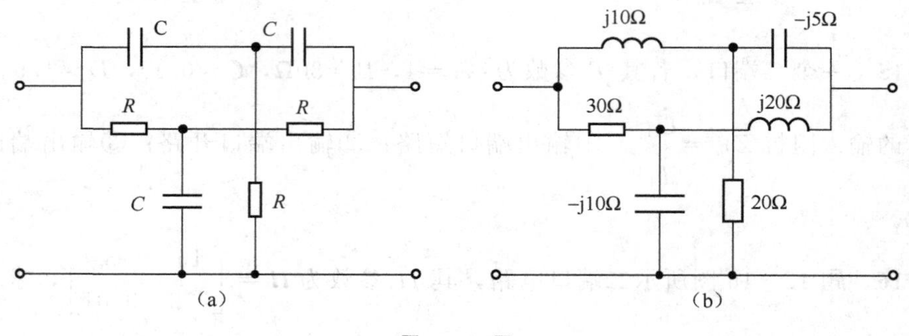

题 12－21 图

12－22 求题 12－22 图所示二端口的 T 参数矩阵，设二端口 P_1 的 T 参数矩阵为 $\boldsymbol{T}_1=\begin{bmatrix}A & B\\C & D\end{bmatrix}$。

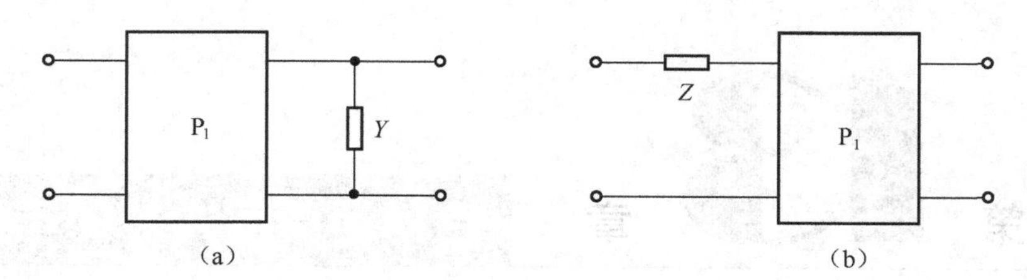

题 12 - 22 图

12 - 23　求题 12 - 23 图所示二端口的 T 参数矩阵。

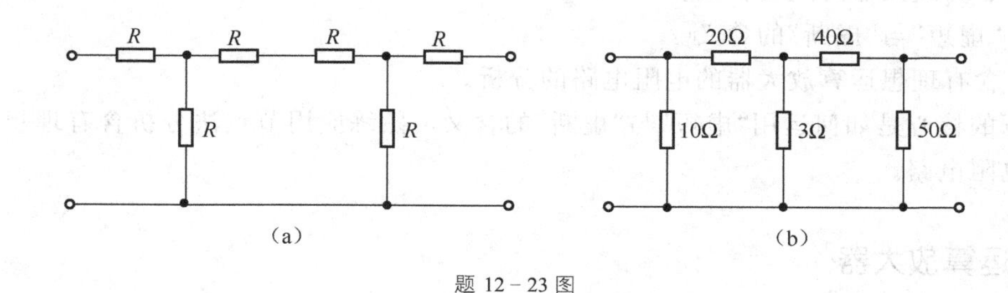

题 12 - 23 图

12 - 24　求题 12 - 24 图所示二端口的特性阻抗。

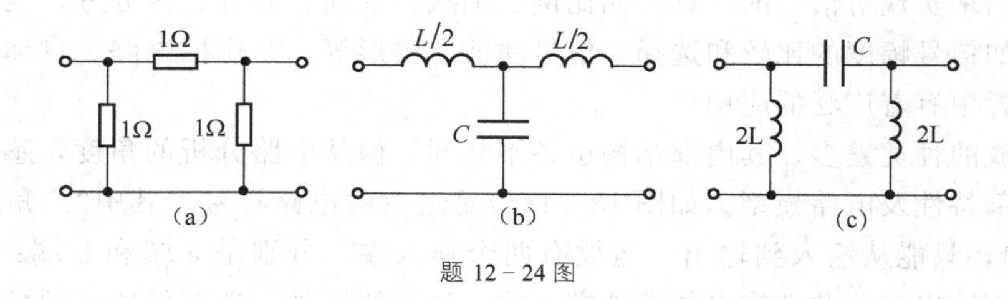

题 12 - 24 图

12 - 25　N 为线性电阻网络，已知当 $U_s=8\text{V}$，$R=3\Omega$ 时，$I=0.5\text{A}$；当 $U_s=18\text{V}$，$R=4\Omega$ 时，$I=1\text{A}$。当 $U_s=25\text{V}$，$R=6\Omega$ 时，求 I。

12 - 26　题 12 - 26 图所示无源双口网络 P 的传输参数 $A=2.5$，$B=6\Omega$，$C=0.5\text{s}$，$D=1.6$。①求 R 为多少时，R 吸收最大功率；②若 $U_s=9\text{V}$，求 R 所吸收的最大功率 $P_{\max}$ 及此时 U_s 输出功率 P_{U_s}。

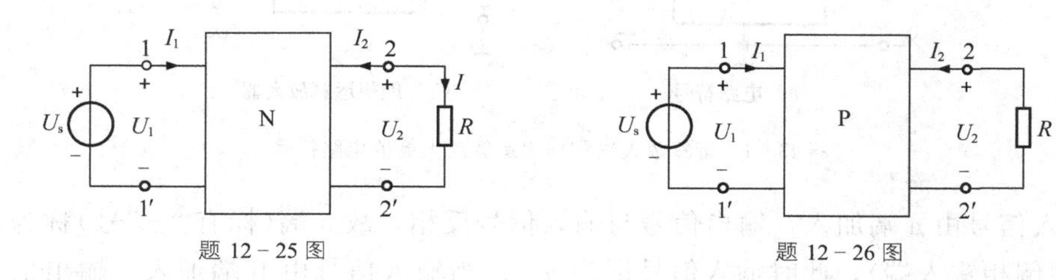

题 12 - 25 图　　题 12 - 26 图

第13章 含有运算放大器的电阻电路

学习要点

(1) 运算放大器的主要特点。

(2) "虚短"与"虚断"的含义。

(3) 含有理想运算放大器的电阻电路的分析。

本章的核心是如何运用"虚短"与"虚断"的含义，熟练应用节点法分析含有理想运算放大器的电阻电路。

13.1 运算放大器

运算放大器(简称运放)是一个有源的多端电路器件，它是晶体管集成电路，目前应用广泛。它可用来实现对信号的计算，如比例、加减、乘除、微分、积分等，也可用于电信号的处理，如信号幅度的比较和选择，信号滤波、整形等。在模拟电路、自动控制系统及各种测量装置中有着广泛的应用。

尽管运放的种类繁多，其内部结构也各不相同，但从电路分析的角度，感兴趣的仅仅是运放的外部特性及电路模型。如图 13-1(a)是运放的电路符号，其中"三角形"表示"放大器"的方向，只能从输入到输出。运放有两个输入端，分别是 a 端和 b 端；一个输出 c 端；还有输入输出的公共端零电位即地端，除上述端钮以外，还有偏置电源的端钮、调整端钮等，因与电路分析无直接关系，故一般不画出来。

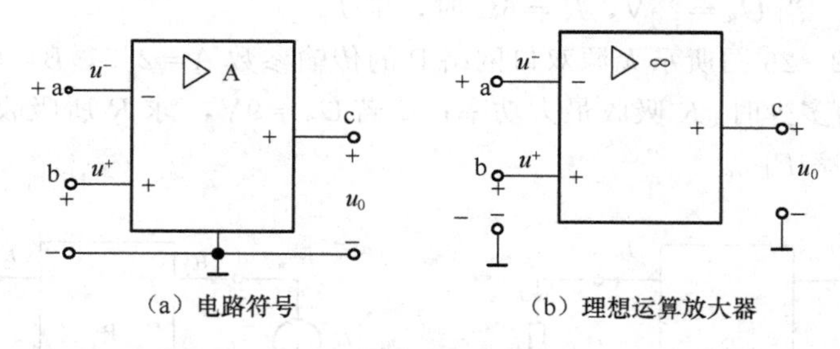

图 13-1 运算放大器和理想运算放大器的电路符号

当输入信号由 a 端加入，输出信号与输入信号反相，故 a 端(标有"－"号)称为反相输入端(又称倒相输入端)，此时输入信号记为 u^-；当输入信号由 b 端加入，输出信号与输入信号同相，故 b 端(标有"＋"号)称为同相输入端(又称非倒相输入端)，此时输入信号记为 u^+。当两个输入信号同时加在 a、b 端时，则输出电压 u_0 是输入电压 u^+ 和 u^- 差值的 A 倍。

即

$$u_0 = A\ (u^+ - u^-) = Au_d$$

式中：A——运放的电压放大倍数(或电压增益)；

$u_d=(u^+-u^-)$——差分输入电压。

运放的输出电压 u_0 与差分输入电压 u_d 之间可用图 13-2(a)近似描述。当 $-\varepsilon \leqslant u_d \leqslant \varepsilon$(ε很小)时，$u_0$ 与 u_d 的关系是通过原点的一段直线，其斜率是 A。因为 A 很大，所以这段直线很陡。当 $|u_d| \geqslant \varepsilon$ 时，输出电压 u_0 趋于饱和，用 $\pm u_{sat}$ 表示饱和电压，图 13-2(a)为运放的外特性。

图 13-2(b)为运放的电路模型，其中 R_{in} 为运放的输入电阻；R_0 为运放的输出电阻；$A(u^+-u^-)$ 为电压控制电压源。不同运放的输入电阻、输出电阻的具体值根据运放的制造工艺有所不同，但总是 $R_{in} \gg R_0$。本章所遇到的运放的工作范围限制在线性段，即，$|u_0| < u_{sat}$。由于放大倍数 A 很大，而 u_{sat} 一般为几伏或十几伏，这样输入电压一定很小。在运放的实际应用中，一般通过一定的方式将输出反馈到输入，构成闭环运行。

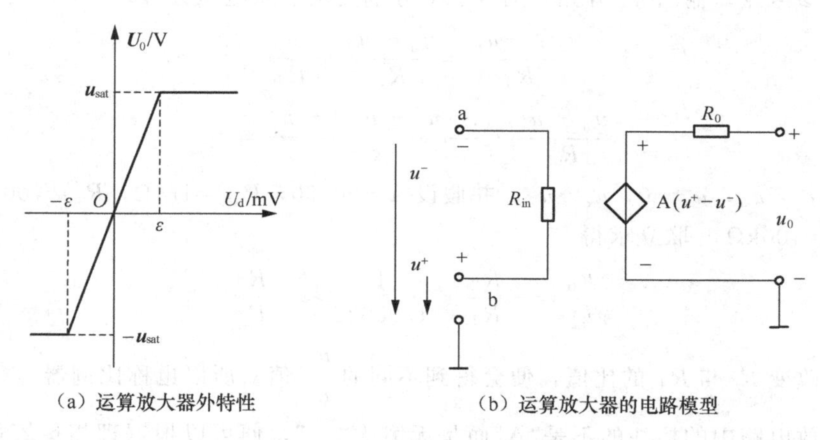

(a) 运算放大器外特性　　(b) 运算放大器的电路模型

图 13-2　运算放大器的外特性和电路模型

运算放大器基本上是一个电压放大器，它的主要特点如下。

(1) 输入电阻很大。即从两个输入端 a、b 向运算放大器看去的电阻很大，一般在 2MΩ 以上，当在 a、b 端加输入电压时，一般可认为流入 a 端或 b 端的电流近似于零。理想的运放，输入电阻 $R_{in}=\infty$，即输入端是开路的，简称“虚断”。

(2) 输出电阻很小。即从输出端向运算放大器看去的电阻很小，输出电阻一般小于 100Ω。理想运放的输出电阻为零。

(3) 电压增益 A 很高。一般 A 可高达 20 万倍。由于输出电压 $A(u^+-u^-)$ 为有限值，若 A 很大，则 (u^+-u^-) 必定很小。对理想运放来说，A 为无限大，(u^+-u^-) 为零，即 a 端与 b 端为同电位，简称“虚短”。

A 为无限大，即 $A=\infty$，此时运算放大器为理想运算放大器，其电路符号如图 13-1(b)。

13.2　含有运算放大器的电阻电路分析

下面通过例题的计算，分析含运算放大器的电阻电路是如何实现运算功能的。

例 13-1　含运算放大器的电路如图 13-3(a)所示，试求输出电压 u_o 和输入电压 u_i

之间的关系，并分析该电路具有何种功能？

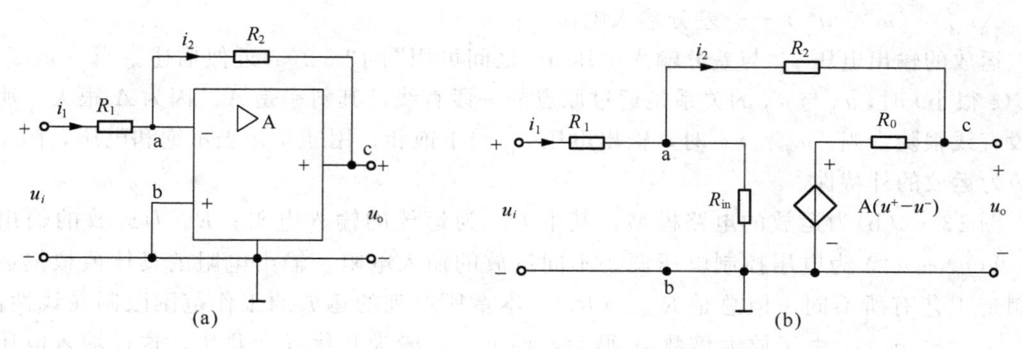

图 13-3 例 13-1 图

解：根据图 13-2(b)所示运放的电路模型，用图 13-3(b)表示图 13-3(a)。

选 b 为参考点，输出 u_o 开路，对 a 和 c 分别列出节点电压方程。

$$\frac{u_i-u_a}{R_1}=\frac{u_a-u_c}{R_2}+\frac{u_a}{R_{in}}$$

$$\frac{u_a-u_c}{R_2}+\frac{A(u^+-u^-)-u_c}{R_o}=0$$

其中，$u^-=u_a$，$u^+=0$，$u_c=u_o$，并假设 $A=50000$，$R_{in}=1\text{M}\Omega$，$R_o=100\Omega$，而 $R_1=10\text{k}\Omega$，$R_2=100\text{k}\Omega$，联立求得

$$\frac{u_o}{u_i}=-\frac{R_2}{R_1}\times\frac{1}{1.00022}\approx-\frac{R_2}{R_1}$$

因此，改变 R_2 与 R_1 的比值，便会得到不同的 $\frac{u_o}{u_i}$ 值。所以也称比例器。

如果运放电路中的标注的不是“A”而是无穷大“∞”，便可以根据理想运算放大器分析如下。

同相输入端接地，故 $u_b=0$。根据理想运算放大器“虚短”的特性，则有：

$$u_b=u_a=0$$

根据理想运算放大器“虚断”的特性，即输入端电流为零，对于节点 a 则有：

$$i_1=i_2$$

其中，

$$i_1=\frac{u_i-u_a}{R_1}=\frac{u_i}{R_1}$$

$$i_2=\frac{u_a-u_o}{R_2}=\frac{-u_o}{R_2}$$

即

$$\frac{u_i}{R_1}=\frac{-u_o}{R_2}$$

$$\frac{u_o}{u_i}=-\frac{R_2}{R_1}$$

结果与上述近似，因为输入电压加在反相输入端，表示电路具有反相作用，此电路也叫反相器。

总结：运算放大器通常总是和其他元件一起构成不同的电路，以实现不同的功能。本章主要讨论含理想运算放大器的电路，只要抓住它最主要的“虚短”和“虚断”特性，分析含有运算放大器的电阻电路便不难。

例 13－2　含理想运算放大器的电路如图 13－4 所示，分析输出电压 u_0 和输入电压 u_i 之间的关系。

解：根据理想运算放大器的“虚断”(输入端电流为零)可得：$i_1=i_2=0$，所以

$$u_1=\frac{R_1}{R_1+R_2}u_o$$

根据理想运算放大器的“虚短”(两输入端同电位)，所以

$$u_i=u_1=\frac{R_1}{R_1+R_2}u_o$$

$$\frac{u_o}{u_i}=1+\frac{R_2}{R_1}$$

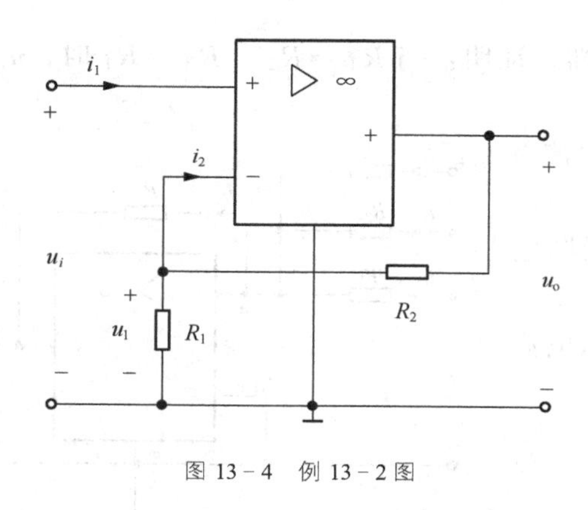

图 13－4　例 13－2 图

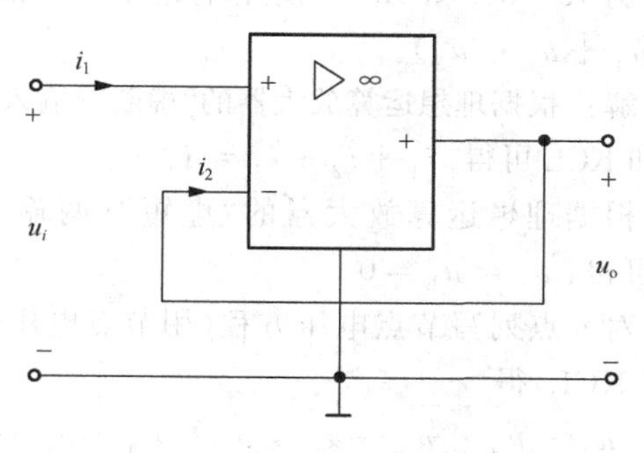

图 13－5　电压跟随器

u_o 和 u_i 的比值就是放大器的电压增益，因 $\frac{R_2}{R_1}$ 总是正值，故电压增益总大于 1。R_1，R_2 选取不同的数值，可得不同的电压增益，故电路有放大功能。当选 $R_2=0$，$R_1=\infty$(即开路)时，便有 $u_o=u_i$，如图 13－5 所示，该电路称为**电压跟随器**，即输出电压跟随输入电压。这种电路用来使一个电路和另一个电路相隔离，使这两个电路的两对端钮的电压相同，即与电流大小无关。例如，如图 13－6(a)实线所示由 R_1、R_2 构成的分压电路，其中 $u_2=\frac{R_2}{R_1+R_2}u_1$。如果把负载直接接到分压器上，则 R_L 的接入将影响电压 u_2 的大小。但如果通过图 13－6(b)所示，通过电压跟随器再接入 R_L，则 u_2 仍然等于 $\frac{R_2}{R_1+R_2}u_1$。所以电压跟随器隔离了负载电阻 R_L 对电路的影响。

实际工程中，为了使检测到的电压信号尽量不衰减，隔离后级负载电阻的影响，可以先构成电压跟随器然后再放大。如图 13－6(c)所示，检测到的电压信号等效为 u_i 和 R_i，第一级是起隔离作用的跟随器，它的输出电压不受后级接入负载电阻大小的影响，使放大器的输入电压 $u_{ab}=u_i$，完全跟随检测到的电压信号，隔离了后级负载电阻的影响，保证了检测信号的有效利用。

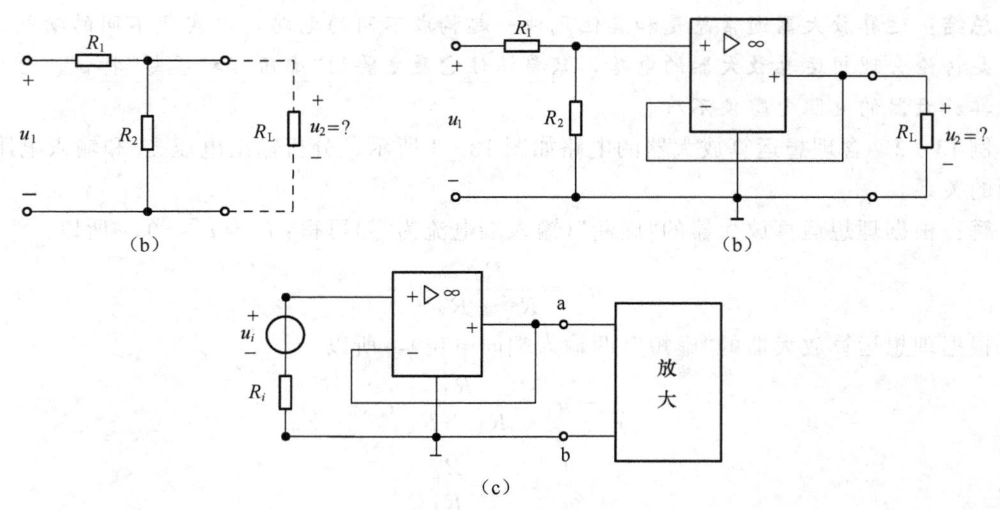

图 13－6 电压跟随器的隔离作用

例 13－3 图 13－7 所示电路是一个加法器，证明：当 $R_1=R_2=R_3=R_f$ 时，$u_0=-(u_1+u_2+u_3)$。

解： 根据理想运算放大器的“虚断”(输入端电流为零)和 KCL 可得：$i_1+i_2+i_3=i_f$。

根据理想运算放大器的“虚短”(两输入端同电位)可得：$u_a=u_b=0$。

对 a 点列写节点电压方程(用节点电压表示电流列写 KCL)得

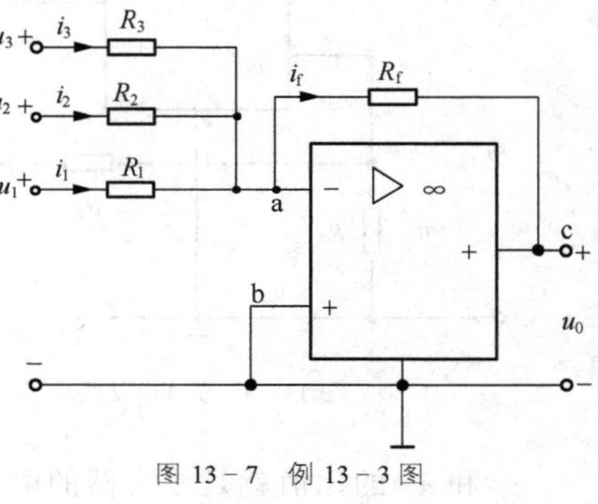

图 13－7 例 13－3 图

$$\frac{u_1-u_a}{R_1}+\frac{u_2-u_a}{R_2}+\frac{u_3-u_a}{R_3}=\frac{u_a-u_0}{R_f}$$

代入 $u_a=0$，$R_1=R_2=R_3=R_f$，可得

$$u_0=-(u_1+u_2+u_3)$$

证毕。

例 13－4 如图 13－8 所示电路，试分析输出电压与输入电压的关系。

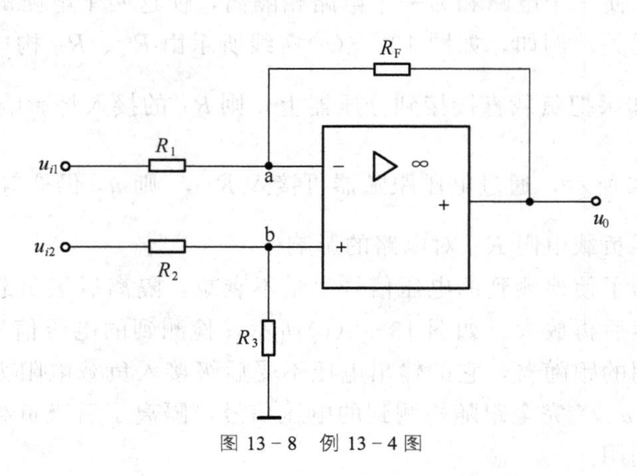

图 13－8 例 13－4 图

解：根据“虚短”得

$$u_a = u_b$$

根据“虚断”得

$$\frac{u_{i1} - u_a}{R_1} = \frac{u_a - u_0}{R_F}$$

$$\frac{u_{i2} - u_b}{R_2} = \frac{u_b - 0}{R_3}$$

整理以上各式得

$$u_o = (1 + \frac{R_F}{R_1})\frac{R_3}{R_3 + R_2}u_{i2} - \frac{R_F}{R_1}u_{i1}$$

若

$$R_1 = R_2 = R_3 = R_F$$

则

$$u_o = u_{i2} - u_{i1}$$

此电路实现了减法的功能。

例 13-5 图 13-9 所示电路含有两个运放，求输出电压 u_0 和输入电压 u_i 之间的关系。

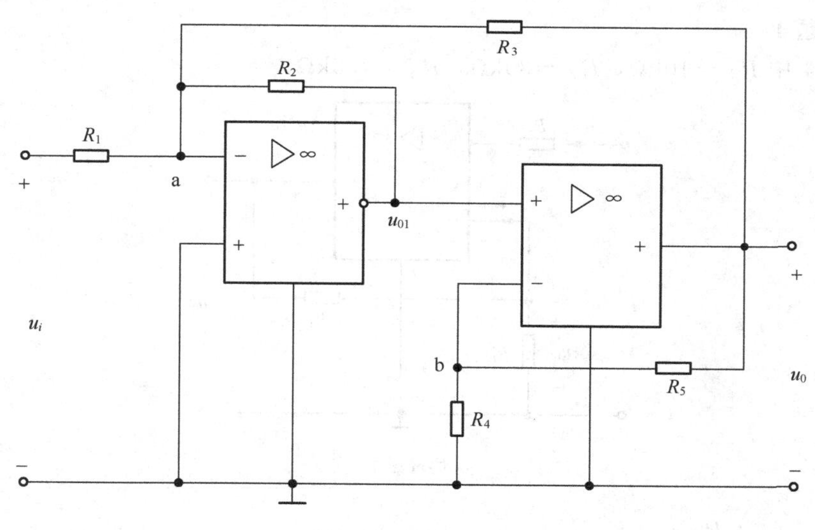

图 13-9 例 13-5 图

解：根据理想运算放大器的“虚断”(输入端电流为零)可得：

$$u_b = \frac{R_4}{R_4 + R_5}u_0$$

根据理想运算放大器的“虚短”(两输入端同电位)可得：$u_b = u_{01}$，$u_a = 0$

对 a 点利用“虚断”列写节点电压方程(用节点电压表示电流列写 KCL)得

$$\frac{u_i - u_a}{R_1} = \frac{u_a - u_{01}}{R_2} + \frac{u_a - u_0}{R_3}$$

上式代入 $u_a = 0$ 和 $u_{01} = u_b = \frac{R_4}{R_4 + R_5}u_0$ 并整理可得

$$\frac{u_0}{u_i} = -\frac{R_2R_3(R_4 + R_5)}{(R_2R_4 + R_2R_5 + R_3R_4)R_1}$$

注意：(1)对含有运放电路的分析，选择节点列写 KCL 时，运放的输出只能作为电位点，不能作为节点。例如，例 13－5 中的 u_{01} 处不能作为节点列 KCL，因为运放的输出电流是个未知量。

(2) 将运算放大器的反向输入端与输出端连接起来，放大器电路就处在负反馈组态的状况，此时通常可以将电路简单地称为闭环放大器。闭环放大器依据输入信号进入放大器的端点，又可分为反相(inverting)放大器与非反相(non-inverting)放大器两种。

将运算放大器的正向输入端与输出端连接起来，放大器电路就处在正反馈的状况，由于正反馈组态工作状态极不稳定，多应用于需要产生振荡信号的电路中。

(3)在分析和综合运放应用电路时，大多数情况下，可以将集成运放看成一个理想运算放大器。理想运放顾名思义是将集成运放的各项技术指标理想化。由于实际运放的技术指标比较接近理想运放，因此由理想化带来的误差非常小，在一般的工程计算中是允许的。

13.3 仿真

仿真例题 1

仿真图 1 中 $R_1=10\text{k}\Omega$，$R_2=30\text{k}\Omega$，$R_3=7.5\text{k}\Omega$。

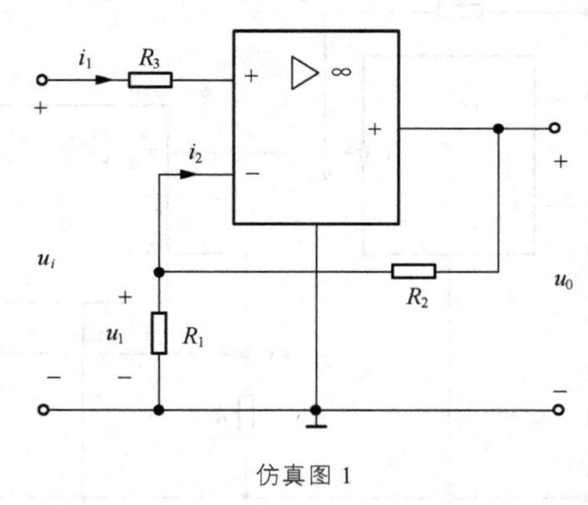

仿真图 1

解：$U_0=\left(1+\dfrac{R_2}{R_1}\right)U_i=4U_i$

1. 打开 Multisim，如仿真图 2 所示。

2. 创建电路：取元件画电路图。

① 单击"Options"下"Global Preferences…"，选取德制；

② 单击"Place"下"Component…"，出现窗口如仿真图 3 所示；

③ 选取元件画原理图并将函数发生器和示波器接入电路，如仿真图 4 所示。

3. 进行电路仿真分析。

① 同相比例电路验证。

② 单击右上角仿真按钮(或"Simulate"下"Run")，开始仿真，双击示波器，可以弹出如下数值，验证结果如仿真图 5 所示。

由实验结果可知，该电路由同相放大的作用，但由于运算放大器的非理想性，使得输

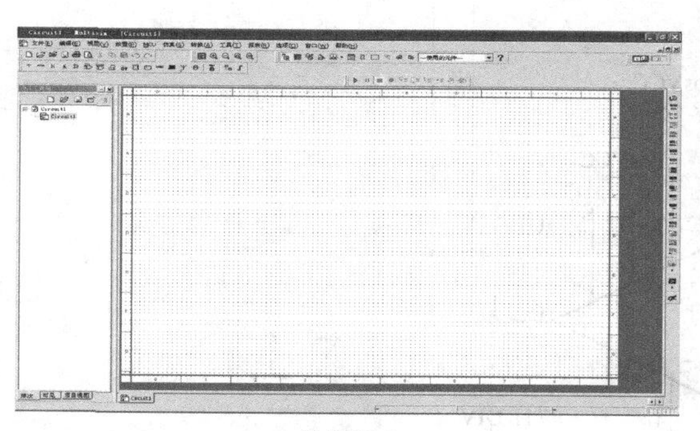
仿真图 2

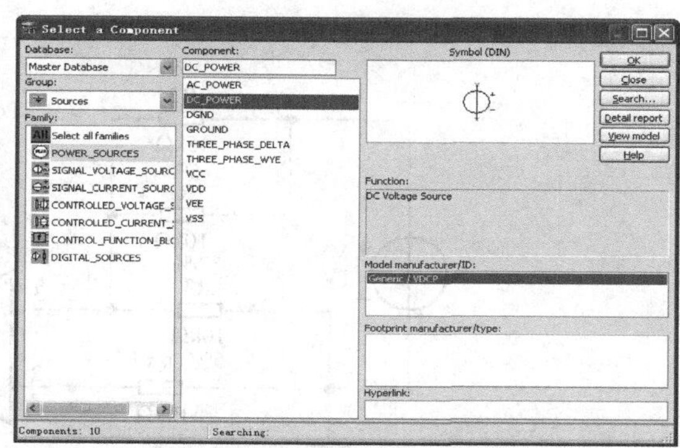

仿真图 3

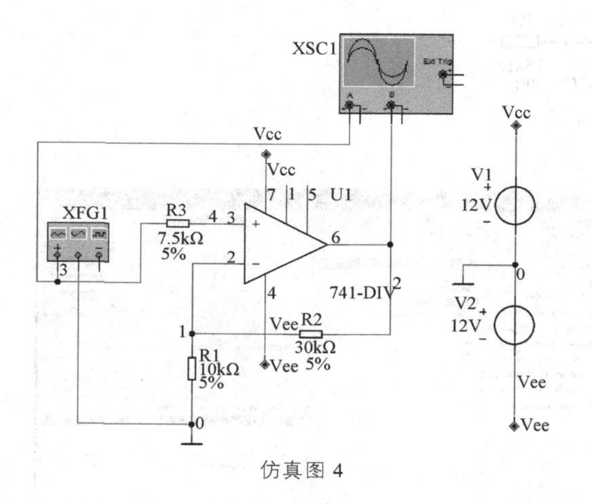

仿真图 4

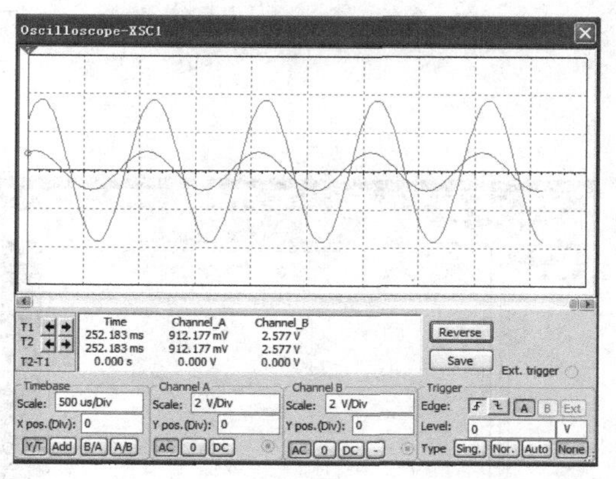

仿真图 5

出信号波形与输入信号波形之间有一定的相位差，但相位差较小，理论分析与实验仿真分析基本相同。

仿真例题 2

仿真图 6 中 $R_1=R_3=R_5=10\text{k}\Omega$，$R_2=R_4=15\text{k}\Omega$，$V_3=1\text{V}$

$$U_0=\left(1+\frac{R_4}{R_5}\right)\left(\frac{R_2 /\!/ R_3}{R_1+R_2 /\!/ R_3}+\frac{R_1 /\!/ R_3}{R_2+R_1 /\!/ R_3}\right)V_3=1.5625\text{V}$$

1. 打开 Multisim，如仿真图 7 所示。

2. 创建电路：取元件画电路图。

① 单击“Options”下“Global Preferences…”，选取德制；

② 单击“Place”下“Component…”，出现窗口如仿真图 8 所示；

③ 选取元件画原理图并将 XMM1 接入电路，如仿真图 9 所示。

3. 进行电路仿真分析。

① 同相加法电路验证。

② 单击右上角仿真按钮（或“Simulate”下“Run”），开始仿真，双击“XMM1”，可以弹出如下数值，验证结果如图仿真图 10 所示。

由仿真结果可以看出，其与理论计算值有一定的误差，主要原因是 $R_1 /\!/ R_2 /\!/ /R_3 \neq R_4 /\!/ R_5$。

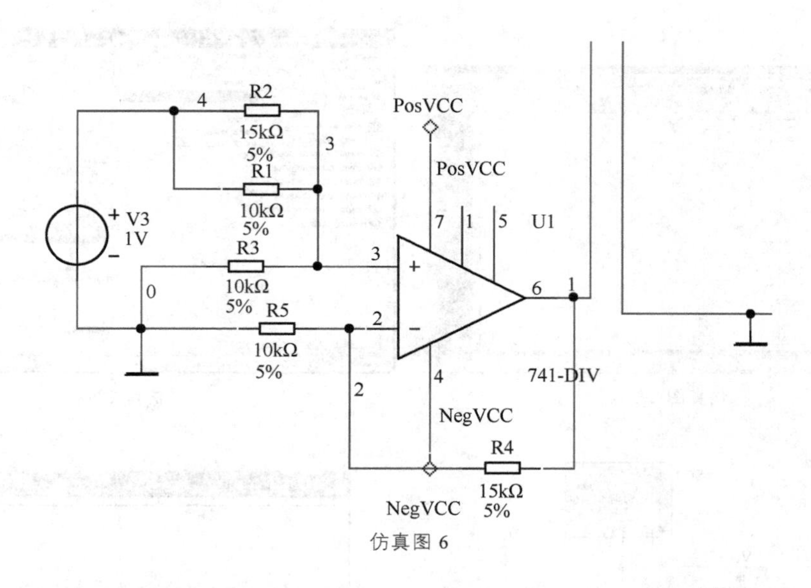

仿真图 6

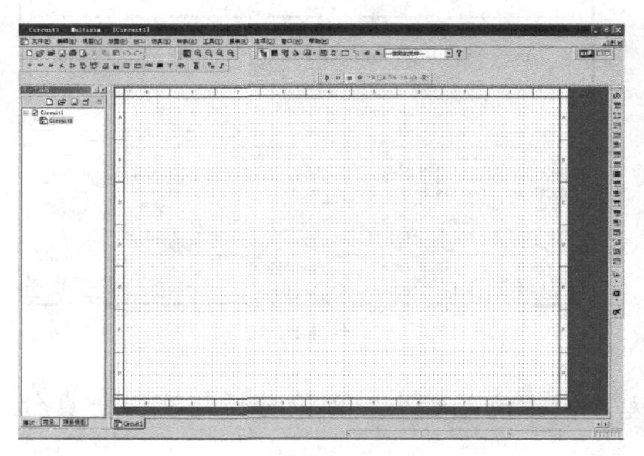
仿真图 7

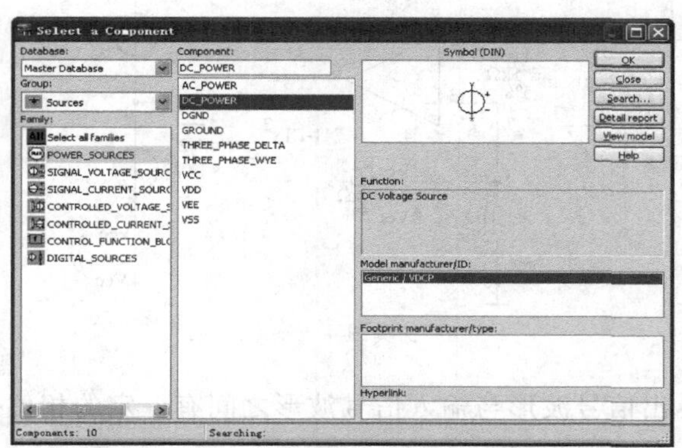

仿真图 8

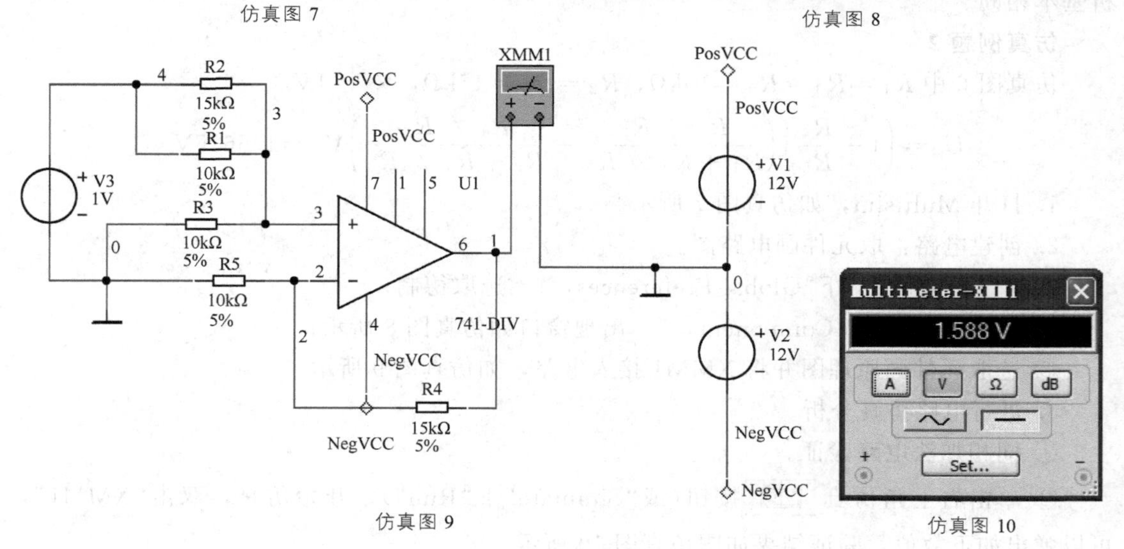

仿真图 9

仿真图 10

习题十三

13-1 填空：

(1) ________ 运算电路可实现 $A_u>1$ 的放大器。

(2) ________ 运算电路可实现 $A_u<0$ 的放大器。

(3) ________ 运算电路可实现函数 $Y=aX_1+bX_2+cX_3$，a，b 和 c 均大于零。

(4) ________ 运算电路可实现函数 $Y=aX_1+bX_2+cX_3$，a，b 和 c 均小于零。

13-2 求题 13-2 图所示电路 u_o/u_i。

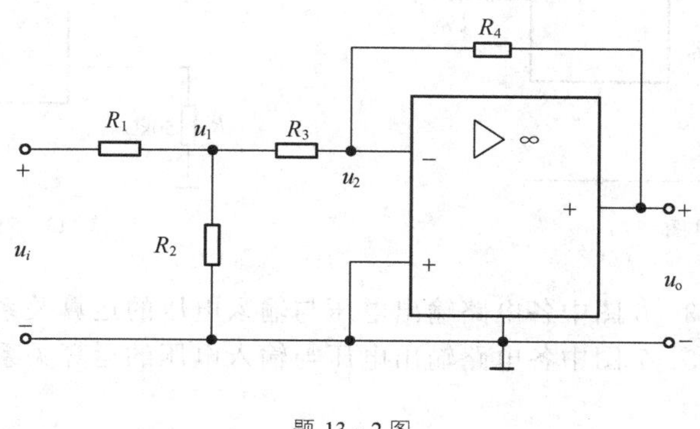

题 13-2 图

13-3 求题 13-3 图所示电路的输出电压 u_o。

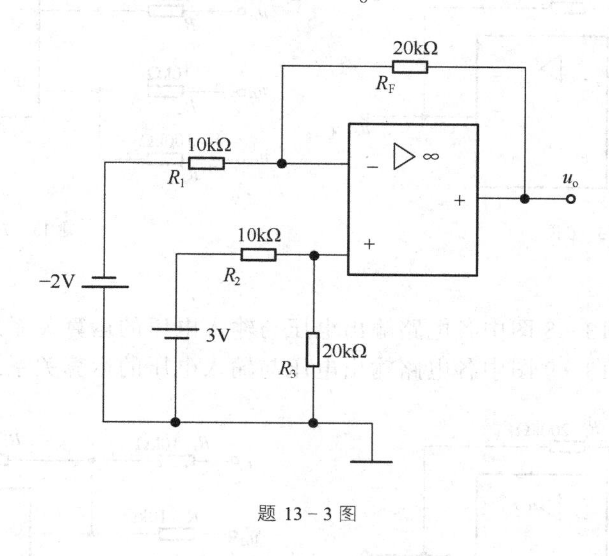

题 13-3 图

13-4 在题 13-4 图所示的加法电路中，A 为集成运算放大器，流入运算放大器的电流 $I_N=I_P=0$，且 $U_N=U_P$，证明：

$$U_o=-\left(\frac{U_{i1}}{R_1}+\frac{U_{i2}}{R_2}+\frac{U_{i3}}{R_3}\right)R_f$$

13-5 电路如题 13-5 图所示，试求比例系数 $\frac{u_o}{u_i}$。

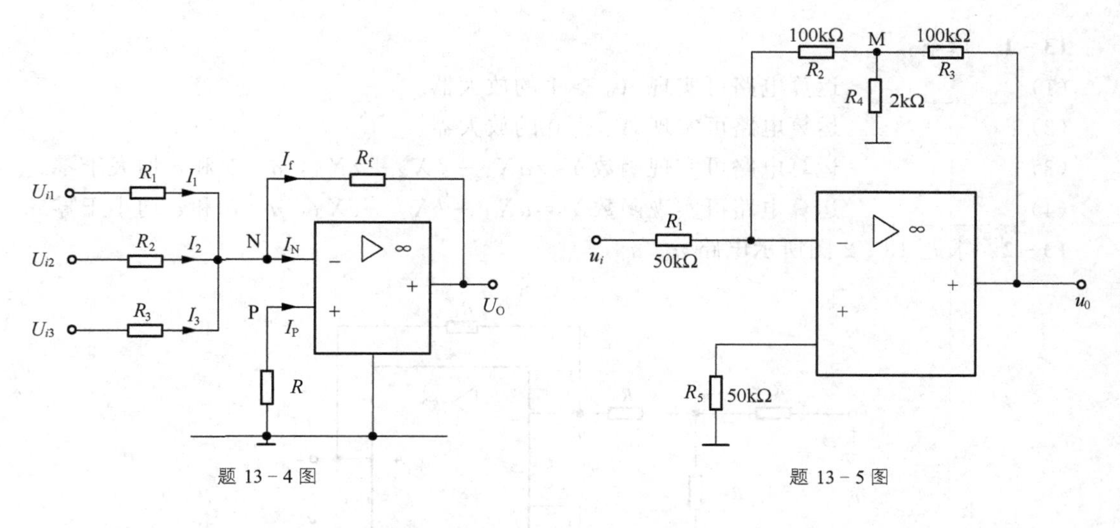

题 13-4 图　　　　题 13-5 图

13-6 试求题 13-6 图中各电路输出电压与输入电压的运算关系式。

13-7 试求题 13-7 图中各电路输出电压与输入电压的运算关系式。

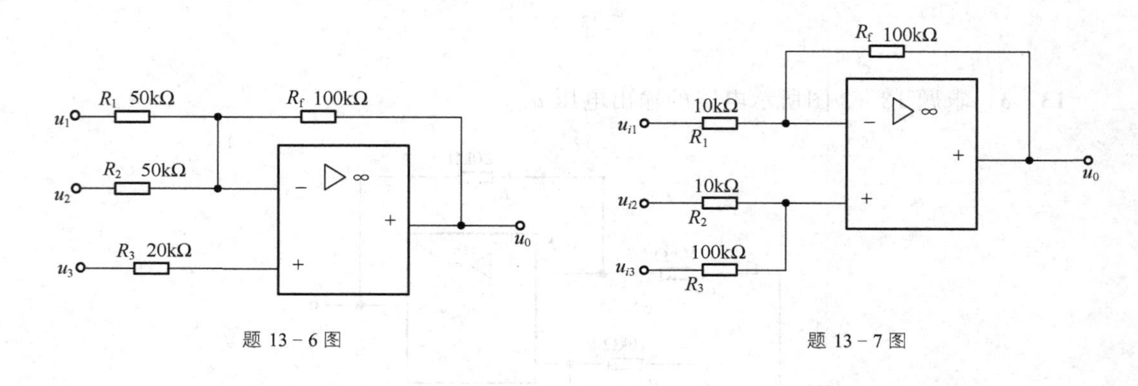

题 13-6 图　　　　题 13-7 图

13-8 试求题 13-8 图中各电路输出电压与输入电压的运算关系式。

13-9 试求题 13-9 图中各电路输出电压与输入电压的运算关系式。

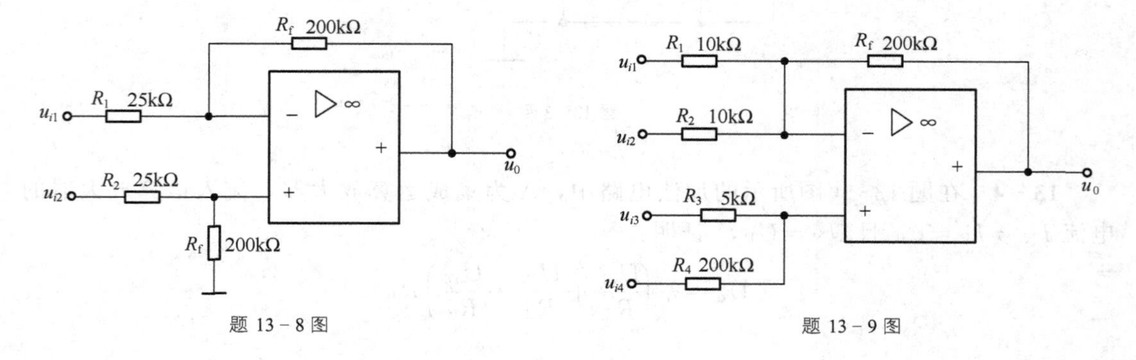

题 13-8 图　　　　题 13-9 图

13-10　题 13-10 图中运算放大器均为理想的，试分别求解各电路的运算关系。

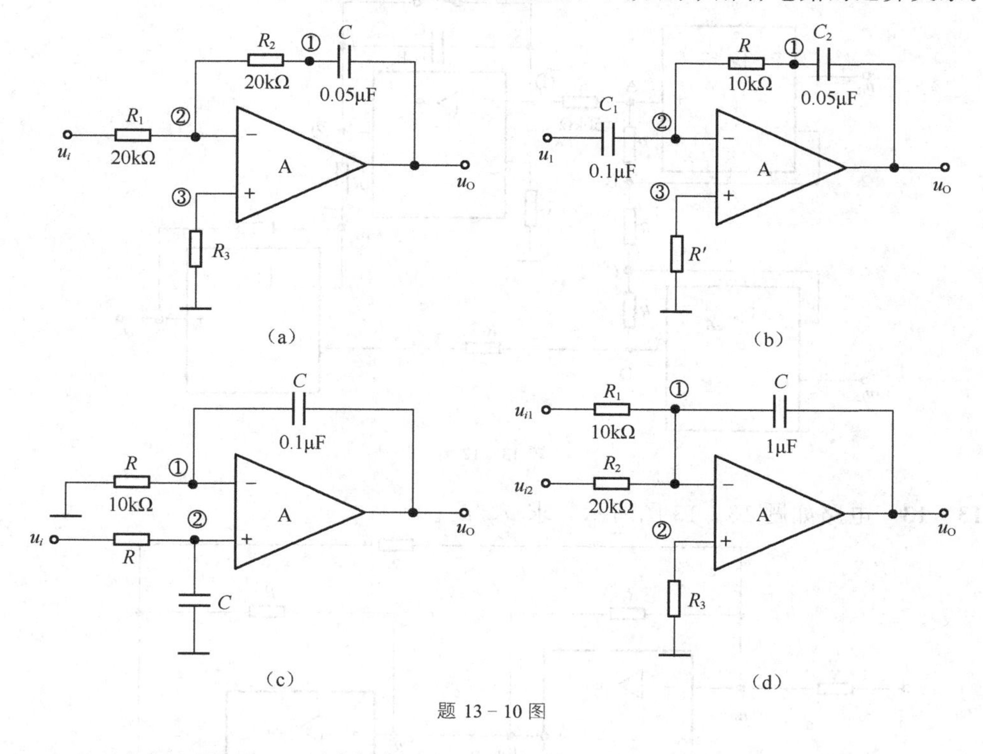

题 13-10 图

13-11　试求出题 13-11 图中所示电路的运算关系。

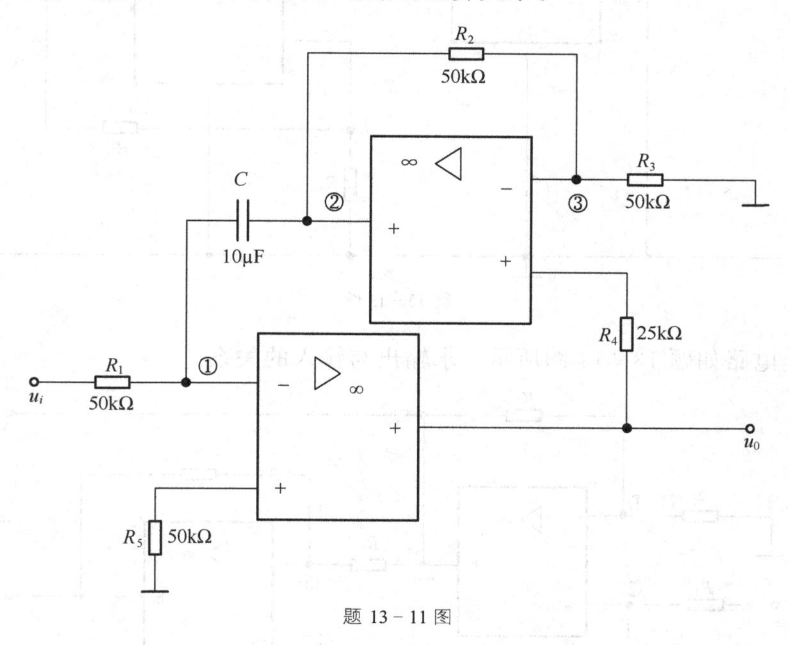

题 13-11 图

13-12　在题 13-12 图所示电路中，已知 $u_{i1}=4\text{V}$，$u_{i2}=1\text{V}$。回答下列问题：①当开关 S 闭合时，分别求解 A，B，C，D 和 u_o 的电位；②设 $t=0$ 时 S 打开，问经过多长时间 $u_o=0$？

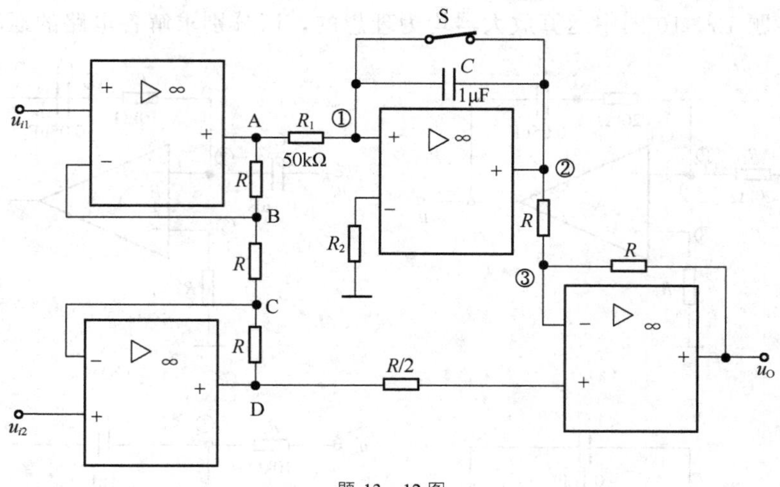

题 13－12 图

13－13 电路如题 13－13 图所示，求 u_o/u_i。

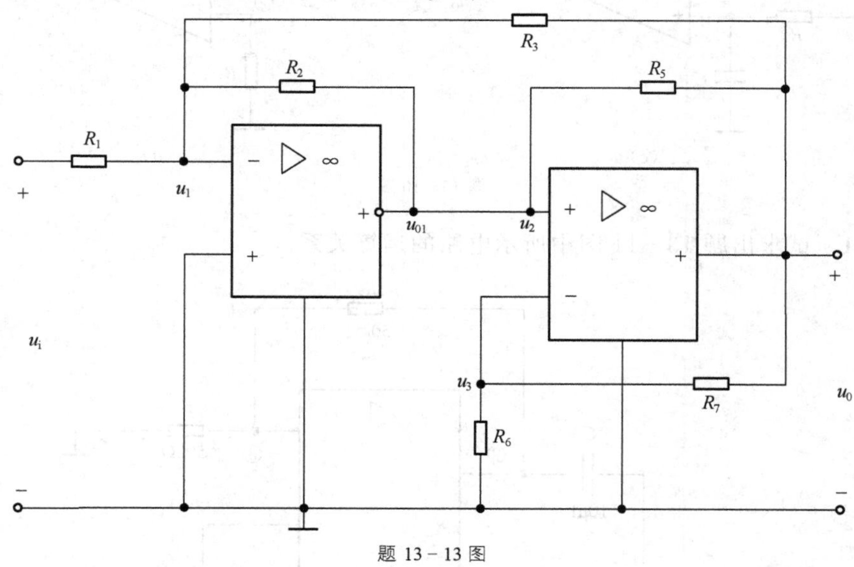

题 13－13 图

13－14 电路如题 13－14 图所示，求输出与输入的关系。

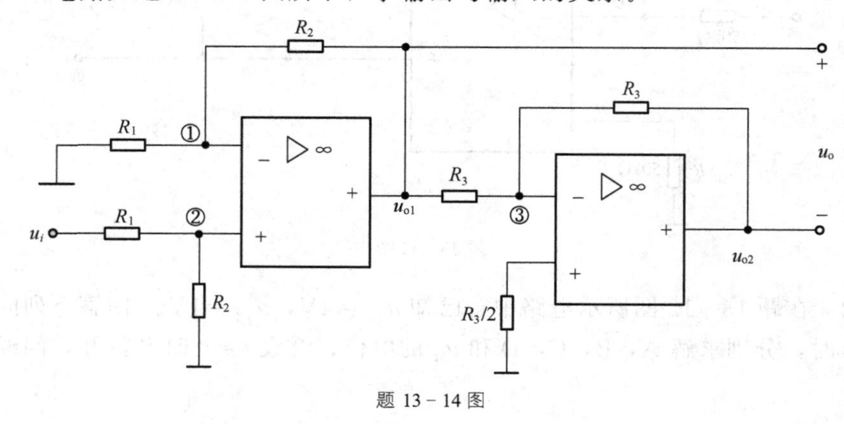

题 13－14 图

第14章 网络方程的矩阵形式

学习要点

(1) 图的概念。

(2) 关联矩阵 $\boldsymbol{A}$、回路矩阵 $\boldsymbol{B}$、割集矩阵 $\boldsymbol{Q}$ 的含义及列写。

(3) 节点电压方程矩阵形式的列写。

(4) 回路电流方程矩阵形式的列写。

(5) 割集电压方程矩阵形式的列写。

(6) 状态方程。

借助于网络拓扑理论和矩阵理论，可使复杂电网络的描述及方程的列写与求解等问题系统化，并易于在电子计算机上实现，这是学习本章内容的主要目的。

本章在电路的图、回路、割集等概念基础上，讨论电路的图中节点与支路的关系、回路与节点的关系、割集与支路的关系。对人而言，用图来表达这些关系很直观，但是计算机识别却很困难，这些关系如何通过数学解析关系来表达，以便于计算机识别呢？本章通过关联矩阵 $\boldsymbol{A}$、回路矩阵 $\boldsymbol{B}$、割集矩阵 $\boldsymbol{Q}$ 来表达这些关系，并以此为基础讨论电路方程的矩阵形式。

14.1 关联矩阵 A · 节点电压方程的矩阵形式

本节首先讨论关联矩阵 $\boldsymbol{A}$，在此基础上得到 KCL、KVL 方程的矩阵形式，然后讨论复合支路及其方程的矩阵形式，最后推导节点电压方程的矩阵形式。

14.1.1 关联矩阵 A 和 KCL、 KVL 方程的矩阵形式

1. 关联矩阵 A

电路图中，支路与节点之间的关系如何呢？用文字表达节点与支路的关系，有以下 3 种情况。

(1) 一个节点 j 与支路 k 直接连接，支路 k 的方向背离节点；

(2) 一个节点 j 与支路 k 直接连接，支路 k 的方向指向节点；

(3) 一个节点 j 与支路 k 无直接连接。

现在用矩阵 $\boldsymbol{A}_a$ 来描述这种关系，每个行表示一个节点，每个列表示一个支路。矩阵 $\boldsymbol{A}_a$ 的元素 a_{jk} 按如下原则定义。

$$a_{jk}=\begin{cases}+1，\text{表示支路 } k \text{ 与节点 } j \text{ 有关联，且支路方向背离节点；}\\-1，\text{表示支路 } k \text{ 与节点 } j \text{ 有关联，且支路方向指向节点；}\\0，\text{表示支路 } k \text{ 与节点 } j \text{ 无关联}\end{cases}$$

这样矩阵 $\boldsymbol{A}_a$ 就表达了电路图中各节点与各支路之间的关系，因此，也称矩阵 $\boldsymbol{A}_a$ 为

节点一支路关联矩阵，简称关联矩阵。

实例分析：在图 14-1 所示的电路图中共有 4 个节点，6 条支路，根据图中各节点与各支路的关系就可写出关联矩阵 $\mathbf{A}_a$。

$$\begin{array}{c} \quad\ 1 \quad\ 2 \quad\ 3 \quad\ 4 \quad\ 5 \quad\ 6 \quad \text{支路号} \\ \mathbf{A}_a = \begin{bmatrix} -1 & -1 & 0 & 1 & 0 & 0 \\ 0 & 0 & 1 & -1 & -1 & 0 \\ 1 & 0 & 0 & 0 & 1 & 1 \\ 0 & 1 & -1 & 0 & 0 & -1 \end{bmatrix} \begin{matrix} ① \\ ② \\ ③ \\ ④ \end{matrix} \Bigg\} \text{节点号} \end{array}$$

其中每一行对应一个节点，每一列对应一条支路。

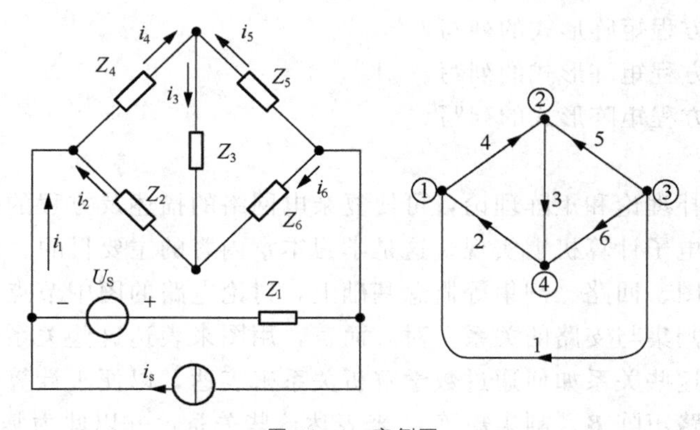

图 14-1 实例图

从实例可以看出，$\mathbf{A}_a$ 中每一列对应的的不为 0 元素有两个，分别为 +1，-1。按这个规律，其中的一行(一个节点)可以通过其他行相加求得，为非独立的。若将 $\mathbf{A}_a$ 中的任一行划去，剩下的 $(n-1)\times b$ 阶矩阵称之为降阶关联矩阵 $\mathbf{A}$，但习惯上仍称为关联矩阵 $\mathbf{A}$。

$$\begin{array}{c} \quad\ 1 \quad\ 2 \quad\ 3 \quad\ 4 \quad\ 5 \quad\ 6 \quad \text{支路号} \\ \mathbf{A} = \begin{bmatrix} -1 & -1 & 0 & 1 & 0 & 0 \\ 0 & 0 & 1 & -1 & -1 & 0 \\ 1 & 0 & 0 & 0 & 1 & 1 \end{bmatrix} \begin{matrix} ① \\ ② \\ ③ \end{matrix} \Big\} \text{节点号} \end{array}$$

(1) $\mathbf{A}$ 的每一行对应一个节点，而每一列对应一条支路；

(2) 若网络有 n 个节点，b 条支路，则 $\mathbf{A}$ 为阶数为 $(n-1)\times b$。

2. KCL 方程的矩阵形式

下面讨论矩阵 $\mathbf{A}$ 与 KCL 方程的关系。在图 14-1 中，对①、②、③节点，列写 KCL 方程得：

$$-i_1-i_2+i_4=0$$

$$i_3-i_4-i_5=0$$

$$i_1+i_5+i_6=0$$

将以上方程写成矩阵形式为

$$\begin{bmatrix} -1 & -1 & 0 & 1 & 0 & 0 \\ 0 & 0 & 1 & -1 & -1 & 0 \\ 1 & 0 & 0 & 0 & 1 & 1 \end{bmatrix}\begin{bmatrix} i_1 \\ i_2 \\ i_3 \\ i_4 \\ i_5 \\ i_6 \end{bmatrix}=\begin{bmatrix} 0 \\ 0 \\ 0 \end{bmatrix} \tag{14-1}$$

可以看出该方程的系数矩阵正是关联矩阵 $\boldsymbol{A}$。

令　　　　　　$i=[i_1 \quad i_2 \quad i_3 \quad i_4 \quad i_5 \quad i_6]^{\mathrm{T}}$，$\boldsymbol{0}=[0 \quad 0 \quad 0]^{\mathrm{T}}$

则有

$$\boldsymbol{A}\boldsymbol{i}=\boldsymbol{0} \tag{14-2}$$

对任一电路，这一关系也是成立的。如果电流在支路指向节点即流入节点取正，背离节点即流出节点取负的前提下，$\boldsymbol{A}\boldsymbol{i}=\boldsymbol{0}$ 的一行，表示与该节点相关联的那些支路电流的代数和等于 0，即 KCL。

3. 支路电压与节点电压的关系

对图 14-1 所示的有向图，若取节点④为参考节点，u_{n1}、u_{n2}、u_{n3} 为节点①、②、③的节点电压，按照第 3 章所介绍的方法，由节点电压求支路电压，可列出 6 个电压方程，写成矩阵形式如下：

$$\begin{bmatrix} u_1 \\ u_2 \\ u_3 \\ u_4 \\ u_5 \\ u_6 \end{bmatrix}=\begin{bmatrix} -1 & 0 & 1 \\ -1 & 0 & 0 \\ 0 & 1 & 0 \\ 1 & -1 & 0 \\ 0 & -1 & 1 \\ 0 & 0 & 1 \end{bmatrix}\begin{bmatrix} u_{n1} \\ u_{n2} \\ u_{n3} \end{bmatrix} \tag{14-3}$$

以上矩阵方程的系数矩阵恰好为对应节点①、②、③的关联矩阵 $\boldsymbol{A}$ 的转置矩阵 $\boldsymbol{A}^{\mathrm{T}}$。若令 $\boldsymbol{U}$ 为支路电压列向量，$\boldsymbol{U}_n$ 为节点电压列向量，则有

$$\boldsymbol{U}=\boldsymbol{A}^{\mathrm{T}}\boldsymbol{U}_n \tag{14-4}$$

这一关系对一般网络也是成立的，它实际是根据 KVL 得出的，即它是 KVL 的一种表现形式。如图 14-2 所示，设支路 5 连接于节点②和③之间，支路电压 u_5、u_{n2}、u_{n3} 构成一个回路，根据 KVL 得 $u_5=u_{n3}-u_{n2}$，它是支路 5 连接的两节点②、③节点电压的代数和，即 $\boldsymbol{A}^{\mathrm{T}}$ 中 5 行非零项列的对应节点电压的代数和。

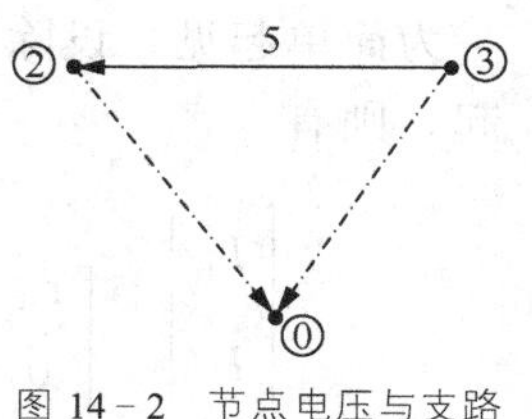

图 14-2　节点电压与支路电压的关系

14.1.2　复合支路及其 VCR 的矩阵形式

1. 复合支路

在讨论支路的 VCR 之前，必须先规定一个有代表性的支路，这种支路能够表示尽可能多的支路情况，而结构又不能过于复杂，被规定的支路称为“复合支路”或“一般支路”。节点电压法中对复合支路做如下规定。

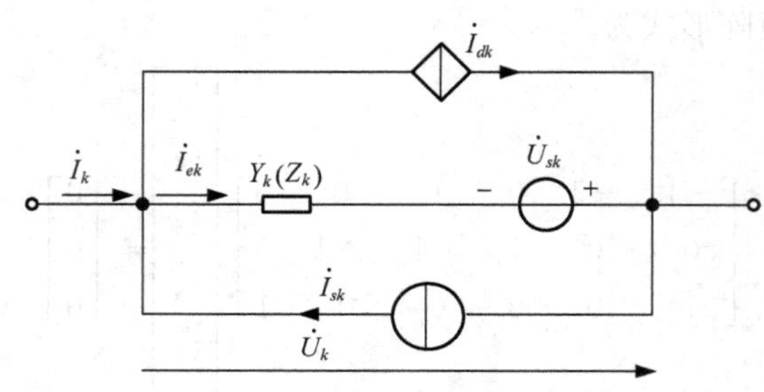

图 14-3 节点法的复合支路

(1) 复合支路的结构如图 14-3 所示，这种结构仅表示一个支路能够包含的最多元件情况，但允许缺少某些元件。

(2) $Z_k(Y_k)$可以是电阻、电感(包括互感)、电容及它们的组合，但 $Z_k \neq 0$ 或 Y_k 不能为无穷大。

(3) 各变量的参考方向为：$\dot{U}_k$、$\dot{I}_k$、$\dot{I}_{dk}$ 与支路的方向一致，$\dot{U}_{sk}$、$\dot{I}_{sk}$ 与支路的方向相反。当实际支路中 $\dot{U}_{sk}$、$\dot{I}_{sk}$、$\dot{I}_{dk}$ 的方向与规定相反时，根据电路等效原则，可将参考方向改成与复合支路的规定一致，但参数表达式前加"—"。例如，若支路中 $\dot{U}_{sk}=5\angle 30°\text{V}$，参考方向与复合支路的规定相反，这时可将 $\dot{U}_{sk}$ 的参考方向改为与复合支路的规定一致，而取 $\dot{U}_{sk}=-5\angle 30°\text{V}$。

(4) 受控源 $\dot{I}_{dk}$ 的形式为电压控制的电流源，其控制电压是支路 $j\,(j\neq k)$ 中 Z_j 的端电压 $\dot{U}_{ej}$。从理论上讲，可以与上述规定有所不同，但所列写和推导的的公式也将发生变化。下面的讨论是在上述规定情况下进行的。

2. 复合支路 VCR 的矩阵形式

下面分两种情况讨论复合支路 VCR 的矩阵形式。

(1) 无互感且含符合规定的受控源时

设 $\dot{I}_{dk}=g_{kj}\dot{U}_{ej}$，则第 k 条复合支路可列写 VCR 如下：

$$\dot{I}_k=Y_k\dot{U}_{ek}+\dot{I}_{dk}-\dot{I}_{sk}=Y_k(\dot{U}_k+\dot{U}_{sk})+g_{kj}\dot{U}_{ej}-\dot{I}_{sk}$$

为简单起见，设除支路 k 外，其他支路中均不存在受控源，将全部支路的 VCR 合在一起，则有

$$\begin{bmatrix}\dot{I}_1\\ \dot{I}_2\\ \vdots\\ \dot{I}_j\\ \vdots\\ \dot{I}_k\\ \vdots\\ \dot{I}_b\end{bmatrix}=\begin{bmatrix}Y_1 & & & & & & & \\ 0 & Y_2 & & & & & & \\ \vdots & \vdots & \ddots & & & 0 & & \\ 0 & 0 & \cdots & Y_j & & & & \\ \vdots & \vdots & & \vdots & \ddots & & & \\ 0 & 0 & \cdots & g_{kj} & \cdots & Y_k & & \\ \vdots & \vdots & & \vdots & & \vdots & \ddots & \\ 0 & 0 & \cdots & 0 & \cdots & 0 & \cdots & Y_b\end{bmatrix}\begin{bmatrix}\dot{U}_1+\dot{U}_{s1}\\ \dot{U}_2+\dot{U}_{s2}\\ \vdots\\ \dot{U}_j+\dot{U}_{sj}\\ \vdots\\ \dot{U}_k+\dot{U}_{sk}\\ \vdots\\ \dot{U}_b+\dot{U}_{sb}\end{bmatrix}-\begin{bmatrix}\dot{I}_{s1}\\ \dot{I}_{s2}\\ \vdots\\ \dot{I}_{sj}\\ \vdots\\ \dot{I}_{sk}\\ \vdots\\ \dot{I}_{sb}\end{bmatrix}$$

写成简化形式为

$$\dot{\boldsymbol{I}}=\boldsymbol{Y}(\dot{\boldsymbol{U}}+\dot{\boldsymbol{U}}_s)-\dot{\boldsymbol{I}}_s \tag{14-5}$$

式中：$\dot{\boldsymbol{I}}=\begin{bmatrix}\dot{I}_1 & \dot{I}_2 & \cdots & \dot{I}_b\end{bmatrix}^{\mathrm{T}}$——支路电流列向量；

$\dot{\boldsymbol{U}}=\begin{bmatrix}\dot{U}_1 & \dot{U}_2 & \cdots & \dot{U}_b\end{bmatrix}^{\mathrm{T}}$——支路电压列向量；

$\dot{\boldsymbol{U}}_s=\begin{bmatrix}\dot{U}_{s1} & \dot{U}_{s2} & \cdots & \dot{U}_{sb}\end{bmatrix}^{\mathrm{T}}$——支路电压源列向量；

$\dot{\boldsymbol{I}}_s=\begin{bmatrix}\dot{I}_{s1} & \dot{I}_{s2} & \cdots & \dot{I}_{sb}\end{bmatrix}^{\mathrm{T}}$——支路电流源列向量；

$\boldsymbol{Y}$ 为支路导纳矩阵，其对角线上为各支路的导纳，非对角线上为受控源系数。

在上面的讨论中，假设仅在第 k 支路中含有受控源，实际上当其他支路也可能含有受控源时，式(14－5)形式不变，只要增添 $\boldsymbol{Y}$ 非对角线上的受控源系数即可。受控源系数所在的行号为受控源所在的支路号，列号为受控源控制量所在的支路号。

当任何支路均无受控源时，$\boldsymbol{Y}$ 是对角矩阵；有受控源时，不是对角矩阵。

(2) 有互感而无受控源时

设在支路 1 至支路 g 之间均有互感，$h=g+1$，支路 h 至支路 b 之间没有互感，则各支路的 VCR 可写成：

$$\begin{aligned}
\dot{U}_1&=Z_1\dot{I}_{e1}\pm \mathrm{j}\omega M_{12}\dot{I}_{e2}\pm \mathrm{j}\omega M_{13}\dot{I}_{e3}\pm\cdots\pm \mathrm{j}\omega M_{1g}\dot{I}_{eg}-\dot{U}_{s1}\\
\dot{U}_2&=\pm \mathrm{j}\omega M_{21}\dot{I}_{e1}+Z_2\dot{I}_{e2}\pm \mathrm{j}\omega M_{23}\dot{I}_{e3}\pm\cdots\pm \mathrm{j}\omega M_{2g}\dot{I}_{eg}-\dot{U}_{s2}\\
&\cdots\\
\dot{U}_g&=\pm \mathrm{j}\omega M_{g1}\dot{I}_{e1}\pm \mathrm{j}\omega M_{g2}\dot{I}_{e2}\pm \mathrm{j}\omega M_{g3}\dot{I}_{e3}\pm\cdots\pm Z_g\dot{I}_{eg}-\dot{U}_{sg}\\
\dot{U}_h&=Z_h\dot{I}_{eh}-\dot{U}_{sh}\\
\dot{U}_b&=Z_b\dot{I}_{eb}-\dot{U}_{sb}
\end{aligned}$$

式中，互感电压前的“±”号取决于同名端与支路方向的关系。在支路中各变量与复合支路规定一致的情况下，若支路 i 与 k 间存在互感，且两互感的同名端在同侧，则 $\mathrm{j}\omega M_{ik}$ 和 $\mathrm{j}\omega M_{ki}$ 前均取“＋”号，反之取“－”号。同名端在同侧是指两互感的同名端同在支路方向的背离侧，或同在支路方向的指向侧。

上面 VCR 写成下列矩阵形式：

$$\begin{bmatrix}\dot{U}_1\\ \dot{U}_2\\ \vdots\\ \dot{U}_g\\ \dot{U}_h\\ \vdots\\ \dot{U}_b\end{bmatrix}=\begin{bmatrix}Z_1 & \pm \mathrm{j}\omega M_{12} & \cdots & \pm \mathrm{j}\omega M_{1g} & 0 & \cdots & 0\\ \pm \mathrm{j}\omega M_{21} & Z_2 & \cdots & \pm \mathrm{j}\omega M_{2g} & 0 & \cdots & 0\\ \vdots & \vdots & \vdots & \vdots & \vdots & \vdots & \vdots\\ \pm \mathrm{j}\omega M_{g1} & \pm \mathrm{j}\omega M_{g2} & \cdots & Z_g & 0 & \cdots & 0\\ 0 & 0 & \cdots & 0 & Z_h & \cdots & 0\\ \vdots & \vdots & \vdots & \vdots & \vdots & \vdots & \vdots\\ 0 & 0 & \cdots & 0 & 0 & \cdots & Z_b\end{bmatrix}\begin{bmatrix}\dot{I}_{e1}\\ \dot{I}_{e2}\\ \vdots\\ \dot{I}_{eg}\\ \dot{I}_{eh}\\ \vdots\\ \dot{I}_{eb}\end{bmatrix}-\begin{bmatrix}\dot{U}_{s1}\\ \dot{U}_{s2}\\ \vdots\\ \dot{U}_{sg}\\ \dot{U}_{sh}\\ \vdots\\ \dot{U}_{sb}\end{bmatrix}$$

将上式写成简化形式：

$$\dot{U}=Z\dot{I}_e-\dot{U}_s$$

因为 $$\dot{I}_e=\dot{I}+\dot{I}_s$$

所以 $$\dot{U}=Z(\dot{I}+\dot{I}_s)-\dot{U}_s \tag{14-6}$$

式中：Z——支路阻抗矩阵，其主对角线上元素为各支路的阻抗，而非对角线上是对应支路间的互感阻抗。对于线性互感，$M_{ik}=M_{ki}$，所以 Z 是对称矩阵。

如令 $Y=Z^{-1}$，则式(14-6)可写成

$$\dot{I}=Y(\dot{U}+\dot{U}_s)-\dot{I}_s \tag{14-7}$$

由上述可知：当复合支路中存在互感时，第一步先列写 VCR 的电压表达形式：$\dot{U}=Z(\dot{I}+\dot{I}_s)-\dot{U}_s$，再通过 $Y=Z^{-1}$ 求出 VCR 的电流表达形式：$\dot{I}=Y(\dot{U}+\dot{U}_s)-\dot{I}_s$。

当复合支路中既存在互感，又存在受控源时，先按复合支路中存在互感时的方法求出 Y，再按含符合规定的受控源时的处理方法，将受控源考虑到 Y 中，读者可参阅例 14-1。

14.1.3 节点电压方程的矩阵形式

为了推导节点电压方程的矩阵形式，现将有关公式以相量形式重新列写：

$$A\dot{I}=0 \tag{14-8}$$

$$\dot{U}=A^{T}\dot{U}_n \tag{14-9}$$

$$\dot{I}=Y(\dot{U}+\dot{U}_s)-\dot{I}_s \tag{14-10}$$

将式(14-10)左乘以 A，再将式(14-8)和式(14-9)代入得

$$A\dot{I}=AY(A^{T}\dot{U}_n+\dot{U}_s)-A\dot{I}_s=0$$

整理得 $$AYA^{T}\dot{U}_n=A\dot{I}_s-AY\dot{U}_s \tag{14-11}$$

或 $$Y_n\dot{U}_n=\dot{J}_n \tag{14-12}$$

式中：$Y_n=AYA^{T}$——节点导纳矩阵；

$\dot{J}_n=A\dot{I}_s-AY\dot{U}_s$——由独立电源引起注入到节点的电流列向量；

$\dot{U}=A^{T}\dot{U}_n$——支路电压；

Y_n 的对角线上为节点自导纳，非对角线上为节点间的互导纳，当无受控源时，Y_n 为一对称矩阵，可以按第 3 章介绍的方法直接写出。

式(14-11)就是节点电压方程的矩阵形式。

例 14-1 图 14-4(a)所示电路中，元件的下标代表支路的编号。试在 $M_{12}=0$ 和 $M_{12}\neq 0$ 两种情况下，列写出电路矩阵形式的节点电压方程。

解：作出该电路的有向图如图 14-4(b)所示，若选节点④为参考节点，则关联矩阵为

$$A=\begin{bmatrix}1&0&1&1&0&0\\-1&1&0&0&0&1\\0&-1&0&-1&1&0\end{bmatrix}$$

电压源列向量为 $$\dot{U}_s=\begin{bmatrix}0&0&0&\dot{U}_{s4}&0&0\end{bmatrix}^{T}$$

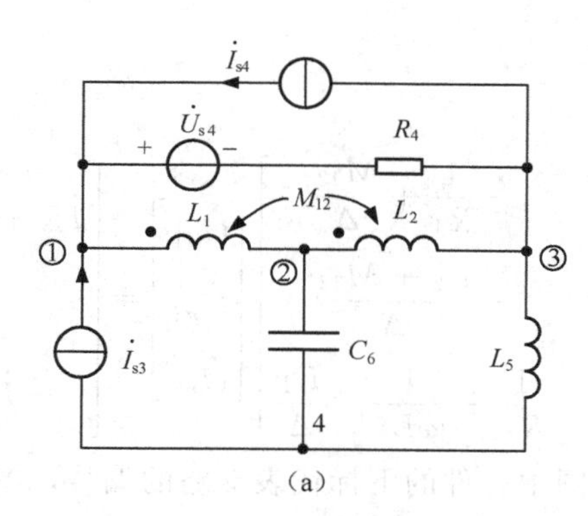

(a)

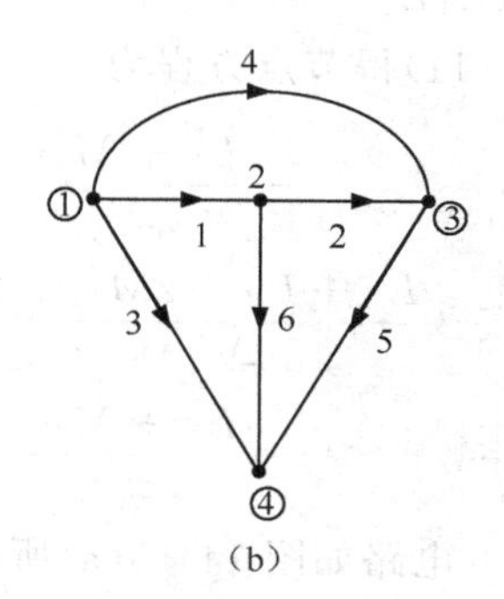

(b)

图 14-4 例 14-1 图

电流源列向量为 $\dot{\boldsymbol{I}}_s=\begin{bmatrix}0 & 0 & \dot{I}_{s3} & \dot{I}_{s4} & 0 & 0\end{bmatrix}^T$

(1) $M_{12}=0$ 时，支路导纳矩阵为

$$\boldsymbol{Y}=\mathrm{diag}\begin{bmatrix}\frac{1}{\mathrm{j}\omega L_1} & \frac{1}{\mathrm{j}\omega L_2} & 0 & \frac{1}{R_4} & \frac{1}{\mathrm{j}\omega L_5} & \mathrm{j}\omega C_6\end{bmatrix}$$

由式(14-11)得节点电压方程为

$$\begin{bmatrix}\frac{1}{R_4}+\frac{1}{\mathrm{j}\omega L_1} & -\frac{1}{\mathrm{j}\omega L_1} & -\frac{1}{R_4}\\ -\frac{1}{\mathrm{j}\omega L_1} & \frac{1}{\mathrm{j}\omega L_1}+\frac{1}{\mathrm{j}\omega L_2}+\mathrm{j}\omega C_6 & -\frac{1}{\mathrm{j}\omega L_2}\\ -\frac{1}{R_4} & -\frac{1}{\mathrm{j}\omega L_2} & \frac{1}{R_4}+\frac{1}{\mathrm{j}\omega L_2}+\frac{1}{\mathrm{j}\omega L_5}\end{bmatrix}\begin{bmatrix}\dot{U}_{n1}\\ \dot{U}_{n2}\\ \dot{U}_{n3}\end{bmatrix}=\begin{bmatrix}\dot{I}_{s3}+\dot{I}_{s4}+\frac{\dot{U}_{s4}}{R_4}\\ 0\\ -\dot{I}_{s4}-\frac{\dot{U}_{s4}}{R_4}\end{bmatrix}$$

(2) $M_{12}\neq 0$ 时，支路阻抗矩阵为

$$\boldsymbol{Z}=\lim_{R_4\to\infty}\begin{pmatrix}\mathrm{j}\omega L_1 & \mathrm{j}\omega M_{21} & 0 & 0 & 0 & 0\\ \mathrm{j}\omega M_{12} & \mathrm{j}\omega L_2 & 0 & 0 & 0 & 0\\ 0 & 0 & R_3 & 0 & 0 & 0\\ 0 & 0 & 0 & R_4 & 0 & 0\\ 0 & 0 & 0 & 0 & \mathrm{j}\omega L_5 & 0\\ 0 & 0 & 0 & 0 & 0 & \frac{1}{\mathrm{j}\omega C_6}\end{pmatrix}$$

支路导纳矩阵为

$$\boldsymbol{Y}=\boldsymbol{Z}^{-1}=\begin{bmatrix}\frac{L_2}{\Delta} & -\frac{M_{12}}{\Delta} & 0 & 0 & 0 & 0\\ -\frac{M_{12}}{\Delta} & \frac{L_1}{\Delta} & 0 & 0 & 0 & 0\\ 0 & 0 & 0 & 0 & 0 & 0\\ 0 & 0 & 0 & \frac{1}{R_4} & 0 & 0\\ 0 & 0 & 0 & 0 & \frac{1}{\mathrm{j}\omega L_5} & 0\\ 0 & 0 & 0 & 0 & 0 & \frac{1}{\mathrm{j}\omega C_6}\end{bmatrix}$$

式中，$\Delta = \mathrm{j}\omega(L_1L_2 - M_{12})$。

由式(14－11)得节点方程为

$$\begin{bmatrix} \frac{1}{R_4}+\frac{L_2}{\Delta} & -\frac{L_2+M_{12}}{\Delta} & -\frac{1}{R_4}+\frac{M_{12}}{\Delta} \\ -\frac{L_2+M_{12}}{\Delta} & \frac{L_2+L_2+2M_{12}}{\Delta}+\mathrm{j}\omega C_6 & -\frac{L_2+M_{12}}{\Delta} \\ -\frac{1}{R_4}+\frac{M_{12}}{\Delta} & -\frac{L_1+M_{12}}{\Delta} & \frac{1}{R_4}+\frac{1}{\mathrm{j}\omega L_5}+\frac{L_1}{\Delta} \end{bmatrix} \begin{bmatrix} \dot{U}_{n1} \\ \dot{U}_{n2} \\ \dot{U}_{n3} \end{bmatrix} = \begin{bmatrix} \dot{I}_{s3}+\dot{I}_{s4}+\frac{\dot{U}_{s4}}{R_4} \\ 0 \\ -\dot{I}_{s4}-\frac{\dot{U}_{s4}}{R_4} \end{bmatrix}$$

例 14－2 电路如图 14－5(a)所示，图中元件的下标代表支路的编号，图 14－5(b)是电路的有向图。设 $\dot{I}_{d2}=g_{21}\dot{U}_1$，$\dot{I}_{d4}=\beta_{46}\dot{I}_6$，试列写该电路矩阵形式的电压方程。

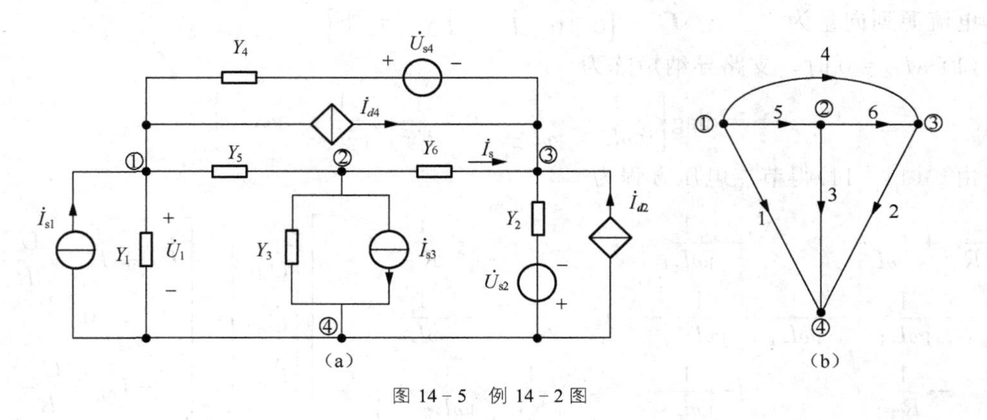

图 14－5 例 14－2 图

解： 选节点④为参考节点，则网络图的关联矩阵为

$$\boldsymbol{A}=\begin{bmatrix} 1 & 0 & 0 & 1 & 1 & 0 \\ 0 & 0 & 1 & 0 & -1 & 1 \\ 0 & 1 & 0 & -1 & 0 & -1 \end{bmatrix}$$

将 $\dot{I}_{d4}$ 转化成电压控制的受控电流源，则有

$$\dot{I}_{d4}=\beta_{46}\dot{I}_6=\beta_{46}Y_6\dot{U}_6$$

支路导纳矩阵为(注意 g_{21} 和 β_{46} 出现的位置及符号)

$$\boldsymbol{Y}=\begin{pmatrix} Y_1 & 0 & 0 & 0 & 0 & 0 \\ -g_{21} & Y_2 & 0 & 0 & 0 & 0 \\ 0 & 0 & Y_3 & 0 & 0 & 0 \\ 0 & 0 & 0 & Y_4 & 0 & \beta_{46}Y_6 \\ 0 & 0 & 0 & 0 & Y_5 & 0 \\ 0 & 0 & 0 & 0 & 0 & Y_6 \end{pmatrix}$$

电流源列向量和电压源列向量分别为

$$\dot{\boldsymbol{I}}_s=\begin{bmatrix}\dot{I}_{s1} & 0 & -\dot{I}_{s3} & 0 & 0 & 0\end{bmatrix}^{\mathrm{T}}$$

$$\dot{\boldsymbol{U}}_s=\begin{bmatrix}0 & \dot{U}_{s2} & 0 & -\dot{U}_{s4} & 0 & 0\end{bmatrix}^{\mathrm{T}}$$

由式(14－11)得节点电压方程为

$$\begin{bmatrix} Y_1+Y_4+Y_5 & -Y_5+\beta_{46}Y_6 & -Y_4-\beta_{46}Y_6 \\ -Y_5 & Y_3+Y_5+Y_6 & -Y_6 \\ -Y_4-g_{21} & -(1+\beta_{46})Y_6 & Y_2+Y_4+(1+\beta_{46})Y_6 \end{bmatrix}\begin{bmatrix} \dot{U}_{n1} \\ \dot{U}_{n2} \\ \dot{U}_{n3} \end{bmatrix}=\begin{bmatrix} \dot{I}_{s1}+Y_4\dot{U}_{s4} \\ -\dot{I}_{s3} \\ -Y_2\dot{U}_{s2}-Y_4\dot{U}_{s4} \end{bmatrix}$$

例 14－3　电路如图 14－6(a)所示，图 14－6(b)是它的有向图。设 L_{s0}、L_4、C_5、L_{s0}、L_4 的初始条件为零。试用运算形式列写出该电路的节点电压方程。

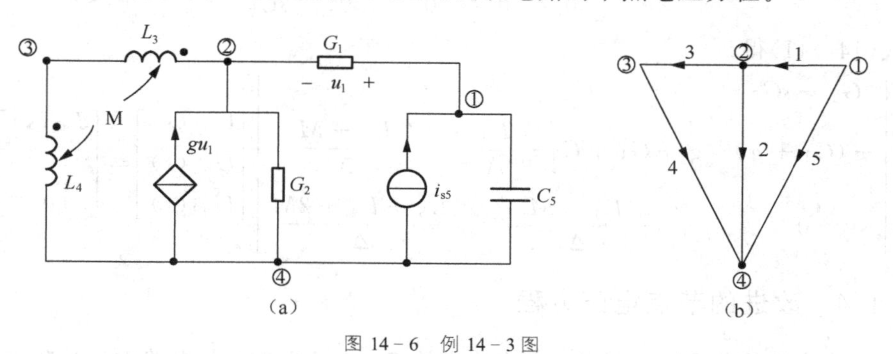

图 14－6　例 14－3 图

解： 选节点④为参考节点，则关联矩阵为

$$\boldsymbol{A}=\begin{bmatrix} 1 & 0 & 0 & 0 & 1 \\ -1 & 1 & 1 & 0 & 0 \\ 0 & 0 & -1 & 1 & 0 \end{bmatrix}$$

电压源列向量为 $\boldsymbol{U}_s(s)=\boldsymbol{0}$，电流源列向量为 $\boldsymbol{I}_s(s)=[0\quad 0\quad 0\quad 0\quad I_{s5}(s)]^T$，不计受控源时，支路阻抗矩阵为

$$\boldsymbol{Z}=\begin{bmatrix} \frac{1}{G_1} & 0 & 0 & 0 & 0 \\ 0 & \frac{1}{G_2} & 0 & 0 & 0 \\ 0 & 0 & sL_3 & sM & 0 \\ 0 & 0 & sM & sL_4 & 0 \\ 0 & 0 & 0 & 0 & \frac{1}{sC_5} \end{bmatrix}$$

对应的支路导纳矩阵为

$$\boldsymbol{Y}=\boldsymbol{Z}^{-1}=\begin{bmatrix} G_1 & 0 & 0 & 0 & 0 \\ 0 & G_2 & 0 & 0 & 0 \\ 0 & 0 & \frac{L_4}{\Delta} & \frac{-M}{\Delta} & 0 \\ 0 & 0 & \frac{-M}{\Delta} & \frac{L_3}{\Delta} & 0 \\ 0 & 0 & 0 & 0 & sC_5 \end{bmatrix}$$

式中：$\Delta=s(L_3L_4-M^2)$。

计入受控源后，支路导纳矩阵为

$$\boldsymbol{Y}=\begin{bmatrix} G_1 & 0 & 0 & 0 & 0 \\ -g & G_2 & 0 & 0 & 0 \\ 0 & 0 & \dfrac{L_4}{\Delta} & -\dfrac{M}{\Delta} & 0 \\ 0 & 0 & -\dfrac{M}{\Delta} & \dfrac{L_3}{\Delta} & 0 \\ 0 & 0 & 0 & 0 & sC_5 \end{bmatrix}$$

由式(14－11)得

$$\begin{bmatrix} G_1+sG_5 & -G_1 & 0 \\ -(G_1+g) & g+G_1+G_1+\dfrac{L_4}{\Delta} & -\dfrac{L_4+M}{\Delta} \\ 0 & -\dfrac{L_4+M}{\Delta} & \dfrac{L_3+L_4+2M}{\Delta} \end{bmatrix}\begin{bmatrix} U_{n1}(s) \\ U_{n2}(s) \\ U_{n3}(s) \end{bmatrix}=\begin{bmatrix} I_{s5}(s) \\ 0 \\ 0 \end{bmatrix}$$

14.1.4 改进的节点电压方程

14.1.3 中介绍的节点法，要求复合支路中的 $Z_k \neq 0$。但在实际电路中，某些支路并不满足这一要求。图 14－7(a)所示电路中，$\dot{U}_{s2}$ 和 $\dot{U}_{s6}$ 支路仅含有理想电压源 $Z_k=0$，对于这样的支路本小节简称为纯电压源支路。由于纯电压源支路的导纳为无穷大，所以 14.1.3 节介绍的节点分析法将无法直接使用。为此，本小节向读者介绍一种解决方法——改进的节点法。

对含有纯电压源支路电路节点分析法的解决方法，在第 3 章中已有介绍，其解决方法之一是：应用置换定理将纯电压源支路用其中的电流替代，这样使可使用节点法列出节点方程。但是，由于引入的替代电流是未知量，因此必须利用纯电压源支路电压已知的条件补充新的方程，使独立方程数与未知量个数相等以便求解。将这种解决的方法系统化，并写成矩阵形式，就是本小节要讲解的改进的节点法。下面通过实例进行说明。

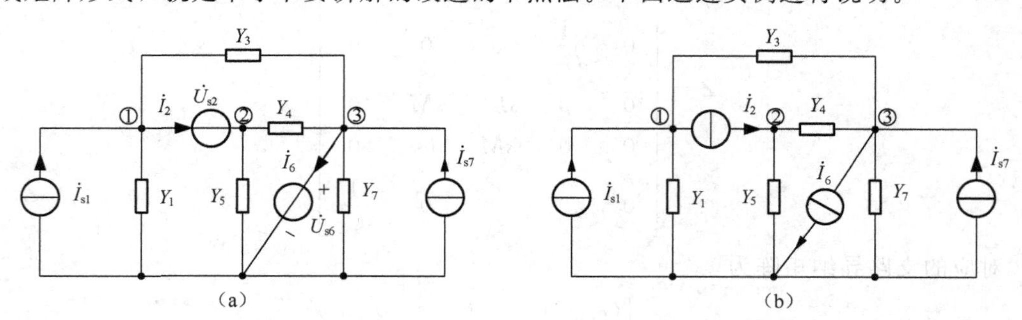

图 14－7 改进的节点法示例

为便于说明概念，先用观察法列写图 14－7(b)电路的节点方程。

$$\begin{cases} (Y_1+Y_3)\dot{U}_{n1}-Y_3\dot{U}_{n3}=\dot{I}_{s1}-\dot{I}_2 \\ (Y_4+Y_5)\dot{U}_{n2}-Y_4\dot{U}_{n3}=\dot{I}_2 \\ -Y_3\dot{U}_{n1}-Y_4\dot{U}_{n2}+(Y_3+Y_4+Y_7)\dot{U}_{n3}=\dot{I}_{s7}-\dot{I}_6 \end{cases} \tag{14-13}$$

$$\begin{cases}\dot{U}_{n1}-\dot{U}_{n2}=\dot{U}_{s2}\\ \dot{U}_{n3}=\dot{U}_{s6}\end{cases} \tag{14-14}$$

将式(14－13)和式(14－14)联立，并用矩阵形式表达，则有

$$\begin{bmatrix}Y_{11} & Y_{12} & Y_{13} & 1 & 0\\ Y_{21} & Y_{22} & Y_{23} & -1 & 0\\ Y_{31} & Y_{32} & Y_{33} & 0 & 1\\ 1 & -1 & 0 & 0 & 0\\ 0 & 0 & 1 & 0 & 0\end{bmatrix}\begin{bmatrix}\dot{U}_{n1}\\ \dot{U}_{n2}\\ \dot{U}_{n3}\\ \dot{I}_{2}\\ \dot{I}_{6}\end{bmatrix}=\begin{bmatrix}\dot{I}_{s1}\\ 0\\ \dot{I}_{s7}\\ \dot{U}_{s2}\\ \dot{U}_{s6}\end{bmatrix} \tag{14-15}$$

再将式(14－15)写成简化形式：

$$\begin{pmatrix}\boldsymbol{Y}'_{n} & \boldsymbol{H}\\ \boldsymbol{H}^{\mathrm{T}} & \boldsymbol{0}\end{pmatrix}\begin{pmatrix}\dot{\boldsymbol{U}}_{n}\\ \dot{\boldsymbol{I}}_{\mathrm{E}}\end{pmatrix}=\begin{pmatrix}\dot{\boldsymbol{I}}_{n}\\ \dot{\boldsymbol{U}}_{\mathrm{E}}\end{pmatrix} \tag{14-16}$$

式中：$\boldsymbol{Y}'_{n}$——不考虑电压源支路情况下的节点导纳矩阵，它是$(n-1)$阶的方阵；

$\dot{\boldsymbol{U}}_{n}$——$(n-1)$阶的电压列向量；

$\dot{\boldsymbol{I}}_{n}$——不考虑纯电压源支路情况下，其他独立电源注入到各个节点的$(n-1)$阶的电流列向量；

$\dot{\boldsymbol{I}}_{\mathrm{E}}$——纯电压源支路引入电流源列向量，阶数等于纯电压源支路的个数 m；

$\dot{\boldsymbol{U}}_{\mathrm{E}}$——纯电压源支路的电压源列向量，阶数等于 m；

$\boldsymbol{H}$——纯电压源支路对应的分块关联矩阵，阶数为$(n-1)\times m$。

$\boldsymbol{H}$ 的每一列对应一条纯电压源支路，每一行对应一个节点，矩阵元素值与普通关联矩阵相同，实际上它就是关联矩阵 $\boldsymbol{A}$ 对应于电压支路的分块。

14.2 回路矩阵 B · 回路电流方程的矩阵形式

本节首先讨论关联矩阵 $\boldsymbol{B}$，在此基础上得到 KVL、KCL 方程的矩阵形式，然后讨论复合支路及其方程的矩阵形式，最后推导回路电流方程的矩阵形式。

14.2.1 回路矩阵 B 和 KVL、KCL 方程的矩阵形式

1. 回路矩阵 $\boldsymbol{B}$

电路图中，支路与回路之间的关系如何表达呢？用文字表达回路与支路的关系，若一个回路由某些支路组成，则称这些支路与该回路关联，否则称无关联。有以下 3 种情况。

(1) 一个回路 j 与支路 k 关联，且它们方向一致；

(2) 一个回路 j 与支路 k 关联，且它们方向相反；

(3) 一个回路 j 与支路 k 无关联。

现在用矩阵 $\boldsymbol{B}$ 来描述这种关系，每一行表示一个独立回路，每一列表示一个支路。矩

阵 $\boldsymbol{B}$ 的元素 b_{jk} 按如下原则定义：

$$b_{jk}=\begin{cases}+1，表示支路 k 与回路 j 有关联，且支路方向与回路方向相同\\-1，表示支路 k 与回路 j 有关联，且支路方向与回路方向相反\\0，表示支路 k 与回路 j 无关联\end{cases}$$

这样矩阵 $\boldsymbol{B}$ 就表达了电路图中一组独立回路与各支路之间的关联性质，关联性质是指某回路是否包含某支路，以及支路与回路的方向是否一致。因此，称 B 为回路－支路关联矩阵，简称回路矩阵。

当独立回路组为单连支回路时(习惯按先连支后树支编号)，称其为基本回路，回路矩阵称为基本回路矩阵 $\boldsymbol{B}_f$。

实例分析：在图 14－8 所示的电路图中，4 个节点，6 条支路，选支路 4、5、6 为树支，支路 1、2、3 为连支，共有 3 个单连支回路，根据图中各单连支回路与各支路的关系，写出基本回路矩阵 $\boldsymbol{B}_f$。

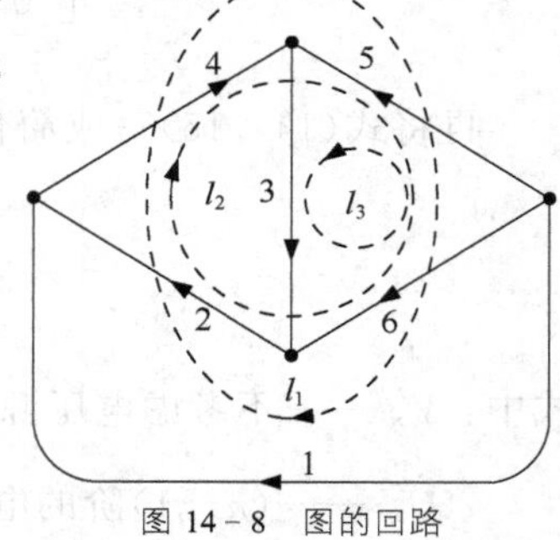

图 14－8 图的回路

$$\begin{array}{c} \quad\quad 1 \quad 2 \quad 3 \quad 4 \quad\quad 5 \quad\quad 6 \quad\quad 支路号 \end{array}$$

$$\boldsymbol{B}_f=\begin{bmatrix}1&0&0&1&-1&0\\0&1&0&1&-1&1\\0&0&1&0&1&-1\end{bmatrix}\begin{matrix}1\\2\\3\end{matrix}\Bigg\}回路号$$

$\boldsymbol{B}_f$(或 $\boldsymbol{B}$)具有如下特性：

(1) $\boldsymbol{B}_f$(或 $\boldsymbol{B}$)的每一行对应一个回路，每一列对应一条支路；

(2) 若网络有 b 条支路、n 个节点，则 $\boldsymbol{B}_f$(或 $\boldsymbol{B}$)的阶数为 $(b-n+1)\times b$；

(3) $\boldsymbol{B}_f$(或 $\boldsymbol{B}$)在满足条件①支路按类编号，先连支后树支时，可分块成两个子矩阵 $(\boldsymbol{B}_l \vdots \boldsymbol{B}_t)$。且满足的条件②回路的编号顺序和方向与单连支编号顺序和方向和一致时，$\boldsymbol{B}_f$ 可分块成 $(\boldsymbol{1}_l \vdots \boldsymbol{B}_t)$。

2. KVL 方程的矩阵形式

在单连支回路中，应用 KVL 建立电压方程时，习惯上选回路的方向与该回路的连支的方向一致。下面以图 14－8 为例，进一步讨论回路电压方程。对图 14－8，若选支路 4、5、6 为树支，支路 1、2、3 为连支，则对应 3 个单连支回路的 KVL 方程为

$$u_1+u_4-u_5=0$$

$$u_2+u_4-u_5+u_6=0$$

$$u_3+u_5-u_6=0$$

将方程组写成矩阵形式

$$\begin{bmatrix}1&0&0&1&-1&0\\0&1&0&1&-1&1\\0&0&1&0&1&-1\end{bmatrix}\begin{bmatrix}u_1\\u_2\\u_3\\u_4\\u_5\\u_6\end{bmatrix}=\begin{bmatrix}0\\0\\0\end{bmatrix}$$

令
$$\boldsymbol{u}=[u_1 \quad u_2 \quad u_3 \quad u_4 \quad u_5 \quad u_6]^{\mathrm{T}}$$

则 KVL 方程的矩阵形式可写成

$$\boldsymbol{B}_f\boldsymbol{u}=\mathbf{0} \tag{14-17}$$

如果所选择的仅是一组独立回路，而不一定是单连支回路，则式(14-17)可改写成

$$\boldsymbol{B}\boldsymbol{u}=\mathbf{0} \tag{14-18}$$

在 $\boldsymbol{B}_f$ 和 $\boldsymbol{u}$ 分别分块为两个子矩阵时

$$\boldsymbol{B}_f=[\mathbf{1}_l \vdots \boldsymbol{B}_t];\ \boldsymbol{u}=[u_1\quad u_2\quad u_3\quad \vdots\quad u_4\quad u_5\quad u_6]^{\mathrm{T}}=\begin{bmatrix}\boldsymbol{u}_l\\ \cdots\\ \boldsymbol{u}_t\end{bmatrix}$$

$\boldsymbol{B}_f\boldsymbol{u}=\mathbf{0}$ 可写成

$$[\mathbf{1}_l \vdots \boldsymbol{B}_t]\begin{bmatrix}\boldsymbol{u}_l\\ \cdots\\ \boldsymbol{u}_t\end{bmatrix}=\boldsymbol{u}_l+\boldsymbol{B}_t\boldsymbol{u}_t=\mathbf{0}$$

可得

$$\boldsymbol{u}_l=-\boldsymbol{B}_t\boldsymbol{u}_t$$

该式说明，如果已知树支电压，则可求得连支电压。

3. 支路电流与回路电流的关系(KCL)

由第 3 章中可知，某一支路的电流 i_k 等于与该支路有关联的回路电流代数和。而 $\boldsymbol{B}_f$ 的一列即 $\boldsymbol{B}_f^{\mathrm{T}}$ 的一行正好表示某一条支路与各回路的关联情况。这说明支路电流与回路电流的关系是与 $\boldsymbol{B}_f^{\mathrm{T}}$ 相关的。

可以证明，$\boldsymbol{B}_f^{\mathrm{T}}$ 的一行乘以回路电流列向量 $\boldsymbol{i}_l$ 恰好等于一条支路的电流 i_k，用矩阵表示这种关系就是

$$\boldsymbol{i}=\boldsymbol{B}_f^{\mathrm{T}}\boldsymbol{i}_l \tag{14-19}$$

另外，$\boldsymbol{i}_l=[i_{l1}\quad i_{l2}\quad \cdots\quad i_{ll}]^{\mathrm{T}}$ 也是 KCL 的又一体现形式。

当选取基本回路时有

$$\boldsymbol{B}_f=[\mathbf{1}_l \vdots \boldsymbol{B}_t],\ \boldsymbol{i}=[\boldsymbol{i}_1\quad \boldsymbol{i}_2\quad \boldsymbol{i}_3\quad \vdots\quad \boldsymbol{i}_4\quad \boldsymbol{i}_5\quad \boldsymbol{i}_6]^{\mathrm{T}}=\begin{bmatrix}\boldsymbol{i}_l\\ \cdots\\ \boldsymbol{i}_t\end{bmatrix}$$

$$\boldsymbol{i}=\boldsymbol{B}_f^{\mathrm{T}}\boldsymbol{i}_l=\begin{bmatrix}\mathbf{1}_l\\ \cdots\\ \boldsymbol{B}_t^{\mathrm{T}}\end{bmatrix}\boldsymbol{i}_l$$

得

$$\begin{bmatrix}i_{l1}\\ i_{l2}\\ \vdots\\ i_{ll}\end{bmatrix}=\begin{bmatrix}i_1\\ i_2\\ \vdots\\ i_l\end{bmatrix},\ \boldsymbol{i}_t=\boldsymbol{B}_t^{\mathrm{T}}\boldsymbol{i}_l$$

这说明当选取基本回路时，回路电流就是连支电流。

图 14－8 所示的图，支路电流与回路电流的关系为

$$\begin{bmatrix} i_1 \\ i_2 \\ i_3 \\ i_4 \\ i_5 \\ i_6 \end{bmatrix} = \begin{bmatrix} 1 & 0 & 0 \\ 0 & 1 & 0 \\ 0 & 0 & 1 \\ 1 & 1 & 0 \\ -1 & -1 & 1 \\ 0 & 1 & -1 \end{bmatrix} \begin{bmatrix} i_{i1} \\ i_{i2} \\ i_{i3} \end{bmatrix}$$

14.2.2 复合支路及其 VCR 的矩阵形式

1. 复合支路

由于回路法自身的特点，需要对节点分析法中图 14－9 表示的复合支路及其规定做适当修改。

（1）Z_k 可以等于零，但不能为无穷大。

（2）如图 14－9 所示，受控源改为与支路串联的受控电压源，其控制量为支路 j（$j \neq k$）中的 $\dot{I}_{ej}$。

（3）复合支路中仍可以包含互感。

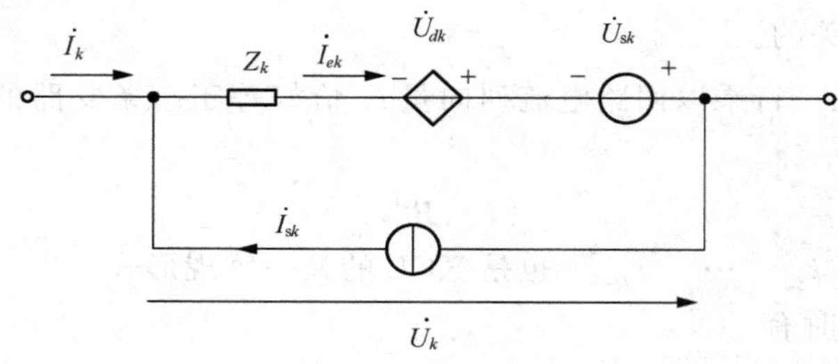

图 14－9　回路法的复合支路

在上述规定下，复合支路的 VCR 与式(14－6)的形式相同，所不同的是在支路阻抗矩阵中的非对角线上加入受控电压源的控制系数。

$$\dot{\boldsymbol{U}} = \boldsymbol{Z}(\dot{\boldsymbol{I}} + \dot{\boldsymbol{I}}_s) - \dot{\boldsymbol{U}}_s$$

该公式推导与 14.1.2 节相似，这里不再推导，后面将在例题中说明。

14.2.3 回路电流方程的矩阵形式

为了推导方便，现将有关公式以相量形式重新列写为

$$\boldsymbol{B}_f \dot{\boldsymbol{U}} = \boldsymbol{0} \tag{14-20}$$

$$\dot{\boldsymbol{I}} = \boldsymbol{B}_f^{\mathrm{T}} \dot{\boldsymbol{I}}_l \tag{14-21}$$

$$\dot{\boldsymbol{U}} = \boldsymbol{Z}(\dot{\boldsymbol{I}} + \dot{\boldsymbol{I}}_s) - \dot{\boldsymbol{U}}_s \tag{14-22}$$

用 $\boldsymbol{B}_f$ 左乘式(14－22)后，再将式(14－20)和式(14－21)代入得

$$\boldsymbol{B}_f \dot{\boldsymbol{U}} = \boldsymbol{B}_f \boldsymbol{Z}(\boldsymbol{B}_f^{\mathrm{T}} \dot{\boldsymbol{I}}_l + \dot{\boldsymbol{I}}_s) - \boldsymbol{B}_f \dot{\boldsymbol{U}}_s = \boldsymbol{0}$$

整理上式，得回路电流方程的矩阵形式为

$$\boldsymbol{Z}_l\dot{\boldsymbol{I}}_l=\boldsymbol{B}_f\dot{\boldsymbol{U}}_s-\boldsymbol{B}_f\boldsymbol{Z}\dot{\boldsymbol{I}}_s \tag{14-23}$$

式中：$\boldsymbol{Z}_l=\boldsymbol{B}_f\boldsymbol{Z}\boldsymbol{B}_f^{\mathrm{T}}$；

$\boldsymbol{i}=\boldsymbol{B}_f^{\mathrm{T}}\boldsymbol{i}_l$ 支路电流；

$\boldsymbol{Z}_l$ ——回路阻抗矩阵，主对角线上为自阻抗，非对角线上为互阻抗，当无互感和受控源时，$\boldsymbol{Z}_l$ 为对称矩阵。

例 14-4 图 14-10(a)所示的电网络中，已知：$g_m=2\mathrm{s}$，$C_1=2\mathrm{F}$，$C_2=1\mathrm{F}$，$L_3=4\mathrm{H}$，$L_4=3\mathrm{H}$，$R_5=1\Omega$，$R_6=2\Omega$，$i_{s5}=\sqrt{2}\,3\sin 2t\,\mathrm{A}$。试列写该网络回路方程的矩阵形式。

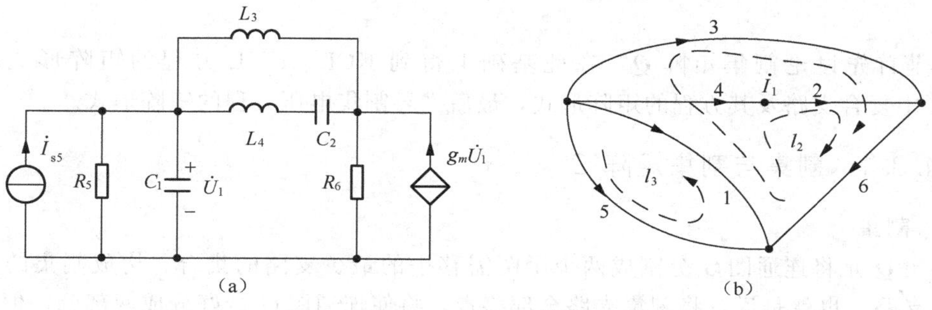

图 14-10 例 14-4 例图

解：(1) 图 14-10(a)网络的有向图如图 14-10(b)所示，选支路 1，2，6 为树支，则对应的基本回路矩阵为

$$\boldsymbol{B}_f=\begin{bmatrix}-1&0&1&0&0&1\\-1&1&0&1&0&1\\-1&0&0&0&1&0\end{bmatrix}$$

(2) 支路 6 并联变成串联，代入

$$\dot{U}_1=\dot{I}_1/(\mathrm{j}\omega C_1)$$

$$\dot{U}_6=\dot{I}_6R_6+R_6g_m\dot{U}_1=R_6g_m\dot{I}_1/(\mathrm{j}\omega C_1)+\dot{I}_6R_6=-\mathrm{j}\dot{I}_1+2\dot{I}_6$$

则

$$\boldsymbol{Z}=\begin{bmatrix}-\mathrm{j}\dfrac{1}{4}&&&&&\\0&-\mathrm{j}\dfrac{1}{2}&&0&&\\0&0&\mathrm{j}8&&&\\0&0&0&\mathrm{j}6&&\\0&0&0&0&1&\\-\mathrm{j}&0&0&0&0&2\end{bmatrix}$$

(3) $i_{s5}=\sqrt{2}\,3\sin 2t\ \mathrm{A}=\sqrt{2}\,3\cos(2t-90^\circ)\mathrm{A}$，$\dot{I}_{s5}=3\angle(-90^\circ)=-3\mathrm{j}$

列写出：

$$\dot{\boldsymbol{U}}_s=[0\quad 0\quad 0\quad 0\quad 0\quad 0]^{\mathrm{T}}$$

$$\dot{\boldsymbol{I}}_s=[0\quad 0\quad 0\quad 0\quad -3\mathrm{j}\quad 0]^{\mathrm{T}}$$

而 $$\boldsymbol{Z}\dot{\boldsymbol{I}}_{\text{s}}=[0\quad 0\quad 0\quad 0\quad -\text{j}3\quad 0]^{\text{T}}$$

(4) 以上各式代入 $\boldsymbol{B}_f\boldsymbol{Z}\boldsymbol{B}_f^{\text{T}}\dot{\boldsymbol{I}}_l=\boldsymbol{B}_f\dot{\boldsymbol{U}}_{\text{s}}-\boldsymbol{B}_f\boldsymbol{Z}\dot{\boldsymbol{I}}_{\text{s}}$，计算整理得回路电流方程为

$$\begin{bmatrix}2+\text{j}8.75 & 2+\text{j}0.75 & \text{j}0.75\\ 2+\text{j}0.75 & 2+\text{j}6.25 & \text{j}0.75\\ -\text{j}0.25 & -\text{j}0.25 & 1-\text{j}0.25\end{bmatrix}\begin{bmatrix}\dot{I}_{l1}\\ \dot{I}_{l2}\\ \dot{I}_{l3}\end{bmatrix}=\begin{bmatrix}0\\ 0\\ \text{j}3\end{bmatrix}$$

14.3 割集矩阵 Q · 割集分析法

本节首先讨论割集矩阵 $\boldsymbol{Q}$，在此基础上得到 KCL、KVL 方程的矩阵形式，借用 14.2.2 中复合支路及其方程的矩阵形式，最后推导割集电压方程的矩阵形式。

14.3.1 割集与割集矩阵 Q

1．割集

割集 $\boldsymbol{Q}$ 是将连通图 G 分割成两个子图需移去的最少支路的集合。构成割集的支路称为割集支路。也就是说，将割集支路全部移走，将使连通图 G 恰好分成两部分，但要少移去一条割集支路，则图 G 仍是连通的。

移去的支路可以理解成是被一个闭合面切割（只切割一次）的支路，凡被闭合面（或线）切割的支路就是割集支路。如图 14－11 所示，曲线 1 切割的 1、2、4 三条支路构成一个割集 $\boldsymbol{Q}_1$，曲线 2 切割 1、3、4、6 构成一个割集 $\boldsymbol{Q}_2$。

单树支割集(基本割集)：如果选定的一个割集中，仅含有一个树支，这样的割集称为单树支割集，也称为基本割集。

例 14－5 在图 14－11 中，选 1、2、3 为树，找出对该树应的基本割集组。

解：对应树支 1、2、3 的单树支割集为：1、5、6；2、4、5；3、4、5，如图 14－12 所示。

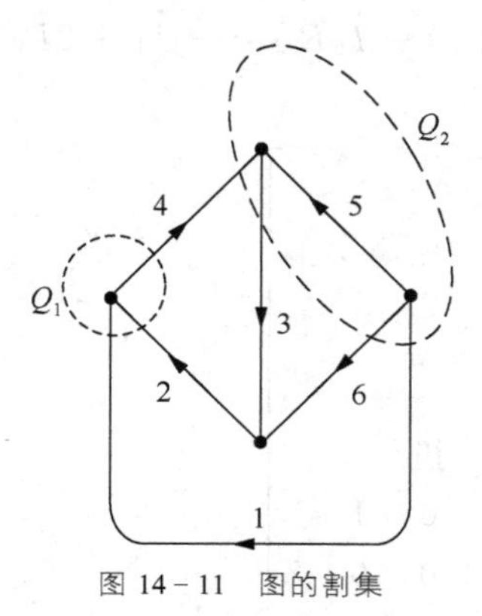

图 14－11 图的割集

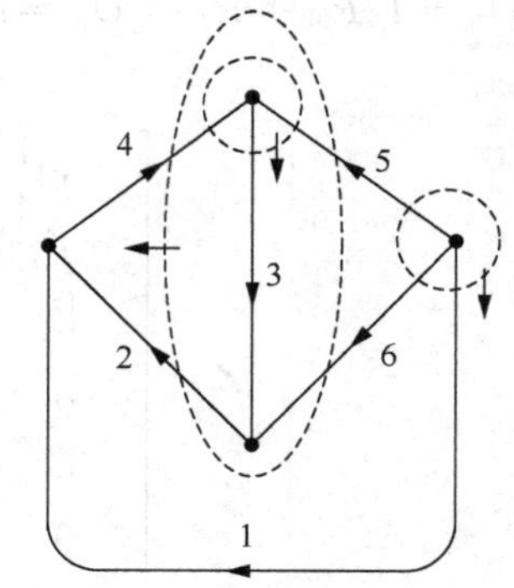

图 14－12 基本割集组

2. 割集矩阵 Q

电路图中，支路与割集之间的关系如何呢？指定一个割集方向(移去割集的所有支路，图被分离为两部分后，从其中一部分指向另一部分的方向，即为割集的方向，每一个割集

只有两个可能的方向）。用文字表达节点与支路的关系，有三种情况：

（1）一个割集 j 包含支路 k，支路 k 与割集 j 的方向一致；

（2）一个割集 j 包含支路 k，支路 k 与割集 j 的方向相反；

（3）一个割集 j 不包含支路 k。

现在用矩阵 $\boldsymbol{Q}$ 来描述这种关系，每个行表示一个割集，每个列表示一个支路。矩阵 $\boldsymbol{Q}$ 的元素 q_{jk} 按如下原则定义：

$$q_{jk}=\begin{cases}1\text{，表示割集 } j \text{ 与支路 } k \text{ 有关联，且它们的方向一致}\\-1\text{，表示割集 } j \text{ 与支路 } k \text{ 有关联，且它们的方向相反}\\0\text{，表示割集 } j \text{ 与支路 } k \text{ 无关联}\end{cases}$$

这样矩阵 $\boldsymbol{Q}$ 就表达了电路图中各割集与各支路之间的关系，因此，也称矩阵 $\boldsymbol{Q}$ 为割集－支路关联矩阵，简称割集矩阵。

举例：图 14－13 所示的图中，选取 4、5、6 为树支，以单树支割集作为独立割集。则割集矩阵为

$$\boldsymbol{Q}=\begin{bmatrix}-1 & -1 & 0 & 1 & 0 & 0\\1 & 1 & -1 & 0 & 1 & 0\\0 & -1 & 1 & 0 & 0 & 1\end{bmatrix}$$

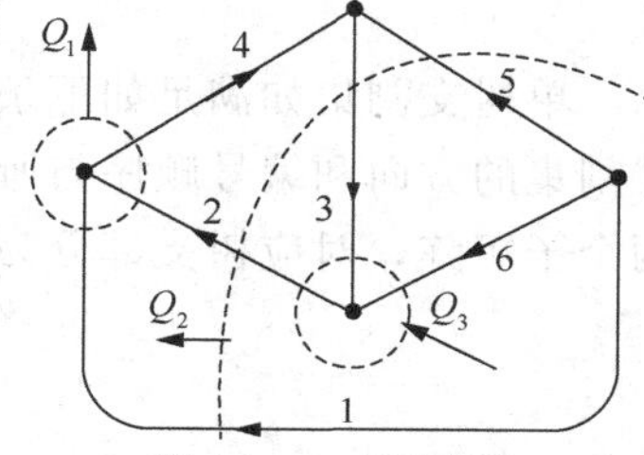

图 14－13　图的割集

$\boldsymbol{Q}$ 有如下特性：

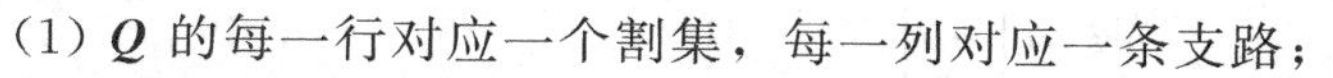

（1）$\boldsymbol{Q}$ 的每一行对应一个割集，每一列对应一条支路；

（2）若网络有 b 条支路，b_t 条树支、n 个节点，则 $\boldsymbol{Q}$ 的阶数为 $(n-1)\times b_t$；

（3）基本割集：独立割集可以选择单树支割集，通常称为基本割集。割集矩阵称为基本割集矩阵 $\boldsymbol{Q}_f$。

14.3.2　KCL、KVL 方程的矩阵形式

1. KCL、KVL 方程的矩阵形式

KCL 可以推广到一个闭合面，也就是说流出（或流进）闭合面的支路电流的代数和为零。割集可以理解成闭合面，对于一个割集，割集中所有支路电流的代数和为零。

对 $(n-1)$ 个独立割集建立 $(n-1)$ 个独立的 KCL 方程，必须要确定 $(n-1)$ 个独立的割集。应用树的概念是选择独立割集的有效方法。如图 14－13 所示，对应树支 4、5、6 的 3 个割集 $\boldsymbol{Q}_1$、$\boldsymbol{Q}_2$、$\boldsymbol{Q}_3$、都是单树支割集。含 n 个节点的网络图中，有 $(n-1)$ 条树支，因此有 $(n-1)$ 个单树支割集，且它们之间是彼此独立的。这是因为每个割集中都包含有一条其他割集没有的支路—树支。

习惯上取割集的方向与所含单树支的方向一致。如图 14－13 所示，割集 $\boldsymbol{Q}_1$（树支 4）和割集 $\boldsymbol{Q}_2$（树支 5）的方向是流出闭合面的，而割集 $\boldsymbol{Q}_3$（树支 6）的方向则是进入闭合面的。若规定：在 KCL 方程中，当某支路电流的参考方向与割集的方向一致时，该支路电流前取“＋”号，反之取“－”号，则对于图 14－13 所示的 3 个单树支割集的 KCL 方程为

$$-i_1-i_2+i_4=0$$

$$i_1+i_2-i_3+i_5=0$$

$$-i_2+i_3+i_6=0$$

其矩阵形式为：

$$\begin{bmatrix} -1 & -1 & 0 & 1 & 0 & 0 \\ 1 & 1 & -1 & 0 & 1 & 0 \\ 0 & -1 & 1 & 0 & 0 & 1 \end{bmatrix} \begin{bmatrix} i_1 \\ i_2 \\ i_3 \\ i_4 \\ i_5 \\ i_6 \end{bmatrix} = \begin{bmatrix} 0 \\ 0 \\ 0 \end{bmatrix}$$

对比发现，矩阵方程的系数是图 14－13 的割集矩阵 $\boldsymbol{Q}_f$。

令 $$\boldsymbol{i} = [i_1 \quad i_2 \quad i_3 \quad i_4 \quad i_5 \quad i_6]^{\mathrm{T}}$$

则对割集的 KCL 方程的矩阵形式可简写成

$$\boldsymbol{Qi} = \boldsymbol{0} \text{ 或 } \boldsymbol{Q}_f \boldsymbol{i} = \boldsymbol{0} \tag{14-24}$$

单树支割集如满足如下条件：①支路按类编号，即先连支后树支，或先树支后连支；②割集的方向和编号顺序与所含单树支的方向和编号顺序一致。则基本割集矩阵可分块成两个子矩阵，对应树支部分为单位矩阵。

$$\boldsymbol{Q}_f = [\boldsymbol{Q}_l \quad \boldsymbol{Q}_t] = [\boldsymbol{Q}_l \quad \boldsymbol{1}_t]$$

如 $$\boldsymbol{i} = \begin{bmatrix} \boldsymbol{i}_l \\ \cdots \\ \boldsymbol{i}_t \end{bmatrix}$$

则有 $$(\boldsymbol{Q}_l \ \vdots \ \boldsymbol{1}_t) \begin{pmatrix} \boldsymbol{i}_l \\ \cdots \\ \boldsymbol{i}_t \end{pmatrix} = \boldsymbol{Q}_i \boldsymbol{i}_i + \boldsymbol{i}_t = \boldsymbol{0}$$

所以 $$\boldsymbol{i}_t = -\boldsymbol{Q}_l \boldsymbol{i}_l \tag{14-25}$$

2. 支路电压与割集电压的关系

在单树支割集中，割集电压就是所含树支的电压，而任一连支电压又等于对应的单连支回路中所含树支电压的代数和。可进一步证明：支路电压列向量 $\boldsymbol{u}$ 与割集电压列向量 $\boldsymbol{u}_t$ 的关系为

$$\boldsymbol{u} = \boldsymbol{Q}_f^{\mathrm{T}} \boldsymbol{u}_t \tag{14-26}$$

式(14－26)实际上是 KVL 的又一表现形式。

14.3.3 割集电压方程的矩阵形式

对割集分析法，复合支路及其 VCR 与节点分析法的规定相同。为推导到割集电压方程，现特将有关公式以相量形式重新列写如下：

$$\dot{\boldsymbol{U}} = \boldsymbol{Q}_f^{\mathrm{T}} \dot{\boldsymbol{U}}_t \tag{14-27}$$

$$\boldsymbol{Q}_f \dot{\boldsymbol{I}} = \boldsymbol{0} \tag{14-28}$$

$$\dot{\boldsymbol{I}} = \boldsymbol{Y}(\dot{\boldsymbol{U}} + \dot{\boldsymbol{U}}_{\mathrm{s}}) - \dot{\boldsymbol{I}}_{\mathrm{s}} \tag{14-29}$$

用 $\boldsymbol{Q}_f$ 左乘式(14－29)，再将式(14－27)和式(14－28)代入，得

$$\boldsymbol{Q}_f \dot{\boldsymbol{I}} = \boldsymbol{Q}_f \boldsymbol{Y}(\boldsymbol{Q}_f^{\mathrm{T}} \dot{\boldsymbol{U}}_t + \dot{\boldsymbol{U}}_{\mathrm{s}}) - \boldsymbol{Q}_f \dot{\boldsymbol{I}}_{\mathrm{s}} = \boldsymbol{0}$$

整理上式可得割集电压方程

$$\boldsymbol{Y}_t \dot{\boldsymbol{U}}_t = \boldsymbol{Q}_f \dot{\boldsymbol{I}}_s - \boldsymbol{Q}_f \boldsymbol{Y} \dot{\boldsymbol{U}}_s \tag{14-30}$$

式中：$\boldsymbol{Y}_t$ ——割集导纳矩阵，对角线上为割集的自导纳，非对角线上为割集间的互导纳[①]。

例 14-6 电路如图 14-14(a)所示，试用运算形式得出该电路割集电压方程的矩阵形式。设电感电容的初始条件为零。

解：作出电路的有向图，如图 14-14(b)所示，选支路 1、2、3 为树支，对应的 3 个单树支割集如图 14-14(b)中虚线所示。树支电压 $U_{t1}(s)$、$U_{t2}(s)$、$U_{t3}(s)$ 就是割集电压，它们的方向也是割集的方向。

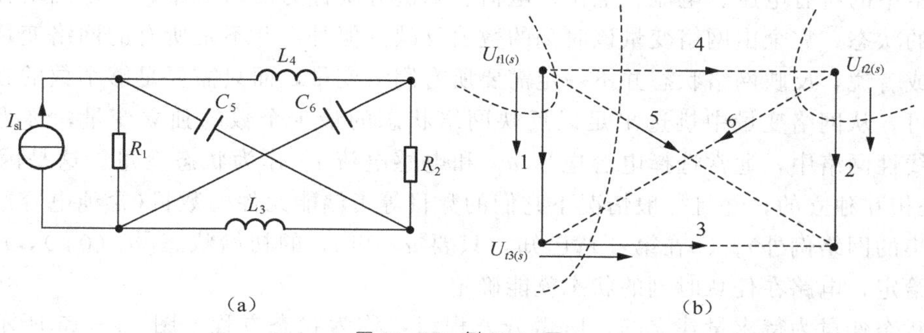

图 14-14 例 14-6 图

由图 14-14(b)可写出基本割集矩阵为

$$\boldsymbol{Q}_f = \begin{bmatrix} 1 & 0 & 0 & 1 & 1 & 0 \\ 0 & 1 & 0 & -1 & 0 & 1 \\ 0 & 0 & 1 & 1 & 1 & -1 \end{bmatrix}$$

电压源和电流源列向量分别为

$$\boldsymbol{U}(s) = 0, \quad \boldsymbol{I}_s(s) = [I_{s1}(s) \quad 0 \quad 0 \quad 0 \quad 0 \quad 0]^{\mathrm{T}}$$

支路导纳矩阵为

$$\boldsymbol{Y}(s) = \mathrm{diag}\left[\frac{1}{R_1} \quad \frac{1}{R_2} \quad \frac{1}{sL_3} \quad \frac{1}{sL_4} \quad sC_5 \quad sC_6\right]$$

将以上关系代入式(14-30)得割集电压方程为

$$\begin{bmatrix} \frac{1}{R_1} + \frac{1}{sL_4} + sC_5 & -\frac{1}{sL_4} & \frac{1}{sL_4} + sC_5 \\ -\frac{1}{sL_4} & \frac{1}{R_2} + \frac{1}{sL_4} + sC_6 & -\frac{1}{sL_4} - sC_6 \\ \frac{1}{sL_4} + sC_5 & -\frac{1}{sL_4} - sC_6 & \frac{1}{sL_3} + \frac{1}{sL_4} + sC_5 + sC_6 \end{bmatrix} \begin{bmatrix} U_{t1}(s) \\ U_{t2}(s) \\ U_{t3}(s) \end{bmatrix} = \begin{bmatrix} I_{s1}(s) \\ 0 \\ 0 \end{bmatrix}$$

14.4 状态方程

第 6 章介绍了动态电路的时域分析法，对于高阶电路，需要求解高阶微分方程，有时

---

① $\boldsymbol{Y}_t = \boldsymbol{Q}_f \boldsymbol{Y} \boldsymbol{Q}_f^{\mathrm{T}}$

高阶微分方程的求解会很困难。第 11 章介绍了拉普拉斯变换法，将动态电路的高阶微分方程转化为运算电路象函数的代数方程，且将初始条件自然地包含在其中，这给动态电路的分析带来了极大的方便。但是，这种方法也有某些缺点，如这种方法不便于推广到非线性电路，当电路的初始条件较多时，运算电路成为多电源的复杂电路，计算麻烦，且不便于用计算机分析。为此，人们提出了动态电路分析的另一种方法——状态变量法。这种方法特别适于用电子计算机进行辅助分析，并且很容易推广到非线性电路。

14.4.1 状态变量与状态方程

网络中的所有电压、电流、电位、电荷、磁链等统称为网络变量。一个网络在某一瞬间所处的状态，完全由网络变量该时刻的数值反映。但是，并不是所有的网络变量都是独立的。或者说，反映网络状态并不一定需要所有网络变量，而只需要足够个数的独立网络变量即可。从网络变量中挑选出足以反映网络状态的最少个数的独立变量，称为状态变量。在线性网络中，通常选择电容电压 u_C 和电感电流 i_L 作为状态变量。这是因为① u_C 和 i_L 是相互独立的，并且一般情况下它们的数目等于储能元件的数目(含纯电容回路或纯电感割集的网络例外)；②在第 6 章已知，只要 u_C 和 i_L 的初始状态 $[u_C(0_+), i_L(0_+)]$ 和电源给定，电路在任意时刻的状态就能确定。

以状态变量为待求量建立的一阶微分方程组，称为状态方程。图 14-15 所示的动态电路，选状态变量为 u_C 和 i_L，根据 KCL 和 KVL 可列方程如下：

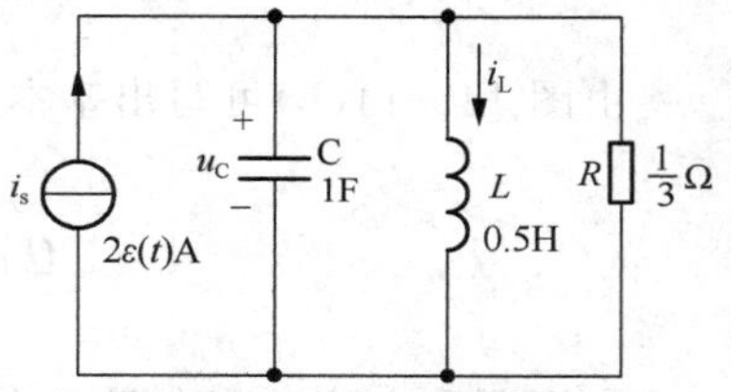

$$\begin{cases} C\dfrac{du_C}{dt}+i_L+\dfrac{u_C}{R}=i_s \\ L\dfrac{di_L}{dt}=u_C \end{cases}$$

图 14-15 动态电路示例

将此微分方程整理得

$$\begin{cases} \dfrac{du_C}{dt}=-\dfrac{1}{C}i_L-\dfrac{u_C}{RC}+\dfrac{1}{C}i_s \\ \dfrac{di_L}{dt}=\dfrac{1}{L}u_C \end{cases} \tag{14-31}$$

此形式称为标准状态方程。

标准状态方程应具备下列条件：

(1) 方程中只含有状态变量和电源，不含任何非状态变量；

(2) 一个方程中仅含一个导函数，且位于等式的左边；

(3) 等式的右边是状态变量的一次多项式。

将已知数据代入式(14-31)，并写成矩阵形式，有

$$\begin{bmatrix} \dfrac{du_C}{dt} \\ \dfrac{di_L}{dt} \end{bmatrix}=\begin{bmatrix} -3 & -1 \\ 2 & 0 \end{bmatrix}\begin{bmatrix} u_C \\ i_L \end{bmatrix}+\begin{bmatrix} 1 \\ 0 \end{bmatrix}[2\varepsilon(t)]$$

标准状态方程还可以进一步写成一般矩阵形式

$$\frac{\mathrm{d}}{\mathrm{d}t}\boldsymbol{x}=\boldsymbol{A}\boldsymbol{x}+\boldsymbol{B}\boldsymbol{v} \tag{14-32}$$

式中，$\boldsymbol{x}$——状态变量列向量，$n\times1$；

$\frac{\mathrm{d}}{\mathrm{d}t}\boldsymbol{x}$——状态变量的一阶导数列向量；

v——电源列向量，$m\times1$；

$\boldsymbol{A}$——状态变量的系数矩阵，$n\times n$；

$\boldsymbol{B}$——电源列向量的系数矩阵，$n\times m$。

14.4.2 状态方程的直观列写

对于简单的网络，用观察法选择合适的回路和割集，应用 KCL、KVL 和支路的 VCR 列写出网络的状态方程并不困难。但是，一般不会像图 14-15 所示电路那样简单，有时需要消去非状态变量，有时需要消去一阶导数。下面以例题加以说明。

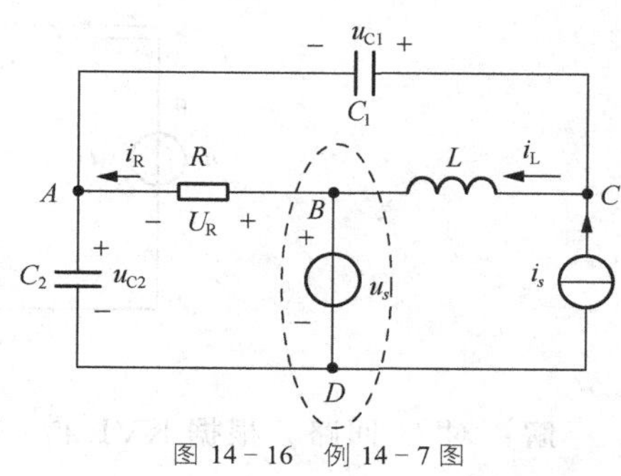

图 14-16　例 14-7 图

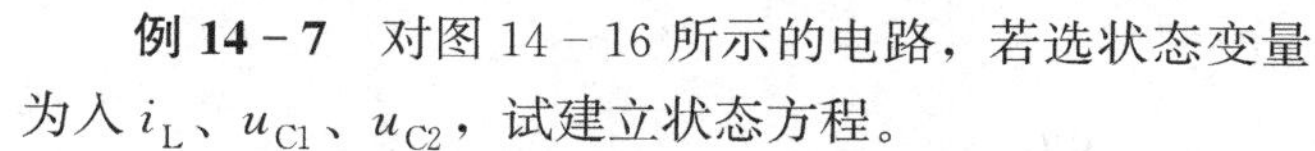

例 14-7　对图 14-16 所示的电路，若选状态变量为入 i_L、u_{C1}、u_{C2}，试建立状态方程。

解： 在包含电感回路中列电压方程，选 AC_1CBDA 回路较合适，此回路的各电压既无非状态变量又无第二个状态变量导数。由 KVL 可得

$$L\frac{\mathrm{d}i_L}{\mathrm{d}t}=u_{C1}+u_{C2}-u_s \tag{1}$$

欲使另外两个方程分别包含 $\frac{\mathrm{d}u_{C1}}{\mathrm{d}t}$ 和 $\frac{\mathrm{d}u_{C2}}{\mathrm{d}t}$，须在含电容的割集上列写电流方程。对 C_1 选节点 C 较好，由 KCL 可得

$$C_1\frac{\mathrm{d}u_{C1}}{\mathrm{d}t}=-i_L+i_s \tag{2}$$

对 C_2，包含它的割集很多，但没有一个割集不存在非状态变量。在这种情况下，选择图中椭圆形曲线所示的割集，它只含一个非状态变量 i_R，且无第二个状态变量导数。由 KCL 得

$$C_2\frac{\mathrm{d}u_{C2}}{\mathrm{d}t}=-i_L+i_s+i_R \tag{3}$$

为消除 i_R，选回路 $ABDA$，由 KVL 得

$$u_R=u_s-u_{C2}$$

而

$$i_R=u_R/R=(u_s-u_{C2})/R \tag{4}$$

将式(4)代入式(3)得

$$C_2\frac{\mathrm{d}u_{C2}}{\mathrm{d}t}=-i_L-\frac{1}{R}u_{C2}+\frac{1}{R}u_s+i_s \tag{5}$$

将式(1)、式(2)、式(5)整理并写成矩阵形式：

$$\begin{bmatrix}\frac{\mathrm{d}i_L}{\mathrm{d}t}\\ \frac{\mathrm{d}u_{C1}}{\mathrm{d}t}\\ \frac{\mathrm{d}u_{C2}}{\mathrm{d}t}\end{bmatrix}=\begin{bmatrix}0 & \frac{1}{L} & \frac{1}{L}\\ -\frac{1}{C_1} & 0 & 0\\ -\frac{1}{C_2} & 0 & -\frac{1}{RC_2}\end{bmatrix}\begin{bmatrix}i_L\\ u_{C1}\\ u_{C2}\end{bmatrix}+\begin{bmatrix}-\frac{1}{L} & 0\\ 0 & \frac{1}{C_1}\\ \frac{1}{RC_2} & \frac{1}{C_2}\end{bmatrix}\begin{bmatrix}u_s\\ i_s\end{bmatrix}$$

例 14-8 试列写出图 14-17 所示电路的状态方程。

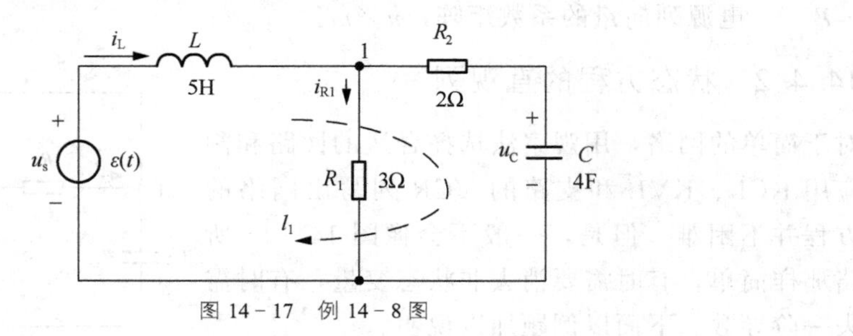

图 14-17 例 14-8 图

解：对 l_1 回路，根据 KVL 得

$$L\frac{\mathrm{d}i_L}{\mathrm{d}t}=-R_2C\frac{\mathrm{d}u_C}{\mathrm{d}t}-u_C+u_s \tag{1}$$

对节点 1，根据 KCL 得

$$C\frac{\mathrm{d}u_C}{\mathrm{d}t}=i_L-i_{R1} \tag{2}$$

对右网孔，根据 KVL 得

$$R_1i_{R1}=R_2C\frac{\mathrm{d}u_C}{\mathrm{d}t}+u_C$$

即

$$i_{R1}=\frac{R_2}{R_1}C\frac{\mathrm{d}u_C}{\mathrm{d}t}+\frac{1}{R_1}u_C \tag{3}$$

将式(3)代入式(2)得

$$C\frac{\mathrm{d}u_C}{\mathrm{d}t}=i_L-\frac{R_2}{R_1}C\frac{\mathrm{d}u_C}{\mathrm{d}t}-\frac{1}{R_1}u_C$$

即

$$C\frac{\mathrm{d}u_C}{\mathrm{d}t}=\frac{R_1}{R_1+R_2}i_L-\frac{1}{R_1+R_2}u_C \tag{4}$$

将式(4)代入式(1)得

$$L\frac{\mathrm{d}i_L}{\mathrm{d}t}=\frac{-R_1R_2}{R_1+R_2}i_L+\frac{R_2}{R_1+R_2}u_C-u_C+u_s \tag{5}$$

将式(4)、式(5)联立并整理得

$$\begin{bmatrix}\frac{\mathrm{d}i_L}{\mathrm{d}t}\\ \frac{\mathrm{d}u_C}{\mathrm{d}t}\end{bmatrix}=\begin{bmatrix}\frac{-R_1R_2}{(R_1+R_2)L} & \frac{-R_1}{(R_1+R_2)L}\\ \frac{R_1}{(R_1+R_2)C} & \frac{-1}{(R_1+R_2)C}\end{bmatrix}\begin{bmatrix}i_L\\ u_C\end{bmatrix}+\begin{bmatrix}\frac{1}{L}\\ 0\end{bmatrix}[u_s]$$

代入已知数据得

$$\begin{bmatrix} \dfrac{\mathrm{d}i_{\mathrm{L}}}{\mathrm{d}t} \\ \dfrac{\mathrm{d}u_{\mathrm{C}}}{\mathrm{d}t} \end{bmatrix} = \begin{bmatrix} -\dfrac{6}{25} & -\dfrac{3}{25} \\ \dfrac{3}{20} & -\dfrac{1}{20} \end{bmatrix} \begin{bmatrix} i_{\mathrm{L}} \\ u_{\mathrm{C}} \end{bmatrix} + \begin{bmatrix} \dfrac{1}{5} \\ 0 \end{bmatrix} [u_{\mathrm{s}}]$$

用观察法列写状态方程时，需要选择合适的割集(或节点)和合适的回路，否则可能会给求解带来麻烦。

14.4.3 状态方程的系统列写

对于比较复杂的电路仅靠观察法列写状态方程有时是很困难的。有必要寻找一种系统的列写方法，这种方法的一般公式推导须经过相当复杂的矩阵运算，读者有兴趣可阅读相关参考文献。下面仅介绍系统列写方法的思路，借助此思路列写状态方程，往往会起到事半功倍的效果。

简单地说，系统列写法就是选择一个合适的树，使其包含全部电容而不包含电感，对含电容的单树支割集运用 KCL 可列写一组含有 $\dfrac{\mathrm{d}u_{\mathrm{C}}}{\mathrm{d}t}$ 的方程。对于含电感的单连支回路运用 KVL 可列写出一组含 $\dfrac{\mathrm{d}i_{\mathrm{L}}}{\mathrm{d}t}$ 的方程。这些方程中仅含一个导数项，若再加上其他约束方程，便可求得标准状态方程。

系统列写法的基本内容可概括如下。

(1) 把一个元件作为一条支路处理。

(2) 选一个树——“特有树”，其树支包含全部电压源和电容及部分电导，而连支包含全部电感和电流源及部分电阻。若网络中仅有纯电感或电感和电流源构成的割集时，这种“特有树”是一定存在的。

(3) 支路编号顺序为；电压源，电容，电导，电阻，电感，电流源。

(4) 对单树支割集可列写 KCL 方程，对单连支回路列写 KVL 方程。

(5) 利用不含导数项的方程消除含导数项方程中的非状态变量，整理后便得状态方程的标准方式。

例 14-9 试列写图 14-18(a)电路的状态方程。

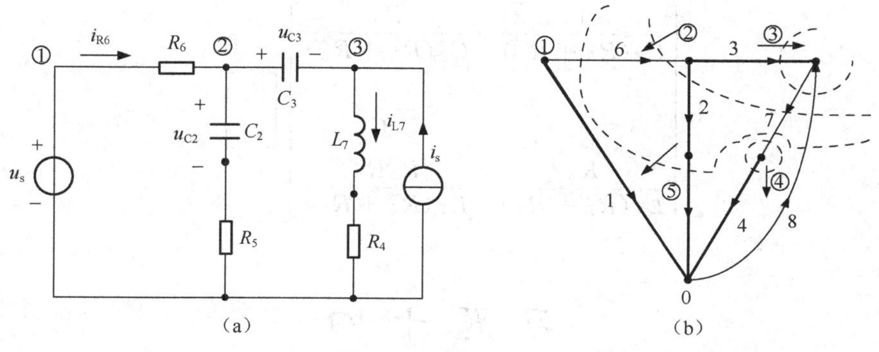

图 14-18 例 14-9 图

解：（1）将每一个元件作为一条支路，电路为有向图，如图 14－18(b)所示。选 u_{C2}、u_{C3}、i_{L7} 作为状态变量。各支路编号与元件下标相同。

（2）选支路 1、2、3、4、5 为特有树。

（3）对应特有树的单树支割集如图 14－18(b)所示，列单树支割集列写 KCL 方程，对单连支回路列写 KVL 方程。

对含 C_2 的割集有 $$C_2\frac{du_{C2}}{dt}=-i_{L7}+i_{R6}+i_s \tag{1}$$

对含 C_3 的割集有 $$C_3\frac{du_{C3}}{dt}=i_{L7}-i_s \tag{2}$$

对含 L_7 的回路有 $$L_7\frac{di_{L7}}{dt}=u_{C2}-u_{C3}+u_{R5}-u_{R4} \tag{3}$$

对含 R_5 的割集有 $$\frac{u_{R5}}{R_5}=-i_{L7}+i_{R6}+i_s \tag{4}$$

对含 R_4 的割集有 $$\frac{u_{R4}}{R_4}=i_{L7} \tag{5}$$

对含 R_6 的的回路有 $$R_6i_{R6}=-u_{C2}-u_{R5}+u_s \tag{6}$$

（4）在式(1)、式(2)、式(3)中尚有 3 个非状态变量，且有式(4)、式(5)、式(6)可以利用，由式(4)、式(5)、式(6)可得

$$i_{R6}=\frac{-1}{R_5+R_6}u_{C2}+\frac{R_5}{R_5+R_6}i_{L7}+\frac{1}{R_5+R_6}u_s-\frac{R_5}{R_5+R_6}i_s \tag{7}$$

$$u_{R5}=\frac{-R_5}{R_5+R_6}u_{C2}-\frac{R_5R_6}{R_5+R_6}i_{L7}+\frac{R_5}{R_5+R_6}u_s+\frac{R_5R_6}{R_5+R_6}i_s \tag{8}$$

$$u_{R4}=R_4i_{L7} \tag{9}$$

将式(7)、式(8)、式(9)代入式(1)、式(2)、式(3)，整理后得状态方程为

$$\begin{bmatrix}\frac{du_{C2}}{dt}\\ \frac{du_{C3}}{dt}\\ \frac{di_{L7}}{dt}\end{bmatrix}=\begin{bmatrix}\frac{-1}{C_2(R_5+R_6)} & 0 & \frac{-R_6}{C_2(R_5+R_6)}\\ 0 & 0 & \frac{1}{C_3}\\ \frac{R_6}{L_7(R_5+R_6)} & -\frac{1}{L_7} & -\frac{1}{L_7}\left(\frac{R_5R_6}{R_5+R_6}+R_4\right)\end{bmatrix}\begin{bmatrix}u_{C2}\\ u_{C3}\\ i_{L7}\end{bmatrix}$$

$$+\begin{bmatrix}\frac{1}{C_2(R_5+R_6)} & \frac{R_6}{C_2(R_5+R_6)}\\ 0 & -\frac{1}{C_3}\\ \frac{R_5}{L_7(R_5+R_6)} & \frac{R_5R_6}{L_7(R_5+R_6)}\end{bmatrix}\begin{bmatrix}u_s\\ i_s\end{bmatrix}$$

习 题 十 四

14－1 求题 14－1 图所示图 G 的关联矩阵 $\boldsymbol{A}$。

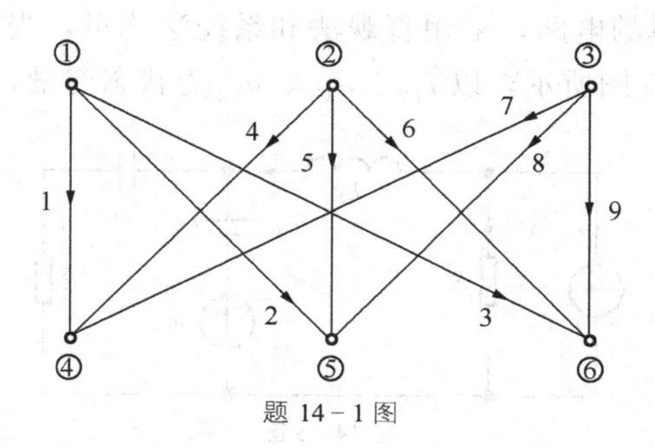

题 14-1 图

14-2 已知图 G 的关联矩阵如下，画出图 G。

$$\mathbf{A}=\begin{matrix} \\ ① \\ ② \\ ③ \\ ④ \\ ⑤ \end{matrix}\begin{matrix} \begin{matrix} 1 & 2 & 3 & 4 & 5 & 6 & 7 & 8 & 9 \end{matrix} \\ \begin{bmatrix} 1 & 1 & 0 & 0 & 0 & 0 & 0 & 0 & 0 \\ 0 & -1 & 1 & 1 & 0 & 0 & 0 & 0 & 0 \\ 0 & 0 & 0 & -1 & 1 & 1 & 0 & 0 & 0 \\ 0 & 0 & 0 & 0 & 0 & -1 & 1 & 1 & 0 \\ 0 & 0 & 0 & 0 & 0 & 0 & 0 & -1 & 1 \end{bmatrix} \end{matrix}$$

14-3 题 14-3 图所示电路的图中，可写出独立的 KCL、KVL 方程数分别几个？

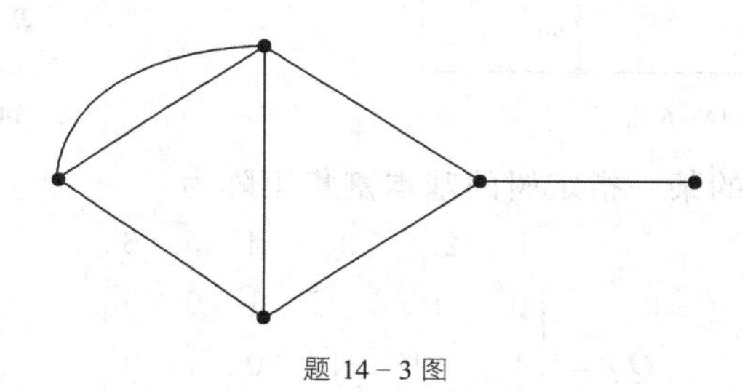
题 14-3 图

14-4 含有受控源时的节点电压方程矩阵形式的列写。

电路如题 14-4(a)图所示，图中元件的下标代表支路编号，题 14-4(b)图是它的有向图。写出节点电压方程的矩阵形式。

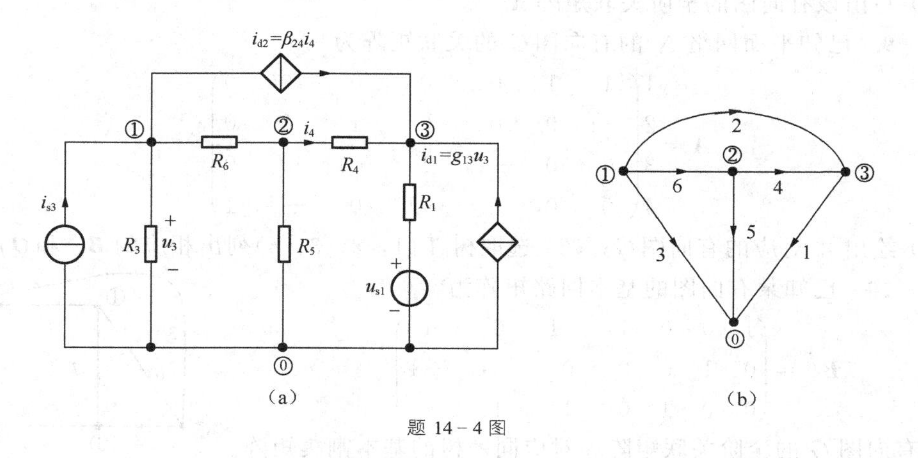

题 14-4 图

14－5 对于较为简单的电路，采用直观法和系统法均可，当电路较为复杂时，一般采用系统法。电路如题 14－5 图所示，以 i_{L2}、u_{C3}、u_{C4} 为状态变量，列出电路的状态方程。

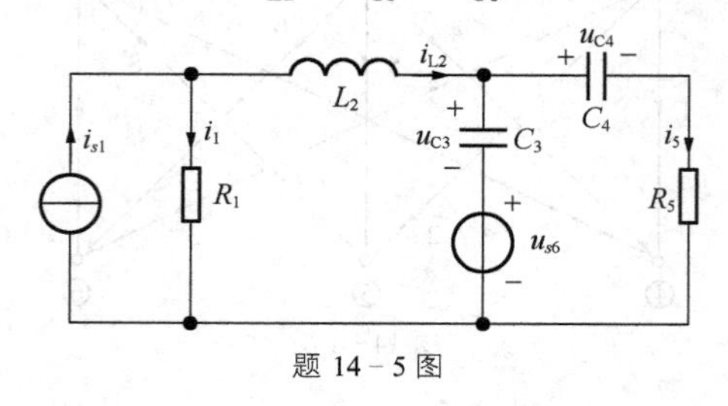

题 14－5 图

14－6 求题 14－6 图所示电路的状态方程。

14－7 有向图 G 如题 14－7 图所示，以节点⑤为参考点，列出其关联矩阵 $\boldsymbol{A}$；若取树(4，6，9，10)列出基本回路矩阵 $\boldsymbol{B}_f$ 和基本割集矩阵 $\boldsymbol{Q}_f$。

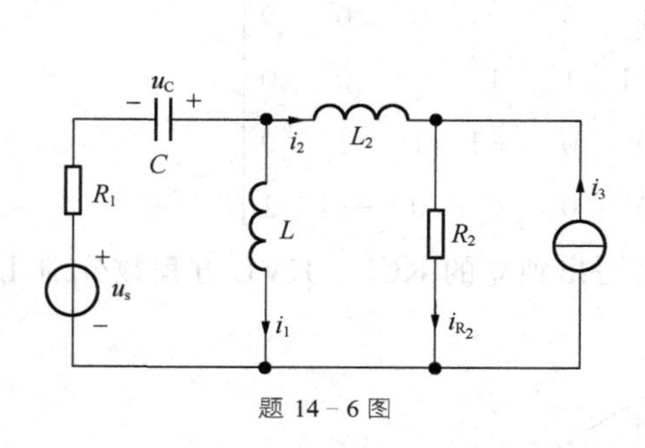

题 14－6 图

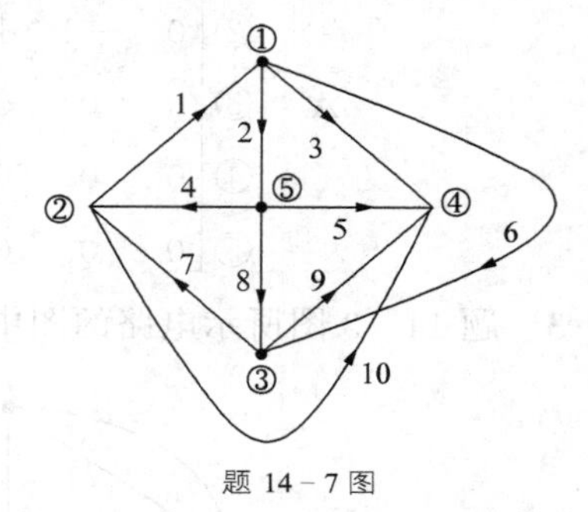

题 14－7 图

14－8 已知某网络的某一指定树的基本割集矩阵为

$$\boldsymbol{Q}_f=\begin{bmatrix} 0 & 1 & -1 & 1 & 0 & 0 \\ 1 & -1 & 1 & 0 & 1 & 0 \\ 1 & 0 & 1 & 0 & 0 & 1 \end{bmatrix}$$

（列号依次为 1　2　3　4　5　6）

(1) 写出同一树的基本回路矩阵 $\boldsymbol{Q}_f$。

(2) 绘出原网络的有向拓扑图，指出上述树支。

(3) 写出该有向图的全阶关联矩阵 $\boldsymbol{A}$。

14－9 已知平面网络 N 的有向图 G 的关联矩阵为

$$\boldsymbol{A}=\begin{matrix}1\\2\\3\\4\end{matrix}\begin{pmatrix} 1 & 1 & 0 & 0 & 0 & 0 & 0 \\ -1 & 0 & 0 & 0 & 1 & 0 & 0 \\ 0 & 0 & -1 & 1 & -1 & 0 & 0 \\ 0 & 0 & 0 & -1 & 0 & -1 & 1 \end{pmatrix}$$

(1) 绘出 $\boldsymbol{A}$ 对应的有向图 G；(2) 选取树 T(1，2，3，4)列出相应的 $\boldsymbol{B}_f$ 和 $\boldsymbol{Q}_f$。

14－10 已知某有向图的基本回路矩阵为

$$\boldsymbol{B}_f=\begin{pmatrix} 1 & 0 & 0 & 1 & -1 & 0 & 1 \\ 0 & 1 & 0 & 0 & 0 & -1 & -1 \\ 0 & 0 & 1 & 0 & 1 & 1 & 0 \end{pmatrix}$$

列出该有向图 G 的全阶关联矩阵和对应同一树的基本割集矩阵。

题 14－10 图

14－11　列写题 14－11 图所示电路以 u_{C2}、u_{C3}、i_{L4}、i_{L5} 为状态变量的状态方程的矩阵形式和以 u_1 和 i_{C3} 为输出为变量的输出方程。已知 $R_1=1\Omega$，$C_2=2\text{F}$，$C_3=3\text{F}$，$L_4=4\text{H}$，$L_5=5\text{H}$。

14－12　按题 14－12 图所示电路中指定的电压 u_C 和电流 i_L，写出状态方程的标准形式。

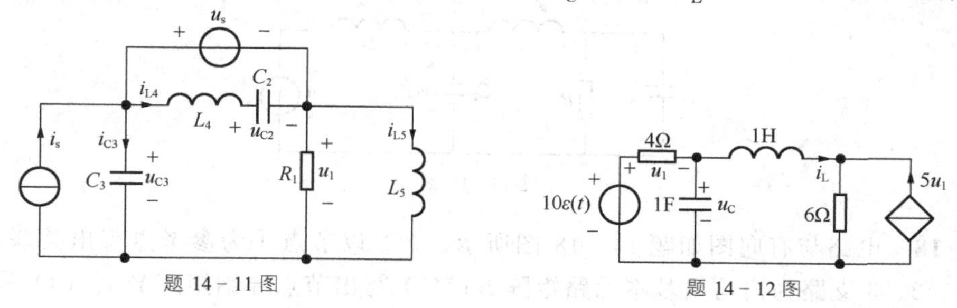

题 14－11 图　　　　题 14－12 图

14－13　列写出题 14－13 图所示电路矩阵形式的状态方程 $\dot{\boldsymbol{X}}=\boldsymbol{AX}+\boldsymbol{BV}$。其中 $\dot{\boldsymbol{X}}=[u_{C1}\quad u_{C2}\quad i_L]^T$。

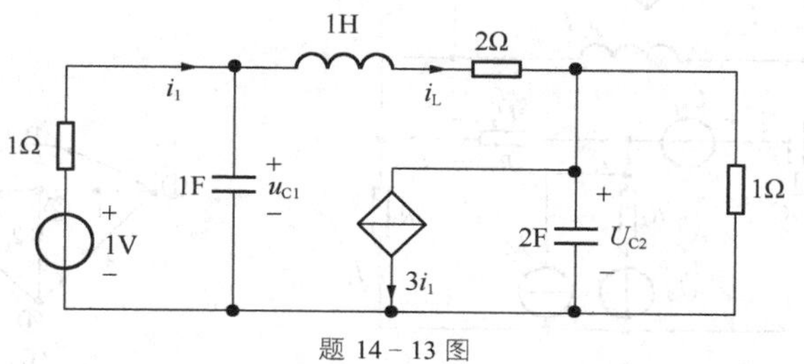

题 14－13 图

14－14　已知有向图的基本回路矩阵为 $\boldsymbol{B}=\begin{bmatrix}1 & 1 & 0 & 0 & 0 & 0 & 0 & 0\\ -1 & 0 & 0 & 1 & 0 & 1 & 0 & 1\\ 0 & 0 & 0 & 0 & 1 & 1 & 0 & 1\\ -1 & 0 & -1 & 0 & 0 & 1 & 1 & 1\end{bmatrix}$，试画出有向图。

14－15　电路如题 14－15 图所示，取电感电流 i_L 和电容电压 u_C 为状态变量，列写出所示电路的状态方程。理想变压器的变比为 $n=\dfrac{1}{2}$。

题 14－15 图

14－16　(1) 题 14－16(a)图为有向图，写出支路—节点关联矩阵 $\boldsymbol{A}$，以支路 1、2、3 为树支构成一个树，写出基本回路矩阵 $\boldsymbol{B}$ 和基本割集矩阵 $\boldsymbol{Q}$。

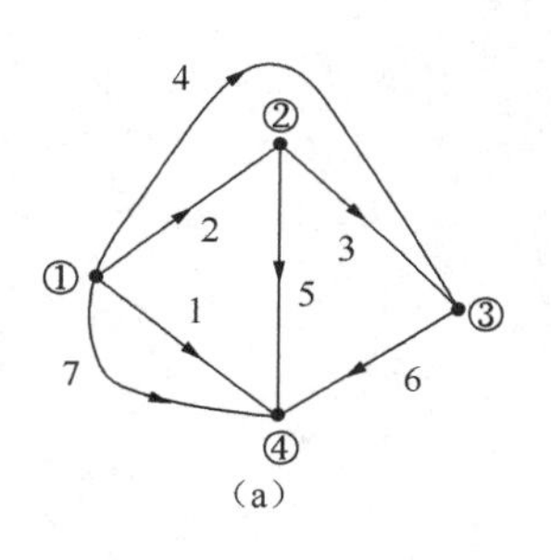

(a)

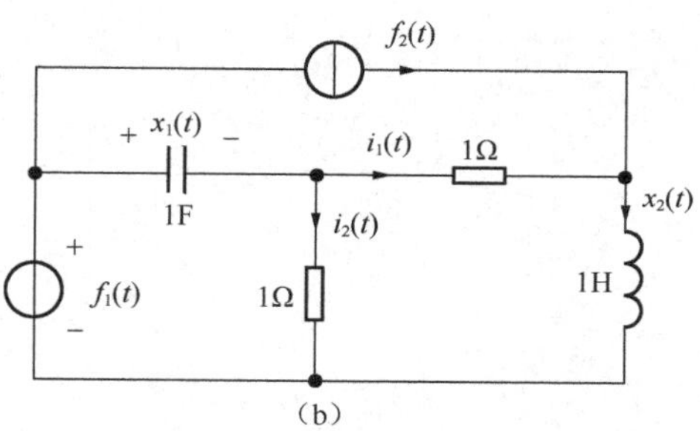

(b)

题 14－16 图

（2）题 14－16(b)图所示电路，以电容电压 $x_1(t)$ 和电感电流 $x_2(t)$ 为状态变量，列写电路的状态方程，并写成矩阵形式。

14－17 写出题 14－17 图示电路的状态方程。

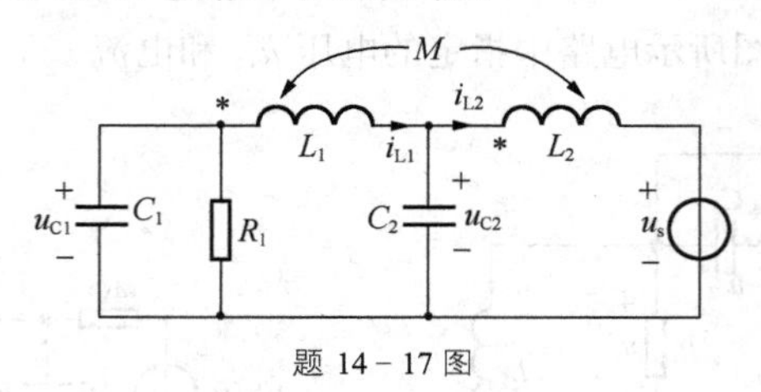

题 14－17 图

14－18 电路与有向图如题 14－18 图所示，（1）以节点④为参考点写出关联矩阵 $\mathbf{A}$；（2）选 1、2、3 支路为树写出基本回路矩阵 $\boldsymbol{B}$；（3）写出节点导纳矩阵 $\mathbf{Y}_n$；（4）写出矩阵形式的节点电压方程。

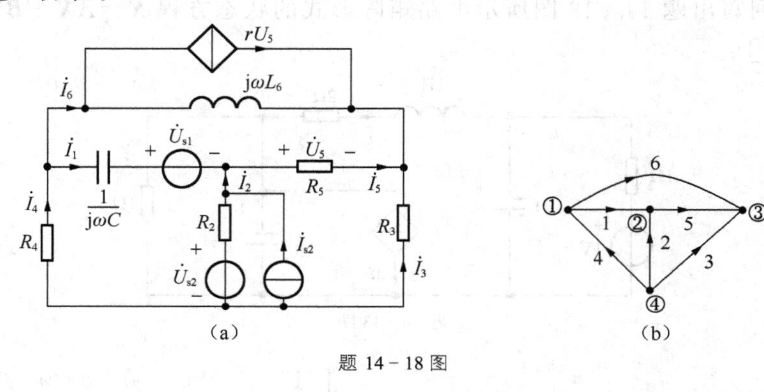

题 14－18 图

第15章 非线性电路

学习要点

(1) 非线性的概念、特点。

(2) 非线性元件参数的含义及计算。

(3) 非线性电路方程的列写。

(4) 非线性电路的分析方法(图解法、小信号分析法、分段线性化方法)。

电路分为线性电路和非线性电路两类。线性电路全部由线性元件构成；如果电路中含有非线性元件，则称为非线性电路。非线性电路与线性电路的功能、分析方法不同。本章讨论非线性电路元件的特性和非线性电路的分析方法。

15.1 非线性元件与非线性电路

前面讨论的电路元件，如电阻、电容、电感，把它们看作线性电路元件。描述它们特性的方程是线性方程

$$u = Ri \tag{15-1}$$

$$q = Cu \tag{15-2}$$

$$\psi = Li \tag{15-3}$$

这些元件的共同点是参数（R、C、L）由构成元件的材料特性及其尺寸和形状决定，与加在其上的电压或流经它们的电流无关。若电路元件的参数随加在其上的电压或流经它们的电流的变化而变化，则称为非线性电路元件，简称为非线性元件。含有非线性元件的电路称为非线性电路。

实际上，构成电路的元件(R、C、L)会(或多或少地)随着电压或电流的变化而变化，是非线性元件。因此，严格地讲，所有的实际电路都是非线性电路，描述非线性电路电流、电压关系的电路方程是非线性方程。一般情况下，依靠人们的人工去分析和计算非线性电路比较困难。因此，在理论分析和工程计算中，有时将非线性特性微弱的元件做线性处理，这样不仅可以简化分析、降低复杂程度，而且所得结果可以控制在理论和工程允许的误差范围内；然而，在利用元件的非线性特性实现特定应用的场合，此时元件的非线性特性不能忽略，例如，非线性电路可以实现整流、放大、波形变换、调制等众多功能，实际中应用广泛。非线性电路的分析方法与线性电路的分析方法有着本质的区别。

15.2 非线性电阻元件

描述线性电阻元件 R 伏安特性的欧姆定律式(15-1)，其中 R 为常量时，在 $u-i$ 平面上是一条经过坐标原点的直线；若电阻 R 为变量时，其伏安特性在 $u-i$ 平面上是一条经

过坐标原点的曲线，如图 15－1(b)和图 15－1(c)所示，即为非线性电阻元件，简称为非线性电阻。非线性电阻的电路符号如图 15－1(a)所示。

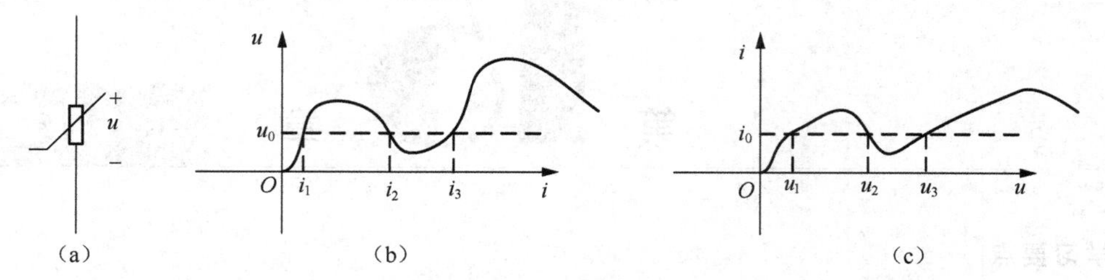

图 15－1　非线性电阻电路符号及伏安关系曲线

非线性电阻的伏安特性可用函数表示为

$$u=f(i) \tag{15-4}$$

或

$$i=g(u) \tag{15-5}$$

式(15－4)表示非线性电阻的电压 u 是电流 i 的函数，且是单值函数，i 称为控制变量。满足该式的非线性电阻称为流控型电阻，其典型的伏安关系曲线如图 15－1(b)所示；式(15－5)表示非线性电阻的电流 i 是电压 u 的函数，且是单值函数，u 是控制变量。满足该式的非线性电阻称为压控型电阻，其典型的伏安关系曲线如图 15－1(c)所示。由特性曲线可以看到，对于流控型电阻，一个电流值对应一个电压值，但一个电压值可以对应多个电流值；对于压控型电阻，一个电压值对应一个电流值，但一个电流值可以对应多个电压值。因此，在讨论非线性电阻元件时，必须标明其控制变量。某些充气二极管具有流控型电阻特性，而隧道二极管具有压控型电阻特性。

二极管是一种典型的非线性电阻元件。普通二极管的电路符号和伏安特性曲线如图 15－2 所示。由图 15－2(b)可见，二极管的电压 u 是电流 i 的单值函数，同时电流 i 也是电压 u 的单值函数。这种非线性电阻既是流控的也是压控的，称为流控压控型电阻。其伏安特性为

$$i=I_s\left(e^{\frac{qu}{kT}}-1\right) \tag{15-6}$$

或

$$u=\frac{kT}{q}\ln\left(\frac{i}{I_s}+1\right) \tag{15-7}$$

式中，I_s——反向饱和电流，是一常数；

q——电子电荷量(1.6×10^{-19}C)；

k——玻尔兹曼常数(1.38×10^{-23}J/K)；T 为热力学温度。

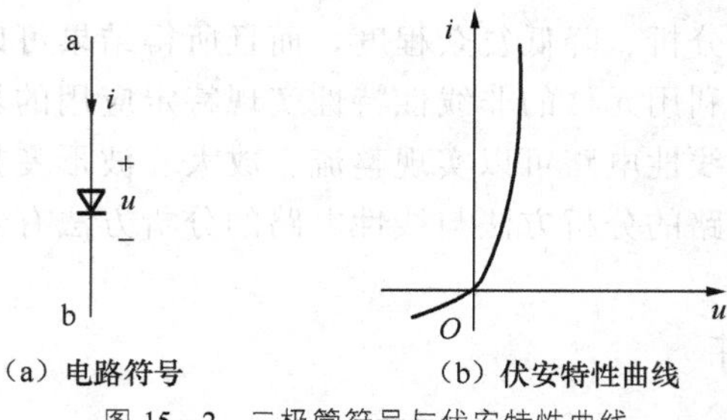

图 15－2　二极管符号与伏安特性曲线

非线性电阻与线性电阻相比，最大的区别是非线性电阻有多种含义不同的参数，且这

些参数随激励的大小而变化。常用的参数有静态电阻 R 和动态电阻 R_d。

1. 静态电阻 R

非线性电阻外加直流电压时，伏安特性曲线上任一点 Q 处的电压值与电流值之比，称为静态电阻，用 R 表示，如图 15－3 所示。Q 点称为静态工作点。

$$R\Big|_Q=\frac{U_Q}{I_Q} \tag{15-8}$$

静态电阻 R 在数值上正比于 $\tan\alpha$。

2. 动态电阻 R_d

当非线性电阻外加变化的电压时，伏安特性曲线上任一点 Q 处的斜率或该处电压对电流的导数值，称为动态电阻。用 R_d 表示，如图 15－3 所示。

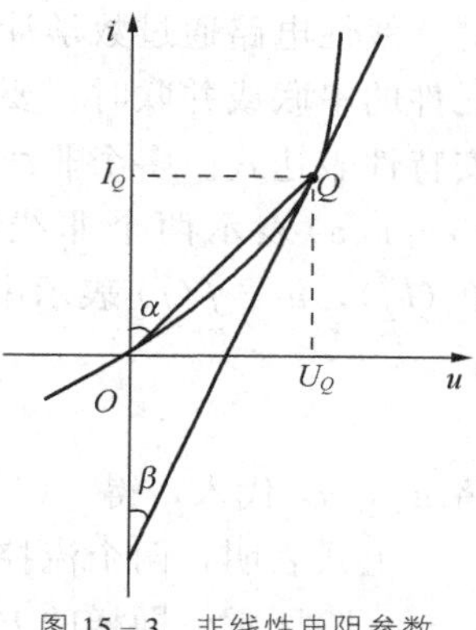

图 15－3 非线性电阻参数

$$R_d\Big|_Q=\frac{\mathrm{d}u}{\mathrm{d}i} \tag{15-9}$$

动态电阻 R_d 在数值上正比于 $\tan\beta$。

静态电阻和动态电阻的应用场合不同。静态电阻适用于电路只施加直流电压或电流时对电路性能的分析，称为直流分析；动态电阻适用于电路既有直流电压又有交流信号时对电路性能的分析，称为交流分析。

由于非线性电阻的控制变量不同，其伏安特性不同，因此，在应用非线性电阻实现功能电路时，必须弄清楚控制变量；其次，多数非线性电阻具有单向性，即流经的电流或加在其上的电压方向不同时，其产生的电压或电流的方向也不同。注意，在分析含有非线性电阻(包括含有其他非线性电路元件)的非线性电路时，不能采用叠加定理。

例 15－1 一非线性电阻的伏安关系为：$i=f(u)=u+2u^2$。

(1) 已知 $u=U=2\text{V}$，求电流 I 值；

(2) $u_1=\cos\omega_1 t$，$u_2=\cos\omega_2 t$，$u_{12}=u_1+u_2=\cos\omega_1 t+\cos\omega_2 t$，分别计算电流 i_1、i_2、i_{12} 值；试问 i_{12} 是否等于 i_1+i_2？

解：(1) $u=U=2\text{V}$ 时

$$I=(2+2\times 2^2)=10(\text{A})$$

(2) $u_1=\cos\omega_1 t$ 时，

$$i_1=(\cos\omega_1 t+2\cos^2\omega_1 t)=(1+\cos\omega_1 t+\cos 2\omega_1 t)(\text{A})$$

$u_2=\cos\omega_2 t$ 时，

$$i_2=(\cos\omega_2 t+2\cos^2\omega_2 t)=(1+\cos\omega_2 t+\cos 2\omega_2 t)(\text{A})$$

$u_{12}=u_1+u_2=\cos\omega_1 t+\cos\omega_2 t$ 时，

$$i_{12}=[(\cos\omega_1 t+\cos\omega_2 t)+2(\cos\omega_1 t+\cos\omega_2 t)^2]$$

$$=(2+\cos\omega_1 t+\cos\omega_2 t+\cos 2\omega_1 t+\cos 2\omega_2 t+2\cos(\omega_1+\omega_2)t+2\cos(\omega_1-\omega_2)t)$$

$$i_1+i_2=(2+\cos\omega_1 t+\cos 2\omega_1 t+\cos\omega_2 t+\cos 2\omega_2 t)(\text{A})$$

即

$$i_{12}\neq i_1+i_2$$

由(2)的结果，当输入电压是单个的正弦电压时，输出电流中含有电压的 2 倍频分量；当输入电压是两个正弦电压之和时，输出电流中含有两个输入电压频率的和频和差频分量。即非线性元件可以实现输入信号频率的倍增和加减运算。非线性元件的这个特性在通信系统中有着广泛而重要的应用，是实现无线通信的基础。

线性电路通过数学计算进行分析，这种方法称为解析法。采用解析法分析非线性电阻元件的串联或并联时，要求所有非线性电阻的控制类型必须相同，才能得出等效电阻的伏安特性表达式。多个非线性电阻元件串联或并联后，对外相当于一个非线性电阻元件。图15-4(a)表示两个非线性电阻的串联，设它们的伏安特性分别为 $u_1=f_1(i_1)$，$u_2=f_2(i_2)$，$u=f(i)$ 表示串联电阻的伏安特性。根据 KCL 和 KVL 有

$$i=i_1=i_2$$

$$u=u_1+u_2$$

将 u_1，u_2 代入，得

$$u=f(i)=f_1(i_1)+f_2(i_2)$$

上式表明，两个流控型电阻串联的等效电阻仍然是一个流控型电阻，其等效电路如图15-4(b)所示。同样的方法，可以分析图15-5所示的两个压控型电阻并联的等效电阻。两个电阻的伏安特性分别为

$$u=u_1=u_2,\ i=i_1+i_2$$

$$i_1=f_1(u_1),\ i_2=f_2(u_2)$$

则等效电阻的伏安关系为

$$i=f(u)=f_1(u_1)+f_2(u_2)$$

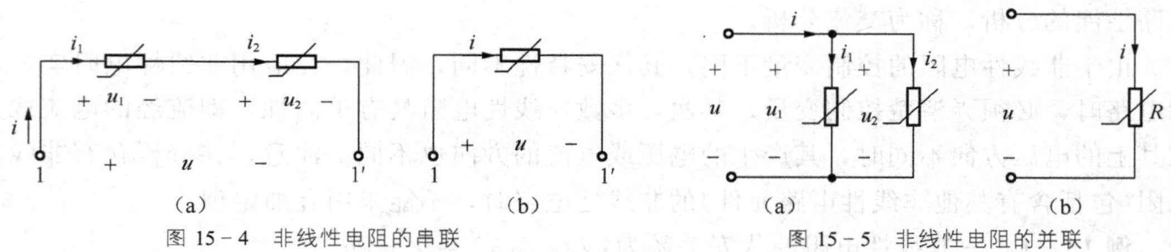

图 15-4 非线性电阻的串联

图 15-5 非线性电阻的并联

上式表明，两个压控型电阻并联的等效电阻仍然是一个压控型电阻。如果两个串联或并联的非线性电阻的类型不同，就不能得出如上的解析式，但可以通过图解法求解。

15.3 非线性电容和非线性电感

电容是一个二端储能元件，其电特性是库伏特性，即电容上的电荷量 q 与其端电压 u 成正比，其比例系数是电容 c。

$$q=cu \tag{15-10}$$

如果是线性电容，则 c 为常数，这是一条通过坐标原点的直线；如果是非线性电容，c 为变量，这是一条通过坐标原点的曲线，非线性电容的电路符号和库伏特性曲线如图15-6所示。

与非线性电阻类似，非线性电容元件亦可分为压控型与荷控型两种。其库伏特性分别为

$$q=f(u) \tag{15-11}$$

$$u=h(q) \tag{15-12}$$

如果 $q-u$ 曲线是单调上升或单调下降的，称为单调型电容。

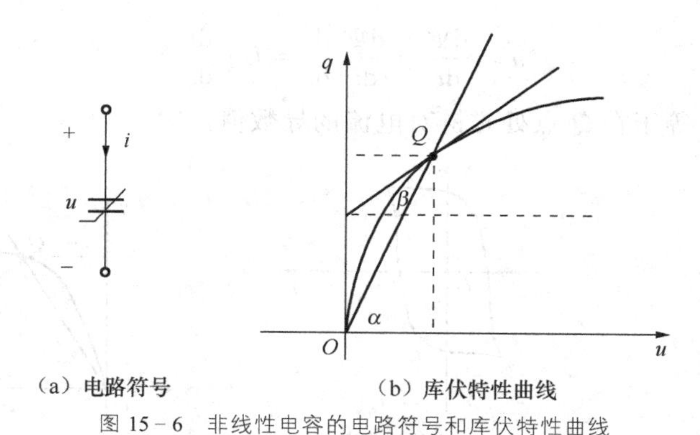

图 15－6　非线性电容的电路符号和库伏特性曲线

与非线性电阻类似，描述非线性电容的参数也分为静态电容 C 和动态电容 C_d。在静态工作点 Q 处的静态电容和动态电容分别为

$$C=\left.\frac{q}{u}\right|_Q \tag{15-13}$$

$$C_d=\left.\frac{\mathrm{d}q}{\mathrm{d}u}\right|_Q \tag{15-14}$$

如图 15－6（b）所示，静态电容 C 正比于库伏曲线 Q 点与原点连线的斜率，动态电容 C_d 正比于库伏曲线在 Q 点处切线的斜率。

当电容的电压与电流的参考方向一致时，

$$i=\frac{\mathrm{d}q}{\mathrm{d}t}=\frac{\mathrm{d}q}{\mathrm{d}u}\frac{\mathrm{d}u}{\mathrm{d}t}=C_d\frac{\mathrm{d}u}{\mathrm{d}t} \tag{15-15}$$

式中，动态电容 C_d 等于电荷对电压的导数值。

电感也是一个二端储能元件，其电特性是韦安特性，即电感的磁通链与其电流成正比，其比例系数是电感 l。

$$\Psi=li \tag{15-16}$$

如果是线性电感，则 l 为常数，这是一条通过坐标原点的直线；如果是非线性电感，l 为变量，这是一条通过坐标原点的曲线，非线性电感的电路符号和韦安特性曲线如图 15－7 所示。

同样，非线性电感亦可分为(电)流控型与磁(通链)控型两种。其韦安特性分别为

$$\psi=h(i) \tag{15-17}$$

$$i=f(\psi) \tag{15-18}$$

如果 $\Psi-i$ 曲线是单调上升或单调下降的，称为单调型电感。

描述非线性电感的参数也分为静态电感 L 和动态电感 L_d。在静态工作点 Q 处的静态电感 L 和动态电感 L_d 分别定义为

$$L=\left.\frac{\Psi}{i}\right|_Q \tag{15-19}$$

$$L_d=\left.\frac{\mathrm{d}\Psi}{\mathrm{d}i}\right|_Q \tag{15-20}$$

如图 15－7(c)所示，静态电感 L 正比于韦安曲线 Q 点与原点连线的斜率，动态电感 L_d 正比于韦安曲线在 Q 点处切线的斜率。当电感的电压与电流的参考方向一致时，

$$u=\frac{\mathrm{d}\Psi}{\mathrm{d}t}=\frac{\mathrm{d}\Psi}{\mathrm{d}i}\frac{\mathrm{d}i}{\mathrm{d}t}=L_d\frac{\mathrm{d}i}{\mathrm{d}t} \tag{15-21}$$

式中，动态电感 L_d 等于在 Q 点处磁链对电流的导数值。

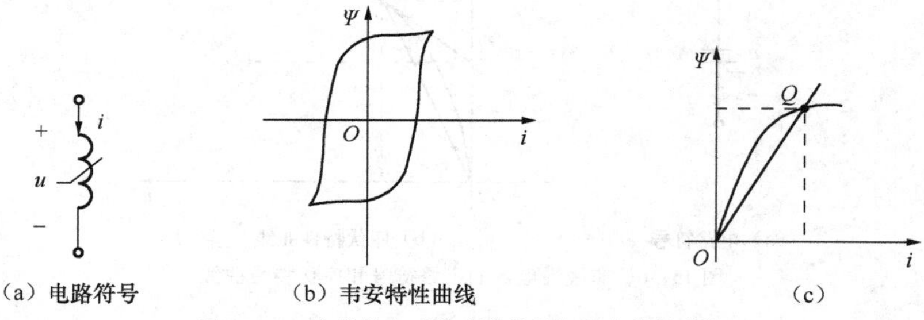

图 15-7 非线性电感的电路符号和韦安特性曲线

含有非线性动态元件的电路属于非线性电路，其分析方法与非线性电阻电路相同，即利用基尔霍夫定律列电路方程求解。求解方法有图解分析法、小信号等效电路法、分段线性化法。但由于其库伏特性和韦安特性中包含微分运算，手工求解该类非线性方程更加困难，必须借助计算机完成此类工作。下面通过例题简要说明含有非线性动态元件电路的分析方法。

例 15-2 电路如图 15-8 所示，已知非线性电阻的伏安关系 $i_R=f_R(u_R)$，非线性电容的库伏关系 $q=f_c(u_c)$，试列出该电路方程。

解：由式可知，电容的电压、电流关系

$$i_c=\frac{\mathrm{d}q}{\mathrm{d}t}=c_d\frac{\mathrm{d}u_c}{\mathrm{d}t}$$

式中，c_d 为动态电容，因为非线性，c_d 为变量，所以要小写。由已知，其值为

$$c_d=\frac{\mathrm{d}q}{\mathrm{d}u}=\frac{\mathrm{d}f_c(u_c)}{\mathrm{d}u_c}$$

由 KCL，得
$$i_c=i_s(t)-i_R$$

将 $u_R=u_c$，$i_R=f_R(u_R)=f_R(u_c)$ 代入上式，得

$$i_c=i_s(t)-f_R(u_c)=c_d\frac{\mathrm{d}u_c}{\mathrm{d}t}$$

这就是图 15-8 的电路方程，是一阶非线性微分方程。

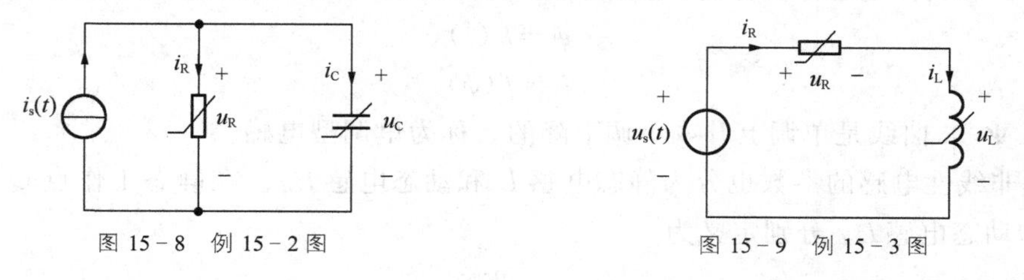

图 15-8 例 15-2 图

图 15-9 例 15-3 图

例 15-3 电路如图 15-9 所示，已知非线性电阻的伏安关系 $u_R=h_R(i_R)$，非线性电感的韦安关系 $\Psi=f_L(i_L)$，试列出该电路方程。

解：电感的电压、电流关系为

$$u_L=\frac{\mathrm{d}\Psi}{\mathrm{d}t}=l_d\frac{\mathrm{d}i_L}{\mathrm{d}t}$$

式中：l_d ——动态电感，因为非线性，l_d 是变量，所以要小写。由已知。其值为

$$l_d=\frac{\mathrm{d}\Psi}{\mathrm{d}i_{\mathrm{L}}}=\frac{\mathrm{d}f_{\mathrm{L}}(i_{\mathrm{L}})}{\mathrm{d}i_{\mathrm{L}}}$$

由 KVL，得
$$u_{\mathrm{L}}=u_{\mathrm{s}}(t)-u_{\mathrm{R}}$$

将 $i_{\mathrm{R}}=i_{\mathrm{L}}$，$u_{\mathrm{R}}=h_{\mathrm{R}}(i_{\mathrm{R}})=h_{\mathrm{R}}(i_{\mathrm{L}})$ 代入上式，得

$$u_{\mathrm{L}}=u_{\mathrm{s}}(t)-h_{\mathrm{R}}(i_{\mathrm{L}})=L_d\frac{\mathrm{d}i_{\mathrm{L}}}{\mathrm{d}t}$$

这就是图 15－9 的电路方程，是一阶非线性微分方程。

从上面的结果可知，一阶非线性电路方程是具有如下形式的一阶非线性微分方程：

$$\frac{\mathrm{d}x}{\mathrm{d}t}=F(x,\ t)$$

式中，x 为电路的基本变量，可以是电容电压 u_{C} 或电感电流 i_{L}，也可以是电容的电荷或电感的磁链。

15.4 非线性电路方程

基尔霍夫定律反映的是节点与支路的连接方式对支路变量的约束，而与元件本身的特性无关，是分析电路的普适定律，亦适应于非线性电路的分析。非线性电路方程与线性电路方程的差别仅由元件特性的不同所引起。非线性电阻电路方程是一组非线性代数方程，而含有非线性储能元件的非线性电路方程是一组非线性微分方程。下面通过一道例题说明上述概念。

例 15－4 电路如图 15－10 所示，非线性电阻的伏安关系分别为：$i_1=g_1(u_1)$ 和 $i_2=g_2(u_2)$。试列写该电路的电路方程。

解： 对节点 a、b 应用 KCL，得

$$i_1+i_2+i_4=I_{\mathrm{s}}$$
$$i_2+i_4=i_3$$

对上面回路和下面回路列 KVL 方程，得

$$u_4+U_{\mathrm{s}}-u_2=0$$
$$-u_1+u_2+u_3=0$$

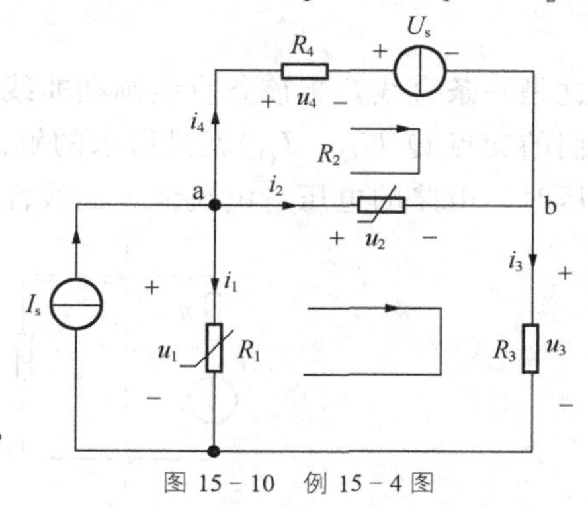

图 15－10 例 15－4 图

上述 4 个都是代数方程，其中含有 8 个未知量。由元件的伏安关系，可得到余下的 4 个方程为

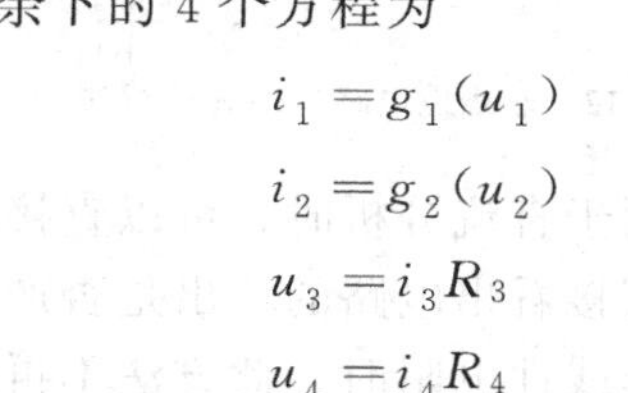

$$i_1=g_1(u_1)$$
$$i_2=g_2(u_2)$$
$$u_3=i_3R_3$$
$$u_4=i_4R_4$$

这样，所有未知量均可解出。

通过例 15－4，可以看出，利用基尔霍夫定律和欧姆定律求解非线性电路与求解线性电路的过程完全相同。只是非线性电路得到的电路方程是非线性方程组，一般情况下，很难用解析方法解出，需要借助计算机辅助方法求解。这方面的内容将在后续课程讨论。

15.5 图解分析法

15.4 节介绍了采用解析法求解方法分析非线性电路，具有一定的局限性。不过，非线性电路根据不同的应用条件有着多种求解方法，下面将逐一进行讨论。本节讨论图解分析法。

图解分析法是利用作图的方法分析求解电路，是分析非线性电路的常用方法之一。用图解法分析电路时，需要已知电路图和非线性元件的伏安特性曲线。其步骤如下：

(1) 将电路分为线性部分和非线性部分；

(2) 列出线性部分的电路方程，此为线性方程；

(3) 将线性电路方程表示的直线画在非线性元件的伏安特性曲线图上，两条线的交点即为所求的解。

例 15－5 电路如图 15－11(a)所示。已知电路参数和非线性电阻的伏安特性曲线，如图 15－11(b)所示。试求电路的电流 i 和电压 u。

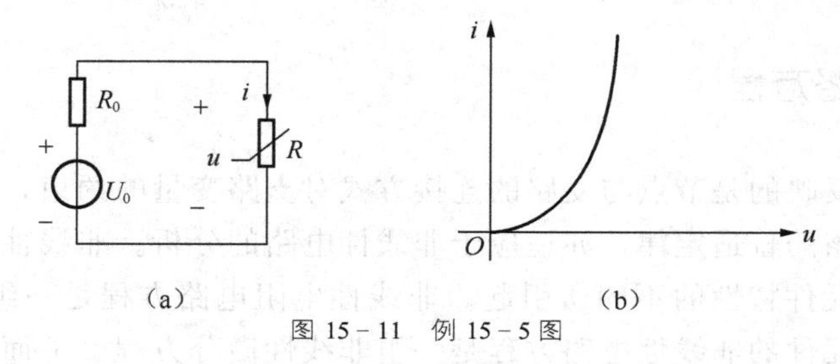

图 15－11 例 15－5 图

解：如图 15－12(a)，将电路沿虚线分为线性(虚线左侧)部分和非线性(虚线右侧)两部分。对线性部分，有

$$u = U_0 - iR$$

这是一条直线，将该条直线画在非线性电阻的伏安关系曲线上，如图 15－12(b)所示，它们的交点 $Q(U_Q, I_Q)$就是所求的解。Q 点称为电路的静态工作点，Q 点是只外加直流电压时，电路的电压、电流值。而线性电路方程确定的直线 AB 称为直流负载线。

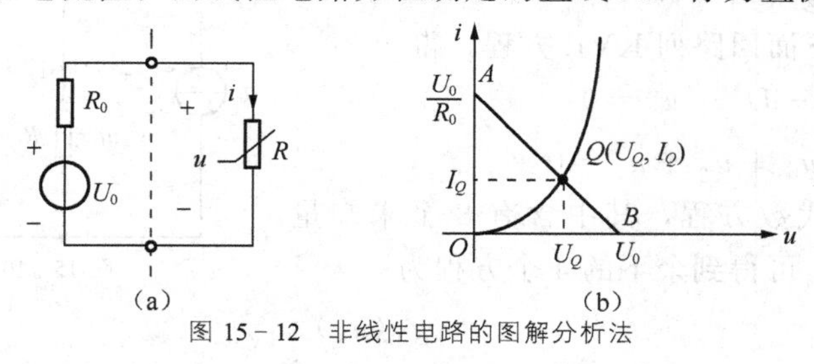

图 15－12 非线性电路的图解分析法

图解法分析电路简便、直观，用于直流分析时，可以直接看出电路的静态工作点位置是否合适；用于交流分析时，可以直接看出电路的输出是否产生失真。但该方法的分析结果准确度不高，且电路中包含多个非线性电阻时，此方法不再适用。

15.6 小信号分析法

小信号分析法是模拟电子线路中分析电路的常用方法之一。当非线性电路正常工作时，电路上不仅加有直流电压 U_0，同时加有交流电压 u_s 或交流电流 i_s。直流电压 U_0 的作用是确定非线性元件的静态工作点(亦即确定非线性元件的工作状态)，交流电压 u_s 或 i_s 是电路的信号源。为分析方便，交流信号一般设为正弦信号：$u_s=U_{sm}\cos\omega t$。如果 $U_{sm}\ll U_0$(一般 $U_{sm}\leqslant\frac{1}{10}U_0$ 即可)，则 u_s 称为小信号。此时，可以采用小信号分析法对电路进行分析。

当电路中既有直流电压又有交流电压时，电路中任意两点 AB 间的电压是两者的叠加，如图 15 - 13 所示，即

$$u_{AB}(t)=U_{AB}+u_{ab}(t) \tag{15-22}$$

其中，大写字母大写下标表示直流量，小写字母小写下标表示交流量，小写字母大写下标表示直流和交流的叠加。其波形分别如图 15 - 14 所示。

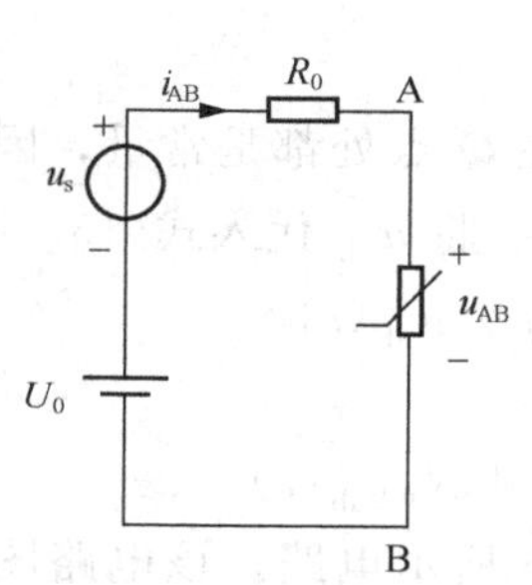

图 15 - 13　加有直、交流电压的非线性电路

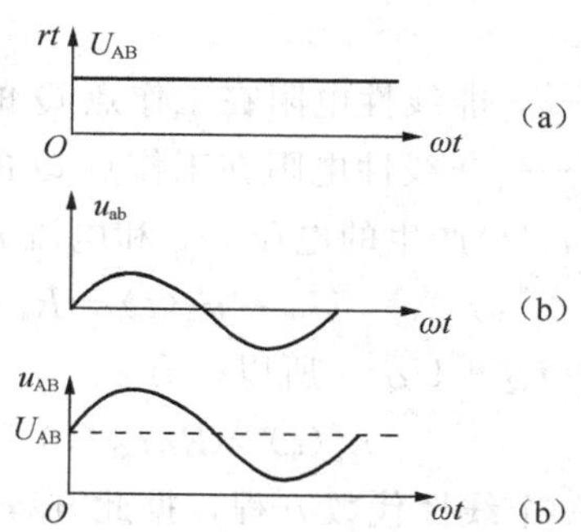

图 15 - 14　同时加有直、交流电压时 AB 两点的电压波形

如图 15 - 15(a)所示电路中，直流电压源 U_0 称为偏置电压，非线性电阻是压控型的，其伏安关系为：$i=f(u)$，伏安关系曲线如图 15 - 15(b)所示。非线性电阻的电流、电压分别为 i_{AB}、u_{AB}。

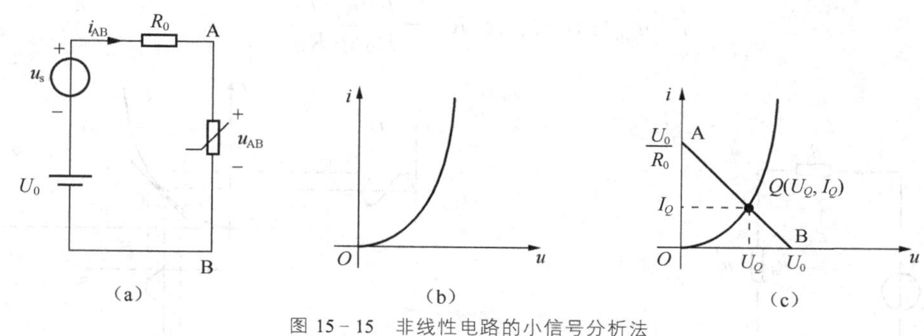

图 15 - 15　非线性电路的小信号分析法

对图 15 - 15(a)，应用 KVL 列出电路方程

$$U_0+u_s(t)=R_0 i_{AB}+u_{AB}(t) \tag{15-23}$$

$u_s(t)=0$ 时，即电路只有直流电压时，负载线为直流负载线 AB，其与伏安关系曲线的交点即为静态工作点 $Q(U_Q、i_Q)$，如图 15 - 15(c)所示。根据前面的讨论，待求电流、电压分别为

$$i_{AB}(t)=I_Q+i_{ab}(t)$$

$$u_{AB}(t)=U_Q+u_{ab}(t)$$

由于 $u_s(t)$ 很小，所以，$u_{ab}(t)$ 也很小。根据非线性电阻的伏安关系，可得

$$I_Q + i_{ab}(t) = f(U_Q + u_{ab}(t))$$

由于 u_{ab} 很小，将上式右边在 Q 点附近用泰勒级数展开，忽略 u_{ab} 的二次方及以上项，得

$$I_Q + i_{ab} \approx f(U_Q) + \left.\frac{\mathrm{d}f}{\mathrm{d}u}\right|_{U_Q} u_{ab}$$

又
$$I_Q = f(U_Q)$$

所以
$$i_{ab} = \left.\frac{\mathrm{d}f}{\mathrm{d}u}\right|_{U_Q} u_{ab}$$

又因为
$$\left.\frac{\mathrm{d}f}{\mathrm{d}u}\right|_{U_Q} = G_d = \frac{1}{R_d}$$

所以
$$i_{ab} = G_d u_{ab}$$
$$u_{ab} = R_d i_{ab}$$

式中，G_d——非线性电阻在工作点 Q 的动态电导；

R_d——非线性电阻在工作点 Q 的动态电阻，二者在 Q 点处都是常量，因此，由小信号电压 $u_s(t)$产生的电压 u_{ab} 和电流 i_{ab} 之间是线性关系。将 u_{ab} 代入式(15－23)，得

$$U_0 + u_s(t) = R_0(I_Q + i_{ab}(t)) + U_Q + u_{ab}(t)$$

但 $U_0 = R_0 I_Q + U_Q$，所以，有

$$u_s(t) = R_0 i_{ab}(t) + u_{ab}(t) = R_0 i_{ab}(t) + R_d i_{ab}(t)$$

这是一个线性代数方程，据此方程可以画出图 15－16 所示电路。该电路图是非线性电阻在静态工作点 Q 处，且激励 $u_s(t)$ 是小信号时的等效电路，称为非线性电路的小信号等效电路，是线性电路。在这个等效电路中，非线性电阻用其动态电阻 R_d 代替。由图得

$$i_{ab}(t) = \frac{u_s(t)}{R_0 + R_d}$$

$$u_{ab}(t) = i_{ab}(t) R_d = \frac{R_d u_s(t)}{R_0 + R_d}$$

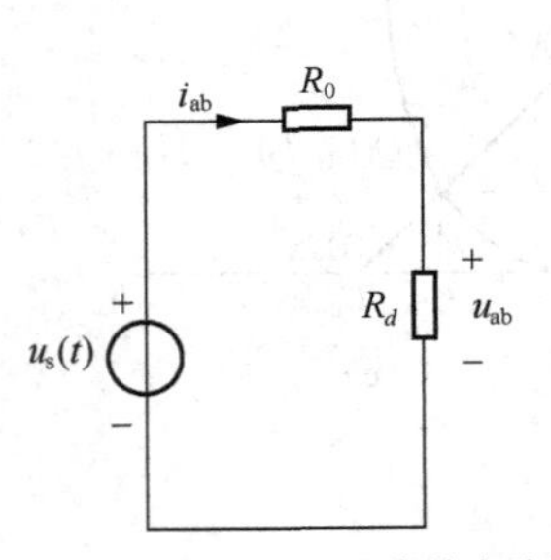

图 15－16　图 15－15 非线性电路的小信号等效电路

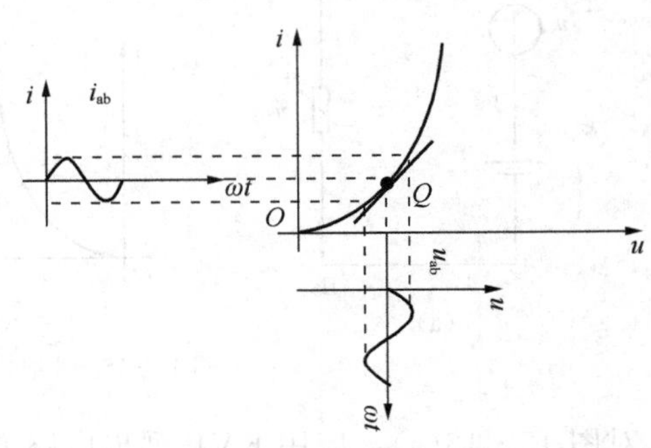

图 15－17　小信号分析的图解分析

通过上面的推导，对非线性电路进行交流分析，且激励为小信号时，非线性电阻 R 可以用其在静态工作点 Q 处的动态电阻 R_d 替代，进而得到一线性电路，再对该线性电路进行分析。下面再通过 15.5 节讨论的图解分析法，进一步讨论小信号分析法的物理实质。图 15－17 为图 15－15 所示非线性电阻电路图解法的结果图。图中的 Q 点是由直流偏置电

压 U_0 确定的静态工作点，u_{ab} 是 $u_s(t)$ 在非线性电阻上 R_d 上的压降，而 i_{ab} 是 u_{ab} 在非线性电阻上产生的电流。由于 $U_{sm} \ll U_0$，所以 $|u_{ab}| \ll U_Q$，$|i_{ab}| \ll I_Q$。u_{ab} 和 i_{ab} 只在 U_Q、I_Q 附近很小的范围内变化，非线性电阻的伏安关系曲线在如此小的范围内可近似为线性，因此其电阻近似为常量，该电阻是在 Q 点处交流电压与交流电流之比，故是动态电阻 R_d。即非线性电阻在小信号激励时，可以用其动态电阻来代替，动态电阻 R_d 称为非线性电阻的小信号模型。

综上所述，可得小信号分析法步骤如下。

(1) 令电路激励为零($u_s(t)=0$ 或 $i_s(t)=0$)，求解非线性电路的静态工作点；

(2) 求解非线性电阻在 Q 点的动态电阻或动态电导；

(3) 画出非线性电路在 Q 点处的小信号等效电路，其方法是令电路中的直流电源为零，将非线性电阻用其动态电阻代替，线性电阻保留；

(4) 根据小信号等效电路求解交流电路量。

简言之，小信号分析法就是将静态点附件的曲线直线化，因为这样可使小信号的误差较小。

例 15－6 非线性电路如图 15－18(a)所示，非线性电阻的伏安关系为 $i=g(u)=u^2$，$u>0$；直流电压源 $U_0=6\text{V}$，$R=2\Omega$，信号源 $i_s(t)=0.5\cos\omega t$，试求电流 i 和电压 u。

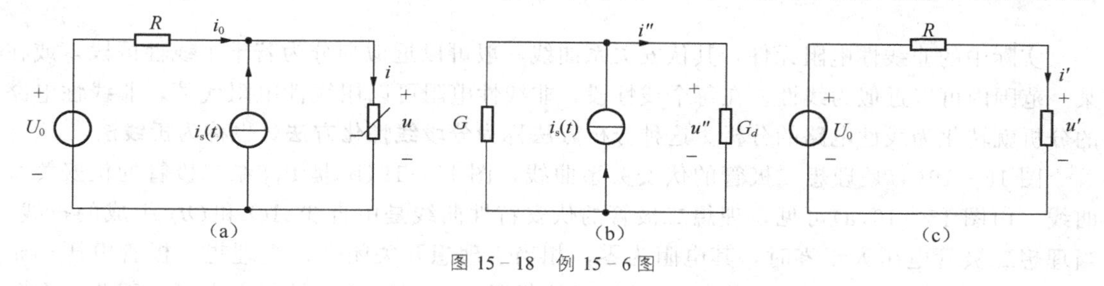

图 15－18 例 15－6 图

解：由已知电路，应用 KCL 和 KVL，得

$$i=i_0+i_s(t) \tag{1}$$

$$u=U_0-Ri_0 \tag{2}$$

由式(2)得

$$\frac{u}{R}=\frac{U_0}{R}-i_0 \tag{3}$$

式(1)代入式(3)整理，得

$$\frac{u}{R}=\frac{U_0}{R}-i+i_s(t)$$

代入已知参数，有

$$\frac{u}{2}+u^2=3+0.5\cos\omega t$$

这是一个既有直流电源 U_0 又有交流信号源的电路，应用叠加定理，让两个源分别作用。

(1) 把交流信号源置零，只考虑直流电源 U_0 作用于电路，如图 15－18(c)所示，即求电路静态工作点 Q。令 $i_s(t)=0$，则 $\dfrac{U_0-u'}{R}=i'$，代入数据，整理得

$$\frac{u'}{2}+u'^2-3=0$$

解方程，得：$u'=1.5\text{V}$，$u'=-2\text{V}$。其中，$u'=-2\text{V}$不合题意，舍去，故

$$u'=U_Q=1.5(\text{V})$$

$$i'=I_Q=u'^2=2.25(\text{A})$$

(2) 求非线性电阻在工作点 Q 的动态电导

$$G_d=\left.\frac{\text{d}i}{\text{d}u}\right|_{U_Q}=2u\,|_{U_Q}=3(\text{s})$$

(3) 把直流电源 U_0 置零(短路)，只考虑信号源 $i_s(t)=0.5\cos\omega t$ 作用于电路，作出非线性电路在 Q 点处的小信号等效电路，如图 15－18(b)所示。由图得

$$u''=\frac{i_s}{G+G_d}=0.14\cos\omega t(\text{V})$$

$$i''=u''\cdot G_d=0.42\cos\omega t(\text{A})$$

应用叠加定理，把两个源分别作用进行叠加。所以，有

$$u=u'+u''=(1.5+0.14\cos\omega t)(\text{V})$$

$$i=i'+i''=(2.25+0.42\cos\omega t)(\text{A})$$

15.7 分段线性化方法

实际中的非线性电阻元件，其伏安关系曲线一般可以近似划分为若干个线性区段，或在某一范围内可以近似为线性。在每个线性段，非线性电阻可以用线性电阻代替，非线性电路的分析就转化为线性电路的分析。这种分析方法称为**分段线性化方法**，也称为**折线法**。

图 15－19(a)是理想二极管的伏安关系曲线，图 15－19(b)是 PN 结二极管的伏安关系曲线。由图 15－19(a)可见，理想二极管的伏安特性曲线是由直线 AO 和 OB 组成的折线。当理想二极管电压大于零时，其电阻为零，相当于理想开关闭合；当理想二极管电压小于零时，电阻为无穷大，$i=0$，相当于理想开关断开。$U=0\text{V}$ 称为转折点电压。因此，在分析理想二极管构成的电路时，只要知道加到二极管上电压的极性(正负)，就可以用相应的开关(闭合或断开的开关)替换二极管。图 15－20(a)(b)是理想二极管电压的极性分别为正和负时的等效电路。虽然这样等效极大地降低了电路分析的难度和复杂度，但使分析误差变大，当分析误差不能满足要求时，可用图 15－19(b)的分段线性化方法，折线分段越细，分析误差越小。

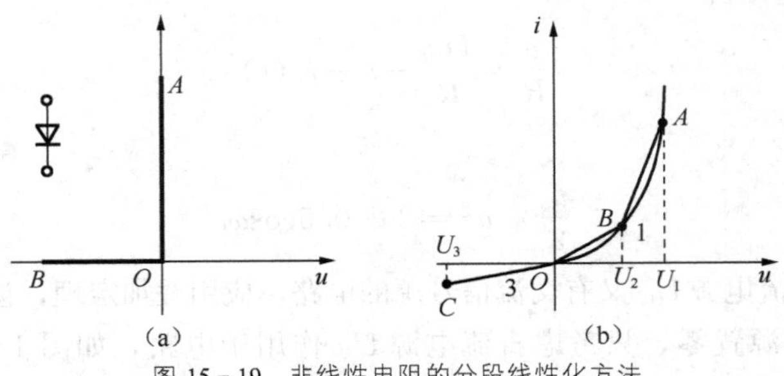

图 15－19　非线性电阻的分段线性化方法

由图 15－19(b)可见，PN 结二极管的伏安特性曲线，可以看成是由直线 AB、BO 和 OC 组成的折线，转折点电压分别为 U_1、U_2、0 和 U_3，各段直线斜率即为该直线段表示

的线性电阻的电导值，分别设为 G_1、G_2 和 G_3，则有

$$G=G_1,\ U_2\leqslant U\leqslant U_1 \qquad (\text{区域 AB})$$

$$G=G_2,\ 0\leqslant U\leqslant U_2 \qquad (\text{区域 BO})$$

$$G=G_3,\ U_3\leqslant U\leqslant 0 \qquad (\text{区域 OC})$$

上面的条件和表达式可以用线性元件组成的电路等效，分别如图 15 - 20(c)～(e)所示。其中图 15 - 19(b)中 AB 用图 15 - 20(c)表示，图 15 - 20(c)中的 U_{s1} 等于图15 -19(b)中 U_2。

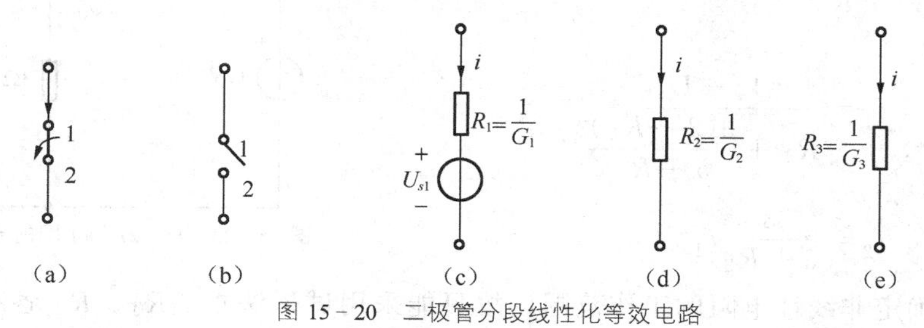

图 15 - 20　二极管分段线性化等效电路

如果已知电压 U 的大小，就可以判断 PN 结二极管(非线性电阻)工作在哪一个线性区段，然后用相应区段的等效电路代替非线性电阻，得到线性电路，按照线性电路的方法进行分析即可。

例 15 - 7　电路如图 15 - 21(a)所示，非线性电阻 R_1、R_2 的伏安特性如图 15 - 21(b)、图 15 - 21(c)，求电流 i_1、i_2。

解：根据非线性电阻 R_1、R_2 的伏安特性曲线，求出它们在各区段的等效电路。对 R_1，由图 15 - 21(b)，得

$$u_1=R_1i_1+U_{s1}=\begin{cases}2i_1+2,\ u_1<2\text{V}\\ i_1+2,\ u_1>2\text{V}\end{cases}$$

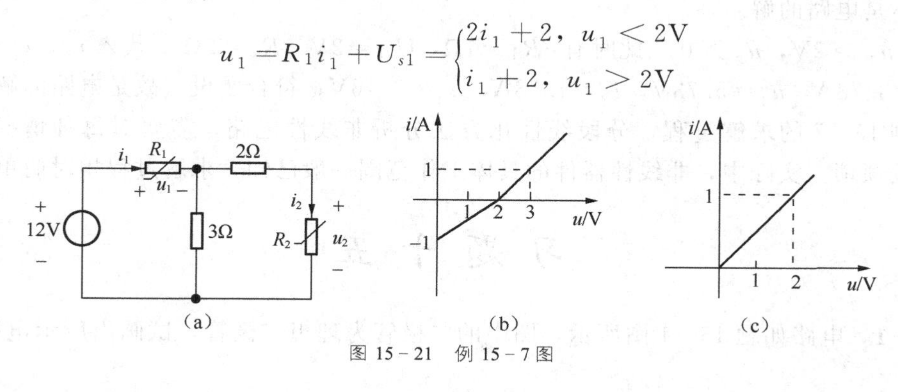

图 15 - 21　例 15 - 7 图

R_1 的等效电路如图 15 - 22(a)、图 15 - 22(b)所示，其中，$U_{s1}=2$V。

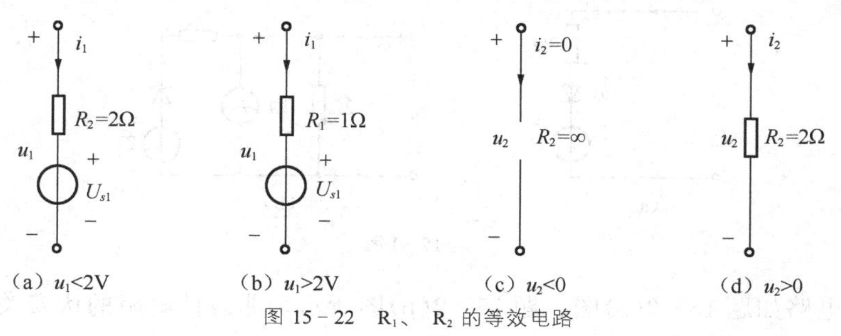

图 15 - 22　R_1、R_2 的等效电路

对电阻 R_2，由图 15-21(c)得

$$u_2=R_2 i_2,\ R_2=\begin{cases}\infty, & u_2<0\\ 2\Omega, & u_2>0\end{cases}$$

R_2 的等效电路如图 15-22(c)、图 15-22(d)所示。

画出图 15-21(a)的分段线性电路如图 15-23 所示。

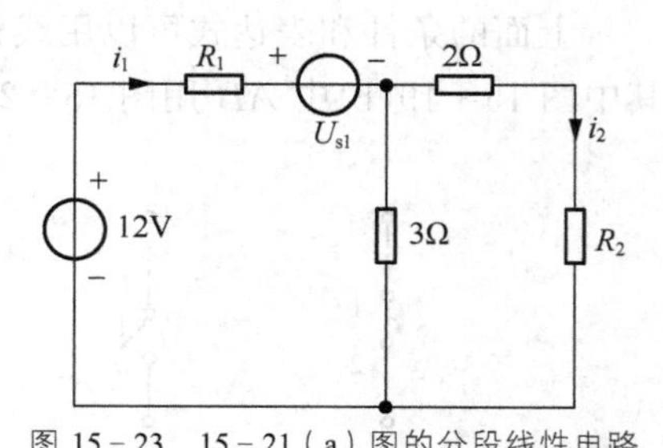

图 15-23　15-21(a)图的分段线性电路

由图得

$$i_1=\frac{12-U_{s1}}{R_1+\dfrac{3(2+R_2)}{5+R_2}}$$

$$i_2=\frac{3}{5+R_2}i_1$$

由于无法确定非线性电阻的工作范围，故只能采用试探法求。R_1、R_2 各有两个线性工作范围，因此需要分 4 种情况讨论。

(1) $u_1<2\text{V}$，$u_2<0$，此时有：$R_1=2\Omega$，$U_{s1}=2\text{V}$，$R_2=\infty$，代入 i_1，i_2 表达式，得：$i_1=2\text{A}$，$u_1=6\text{V}$，与假设区间矛盾，故不是电路的解。

(2) $u_1<2\text{V}$，$u_2>0$，此时有：$R_1=2\Omega$，$U_{s1}=2\text{V}$，$R_2=2\Omega$，代入 i_1，i_2 表达式，得：$i_1=2.7\text{A}$，$u_1=7.4\text{V}$，亦与假设区间矛盾，故不是电路的解。

(3) $u_1>2\text{V}$，$u_2<0$，此时有：$R_1=1\Omega$，$U_{s1}=2\text{V}$，$R_2=\infty$，代入 i_1，i_2 表达式，得：$i_1=2.5\text{A}$，$i_2=0$，符合题设。但根据图 15-21(a)，得 $u_2=3i_1=7.5\text{V}$ 与 $u_2<0$ 矛盾，故不是电路的解。

(4) $u_1>2\text{V}$，$u_2>0$，此时有：$R_1=1\Omega$，$U_{s1}=2\text{V}$，$R_2=2\Omega$，代入 i_1，i_2 表达式，得：$i_1=3.73\text{A}$，$u_1=5.73\text{V}$，$i_2=1.58\text{A}$，$u_2=3.16\text{V}$，符合题设，故是电路的解。

由例 15-7 的求解过程，分段线性化方法分析非线性电路，需要对每种情况进行讨论，比较烦琐。实际中，非线性器件的具体工作范围一般已知，求解过程相对简单。

习 题 十 五

15-1　电路如题 15-1 图所示。图中的二极管为理想二极管，试画出所示电路的 u-i 曲线。

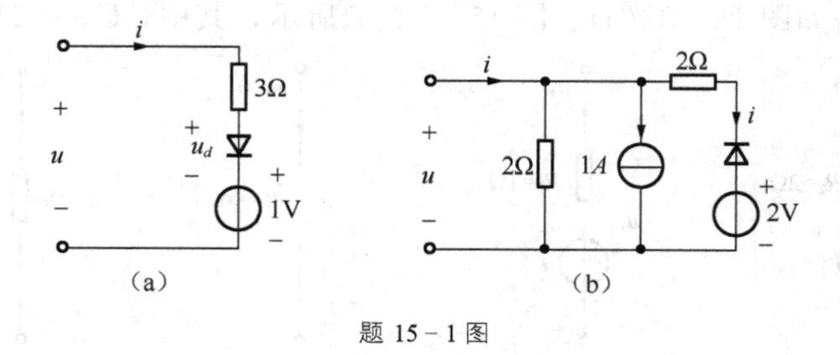

题 15-1 图

15-2　电路如题 15-2(a)图、题 15-2(b)图所示，非线性电阻的伏安关系如题 15-2(c)图、题 15-2(d)图。求其端口的伏安特性。

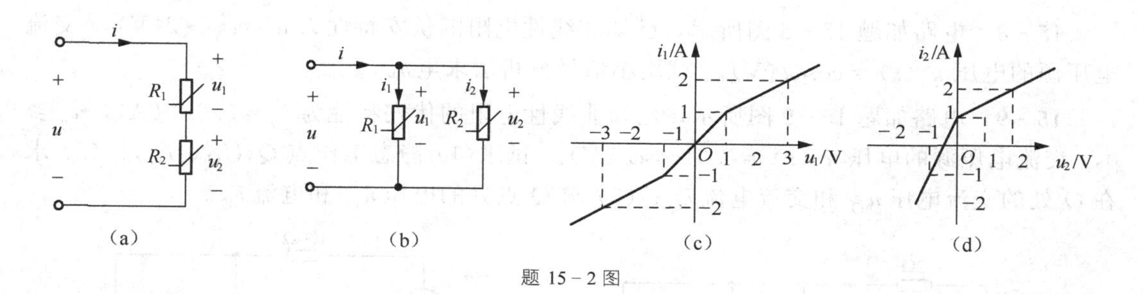

题 15－2 图

15－3　写出如题 15－3 图所示电路的电路方程。设图中非线性电阻的伏安关系分别为：$i_1 = u_1^2$，$i_2 = u_1^{2/3}$，$i_3 = u_3^2 + u_3$。

15－4　题 15－4(a)图电路中二极管的伏安特性曲线如题 15－4(b)图所示。已知 $U_s = 6\text{V}$，$R_1 = 2\Omega$，$R_2 = 1\Omega$，$R_3 = 2\Omega$，试用图解法求其静态工作点。

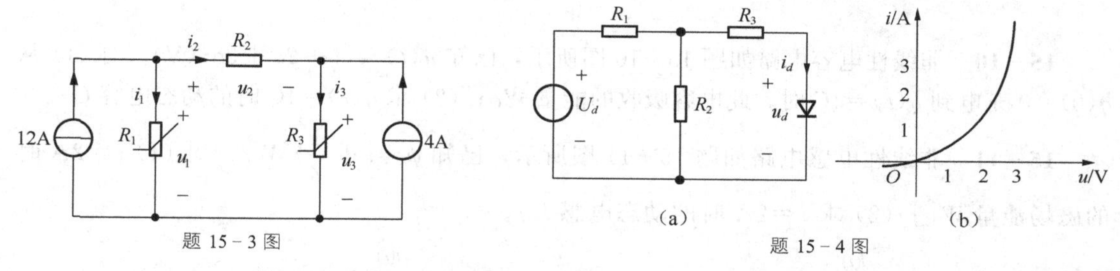

题 15－4 图

15－5　题 15－5(a)图电路中的非线性电阻的伏安特性分别如题 15－5(b)图、题 15－5(c)图所示，求图中的 i_1，i_2。

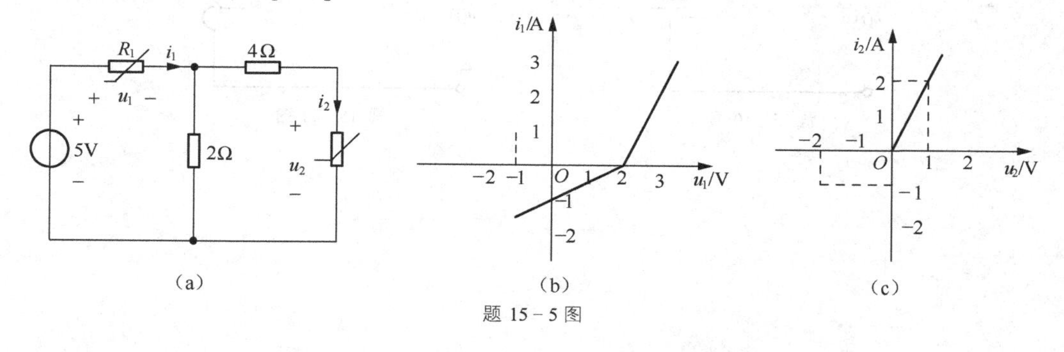

题 15－5 图

15－6　电路如题 15－6 图所示，已知非线性电阻的伏安特性为 $i = 2u^2$，$u > 0$，$R_2 = 2\Omega$。求电路的静态工作点 Q 及其在 Q 点处的静态电阻 R 和动态电阻 R_d。

15－7　电路如题 15－7 图所示，已知非线性电阻的伏安特性为 $u = 2i^2 + i$，$(i > 0)$，交流电压源的电压 $u_s(t) = 0.5\cos\omega t(\text{V})$。试用小信号分析法求电流 i。

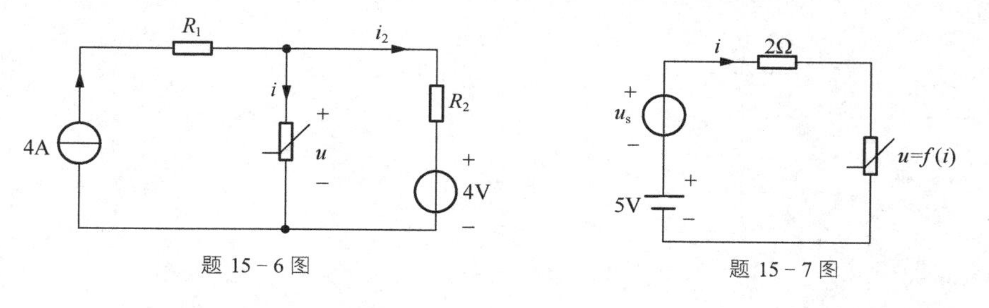

题 15－7 图

15－8 电路如题15－8图所示，已知非线性电阻的伏安特性为 $u=i^2-2$(V)，交流电压源的电压 $u_s(t)=\cos\omega t$(V)。试用小信号分析法求电流 i。

15－9 电路如题15－9图所示，已知非线性电阻的伏安特性为 $i_q=0.2u_q^2$(A)，$u_q\geqslant 0$，交流电压源的电压 $u_s(t)=0.01\cos\omega t$(V)。试求(1)静态工作点 $Q(U_Q, i_Q)$；(2)求在 Q 处的交流电压 u_Q 和交流电流 i_Q；(3)求 Q 点处的电压 u_Q 和电流 i_Q。

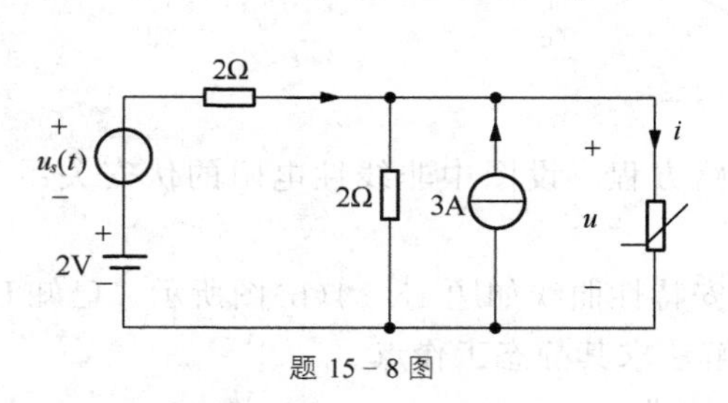

题15－8图

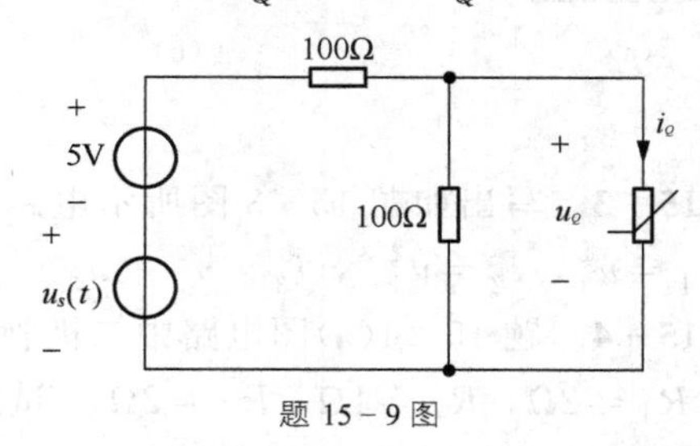

题15－9图

15－10 非线性电容电路如题15－10图所示，已知 $u(t)=1+2q+3q^2$(V)。求(1)从 $q(0)=0$ 充电到 $q(t)=1$C时，此电容吸收的能量 W_C；(2)求 $q(t)=1$C时的动态电容 C_d。

15－11 非线性电感电路如题15－11图所示，已知 $\psi=i+\frac{1}{2}i^2W_b$。求(1) $i=2$A时的磁场能量 W_L；(2)求 $i=2$A时的动态电感 L_d。

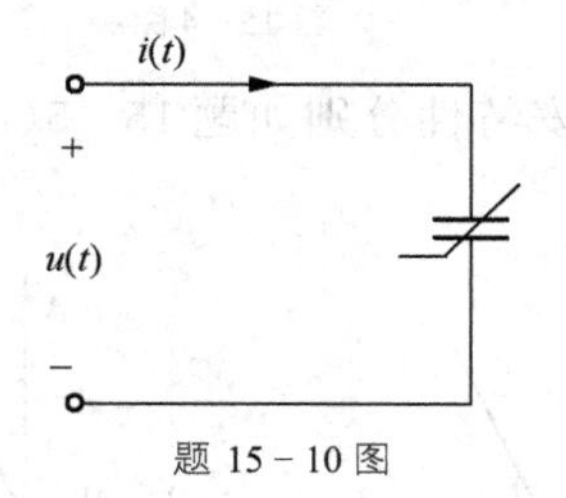

题15－10图

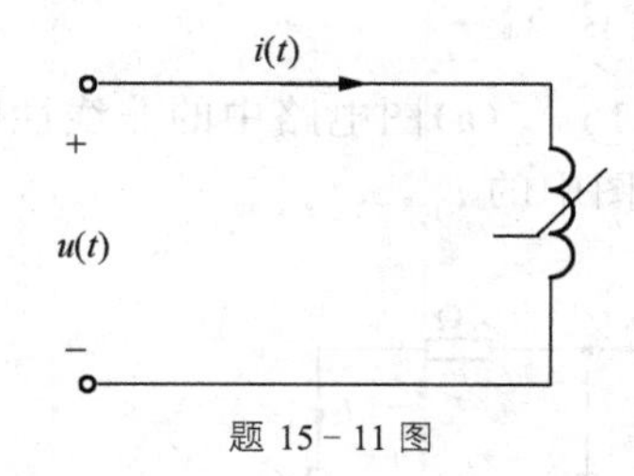

题15－11图

附　录　Multisim 11 软件基本介绍

（一） Multisim 11 的特点

NI Multisim 软件是一个专门用于电子电路仿真与设计的 EDA 工具软件。作为 Windows 下运行的个人桌面电子设计工具，NI Multisim 是一个完整的集成化设计环境。NI Multisim 计算机仿真与虚拟仪器技术可以很好地解决理论教学与实际动手实验相脱节的这一问题。学生可以很方便地把刚刚学到的理论知识用计算机仿真真实地再现出来，并且可以用虚拟仪器技术创造出真正属于自己的仪表。NI Multisim 软件绝对是电子学教学的首选软件工具。

直观的图形界面

整个操作界面就像一个电子实验工作台，软件仪器的控制面板和操作方式都与实物相似，测量数据、波形和特性曲线如同在真实仪器上看到的。

丰富的元器件

提供了世界主流元件提供商的超过 17000 多种元件，同时能方便地对元件各种参数进行编辑修改。

强大的仿真能力

以 SPICE3F5 和 Xspice 的内核作为仿真的引擎，通过 Electronic Workbench 带有的增强设计功能将数字和混合模式的仿真性能进行优化。

丰富的测试仪器

提供了 22 种虚拟仪器进行电路动作的测量。

- Multimeter（万用表）；
- Function Generatoer（函数信号发生器）；
- Wattmeter（瓦特表）；
- Oscilloscope（示波器）；
- Bode Plotter（波特仪）；
- Word Generator（字符发生器）；
- Logic Analyzer（逻辑分析仪）；
- Logic Converter（逻辑转换仪）；
- Distortion Analyer（失真度仪）；
- Spectrum Analyzer（频谱仪）；
- Network Analyzer（网络分析仪）；
- Measurement Pribe（测量探针）；
- Four Channel Oscilloscope（四踪示波器）；

- Frequency Counter(频率计数器);
- IV Analyzer(伏安特性分析仪);
- Agilent Simulated Instruments(安捷伦仿真仪器);
- Agilent Oscilloscope(安捷伦示波器);
- Tektronix Simulated Oscilloscope(泰克仿真示波器);
- Voltmeter(伏特表);
- Ammeter(安培表);
- Current Probe(电流探针);
- LabVIEW Instrument(LabVIEW 仪器)。

这些仪器的设置和使用与实际使用时的一样，动态互交显示。除了 Multisim 提供的默认的仪器外，还可以创建 LabVIEW 的自定义仪器，使得图形环境中可以灵活、可升级地测试、测量及控制应用程序的仪器。

完备的分析手段

Multisimt 提供了许多分析功能：

- DC Operating Point Analysis(直流工作点分析);
- AC Analysis(交流分析);
- Transient Analysis(瞬态分析);
- Fourier Analysis(傅里叶分析);
- Noise Analysis(噪声分析);
- Distortion Analysis(失真度分析);
- DC Sweep Analysis(直流扫描分析);
- DC and AC Sensitvity Analysis(直流和交流灵敏度分析);
- Parameter Sweep Analysis(参数扫描分析);
- Temperature Sweep Analysis(温度扫描分析);
- Transfer Function Analysis(传输函数分析);
- Worst Case Analysis(最差情况分析);
- Pole Zero Analysis(零级分析);
- Monte Carlo Analysis(蒙特卡罗分析);
- Trace Width Analysis(线宽分析);
- Nested Sweep Analysis(嵌套扫描分析);
- Batched Analysis(批处理分析);
- User Defined Analysis(用户自定义分析)。

它们利用仿真产生的数据执行分析，分析范围很广，从基本的到极端的到不常见的都有，并可以将一个分析作为另一个分析的一部分的自动执行。

独特的射频(RF)模块

提供基本射频电路的设计、分析和仿真。射频模块由 RF-Specific(射频特殊元件，包括自定义的 RF SPICE 模型)、用于创建用户自定义的 RF 模型的模型生成器、两个 RF-Specific 仪器(Spectrum Analyzer 频谱分析仪和 Network Analyzer 网络分析仪)、一些 RF-Specific 分析(电路特性、匹配网络单元、噪声系数)等组成。

强大的 MCU 模块

支持 4 种类型的单片机芯片，支持对外部 RAM、外部 ROM、键盘和 LCD 等外围设备的仿真。

完善的后处理

对分析结果进行的数学运算操作类型包括算术运算、三角运算、指数运行、对数运算、复合运算、向量运算和逻辑运算等。

电路的构建及仿真简便

CommSim 是一个理想的通信系统的教学软件可用于对单元电路、功能电路、单片机硬件电路的构建及相应软件调试的仿真。

(1) 可以根据自己的需求制造出真正属于自己的仪器；

(2) 所有的虚拟信号都可以通过计算机输出到实际的硬件电路上；

(3) 所有硬件电路产生的结果都可以输回到计算机中进行处理和分析。

(二) Multisim 11 使用简介

Multisim 11 软件以图形界面为主，采用菜单、工具栏和热键相结合的方式，具有一般 Windows 应用软件的界面风格，用户可以根据自己的习惯和熟悉程度自如使用。

1. Multisim 的主窗口界面

界面由多个区域构成，包括菜单栏、各种工具栏、电路输入窗口、状态条、列表框等。通过对各部分的操作可以实现电路图的输入、编辑，并根据需要对电路进行相应的观测和分析。用户可以通过菜单或工具栏改变主窗口的视图内容。

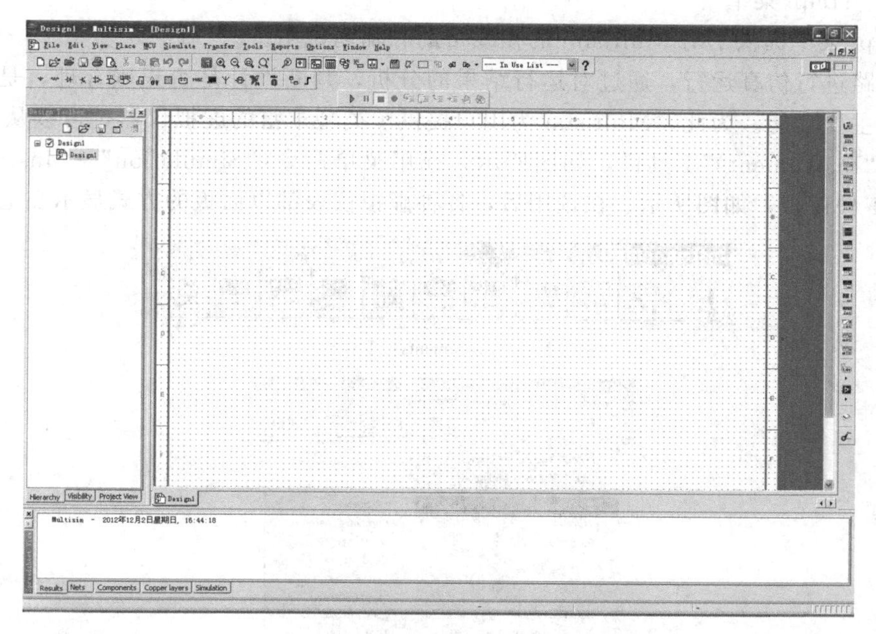

2. 菜单栏简介

菜单中有一些与大多数 Windows 平台上的应用软件一致的功能选项，如“File”“Edit”“View”“Options”“Help”。此外，还有一些 EDA 软件专用的选项，如“Place”“Simulation”

“Transfer”以及“Tool”等。

File Edit View Place MCU Simulate Transfer Tools Reports Options Window Help

(1)“File”菜单

“File”菜单中包含了对文件和项目的基本操作以及打印等命令。

(2)“Edit”菜单

“Edit”命令提供了类似于图形编辑软件的基本编辑功能，用于对电路图进行编辑。

(3)“View”菜单

通过“View”菜单可以决定使用软件时的视图，对一些工具栏和窗口进行控制。

(4)“Place”菜单

通过“Place”命令输入电路图。

(5)“Simulate”菜单

通过“Simulate”菜单执行仿真分析命令。

(6)“Transfer”菜单

“Transfer”菜单提供的命令可以完成 Multisim 对其他 EDA 软件需要的文件格式的输出。

(7)“Tools”菜单

“Tools”菜单主要针对元器件的编辑与管理的命令。

(8)“Reports”菜单

(9)“Options”菜单

通过“Option”菜单可以对软件的运行环境进行定制和设置。

(10)“Help”菜单

“Help”菜单提供了对 Multisim 的在线帮助和辅助说明。

对电路进行仿真运行，通过对运行结果的分析，判断设计是否正确合理，是 EDA 软件的一项主要功能。为此，Multisim 为用户提供了类型丰富的虚拟仪器，可以从“Design”工具栏→“Instruments”工具栏，如图所示，或用菜单命令(“Simulation”→“Instrument”)选用这 11 种仪表，如图所示。在选用后，各种虚拟仪表都以面板的方式显示在电路中。

图 “Instruments”工具栏

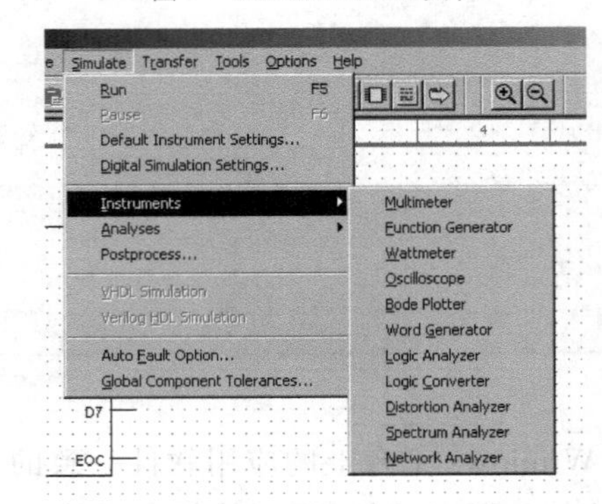

图 调用虚拟仪器菜单示意图

下面将 11 种虚拟仪器的名称及表示方法总结至下表。

表 11 种虚拟仪器介绍

菜单上的表示方法	在仪器工具栏上的对应按钮	仪器名称	电路中的仪器符号
Multimeter		万用表	
Function Generator		信号(函数)发生器	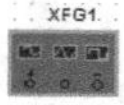
Wattermeter		瓦特表	
Oscilloscape		示波器	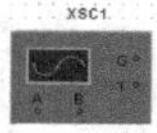
Bode Plotter		伯德图图示仪	
Word Generator		字元发生器	
Logic Analyzer		逻辑分析仪	
Logic Converter		逻辑转换仪	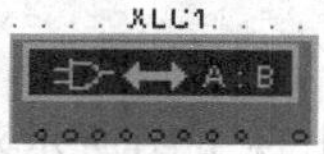
Distortion Analyzer		失真度分析仪	
Spectrum Analyzer		频谱仪	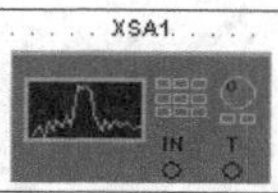
Network Analyzer		网络分析仪	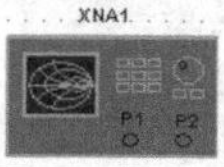

(三) Multisim 11 仿真基本流程举例简介

Multisim 11 提供了多种仿真分析功能。

下面就其结合一个简单电路的电压测量、波形测试，并进行交流分和瞬间分析来对 Multisim 11 的创建电路、仪器仪表使用、电路仿真与分析的整个流程做以下说明。

1. 创建电路

(1) 打开 Multisim 11，出现打开窗口，进入启动过程。

(2) Multisim 11 打开后，出现 Multisim 11 主界面。默认情况下，已自动新建一个原理图文件，并默认名为 Design1，可以保存电路时，对其重命名。

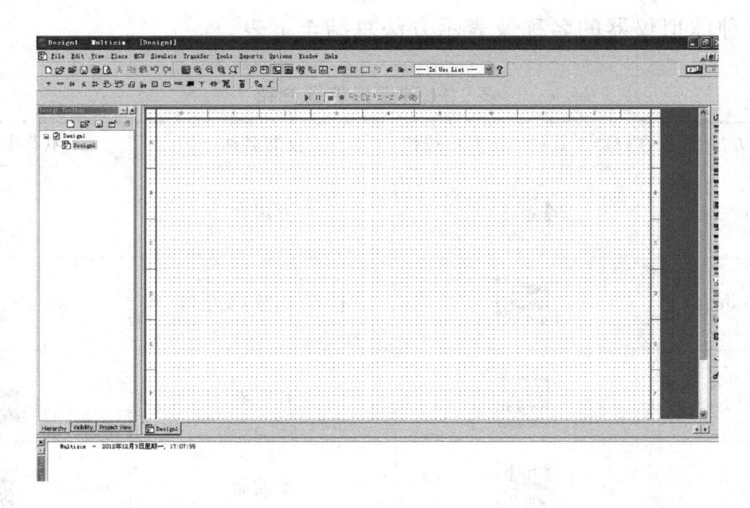

（3）修改电路图元件的使用标准。单击“Option”→“Global Preferences”，如下图所示。

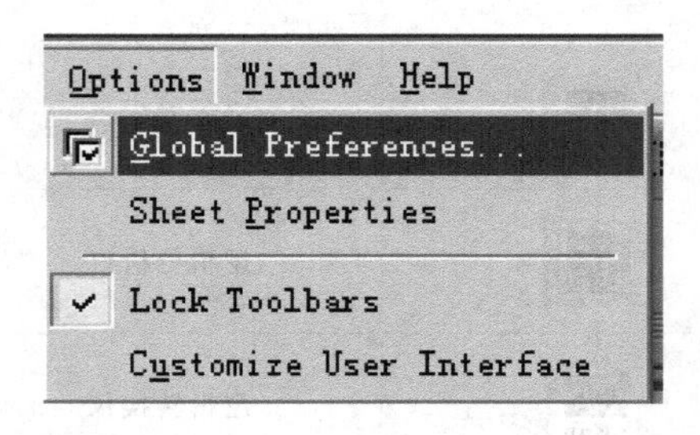

出现下图所示对话框。

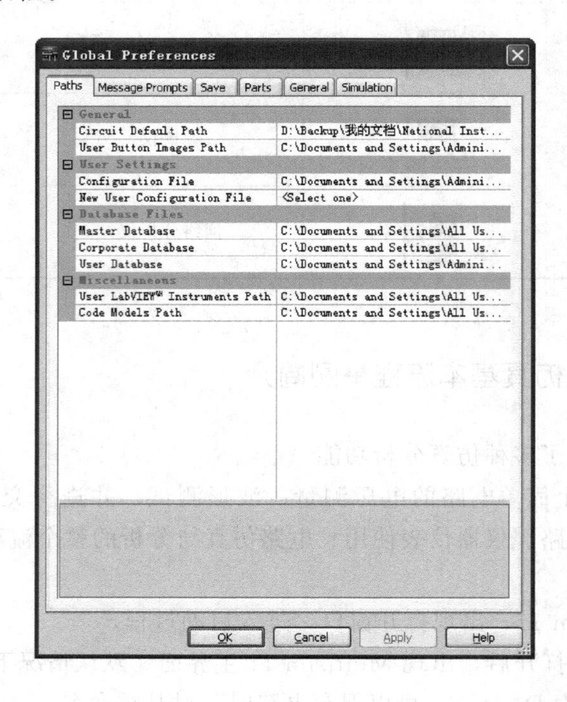

单击“Parts”选项卡，在“Symbol standard”处，有 ANSI(美国国家标准学会)和 DIN(德国标准化学会)的元件可供选择，如下图所示。

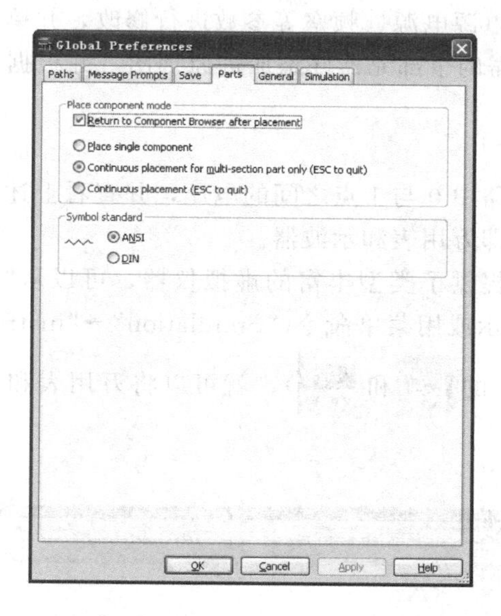

常见元件的 ANSI 和 DIN 外形如下图(左为 ANSI，右为 DIN)所示。

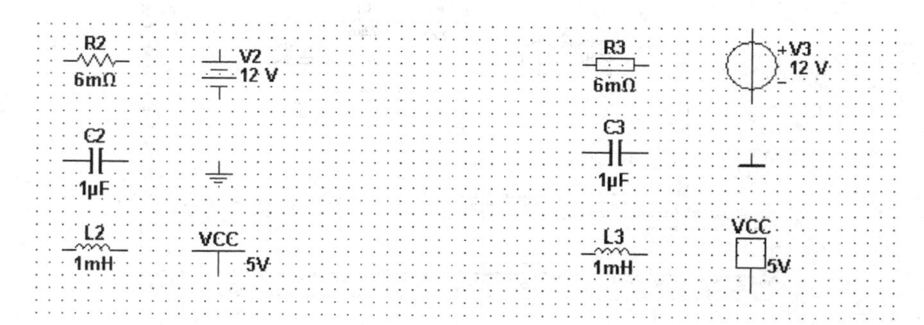

(4) 单击“Place”，然后单击“Component”。

(5) 出现添加元件对话框，如下图所示。

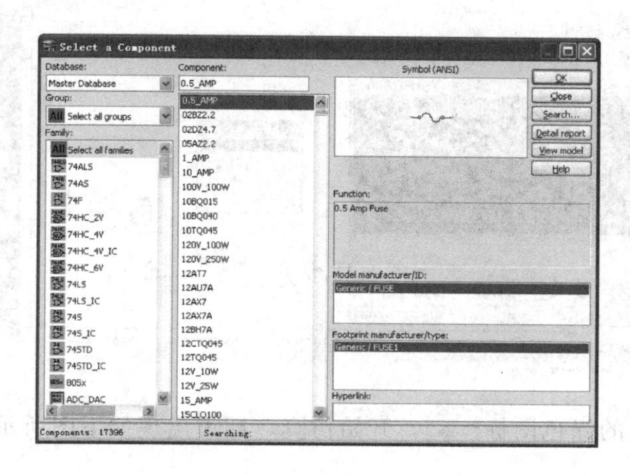

(6) 选择需要的元件后，单击“OK”，则元件即可添加到原理图中。

(7) 双击元件 R_1，出现该元件的属性对话框，可以根据实际需要对元器件的参数进行修改，如电阻、电容值、电源电源、频率等参数进行修改，并单击“OK”确定。

(8) 依次类推，将所需的全部元器件添加进原理图，并根据实际设计连接电路，如下图所示。

2. 仪器仪表的使用

假设需要测量上图电路中 0 与 1 点之间的电压，并查看上述两点之间的波形，可以调用比较简单的两个仪表，即万用表和示波器。

(1) Multisim 为用户提供了类型丰富的虚拟仪器，可以从“Design”工具栏→“Instruments”工具栏，如下图所示或用菜单命令(“Simulation”→“instrument”)选用需要的仪表，或(单击右侧仪表工具栏中的 和)，就可以将万用表和示波器添加进电路，只需适当连接即可。

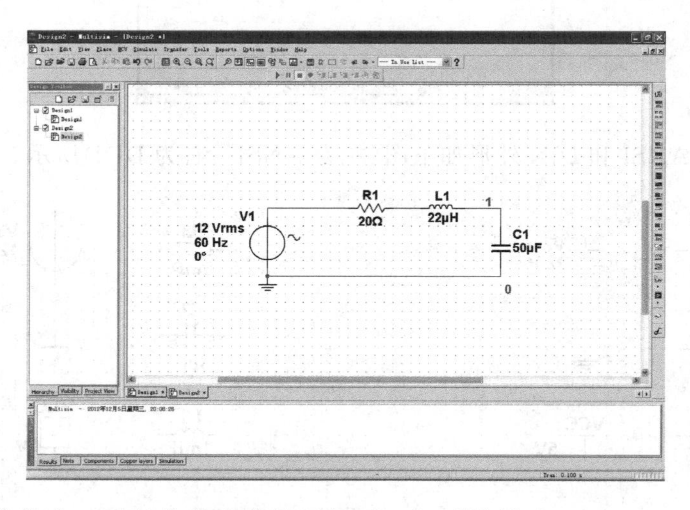

(2) 双击两种仪表，可以将其虚拟界面打开，如下图所示。

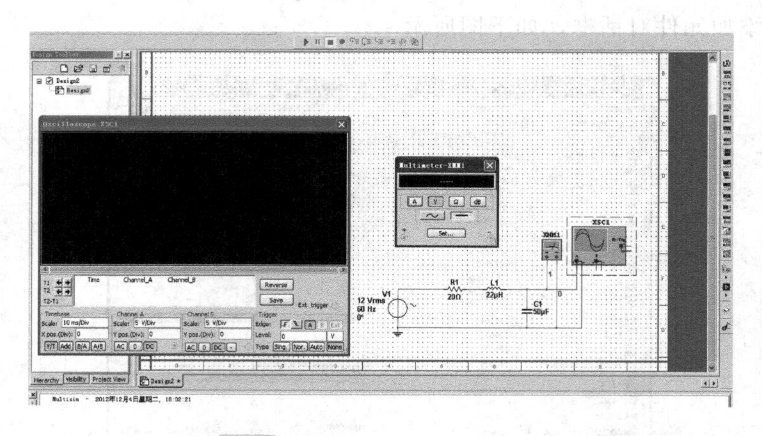

(3) 单击上图中的绿色图标 ，开始仿真，即可出现如下图所示的仿真结果。

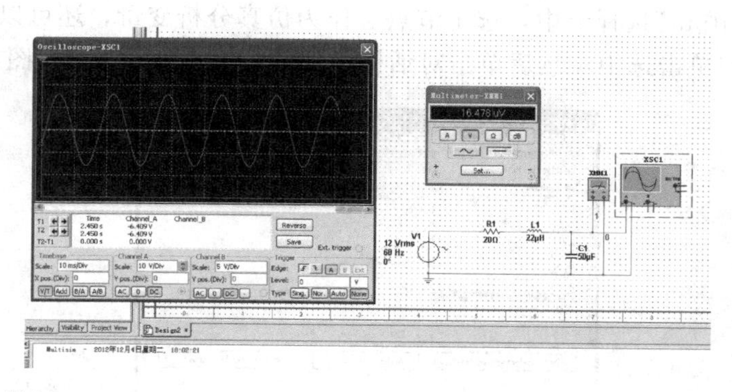

3. 仿真分析举例

Multisim 11 提供了多种仿真分析功能，给电路分析和仿真实验研究带来了极大的方便。下面就结合上述电路对交流分和瞬间分析做以示范，请读者朋友结合后续各章节的相关讲述，举一反三，学习其他仿真分析方法。

(1) 交流分析

单击“Simulate”→“Analyses”→“AC Analysis”命令。

弹出一个“AC Analysis”对话框，如下图所示。该对话框有 4 个选项卡。

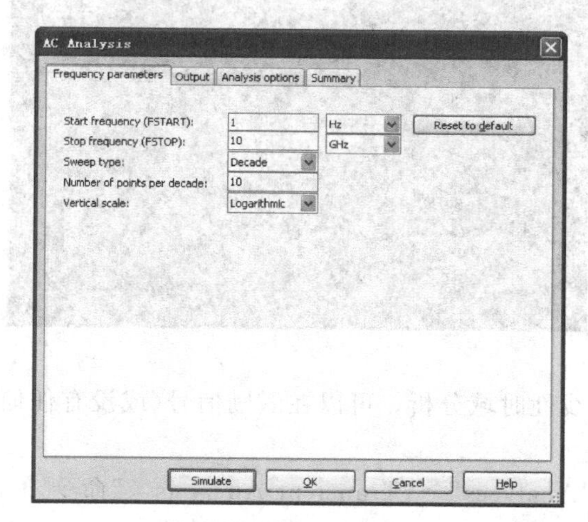

其中，“Frequency Parameters”选项卡主要用于 AC 分析时频率参数的设置，设置内容如下。

- Start frequency：设置交流分析的起始频率。
- Stop frequency：设置交流分析的终止频率。
- Sweep type：设置交流分析的扫描方式，主要有 Decade(十倍程扫描)、Octave(八倍程扫描)和 Linear(线性扫描)。通常采用十倍程扫描选项，以对数方式展现。
- Number of points per decade：设置每十倍频率的取样数量。设置的值越大，则分析所需的时间越长。
- Vertical scale：设置纵坐标的刻度。主要有 Decibel(分贝)、Octabe(八倍程)、Linear(线性)和 Logarthmic(对数)，通常采用 Logarthmic 或 Linear 选项。

设其频率为 1Hz，终止频率为 10GHz，扫描方式为 Decade，取样值设为 10(此处举例，具体参数请结合需要自行合理设置)。

另外，在“Output”选择卡中，选定节点1作为仿真分析变量，还可以选定更多的需要分析的节点，只需单击选中，然后单击对话框中间的“Add”即可，如下图所示。

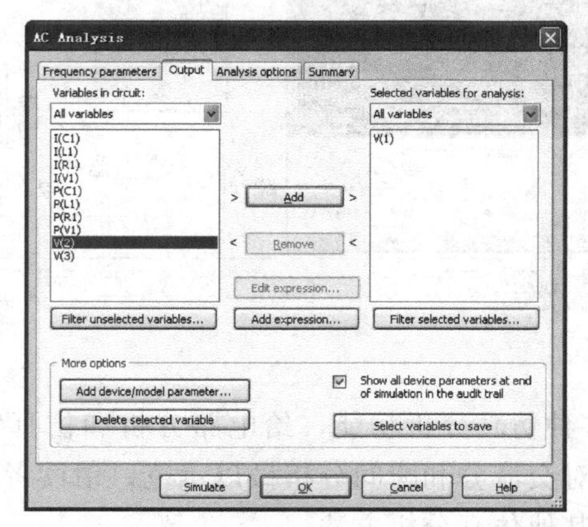

在“Analysis options”选项卡中，在“Title foe analysis”栏输入交流分析“AC Analysis”（系统已自动设置好），最后单击“Simulate”按钮进行分析，其结果如下图所示。

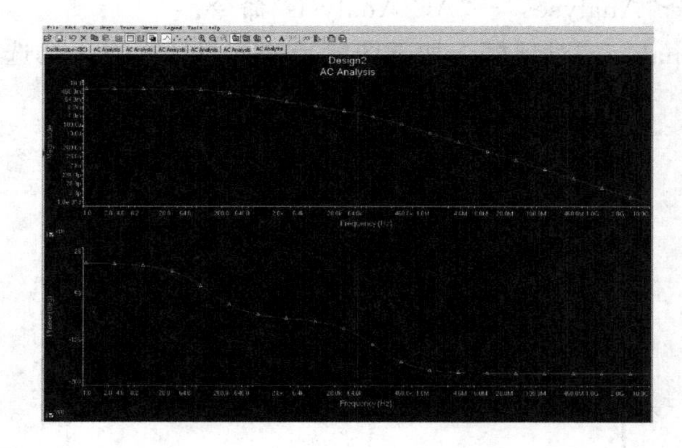

（2）瞬态分析

瞬态分析是一种非线性时域分析，可以在激励信号（或没有任何激励信号）的作用下计算电路的时域响应。

单击“Simulate”→“Analyses”→“Transient Analysis…”命令。

弹出一个“Transient Analysis”对话框，如下图所示。

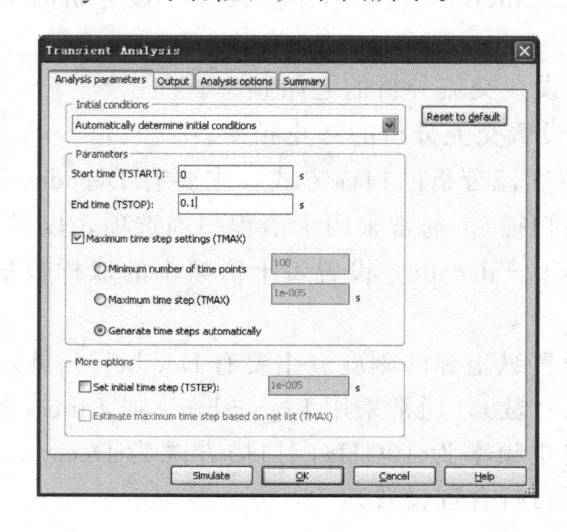

该对话框有 4 个选项卡。

其中，“Analysis Parameters”选项卡主要用于瞬态分析中时间参数的设置，分为两个区域。

① “Initial Conditions”区：设置仿真开始时的初始条件，共 4 个选项。

- Automatically determine initial conditions(由程序自动设置初始值)；
- Set to zero(将初始值设为 0)；
- User defined(由用户定义初始值)；
- Calculate DC operating point(通过计算直流工作点得到初始值)。

② “Parameters”区：用于时间参数的设置，包括如下选项。

- Start time(开始分析的时间)。
- End time(结束分析的时间)。
- Maximum time step settings(最大时间步长)。若选中“Maximum time step settings”选项，其下又有 3 个单选项：

Minimum number of time points：用于设置从开始时间到结束时间内最少取样的点数。若设置的数值越大，在一定的时间内分析的点数越大，则分析时间也会越长。

Maximum time step(TMAX)：用于设置仿真分析时的时间步长。

Generate time steps automatically：用于自动设置仿真分析时间时的时间步长。

选取“Automatically determine initial conditions”选项，即由程序自动设置初始值，然后将开始分析时间设为 0，结束时间设为 0.1s，选取“Maximum time step(TMAX)”选项以及“Generate time steps automatically”选项。

在“Output”选项卡中，选择节点 1 作为仿真分析变量，还可以选定更多的需要分析的节点，只需单击选中，然后单击对话框中间的“Add”即可，如下图所示。

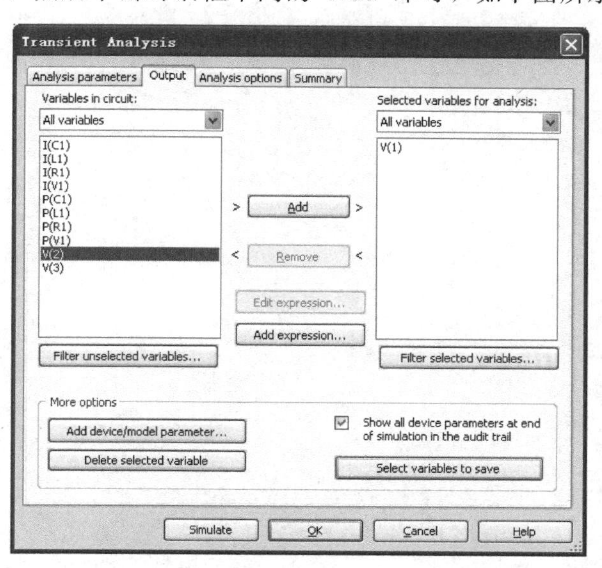

在“Analysis Options”选项卡中，“Title foe analysis”栏输入瞬态分析“Transient Analysis”(系统已自动设置好)，最后单击“Simulate”按钮进行分析，其结果如下图所示。

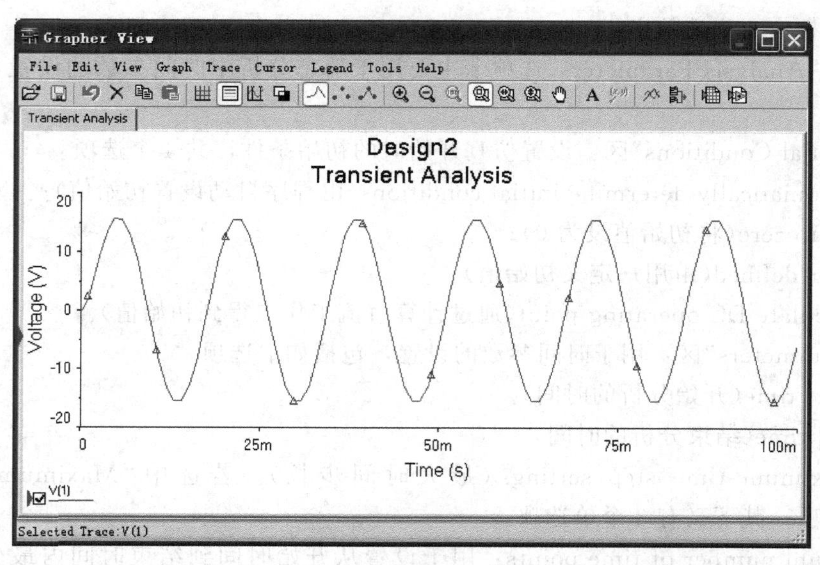

当然，也可以通过示波器来观测节点 1 和节点 3 的波形，示波器所显示的波形与瞬态分析结果相同。

习题一

1-2 595W；

1-4 6V，12W；

1-6 −6V；

1-7 −10V；

1-9 20W；

1-12 −1A；

1-14 2A，6V；

1-16 7.5A，6A；

1-17 8V，6V；

1-18 3mA，17V；

1-22 −6A；

1-23 15W；

1-24 26V，44V；

1-25 16V，−19V，9V；

1-29 $I_s=12.5A$

习题二

2-1 (a)10Ω (b)3.5Ω (c)2.6Ω (d)2Ω；

2-5 (a)4.5Ω (b)2.4Ω；

2-6 20Ω；

2-12 −0.1A；

2-15 4V；

2-16 5Ω；

2-17 $R_{ab}\rightarrow\infty$；

2-20 $R_{ab}=R_1(1-\mu)+R_2$

习题三

3-1 $i_5=-0.956A$；

3-2 −2A，3A，52V；

3-5 $I=2.67A$，$U=6V$；

3-6 $I=6$A，$U=16$V；

3-8 2.4A ；

3-9 276.25V；

3-10 2A，−1A；

3-11 2A，5A；

3-13 2A，1A，−3A；

3-14 $I=0.5$A；

3-17 −9W；

3-18 −8W；

3-19 9W；

3-20 1A，10V；

3-21 8V，2V；

3-22 2V；

3-23 −0.6A；

3-25 18W，−18W；

3-26 6A，−1A，2A；

3-27 $U_a=21$V，$U_b=-5$V，$U_c=-5$V；

3-29 $I_1=2.4$A ，$I_2=0.4$A

习题四

4-1 10V；

4-3 52W，78W；

4-4 0.5A；

4-5 8V；

4-6 6V；

4-7 (1)4A，(2)16V，(3)40W；

4-8 0.5A；

4-11 $U_{oc}=0V$ ，$R_0=10\Omega$；

4-12 3.3A；

4-13 1A；

4-14 55V，13.75Ω，4A；

4-15 40V；

4-18 (a) $U_{oc}=30$V ，$R_{eq}=21.8\Omega$ ，$I_{sc}=1.376$A ；

4-19 (a) $u=5$V ，$R_{eq}=0\Omega$；

4-20 0.5A，0.4A，0.25A；

4-21 $I_1=1$A ，$P=-3$W ；

4-23 $R_{eq}=6\Omega$ ，$U_{oc}=-6$V ；

4-24 10Ω，44.1W；

4-26 $R_L=4\Omega$ 时， $P_{max}=2.25$W ；

4-27 $\hat{i}_1=0.5A$；

4-28 $\hat{u}_1=24V$；

4-29 $i_{s2}=20A$

习题五

5-3 12V，4mA；

5-4 $i(t)=0.25e^{-10t}A$，$i_L(t)=0.5e^{-10t}A$，$u_L(t)=-10e^{-10t}V$；

5-5 $u_C(t)=24e^{-\frac{t}{2}}V$，$i(t)=-4e^{-\frac{t}{2}}A$；

5-6 $i_L(t)=2(1-e^{-4t})A$，$u_L(t)=8e^{-4t}V$；

5-7 $u_C(t)=15(1-e^{-0.2t})V$，$i=(0.05+0.1125e^{-0.2t})A$；

5-8 $u_c(t)=(16-6e^{-t/\tau})V$；

5-10 $i(t)=(10-6e^{-2t})A$；

5-11 $u_c(t)=100-100e^{-2(t+0.8)}$；

5-12 $i(t)=(1-e^{-\frac{6}{5}t})\varepsilon(t)-(1-e^{-\frac{6}{5}(t-1)})\varepsilon(t-1)$；

5-16 $i_L=0.227e^{-10^3t}A$，$u_C=22.7e^{-10^3t}V$，$i_C=0.227e^{-10^3t}A$，$i=0$；

5-19 $i_L=5(1-e^{-t})A$，$u_L=5e^{-t}V$；

5-21 $u_c(t)=(20-8e^{-10^6t})V$，　$p_{I_s}=(40-16e^{-10^6t})W$；

5-25 $u_c(t)=(e^{-t}+t)V$；

5-26 $R=1.091\Omega$　$u_C(1)=24V$；

5-28 $i_L(t)=(3-2e^{-2t})A$；

5-29 $u_2(t)=\left(\frac{5}{8}-\frac{1}{8}e^{-t}\right)V\quad(t\geqslant 0)$；

5-31 $i_L(t)=\{(1-e^{-2t})\varepsilon(t)-[1-e^{-2(t-1)}]\varepsilon(t-1)\}V$；

5-32 $f(t)=-2(1-e^{-t})\varepsilon(t)+6[1-e^{-(t-3)}]\varepsilon(t-3)-4[1-e^{-(t-4)}]\varepsilon(t-4)$

习题六

6-5 $R=8\Omega$，$L=19.108mH$；

6-11 $\dot{I}=10\sqrt{2}\angle 45°A$，$X_L=5\sqrt{2}\Omega$，$R_2=X_C=10\sqrt{2}\Omega$　$\dot{U}_v=2\angle 90°V$；

6-12 $\dot{U}v=2\angle 90°V$；

6-13 (1) $I=7.08A$；(2) $P=748.416W$　(3) $\cos\varphi=0.529$；

6-14 (1) $I=13.56A$；(2) $P=800W$；(3) $\cos\varphi=0.59$；

6-15 $L=0.5H$，$L'=2.5H$；

6-16 $R=3\Omega$，$C=0.025F$；

6-17 $i=2.002\sqrt{2}\cos(t-121.985°)A$，$P=4.008W$；

6-18 $I_1=15.556A$，$I_2=11A$，$U=220V$，$I=11A$；

6-20 $\overline{S_2}=(8.335+j0.0556)VA$；

6-21 $P=1320W$，$Q=400var$，$S=1391.402VA$，$I=13.914A$；

6-22 $S=9.508VA$，$\cos\varphi=0.926$；

6-23 (2) $R=7.042\Omega$ (3) $C=20.822\mu F$；
6-24 $Z_L=(8.294+j3.452)\Omega$，$P_{max}=142.449W$；
6-25 $Z_L=(1-j8)\Omega$，$P_{max}=1000.014$

习题七

7-5 $\dot{U}_{OC}=30\angle 0°$，$Z_{eq}=(3+7.5j)\Omega$；
7-6 $i_1=0.1106\cos(314t-64.85°)A$ $i_2=0.3502\cos(314t+1.033°)A$；
7-8 $M=52.86mH$；
7-9 $\omega=41.52rad/s$；
7-11 $Z=18\sqrt{2}\angle 45°\Omega$；
7-13 13.42V；7.21V；
7-14 0.5H；
7-15 $0.1\mu F$，$-27.5jA$；
7-16 $\dot{U}_2=0.9998\angle 0°V$；
7-17 2.236；
7-18 $Z_{ab}=(0.5+j6.5)\Omega$；
7-19 $\dot{U}_2=39.3\angle 168.7°V$，154W；
7-20 $u_2\approx \sin\omega tV$；
7-21 2.5；
7-22 135W，308+j605VA

习题八

8-3 $\dot{I}_B=8.66\angle 150°A$；
8-4 $I_P=I_L=1.23A$；
8-5 $I_P=6.168A$，$I_L=10.683A$；
8-6 $\dot{I}_A=3.143\angle -82.312°A$，$\dot{U}_{A'B'}=370.181\angle 0.818°$；
8-7 $\dot{I}_A=25.217\angle -73.452°A$，$\dot{I}_{A'B'}=14.559\angle -43.452°A$，$\dot{U}_{A'B'}=291.18\angle -6.582°V$；
8-8 (1) $I_L=I_P=11A$，$P=4343.983W$；
8-9 (1) $\dot{I}_A=54.909\angle 0°A$；(2) $\dot{I}_A=47.864\angle -56.543°A$；
8-11 $\dot{I}_A=55.794\angle -68.936°A$，$\dot{I}_B=36.081\angle -123.38°A$，$\dot{I}_C=82.195\angle 90.141°A$，$\dot{I}_{A'B'}=32.502\angle -57.779°A$，$\dot{I}_{B'C'}=57.608\angle -92.506°A$，$\dot{I}_{C'A'}=24.536\angle 96.109°A$；
8-13 $\dot{I}_{AB}=38\angle 30°A$ $\dot{I}_{BC}=38\angle -120°A$ $\dot{I}_{CA}=38\angle -150°A$，$\dot{I}_A=76\angle 30°A$，$\dot{I}_B=73.41\angle -135°A$，$\dot{I}_C=19.67\angle 135°A$；
8-14 (1)190V；(2)76V，304V；

8-16 $\dot{I}_C=24.491\angle 90^\circ A$，$U_{BC}=348.277\angle -88.143^\circ V$；

8-18 $I_P=4.222A$，$p=1919.637W$；

8-19 $p_1=949.982W$，$P_2=1903.799W$；

8-20 $R=21.939\Omega$，$X=38\Omega$

习题九

9-4 $P_s=63.541W$，$U_s=91.378V$，$I=1.618A$；

9-8 $u_0=20+30.3\cos(\omega t-72.3^\circ)+7.4\cos(3\omega t-83.9^\circ)V$，$P=8.9W$；

9-9 $u_R=4+3\sqrt{2}\sin(2t+45^\circ)V$；

9-11 $U=71.2V$；

9-12 $i(t)=1.43\sin(\omega t+85.3^\circ)+6\sin(3\omega t+45^\circ)+0.39\sin(5\omega t-60.8^\circ)A$，$P=191W$，$Q=-124.4var$，$\lambda=0.84$

习题十

10-1 $\omega_0=\dfrac{R}{L}$；

10-2 $Q=62.6$；

10-3 $R=10\Omega$，$C=159pF$，$L=159\mu H$，$Q=100$；

10-4 (1) $Q=100$，(2) $R\approx 10\Omega$，$L\approx 200\mu H$；

10-5 $L=0.02H$，$R=1\Omega$，$Q=50$；

10-6 $L_1=1H$， $L_2=66.67mH$；

10-7 $C=\dfrac{1}{9\omega_1^2}F$，$L=\dfrac{1}{49\omega_1^2}H$ 或 $L=\dfrac{1}{9\omega_1^2}H$，$C=\dfrac{1}{49\omega_1^2}F$；

10-8 $f_0=3.18MHz$，$Z_0=500K\Omega$，$Q=100$；

10-9 $R=10\Omega$，$Q=31.4$；

10-10 能，$\omega_0=\dfrac{1}{\sqrt{3LC}}$；

10-11 $f_0=1092\,kHz$，$Z=117.7K\Omega$；

10-12 $R_1=R_2=R=\sqrt{L/C}$；

10-13 $U_S=20V$，$Q=10$；

10-14 $L=0.016H$，$R=0.167\Omega$，$Q=240$；

10-15 $R=10\Omega$，$L=5.007\times 10^{-5}H$，$C=2.003\times 10^{-10}F$，$Q=50$；

10-18 $f_0=917.675kHz$；$Z(j\omega_0)=162.791k\Omega$；

10-22 $f_H=10^5Hz$，$f_L=10Hz$，40dB，相位差为 0。

习题十一

11-8 $i(t)=\left[-\dfrac{1}{5}e^{-t}+\sqrt{2}e^{-3t}\cos(t-81.87^\circ)\right]\varepsilon(t)A$；

11-11 $i_1(t)=[e^{-2t}+0.577e^{-t}\cos(\sqrt{3}t+150^\circ)]\varepsilon(t)A$；

11-12 $u(t)=[2.857e^{-t}+5.362e^{-0.125t}\cos(0.992t-122.206^\circ)]\varepsilon(t)\text{V}$；

11-13 $u(t)=\left(\frac{10}{3}e^{-0.5t}-\frac{4}{3}e^{-2t}\right)\text{V}$；

11-14 $u_L(t)=[-0.24\delta(t)-2.4e^{-40t}\varepsilon(t)]\text{V}$；

11-15 $i(t)=(-5e^{-0.5t}+5+5t)\varepsilon(t)\text{A}$；

11-16 $i_1(t)=3\varepsilon(t)\text{A}$，$u_2(t)=-6\delta(t)\text{V}$；

11-17 $i_1(t)=(2-0.168e^{-0.2324t}-1.832e^{-1.4343t})\varepsilon(t)\text{A}$；

11-18 $i_1(t)=\left(\frac{50}{3}-\frac{5}{3}e^{-1.5t}\right)\varepsilon(t)\text{A}$；

11-19 $u_{C_2}(t)=(10-4e^{-0.6t})\varepsilon(t)\text{V}$；

11-21 $u_C(t)=5(1-e^{-0.4t})\varepsilon(t)\text{V}$，$i(t)=(0.5-1.5e^{-0.4t})\varepsilon(t)\text{A}$；

11-22 $i_1(t)=(1+0.5e^{-30t})\varepsilon(t)\text{A}$，$i_2(t)=(1-e^{-30t})\varepsilon(t)\text{A}$；

11-23 $u(t)=[-2.414e^{-2t}+2e^{-5t}+2.626\cos(5t-23.199^\circ)]\varepsilon(t)\text{V}$；

11-24 (1) $r(t)=[0.6+0.632e^{-2t}\cos(t+161.565^\circ)]\varepsilon(t)$；

11-27 $H_1(s)=\dfrac{s^2+s+1}{s^5+3s^4+6s^3+7s^2+5s+2}$，

$H_2(s)=\dfrac{s^2+s+1}{s^5+3s^4+6s^3+7s^2+5s+2}$；

11-29 $L=333.333\text{H}$，$C=500\mu\text{F}$

习题十二

12-5 (a) $Y_{11}=0.9\text{S}$，$Y_{12}=-0.2\text{S}$，$Y_{21}=-0.4.$ ，$Y_{22}=0.2\text{S}$

12-8 $H_{11}=3.8\Omega$，$H_{21}=-3.6$，$H_{12}=0.4$，$H_{22}=0.2\text{S}$；

12-9 (a) $H_{11}=2\Omega$，$H_{12}=\frac{1}{2}$，$H_{21}=-\frac{1}{2}$，$H_{22}=0$；

12-11 $P_{100}=11.755\text{W}$；

12-12 $\dot{U}_2=\frac{6}{\sqrt{2}}\angle 90^\circ\text{V}=\dot{U}_{abo}$， $\dot{U}_2=\frac{6}{\sqrt{2}}\angle 90^\circ\text{V}=\dot{U}_{abo}$

12-13 (1) $Z_{11}=6\Omega$，$Z_{12}=Z_{21}=3\Omega$，$Z_{22}=9\Omega$；

12-14 $P_{2\Omega}=\frac{1}{32}\text{W}$；

12-15 (1) $Z_{in}=20\Omega$； (2) $Z_{in}=40\Omega$；

12-17 $\frac{5}{3}\text{V}$；

12-20 (a) $Z=\begin{bmatrix}\frac{5}{3} & \frac{4}{3}\\ \frac{4}{3} & \frac{5}{3}\end{bmatrix}\Omega$， (b) $Z=\begin{bmatrix}5 & 3\\ 3 & 3\end{bmatrix}\Omega$；

12-21 (b) $Y_e=\begin{bmatrix}\frac{2-j9}{50} & -\frac{2-j4}{25}\\ -\frac{2-j4}{25} & \frac{4-j3}{25}\end{bmatrix}\text{S}$， $Y_f=\begin{bmatrix}\frac{3+j2}{130} & \frac{3+j2}{130}\\ \frac{3+j2}{130} & \frac{3-j11}{130}\end{bmatrix}\text{S}$

$$Y_b = Y_e + Y_f = \begin{bmatrix} \frac{40-j107}{650} & \frac{-37+j114}{650} \\ \frac{-37+j114}{650} & \frac{119-j133}{650} \end{bmatrix} S$$

12-22 (a) $T_a = T_1 T_Y = \begin{bmatrix} A & B \\ C & D \end{bmatrix}\begin{bmatrix} 1 & 0 \\ Y & 1 \end{bmatrix} = \begin{bmatrix} A+BY & B \\ C+DY & D \end{bmatrix}$

12-23 (a) $T = T'T' = \begin{bmatrix} 2 & 3R \\ \frac{1}{R} & 2 \end{bmatrix}\begin{bmatrix} 2 & 3R \\ \frac{1}{R} & 2 \end{bmatrix} = \begin{bmatrix} 7 & 12R \\ \frac{4}{R} & 7 \end{bmatrix}$

12-24 (a) $Z_C = \sqrt{\frac{B}{C}} = \sqrt{\frac{1}{3}} = 0.577\Omega$

12-25 $I = 1.136A$；

12-26 (1) $R = R_{eq} = 2.4\Omega$；(2) $P_{max} = 1.35W$，$P_{U_S} = 18.9W$

习题十三

13-3 $u_0 = 10V$；

13-5 -104；

13-6 $u_O = -2u_1 - 2u_2 + 5u_3$；

13-7 $u_O = -10u_{11} + 10u_{12} + u_{13}$；

13-8 $u_O = \frac{R_f}{R_1}(u_{12} - u_{11}) = 8(u_{12} - u_{11})$；

13-9 $u_O = -20u_{11} - 20u_{12} + 40u_{13} + u_{14}$；

13-11 $u_O = -\int u_I dt$；

13-12 (2) $t = 28.6 \times 10^{-3} s$

习题十四

14-6 $$\begin{bmatrix} \frac{du_c}{dt} & \frac{di_1}{dt} & \frac{di_2}{dt} \end{bmatrix} = \begin{bmatrix} 0 & -\frac{1}{C} & -\frac{1}{C} & \frac{1}{L_1} \end{bmatrix}\begin{bmatrix} u_c \\ i_1 \\ i_2 \end{bmatrix} + \begin{bmatrix} 0 & 0 \\ \frac{1}{L_1} & 0 \\ \frac{1}{L_2} & -\frac{R_2}{L_2} \end{bmatrix}\begin{bmatrix} u_5 \\ i_5 \end{bmatrix}$$

14-12 $$\begin{pmatrix} \frac{du_c}{dt} \\ \frac{di_L}{dt} \end{pmatrix} = \begin{pmatrix} -\frac{1}{4} & -1 \\ 31 & -6 \end{pmatrix}\begin{pmatrix} u_C \\ i_L \end{pmatrix} + \begin{pmatrix} \frac{1}{4} \\ -30 \end{pmatrix} 10\varepsilon(t)$$

14-13 $$\begin{bmatrix} \frac{du_{C1}}{dt} \\ \frac{du_{C2}}{dt} \\ \frac{di_L}{dt} \end{bmatrix} = \begin{bmatrix} -1 & 0 & 1 \\ 1.5 & -0.5 & 0.5 \\ 1 & -1 & -2 \end{bmatrix}\begin{bmatrix} u_{C1} \\ u_{C2} \\ i_L \end{bmatrix} + \begin{bmatrix} 1 \\ -1.5 \\ 0 \end{bmatrix}$$

14-15 $\frac{du_C}{dt}=i_L-i_s=-\frac{u_C}{R_3C}+\frac{R_3-\alpha}{R_3C}i_L+\frac{u_s}{R_3C}$

$\frac{di_L}{dt}=-\frac{u_C}{L}-\frac{1}{L}(\alpha+\frac{4R_1R_2}{R_2+4R_1})i_L+\frac{1}{L}(\alpha+\frac{4R_1R_2}{R_2+4R_1})u_s$

习题十五

15-3 $u_1^2+u_2^{\frac{2}{3}}=12$，$u_2^{\frac{2}{3}}=(u_1+u_2)^2-(u_1+u_2)-4$；

15-4 $U_Q=1.3V$，$I_Q=0.5A$；

15-6 $u=2.4V$，$i=11.52A$；$R\approx 0.21\Omega$，$R_d=4.8\Omega$；

15-7 0.083A；

15-8 $i=0.1\cos t(A)$；

15-10 (1) $W_C=17.5C(J)$；(2) $C_d=8C$；

15-11 (1) $W_L=2L(J)$；(2) $L_d=3H$